国家科学技术学术著作出版基金资助

湖北省学术著作出版专项资金资助项目

3D打印前沿技术丛书

丛书顾问◎卢秉恒　丛书主编◎史玉升

激光选区烧结3D打印技术

（上册）

闫春泽　　史玉升　　魏青松
文世峰　　李昭青　　◎著

JIGUANG XUANQU

SHAOJIE 3D DAYIN JISHU

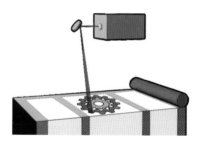

华中科技大学出版社

http://www.hustp.com

中国·武汉

内 容 简 介

本书以华中科技大学材料成形与模具技术国家重点实验室快速制造中心 20 余年的研究成果为基础，全面系统地介绍了激光选区烧结 3D 打印技术的理论和方法。

第 1 章概述了激光选区烧结技术的发展状况及工艺原理。第 2 章介绍了激光选区烧结装备及控制系统，重点讲解了温控和激光扫描系统原理及设计优化。第 3 章研究了软件算法及路径规划，分析了其对激光选区烧结成形质量的影响规律。第 4 章、第 5 章分别介绍了高分子和无机非金属材料的制备及成形工艺研究。第 6 章研究了激光选区烧结成形精度的影响因素及调控方法。第 7 章研究了激光选区烧结关键技术数值分析，采用数值模拟方法分析了预热场和成形件致密化过程。第 8 章介绍了激光选区烧结技术的典型应用案例。

本书内容深入浅出，兼顾了不同知识背景读者的需求，既保证内容新颖，反映国内外最新研究成果，又有理论知识探讨和实际应用案例。因此，本书既可供不同领域的工程技术人员阅读，也可作为相关专业在校师生的参考书。

图书在版编目（CIP）数据

激光选区烧结 3D 打印技术：上、下册/闫春泽等著.—武汉：华中科技大学出版社，2019.3
（3D 打印前沿技术丛书）
ISBN 978-7-5680-4709-8

Ⅰ.①激⋯　Ⅱ.①闫⋯　Ⅲ.①立体印刷-印刷术　Ⅳ.①TS853

中国版本图书馆 CIP 数据核字（2019）第 052308 号

激光选区烧结 3D 打印技术（上、下册）
JIGUANG XUANQU SHAOJIE 3D DAYIN JISHU

闫春泽　史玉升　魏青松
文世峰　李昭青　著

策划编辑：张少奇
责任编辑：戚凤平　罗　雪
封面设计：原色设计
责任监印：周治超
出版发行：华中科技大学出版社（中国·武汉）　　电话：（027）81321913
　　　　　武汉市东湖新技术开发区华工科技园　　邮编：430223
录　　排：武汉楚海文化传播有限公司
印　　刷：湖北新华印务有限公司
开　　本：710mm×1000mm　1/16
印　　张：43.25
字　　数：891 千字
版　　次：2019 年 3 月第 1 版第 1 次印刷
定　　价：358.00 元（含上册、下册）

3D 打印前沿技术丛书

顾问委员会

主 任 委 员　卢秉恒（西安交通大学）

副主任委员　王华明（北京航空航天大学）

　　　　　　聂祚仁（北京工业大学）

编审委员会

主任委员　史玉升（华中科技大学）

委　　员　（按姓氏笔画排序）

朱　　胜（中国人民解放军陆军装甲兵学院）

刘利刚（中国科学技术大学）

闫春泽（华中科技大学）

李涤尘（西安交通大学）

杨永强（华南理工大学）

杨继全（南京师范大学）

陈继民（北京工业大学）

林　　峰（清华大学）

宗学文（西安科技大学）

单忠德（机械科学研究总院集团有限公司）

赵吉宾（中国科学院沈阳自动化研究所）

贺　　永（浙江大学）

顾冬冬（南京航空航天大学）

黄卫东（西北工业大学）

韩品连（南方科技大学）

魏青松（华中科技大学）

About Authors
作 者 简 介

闫春泽　华中科技大学教授、博士生导师,华中科技大学快速制造中心主任。入选湖北省百人计划、湖北省楚天学者计划和武汉市 3551 光谷人才计划。2003 年进入华中科技大学材料成形与模具技术国家重点实验室攻读博士学位,主要研究方向为激光选区烧结(SLS)增材制造材料及成形工艺。2010—2015 年在英国埃克塞特大学(University of Exeter)担任研究员(research fellow),从事金属点阵结构设计与激光选区熔化(SLM)增材制造研究。

史玉升　华中科技大学"华中学者"领军岗特聘教授。现任华中科技大学材料科学与工程学院党委书记,数字化材料加工技术与装备国家地方联合工程实验室(湖北)主任,国防科技创新特区主题专家组首席科学家,中国增材制造产业联盟专家委员会委员,中国机械工程学会增材制造(3D 打印)技术分会副主任委员,世界 3D 打印技术产业联盟副理事长,湖北省 3D 打印产业技术创新战略联盟理事长等职务。入选中国十大科技进展 1 项,获国家技术发明奖二等奖 1 项、国家科学技术进步奖二等奖 2 项、省部级一等奖和二等奖各 5 项、国际发明专利奖 2 项、湖北省专利优秀奖 1 项,入选湖北高校十大科技成果转化项目 1 项。获中国发明创业奖特等奖暨当代发明家、中国科学十大杰出创新人物称号。获十佳全国优秀科技工作者提名奖、武汉市科技重大贡献个人奖、湖北五一劳动奖章等殊荣。享受国家政府特殊津贴。

魏青松　华中科技大学"华中学者"特聘教授,材料科学与工程学院博士生导师,材料工程与计算机应用系副主任,材料成形与模具技术国家重点实验室 PI、教授,华中科技大学学术前沿青年团队负责人。担任中国机械工程学会增材制造(3D 打印)技术分会副总干事、中国机械工程学会特种加工分会理事、中国模具工业协会装备委员会副主任。主要从事增材制造(3D 打印)研究与教学工作。成果已在航空发动机机匣熔模、高性能金属模具及个性化人体植入物等方面应用。在 *Acta Materialia*《中国科学》等权威期刊上发表论文 150 余篇(SCI 他引 500 余次,ESI 高被引论文 1 篇)。担任全国增材制造青年科学家论坛主席,受邀报告 10 余次。获 5 项省部级科技奖励。

3D | 总序一

　　"中国制造2025"提出通过三个十年的"三步走"战略，使中国制造综合实力进入世界强国前列。近三十年来，3D打印（增材制造）技术是欧美日等高端工业产品开发、试制、定型的重要支撑技术，也是中国制造业创新、重点行业转型升级的重大共性需求技术。新的增材原理、新材料的研发、设备创新、标准建设、工程应用，必然引起各国"产学研投"界的高度关注。

　　3D打印是一项集机械、计算机、数控、材料等多学科于一体的，新的数字化先进制造技术，应用该技术可以成形任意复杂结构。其制造材料涵盖了金属、非金属、陶瓷、复合材料和超材料等，并正在从3D打印向4D、5D打印方向发展，尺度上已实现8 m构件制造并向微纳制造发展，制造地点也由地表制造向星际、太空制造发展。这些进展促进了现代设计理念的变革，而智能技术的融入又会促成新的发展。3D打印应用领域非常广泛，在航空、航天、航海、潜海、交通装备、生物医疗、康复产业、文化创意、创新教育等领域都有非常诱人的前景。中国高度重视3D打印技术及其产业的发展，通过国家基金项目、攻关项目、研发计划项目支持3D打印技术的研发推广，经过二十多年培养了一批老中青结合、具有国际化视野的科研人才，国际合作广泛深入，国际交流硕果累累。作为"中国制造2025"的发展重点，3D打印在近几年取得了蓬勃发展，围绕重大需求形成了不同行业的示范应用。通过政策引导，在社会各界共同努力下，3D打印关键技术不断突破，装备性能显著提升，应用领域日益拓展，技术生态和产业体系初步形成；涌现出一批具有一定竞争力的骨干企业，形成了若干产业集聚区，整个产业呈现快速发展局面。

　　华中科技大学出版社紧跟时代潮流，瞄准3D打印科学技术前沿，组织策划了本套"3D打印前沿技术丛书"，并且，其中多部将与爱思唯尔（Elsevier）出版社一起，向全球联合出版发行英文版。本套丛书内容聚焦前沿、关注应用、涉猎广泛，不同领域专家、学者从不同视野展示学术观点，实现了多学科交叉融合。本套丛书采用开放选题模式，聚焦3D打印技术前沿及其应用的多个领域，如航空航天、

Ⅰ

工艺装备、生物医疗、创新设计等领域。本套丛书不仅可以成为我国有关领域专家、学者学术交流与合作的平台，也是我国科技人员展示研究成果的国际平台。

近年来，中国高校设立了 3D 打印专业，高校师生、设备制造与应用的相关工程技术人员、科研工作者对 3D 打印的热情与日俱增。由于 3D 打印技术仅有三十多年的发展历程，该技术还有待于进一步提高。希望这套丛书能成为有关领域专家、学者、高校师生与工程技术人员之间的纽带，增强作者、编者与读者之间的联系，促进作者、读者在应用中凝练关键技术问题和科学问题，在解决问题的过程中，共同推动 3D 打印技术的发展。

我乐于为本套丛书作序，感谢为本套丛书做出贡献的作者和读者，感谢他们对本套丛书长期的支持与关注。

西安交通大学教授
中国工程院院士　卢秉恒

2018 年 11 月

3D | 总序二

3D打印是一种采用数字驱动方式将材料逐层堆积成形的先进制造技术。它将传统的多维制造降为二维制造，突破了传统制造方法的约束和限制，能将不同材料自由制造成空心结构、多孔结构、网格结构及功能梯度结构等，从根本上改变了设计思路，即将面向工艺制造的传统设计变为面向性能最优的设计。3D打印突破了传统制造技术对零部件材料、形状、尺度、功能等的制约，几乎可制造任意复杂的结构，可覆盖全彩色、异质、功能梯度材料，可跨越宏观、介观、微观、原子等多尺度，可整体成形甚至取消装配。

3D打印正在各行业中发挥作用，极大地拓展了产品的创意与创新空间，优化了产品的性能；大幅降低了产品的研发成本，缩短了研发周期，极大地增强了工艺实现能力。因此，3D打印未来将对各行业产生深远的影响。为此，"中国制造2025"、德国"工业4.0"、美国"增材制造路线图"，以及"欧洲增材制造战略"等都视3D打印为未来制造业发展战略的核心。

基于上述背景，华中科技大学出版社希望由我组织全国相关单位撰写"3D打印前沿技术丛书"。由于3D打印是一种集机械、计算机、数控和材料等于一体的新型先进制造技术，涉及学科众多，因此，为了确保丛书的质量和前沿性，特聘请卢秉恒、王华明、聂祚仁等院士作为顾问，聘请3D打印领域的著名专家作为编审委员会委员。

各单位相关专家经过近三年的辛勤努力，即将完成20余部3D打印相关学术著作的撰写工作，其中已有2部获得国家科学技术学术著作出版基金资助，多部将与爱思唯尔（Elsevier）联合出版英文版。

本丛书内容覆盖了3D打印的设计、软件、材料、工艺、装备及应用等全流程，集中反映了3D打印领域的最新研究和应用成果，可作为学校、科研院所、企业等单位有关人员的参考书,也可作为研究生、本科生、高职高专生等的参考教材。

由于本丛书的撰写单位多、涉及学科广,是一个新尝试,因此疏漏和缺陷在所难免,殷切期望同行专家和读者批评与指正!

华中科技大学教授

2018 年 11 月

前　言

3D打印,也称增材制造、快速成形等,是一项集机械、计算机、数控和材料于一体的、全新的数字化先进制造技术。3D打印技术采用分层制造并叠加的原理,理论上可成形任意复杂结构,因此可将传统的面向制造工艺的零部件设计变为面向性能的全新设计,这一转变被称为当今制造业的一场革命。

激光选区烧结(selective laser sintering,SLS)技术属于3D打印技术的一种,它借助于计算机辅助设计与制造,采用分层制造叠加原理,通过激光烧结将粉末材料直接成形为三维实体零件,不受成形零件形状复杂程度的限制,不需任何工装模具。SLS技术具有成形件复杂度高、制造周期短、成本低、成形材料广泛、材料利用率高等优点,因此成为最具发展前景的3D打印技术之一,现已广泛用于航空、航天、医疗、机械等领域。华中科技大学从1992年开始SLS技术的理论与应用研究工作,是中国最早开展此项技术研究的单位之一。目前,已研发成功多种型号的SLS装备及其配套的成形粉末材料,如聚苯乙烯、尼龙及其复合材料、覆膜砂等,并实现产业化,在国内外得到广泛应用,为关键行业核心产品的快速自主开发和小批量制造提供了有利手段,大大缩短了企业新产品的研制周期,取得了显著的社会效益和经济效益。相关成果获国家科学技术进步奖二等奖和国家技术发明奖二等奖各1项,省部级一等奖3项,省部级自然科学奖、技术发明奖、科技进步奖二等奖各1项,发明专利50多项,研发的"世界最大激光快速制造装备"被"两院"院士评为2011年中国十大科技进展之一。

为了培养SLS技术方面的科技人才,更深入地研究此项技术,使其在各行各业更加广泛地推广应用,华中科技大学快速制造中心团队凝练和总结了本团队在SLS技术方面的研究成果,形成了本书。本书对激光选区烧结3D打印的装备、软件算法及控制系统、材料制备及工艺技术、精度控制、仿真分析和应用实例等进行了全面系统的论述。全书共8章,第1章概述了激光选区烧结技术,主要包括发展概况、原理、工艺特点、应用;第2章论述了SLS装备及控制系统,主要包括装备系统组成、温度控制系统和振镜式扫描系统;第3章论述了软件算法及路径规划,主要包括STL文件容错、快速切片算法、STL模型布尔运算、支撑生成算法、系统数据处理等;第4、5章论述了SLS材料及成形工艺,主要包括高分子、陶瓷和覆膜砂粉末材料的制备方法、成形机理与后处理工艺等;第6章论述了SLS成形精度的控制;第7章论述了SLS关键技术数值分析;第8章介绍了SLS技术的典型实践案例,包括SLS制造铸造熔模、砂型(芯)、具有随形冷却流道的注塑模具、陶瓷及塑料功能零件的应用实例。

在本书的撰写过程中，我们以 20 多年来从事激光选区烧结 3D 打印技术的科研成果为基础，兼顾了不同知识背景读者的需求，既保证内容新颖，反映最新研究成果，又有理论知识探讨和实际应用案例。因此，本书既可供不同领域的工程技术人员阅读，也可作为相关专业在校师生的参考书。

本书集中反映了华中科技大学快速制造中心团队的有关研究成果，这些成果是由上百人的研究团队经过几十年的长期坚持研究而取得的。本团队的主要研究成员除了本书的作者以外，还包括：黄树槐教授、陈森昌博士、刘洁博士、蔡道生博士、张李超博士、林柳兰博士、李湘生博士、杨劲松博士、刘锦辉博士、郭开波博士、汪艳博士、鲁中良博士、钱波博士、刘凯博士、杜艳迎博士、朱伟博士、黎志冲硕士、孙海霄硕士、钟建伟硕士、吴传宝硕士、杨力硕士、徐文武硕士、程迪硕士、郭婷硕士、马高硕士、刘主峰硕士等。衷心地感谢华中科技大学快速制造中心团队的各位教师、工程技术人员和历届研究生长期不懈的辛勤工作！本书的撰写参考了相关的研究论文和成果，在此向这些研究论文和成果的作者们表示感谢！在本书的撰写过程中，杨磊博士生、陈鹏博士生、伍宏志博士生等付出了辛勤的劳动，在此表示感谢！

由于我们是首次以激光选区烧结 3D 打印技术作为一条主线进行撰写，涉及内容广泛，有些内容是我们的最新研究成果，有些研究工作还在继续，我们对该技术的认识还在不断深化，对一些问题的理解还不够深入，加之作者的学术水平和知识面有限，因此书中的错误和缺陷在所难免，殷切地期望同行专家和读者的批评指正。

闫春泽

2018 年 06 月

上 册 目 录

第1章 绪 论

1.1 激光选区烧结技术的发展概况

激光选区烧结(selective laser sintering,SLS)技术借助于计算机辅助设计与制造,采用分层制造叠加原理,通过激光烧结粉末材料直接成形三维实体零件。SLS 技术属于 3D 打印技术中的一种,是由美国德克萨斯大学的研究生 Carl Decard 于 1986 年发明的。美国德克萨斯大学于 1988 年研制成功第一台 SLS 样机,并获得这一技术的发明专利,于 1992 年授权美国 DTM 公司(现已并入美国 3D Systems 公司)将 SLS 系统商业化。

1.2 激光选区烧结的工艺原理

SLS 技术基于离散堆积制造原理,将三维 CAD 模型沿 Z 向分层切片,并生成 STL 文件,文件中保存着零件实体的截面信息。然后利用激光的热作用,根据零件的切片信息,将固体粉末材料层层烧结堆积,最终成形出零件原型或功能零件。由此,SLS 技术制造零件的基本过程为:

(1)设计构建零件 CAD 模型;

(2)将模型转化为 STL 文件(即将零件模型以一系列三角形来拟合);

(3)将 STL 文件进行横截面切片分割;

(4)激光热烧结分层制造零件;

(5)进行清粉、打磨等处理。

其中,步骤(1)可以通过两种途径实现。一种是在没有模板零件实体的情况下,并且在 CAD 软件的设计能力允许的条件下,通过 Pro/E、UG 等 CAD 软件来直接设计构建零件模型;另一种则是在有模板零件的前提下,通过逆向工程(reverse engineering,RE)来反求获得零件的轮廓信息,并同时生成 CAD 模型文件。步骤(2)的三维 STL 文件可以由上述 CAD 模型文件转换得到。将 STL 文件输入 SLS 系统计算机后,成形过程中通过操作程序对 STL 文件进行截面切分,并最终通过激光束扫描成形零件。SLS 系统的基本结构和工作原理如图 1.1 所示。SLS 成形过程中,激光束每完成一层切片面积的扫描,工作缸相对于激光束焦平面(成形平面)相应下降一个切片层厚的高度,而与铺粉辊同侧的储粉缸会对应上升一定高度,该高度与切片层厚存在一定比例关系。随着铺粉辊向工作缸方向的平动与转动,储粉缸中超出焦平面高度的粉末层被推移并填补到工作缸粉末的表面,即前一层的扫描区域被覆盖,覆盖的厚度为切片层厚。随后,激光束进行下一轮的扫描,如此反复,直到完成最后截面层的扫描为止。

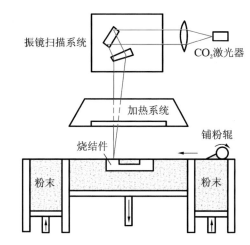

图 1.1　SLS 系统的基本结构和工作原理(CO_2 激光器)

1.3　激光选区烧结的工艺特点

SLS工艺的特点如下:

(1)成形材料广泛。SLS工艺涵盖了高分子及其复合材料如尼龙(PA)、尼龙/玻璃微珠等,各种金属、陶瓷基复合粉末(含有低熔点黏结剂)以及覆膜砂(含有酚醛树脂)等。

(2)应用范围广。成形材料的多样性,决定了SLS技术可以使用各种不同性质的粉末材料来成形满足不同用途的复杂零件。SLS不仅可以制备各种模型和具有实际用途的塑料功能件,还可以通过与铸造技术相结合迅速获得金属零件,而不必开模具和翻模,而且可以用间接法制造结构复杂的陶瓷零件。

(3)材料利用率高。在SLS过程中,未被激光扫描到的粉末材料还处于松散状态,可以被重复使用,具有较高的材料利用率。

(4)无须支撑。SLS成形过程中,未烧结的粉末可对空腔和悬臂结构起支撑作用,不必像光固化成形(stereo lithography apparatus,SLA)和熔融沉积成形(fused deposition modeling,FDM)等3D打印工艺需再另外设计支撑结构。

基于以上特点,SLS技术自诞生以来得到了迅速的发展,如在塑料功能零件、铸造熔模、砂型(芯)的成形,以及间接法制造陶瓷零件等方面都得到了广泛应用。

1.4 激光选区烧结的应用

SLS 技术涉及计算机辅助设计(CAD)、计算机辅助制造(CAM)、计算机数字控制(CNC)、激光技术和材料科学等先进制造技术,是一类多学科交叉的科学技术。该技术具有成形材料广泛(包括金属、陶瓷、高聚物等)、无浪费、安全、无污染、低成本等优点,可以快速制造出复杂原型件和功能件,制造过程中无须支撑,因此一直在 3D 打印领域中占有重要地位。经过近 20 年的发展,SLS 技术已从单纯为方便造型设计而制造高分子材料原型发展到以获得实用功能零件为目的的塑料/金属/陶瓷零件的成形制造,应用领域不断拓宽。而且得益于成形材料和相应工艺的优化以及图形算法的不断改进,其制造周期明显缩短,原型件的精度和强度都有所提高。目前,SLS 技术主要应用于以下几个方面:

(1)新产品的快速研制和开发;

(2)模具的快速制造;

(3)间接法制造陶瓷、金属零件;

(4)直接或间接制造塑料功能零件;

(5)医疗卫生方面的临床辅助诊断;

(6)微型机械的研究开发;

(7)艺术品的制造。

第 2 章　装备及控制系统

2.1　SLS 装备系统组成

激光选区烧结(SLS)系统由三部分组成:计算机控制系统、主机系统、冷却系统,如图 2.1 所示。

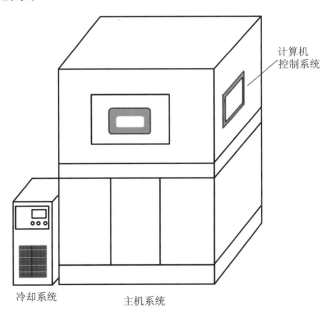

计算机控制系统

冷却系统　　　　主机系统

图 2.1　激光选区烧结 3D 打印系统

(1)计算机控制系统。计算机控制系统由高可靠性计算机、性能可靠的各种控制模块、电动机驱动单元和各种传感器组成,再配上软件系统。软件系统用于三维图形数据处理、加工过程的实时控制及模拟。

(2)主机系统。主机系统由六个基本单元组成:工作缸、送粉缸、铺粉系统、振镜式激光扫描系统、温度控制系统、机身与机壳。

(3)冷却系统。冷却系统由可调恒温水冷却器及外管路组成,用于冷却激光器,提高激光能量稳定性,保护激光器,延长激光器寿命。同时冷却振镜扫描系统,保证其稳定运行。

下面将针对主机系统中的温度控制系统及振镜系统,剖析其原理并优化设计。

2.2 SLS 装备温度控制系统

在 SLS 成形过程中,预热温度是重要的工艺参数之一。粉末的预热温度直接决定了烧结深度、密度以及成形件的翘曲变形程度。如果预热温度太低,由于粉层冷却太快,熔化颗粒之间来不及充分润湿和互相扩散、流动,烧结体内会留下大量空隙,导致烧结深度和密度大幅度下降,成形件质量将受到很大的影响。随着预热温度的提高,粉末材料导热性能变好,同时低熔点有机成分液相增加,有利于其流动扩散和润湿,可以得到更好的层内烧结和层间烧结,使烧结深度和密度增加,从而提高成形质量。但是,若预热温度太高,会导致部分低熔点有机物的碳化和烧损,也不能保证所需的烧结深度和密度,这将影响到成形件的质量。可见温度控制是 SLS 系统的重要组成部分,选择适当的算法,把温度控制在预定的范围内具有极其重要的意义。

预热虽然非常重要,但温度控制的影响因素多而杂,国内外在这方面的研究比较少。针对温度场在激光加热条件下的变化规律,很多学者进行了大量的研究。例如,有研究者对激光温度场做了简化,采用一维模型来计算温度场,考虑了激光光强分布不均匀的因素,但忽略了能量在烧结件中横向的传播;有文献采用了二维模型和均匀激光光强来分析计算温度场;Gabriel Bugeda 利用有限元法进行三维烧结模拟,研究了三维的传热模型;K. Dai 和 L. Shaw 则主要研究激光扫描方式及其造成的热量分布不均等对残余应力和扭曲变形的影响,他们是从粉末烧结的机理来进行研究的;华中科技大学和北京航空航天大学等单位的研究主要侧重扫描路径、材料性能的影响。关于温度的控制,华中科技大学提出的模糊控制,使用效果良好,但是仅实现了温度的常规控制,当零件截面几何形状变化时,用这种方式得到的最终制件会发生严重翘曲变形,无法满足生产中对高精度零件制作的需要。基于此,以华中科技大学开发的 SLS 设备为研究对象,在前人研究的基础上,本书提出一种新的控制方法,使粉末预热温度随具体零件截面几何信息不同而实现自动控制。

2.2.1 温控系统组成

SLS 系统的温度控制系统主要由两个功能性模块构成,即温度检测模块与温度控制模块,二者相辅相成组成闭环控制系统。其中温度检测模块利用热电偶或者红外测温仪采集微弱信号,信号经温度数字仪放大后传入 A/D 转换板,然后输入计算机进行数据处理及温度显示。温度控制模块则对采集的数据进行分析,按一定的控制算法计算后得出控制量,由 D/A 转换板输出,通过控制可控硅的触发电压而控制加热管的输出功率,最终实现加热能量的控制。

2.2.2 温控算法

1. 温度控制算法的发展

近年来温度控制的方法发展迅速,开关控制、PID 控制、模糊控制、神经网络以及遗传算法在温度控制上都有应用。温度控制越来越智能化,越来越符合工艺要求。过去采用开关控制,即根据温度偏差的大小,由 PWM 算法得出固态继电器的通断时间来控制温度。但是,由于加热器不像机械传动那样具有大惯性,加热管忽明忽灭,给操作人员带来很多不便。为此需要选择一种根据温差能够平滑过渡的控制方法。

PID 控制即利用比例、积分、微分控制,自 19 世纪 40 年代以来广泛应用于工业生产中。控制系统将实时采集的温度值与设定值比较,差值作为 PID 功能模块的输入。PID 算法根据比例、积分、微分系数算出合适的输出控制参数,利用修改控制变量误差的方法实现闭环控制,使控制过程连续。其缺点是现场 PID 控制参数确定麻烦,被控对象模型参数难以确定,外界干扰会使控制偏离最佳状态。

人工神经网络是当前主要的,也是重要的一种人工智能技术。它是一种采用数理模型的方法模拟生物神经细胞结构及对信息的记忆和处理的信息处理方法。人工神经网络以其高度的非线性映射、自组织、自学习和联想记忆等功能,可对复杂的非线性系统建模。该方法响应速度快,抗干扰能力强。在温控系统中,将温度的影响因素如散热、对流、被加热物体的物理性质和被加热物体的温度等作为网络的输入,以实验数据作为样本,在计算机上反复迭代,随着实验与研究的进行和深入,不断自我完善与修正,从而得到网络权值。在学习动态非线性系统时,不需要知道系统实际结构,但是当系统滞后比较大时将造成网络庞大难以训练。

模糊控制是基于模糊逻辑的描述一个过程的控制方法。它主要嵌入操作人员的经验和直觉知识,适用于数学模型不确定或经常变化的对象。

2. 基于切片信息的预热温度自适应控制算法

为使预热温度随零件截面几何信息不同而实现自动调节,首先要获取零件的截面信息,并对信息进行判断。本书把对零件每一层截面几何信息的获取过程称为切片。怎样得到切片信息呢?在当前的 3D 打印领域,普遍是通过对 STL 文件的处理来实现。STL 是美国 3D Systems 公司提出的一种数据交换格式,因其格式简单并对三维模型建模方法无特定要求而得到广泛的应用,成为快速成形系统中事实上的标准文件输入格式。

在本书提出的预热温度自适应控制系统中,在烧结过程中的每一层对零件进行实时切片,并把切片信息存储在一个数据结构 slice 中。因为需要捕捉切片的变化,所以至少应记录两层(本书即记录两层)切片信息,即当前加工的 H_1 层(对应

高度记为 H_1)和预备切的 H_2 层(对应高度记为 H_2),切片信息分别保存在 slice1、slice2 中。设每层高度为 h,则有

$$H_2 = H_1 + h \times n \tag{2-1}$$

此处 n 为 H_1 到 H_2 间的层数,取 $n=1$。

针对上述切片信息变化问题,本书提出一种基于切片轮廓信息的突变判别自适应算法,即利用 STL 文件具有的轮廓环信息,把 H_1、H_2 两层切片的轮廓环进行一一配对,然后依照要求(偏差要求,由工艺要求决定),把一个轮廓环进行放大和缩小后形成偏差允许范围,再考察相对应的轮廓环是否在偏差允许范围之内,最后对所有一一配对的轮廓环进行分析,得到类似结果。为了说明方便,先给出几个定义:

定义 2.1　切片。本书把对零件每一层截面几何信息的获取称为切片。

定义 2.2　环、内环、外环。本书将一个封闭的首尾相接的几何图形称为环。环是 STL 文件信息的基本单元,每一切片都由一个或者若干个环组成。环分内环、外环两种:按顺时针方向沿着环边沿前进,如果靠近环的实体部分都在人的右手侧,则此环为外环,反之为内环。

定义 2.3　轮廓环的突变。如果两个关联层(如 H_1 层和 H_2 层,主要考虑相邻层)的切片信息之间差别太大,则认为两个层面之间发生了突变。

定义 2.4　轮廓环的一一对应关系。当两个关联高度的切片信息间没有发生突变时,H_1 上的某个轮廓环上的所有点沿着实体的表面移动到达 H_2 位置,所有的点都落在这个层面上的某个轮廓环上,则称这两个轮廓环为对应的两个环。图 2.2 中标识了两组轮廓环的一一对应关系。一般在两层面间没有发生突变时,它们间的轮廓环总是一一对应的,而且相对应的两个环在形状上是相近似的。

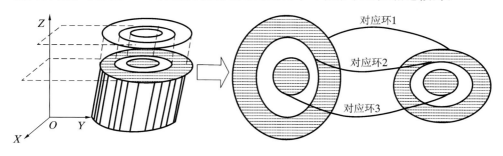

图 2.2　轮廓环的一一对应关系

定义 2.5　平面偏差标准。在 X-Y 平面上判断两个高度切片信息是否发生突变的依据。当比较两个高度对应轮廓环上的点时,如果两个点的距离大于平面偏差标准,就认为两层面发生了突变。本书约定 σ 为平面偏差标准。

定义 2.6　特殊截面。当被比较的 H_1、H_2 层切片信息发生突变时,需要在对 H_2 层烧结前对粉末预热温度进行急速提升以满足加工工艺要求。为方便计,本书称 H_2 层截面为特殊截面。

算法计算步骤如下：

1）比较轮廓环的数量

以高度为 H_1 处层面的轮廓环为基准，高度为 H_2 处层面切片与之相比较，由生产实际的工艺要求可知，这里只需要考虑外环。由上述定义 2.2，只需对各层外环数目进行计数。当 H_1、H_2 两层轮廓外环的数量不相等且 H_2 层外环数大于 H_1 层外环数时，表示两层面之间发生了突变，此时无须进行下一层比较即可以断定 H_2 层为特殊截面；当轮廓环的数量相等时进行下一步的比较。

2）确定轮廓环的一一对应关系

在不能确定两层切片间是否发生突变时，不妨先假设它们是没有突变的，再将两层的轮廓环一一对应进行配对，然后只需对相对应的两个轮廓环进行比较，判断是否发生突变，这样可以极大地减少重复计算。现在可以按照下面的方法来确定轮廓环的一一对应关系。首先找出各轮廓环的 X、Y 坐标的最小值，将一组轮廓环中的环按照各自 X 坐标的最小值的大小排序，当某几个环的 X 坐标最小值之差小于 σ 时，再按照 Y 坐标的最小值的大小依次从小到大排序。这样两组轮廓环就按照排列的顺序一一对应了。之所以当某些轮廓环的 X 坐标最小值之差小于 σ 时要再以 Y 坐标的最小值的大小排序，是为了排除如图 2.3 所示的歧义情况，图中 Ring0 层的两个轮廓环 R00 和 R01 的 X、Y 坐标最小值分别为 $X_{min}R00$、Y_{min0} 和 $X_{min}R01$、Y_{min1}，Ring1 层的两个轮廓环 R10 和 R11 的 X、Y 坐标最小值分别为 $X_{min}R10$、Y_{min0} 和 $X_{min}R11$、Y_{min1}，其中四个轮廓环的 X、Y 坐标最小值满足以下关系：

$X_{min}R00 < X_{min}R01$；$X_{min}R11 < X_{min}R10$；

$X_{min}R01 - X_{min}R00 < \sigma$；$X_{min}R10 - X_{min}R11 < \sigma$。

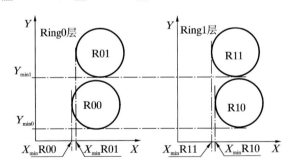

图 2.3 X、Y 最小值排序轮廓环

如果仅仅按照 X 坐标的最小值的大小进行排序，因为 $X_{min}R00 < X_{min}R01$，所以 Ring0 层在进行轮廓环排序时环 R00 的序号会排在环 R01 前面，而又因为 $X_{min}R10 > X_{min}R11$，所以 Ring1 层在进行轮廓环排序时环 R11 的序号会排在环 R10 前面。当 Ring0 和 Ring1 层的轮廓环按照一一对应关系进行配对时，就会将环 R01 与 R10、R00 与 R11 分别作为相对应的轮廓环，而实际情况应该是环 R00

与 R10、R01 与 R11 为相对应的轮廓环。当然,当某些轮廓环的 X 坐标最小值之差大于 σ 时,它们之间已经被认为发生了突变,就无须再按照一一对应关系进行配对比较了。

　　3)对应轮廓环中一个轮廓环的放大与缩小

　　将两个对应轮廓环中的一个沿径向分别向内减小 σ 和向外增大 σ,就是对环进行缩放。为了得到放大的轮廓环,首先把轮廓环上的点按照一定的方向(在本书中为顺时针方向)排序。下面以轮廓环中 A、B 和 C 三个点为例来说明放大环的方法,而缩小轮廓环只需要将轮廓环反序排列后用同样的方法即可以实现。图 2.4 中标识了轮廓环上相邻的三个点 A、B、C 及其排列方向,线段 AB、BC 平移 σ 距离到达 $A'B'$、$B'C'$ 位置,经过 B 点垂直于 AB、BC 的直线与 $A'B'$、$B'C'$ 的交点分别为 D、E,只需要求得点 B' 的 X、Y 坐标,依次循环求得平移以后的各交点坐标就得到了整个放大的轮廓环。设 A、B、C 三点的 X、Y 坐标分别为 (X_A, Y_A)、(X_B, Y_B)、(X_C, Y_C),则射线 AB、BC 的方向矢量分别为 $(X_B - X_A, Y_B - Y_A)$、$(X_C - X_B, Y_C - Y_B)$,两矢量逆时针旋转 $90°$ 得射线 AB、BC 的径向外法向量,AB 的径向外法向量为

$$\begin{bmatrix} X_B - X_A & Y_B - Y_A \end{bmatrix} \begin{bmatrix} \cos(-90°) & \sin(-90°) \\ -\sin(-90°) & \cos(-90°) \end{bmatrix} = \begin{bmatrix} (Y_B - Y_A) & -(X_B - X_A) \end{bmatrix}$$

$$(2\text{-}2)$$

　　BC 的径向外法向量为

$$\begin{bmatrix} X_C - X_B & Y_C - Y_B \end{bmatrix} \begin{bmatrix} \cos(-90°) & \sin(-90°) \\ -\sin(-90°) & \cos(-90°) \end{bmatrix} = \begin{bmatrix} (Y_C - Y_B) & -(X_C - X_B) \end{bmatrix}$$

$$(2\text{-}3)$$

　　设 D 点的 X、Y 坐标为 X_D、Y_D,则

$$(Y_D - Y_B)/(X_D - X_B) = (X_A - X_B)/(Y_B - Y_A) \tag{2-4}$$

另外由于线段 BD 的长度为 σ,因此

$$\sigma^2 = (Y_D - Y_B)^2 + (X_D - X_B)^2 \tag{2-5}$$

设 $(Y_B - Y_A)/(X_A - X_B) = k$,由方程(2-4)和方程(2-5)得到以下两组解:

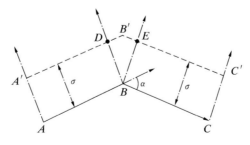

图 2.4　轮廓环放大

$$\begin{cases} X_D - X_B = \dfrac{\pm k\sigma}{\sqrt{k^2+1}} \\ Y_D - Y_B = \dfrac{\pm\sigma}{\sqrt{k^2+1}} \end{cases} \tag{2-6}$$

由于向量$(X_D - X_B, Y_D - Y_B)$就代表直线 BD 的方向,由几何关系知道,当 $X_B \geqslant X_A$、$Y_B \geqslant Y_A$ 时,$X_D \leqslant X_B$、$Y_D \geqslant Y_B$;当 $X_B \leqslant X_A$、$Y_B \geqslant Y_A$ 时,$X_D \leqslant X_B$、$Y_D \leqslant Y_B$,当 $X_B \leqslant X_A$、$Y_B \leqslant Y_A$ 时,$X_D \geqslant X_B$、$Y_D \leqslant Y_B$,当 $X_B \geqslant X_A$、$Y_B \leqslant Y_A$ 时,$X_D \geqslant X_B$、$Y_D \geqslant Y_B$,上面两组解的正负号就确定了。这样就求得了 D 点的 X、Y 坐标值,同理可求得 E 点的坐标值,假设为 X_E、Y_E。由解析几何的方法知道,通过一点和直线的矢量方向可以确定直线的方程,于是得到直线 $A'B'$、$B'C'$ 的方程分别为 $y - Y_D = (Y_B - Y_A)/(X_B - X_A)(x - X_D)$ 和 $y - Y_E = (Y_C - Y_B)/(X_C - X_B)(x - X_E)$。

由解析几何的方法知道,在两直线不平行的情况下,如果已知两直线方程 $A_1 x + B_1 y + C_1 = 0$ 和 $A_2 x + B_2 y + C_2 = 0$,则它们的交点坐标为

$$x_0 = (B_1 \times C_2 - C_1 \times B_2)/(A_1 \times B_2 - B_1 \times A_2) \tag{2-7}$$

$$y_0 = (C_1 \times A_2 - A_1 \times C_2)/(A_1 \times B_2 - B_1 \times A_2) \tag{2-8}$$

设 B' 点的坐标为 X_B'、Y_B',从式(2-7)和式(2-8)知道,当 $X_B' = x_0$、$Y_B' = y_0$ 时,A_1、B_1、C_1、A_2、B_2、C_2 满足以下条件:

$$\begin{cases} A_1 = (Y_B - Y_A)/(X_B - X_A) \\ B_1 = -1 \\ C_1 = Y_D - X_D \times (Y_B - Y_A)/(X_B - X_A) \\ A_2 = (Y_C - Y_B)/(X_C - X_B) \\ B_2 = -1 \\ C_2 = Y_E - X_E \times (Y_C - Y_B)/(X_C - X_B) \end{cases} \tag{2-9}$$

需要说明的是,对轮廓环进行放大和缩小可能产生轮廓环的自相交,需要对轮廓环进行修整,去掉局部的细微凹凸轮廓,在此不加详细说明。

4)判断对应轮廓环是否发生突变

在得到对应轮廓环的一个环的径向放大和缩小的两个轮廓环后,判断另外一个轮廓环上的所有点是否都在放大的轮廓环所包围的区域以内同时又在缩小的轮廓环所包围的区域以外,如图 2.5 所示的阴影部分,若在,则这个轮廓环在放大、缩小轮廓环所包围的区域,对应的轮廓环没有发生突变。判断点是否在轮廓环所包围的区域内采用交点计数检验法。在判断一组对应轮廓环的相互关系

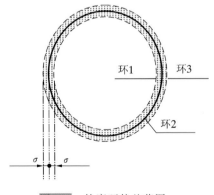

图 2.5　轮廓环偏差范围

以后,如果没有发生突变,再按照上述的方法依次循环比较所有轮廓环。若任意

一组对应轮廓环发生了突变,则认为当前分析层发生了突变,可把它标志为特殊截面。

5)基于零件切片的温度控制算法

相邻层切片的信息变化类型,大致可以分为:

(1)渐变型:相邻层变化平缓,没有突然增加的部分或突起等,如图 2.6 所示。

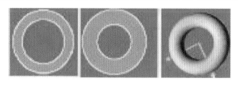

图 2.6　渐变型截面

(2)突变型:有减少型和增长型两种,二者相反。从成形材料粉末变形特性考虑,当遇到减少型截面时,在工程实际中不需要考虑粉末预热温度的变化。对于增长型截面,某些情况下预热温度需要急速提升而实行特殊控制,即上文提及的特殊截面。涉及的增长型大致有下述情况:

①外轮廓突增,即截面总体轮廓形状类似但轮廓范围突增,为特殊截面,如图 2.7 所示;

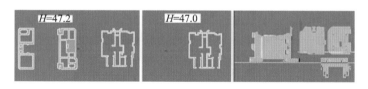

图 2.7　截面外轮廓突增

②实体面积即激光烧结面积突增,为特殊截面,如图 2.8 所示;

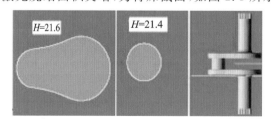

图 2.8　凸轮轴实体面积突增

③外环数目增加,这种情况复杂而多变,简述如下。

依照前面所述法则判断,图 2.6 所示的圆环体,内部圆环为内环,而外围则组成一个外环。在实际中经常遇到下述情况。如图 2.9(a)所示,第一种情况是下一层切片的环所属区域全部落在上一层原有区域内,虽外环数目增加到两个,但在实际生产中,这种截面不属于特殊截面;第二种情况是下一层切片有一个外环(或一个中的某部分)在原有截面区域之外,属于特殊截面。如图 2.9(b)所示,增加一个外环,且环范围超出上一层切片所属区域,属于特殊截面。所以根据外环增加情况对特殊截面的判断,需结合实际,充分考虑各种情况,以上述原则为依据,轮廓环偏差超出 σ 的则认为切片间发生了突变。

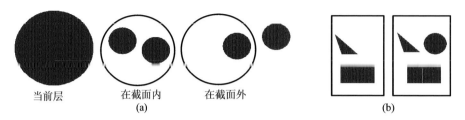

图 2.9　外环数目变化的几种典型情况

(a)外环在原截面区域内、外;(b)外环绝对数目增加

依照上述思想,下面给出基于切片的 SLS 预热温度自动控制调节法则。

对于非特殊截面,预热温度采用常规模糊控制;当遇到特殊截面时,给控制系统输入一个调节量 T_a,即通过改变控制系统的输入量实现基于切片的预热温度自动控制。

获取切片信息后开始进行预热温度控制,工程实际中,对于非特殊截面采用常规控制量进行温度控制。遇到特殊截面,根据截面信息,给出一个调节量 T_a(T_a 的计算将在后面给出)作为控制系统输入的增量来实现预热温度自动调节。控制系统采用模糊算法,模糊控制过程如图 2.10 所示,以目标温度值和当前检测温度为系统输入。

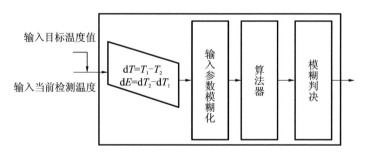

图 2.10　模糊控制过程

当进行控制活动时不仅要对系统的输出偏差进行判断,以决定采取何种措施,还要对偏差变化率进行判断。也就是说,需根据偏差和偏差变化率综合权衡和判断,从而保证系统控制的稳定性,减少超调量及振荡现象。所以,当进行温度控制时,涉及的模糊概念的论域有三个:温度偏差 ΔT、偏差变化率 T_e、控制量输出 U。

温度偏差　　　　　　　　　　$\Delta T = T - R$

式中:T 为被控温度测量值;R 为温度给定值。

温度偏差变化率　　　　　　　$T_e = (\Delta T_1 - \Delta T_2)/t$

式中：ΔT_1 为前一次温度偏差；ΔT_2 为本次温度偏差；t 为采样周期。

ΔT、T_e、输出 U 均有各自的论域、模糊隶属函数，表 2.1、表 2.2、表 2.3 列出了它们的值。

表 2.1　温度偏差隶属度

参数	ΔT	论域													
		−6	−5	−4	−3	−2	−1	−0	0	1	2	3	4	5	−6
隶属度	PL											0.1	0.4	0.8	1
	PM										0.2	0.7	1	0.7	0.2
	PS								0.3	0.8	1	0.5	0.1		
	PO								1	0.6	0.5				
	NO					0.1	0.6	1							
	NS			0.1	0.5	1	0.8	0.3							
	NM	0.2	0.7	1	0.7	0.2									
	NL	1	0.8	0.4	0.1										

表 2.2　温度偏差变化率隶属度

参数	T_e	论域												
		−6	−5	−4	−3	−2	−1	0	1	2	3	4	5	6
隶属度	PL										0.1	0.4	0.8	1
	PM									0.2	0.7	0.1	0.7	0.2
	PS								0.9	1	0.7	0.2		
	PO						0.5	1	0.5					
	NO			0.2	0.7	1	0.9	0.2						
	NS	0.2	0.7	1	0.7	0.2								
	NM	1	0.8	0.4	0.1									

表 2.3　输出 U 隶属度

参数	U	论域														
		−7	−6	−5	−4	−3	−2	−1	0	1	2	3	4	5	6	7
隶属度	PL												0.1	0.4	0.8	1
	PM										0.2	0.7	1	0.7	0.2	
	PS								0.4	1	0.8	0.5	0.1			
	PO							0.5	1	0.5						
	NS				0.1	0.4	0.8	1	0.4							
	NM		0.2	0.7	1	0.7	0.2									
	NL	1	0.8	0.4	0.1											

对于本系统的模糊控制器,输入是二维的(温差和温差变化率),输出是一维的(输出控制量),模糊规则可用语言表示如下:

"若 ΔT 且 T_e 则 U",可以写为

"if $\Delta T = \Delta T_i$ and $T_e = T_{ej}$ then $U = U_{ij}$"

其中:$i = 1, 2, \cdots, m$;$j = 1, 2, \cdots, n$;ΔT_i、T_{ej}、U_{ij} 是分别定义的模糊子集。由此列出控制规则,如表 2.4 所示。利用加权平均判决法,控制量 u 由下式决定:

$$u = \frac{\sum\limits_{i=1}^{n} u(u_i) \cdot u_i}{\sum\limits_{i=1}^{n} u(u_i)} \tag{2-10}$$

式中:u 为控制量;u_i 为论域;$u(u_i)$ 为隶属度。

根据输出模糊集,可以计算出控制量,经过大量计算便可以得到控制规则表。

表 2.4　控制规则表

参数	UT_e						
ΔT	NL	NM	NS	O	PS	PM	PL
ML		PL			PM		O
NM							
NS			PM		O		NS
NO	PM			PS	O	NS	NM
PO							
PS		PS		O		NM	
PM		O		NM		NL	

3. 算法的具体实现

以上述数学模型为基础,本书开发并实现了基于零件切片的预热温度自动控制系统,具体实现流程图如图 2.11 所示。

从系统运行的稳定性、可靠性考虑,本系统采用两个并行进程:制造主进程 Manufacture 和温度控制进程 Temperature。设 SLS 系统制造单层厚度 $h = 0.2$ mm,高度为 $H_1 = 47.2$ mm 和 $H_2 = 47.0$ mm 两层,在 H_1 层制造完成、H_2 层铺粉后激光扫描前,捕获到切片信息突变信号,此时应对预备烧结的下一粉层进行强制加热,即需要给一个调节量 T_a,T_a 为图 2.10 所示模糊控制器系统输入的一个增量。

结合理论和工程实际,T_a 由下式给出:

$$T_a = f(H_1, H_2) = \begin{cases} 25, & A_1(H_1, H_2) > 300 \text{ 或 } A_2(H_1, H_2) > 1.2 \\ 20, & 300 \geq A_1(H_1, H_2) \geq 100 \text{ 或 } 1.2 \geq A_2(H_1, H_2) \geq 1.1 \\ 10, & \text{Outline}(H_1, H_2) \geq 15 \text{ 或 } \text{Outring}(H_1, H_2) = \text{true} \\ 0, & \text{非特殊截面,实行常规温控} \end{cases} \tag{2-11}$$

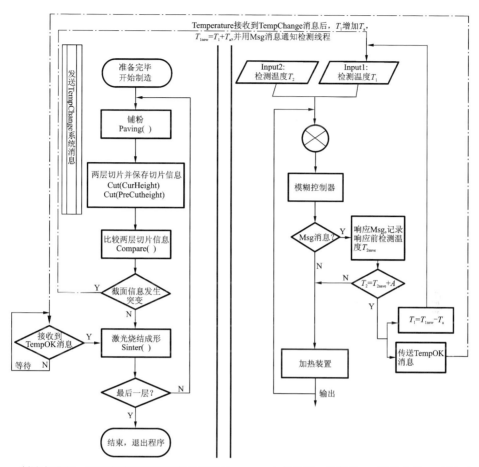

图 2.11　基于零件切片的预热温度自动控制系统流程图

其中，$A_1(H_1, H_2)$、$A_2(H_1, H_2)$、Outline(H_1, H_2)、Outring(H_1, H_2) 分别为 H_1、H_2 层切片的面积差，轮廓范围（二维）坐标值差最大值，外环信息比较（环数和范围）等函数。切片结束，铺粉完成后激光烧结前，温控系统先检测当前粉层温度，直到达到预定目标值（否则加强热升温），才开始下一步烧结制造。

2.2.3　温度控制稳定性分析

用下述模型描述粉末短时间内的加热：

$$T - T_0 = k_1 t + k_2 t \tag{2-12}$$

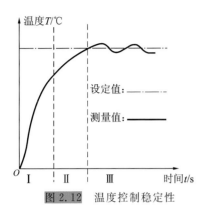

图 2.12 温度控制稳定性

当遇到特殊截面,强制加热开始。T 为时间 t 后测量温度,k_1、k_2 是系数,根据试验确定。如图 2.12 所示,由式(2-12)知开始时温差较大(Ⅰ区),温度以 2~5 ℃/s 的速度上升;当温度上升到一定程度,接近设定值(Ⅱ区),其上升速度开始下降,逐渐达到设定值;当温度达到设定值后(Ⅲ区),只有一两次超调,其幅值小于 2 ℃,以后温度便在设定值稳定运行,上下调节偏差不超过 ±2 ℃。这一结果达到了工程设计要求。

2.2.4 实际案例

相较于原有控制方式,根据本书提供的算法制造的零件在表面性能、尺寸精度、形状精度等方面都得到较大提高。预热温度控制分别采用常规控制和基于零件切片的控制方式,得到的制件如图 2.13 所示。依图 2.14 所示的计算方法定义翘曲量,得二者翘曲数据如表 2.5 所示。

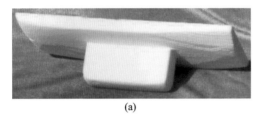
(a)

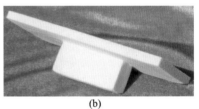
(b)

图 2.13 不同温控方式下制件效果比较

(a)常规温度控制制件效果;(b)基于零件切片的温度控制制件效果

选取和下沿相接的面,板厚 h=10 mm,a=80 mm,b=40 mm,翘曲量 δ,取点如下:

翘曲量 δ 定义:

图 2.14 翘曲量的计算方法

表 2.5 平板翘曲量比较

δ	1	2	3	4	5	6	7	8
a/mm	1.8	5.6	0.8	5.4	2.2	4.9	1.1	4.7
b/mm	0.2	0.6	0.2	0.5	0.3	0.4	0.1	0.7

分析表 2.5 中的数据可知,基于零件切片的预热温度控制系统提高了制造的自动化和智能化水平,在节省生产成本的同时提高了制件的尺寸和形状精度,用户反映良好。

但是,考虑到 SLS 成形的材料有高分子、金属、陶瓷等,不同材料成形的预热温度是不同的,相应的控制要求也会不同;同时,上述式(2-11)为一经验公式,还有待经过大量实验的检验。这就进一步可以用数学统计等方法得出不同材料的最佳预热温度,使温度控制更好地随切片信息变化而变化,以适应不同材料、不同形体的制件需求;另外,还可以用专家系统、神经网络等改进控制算法,从而使 SLS工艺更加完善,使整个系统的性能更加优越。

2.3　振镜式激光扫描系统

在激光选区烧结 3D 打印系统中,振镜式激光扫描系统的快速、精确扫描是整个系统高效、高性能运行的基础和核心。用于激光选区烧结系统的振镜式激光扫描系统包括采用 F-Theta 透镜聚焦方式的二维振镜激光扫描系统和采用动态聚焦方式的三维振镜激光扫描系统两种类型,主要根据扫描视场大小、工作面聚焦光斑的大小以及工作距离等来选取。目前适用于激光选区烧结系统的振镜式激光扫描系统主要从美国或者德国进口,价格十分昂贵,并且由于是成套设备进口,振镜式激光扫描系统的扫描控制、图形校正等核心技术都掌握在生产厂商手中,后续的维护非常困难。自主设计可适用于激光选区烧结的振镜式激光扫描系统可以大幅降低激光选区烧结设备的成本,有利于激光选区烧结技术的推广应用。

振镜式激光扫描系统的设计主要包括扫描控制及图形精度校正两个方面。基于目前 PC 性能的不断提高,本书提出采用基于 PC 的软件芯片方式,在 PC 内实现振镜式激光扫描系统的模型转换模块、图形插补模块、数据处理模块以及中断输出模块的扫描控制方案,在保证系统性能的前提下,极大地简化了扫描系统对扫描控制卡的要求。针对振镜式激光扫描系统扫描图形的畸变,提出了采用图形整形、坐标校正以及多点校正等多种方法相结合的扫描校正方案,实现对扫描图形的精确校正。

2.3.1　振镜式激光扫描系统设计与优化

1. 振镜式激光扫描系统基本理论

振镜式激光扫描系统主要由执行电动机、反射镜片、聚焦系统以及控制系统组成。执行电动机为检流计式有限转角电动机,其机械偏转角一般在±20°以内。

反射镜片粘接在电动机的转轴上,通过执行电动机的旋转带动反射镜的偏转来实现激光束的偏转。其辅助的聚焦系统有静态聚焦系统和动态聚焦系统两种,根据实际中聚焦工作面的大小来选择。静态聚焦方式又有振镜前聚焦方式的静态聚焦和振镜后聚焦方式的 F-Theta 透镜聚焦方式;动态聚焦方式需要辅以一个 Z 轴执行电动机,并通过一定的机械结构将执行电动机的旋转运动转变为聚焦透镜的直线运动来实现动态调焦,同时加入特定的物镜组来实现工作面上聚焦光斑的调节。

动态聚焦方式相对于静态聚焦方式要复杂得多,如图 2.15 所示为采用动态聚焦方式的振镜式激光扫描系统,激光器发射的激光束经过扩束镜之后,得到均匀的平行光束,然后通过动态聚焦系统的聚焦以及物镜组的光学放大后依次投射到 X 轴和 Y 轴振镜上,最后经过两个振镜二次反射到工作台面上,形成扫描平面上的扫描点。可以通过控制振镜式激光扫描系统镜片的相互协调偏转以及动态聚焦的动态调焦来实现工作平面上任意复杂图形的扫描。

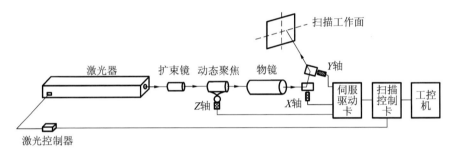

图 2.15 振镜式激光扫描系统示意图

1)振镜式激光扫描系统的激光特性

(1)激光聚焦特性。

在进行激光选区烧结时,重要的参数包括激光束聚焦后激光的光斑大小和功率密度,较小的聚焦光斑能够得到更好的扫描精度,较大的光斑和功率密度则能提高扫描的效率。激光束是一种在传输过程中曲率中心不断变化的特殊球面波,当激光束以高斯形式传播时,在经过光学系统后仍是高斯光束。激光束的聚焦不同于一般光源的聚焦,其聚焦光斑的大小以及聚焦深度不仅受整个光路影响,而且受激光束的光束质量影响。激光束的光束质量 M^2 是激光器输出特性中的一个重要参数,也是设计光路以及决定最终聚焦光斑的重要参考数据,衡量激光光束质量的主要指标包括激光束的束腰直径和远场发散角。激光束的光束质量 M^2 的表达式如下:

$$M^2 = \pi D_0 \theta / (4\lambda) \tag{2-13}$$

式中:D_0 为激光束的束腰直径;θ 为激光束的远场发散角。

激光束在经过透镜组的变换前后,其束腰直径与远场发散角之间的乘积是一定的,其表达式如下:

$$D_0\theta_0 = D_1\theta_1 \tag{2-14}$$

式中：D_0 为进入透镜前的激光束束腰直径；θ_0 为进入透镜前的激光束远场发散角；D_1 为经过透镜后的激光束束腰直径；θ_1 为经过透镜后的激光束远场发散角。

由于在传输过程中激光束的束腰直径和远场发散角的乘积保持不变，因此最终聚焦在工作面上的激光束聚焦光斑直径 D_f 可通过式(2-15)计算：

$$D_f = D_0\theta_0/\theta_f \approx M^2 \times \frac{4\lambda}{\pi} \times \frac{f}{D} \tag{2-15}$$

式中：θ_f 为激光束聚焦后的远场发散角；D 为激光束聚焦前最后一个透镜的直径；f 为激光束聚焦前最后一个透镜的焦距。

从式(2-15)可以看出，激光束聚焦光斑直径的大小与激光束的光束质量及波长相关，同时也受聚焦透镜的焦距以及聚焦前最后一个透镜的直径即激光光束直径的影响。实际中对于给定的激光器，综合考虑聚焦光斑要求以及振镜响应性能的影响，通常通过设计合适的透镜以及扩大光束直径的方法来得到理想的聚焦光斑。

（2）激光聚焦的焦深。

激光聚焦的另一个重要参数是光束的聚焦深度。激光束聚焦不同于一般的光束聚焦，其焦点不仅仅是一个聚焦点，而是有一定的聚焦深度。通常聚焦深度的截取可按从激光束束腰处向两边截取至光束直径增大 5% 处，聚焦深度 h_Δ 可按式(2-16)估算：

$$h_\Delta = \pm \frac{0.08\pi D_f^2}{\lambda} \tag{2-16}$$

式中：D_f 为激光束聚焦光斑直径。

由式(2-16)可知，在一定聚焦光斑要求下，激光束的聚焦深度与波长成反比。在相同聚焦光斑要求下，波长较短的激光束可以得到较大的聚焦深度。对于物镜后扫描方式，如果采用静态聚焦方式，其聚焦面为一个球弧面，如果在整个工作面内的离焦误差可控制在焦深范围之内，则可采用静态聚焦方式。如在小工作面的光固化成形系统中，由于其紫外光的波长为 355 nm，因此其激光聚焦可以获得较大的焦深，整个工作面激光聚焦的离焦误差可控制在焦深范围之内，其聚焦系统则可以采用较简单的振镜前静态聚焦方式；而在激光选区烧结系统中，一般采用 CO_2 激光器，其激光束的波长达到 10640 nm，采用简单的振镜前静态聚焦方式很难保证整个工作面上激光聚焦的离焦误差在焦深范围内，所以需采用 F-Theta 透镜聚焦方式或者采用动态聚焦方式。

2）振镜式激光扫描系统激光的扩束

如果激光束需要传输较长距离，由于激光束发散角的缘故，为了得到合适的聚焦光斑以及扫描一定大小的工作面，通常在选择合适的透镜焦距的同时，需要将激光束进行扩束。激光束扩束的基本方法有两种：伽利略法和开普勒法，如图 2.16 和图 2.17 所示。

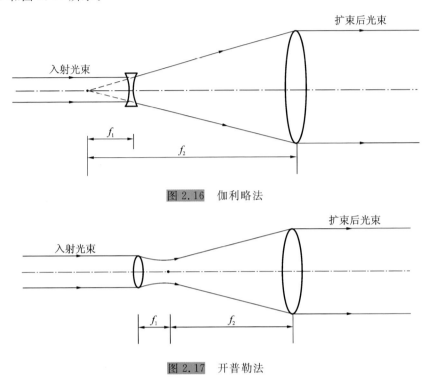

图 2.16　伽利略法

图 2.17　开普勒法

激光束经过扩束后，激光光斑被扩大，从而减小了激光束传输过程中光学器件表面激光束的功率密度，减小了激光束通过时光学组件的热应力，有利于保护光路上的光学组件。扩束后的激光束的发散角被压缩，减小了激光的衍射，从而能够获得较小的聚焦光斑。

3）振镜式激光扫描系统的聚焦系统

振镜式激光扫描系统通常需要辅以合适的聚焦系统才能工作，根据聚焦物镜在整个光学系统中的不同位置，振镜式激光扫描通常可分为物镜前扫描和物镜后扫描。物镜前扫描方式一般采用 F-Theta 透镜作为聚焦物镜，其聚焦面为一个平面，在焦平面上的激光聚焦光斑大小一致；物镜后扫描方式可采用普通物镜聚焦方式或采用动态聚焦方式，根据实际中激光束的不同、工作面的大小以及聚焦要求进行选择。

激光选区烧结系统中，在进行小幅面扫描时，一般可以采用聚焦透镜为 F-Theta 透镜的物镜前扫描方式，其可以保证整个工作面内激光聚焦光斑较小而且均匀，并且扫描的图形畸变在可控制范围内；而在需要扫描较大幅面的工作场时，F-Theta 透镜由于激光聚集光斑过大及扫描图形畸变严重，已经不再适用，因此一般采用动态聚焦的物镜后扫描方式。

（1）物镜前扫描方式。

激光束被扩束后，先经扫描系统偏转再进入 F-Theta 透镜，由 F-Theta 透镜将激光束会聚在工作平面上，此即为物镜前扫描方式。如图 2.18 所示，近似平行的入射激光束经过振镜扫描后再由 F-Theta 透镜聚焦于工作面上。F-Theta 透镜聚焦为平面聚焦，激光束聚焦光斑在整个工作面内大小一致。可通过改变入射激光束与 F-Theta 透镜轴线之间的夹角 θ 来改变工作面上焦点的坐标。

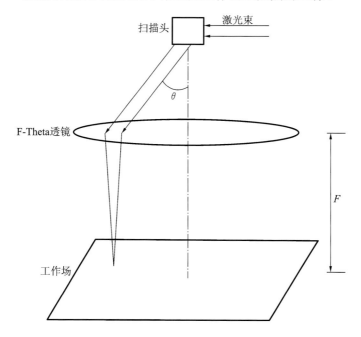

图 2.18　物镜前扫描方式

激光选区烧结系统工作面较小时，采用 F-Theta 透镜聚焦的物镜前扫描方式一般可以满足要求。相对于采用动态聚焦方式的物镜前扫描方式，采用 F-Theta 透镜聚焦的物镜前扫描方式结构简单紧凑，成本低廉，而且能够保证在工作面内的聚焦光斑大小一致。但是当激光选区烧结系统工作面较大时，使用 F-Theta 透镜就不再合适。首先，设计和制造具有较大工作面的 F-Theta 透镜成本昂贵；同时，为了获得较大的扫描范围，具有较大工作面的 F-Theta 透镜的焦距都较长，从而应用其进行聚焦的激光选区烧结装备的高度需要相应增高，给应用带来很大的困难；其次，由于焦距的拉长，由式(2-15)计算可知其焦平面上的光斑变大，同时由于设计和制造工艺方面的因素，工作面上扫描图形的畸变变大，甚至无法通过扫描图形校正来满足精度要求，导致无法满足应用的要求。

（2）物镜后扫描方式。

如图 2.19 所示，激光束被扩束后，先经过聚焦系统形成会聚光束，再通过振镜的偏转，形成工作面上的扫描点，此即为物镜后扫描方式。当采用静态聚焦方式时,激光束经过扫描系统后的聚焦面为一个球弧面,如果以工作面中心为聚焦面与工作面的相切点,则越远离工作面中心,工作面上扫描点的离焦误差越大。如果在整个工作面内扫描点的离焦误差可控制在焦深范围之内,则可以采用静态聚焦方式。比如在小工作面的光固化成形系统中,采用长聚焦透镜,能够保证在聚焦光斑较小的情况下获得较大的焦深,整个工作面内的扫描点的离焦误差在焦深范围之内,所以可以采用静态聚焦方式的振镜式物镜前扫描方式。

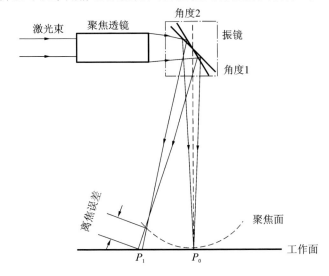

图 2.19　物镜后扫描方式

在激光选区烧结系统中,一般采用 CO_2 激光器,其激光波长较长,很难在较小聚焦光斑情况下取得大的焦深,所以不能采用静态聚焦方式的振镜式物镜前扫描方式,在扫描幅面较大时一般采用动态聚焦方式。动态聚焦系统一般由执行电动机、一个可移动的聚焦镜和静止的物镜组成。为了提高动态聚焦系统的响应速度,一般动态聚焦系统聚焦镜的移动距离较短,在 ± 5 mm 以内,辅助的物镜可以将聚焦镜的调节作用进行放大,从而实现在整个工作面内将扫描点的聚焦光斑控制在一定范围之内。

在工作幅面较小的激光选区烧结系统中,采用 F-Theta 透镜作为聚焦透镜的物镜前扫描方式,由于其焦距及工作面光斑都在合适的范围之内,且成本低廉,因此可以采用。而在大工作幅面的激光选区烧结系统中,如果采用 F-Theta 透镜作为聚焦透镜,由于焦距太长及聚焦光斑太大,因此并不适合。一般在需要进行大幅面扫描时采用动态聚焦的扫描系统,通过动态聚焦的焦距调节,可以保证扫描时整个工作场内的扫描点都处在焦点位置,同时由于扫描角度及聚焦距离的不同,边缘扫描点的聚焦光斑一般比中心聚焦光斑稍大。

2. 振镜式激光扫描系统的数学模型

振镜式激光扫描系统扫描过程中,扫描点与振镜 X 轴和 Y 轴反射镜的摆动角度及动态聚焦的调焦距离是一一对应的,但是它们之间的关系是非线性的。要实现振镜式激光扫描系统的精确扫描控制,首先必须得到其精确的扫描模型,通过扫描模型得到扫描点坐标与振镜 X 轴和 Y 轴反射镜摆角及动态聚焦移动距离之间的精确函数关系。

1)振镜式激光物镜前扫描方式的数学模型

如图 2.20 所示,入射激光束经过振镜 X 轴和 Y 轴反射镜反射后,由 F-Theta透镜聚焦在工作面上。理想情况下,焦点到工作场中心的距离 L 满足以下关系:

$$L = f \times \theta \tag{2-17}$$

式中:f 为 F-Theta 透镜的焦距;θ 为入射激光束与 F-Theta 透镜法线的夹角。

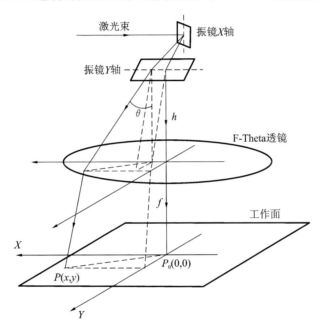

图 2.20　物镜前扫描方式原理图

通过计算可得工作场上扫描点的轨迹,可用式(2-18)和式(2-19)表示:

$$x = \frac{L \cdot \sin 2\theta_x}{\cos(L/f)} \tag{2-18}$$

$$y = \frac{L \cdot \tan 2\theta_y}{\tan(L/f)} \tag{2-19}$$

式中:L 为扫描点到工作场中心的距离,$L = \sqrt{x^2 + y^2}$;θ_x 为振镜 X 轴的机械偏转角度;θ_y 为振镜 Y 轴的机械偏转角度。

由以上可得振镜式激光物镜前扫描方式的数学模型为

$$\theta_x = 0.5 \arcsin \frac{x \cdot \cos(\sqrt{x^2 + y^2}/f)}{\sqrt{x^2 + y^2}} \tag{2-20}$$

$$\theta_y = 0.5 \arctan \frac{y \cdot \tan(\sqrt{x^2 + y^2}/f)}{\sqrt{x^2 + y^2}} \tag{2-21}$$

以上扫描模型是基于激光束准确从振镜 X 轴反射镜中心入射得出的,实际中采用 F-Theta 透镜聚焦的振镜式激光物镜前扫描方式很难将激光束的入射方向调整准确,同时振镜扫描过程中激光束入射 F-Theta 透镜的夹角不能一直保证以 F-Theta 透镜法线为基准来计算。这些都为振镜扫描引入了误差,从而导致最终扫描图形的畸变。不同于激光打标中一般采用短聚焦方式,激光选区烧结系统中焦距比较长,其扫描图形畸变相应放大,在扫描图形边缘处尤为明显,这就需要后续采用较为复杂的图形扫描校正方案来对扫描图形进行精确校正。

2)振镜式激光物镜后扫描方式的数学模型

如图 2.21 所示的坐标系中,激光束经过聚焦系统会聚后先后投射到振镜 X 轴反射镜和 Y 轴反射镜上,再经振镜扫描会聚到工作面上。当振镜 X 轴和 Y 轴偏转角为零时,激光束会聚在工作台面上的扫描点坐标为 $O(0,0)$ 点;当振镜 X 轴和 Y 轴偏转一定角度时,激光束会聚到工作面上的扫描点 $P(x,y)$,通过计算可以得出激光束在 X-Y 平面上的扫描轨迹。其数学模型包括振镜 X、Y 轴的偏转角度与扫描点坐标间的函数模型,以及动态聚焦移动距离与扫描点坐标间的函数模型。

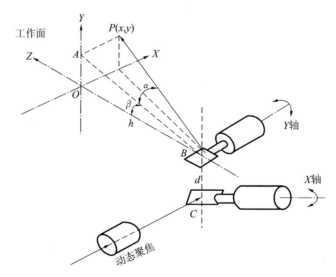

图 2.21　物镜后扫描方式原理图

在图 2.21 中,激光束先后通过振镜 X 轴反射镜和 Y 轴反射镜的反射,投射到工作面上的某一点 $P(x,y)$。α 为振镜 X 轴的转角,β 为振镜 Y 轴的转角。当 $\alpha=0$,$\beta=0$ 时,激光束聚焦在工作面的原点 O 上,这是整个系统的初始点。d 为振镜 X 轴反射镜到 Y 轴反射镜的距离,h 为振镜 Y 轴反射镜到工作面原点 O 的距离。当系统处于初始状态时,振镜 X 轴和 Y 轴偏转角度为零,动态聚焦处于初始位置,激光束从振镜 X 轴反射镜中心会聚到工作面扫描点的光程 $L=h+d$。当激光束会聚在工作面上的扫描点 $P(x,y)$ 时,在 $\triangle AOB$ 中有 $\tan\beta=y/h$,$AB=\sqrt{h^2+y^2}$,激光从 C 点到达 A 点的路径长为 $AB+BC=\sqrt{h^2+y^2}+d$,$\tan\alpha=x/(\sqrt{h^2+y^2}+d)$,此时激光束从振镜 X 轴反射镜中心会聚到工作面上扫描点 $P(x,y)$ 的光程可按式(2-22)计算:

$$L=\sqrt{\left(\sqrt{h^2+y^2}+d\right)^2+x^2} \tag{2-22}$$

振镜 X 轴和 Y 轴偏转角度与 P 点坐标 (x,y) 之间的函数关系为

$$\theta_x=\alpha/2=0.5\arctan\frac{x}{\sqrt{h^2+y^2}+d} \tag{2-23}$$

$$\theta_y=\beta/2=0.5\arctan\frac{y}{h} \tag{2-24}$$

式中:θ_x 为振镜 X 轴的机械偏转角度;θ_y 为振镜 Y 轴的机械偏转角度。

如果聚焦系统采用动态聚焦方式,扫描到工作面上的扫描点 $P(x,y)$ 时,动态聚焦系统需要补偿的离焦误差可计算为

$$\Delta L=\sqrt{\left(\sqrt{h^2+y^2}+d\right)^2+x^2}-h-d \tag{2-25}$$

在具有较大工作面的激光选区烧结系统中,一般采用动态聚焦方式的振镜式激光物镜后扫描方式,式(2-23)、式(2-24)和式(2-25)共同构成其扫描模型。

3. 振镜式激光扫描系统的设计与误差校正

振镜式激光扫描系统是一个光机电一体化的系统,主要通过扫描控制卡控制振镜 X 轴和 Y 轴电动机转动来带动固定在转轴上的反射镜片偏转而实现扫描。在采用动态聚焦方式的振镜式激光扫描系统中,还需要控制 Z 轴电动机转动并结合相应的机械机构来带动聚焦镜进行往复运动而实现聚焦补偿。相较于传统的机械式扫描方式,振镜式扫描的最大优点是其可以实现快速扫描,因此振镜式激光扫描系统的执行机构需要有很高的动态响应性能。同时,为了保证振镜式激光扫描系统的精确扫描,实时和同步控制振镜式激光扫描系统的 X 轴、Y 轴以及 Z 轴的运动是关键。

目前,生产振镜的主要厂商有德国的 Scanlab 公司和美国的 GSI 公司。GSI 公司主要以生产三维动态聚焦振镜式激光扫描系统为主,其动态聚焦模块及物镜与振镜 X 轴、Y 轴扫描模块是分立的,其三维动态聚焦振镜式激光扫描系统的主要性能参数如表 2.6 所示。

德国 Scanlab 公司也生产多种型号的二维及三维振镜式激光扫描系统。其二维振镜结合 F-Theta 透镜,一般用于小工作范围扫描,多用于激光打标行业;其动态聚焦模块有多种型号,可与不同的振镜扫描头结合使用。Scanlab 振镜式激光扫描系统的主要性能参数如表 2.7 所示。

表 2.6 GSI 振镜式激光扫描系统的主要性能参数

振镜型号	HPLK 1330—9	HPLK 1330—17	HPLK 1350—9	HPLK 1350—17	HPLK 2330
激光器类型	CO_2	CO_2	CO_2	CO_2	YAG
波长/nm	10640	10640	10640	10640	10640
典型扫描范围/(mm×mm)	400×400	400×400	400×400	400×400	400×400
工作高度/mm	522.7	449.9	464.5	464.5	522.72
动态聚焦入口光斑直径/mm	9	17	9	17	6
聚焦光斑直径/μm	350	295	202	207	40
扫描控制卡	HC/2 或 HC/3	HC/2 或 HC/3	HC/2 或 HC/3	HC/2 或 HC/3	HC/2 或 HC/3

表 2.7 Scanlab 振镜式激光扫描系统的主要性能参数

项　　目	型号/参数值			
动态聚焦型号	varioScan40	varioScan60	varioScan60	varioScan80
振镜型号	PowerScan33	PowerScan50	PowerScan50	PowerScan70
激光器类型	CO_2	CO_2	CO_2	CO_2
波长/nm	10640	10640	10640	10640
XY扫描头通光孔径/mm	33	50	50	70
扫描范围/(mm×mm)	270×270	400×400	800×800	1000×1000
额定扫描速度/(m/s)	1	1.3	2.7	2
Z方向焦距调节/mm	±5	±10	±50	±75
聚焦光斑直径/μm	275($M^2=1$)	250($M^2=1$)	500($M^2=1$)	450($M^2=1$)
焦距/mm	515±28	750±50	1350±150	1680±200
扫描控制卡	RTC3 或 RTC4	RTC3 或 RTC4	RTC3 或 RTC4	RTC3 或 RTC4

　　无论是德国 Scanlab 公司还是美国 GSI 公司,它们都是通过自己设计的扫描控制卡来控制振镜进行扫描的,其扫描图形的插补算法、图形校正以及扫描控制都在扫描控制卡内实现。随着计算机技术及数控技术的不断发展,研制基于 PC 的复杂、高速、高精度的数控系统成为可能。对振镜式激光扫描系统而言,基于 PC 的数控系统主要包括在计算机内实现对输入图形的复杂插补运算、数据的模型转换、图形校正算法,以及通过中断控制方式实现对插补后扫描点的高速、准确的定位控制。

　　扫描系统的性能是通过在工作面上进行图形扫描来检验的,一个好的扫描系统应该能够快速、精确地在工作面上按照输入图形进行扫描。扫描的速度及精度都是设计振镜式激光扫描系统的控制系统时需要着重考虑的。同时，精确的误差校正方案也是保证振镜式激光扫描系统扫描精度不可或缺的部分。

1）振镜式激光扫描系统的系统构成

振镜式激光扫描系统主要由 X 轴和 Y 轴检流计式有限转角电动机及其伺服驱动系统、固定于电动机转轴上的 X 轴和 Y 轴反射镜片以及扫描控制系统组成。在采用动态聚焦方式的振镜式激光扫描系统中，还需要有 Z 轴电动机及通过一定机械结构固定在电动机转轴上的动态聚焦透镜。

（1）系统执行电动机及其伺服驱动系统。

振镜式激光扫描系统的执行电动机采用检流计式有限转角电动机，按其电磁结构可分为动圈式、动磁式和动铁式三种。为了获得较快的响应速度，要求执行电动机在一定转动惯量时具有最大的转矩。目前振镜式激光扫描系统执行电动机主要采用动磁式电动机。它的定子由导磁铁心和定子绕组组成，形成一个具有一定极数的径向磁场；转子由永磁体组成，形成与定子磁极对应的径向磁场。二者电磁作用直接与主磁场有关，动磁式结构的执行电动机电磁转矩较大，可以方便地受定子励磁控制。

振镜式激光扫描系统各轴各自形成一个位置随动伺服系统。为了得到较好的频率响应特性和最佳阻尼状态，伺服系统采用带有位置负反馈和速度负反馈的闭环控制系统。位置传感器的输出信号反映振镜偏转的实际位置，用此反馈信号与指令信号之间的偏差来驱动振镜执行电动机的偏转，以修正位置误差。对位置输出信号取微分可得速度反馈信号，改变速度环增益可以方便地调节系统的阻尼系数。

振镜式激光扫描系统执行电动机的位置传感器有电容式、电感式和电阻式等几类，目前主要采用差动圆筒形电容传感器。这种传感器转动惯量小，结构牢固，容易获得较大的线性区和较理想的动态响应性能。

本书所设计的振镜式激光扫描系统执行电动机采用美国 CTI 公司的 6880 型检流计式有限转角电动机，其在较小惯量的情况下具有较高的转矩，其主要技术参数如表 2.8 所示。

表 2.8　CTI 6880 型电动机主要技术参数

技术参数	参数值
转动角度/(°)	40
转动惯量/(g · cm²)	6.4
转矩系数	2.54×10^5

在进行扫描时，振镜的扫描方式如图 2.22 所示，主要有三种：空跳扫描、栅格扫描以及矢量扫描。每种扫描方式对振镜的控制要求都不同。

空跳扫描是从一个扫描点到另一个扫描点的快速运动，主要是在从扫描工作面上的一个扫描图形跳跃至另一个扫描图形时发生。空跳扫描需要在运动起点关闭激光,终点开启激光。由于空跳过程中不需要扫描图形,扫描中跳跃运动的速度均匀性和激光功率控制并不重要,而只需要保证跳跃终点的准确定位。因此空跳扫描的振镜扫描速度可以非常快,再结合合适的扫描延时和激光控制延时即可实现精确控制。

栅格扫描是快速成形中最常用的一种扫描方式。振镜按栅格化的图形扫描路径往复扫描一些平行的线段,扫描过程中要求扫描线尽可能保持匀速,扫描中激光功率均匀,以保证扫描质量。这就需要结合振镜式激光扫描系统的动态响应性能对扫描线进行合理的插补,形成一系列的扫描插补点,通过一定的中断周期输出插补点来实现匀速扫描。

矢量扫描一般在扫描图形轮廓时使用。不同于栅格扫描方式的平行线扫描,矢量扫描主要进行曲线扫描,需要着重考虑振镜式激光扫描系统在精确定位的同时保证扫描线的均匀性,通常需要辅以合适的曲线延时。

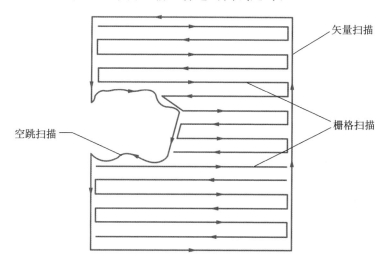

图 2.22 振镜式激光扫描方式

在位置伺服控制系统中,执行机构接收的控制命令主要有两种:增量位移和绝对位移。增量位移的控制量为目标位置相对于当前位置的增量,绝对位移的控制量为目标位置相对于坐标中心的绝对位置。增量位移的每一次增量控制都有可能引入误差,而其误差累计效应将使整个扫描的精度很差。因此振镜式激光扫描系统中,控制方式采用绝对位移控制。同时,振镜式激光扫描系统是一个高精度的数控系统,不管是何种扫描方式,其运动控制都必须通过对扫描路径的插补来实现。高效、高精度的插补算法是振镜式激光扫描系统实现高精度扫描的基础。

(2)反射镜。

振镜式激光扫描系统的反射镜片是将激光束最终反射至工作面的执行器件。反射镜固定在执行电动机的转轴上,根据所需要承受的激光波长和功率不同采用不同的材料。一般在低功率系统中,采用普通玻璃作为反射镜基片,在高功率系统中,反射镜可采用金属铜作为反射基片,以便于冷却散热;如果要得到较高的扫描速度,需要减小反射镜的惯量,可采用金属铍制作反射镜基片。反射镜的反射面根据入射激光束波长不同一般要镀反射膜提高反射率,一般反射率可达99%。

反射镜作为执行电动机的主要负载,其转动惯量是影响扫描速度的主要因素。反射镜的尺寸由入射激光束的直径及扫描角度决定,并需要有一定的余量。在采用静态聚焦的光固化系统中,激光束的直径较小,振镜的镜片可以做得很小。而在激光选区烧结系统中,由于焦距较长,为了获得较小的聚焦光斑,就需要扩大激光束的直径,尤其是采用动态聚焦的振镜系统中,振镜的入射激光束光斑直径可达 33 mm 甚至更大。振镜的镜片尺寸较大将导致振镜执行电动机负载的转动惯量加大,影响振镜的扫描速度。在某些采用高功率 YAG 激光器的激光选区烧结系统进行金属粉末间接烧结时,为了获得好的散热效果及较高的扫描速度,需要采用铍金属镜片作为振镜式激光扫描系统的反射镜。

(3)振镜式激光扫描系统的动态聚焦系统。

动态聚焦系统由执行电动机、可移动的聚焦镜和固定的物镜组成。扫描时执行电动机的旋转运动通过特殊设计的机械结构转变为直线运动来带动聚焦镜移动以调节焦距,再通过物镜放大动态聚焦镜的调节作用来实现整个工作面上扫描点的聚焦。

如图 2.23 所示,动态聚焦系统的光学镜片组主要包括可移动的动态聚焦透镜和起光学放大作用的物镜组。动态聚焦透镜由一片透镜组成,其焦距为 f_1,物镜由两片透镜组成,其焦距分别为 f_2 和 f_3。其中 $L_1 = f_1$,$L_2 = f_2$,在调焦过程中,动态聚焦透镜移动距离 Z,则工作面上聚焦点的焦距变化量为 ΔS。由于在动态调焦过程中,第三个透镜上的光斑大小会随 Z 的变化而改变,振镜 X 轴和 Y 轴反射镜上的光斑也会相应变化,如果要使振镜 X 轴和 Y 轴反射镜上的光斑保持恒定,可以使 $L_3 = f_2$,根据基本光学成像公式:

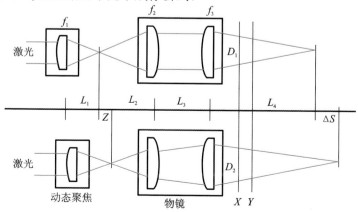

图 2.23　透镜聚焦及光学杠杆原理图

29

$$\frac{1}{u}+\frac{1}{v}=\frac{1}{f} \tag{2-26}$$

可得焦点位置的变化量 ΔS 与透镜移动量 Z 之间的关系：

$$\Delta S=\frac{Zf_3^2}{f_2^2-Zf_3} \tag{2-27}$$

实际中，动态聚焦的聚焦透镜和物镜组的调焦值在应用之前需要对其进行标定，通过在光具座上移动动态聚焦来确定动态聚焦透镜移动距离与工作面上扫描点的聚焦长度变化之间的数学关系。通常为了得到较好的动态聚焦响应性能，动态聚焦透镜的移动距离都非常小，需要靠物镜组来对动态聚焦透镜的调焦作用进行放大。动态聚焦透镜与物镜间的初始距离为 31.05 mm，通过向物镜方向移动动态聚焦透镜可以扩展扫描系统的聚焦长度，动态聚焦的标定值如表 2.9 所示。

表 2.9　动态聚焦标定值

Z 轴移动距离/mm	离焦补偿 ΔS/mm
0.0	0.0
0.2	2.558
0.4	6.377
0.6	11.539
0.8	16.783
1.0	22.109
1.2	27.522
1.4	33.020
1.6	38.610
1.8	44.292

以工作面中心为离焦误差补偿的初始点，对于工作面上的任意点 $P(x,y)$，通过拉格朗日插值算法可以得到其对应的 Z 轴动态聚焦值。对任意点 $P(x,y)$，其对应的离焦误差补偿值可以通过式(2-28)计算：

$$\Delta S=\sqrt{\left(\sqrt{h^2+y^2}+d\right)^2+x^2}-h-d \tag{2-28}$$

通过式(2-29)可以得到动态聚焦补偿值的拉格朗日插值系数：

$$S_i=\frac{\prod\limits_{k=0,k\neq i}^{9}(\Delta S-\Delta S_k)}{\prod\limits_{j=0,j\neq i}^{9}(\Delta S_i-\Delta S_j)} \tag{2-29}$$

结合表 2.9 中的标定数据和计算得出的拉格朗日插值系数，可以通过拉格朗日插值算法得到任意点 $P(x,y)$ 对应的 Z 轴动态聚焦的移动距离：

$$Z = \sum_{i=0}^{9} Z_i S_i \qquad\qquad (2\text{-}30)$$

在振镜式激光扫描系统中,动态聚焦部分的惯量较大,相较于振镜 X 轴和 Y 轴而言,其响应速度较慢,因此设计中动态聚焦移动距离较短,需要靠合适的物镜来放大动态聚焦的调焦作用。同时,为了减小动态聚焦部分的机械传动误差且尽可能地减小动态聚焦部分的惯量,采用 $20\ \mu m$ 厚具有较好韧度和强度的薄钢带作为传动介质,采用双向传动的方式来减小传动误差,其结构示意图如图 2.24 所示。

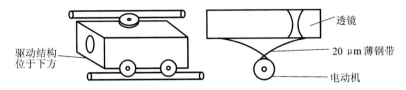

图 2.24　动态聚焦结构示意图

动态聚焦的移动机构通过滑轮固定在光滑的导轨上,其运动过程中的滑动摩擦力很小,极大地减小了运动阻力对动态聚焦系统动态响应性能的影响;采用具有较好韧度的薄钢带双向传动的方式,在尽量少增加动态聚焦系统惯量的同时,尽量减小运动过程中的传动误差,保证了动态聚焦的控制精度。

2）振镜式激光扫描系统的扫描控制

图形从输入到最终扫描在工作面上需要经过插补运算、模型转换、图形校正以及中断数据处理等流程,最终形成振镜式激光扫描系统能够接收的位置控制命令。振镜式激光扫描系统接收扫描控制卡的位置控制命令,并跟随位置控制命令的变化在工作面上进行扫描。为了保证扫描系统快速准确地定位,整个系统必须有很好的动态响应性能;同时,系统必须是渐近稳定的,并且具有一定的稳定裕量。为了达到所需的控制效果,必须对扫描图形进行插补,结合一定的扫描速度、插补周期以及必要的延时,将扫描图形转换成一系列的插补坐标点。插补坐标点经扫描模型转换后形成振镜 X 轴和 Y 轴的机械偏角角度及动态聚焦移动量对应的数字控制量,再经中断控制以一定周期输出来控制振镜式激光扫描系统的运动。

基于 PC 的数控系统的数据处理和运动控制都是在计算机内完成的。在激光选区烧结过程中,计算机的数据处理可能会非常复杂,产生的数据量也会非常大,并占用大量的系统资源;同时,为了实现精确快速扫描,必须保证运动控制的实时性。所以,算法的效率及数据容量是必须着重考虑的问题。

（1）插补算法。

位置跟随伺服系统是以输入位置控制命令与实际位置的偏差量来调整控制量的。最理想的控制效果是快速无超调地到达目标位置,运动过程往往是一个快速加速、匀速然后快速减速的过程。在进行扫描时,理想的情况是扫描点按照设定的扫描速度在工作面上匀速移动,并且在扫描的起点和终点位置能够精确定位。实际中,扫描路径按照一定的插补周期和插补算法转换成若干微小线段,然后按照设定的扫描中断周期提取扫描点数据,从而使整个扫描变成对许多微小线段的扫描,使扫描逼近匀速运动。

插补周期、振镜各个轴的运动速度以及必要的扫描延时是插补算法的主要参数。插补周期是影响系统控制精度的关键因素,插补周期越小,插补形成的微小线段越精细,系统的控制精度越高,但是,插补周期的减小会导致插补点的数据量大幅增加,增加系统的运算量。本书设计的振镜式激光扫描控制系统采用的插补周期为 $20~\mu s$,考虑到对复杂图形进行插补会产生大量的扫描点数据,为此在系统的应用层和驱动层建立了数据缓冲区,通过数据缓冲及异步输出扫描数据点的方法来进行扫描控制。

在振镜式激光扫描系统的扫描控制中,插补算法为绝对式插补算法,即每一个插补点的坐标计算都以工作面坐标中心为基准。如图 2.25 所示,设插补周期为 T,以简单的斜率为 k 的直线段扫描为例,每个插补点的坐标可按式(2-31)和式(2-32)计算:

$$x_n = \frac{vnT}{\sqrt{1+k^2}} \tag{2-31}$$

$$y_n = \frac{k \cdot vnT}{\sqrt{1+k^2}} \tag{2-32}$$

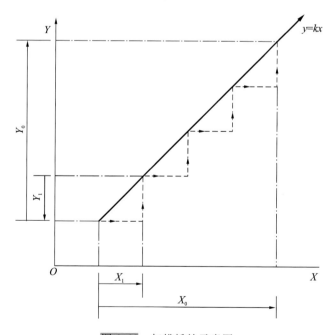

图 2.25　扫描插补示意图

对于采用动态聚焦方式的振镜式激光扫描系统,每一个插补点,根据前面的数学模型都可以相应地计算出动态聚焦轴进行离焦误差补偿的插补位置,计算方法如下:

$$Z_n = \sum_{i=0}^{9} Z_i S_i \tag{2-33}$$

实际中的扫描路径可能会非常复杂,同时需要考虑的因素也比较多。振镜式激光扫描系统的扫描过程主要包括扫描线起停位置的扫描及匀速阶段的扫描,其中扫描线起停位置的扫描决定了整个扫描的精度和扫描质量。本书通过设置合理的振镜扫描运动加速度来匹配振镜的最佳运动曲线,同时结合振镜运动所需的起停延时参数来保证扫描的精度及扫描质量。振镜式激光扫描系统一般都需要与某种类型的激光器一起工作,则振镜式激光扫描系统的响应性能和激光系统的响应延时都是影响扫描精度和扫描效果的重要因素。一般振镜式激光扫描系统机械运动的响应速度都要低于激光系统的响应速度,因此在进行插补运算时需要考虑匹配的激光器开关延时参数,来保证扫描线扫描起点和终点位置的扫描质量,因而插补算法会复杂得多。

(2)数据处理。

将扫描图形输入计算机后,按照设定的扫描路径规划工艺将其转换成一系列的扫描路径。上层应用程序按照设定的插补周期对这些扫描路径进行插补,如果所扫描图形很大且扫描路径比较复杂,则插补后形成的插补点数量会非常庞大,甚至有可能无法分配足够的系统资源来存储这些插补点数据。同时,在 Windows 操作系统环境下,操作系统应用层程序不具有实时控制性能,只有驱动层才能实时响应系统中断,因此必须要通过驱动层的中断例程输出扫描点来保证系统扫描的实时性。本书设计的振镜式激光扫描控制系统在操作系统的应用层和驱动层各建立一个一定大小的缓存区,两个缓存区之间可以传递扫描点数据及工作状态数据,插补点的生成和扫描点的输出是一个异步进行的过程。

如图 2.26 与图 2.27 所示,数据处理主要包括以下几个部分:

①分别合理地分配应用层插补点存储空间和驱动层数据存储空间;

②将扫描路径经过插补后形成的大量插补点依次存储进应用层插补点存储空间;

③在应用层和驱动层之间进行数据传输;

④在中断例程中提取扫描点数据控制振镜进行扫描。

由于上层应用程序分配的插补点存储空间不占用系统的核心内存,所以可以适当地分配较大的空间;而驱动层分配的数据存储空间需要占用系统核心内存,所以必须尽量合理分配。为了在充分利用计算机系统性能的同时又保证整个扫描系统的实时性能,就必须综合考虑振镜式激光扫描系统的动态响应性能及计算机的运算性能。计算机需要对扫描路径中的复杂插补、存储数据、传输数据以及

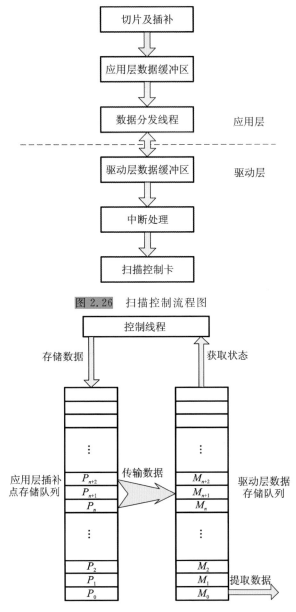

图 2.26　扫描控制流程图

图 2.27　数据处理流程图

响应中断进行数据提取。由于中断例程的优先级别很高,如果中断周期即插补周期太短,则有可能出现驱动层存储数据被提取完而插补数据来不及传送至驱动层的情况,从而导致扫描暂停。

　　扫描开始时,先对图形的部分扫描路径进行插补形成插补点数据,并通过模型转换及扫描校正模型计算进行补偿,形成最终可输出的数字量扫描点数据,然后将这些扫描点数据依次存储在上层应用程序的存储空间内。当上层应用程序存储空间内的扫描点数据量达到设定的阈值时触发数据传输线程,系统扫描控制线程从应用层存储空间向驱动层存储空间传输扫描点数据;当驱动层存储空间的扫描点数据量达到设定的阈值时触发系统的中断响应例程,系统以一定的中断周期从驱动层存储空间提取扫描点输出至扫描控制卡进行扫描。扫描开始后,上层应用程序不断检测其存储空间状态,只要其存储空间有空余则向其中存储数据;同时系统扫描控制线程不断读取驱动层存储空间状态,只要其存储空间有空余则从上层存储空间提取数据存储至驱动层存储空间。无论是上层应用程序存储空间还是驱动层存储空间都是按照先进先出的队列方式来设计的,它们都维持自己的数据存储和读取指针,以及存储空间满和空的状态标志,这就保证扫描过程中,它们可以用来进行循环的依次数据读写操作。由于上层应用程序的存储空间设定较大,当采用合理的中断周期时可以保证数据插补、传输以及扫描的连续进行;当中断周期过小时,系统资源被大量占用,有可能会导致扫描中数据量不够而出现暂停。

从控制精度的角度来说,系统的控制周期应该尽可能地短,但是如果超出执行机构的响应性能范围,则不仅不能提高系统的控制精度,还会导致系统资源的浪费。合理的插补周期应该以执行机构阶跃响应性能为参照,在振镜式激光扫描系统中,则要参考振镜扫描一个最小单步所需的时间。上层应用程序按队列的方式将插补点进行存储,同时扫描控制线程需要不断监测存储空间的状态,在从上层应用程序存储空间向驱动层存储空间传输数据时,需要获取驱动层存储空间的空余量。为了提高数据传输的效率,数据传输方式既可以是块传输也可以是单个数据传输。实践证明,选择合理的插补周期,整个数据处理和图形扫描过程可以实时且高效地运行。

3)振镜式激光扫描系统的误差分析

无论是物镜前扫描方式还是物镜后扫描方式,从输入图形到在工作面上扫描出图形,都要经过光学变换、机械传动以及伺服控制等过程,而整个过程是非常复杂的。理想状况下,输入图形与工作面上的扫描图形是一一对应的,无失真的。但是实际中,光学变换的误差、机械安装误差以及控制上的误差往往都是无法避免的。

(1)机械安装误差。

激光束从激光器出口到形成工作面上的最终扫描点,一般需要经过扩束、准直、反射以及聚焦几个环节,每个环节都会不可避免地出现由机械装置的安装误差导致激光束偏离整个光路的轴线的现象。如采用 F-Theta 透镜方式的振镜式激光物镜前扫描方式,扫描振镜的中心轴线与 F-Theta 透镜的法线很难保持一致,从而导致最终扫描图形的偏差。采用动态聚焦方式的振镜式激光扫描系统,其扫描模型中的振镜工作高度与实际振镜的安装高度不可避免地会出现误差,这也将不可避免地导致最终扫描图形的偏差。

(2)图形畸变。

由于光学器件本身的像差也会引起扫描图形的失真,采用 F-Theta 透镜方式的振镜式激光扫描系统,其 F-Theta 透镜一般采用多片的方式来尽可能减小扫描图形的失真。常见扫描图形失真有枕形失真、桶形失真以及枕-桶形失真,如图 2.28 所示。

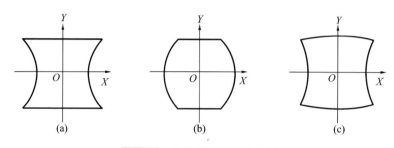

图 2.28　扫描图形失真示意图
(a)枕形失真;(b)桶形失真;(c)枕-桶形失真

如前所述,对于动态聚焦方式的振镜式激光扫描系统,其数学模型为一个精确扫描模型,在不考虑光学及机械安装等误差的情况下,其扫描的图形应该是不失真的。当然,实际中这些误差是不可避免的,因此采用动态聚焦方式的振镜式激光扫描系统扫描图形时会有一定的失真,一般通过 9 点校正即可校准。

而对于采用 F-Theta 透镜聚焦方式的振镜式激光扫描系统,很难找到一个精确的扫描模型;而且 F-Theta 透镜在焦距增加的情况下其像差加大,尤其在扫描图形接近 F-Theta 透镜边缘时,图形失真更加明显。这种情况下仅仅通过 9 点校正已经很难实现图形的校准,必须在进行 9 点校正前,先对扫描图形进行整形,待将扫描图形的最大偏差控制在一定范围内(如扫描点的最大偏差小于 5 mm)以后,再通过 9 点校正方法对扫描图形进行精确校准。

振镜式激光扫描系统中的误差主要包括激光束的聚焦误差及在工作面上的扫描图形误差。在激光扫描应用中,工作面大多以平面为主,而采用静态聚焦方式的物镜后扫描方式,其聚焦面为球面,以工作面中心为聚焦基点,则越远离工作面中心,离焦误差越大,激光聚焦光斑的畸变越大。采用 F-Theta 透镜的振镜式激光物镜前扫描方式,其要求入射的激光束为平行光,则聚焦面在理论的焦距处,而实际中,激光束经过光学变换及较远距离的传输,入射激光束很难保证是平行光,导致聚焦面无法确定。对振镜式激光物镜后扫描方式,离焦误差导致其工作面内的激光聚焦光斑大小及形状都不一致,需要通过动态聚焦补偿的方法来消除。在工作面较大时,离焦误差的补偿值有可能较大,这就需要聚焦透镜移动相应的距离来进行补偿。但实际应用中,为了保证整个扫描系统的实时性和同步性,需要考虑运动部件的动态性能并使其运动距离尽可能小,所以通常在设计动态聚焦光学系统时,利用光学杠杆原理,在聚焦镜后面加入起光学放大作用的物镜。动态聚焦系统通常由可移动的聚焦透镜和固定的物镜组成,通过聚焦透镜的微小移动来调节焦距,通过物镜放大聚焦透镜的调节作用。

对于采用 F-Theta 透镜的振镜式激光物镜前扫描方式,在激光束需要进行较长距离传输时,可使扩束准直镜尽可能地靠近振镜,使进入 F-Theta 透镜的激光束发散尽可能小。考虑到进入扩束镜的激光束有一定的发散,实际中采用参数可调的扩束镜,即通过移动扩束镜中的一片透镜来调节扩束镜的出口光束形状,从而在工作面上得到质量较好的光斑。

4)振镜式激光扫描系统的扫描图形误差校正

决定激光选区烧结系统制作零件质量的因素有很多,其中最重要的是扫描图形的精度。振镜式激光扫描系统是一个非线性系统,在激光选区烧结系统中,振镜的工作距离较长,扫描图形的微小失真最终都会在工作面上被放大。如果没有得到符合振镜式激光扫描系统运行规律的非线性系统模型,扫描图形的畸变过大,从而有可能会导致后续的图形校正根本无法进行。

理想状况下,按照精确的扫描模型,扫描系统可以在工作面上扫描出精确的图形。但在实际中,由于存在离焦误差、机械安装误差以及测量误差等,所扫描的图形都会有不同程度的失真。在通常情况下,扫描图形的失真是由这些因素共同作用形成的,所以其失真一般是非线性的,而且很难找到一个准确的失真校正模型来实现对扫描图形的精确校正。如果不考虑中间环节,扫描图形失真即是工作面上扫描点未能跟随扫描输入,即实际扫描点坐标相对理论值存在一个偏差。图形失真校正就是构造一个校正模型,计算扫描图形的实际测量值与理论值之间的偏差,得到图形坐标校正量,然后通过在扫描输入的理论值基础上给以一定校正量,使实际扫描输出点与理论扫描输出点的误差控制在一定范围之内。

对扫描图形的校正主要包括图形的形状校正和精度校正两部分。对图形的形状校正主要是保证 X 方向和 Y 方向的垂直度,为其后的精度校正做准备;图形的精度校正最终保证扫描图形的精度。

(1)扫描图形整形。

如图 2.29 所示,虚线部分为理论图形,而扫描系统扫描出来的图形有可能出现实线所示的图形失真。这种图形失真一般都比较明显,尤其是在进行较大幅面扫描时,图形的边缘部分的失真尤为明显。

图形失真部分的尺寸与图形理论值偏差较大,如果此时采用多点校正的方式进行校正,很难取得好的效果,因此需要通过一定的校正模型对图形进行粗校正,使之接近于理论图形。其校正表达式如下:

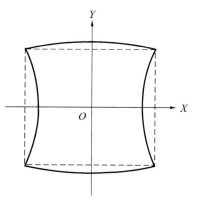

图 2.29　扫描图形整形

$$x' = x + a_x \cdot f(x, y) \tag{2-34}$$

$$y' = y + b_y \cdot g(x,y) \qquad (2-35)$$

式中：a_x、b_y 为两个主要的调节参数。通过调整参数对图形进行校正后，图形的枕形失真和桶形失真得到抑制，为图形的进一步校正打下了基础。

对扫描图形整形是以扫描范围的边缘为参考标准的，不同于后续的多点校正只是对特征点进行测量，图形整形需要将整个扫描图形的边缘扫描线的扫描误差控制在一定范围之内。对图形整形并不需要对扫描图形的尺寸进行精确校正，一般将整个扫描线的偏差控制在 ± 1 mm 以内即可。

(2)图形的形状校正。

对图形的形状校正主要是对扫描图形 X 方向和 Y 方向的垂直度进行校正，从而防止在后面的精度校正过程中出现平行四边形失真。在后续的图形精度校正中，主要采用多点校正的方法，如 9 点校正、25 点校正等。如图 2.30 所示，虚线为在进行 9 点校正时需要扫描的作为测量样本的正方形，校正过程中的特征点坐标测量是以坐标轴为基准的，如果坐标轴本身出现偏差，那么特征点的测量坐标同样会出现偏差。由于校正时主要是测量各个短边的长度，如果实际扫描图形为菱形，即使实际测量中每个特征点的误差在误差范围内，扫描图形仍然会有较大的偏差，显然无法进行有效的校正。

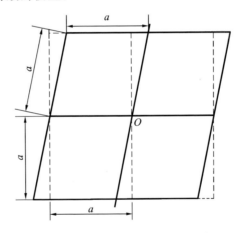

图 2.30　扫描图形的平行四边形失真

如图 2.31 所示，在实际校正过程中，以 X 轴正向坐标轴为基准线，分别测量 Y 轴正、负向坐标轴以及 X 轴负向坐标轴扫描线偏离理论轴线的距离 Δx_1、Δx_2 和 Δy_1，以此作为校正的输入量。以最常用的 9 点校正为例，设校正正方形边长为 $2a$，将扫描图形分为 4 个象限分别进行校正，则校正模型为

$$\Delta x_n = \frac{\Delta x_a}{a} \cdot y_n \qquad (2-36)$$

$$\Delta y_n = \frac{\Delta y_a}{a} \cdot x_n \qquad (2-37)$$

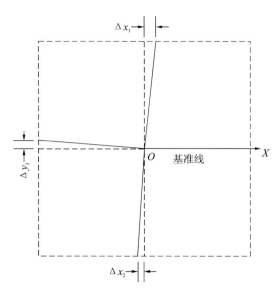

图 2.31　扫描图形的轴线校正

式中:n 为象限标号,$n=1,2,3,4$;Δx_n、Δy_n 为第 n 象限内的点 (x_n,y_n) 的校正量;Δx_a、Δy_a 为第 n 象限内的 X 方向和 Y 方向的误差量。

经过多次反复校正后,将轴线误差控制在一定范围之内,可以从很大程度上减小后续校正过程中产生平行四边形误差的可能,为后续的多点校正打好基础。

(3)多点校正模型。

影响振镜式激光扫描系统的扫描图形精度的因素很多,它们造成的误差多为非线性的,而且难以测量。图形精度校正就是要通过对实际图形进行误差测量后,根据测量的误差,找到实际扫描图形与理论扫描图形之间的某种函数关系,通过在扫描模型中加入一定的误差补偿量使实际扫描图形逼近理论扫描图形。其校正模型如下:

$$x'=x+f(x,y) \tag{2-38}$$

$$y'=y+g(x,y) \tag{2-39}$$

式中:$f(x,y)$、$g(x,y)$ 分别为扫描面上某一点 (x,y) 在 X 方向和 Y 方向上的误差校正函数。扫描图形的精度校正是通过一个多点网格来进行的。在工作场范围内建立一个多点校正网格,通过建立校正网格特征点理论坐标与实际网格测量坐标之间的函数关系,得出校正模型来拟合失真图形。校正模型如下:

$$\Delta x = f(x_0,y_0) = \sum_{i=0}^{n} \sum_{j=0}^{n} a_{ij} x_0^i y_0^j \tag{2-40}$$

$$\Delta y = g(x_0,y_0) = \sum_{i=0}^{n} \sum_{j=0}^{n} b_{ij} x_0^i y_0^j \tag{2-41}$$

其中,点 (x_0,y_0) 为扫描图形上的理论坐标点,Δx 和 Δy 分别为失真图形上对应点相对于理论坐标点在 X 方向和 Y 方向上的误差分量,通过将误差分量 Δx 和 Δy

反馈回扫描系统达到图形校正的目的。

实际中只有特征点的扫描点误差量通过测量和计算得到,扫描范围内的其他扫描点误差量必须通过校正模型得到。为了确定校正模型中的校正系数,需要在扫描网格中找 k 个特征点 (x_1,y_1)、(x_2,y_2)、$\cdots$、(x_k,y_k),它们在失真图形中对应的坐标分别为 (x_1',y_1')、(x_2',y_2')、$\cdots$、(x_k',y_k'),基于这 k 个特征点,可以计算出坐标校正模型函数中各个校正系数。

图形精度的校正主要是通过选取的特征点得到误差信息及校正的反馈信息,因此,这些特征点的测量精度是尤为重要的。同时,这些特征点的数量及选取位置对校正模型的精度也有很大影响。一般情况下,振镜式激光扫描系统的工作幅面为对称结构,所以特征点也应该是对称分布;同时,为了达到最好的校正效果,应在校正范围的边缘及中心部分分别选择特征点。根据数据相关性原则,在校正过程中,越靠近特征点的区域受校正的影响效果越明显,因此适当增加特征点的数量能够提高校正的效果。但是,特征点数量的增加会使校正算法的计算量呈几何级数式增加,因此,需结合实际情况合理地选择特征点。

(4)多点校正模型应用。

在进行校正时,为了提高校正的效率及精度,通常通过选取合适的特征点,将整个工作幅面分割成对称的区域,然后通过与本区域相关的点的信息来确定区域内扫描点的校正模型。综合考虑校正效果及算法复杂程度,主要采用 9 点校正模型。

如图 2.32 所示,振镜式激光扫描系统最常用的是扫描正方形工作面,选取整个工作面的正方形顶点以及正方形边缘与坐标轴的交点作为特征点,将整个工作面分隔成对称的 4 个区域。每个区域分别由 4 个相关点来确定该区域内的具体校

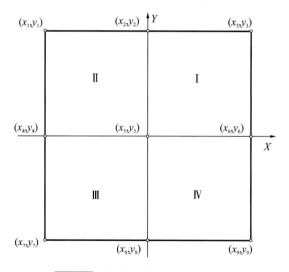

图 2.32　扫描图形的 9 点校正网格

正模型。其基本数学模型表达式如下：

$$x_{n+1} = x_n + f(x_n, y_n) \tag{2-42}$$

$$y_{n+1} = y_n + g(x_n, y_n) \tag{2-43}$$

其中，(x_n, y_n) 和 (x_{n+1}, y_{n+1}) 分别为当前的校正量和下一次扫描需要输入的扫描校正量。

在图形的实际校正过程中，很难用一次或者两次校正即实现对图形的精确校正，一般需要进行多次校正，每次校正都是在上一次校正的基础上进行的。通过多次累积计算，确定校正模型中函数 $f(x,y)$、$g(x,y)$ 的校正系数，形成最终的多点校正模型。

4. 小结

本小节对振镜式激光扫描系统的相关理论进行了研究和分析，分析了激光性能对振镜式激光扫描系统的影响，以及振镜式激光扫描系统误差产生的原因。

设计并实现了基于 PC 的振镜式激光扫描系统，其采用软件芯片方式，在 PC 内实现了扫描系统的模型转换模块、数据插补模块、图形校正模块以及中断数据处理模块，在满足扫描系统性能的同时，极大地简化了扫描系统对扫描控制卡的要求。在 PC 内实现这些复杂的算法需要占用大量的系统资源，本书通过在上层应用程序及底层驱动程序内建立数据缓冲区，采用上层应用程序的数据运算和驱动程序中断数据输出的异步处理方式，实现了振镜式激光扫描系统的实时稳定扫描控制。

针对较小工作面的激光选区烧结系统，设计并实现了采用 F-Theta 透镜的振镜式激光扫描系统，基于其扫描模型，实现了对扫描系统的扫描控制。针对较大工作面的激光选区烧结系统，设计并实现了采用动态聚焦方式的振镜式激光扫描系统，基于二维振镜的精确扫描模型及相应的动态聚焦补偿模型来实现对扫描系统的控制。其扫描图形的精度校正通常只需要通过坐标校正和多点校正两个步骤来实现。

针对振镜式激光扫描系统扫描图形失真的问题，设计并实现了一套采用图形整形、坐标校正以及多点校正等多个步骤相结合来实现图形校正的方法。在扫描图形出现较大失真的情况下，通过图形整形算法先对扫描图形进行粗校正，使整个扫描图形的误差控制在允许范围之内；针对常规的方形扫描场，选取合适的校正特征点，采用坐标校正和多点校正相结合的方式，实现对扫描图形的精确校正。

2.3.2　振镜式激光扫描系统扫描控制卡设计

随着 PC 性能的日益提高，振镜式激光扫描系统的大部分插补算法及控制策略都能在 PC 上实现，但是最终还是需要通过硬件接口卡将控制命令传送至执行机构实现扫描。在前面设计的基于 PC 的振镜式激光扫描系统中，选择研华的

PCI1723D/A 输出卡作为硬件接口卡,它只是简单地将控制命令传输至振镜式激光扫描系统的执行机构,本身没有数据处理能力。同时,为了满足 $20~\mu s$ 左右的中断需求,还需要一个外部硬件中断信号,因此采用了北京宏拓公司的 PCI7501 硬件中断卡,为整个振镜式激光扫描系统提供中断信号。

基于 PC 的振镜式激光扫描系统将绝大部分插补及控制算法都在 PC 上完成,采用通用卡代替专用扫描控制卡,在满足系统扫描性能的同时,大大降低了振镜式激光扫描系统的成本,同时也打破了国外的技术壁垒。但是采用两块简单功能的输出接口卡来实现系统所需的功能,增加了系统的复杂度,因此有必要开发具有相关功能的接口卡。

目前应用比较成熟的扫描控制卡主要有美国 GSI 公司的 HC 系列控制卡及德国 Scanlab 公司的 Mark 系列控制卡,它们采用 FPGA 或者 DSP 芯片作为控制卡的核心,在其中完成大部分的运算,然后在 PC 中以动态链接库的方式留出必要的控制接口。实现了基于 PC 的振镜式激光扫描系统后,对扫描控制卡的要求已经很低,采用能提供中断信号的输出接口卡基本就可以满足系统要求。在此基础上,加入 FPGA 及 DSP 等器件,通过其实现部分算法来对系统进行优化。

1. 扫描控制卡的体系结构

在振镜式激光扫描系统中,待扫描图形从输入扫描系统到最终在工作面上被扫描出来,中间需要经过模型转换、复杂的插补计算、合理且可变的延时补偿、精确的校正计算以及可能庞大的数据处理等过程。这些计算及处理过程可以全部由 PC 完成,也可以用硬件来实现部分算法,针对不同实现方式,所设计的扫描控制卡的结构及复杂程度都有很大不同。

不管前端的结构如何设计,执行机构所需的控制信号是一定的。如图 2.33 所示,以最复杂的三维动态聚焦振镜式激光扫描系统为例,其主要执行机构为 X 轴、Y 轴和 Z 轴三个具有高动态响应性能的检流计式有限转角电动机,每个轴都自成一个位置伺服系统,接收的控制信号为 $\pm 5~V$ 模拟信号;同时,扫描控制卡需要输出一路 $0\sim10~V$ 模拟信号至激光控制器控制激光功率,为了系统控制和状态检测的需要,还需要一定数量的 I/O 信号。

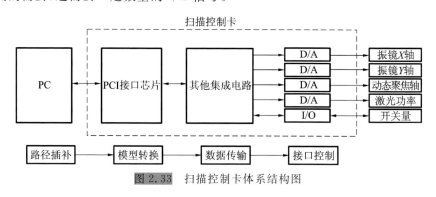

图 2.33 扫描控制卡体系结构图

由于外部设备基本确定,扫描控制卡上的接口芯片基本上也是确定的。扫描控制卡与 PC 的 PCI 总线间一般通过特定的接口芯片来连接,如 PCI9052 接口芯片;扫描系统的执行机构需要高精度的模拟电压信号,所以扫描控制卡的扫描控制信号需要通过具有 16 位精度的 D/A 芯片输出至扫描系统;同时对扫描系统的开关控制及状态读取等,需要控制卡有一定量的 I/O 口,通常需要进行光电隔离。

除了可以确定的器件外,扫描控制卡上的其他器件则会根据控制策略来确定。扫描图形的模型转换、插补计算、延时补偿、校正计算在整个扫描流程的哪个部分进行将会影响到扫描控制卡的结构以及扫描控制卡的处理能力要求。如前所述,在已经实现的扫描系统中是不需要扫描控制卡有任何数据处理能力的,因此,在 PCI 接口芯片和输出芯片之间只需一些简单的数字逻辑电路即可。但是随着大规模集成电路处理能力的日益提高,将部分算法在扫描控制卡上实现能够使系统更加优化,比如采用 FPGA 芯片作为 PCI 接口芯片和外围输出电路之间的连接器件,可以在实现连接的同时嵌入一些比较复杂的算法。

考虑到扫描控制卡的复杂程度和实现难度,扫描控制卡的设计和实现可以分两个步骤来进行。第一步采用具有 16 位 D/A 输出及定时中断功能的简单扫描控制卡,实现基于 PC 的振镜式激光扫描系统。在 PC 中实现模型转换及所有算法后,生成的数字量插补点数据存储在 PC 内存中;设计和实现可与扫描控制卡通信的设备驱动程序,在驱动程序中,实现一个先进先出缓存队列(简称 FIFO),应用软件向 FIFO 中不停地写入扫描点数据,同时系统以一定中断频率从 FIFO 中提取数据,并通过扫描控制卡输出,控制振镜式激光扫描系统的动作。第二步则需要在前面的基础上,在扫描控制卡上实现图形的插补、校正以及一定规模的数据存储。计算量的大幅增加使简单的数字逻辑已经不能满足要求,要实现复杂的算法及一定的时序逻辑就需要用到复杂的 FPGA 器件,通过对 FPGA 器件进行编程来实现复杂的算法及输出控制。

2. 扫描控制卡的系统硬件架构

1)通用扫描控制卡

如果在 PC 中实现全部的算法,扫描控制卡则成为简单的硬件接口卡,仅仅需要将 PC 完全处理好的数字量插补点数据转换成执行机构可接收的信号,其控制结构示意图如图 2.34 所示,扫描控制卡只是实现简单的数据传送和信号转换工作。

通用扫描控制卡主要实现两部分功能:与 PCI 总线连接,实现扫描控制卡与 PCI 总线之间的数据传输;实现定时时钟中断,通过中断传输方式将扫描数据点实时传送至外设,实现扫描控制。

(1)PCI 接口芯片。

当有特殊要求时,一般采用专用 ASIC 芯片或者可编程逻辑阵列 FPGA 来实现,虽然可实现更多的接口功能且使用灵活,但是所耗费的人力物力都要大得多。

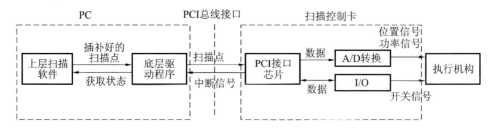

图 2.34　扫描控制卡控制结构示意图

在没有特殊要求的情况下,现在大部分控制卡的 PCI 总线接口都通过 PLX 公司的 PCI905X 系列 PCI 接口芯片来实现。而这里设计的通用扫描控制卡的数据传输速率较低,传输位宽在正常范围之内,没有特殊要求,故采用 PLX 公司的 PCI9052 芯片作为总线接口芯片。

PCI9052 是 PLX 公司继 PCI9050 之后推出的低成本、低功耗、32 位 PCI 总线接口芯片。PCI9052 芯片的设计符合 PCI2.1 规范,它支持低成本从属适配器,其局部总线可根据需要配置成复用或非复用模式的 8 位、16 位或 32 位的局部总线,利用它可以使局部总线快速转换到 PCI 总线上。PCI 总线侧的时钟频率范围为 0～33 MHz,局部总线与 PCI 总线的时钟相互独立,局部总线的时钟频率范围为 0～40 MHz,两种总线的异步运行方便了高低速设备的相互兼容。PCI9052 芯片内部有一个 64 字节的写 FIFO 和一个 32 字节的读 FIFO,通过读写 FIFO,可实现高性能的突发式数据传输,也可以进行连续的单周期操作。

如图 2.35 所示,系统启动时通过 PCI 总线和板载 EEPROM 对 PCI9052 芯片进行配置。系统初始化过程主要是对 PCI9052 的 PCI 配置寄存器和本地配置寄存器进行配置,一般主要通过 PCI 总线对 PCI 配置寄存器进行配置,通过烧写了配置数据的 EEPROM 对本地配置寄存器进行配置,主要是对板卡的 PCI 地址空间和局部地址空间进行配置以及完成两个地址空间的映射。如图 2.36 所示,通过 PCI9052 的芯片内读写 FIFO,采用 PCI9052 的突发传输方式,可以很方便地实现从 PCI 总线对连接在局部总线的外设接口芯片的直接控制。

PCI9052 提供两个局部中断请求 LINTi,触发方式可以是边沿触发或者电平触发,它们可以用来产生可用的 PCI 中断,然后通过连接到 PCI 总线的 INTA♯ 控制线来触发系统中断。由于系统需要进行插补,因此必须有定时中断,中断周期一般在 20 μs 左右,可以采用 Intel 8253 定时芯片来实现,其控制简单,计数频率可达 2 MHz,完全可以满足系统的要求。

(2)外设接口芯片。

扫描控制卡与 PCI 总线的接口由 PCI9052 接口芯片全部实现,通过地址映射及对本地配置寄存器的读写可以方便地实现对外围接口芯片的控制。扫描控制卡上的主要外设接口芯片包括:

• 用于控制 X、Y 轴振镜以及 Z 轴动态聚焦的 3 路 16 位 D/A 转换芯片;

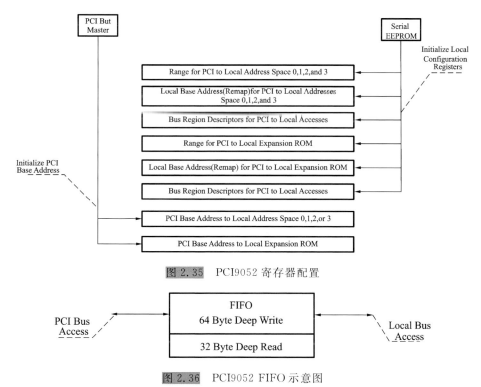

图 2.35　PCI9052 寄存器配置

图 2.36　PCI9052 FIFO 示意图

- 用于控制激光输出功率的 1 路 12 位 D/A 转换芯片；
- 用于产生定时中断信号的定时/计数芯片（Intel 8253 芯片）；
- 8 路输入 8 路输出共 16 路光电隔离开关量 I/O 信号。

　　如图 2.37 所示为通用扫描控制卡结构示意图，8253 芯片按照设定的中断周期产生中断信号，中断信号经 PCI9052 向 PCI 总线申请中断，系统驱动程序接收中断请求信号后进入中断服务处理例程。在中断服务处理例程内，驱动程序依次向扫描控制卡输出 X 轴、Y 轴、Z 轴信号以及激光功率控制信号至扫描控制卡。为了保证多轴的同步运动，扫描控制卡并不立即将位置控制信号传送至执行电动机，而是等待接收到驱动程序输出的同步控制信号后，同步输出多轴位置控制命令以及激光功率控制信号。一旦启动扫描，8253 芯片就不间断地输出一定周期的时钟中断信号，驱动程序响应中断实现连续数据输出，直至扫描点数据输出完毕，从而实现扫描控制。

　　D/A 转换芯片的主要提供商有 TI 和 AD 公司，这两家供应商均能提供 8～20 位转换精度的 D/A 转换芯片。D/A 转换按输入不同有并行转换和串行转换之分，并行 D/A 芯片转换速度较快，控制逻辑简单，但是占用的信号引脚较多，而串行转换芯片占用引脚数很少。本方案所需要的输出信号为 ±5 V 的电压信号，由于一个中断周期为 20 μs。因此数模转换的建立时间至少需要小于 20 μs；同时由于扫描精度的要求，至少需要具有 16 位转换精度的 D/A 芯片。美国 AD 公司的

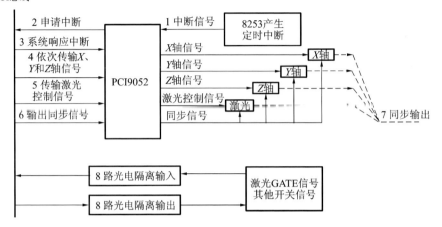

图 2.37　通用扫描控制卡结构示意图

AD669 芯片为 16 位并行输入的 D/A 转换芯片,16 位数字量从输入芯片锁存,到脉冲输出至输出端口的时间宽度仅为 40 ns,该芯片设有两重数据锁存,完全能够满足要求。

光电隔离的目的在于把电路上的干扰源和易受干扰的部分隔离开来,使测控装置与现场仅保持信号联系,而不直接发生电的联系。隔离的实质是把引进的干扰通道切断,从而达到隔离现场干扰的目的。光电隔离电路是在电隔离的情况下以光为媒介传送信号,对输入和输出电路可以进行隔离,因而能有效地抑制系统噪声。

振镜扫描控制卡输出由 16 位数字信号转换而来的 ± 5 V 电压信号,其信号极易受到干扰,从而影响振镜的扫描精度,因而有必要在扫描控制卡的 I/O 接口处加入光电隔离,从而避免从外界引入干扰信号影响扫描控制。

要实现定时中断,扫描控制卡上必须有可编程的定时/计数器,定时最小应该小于 20 μs。Intel8253 芯片为可编程的硬件定时/计数器,其主要功能如下:

- 具有 3 个独立的 16 位计数器通道;
- 每个计数器的计数频率高达 2 MHz;
- 所有的输入输出都与 TTL 兼容。

采用 Intel8253 芯片的方式 2 工作,计数通道可以连续工作而不需要重置。可以通过 PCI9052 的地址映射直接对 8253 芯片的端口进行读写,设置定时周期以及启动或者停止计时。8253 芯片有 16 位计数宽度,可以很方便地设置所需要的中断周期。

2)基于 FPGA 的扫描控制卡

(1)数据传输过程中 FIFO 的设计。

在采用通用扫描控制卡进行扫描时,由于一次仅传输一个扫描点,故需要频繁地通过 PCI 总线与系统进行数据交换。系统在上层应用程序中进行复杂的图形插补算法的同时,还需要通过设备驱动程序频繁响应时钟中断向扫描控制卡发送数据,尤其在进行大而复杂的零件扫描时,系统的负担相当繁重,影响了系统的性能。

因此,在通用扫描控制卡的基础上加入 FPGA 器件,通过在 FPGA 上实现部分算法及数据处理过程来优化系统性能。选用 Xilinx 公司 Spartan 3E 系列中的 X3C250E-PQ208 器件,X3C250E-PQ208 拥有 250 K 逻辑门,216 K 块状存储器,172 个用户可自定义 I/O 接口,4 个数字时钟管理模块。由于 FPGA 内存在大容量的存储器,可以将其设计成 FIFO 形式,每次系统以数据块的形式向扫描控制卡传输数据,因而不需频繁响应中断。

如图 2.38 所示为基于 FPGA 的扫描控制卡结构图。FPGA 器件内本身有时钟管理模块及大量的逻辑门,所以可以通过编程来产生定时时钟中断,而不需要专门的计数时钟芯片。同时 FPGA 内大容量的存储空间使提高数据传输效率成为可能,但是该 FPGA 芯片没有高精度的 D/A 转换能力,所以仍然需要在 FPGA 输出接口处加入 16 位的 D/A 转换芯片和起信号隔离作用的光电隔离芯片。

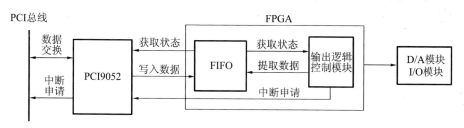

图 2.38　基于 FPGA 的扫描控制卡结构图

扫描点的输出周期一般为 20 μs 左右,而 PCI 总线时钟频率为 33 MHz,即时钟周期为 30 ns 左右,远小于扫描点的输出周期,因此从 PCI 总线的数据传送能力方面考虑,数据从开始传输到扫描结束,不会出现输出点中断的情况。同时 FIFO 的容量毕竟是有限的,当数据量较大时,不可能一次将所有扫描数据点存储进 FIFO,然后开始扫描,一般扫描过程需要进行多次数据传输,因此在整个扫描过程中需要监测 FIFO 的状态,来确定每次的数据传输量和当前扫描点。

在数据传输过程中,如果用查询方式来确定是否传输数据及确定数据块大小,则需要进行频繁的总线操作,不利于系统的优化,因此一般采用中断的方式来进行数据传输。考虑到数据传输及读写的稳定,在 FPGA 内建立两个等容量的 FIFO——FIFO1 和 FIFO2,通过两个 FIFO 的协调工作来实现数据处理的优化。

如图 2.39 所示,数据输入和数据输出分别在两个 FIFO 之间切换。在数据处理过程中,FIFO1 的优先级设定高于 FIFO2,即无论是数据开始输入还是开始输出都是从 FIFO1 开始的。扫描开始时,驱动程序检测到 FIFO1 和 FIFO2 均为空,则开始向 FIFO1 中写入扫描点数据,直至将其填满,然后向 FIFO2 中写入数据;

FPGA 控制程序检测到 FIFO1 中数据填满时开始启动计数时钟,按设定的时钟周期从 FIFO1 中提取数据输出至 D/A 芯片。工作过程中,正在进行数据读取操作的 FIFO 不会进行数据写入操作,同样正在进行数据写入操作的 FIFO 不会进行数据读取操作。当检测到某个 FIFO 为空时,则向其传输数据,如果两个 FIFO 都不为空,则等待传输数据;当检测到某个 FIFO 为满时,则从其中提取数据。

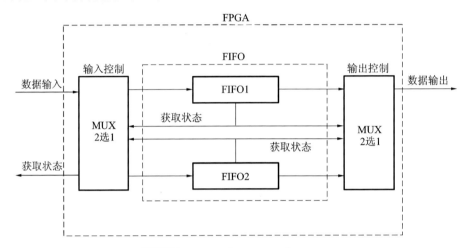

图 2.39　FPGA 内 FIFO 工作流程图

PCI 总线的数据传输宽度为 32 位,工作频率为 33 MHz,数据传输的极限速率为 132 MB/s。每一个扫描点对应的数据量为:

- 表征 X 轴和 Y 轴当前扫描点位置的 16 位数字量;
- 表征 Z 轴动态聚焦离焦误差补偿量的 16 位数字量;
- 表征激光实时功率的 12 位数字量和激光 GATE 信号开关量。

一个扫描点可以用一个具有 64 位宽度的数据结构来表示,则扫描点的传输速率为 66 MP/s(P 表示 Points)。选用 Xilinx 公司的 X3C250E-PQ208 器件,其有 216 Kbits 的存储器,即 27 KB,取其中的 2 KB 来设计 FIFO,FIFO1 和 FIFO2 各为 1 KB 容量,则每次可传输 125 个扫描点的数据,每次传输 1 KB 数据所需的时间约为 8 μs,而扫描完一个 FIFO 的数据需时约为 2.5 ms,因此在扫描过程中,扫描开始后可以保证至少有一个 FIFO 为满,从而保证扫描的连续性。

(2)扫描状态及中断控制。

无论是从 PCI 总线向 FPGA 写入数据还是 FPGA 执行扫描操作,都需要获取扫描卡当前的状态来决定操作步骤。当 FIFO1 和 FIFO2 中有一个为空时,即表示当前 FIFO 可以接收数据;而当它们之中有一个为满时,则表示可以从 FIFO 中提取数据。FIFO 状态可用 Verilog HDL 硬件编程语言表示为:

assign status_empty＝status_empty1│status_empty2;

assign status_full＝status_full1│status_full2;

其中:status_empty、status_empty1 和 status_empty2 分别为整体 FIFO、FIFO1

和 FIFO2 的空状态寄存器,高电平有效;status_full、status_full1 和 status_full2 分别为整体 FIFO、FIFO1 和 FIFO2 的满状态寄存器,高电平有效。

当 FIFO 处于空状态时触发系统中断,系统开始向扫描控制卡传输数据。系统在向某个 FIFO 写入数据时,不响应 FIFO 空状态中断,直至将当前 FIFO 写满。写入或者读取数据过程中 FIFO1 的优先级始终高于 FIFO2。当 FIFO1 为空,则优先写入 FIFO1;当 FIFO1 为满,则优先从 FIFO1 提取数据进行扫描。FIFO 的数据输入控制可以表示为:

always@(negedge reset or posedge status_empty1 or posedge status_empty2)
　　if(~reset)
　　　　fifo1_data<=0;
　　　　fifo2_data<=0;
　　else if(~status_full1)
　　　　fifo1_data<=data_in;
　　else if(~status_full2)
　　　　fifo2_data<=data_in;
　　always@(negedge reset or posedge status_empty1 or posedge status_empty2)
　　if(~rest)
　　　　write_en1<=0;
　　　　write_en2<=0;
　　else if(status_empty1 or status_empty2)
　　　　write_en1<=status_empty1;
　　　　write_en2<=status_empty2;

FIFO 中数据都是连续不间断写入,直到 FIFO 被填满为止。但是提取数据进行扫描需要按一定的中断周期进行,一般为 $20\,\mu s$ 左右,这就需要在 FPGA 内实现一个定时器,以设定的周期来提取 FIFO 中的扫描点数据。产生提取数据的中断信号模块为:

module time_control(clock,reset,set_enable,set_time,count_enable,int_out);

中断周期值可以在扫描开始前或者扫描中进行修改。当 FIFO1 或者 FIFO2 其中一个填满数据时,FIFO 的数据满状态标志使能定时中断模块的 count_enable 标志,定时中断模块按设定的中断周期发出信号提取数据;当 FIFO1 和 FIFO2 全空时,定时中断应该立即停止,表明当前无数据可取或者扫描结束。定时中断模块的运行主要通过其定时计数的使能端来控制,其控制逻辑为:

always@(negedge reset or posedge status_empty1 or posedge status_

49

empty2)

  if($\sim$reset)

  count_enable$<=0$;

  else

  count_enable$<=\sim$(status_empty1&status_empty2);

  always@(negedge reset or posedge status_full1 or posedge status_full2)

  if($\sim$reset)

    count_enable$<=0$;

  else

    count_enable$<=$status_full1|status_full2;

  通过定时中断信号，可以按照设定的插补周期来提取扫描数据，每次提取一个点的数据，即 4 个 16 bits 数据，而且这些数据应该同步输出到端口：

  always@(negedge reset or posedge int_out)

  if($\sim$reset)

    register_X$<=0$;

    register_Y$<=0$;

    register_Z$<=0$;

    register_Laser$<=0$;

  else

    register_X$<=$data1;

    register_Y$<=$data2;

    register_Z$<=$data3;

    register_Laser$<=$data4;

  一个点的 64 位数据被锁存到输出寄存器，然后同步输出。由于 D/A 的数据锁存时间至少需要 40 ns，所以同步输出使能信号至少需要保持两个 PCI 时钟周期。

  整个扫描控制卡的控制流程如图 2.40 所示。系统复位时 FIFO 被清零，wr_int 中断信号被禁止，定时器停止，输出端口复位到初始状态。扫描控制卡的控制通过 mark_enable 信号来启动，通过 wr_int 信号来向系统发送传送数据的中断信号。

  当应用软件数据准备好后，使能扫描控制卡的 mark_enable 引脚，mux_module 模块根据 FIFO 当前状况输出 wr_int。当 FIFO1 和 FIFO2 中有一个为空时，wr_int 信号被触发，其通过 PCI9052 触发操作系统中断，驱动程序通过 PCI 总线以猝发传输方式向 PCI9052 发送数据，直至将 FIFO1 和 FIFO2 按优先级顺序填满。当 FIFO1 和 FIFO2 中有一个数据为满时，定时器启动，当设定时间到，则触发 output_module 模块从 FIFO 中提取一个扫描点的数据输出。

  对 FIFO 进行数据读写需要通过 mux_module 来进行选择，对 FIFO1 和

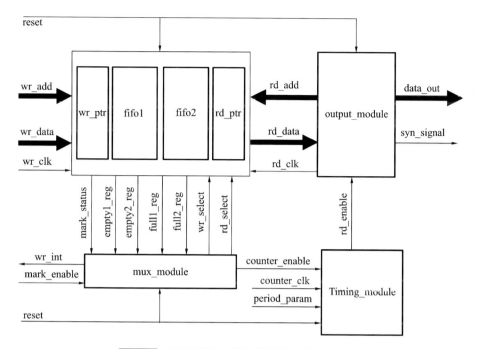

图 2.40　基于 FPGA 的扫描控制卡控制流程图

FIFO2 的读写主要通过其空和满的状态来控制。当某个 FIFO 为空时，向其中写入数据则使其空状态标志复位，但是需等到该 FIFO 被写满时其满状态标志才被置位；同样，当某个 FIFO 为满时，从其中提取数据则使其满状态标志复位，等到数据全部取完后其空状态标志被置位。每个 FIFO 都有自己的一个数据计数器。当向某个 FIFO 写入数据时，如果未写满当前 FIFO，则其 wr_select 标志不改变状态；同理，当从某个 FIFO 读取数据时，如果当前 FIFO 未被取空，则其 rd_select 状态不变。

　　由于扫描点的数量很难保证是 FIFO 容量的整数倍，这种情况下当扫描接近完成时，可能出现 FIFO 没有填满但是无数据可填的情况，因此在数据结尾插入一个标志扫描结束的数据 FFFF。当向 FIFO 写入数据遇到结束标志时，即使数据计数器未达到 FIFO 容量，仍然将 FIFO 状态置为满状态；当从其中读取数据遇到结束标志时，mark_status 被置位，wr_int 被禁止，counter_enable 被复位，扫描结束。最后由系统发送扫描结束指令复位 mark_enable。

3. 扫描控制卡的驱动程序

　　无论是何种扫描控制卡都需要系统按照一定的要求向其发送数据和控制指令来进行工作。在 Windows 操作系统下，一般通过底层设备驱动程序与扫描控制卡的通信来进行。

　　扫描控制卡驱动程序需要从系统上层应用程序存储空间获取扫描点数据并进行存储，然后通过响应扫描控制卡的中断请求信号在中断例程内输出扫描点数据。驱动程序需要将扫描点数据传输至扫描控制卡,要获取扫描控制卡的 I/O 端口及内存映射地址,以对扫描控制卡进行数据读写和状态获取。

1)I/O 端口

扫描控制卡通过 PCI9052 芯片来与 PCI 总线进行通信,驱动程序需要访问的是位于 PCI9052 局部总线上的 FPGA 器件或其他外设,因此需要获取 PCI9052 局部总线上地址空间映射到 PCI 总线端的地址空间。PCI9052 共有 4 个本地 I/O 地址空间经过映射后允许 PCI 总线进行直接读写,每个地址空间的范围至少为 1 MB。仅需 2 个地址空间即可满足要求,一个地址空间用于对扫描控制卡上 FPGA 的 FIFO 进行数据读写,另一个地址空间用于发送控制命令及获取扫描控制卡状态。

如表 2.10 所示为 PCI 总线配置寄存器,需要配置寄存器内的映射地址对位于 PCI9052 局部总线上的器件进行读写,同时需要对 PCI9052 的本地配置寄存器进行读写。FPGA 中存储器的容量为 27 KB,使用其中的 2 KB 作为 FIFO,2 KB 的存储器范围为 000h~7FFh,取其补码为 FFFF800h;对开关量的输出及状态读取,仅需 8 B 的地址空间,范围为 00h~08h,取其补码为 FFFFFF7h。因此仅需要配置局部地址空间的 Local Address Space0 和 Local Address Space1 即可,分别映射到存储空间和 I/O 空间。

表 2.10　PCI 总线配置寄存器

PCI CFG Register Address	31~24	23~16	15~8	7~0
00h	Device ID		Vendor ID	
04h	Status		Command	
08h	Class Code			Revision ID
0Ch	BIST	Header Type	PCI Latency Timer	
10h	PCI Base Address 0 for Memory Mapped Configuration Registers			
14h	PCI Base Address 1 for I/O Mapped Configuration Registers			
18h	PCI Base Address 2 for Local Address Space0			
1Ch	PCI Base Address 3 for Local Address Space1			
20h	PCI Base Address 4 for Local Address Space2			
24h	PCI Base Address 5 for Local Address Space3			
28h	CardBus CIS Pointer			
2Ch	Subsystem ID		Subsystem Vendor ID	
30h	PCI Base Address for Local Expansion ROM			
34h	Reserved			
38h	Reserved			
3Ch	Max_Lat	Min_Gnt	Interrupt Pin	Interrupt Line

用 Windows Driver Development Kits(简称 DDK)来开发与扫描控制卡适配的 PCI 即插即用设备驱动程序。扫描控制卡按照常规的 PCI 设备加载完成后,必须获取局部总线地址空间映射到 PCI 总线端的地址,并存储在设备对象的设备扩展中。在获取设备 I/O 端口和存储器端口的同时,为了响应中断还需要获取扫描控制卡对应中断的中断向量,然后通过中断向量来连接中断例程。

2)中断例程

驱动程序与扫描控制卡之间的数据传输主要是在中断例程内完成的。PCI 总线的中断触发方式有电平触发和边沿触发两种,可以通过设置 PCI9052 的本地配置寄存器来设置中断触发方式。PCI9052 共有两个本地中断源 Linti1 与 Linti2,只需要用其中的一个即可,或者将 Linit1 和 Linit2 两个中断源互联,二者的配置寄存器设定也一样。

每个中断源都有中断使能、中断触发的电平极性、中断触发方式以及中断清除位。在对 FPGA 进行编程时,电平触发比边沿触发容易实现,因此中断触发方式采用电平触发;中断触发的电平为高时电平有效。

置位某个中断源的中断使能位后,PCI9052 开始接收来自这个中断源的中断请求信号。当有中断请求到来时,PCI9052 将中断信号传递给 PCI 总线,系统响应中断后交给中断服务例程处理,以下为中断服务例程:

```
BOOLEAN MarkIsr(IN PKINTERRUPT interruptObject,IN OUT PVOID Context)
{
P_DEVICE_EXTENSION dx=(P_DEVICE_EXTENSION)Context;
PUCHARbaseAddr=(PUCHAR)dx->PortStartAddressL.u.LowPart;
UCHAR value=READ_PORT_UCHAR(baseAddr+0x4c);
UCHAR value2=READ_PORT_UCHAR(baseAddr+0x4d);
if((value&0x04)==4)
{
if(dx->BStart)
{
//数据处理
}
}
WRITE_PORT_UCHAR(baseAddr+0x4d,value2|0x04);
return TRUE;
}
```

如上面的中断例程所示,进入中断服务例程后需要检测 PCI9052 的中断控制/状态寄存器的状态,以确定 PCI9052 的中断是否处于激活状态。中断服务例程的主要任务是从系统内存中提取数据点来填充扫描控制卡上 FPGA 中的 FIFO。由于每次向 FIFO 中填充的数据量是固定的,因此每次填充完指定数目的数据后即可完成中断。中断完成后清除该中断以允许下次中断。

如图 2.41 所示,扫描开始时由于 FIFO1 和 FIFO2 全为空,因此需要连续响应两次中断来发送数据对 FIFO 进行填充;FIFO1 填满数据后,FPGA 按一定的插补周期向 D/A 端口连续发送数据;在扫描接近结束时,由于驱动程序已经没有扫描点可以发送,因此即使触发系统中断也不发送数据,FPGA 仍然连续发送数据,直到遇到标志扫描结束的数据 0xFFFFh,此时 mark_enable 标志被复位,扫描结束。

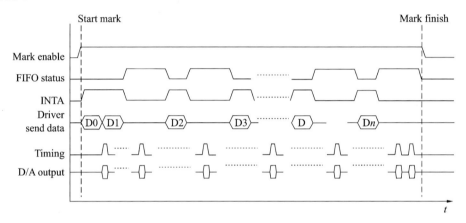

图 2.41 扫描控制卡数据处理时序图

4. 小结

本小节对振镜式激光扫描系统的扫描控制卡进行了分析和研究,并从扫描控制卡的体系结构、硬件架构和驱动软件方面对其进行了研究和设计。从设计通用扫描控制卡出发,采用 PCI9052 作为 PCI 总线接口芯片,在计算机系统内完成全部复杂算法,扫描控制卡通过定时中断从系统获取数据输出至 D/A 端口驱动执行机构进行扫描。

同时,为了优化系统性能,在设计通用扫描控制卡的基础上加入 FPGA 器件进行数据处理,在 FPGA 内建立了两个用于数据存储及缓冲的 FIFO 和可设定的计数时钟模块,传输数据和提取数据进行扫描可在两个 FIFO 之间切换,并通过定时计数时钟完成定时数据输出。

所设计的扫描控制卡和计算机系统扫描软件及振镜系统执行机构伺服系统是自主设计的振镜式激光扫描系统的重要组成。

2.3.3　激光选区烧结系统的自动化控制及系统监控

激光选区烧结系统是一个复杂的光机电一体化系统,其运动控制系统、温控系统以及扫描系统必须协调运行,整个系统才能稳定有效地运行。

在激光选区烧结加工过程中,粉末通过选择性烧结而形成平面图形,而后通过层与层之间的烧结形成一个三维实体。为了防止零件翘曲变形,提高烧结效率,粉末在被烧结之前需要预热,根据零件形状的不同和所处的预热阶段,需采取不同的温度控制策略。预热温度场的控制是激光选区烧结系统的研究难点之一,预热温度场需要尽可能地均匀。预热过程的效果将直接影响成形时间、成形件的性能以及制件精度,预热效果很差甚至可能导致烧结过程完全不能进行。

激光选区烧结系统的核心是激光系统和振镜式激光扫描系统,它们是决定整个系统精度的主要因素。扫描系统的扫描方式与成形制件的内应力密切相关,合适的扫描方式可以减少制件的收缩量及翘曲变形,显著提高成形制件的精度。激光功率与扫描速度之间的匹配决定了输入能量的大小。激光选区烧结的每种材料都有其相应的扫描工艺参数,通过工艺参数优化,可以有效地提高成形精度。

采用激光选区烧结系统加工零件,当零件较大时,系统需要很长时间的连续运行,任何一次干扰或者故障都可能导致最终零件制作失败。如一次错误的铺粉动作可能会导致整个零件断层,造成材料和时间的巨大浪费。整个系统的长时间稳定运行是尤为重要的。同时系统中采用了激光器及大功率加热器件,系统的安全性也很重要。系统的故障监测、实时诊断以及一定程度上的系统纠错是整个系统高效稳定运行的保障。

1. 激光选区烧结系统的运动控制系统

如图 2.42 所示,粉末材料的准备工作需经送粉机构和铺粉机构的协调运动来完成。成形缸逐层下降,两边送粉缸上升进给供粉,然后由铺粉辊铺平粉末;铺粉辊在支架带动下平移的同时自转,铺平粉末的同时让粉层更加致密。成形件高度方向的精度主要靠成形缸的运动精度来保证,其执行电动机一般采用高精度步进电动机或者伺服电动机,在电动机转轴和成形缸传动丝杠之间多采用皮带进行连接,不可避免地会引入传动误差。另外,快速成形设备一般都需要长时间运行,必须保证任何一层都不出错,零件才能制作成功,因此,送粉机构和铺粉机构的稳定运行也是整个系统能稳定运行的重要因素。

成形缸在成形过程中下降运动的精度是整个制件 Z 方向精度的根本,送粉缸虽然在精度方面没有很高的要求,但是在充足供粉和节约供粉之间必须要进行优化。零件进行每一层制作之前都必须经过铺粉,因此铺粉机构必须进行频繁往复的运动。由于铺粉运动对位置精度没有要求,因此其执行电动机一般采用普通交流异步电动机,通过变频控制来调节铺粉的速度,然后在粉床两端特定的位置用

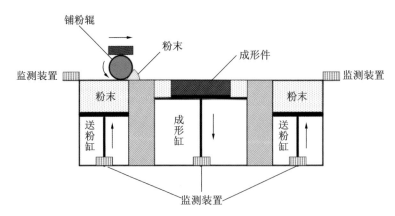

图 2.42 激光选区烧结系统的运动系统示意图

接触式开关来检测运行位置。在实际运行过程中,成形缸和送粉缸的位置命令是由计算机以脉冲方式发送给步进或者伺服驱动器的,指令发送和接收的误差基本上可以忽略不计,但是在传动结构上的误差可能会极大地影响整体精度。铺粉机构的运动信号及位置检测信号由计算机以开关量的方式进行控制或者采集。

在激光选区烧结系统运行过程中,不可避免地会存在信号干扰。在进行零件制作时,任何一次成形缸的动作误差或者铺粉运动出错都是致命的,都将会使整个零件制作失败。因此,整个系统必须有比较完备的状态检测及系统监测装置,并且对误动作应该有故障自诊断和一定的容错能力。

1)供粉系统

激光选区烧结系统在进行零件制作时需要通过成形缸的逐层下降来实现零件的逐层叠加,因此,成形缸的精度是需要重点保证的。实际中,在成形缸的执行机构上装入精度较高的光电编码器,实时测量成形缸的位置,光电编码器的输出信号为正交脉冲信号,抗干扰能力很强。在向成形缸电动机驱动器发送位置控制命令的同时,通过读取光电编码器的测量值,来确定成形缸的精确位置。如果发现成形缸动作过程中出现误差,则可以通过光电编码器的反馈值来修正,从而确保高度方向的成形精度。

对于送粉缸而言,其主要功能是在扫描准备阶段向上进给粉末,所以主要考虑送粉缸能否进给足够的粉末来完成零件的制作,以及根据单层厚度来确定送粉量。对于具有双向送粉机构的激光选区烧结系统(见图 2.42),理论上的送粉缸储粉量 h_{store} 可通过下式计算:

$$h_{\text{store}} = h_{\text{L-store}} + h_{\text{R-store}} = \frac{h_{\text{part}} \cdot w_{\text{center}}}{w_{\text{side}}} \tag{2-44}$$

式中:$h_{\text{L-store}}$、$h_{\text{R-store}}$ 分别为左右送粉缸的储粉高度;w_{center}、w_{side} 分别为成形缸和送粉缸的宽度;h_{part} 为待制作零件的高度。

单层送粉量 h_{send} 可按下式计算:

$$h_{\text{send}} = \frac{h_{\text{thickness}} \cdot w_{\text{center}}}{w_{\text{side}}} \qquad (2\text{-}45)$$

式中：$h_{\text{thickness}}$ 为铺粉厚度。

实际中，从供粉效率的角度考虑，送粉缸每次进给的粉末量应该恰好是理论计算的供粉量，但是如果进给的粉末量恰好为理论供粉量，由于粉末在被推动向前运动过程中，不可能均匀分布，可能会使粉末无法铺满整个工作面，这将导致零件制作失败。所以，通常情况下送粉缸进给粉末时需要留有一定的余量，即在理论供粉量的基础上乘以一定的系数，以保证所进给的粉末能将整个工作面铺满。但是这样会导致每次的送粉量都大于需求粉量，造成工作效率下降。在这种情况下，为了满足整体零件制作要求，就需要加大送粉缸储粉量，导致系统体积增大。若不能增大系统体积，则会导致额定情况下的储粉量无法满足较大零件的制作需求。

在进给粉末的过程中，每制作一层零件成形缸所实际消耗的粉末跟理论值是差不多的，只是在粉末推进过程中考虑到进给的不均匀性而需要留一定余量，这个余量是不会被消耗掉的，因此，在进给粉末的过程中将这部分余量保留下来循环利用。为此，设计了一个由两边送粉缸协调动作来实现高效供粉的方案：送粉缸进给粉末过程中，送粉缸的进给粉末量包括需要消耗的粉末及粉末余量，在一边送粉缸进给粉末的同时，另一边的送粉缸下降进给余量的高度用以接收余量粉末；当铺粉运动从另一侧开始时，这部分进给余量可以重新回到粉末进给过程中，从而使这部分进给余量可以循环利用。通过这样处理，送粉缸每次只进给最小供粉量，粉末也能铺满整个工作面，大大提高了粉末的利用率。

此外，通过在送粉缸和成形缸装入光电编码器，在保证所制作零件的精度的同时还可以精确地知道缸所处的状态；通过计算具有一定高度的零件所需要的供粉量，可以知道供粉量是否充足。该设计方案在提高设备自动化水平的同时也避免了由于人工估算错误而导致制作失败的可能。

2）铺粉系统

铺粉系统由平移电动机和自转电动机组成，二者均采用变频控制，铺粉辊行程两端安装有位置检测装置。铺粉辊通过电动机带动进行左右铺粉运动，从而将送粉缸进给的粉末送至成形缸，同时将粉末铺平等待扫描。如果在铺粉过程中，由于信号干扰，铺粉运动出现异常并使某层铺粉错误，则会导致整个零件制作失败。有时候制作大型零件，系统需要连续运行几十个小时，有可能就因为某层铺粉错误而导致整个零件制作失败，浪费大量的时间及材料，因此铺粉系统连续稳定运行的可靠性是非常重要的。

铺粉过程中，对铺粉辊的运动和位置控制主要是通过位置信号的检测来进行的，通过对当前位置的检测并结合整个激光选区烧结系统的运行状态来决定铺粉辊的动作。当位置检测信号受到干扰时，系统有可能检测到错误的信号，从而导致铺粉辊的误动作。激光选区烧结系统实际运行过程中,铺粉辊由于错误位置信号可能出现运行中不铺粉或者停在错误位置的状况,这都将导致整个零件制作的失败。

激光选区烧结系统工作过程中,铺粉辊基本上是在工作行程内做往复运动。从系统体积和铺粉要求两方面考虑,铺粉辊的位置检测被限定在行程末端较小的范围内,正常情况下系统控制线程在接收到铺粉准备命令时,先通过检测位置信号开关确定铺粉辊当前位置,然后输出控制命令使铺粉辊向另一端运动铺平粉床,当铺粉辊运动到指定位置并触发位置检测开关信号,系统控制线程检测到该信号后停止铺粉运动,完成粉床准备工作。考虑到实际需求,在设计铺粉辊时,其自重很大,且运行时速度较快,如果铺粉辊在到达设备极限位置时无法检测到正确信号,超出位置则可能导致设备的损坏。为了能使铺粉辊停在正确的位置,就必须及时地检测到位置信号,并给出停止信号。最有效的方式是到位信号直接触发系统中断来处理,但是考虑到系统复杂度以及必要性,采用查询处理的方式最好。当铺粉辊开始运动后,系统控制线程通过不断查询目标位置信号来控制铺粉辊的运动。

铺粉辊除去初始化时的运动状态特殊外,其余工作期间都是全行程的往复运动,所以每次铺粉运动所需的时间是基本相同的,因此可以根据铺粉辊运动的速度及铺粉行程的距离估算出铺粉运动大概所需的时间,通过加入合理的时间算法来进一步保证铺粉运动的正确性。同时考虑到在极端情况下,系统受干扰无法检测到位置信号而失去对铺粉辊的控制,为了系统的安全必须采用合理的方法来停止其运动。在位置检测信号后加入极限信号,即在位置信号受干扰失效的情况下,铺粉辊冲过位置检测开关触发极限信号,此时控制铺粉动作的变频控制器控制信号被断开,铺粉辊停止,避免损坏设备。在避免设备被损坏的同时加入合理的系统容错冗余算法,保证即使在被干扰的情况下系统仍然能够继续正确运行。

综合以上,如图 2.43 所示,在铺粉辊运动的整个行程中,实际上只在其接近位置检测装置的时候需要进行位置检测,以便及时停止或者启动。因此,通过计算可以预先估测出铺粉运动的运行时间区间 $T_0 < T < T_1$。当铺粉辊启动后,系统控制线程开始计算铺粉运行时间,当运行时间小于 T_0 时,不进行位置检测,这样可以在铺粉运动的大部分过程中避免铺粉辊由于信号干扰而过早停止,造成系统致命错误。而当运行时间超过 T_0 同时小于 T_1 时,铺粉辊进入位置信号检测区间,系统正常检测位置信号,如果系统没有受到干扰,则按照运行逻辑正常运行。当铺粉运行时间超过最大时限 T_1 时仍然检测不到位置信号,则说明此时系统受到干扰而导致位置检测信号失效,系统控制线程已经不能通过有效的控制来停止铺粉运动,但是由于在行程末端有自动切断铺粉驱动信号的限位装置,因此即使系统无法通过检测到位信号而停止铺粉,也会由于触发极限限位装置而自动停止铺粉。但是系统的运行逻辑是需要知道铺粉辊的确切位置而进行下一步的动作,

因此,当铺粉运行时间超过最大时限 T_1 时,则应当认为铺粉辊已经运行到目标位置,同时向系统发出错误警告,而整个系统仍然可按预定逻辑运行。经过这样设计后,铺粉系统受信号干扰而出现错误状况的可能性大大降低,即使受到干扰,系统控制线程在进行报错处理的同时,系统的运行几乎不受影响,可以保证铺粉系统的长时间稳定运行。

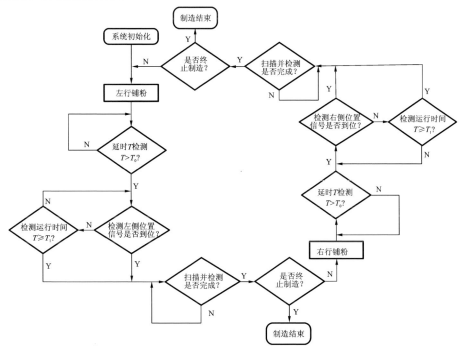

图 2.43　铺粉运动处理流程图

通过合理的信号检测和时间冗余算法相结合的方式,供粉系统和铺粉系统的抗干扰能力和容错能力大大提高,由于干扰而导致零件断层的问题得到了很好的解决,这为整个激光选区烧结系统的长时间稳定运行奠定了基础。

2. 激光选区烧结系统的温度控制

在激光选区烧结加工过程中,预热温度是影响最终零件质量的一个关键因素。预热过程的效果将直接影响成形时间、成形件的性能、成形件精度,预热效果很差甚至可能导致烧结过程完全不能进行,因此,预热温度场的均匀稳定控制是激光选区烧结系统研究的难点之一。在制作零件过程中,随着零件截面信息的变化,预热温度需根据截面信息进行自动调节。在调节过程中,需要根据预热温度场的分布状况,结合合适的控制算法,实现整个温度场的快速、均匀的调节。

1)温度控制策略

预热温度控制贯穿制作零件的整个过程,预热过程主要分为四种:初始预热过程、一般预热过程、特殊层预热过程以及制作结束预热过程。初始预热过程和制作结束预热过程主要是针对零件开始制作和制作结束时的特殊预热控制；在零件制作过程中，根据零件的具体情况，预热方式主要是在一般预热过程与特殊层预热过程二者之间切换。

在激光选区烧结系统中，主要通过加热管辐射热能加热粉末。对粉床进行预热主要是希望在粉末被激光烧结之前预先吸收一定热量，以利于烧结以及防止零件翘曲变形。粉末除了表面被预热外，内部也需要有一定的预热深度，但是粉末本身的传热性能较差，因此为了达到较好的预热效果，在初始预热过程中，预热不宜过快，应该是缓慢加热和快速加热相结合的过程。在零件制作结束时，为了减小由于温度突降而导致的零件收缩变形，预热装置还应该微弱加热以使整个工作腔的温度缓慢下降。

零件在制作过程中，当截面信息没有变化时，采用常规控制方法即一般预热过程进行温度控制；当截面信息发生突变时，为了防止突变截面的翘曲变形，需要采用特殊层预热过程对突变层加热。在激光选区烧结系统运行过程中，温度控制系统与扫描及运动控制系统是分别相对独立并行运行的系统，同时它们又紧密联系在一起。整个系统的运行需要预热温度来保障。如系统初始化阶段，必须等待粉末被预热到指定温度，扫描才能进行，否则零件会严重翘曲变形，后续制作根本无法进行；零件制作过程中，如果预热温度过高，粉末容易结块，导致零件制作完成后的后处理很难进行，甚至完全无法进行。因此，一般只在特定的时候对粉末进行特殊加温。一般而言，当零件切片面积突然增大时，则认为该层是关键层，需要特殊加温，而且根据增大面积的大小，设定加热温度以及强度；在加温一定层数后，需要让加热温度回到常规温度。初始升温是为了使整个工作缸被充分预热，应该适当地延长预热时间；而在制作过程中，如果为关键层特殊预热，为了不让已烧结层冷却以及提高效率，则需要尽快升温到设定温度。

激光选区烧结的预热温度控制贯穿整个零件制作过程，在正常情况下，程序通过检测的温度按照一定的控制算法可将系统预热温度控制在一定误差范围内。但是当程序出错或者温度检测仪器损坏导致检测温度出错时，预热温度控制将在错误的环境下进行，这对整个系统而言是非常危险的。如温度检测装置出错而导致检测温度偏离正常值，有可能会出现预热装置在正常控制下持续加热，从而使材料过热而大面积熔化，更甚者有可能导致系统损坏或更严重的安全事故。

因此，需要在系统运行过程中对温度进行监控，当温度偏离正常值一定范围时，系统报警并进行出错处理。如图 2.44 所示，在制造开始时，温度监控同时启动，由于初始预热过程的温度是逐渐升高的，在初始预热过程中并不进行零件制作，所以系统在初始预热过程中对预热温度不进行监控，即在预热温度监控开始阶段插入一定延时，延时过后开始监控温度。考虑到预热过程中的干扰，监控过程中应该有效地剔除干扰，避免由于干扰而错误报警停机，影响系统的正常运行。

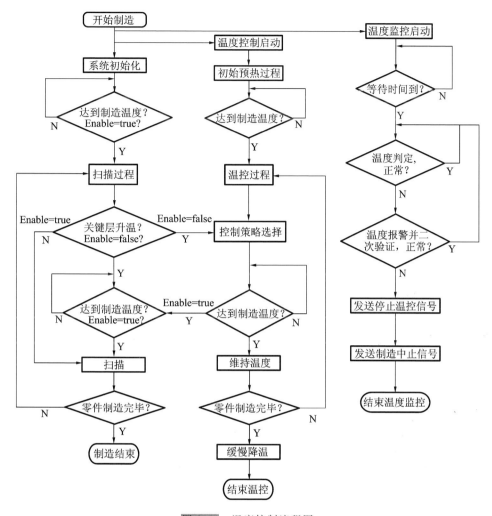

图 2.44　温度控制流程图

在激光选区烧结系统制作零件的过程中,采用非接触式的红外测温方式来检测预热温度,温度测量装置与预热温度场通过特殊的隔离保护镜隔离开来,避免预热温度场的高温影响红外测温仪的准确性。由于工作场中间需要通过激光扫描来进行零件制作,工作过程中的温度比较高,并不能代表整个预热温度场的实际温度,因此选择工作场的边缘部分作为测温参考点。红外测温仪需要在一定的环境温度下工作,环境温度过高有可能会导致红外测温仪故障而输出错误的测量温度值,为了保证整个激光选区烧结系统的安全运行,在预热温度场内加入接触式的热电偶来监测预热温度。由于预热温度场的特殊性,热电偶方式测温并不十分准确,因此,并不将其作为温度控制的输入;但是热电偶测温方式非常简单且其测温不受环境温度影响,因此将其测量温度作为系统安全监测的参考值,即系统温度监控线程发现红外测温偏离正常范围时,通过热电偶的测量温度来判定整个系统的运行状态,从而做出处理。

通过以上完备的温度控制流程,能够保证激光选区烧结系统的预热温度控制在完全自动化控制下运行,且其温度监测可保证在受到干扰或出现故障的情况下系统的安全。

2)温度控制算法

(1)预热温度场的模糊控制。

要实现对激光选区烧结系统的预热温度控制,必须要找到合理的控制对象模型,但是激光选区烧结装备的预热温度场是一个复杂的非线性系统,很难找到一个合理的控制对象模型来实现对预热温度场的温度控制。模糊控制不需要特定的控制模型,仅需要通过模糊推理即可实现对预热温度场的温度控制。

模糊控制技术是近代控制理论中一种基于语言规则与模糊推理的高级控制策略和新颖技术,它是智能控制的一个分支。模糊控制理论由美国学者、加利福尼亚大学著名教授 L. A. Zadeh 于 1965 年首先提出,它以模糊数学为基础,用语言规则表示方法和先进的计算机技术,是由模糊推理进行判决的一种高级控制策略。

模糊控制技术的最大特点是适宜于在各个领域中获得广泛的应用。最早取得应用成果的是 1974 年英国伦敦大学教授 E. H. Mamdani,他将首个利用模糊控制语句组的模糊控制器应用于锅炉和汽轮机的运行控制,在实验中获得成功。1986 年日本进入模糊控制实用化时期。

模糊控制系统是一种自动控制系统,它是采用计算机控制技术构成的一种具有反馈通道的闭环数字控制系统。它以模糊数学、模糊语言形式的知识表示和模糊逻辑的规则推理为理论基础,它的组成核心是具有智能性和自学习性的模糊控制器。模糊控制系统的主要特点如下:

①模糊控制系统不依赖于系统精确的数学模型,当某个系统的精确数学模型很难获得或者根本无法找到时,适合应用模糊控制。所以其特别适合于复杂系统与模糊性对象等。

②模糊控制系统一般具有智能性和自学习性,模糊控制系统中的知识表示、模糊规则和合成推理主要基于专家知识或熟练操作者的成熟经验,并可以通过学习不断更新。

③模糊控制系统的核心是模糊控制器,模糊控制器主要以计算机或单片微机为主体,因此它具有数字控制系统的精确性和软件编程的柔软性等。

模糊控制系统与通常的计算机数字控制系统的主要区别是采用了模糊控制器。模糊控制器(fuzzy controller,FC)是模糊控制系统的核心,一个模糊控制系统的性能优劣,主要取决于模糊控制器的结构。模糊控制器所采用的模糊规则、合成推理算法,以及模糊决策的方法等都是决定最终模糊控制系统优劣的关键因素。模糊控制器也称为模糊逻辑控制器,由于其所采用的模糊控制规则是由模糊理论中的模糊条件语句来描述的,因此,模糊控制器是一种语言型控制器,故也被称为模糊语言控制器。

如图 2.45 所示,模糊控制器主要包括五个部分:模糊化接口、隶属度数据库、模糊控制规则库、模糊推理机和解模糊接口。模糊控制器的输入必须按照实际需求模糊化才能用于模糊控制输出的求解,它的主要作用是将测量值输入转换成一个模糊矢量,可以是单输入的也可以是多输入的。隶属度数据库所存放的是所有输入、输出变量的全部模糊子集的隶属度矢量值,若模糊论域为连续域,则为隶属度函数。模糊控制器的规则主要基于专家知识或熟练操作者长期积累的经验,规则库和数据库这两部分组成整个模糊控制器的知识库。模糊推理机是模糊控制器中根据输入模糊量由模糊控制规则完成模糊推理来求解模糊关系方程,并获得模糊控制量的功能部分。模糊推理是模糊逻辑理论中最根本的问题。

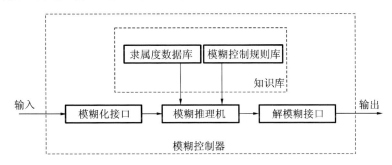

图 2.45　模糊控制器

温度控制系统一般是惯性较大的系统,通常采用 PID 算法、模糊算法以及神经网络算法来进行温度控制。在控制工程实践中,许多复杂的控制对象、过程的操作特性或输入输出特性难以用简洁实用的物理规律或数学关系给出,而且有些过程甚至没有可靠的检测手段对过程状态的变化做准确的检测,以至于无法用经典数学建模的方法获取目前控制系统设计理论可采用的对象模型,这时常采用模糊控制方法来实现。考虑系统的实际情况以及算法的复杂程度,这里采用模糊算法来进行温度控制。

如图 2.46 所示为预热温度模糊控制系统的基本结构,该模糊控制系统的输入为通过红外测温仪测得的预热温度场温度,输出为预热温度场加热装置的加热强度。当进行控制活动时不仅要对输入温度与设定温度的预热温度偏差进行判决,以决定采取何种措施,还要对预热温度偏差变化率进行判决。也就是说,根据偏差和偏差变化率综合进行权衡和判断,从而保证系统控制的稳定性,减少超调量及振荡现象。所以,当进行温度控制时,涉及的模糊概念的语言变量论域有三个:温度偏差 ΔT、偏差变化率 T_e、控制量输出 U。

语言变量论域上的模糊子集由隶属函数 $\mu(x)$ 来描述。隶属函数 $\mu(x)$ 可以通过操作者的操作经验或统计方法来确定。通常采用的论域为 $\{-6,-5,-4,-3,$

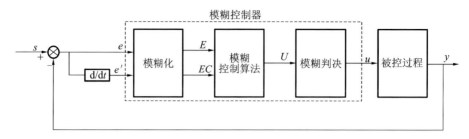

图 2.46 预热温度模糊控制系统的基本结构

$-2,-1,-0,+0,1,2,3,4,5,6\}$,在其上定义 8 个模糊语言变量值:负大(NL)、负中(NM)、负小(NS)、负零(NO)、正零(PO)、正小(PS)、正中(PM)、正大(PL)。又根据人们对事物的判断往往沿用正态分布的思维特点,常采用正态函数:

$$\mu(x)=\mathrm{e}^{-\left(\frac{x-a}{b}\right)^2} \tag{2-46}$$

对于模糊集合的隶属函数 $\mu(x)$,其中参数 a 对模糊集合 NL、NM、NS、NO、PO、PS、PM、PL 可分别取 -6、-4、-2、-0、$+0$、$+2$、$+4$、$+6$;参数 b 大于零,b 值越大控制灵敏度越低,控制特性越平缓,控制的稳定性越高,b 值越小则控制灵敏度越高,但是控制过程中容易出现超调。

通过预热温度设定值和测量值可以计算得出温度偏差 ΔT、偏差变化率 T_e、控制量输出 U 的模糊隶属度表,从而可以得到一个模糊控制表,在实时控制中,只需通过查表的形式,便可获得实时的控制量。在制作零件过程中,以一定时间周期为控制时间单位,根据零件当前层 s_c 和上一层 s_p 的截面信息变化 s_Δ,以及当前温度偏差值 t_c 和当前计算得出的温度偏差变化率 t_Δ,给出模糊控制的调节量 Δu,实际预热温度控制中主要根据截面变化信息通过查表方式给出温度控制强度。在激光选区烧结系统的图形扫描过程中,截面信息变化不仅包括截面面积的变化,而且包括轮廓环的变化,新增加的轮廓环都需要进行特殊预热,预热温度控制模型为

$$\Delta u = f(s_c,s_p,t_c) = \begin{cases} K_1, \mathrm{Area}(s_c,s_p) > S_1 \text{ or } \mathrm{Girth}(s_c,s_p) > D_1 \\ K_2, S_1 \geqslant \mathrm{Area}(s_c,s_p) \geqslant S_2 \text{ or } D_1 \geqslant \mathrm{Girth}(s_c,s_p) \geqslant D_2 \\ K_3, \mathrm{Outring}(s_c,s_p) = \mathrm{true} \\ 0, \mathrm{default} \end{cases}$$

$$\tag{2-47}$$

式中:K_1、K_2、K_3 为不同截面信息变化情况下的预热温度控制量,且 $K_1 > K_2 > K_3$;$\mathrm{Area}(s_c,s_p)$ 为切片 s_c 与切片 s_p 之间的面积差,S_1、S_2 为面积变化大小判定值,且 $S_1 > S_2$;$\mathrm{Girth}(s_c,s_p)$ 为切片 s_c 和切片 s_p 之间的周长差,D_1、D_2 为周长变化判定值,且 $D_1 > D_2$;$\mathrm{Outring}(s_c,s_p)$ 为切片 s_c 与 s_p 之间的外环数之差。

通过这些信息,可以在整个制作过程中给出精确的温度控制量。

(2)预热温度的稳定均匀控制。

采用模糊控制方式可以实现对激光选区烧结系统预热温度场的温度控制,但

是在激光选区烧结系统制作零件过程中,需要保证整个预热温度的稳定均匀控制。在整个工作场内的温度偏差要求在±3 ℃以内,且预热温度控制过程中要使预热温度场的温度尽量保持在设定的温度值附近。实际预热温度控制过程中,温度控制的输入量为红外测温仪测得的粉床温度。检测温度在受到外部干扰的情况下,往往会出现不稳定的情况,导致系统检测到的温度出现偏差,甚至出现突变,从而使控制不稳定。整个工作场各个部位预热环境及受热情况都不一样,这给预热温度场的均匀控制带来了很大难度。

激光选区烧结系统的预热温度控制系统是一个惯性较大的系统,因此预热温度不会发生突变,当系统受到干扰而出现温度突变时,则需要将这些温度突变去除,或者将其影响降到最低。考虑到预热温度场的温度变化是一个比较缓慢的过程,温度检测值的变化也较平缓,因此设计一个平滑滤波器对检测到的温度信号进行平滑滤波。将一定的时间长度范围内的温度检测值作为检测的样本,减小每一次温度检测值对温度检测的影响,降低干扰信号的影响。样本空间为一个长度为 n 的队列 $T[n]$,按一定的时间周期检测预热温度场的温度并将检测值输入队列,温度测量值按先入先出的规则通过队列,当某个温度检测值处于队列的某个位置 $T[i]$($0 < i < n$)时,其对应的权值为 $P[i]$。检测温度可通过加权平均得出,其计算方法为

$$T = \sum_{i=1}^{n} T[i]P[i] / \sum_{i=1}^{n} P[i] \tag{2-48}$$

当前温度检测值即 $T[1]$ 应该给予最大的权重,离当前检测状态越远的检测值给予越小的权重。检测温度值经过平滑后,基本上可以消除弱干扰对系统的影响,但是对于强干扰导致的系统检测温度的强烈波动,还是无法有效地消除。因此在对温度检测值进行平滑滤波的同时,还要以一定阈值来判定当前检测温度的合理性,以此来消除强干扰。

如图 2.47 所示,每一次温度检测值都是对连续的 n 次测量值的加权平均,n 值取得越大,通过加权平均后的温度测量值变化越平缓,任何一次温度检测值对整个温度测量的影响都会变小,但是同时会使温度控制系统的控制延迟加大。这样对测量值进行平滑滤波后,基本上可以消除温度的轻微波动对预热温度系统的影响。实际中,n 值并不能取得太大,如果 n 值取得太大,整个温度控制系统的控制延迟会太大,从而无法达到较好的控制效果。

对于强干扰而言,检测值的平滑滤波不仅不能有效地将其消除,而且还会使其作用时间加长,这就需要在对检测值进行平滑的同时加上一定的辅助措施来消除强干扰。由于预热温度不会在短时间内发生突变,因此可以预先设定一个阈值 M,当检测值 T_m 与当前加权平均温度 T_c 的差值大于 M 时,则可认为本次检测值受到干扰,为无效检测;当差值在阈值范围内时,则对温度检测值队列进行更新,求出其加权平均值作为本次温度测量值。在激光选区烧结系统的运行过程中,其

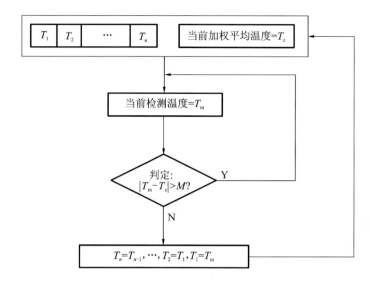

图 2.47　温度检测处理流程图

预热温度有一个合理的范围,当温度超出该范围时,可以认为其为干扰信号而予以滤除。

在一定的温度控制策略下,通过采用模糊控制方法及一系列抗干扰措施后,基本可以保证预热温度系统的平稳控制;再辅以必要的监控措施,可使整个预热温度控制系统在拥有一定容错能力的同时,能够长时间安全稳定地运行。

激光选区烧结系统的预热温度场为方形工作场,工作场四周的温度环境都不一样,为了达到预热温度的均匀控制,在进行预热温度控制时的控制强度必须不同。实际中,采用灯管辐射加热方式来对粉床进行预热,灯管分布在预热温度场的上方。根据预热环境的不同,将预热温度场分为三组分别进行控制,以达到均匀控制。

3.激光选区烧结系统的扫描系统

1）系统的组成

激光选区烧结系统的扫描系统主要包括扫描头、激光器以及冷却循环系统。作为整个系统的核心,扫描系统能否稳定运行是决定系统最终性能的关键。一些小功率的激光器可以通过风冷的散热方式来维持稳定运行,但是功率较大的激光器由于产生热量过大,一般都需要在冷却循环系统的辅助下才能正常工作。某些高性能的扫描头,如需要承受大功率激光的扫描头,同样需要有冷却循环系统的辅助才能稳定运行。

在整个扫描系统的光路中有扩束镜、聚焦镜以及反射镜等多组光学器件,由于激光的功率密度很高,如果光学器件的通光率或反射率不够高,光学器件在长时间激光照射下容易损坏;同时光路上的灰尘也容易附着在光学镜片上,光学镜片上附着有灰尘的位置的通光率或反射率急剧下降,从而会导致光学镜片逐步损坏。现在较好的光学镜片镀膜基本上都能保证激光的反射率或通光率在 95％以上,在激光功率不是很强的情况下都能满足要求;将光路系统封闭,可避免由于灰尘影响而导致光学器件的损坏。

2)扫描参数

激光选区烧结系统制作零件主要是靠扫描系统在工作面上进行图形扫描来实现的,扫描系统按照输入的扫描路径进行扫描,和激光器一起协同工作,将工作面上的粉末材料烧结成形。扫描参数和激光功率控制是影响最终零件烧结成形的关键因素。

振镜式激光扫描系统扫描过程中,要得到好的扫描效果,必须合理调节激光与振镜之间的各种相关参数。对于振镜系统而言,主要是需要合理地规划振镜各个轴的运动曲线,最大限度地发挥振镜的性能,使其能快速准确地实现扫描点的定位。而激光需要按照振镜的运动规律合理设置必要的开关延时及功率调节来达到好的扫描效果。

主要扫描参数如下:

(1)扫描速度。

振镜扫描系统的扫描速度决定了激光选区烧结系统成形的效率,当扫描速度发生变化时,与振镜相关的几乎所有参数都需要重新调整,尤其是扫描速度变高时,对参数的调整要求更加苛刻。

(2)激光开关延时。

激光的开关响应及功率变化性能一般要优于振镜扫描系统的执行机构的机械运动响应性能,因此为了使激光功率的变化与振镜扫描系统同步,需要在扫描线的起点和终点加入一定的延时。在起点位置,激光需要延时开启等待振镜扫描系统启动扫描;在终点位置,则需要激光延时关断,等待振镜扫描系统扫描到位。

(3)曲线延时。

在扫描线段时,需要规划好线段的起停位置的加减速曲线。当扫描曲线时,曲线一般都是由小线段逼近形成的,跟一般的线段扫描不同,不需要在每个线段的结束位置使振镜停止,只需要加入一定的延时,使曲线扫描光滑即可。

如图 2.48 所示,当扫描的激光开关延时参数设置不适当时,扫描线的起点或者终点位置会出现不同程度的图形缺陷,影响图形的扫描质量。激光开延时过短,则在振镜扫描系统还没开始扫描时激光束就会聚在粉末材料上,将粉末材料烧焦,形成扫描图形上的黑点;激光开延时过长,则会导致开始扫描阶段的粉末材料未被烧结。激光关延时过短,则扫描还未完成时激光就被关闭,部分图形无法完成扫描;激光关延时过长同样会出现粉末材料被烧焦的情况。

曲线延时是振镜式激光扫描系统扫描时的一个重要参数,它与扫描系统的当前扫描速度及激光开关延时参数都密切相关。如图 2.49 所示,当曲线延时过小

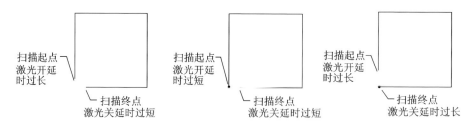

图 2.48　激光开关延时对扫描图形的影响

时,由于振镜的 X 轴和 Y 轴无法及时完成定位,导致最终的扫描图形失真;如果曲线延时过大,虽然不会对扫描图形造成影响,但是会造成扫描时间的浪费,影响整个系统运行的效率。

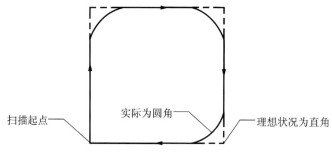

图 2.49　扫描曲线延时对扫描图形的影响

3) 参数的设定

在激光选区烧结系统运行过程中,针对不同材料和实际需求,需要对扫描速度、扫描间距以及激光功率等参数进行调节。扫描速度不同,则扫描系统的各种延时参数都需要进行相应的调整,以使扫描系统的扫描效果最佳。因此,有必要针对各种情况给出合适的参数。

进行零件扫描时,跟扫描系统相关的参数主要包括扫描速度 v、激光功率 P 以及扫描间距 s;对特定材料而言,如果扫描时需要对其中某个参数进行调整,要得到相近的扫描效果,相应地对其他参数也需要进行调整。一般而言,这三个参数之间应该保持一个特定的比例关系 R:

$$R = v \cdot s / P \tag{2-49}$$

激光选区烧结系统在制作零件时,对于特定材料,在改变参数进行扫描时想要得到好的扫描效果,这些参数的比例关系应该为一个定值。当然,扫描速度如果设定过大,则会超出扫描系统的运行极限导致系统无法正常运行。当扫描速度改变时,为了实现精确的定位及扫描线的均匀,振镜式激光扫描系统的各种延时参数都要重新设定。粉末材料必须在一定的激光功率下才能成形,激光功率设定过低,则有可能完全无法烧结粉末。扫描间距的设定需要参考激光的聚焦光斑,在激光选区烧结系统中,激光的聚焦光斑的直径在 0.4 mm 左右,扫描间距过大或者过小都有可能使烧结完全无法进行。因此，当设定扫描系统参数时，必须综合考虑各种参数，得到一个最优的参数组合，从而达到好的扫描效果。扫描参数设定规则如表 2.11 所示。

表 2.11　扫描参数设定规则

激光选区烧结扫描参数		
参数	取值范围	约束条件
扫描速度 v/(m/s)	$0 < v < 8$	$R = v \cdot s/P$
激光功率 P/W	$10 < P$	（R 值根据烧结材料而取不同值）
扫描间距 s/mm	$0.05 < s < 0.3$	
振镜式激光扫描系统延时参数（参考扫描速度 v_0）		
激光开延时 $t_{delay\text{-}on}$	$k_1 \cdot t_{01} \cdot v_0/v$	k_1、k_2、k_3、k_4 分别为延时参数
激光关延时 $t_{delay\text{-}off}$	$k_2 \cdot t_{02} \cdot v_0/v$	调整系数，t_{01}、t_{02}、t_{03}、t_{04} 分别
曲线延时 $t_{delay\text{-}poly}$	$k_3 \cdot t_{03} \cdot v/v_0$	为参考速度 v_0 时的延时参
空跳延时 $t_{delay\text{-}jump}$	$k_4 \cdot t_{04} \cdot v/v_0$	数设定值

对于同一种材料，当扫描速度及扫描间距设定好后，按照参数设定规则，其最优扫描参数也就可以自动设定完成；对于不同的材料，参数也可以按照表 2.11 中的比例进行设定。

4）扫描系统监测

振镜式激光扫描系统作为激光选区烧结系统的核心部件，其稳定运行是整个系统稳定运行的关键。在扫描过程中，当图形输入出现错误或系统受到干扰时，有可能导致扫描系统出错，在整个激光选区烧结系统运行过程中，扫描系统的任何一次出错都会导致整个制作失败。

无论是在 PC 内还是在扫描卡上进行数据处理，扫描过程中扫描系统需要处理的数据量都会非常大，因此需要有很好的数据处理机制，既要保证整个扫描过程的连续性，又要保证在扫描系统繁忙时没有任何数据丢失。在使用进口振镜式激光扫描系统的激光选区烧结系统中，主要通过在软件中轮询扫描系统返回的状态来监测扫描系统，系统繁忙时等待，系统出错时做出相应处理。使用基于 PC 的振镜式激光扫描系统，基本上所有的数据处理都在 PC 内完成，并通过相应硬件中断的方式逐点输出扫描点，系统中维持两个 FIFO 来进行数据传输，因此主要通过监测 FIFO 的数据指针来监测整个扫描系统的状态。

扫描系统是根据输入图形来进行扫描的，当各种参数设定好后，扫描完成一幅图形的扫描时间就基本确定了，因此完全可以通过扫描系统完成扫描的时间来对其状态进行监测。对于一幅扫描图形而言，扫描时间主要包括匀速扫描时间、空跳扫描时间、扫描起停加减速时间以及曲线延时等，则输入图形的扫描时间可以通过式(2-50)计算：

$$t_{scan} = \frac{l_{path}}{v_{scan}} + \frac{l_{path\text{-}jump}}{v_{jump}} + t_{acc} + t_{poly\text{-}delay} \qquad (2\text{-}50)$$

式中：l_{path} 为需要扫描图形的所有路径长度；$l_{path\text{-}jump}$ 为扫描中需要空跳的长度；v_{scan} 为图形扫描速度；v_{jump} 为空跳速度；t_{acc} 为所有路径首尾端加减速时间；$t_{poly\text{-}delay}$ 为总的曲线延时。

在扫描开始时维持一个扫描计时器 t，当 $k_1 \cdot t_{scan} < t < k_2 \cdot t_{scan}$（$1 < k_1 < k_2$）时，认为扫描系统的扫描完成时间在正常范围内；如果扫描时间超出该范围，则判定扫描故障。当 $t < k_1 \cdot t_{scan}$ 时，有可能是因为图形输入错误而没有正常扫描，或者扫描中途受干扰被中断，需要重新读入图形数据进行扫描；当检测到 $k_2 \cdot t_{scan} < t$ 时，则判定扫描系统由于故障无法正常完成扫描，需要复位扫描系统再重新进行扫描。在扫描过程中监测到任何故障都需向系统报告，如果系统可以通过复位扫描系统及重新扫描等方式完成扫描，则允许系统继续运行；如果无法排除故障，则需要等待人工排除故障才能继续运行，避免材料和时间的更大浪费。

4. 小结

本小节对激光选区烧结系统的运动控制系统、预热系统以及扫描系统的运行过程进行了研究，设计和实现了整个系统稳定安全运行的自动化运行方案和完备的监控措施。

激光选区烧结系统的运动控制系统主要是在烧结过程中将粉床准备好，是整个激光选区烧结系统稳定运行的基础，通过合理的信号检测和时间冗余算法相结合的方式，该运动控制系统有了很好的容错和自我纠错的能力，很好地解决了零件制作过程中由于干扰而导致的断层现象，为整个激光选区烧结系统的稳定运行奠定了基础。

预热温度场的均匀稳定控制是激光选区烧结系统的重点也是难点之一，通过模糊控制和平滑滤波相结合的方式实现了温度场的均匀稳定控制；结合零件截面信息变化情况，在整个预热过程中根据实际情况采用相应的预热控制策略，实现了整个预热温度场的自动化稳定控制。

在实现整个系统的高度自动化控制时，结合各个系统本身的特点，实现了一套完备的系统监控方案，以保证整个系统在自动化运行时的稳定性和安全性。通过冗余信号检测及时间冗余算法等途径，整个激光选区烧结系统在运行过程中有很强的抗干扰能力及自我纠错能力，完全实现了激光选区烧结系统的高度自动化稳定运行。

2.3.4 振镜扫描及激光选区烧结系统运行试验验证

激光选区烧结系统是一个光机电一体化的系统，振镜式激光扫描系统是其核心光学部分,从很大程度上决定了所制作零件的精度。在用激光选区烧结系统制作复杂零件时,稳定且均匀的预热温度场是零件制作成功的必备条件。整个运动控制系统的稳定合理运行以及完备的状态监测是整个系统安全稳定运行的根本。只有这几个部分紧密配合,激光选区烧结系统才能稳定而高效地运行。

设计的振镜式激光扫描系统包括对图形进行处理的应用软件、与硬件接口的设备驱动程序、扫描控制卡以及检流计式伺服电动机系统。在激光选区烧结系统中,通常需要进行大幅面扫描,对扫描系统的扫描速度和扫描精度都有较高的要求。

激光选区烧结的预热温度场作为影响最终制件质量的关键因素,其预热温度必须在整个工作范围内均匀而且稳定;在零件制作过程中,零件制作所处的阶段及零件截面的变化都要求预热温度做出及时的变化;在兼顾零件质量和后处理工艺的前提下,合理的预热温度及预热温度控制策略是系统高效运行的关键。

各个运动部件的合理运行也是激光选区烧结系统稳定运行的根本,对任何系统而言,一定的容错和纠错是非常必要的。激光选区烧结系统运行过程中,不能因为某些非致命的干扰或错误而导致零件制作无法继续进行,甚至导致系统崩溃;同时,当系统出现致命的或不可预知的故障时,监测系统必须及时准确地反映,并由系统做出及时有效的处理。

1. 扫描系统的扫描测试和精度校正

1)扫描测试

采用动态聚焦方式的振镜式激光扫描系统的工作高度有很大的调整范围,只需调整动态聚焦与物镜系统之间的距离,扫描系统的焦平面也随之发生变化;而采用 F-Theta 透镜的二维振镜式激光扫描系统,由于 F-Theta 透镜的焦距一般是固定的,因此其工作距离一般只能在焦距附近范围内调节。

将研制的振镜式激光扫描系统安装在华中科技大学快速成形中心研制的激光选区烧结系统中进行应用测试,针对不同工作范围的激光选区烧结系统,采用不同的扫描系统进行对比。采用动态聚焦方式的振镜式激光扫描系统,理论上可以适用于现在所有工作范围的激光选区烧结系统。如果采用 F-Theta 透镜聚焦方式,随着工作范围的增大,F-Theta 透镜也需要增大,当工作范围增大到一定程度后,适配的 F-Theta 透镜价格将会急剧增加,而扫描线质量会逐渐下降,扫描图形畸变加剧。因此在工作范围太大时,采用 F-Theta 透镜聚焦就无法满足快速成形的需求了。

不同工作范围的激光选区烧结系统所适用的扫描系统如表 2.12 所示。在较小工作范围的激光选区烧结系统中,采用 F-Theta 透镜聚焦的扫描系统所扫描的图形失真可以通过合适的校正算法进行校正,其聚焦光斑直径在 0.5 mm 左右,符合扫描要求。当工作范围增大时,采用 F-Theta 透镜聚焦的扫描系统所扫描的图形畸变加剧,由于输入控制量与扫描图形之间的非线性关系,图形的精度校正非常困难;而且随着工作范围的增加,其焦平面的聚焦光斑也会逐渐增大,在 500 mm×500 mm 工作范围的情况下,工作面聚焦光斑直径达到 0.8 mm,所以在较大工作面的情况下不采用 F-Theta 透镜作为聚焦透镜。

表 2.12 激光选区烧结系统与其适用的扫描系统

系统型号	工作范围 /(mm×mm)	工作高度/mm	适用扫描系统
SLS-Ⅱ	320×320	502	三维动态聚焦振镜式激光扫描系统 或二维 F-Theta 透镜聚焦激光扫描系统
SLS-ⅡA	400×400	560	三维动态聚焦振镜式激光扫描系统或 勉强适用二维 F-Theta 透镜聚焦激光扫描系统
SLS-ⅢA	500×500	670	三维动态聚焦振镜式激光扫描系统

如图 2.50 所示为激光选区烧结系统的光路示意图,其中扫描系统采用动态聚焦振镜式激光扫描系统。采用 F-Theta 透镜聚焦的扫描系统的光路较为简单,没有动态聚焦及物镜部分,只是在振镜下方增加一个 F-Theta 透镜。

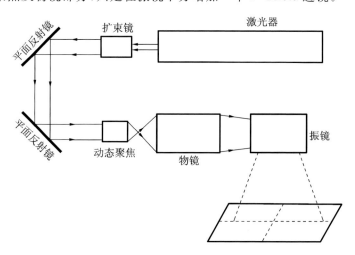

图 2.50 激光选区烧结系统光路示意图

对于任何扫描系统而言,扫描速度和扫描精度是其最重要的技术指标,而扫描速度是振镜式扫描与以往机械传动式扫描的最大区别,相对于机械传动式扫描,振镜式激光扫描的扫描速度要高得多,因此,首先对振镜式激光扫描系统进行速度测试。在采用 CO_2 激光器的激光选区烧结设备上进行实验,一般通过在热敏传真纸上进行扫描来观测扫描效果。

扫描测试主要是观察激光通过扫描系统后在整个工作面上的聚焦情况,以及在各种扫描速度下扫描线的质量。扫描线的质量跟扫描速度及聚焦情况息息相关。在扫描过程中,扫描速度应该尽可能稳定以保证扫描线的均匀。另外,振镜扫描系统的执行机构虽然使用的是具有高响应性能的检流计式电动机,但是在高速扫描的情况下,要实现扫描点的精确定位,每一次扫描的起停位置都需要进行合理的速度规划,并结合激光特性加入适当的延时。尤其当两条连续扫描线段夹角较小时,由于扫描线几乎反向,振镜电动机需要完全停止再反向运行,如果需要得到好的定位效果,必须合理规划扫描的加减速过程,并结合激光功率控制加入适当的延时。

如图 2.51 和图 2.52 所示为尺寸为 400 mm×400 mm 的标准测试件的扫描测试结果,扫描测试参数如表 2.13 所示。

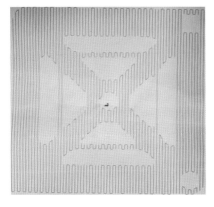
图 2.51　扫描测试 1

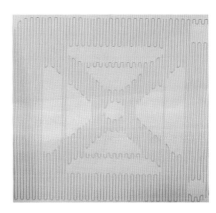
图 2.52　扫描测试 2

表 2.13　扫描测试参数

测试参数	扫描速度 /(mm/s)	工作高度 /mm	扫描间距 /mm	激光功率 /W	扫描时间 /s
扫描测试 1	2000	670	3	12.5	68
扫描测试 2	5000	670	3	12.5	32

在扫描测试 1 和扫描测试 2 中,传真纸上测试的扫描线段粗细均匀,且扫描线较细,说明在工作面内的聚焦效果良好。在扫描测试 1 中,振镜在工作面上的扫描速度为 2000 mm/s,其在需要扫描急转变向的位置也定位良好,结合适当的激光功率控制,整个图形中的扫描线质量很好;在扫描测试 2 中,振镜在工作面上的扫描速度为 5000 mm/s,整个扫描图形中的一般线段的扫描线质量良好,但是在需要急转变向的位置,由于扫描速度过高,振镜无法十分准确地实现定位,因此扫描线在拐角处有轻微的圆弧状变形。

扫描速度越高对振镜性能的要求越高,振镜扫描系统的各种性能参数设定也需要更加准确。如振镜的起停加速度、曲线延时以及激光开关延时等,它们都是决定最终扫描质量的关键因素。振镜式激光扫描系统的执行机构采用具有高动态响应性能的检流计式电动机,但是它的带负载能力很有限,负载的增加会使其响应速度下降。对于采用 CO_2 激光器的激光选区烧结系统,在长焦距的情况下,想要获得较理想的聚焦光斑,就需要扩大通过扫描系统最后一个透镜的光斑尺寸,从而需要增加安装在电动机轴上的反射镜片尺寸。我们设计的振镜式激光扫描系统在理论工作高度下的最高扫描速度为 6000 mm/s,超过这个扫描速度则会导致性能的急剧下降。

2)精度校正

对振镜式激光扫描系统进行精度校正一般采用多点校正的方式,即选取扫描范围边缘上的若干点作为特征点进行校正。将这些特征点校正准确后,再将校正量反馈回模型,从而实现对整个工作面上扫描点的校正。

对采用动态聚焦的振镜式激光扫描系统而言,工作高度是一个重要的参数,如果工作高度测量值与实际值相差较大,将会对扫描精度造成很大影响。

在对扫描系统做校正时,我们是通过校正最大扫描范围边缘的点的坐标(如 9 点校正)来达到整个工作面扫描图形精确校正的。如果按照实际值来对扫描点进行模型转换,最大扫描范围边缘的扫描点坐标校正准确后,那么整个工作面上扫描点的坐标也将控制在误差范围之内。

振镜式激光扫描系统的扫描控制过程中,每个扫描点对应振镜 X 轴和 Y 轴执行电动机的一定偏转角度,振镜工作高度是计算这个偏转角度的关键因素。但是实际中振镜工作高度的测量误差是无法避免的,如图 2.53 所示,当测量误差过大时,由于扫描模型是一个非线性模型,虽然选取的特征点仍然可以校正准确,但是工作范围内的点会出现超出误差范围的情况。

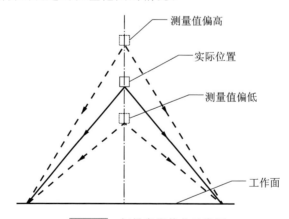

测量值偏高

实际位置

测量值偏低

工作面

图 2.53 扫描高度偏差示意图

对于采用 F-Theta 透镜聚焦的振镜扫描系统,在将振镜中心与 F-Theta 透镜中心校准后,扫描点坐标就只与激光束入射 F-Theta 透镜的角度有关。但是在采用 F-Theta 透镜聚焦的扫描系统中,即使没有任何误差,按照前面的扫描模型扫描出来的图形也会出现图形畸变。而且随着扫描范围加大,这种畸变也会更加明显。此外,安装误差、光路误差等都会给扫描系统的扫描精度带来很大影响。

如图 2.54 所示,对通常的正方形工作场,取其正方形边缘的顶点及与坐标轴的交点作为特征点来建立 9 点校正模型。整个工作场被坐标轴按象限分为四个对称的区域,如图 2.55 所示,以第一象限为例,共有四个标志点可用来计算象限内扫描点校正量,计算时以工作范围边缘与 X 轴的交点为起始点、坐标中心为终点的顺序进行计算。校正是分象限进行的,两个象限之间的数据互不干扰,因此采用 9 点校正时实际上对某一象限的校正特征点为四个点,则可以构建一个二次校正多项式来进行校正:

$$x' = \sum_{i=1}^{n}(a_{1i} + a_{2i}x + a_{3i}y + a_{4i}xy) \tag{2-51}$$

$$y' = \sum_{i=1}^{n}(b_{1i} + b_{2i}x + b_{3i}y + b_{4i}xy) \tag{2-52}$$

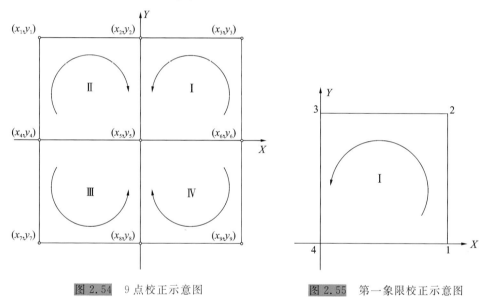

图 2.54　9 点校正示意图　　　　　图 2.55　第一象限校正示意图

9 点校正的基本原理是通过输入特征点坐标的测量值与理论值之间的误差,计算出区域内坐标点坐标补偿量系数。某个扫描点补偿量的大小与补偿系数及当前扫描点坐标相关。将补偿量反馈回扫描模型进行校正后,再测量特征点坐标的测量值与理论值之间的误差,依此循环进行校正,直至所有特征点的坐标值误差在允许范围之内。

一般而言,单次校正无法达到需要的校正精度,需要多次反复校正,最后的校正系数是多次校正系数累加的结果。如图 2.56 所示为 9 点校正软件界面,每次校正的目标值都是当前特征点的理论值。以工作范围为 480 mm×480 mm 的激光选区烧结系统为例,其对扫描系统的精度要求为 100 mm±0.1 mm,一般经过三次左右的校正即可达到要求。

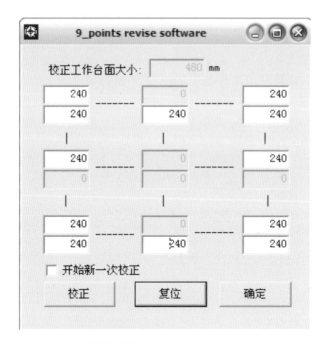

图 2.56　9 点校正软件界面

　　每次将测量所得的特征点坐标值输入校正软件,对扫描模型进行校正后重新扫描特征点校正图形。表 2.14 所示为多次校正的数据,一般经过三次校正即可实现扫描图形的精度校准。

表 2.14　9 点校正数据

特征点/mm	$x:-240$ $y:240$	$x:0$ $y:240$	$x:240$ $y:240$	$x:-240$ $y:0$	$x:0$ $y:0$	$x:240$ $y:0$	$x:-240$ $y:-240$	$x:0$ $y:-240$	$x:240$ $y:-240$
第一次	-239.5 240.5	0 240.6	240.4 240.8	-239.3 0	0 0	240.6 0	-239.8 -240.2	0 -240.7	240.8 -240.9
第二次	-240.3 239.8	0 239.7	239.9 239.7	-240.3 0	0 0	239.7 0	-240.1 -239.9	0 -239.7	239.7 -239.6
第三次	-239.9 239.9	0 240.2	239.9 239.8	239.9 0	0 0	240.1 0	-240.1 -239.9	0 -240.1	239.9 -240.1

　　激光选区烧结系统制作零件的尺寸精度需要通过 9 点校正和按材料收缩系数对零件图形进行适当的放缩来保证。如果不进行 9 点校正而直接对零件图形进行放缩,由于零件图形的放缩是整体性放缩,虽然整体尺寸方面容易得到保证,但是内部尺寸很有可能存在偏差。经过 9 点校正后,在整个工作幅面内扫描图形的尺寸精度都得到了保证,在整体尺寸得到保证的情况下,不会出现图形部分偏大而另一部分偏小的情况。

扫描图形的 9 点校正方式是比较常用的校正方式,其算法较简单而且校正过程非常方便。如果需要得到更高的扫描精度,可以采用多点(>9)校正,如 25 点校正,但是其算法相对较复杂,而且每次测量的特征点坐标较多,会引入更多的测量误差,在算法不是很完备的情况下,反而没有很好的效果。在激光选区烧结系统的扫描图形校正过程中,采用 9 点校正即可满足要求。

2. 系统自动化及运行监测

激光选区烧结系统中的控制包括铺粉辊的变频控制、送粉缸的步进控制以及温度场的预热控制,任何一个环节受到干扰而出现错误都将导致零件制作失败,甚至有可能影响系统的安全使用。铺粉控制主要是在零件烧结前,按照要求输出方向信号控制铺粉运动,并通过检测位置信号及时停止铺粉运动。在铺粉控制过程中,系统需结合送粉缸的机械传动比及所制作零件的层厚输出位置脉冲信号。在零件整个制作过程中,需要根据零件截面信息及时调整预热温度控制策略,防止零件翘曲变形。

1)铺粉运动

使用激光选区烧结系统进行零件制作时,如果零件较大,则系统需要连续稳定运行很长时间,如超过 72 h,如果出现铺粉不受控制、送粉缸步进进给误差、预热温度不合理以及扫描系统故障等故障,都有可能导致零件制作失败,造成材料以及时间的极大浪费。因此,一套完备的容错和纠错处理机制是十分必要的。

铺粉系统的主要任务是在激光选区烧结系统对零件进行扫描前将粉末材料准备好。虽然每一次铺粉都是行程内的往复运动,但是必须保证每次运动都是准确无误的,否则都将导致制作失败。

图 2.57 所示为铺粉辊从左向右铺粉过程中系统对其进行控制和监测的示意图。在铺粉过程中,系统需要检测铺粉辊的到位信号,然后停止其运动并给出系统准备好的信号。在以前的实际应用中,由于系统干扰的原因,会出现在铺粉辊未运动到位的时候,系统接收干扰信号而停止铺粉辊运动,使铺粉辊停在工作面零件上方,导致零件制作失败;或者在铺粉运动过程中,系统检测到错误的位置信号而导致某一层不铺粉,从而导致最终制作零件出现断层。

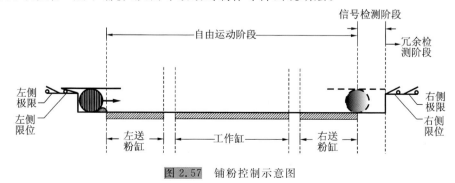

图 2.57　铺粉控制示意图

实际上,每种类型的激光选区烧结系统,一般其铺粉运动的时间是一定的,只需测量出实际的铺粉运动时间,在此段时间内允许铺粉辊自由运动,不做任何检测,这样就完全避免了在铺粉中引入干扰的可能。在铺粉运动的结束位置开启位置检测,使铺粉运动重新受控;同时,行程两端的极限开关可以在铺粉运动不受控制的情况下实现强制停车,这样可以避免系统因受干扰而损坏设备。

为了给系统增加一定的冗余纠错能力,我们允许系统在非正常运行而未触发极限的情况下仍然继续运行,这个时候有可能是干扰信号暂时屏蔽了铺粉辊的到位信号,或者行程某侧限位损坏,那么系统有可能永远无法检测到到位信号,从而使设备无法继续运行下去。因此,设定当系统出现以上情况时触发冗余纠错线程,在经过特定时间的等待后强制设定系统为准备好状态,引导系统继续运行。同时记录铺粉运动错误次数,依此来向系统报告错误等级。

在工作面大小为 480 mm×480 mm 的激光选区烧结系统上进行运行测试,整个铺粉运动用时为 8 s。铺粉运动开始后的前 7 s 内不对位置信号进行检测,同时不断发送方向信号驱动铺粉辊向目标位置运行,这样可以有效地防止铺粉辊运行过程中由于突然的干扰信号而停止运行;铺粉辊运行 7 s 后对位置信号进行检测,检测到位置信号后及时停止铺粉辊动作并向系统报告其当前位置。当铺粉位置检测由于干扰而失效时,铺粉辊由于极限位置信号的存在在到位时被强制停止。系统监测线程在铺粉辊开始运行 12 s 后,无论是否检测到位置信号都将强制停止铺粉辊运行,并向系统报告铺粉辊的位置以及位置信号无法检测到的故障信号。经过以上处理,铺粉辊即使在受到干扰的情况也可以保证整个激光选区烧结系统的稳定运行,很好地解决了铺粉运动错误导致的零件制作过程中的断层以及零件制作失败的等问题。

2)预热控制

激光选区烧结系统工作环境准备好主要包括材料准备好和工作缸预热温度准备好两部分。在激光选区烧结设备中,无论材料是塑料粉末、树脂砂还是尼龙粉末,在进行扫描前都需要将材料预热到一定的温度,否则粉末被激光烧结成形时会发生变形,严重影响零件的精度甚至使零件制作完全无法进行。

采用加热管热辐射方式对粉末材料进行加热,加热管呈方形排布,共四根,按照实际工作情况,将它们分成三组分别控制。如图 2.58 所示,加热管被固定在方框状基座上后,悬挂在工作面粉层上方。预热温度场的效率和预热温度场的温度均匀性与预热装置的预热功率及其与粉层的距离密切相关。

加热管主要以热辐射的方式将辐射范围内的粉末加热。加热管离待加工粉末越近,预热效率越高,粉床预热温度上升越快,但加热管的热辐射范围会变小,预热的均匀性变差;加大加热管与粉床之间的距离,可以使预热更加均匀,但是粉床的预热速度会变缓,甚至很难预热到设定温度。因此,合理的预热装置安装高度是达到好的预热效果的关键之一。

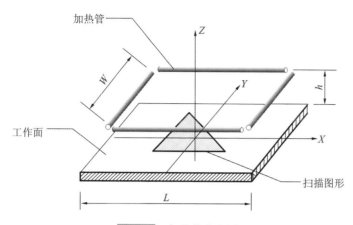

图 2.58　加热管分布图

　　要达到好的预热效果,除了合理的加热装置外,还需要高性能的控制策略。系统通过控制可控硅的输出电压来控制加热管的加热强度。系统在运行过程中,预热温度场靠近前门的部分由于观测等原因,隔热效果较差,热量容易散失;后侧由于是封闭空间,隔热效果好,容易累积热量;左右两侧由于辅助送粉的因素,空间较大,不容易累积热量。因此,整个加热装置被分成三组,分别采取不同的控制策略,各个加热管各以一定强度加热粉末。

　　实际中,采用模糊控制方法来对各个加热管强度进行控制,在激光选区烧结的温控系统中,温度 T 通过非接触的红外测温仪来测量,其也是温控系统的唯一输入量。模糊控制算法以预热温度偏差 ΔT 及预热温度变化率 T_e 来调节控制强度 U。各个输入量及控制量的模糊控制隶属度需要在实际操作中不断优化,使控制效果达到最优。当设定好各个变量的模糊隶属度后,可以得到温度控制的规则表,在控制过程中只需要根据输入量查表得到对应的控制量即可。

　　综合激光选区烧结系统的适用粉末材料,在零件制作过程中,预热温度场的主要温度范围为 75～150 ℃。当设定好当前目标温度后,温控系统需要将当前扫描粉末层的温度控制在目标温度附近,温度误差越小越好。在制作零件时,工作腔和需加热的粉层面积较大,整个温控系统的惯性较大,因此温度误差的大小与温度控制的稳定性是密切相关的。实际中,虽然工作缸是密闭的,但是热量仍然会通过其外壳向外传递,而且随着工作缸温度升高,散热也会加快,随着目标温度的升高,温度控制的难度逐渐加大。

　　3)状态监测

　　为了保证激光选区烧结系统安全稳定地运行,系统必须有完备的监测措施。当系统发生错误时,监测线程及时处理错误;如果是致命错误无法有效处理,则监测线程应该及时向系统报错,等待处理完成后继续运行或者停机保护。

　　在实际运行过程中,系统的机械系统、电气系统以及光学系统等由于干扰或设备本身老化,都有可能出现故障,系统主要可能出现的故障如表 2.15 所示。

表 2.15　系统故障表

序号	系统部件	可能故障
1	激光系统	温度过高报警
		冷却水流量报警
2	振镜扫描系统	无法正常扫描
3	预热温度系统	红外测温故障导致温度不可控
4	铺粉系统	受干扰致使到位信号检测错误
		信号检测器件损坏而无法检测到位信号

在系统的这些可能故障中,有的是偶然发生并且通过一定的错误处理措施可以立即解决的,并不影响零件制作的连续性;有的是人为失误导致的系统故障,因而可以通过报警的方式,人为干预解决;但是有的系统故障对系统而言则是致命的,为了保证系统的安全,一旦出现就只能停机检测,待故障彻底排除后重新开始运行。

系统的监测线程与系统正常控制线程是并行运行的,监测线程通过不同的方式获取系统运行过程中各个部分的状态,经过判断后决定是否需要干预正常控制线程的运行。如图 2.59 所示为激光选区烧结系统监测流程图。

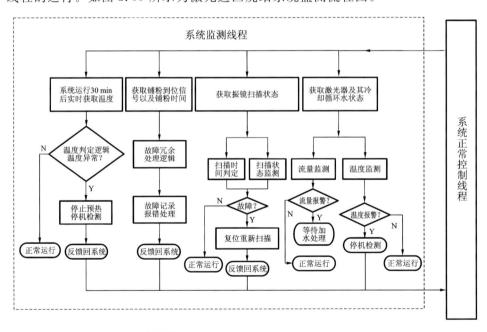

图 2.59　激光选区烧结系统监测流程图

系统预热温度控制的所有控制逻辑均由系统主线程控制,正常工作的温度范围为 75～150 ℃,系统根据检测的温度通过模糊控制方法能够实现此温度范围内的稳定温度控制。在实际运行过程中,遇到温度测量仪器(如红外测温仪)出现故障的情况,系统测量得到的温度值已经不是当前工作腔温度值,整个预热过程将处在不可预知的状态。尤其当系统测得的温度值远低于实际温度时,系统将按照控制逻辑不断强加热工作腔,这将使系统处于危险运行状态。

系统监测线程主要是在预热温度较稳定后开始实时监测工作腔温度,当监测的温度值超出正常温度范围时,需要干预系统的运行,使其停机并报错,要求故障检测,以确保系统的安全。

铺粉运动的主要故障是无法正确检测到位信号,实际中,遇到的情况包括:

①干扰信号导致检测到错误的到位信号,使系统停止铺粉,铺粉辊无法运行到目标位置;

②检测装置损坏而无法检测到有效的到位信号,导致系统无法继续运行;

③机械装置损坏使铺粉辊无法运行,从而导致系统无法正常运行。

由于铺粉是系统准备阶段的基本过程,这个过程的任何一次故障都将导致制作失败,甚至引发系统危险,因此监测系统需要有效地去除干扰的影响,以使系统更加高效稳定地运行,同时又需要完全保证系统的安全。铺粉系统状态监测如表2.16所示。

表 2.16　铺粉系统状态监测

序号	故障原因	处理措施
1	干扰导致检测到错误到位信号,使铺粉辊提前停止运行	设定 t_1 s 延时,时间到通知系统检测到位信号
2	干扰导致铺粉辊到位后,系统仍然检测不到到位信号	设定 $t_2(t_2>t_1)$ s 铺粉运行时间极限,无论是否检测到到位信号都通知系统继续往下运行
3	位置检测装置损坏导致无法检测到到位信号	单端到位信号多次无法检测到,允许系统继续运行,同时向系统报错,需要检修
4	机械装置损坏,铺粉辊无法到位	双端到位信号 n 次($n\leqslant3$)无法检测到,通知系统故障停机

振镜扫描头、激光器以及必要的扩束聚焦器件构成了激光选区烧结系统的激光扫描系统,它们是实现激光选区烧结的关键部件,因此在制作零件过程中,它们的任何故障对系统而言都是致命的。监测系统可以获取的相关故障信息主要包括激光器高温报警信号、冷却器循环水流量报警信号以及振镜扫描头的故障状态信号等。

采用需要水冷的 CO_2 激光器,冷却循环的效率直接影响到激光器的工作效率及使用寿命。冷却循环水流量不足将导致激光器无法有效散热,从而有可能损坏激光器;在多数情况下,激光器都有自我保护措施,即当激光器温度过高时,会输出高温报警信号。这些故障有可能不是致命的,但是无论哪种情况,监测系统都要通知系统暂停运行,等待问题排除后才能继续。

对振镜扫描头而言,其本身可以提供非常详细的故障码,监测系统根据故障码进行处理。对于一般故障,仅需通知系统复位扫描头,重新扫描;对于致命故障,则需通知系统暂停运行或者停机检测。实际运行中可能出现振镜不扫描但是不报错的情况,针对这种情况,需要对当前扫描层所需扫描时间做出估算,然后比对实际扫描时间,如果时间误差超出正常范围,则认为扫描故障,通知系统重新进行一次扫描;如果故障仍然无法排除,则需通知系统停机检测。

激光选区烧结系统自动化程度的提高需要在使用过程中尽可能地减少人工干预,这就需要在选择好加工粉末材料后,系统能够自动生成制造所需的最优参数,而不是通过人工不断地测试和调节来设定,参数设定窗口如图 2.60 所示。

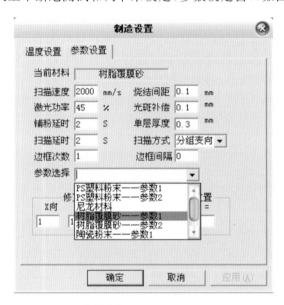

图 2.60　参数设定窗口

同时,对于特定的材料,有多种参数组合可以选择,在采用激光选区烧结方式制作零件时,所制作零件的质量及成形效率是参数设定时主要考虑的问题。

不同材料所需要采用的制作参数差别很大,任何参数设定的偏差都有可能导致所制作零件的性能偏差或者零件制作失败,因此,参数的自动设定可以节省大量的人力物力,十分有利于激光选区烧结系统自动化程度的提高。

3. 模型制作实验

模型制作实验需要通过激光选区烧结系统的长时间运行来验证扫描系统的稳定性及精度,同时验证和完善整个系统的自动化及监测过程。在进行模型制作时,系统每个部分都必须稳定工作,才能保证最终模型制作成功。

1)主要实验设备

在华中科技大学快速成形中心的激光选区烧结系统上进行了大量的模型制作实验。系统的主要实验参数如表 2.17 所示。

表 2.17　主要实验参数

采用动态聚焦方式的振镜式激光扫描系统 设备型号:SLS-ⅣA		采用 F-Theta 透镜聚焦方式的振镜式激光扫描系统 设备型号:SLS-ⅡA	
参　　数	参　数　值	参　　数	参　数　值
振镜工作高度	600 mm	振镜工作高度	502 mm
系统工作范围	500 mm×500 mm	系统工作范围	350 mm×350 mm
动态聚焦入口 光斑直径	9 mm	F-Theta 透镜入口 光斑直径	16 mm
振镜入口光斑直径	30 mm	振镜入口光斑直径	16mm
激光器	美国 SYNRAD CO_2 50 W	激光器	美国 SYNRAD CO_2 50 W
焦平面光斑直径	≤0.4 mm	焦平面光斑直径	≤0.4 mm
工控机	CPU:PIV 3.0 内存:1 G	工控机	CPU:PIV 3.0 内存:1 G
材料	高分子塑料粉末、树脂、覆膜砂、尼龙	材料	高分子塑料粉末、树脂、覆膜砂、尼龙

随着视场范围的加大,F-Theta 透镜的成像图形畸变会逐渐加大,图形精度校正的难度也会逐渐增加,因此扫描系统采用 F-Theta 透镜聚焦方式的激光选区烧结系统,一般不会有很大的工作范围。同时,由于机械结构的要求,激光束在进入振镜系统前需要传输较长的距离,在采用 F-Theta 透镜聚焦方式的振镜系统中,进入 F-Theta 透镜的激光束有一定的发散,从而使得最终的聚焦面无法确定,给实际应用带来很大的麻烦。实际中,需要采用合适倍数的可变扩束镜,从而可以非常方便地调整扫描系统的聚焦面。采用动态聚焦方式的扫描系统,一般应用于具有大工作范围的激光选区烧结系统,按照预定参数进行安装后,系统即能正常运行。

2)模型制作

通过在两种类型的设备上的长时间制件实验,可以考察设计的振镜式激光扫描系统长时间连续稳定工作的能力以及其扫描精度的好坏,可以考察预热温度系统控制的合理性、系统监控线程的完备性以及及时合理处理故障的能力。所有的控制理念及开发的扫描系统只有通过长时间的制件实验才能验证其正确性和合理性。主要的制件实验参数如表 2.18 所示。

表 2.18　主要的制件实验参数

主 要 参 数	树脂覆膜砂	PS 塑料粉末
	参数值	
扫描速度	2000～3000 mm/s	2000～5000 mm/s
扫描间距	0.1～0.15 mm	0.1～0.25 mm
单层厚度	0.3 mm	0.15～0.25 mm
激光功率(CO_2 50 W)	40%～60%	25%～60%
预热温度	75～100 ℃	75～135 ℃
铺粉时间	8 s	8 s
冷却水循环温度	20 ℃	20 ℃

扫描速度、扫描间距和激光功率之间是密切相关的,扫描速度越高,扫描间距越大,则所需要的激光功率越高。在零件没有很精细的结构同时又需要提高零件制作效率的情况下,可以在提高激光功率的同时将扫描间距适当加大,以缩短零件制作时间。当制作较精细的零件时,则需要选择较小的扫描间距及较小的单层厚度,同时扫描速度也应该降低。一般情况下,当振镜扫描速度提高时,对振镜的各种延时参数设置也需要更加严格,整个扫描图形的质量也会下降。一般采用扫描速度 2000 mm/s 或者 3000 mm/s 来进行扫描,如果长时间采用振镜式激光扫描系统的极限扫描速度工作,有可能影响到振镜式激光扫描系统的使用寿命及工作稳定性。

预热温度是零件制作过程中非常重要的参数,其首要作用是按照扫描图形的变化而自动调节温度以保证零件不会发生翘曲变形。在保证零件不翘曲变形的情况下,应尽量降低预热温度。如果长时间对粉末材料进行高温加热,粉末材料有可能会结块,从而导致零件后期的清理十分困难,甚至有可能完全无法清理,同样会使零件制作失败。

表 2.19 所示为部分零件制作的参数,分别采用不同的设备及制作参数,通过长时间零件制作来考察系统运行的稳定性及制作精度;同时通过系统长时间运行来考察系统出现故障时,系统监测的有效性及合理性。

表 2.19　零件制作参数

序号	尺寸 /(mm×mm×mm)	设备型号	扫描速度 /(mm/s)	激光功率 /W	扫描间距 /mm	用时 /h	精度 /mm
P1	300×150×350	SLS-ⅡA	2000	12.5	0.15	15	±0.26
P2	345×340×210	SLS-ⅡA	2000	15	0.2	45.8	±0.32
P3	475×350×380	SLS-ⅣA	2500	15	0.15	75.5	±0.34
P4	455×465×400	SLS-ⅣA	3500	20	0.20	60	±0.30

续表

序号	尺寸 /(mm×mm×mm)	设备型号	扫描速度 /(mm/s)	激光功率 /W	扫描间距 /mm	用时 /h	精度 /mm
P5	400×315×255	SLS-ⅣA	4000	25	0.25	21	±0.28
P6	470×465×245	SLS-ⅣA	5000	30	0.25	35	±0.36
R1	459×459×75	SLS-ⅣA	2000	20	0.1	68	±0.38
R2	350×325×300	SLS-ⅣA	3000	30	0.1	55	±0.32

实验制作的零件如图 2.61 所示。

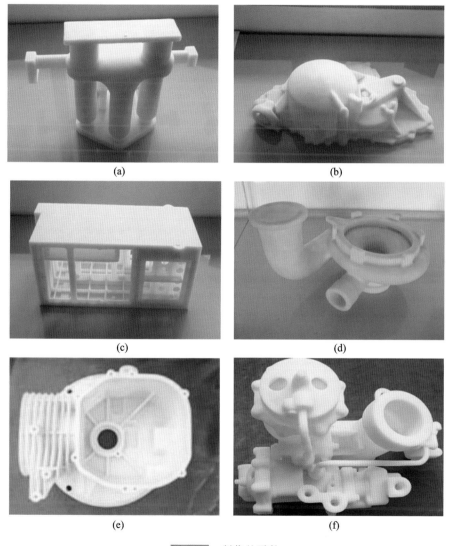

(a)　　　　　　　　　　　(b)

(c)　　　　　　　　　　　(d)

(e)　　　　　　　　　　　(f)

图 2.61　制作的零件

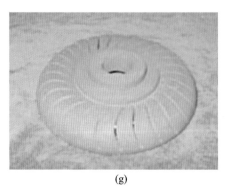

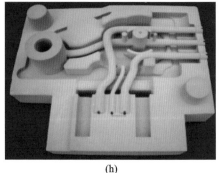

(g)　　　　　　　　　　　　(h)

续图 2.61

通过进行长时间大量零件制作验证,设计的采用动态聚焦方式的三维振镜扫描系统和采用 F-Theta 透镜聚焦的二维振镜扫描系统均能长时间稳定运行,所制作零件的精度也都控制在要求范围之内;在设备长时间运行中,系统监测线程可以很好地处理运行过程中出现的故障,增加了系统的冗余度,为系统的安全运行提供了保障。

4. 小结

本小节通过激光选区烧结设备的理论模拟及实际运行,验证了和完善所设计的扫描系统、运行监测系统以及预热温度控制策略的正确性和合理性。

通过扫描测试,测试了所设计的振镜式激光扫描系统在各种扫描速度情况下的可重复定位精度及扫描精度;验证和完善了不同结构扫描系统下的校正算法。扫描测试证明,在合理的校正算法下,所设计的扫描系统完全符合设计要求。

通过长时间大量模型的打印成形,验证了系统运动控制、预热温度控制策略的合理性及有效性,检验了在受干扰或者故障时,系统监控线程的有效性和及时性。实践证明,系统能够长时间稳定运行,所制作的模型精度完全符合要求。

<h1 align="center">本章参考文献</h1>

[1] 文世峰. 选择性激光烧结快速成形中振镜扫描与控制系统的研究[D]. 武汉:华中科技大学,2010.

[2] 李湘生. 激光选区烧结的若干关键技术的研究[D]. 武汉:华中科技大学,2001.

[3] 钟建伟. 选择性激光烧结若干关键技术研究[D]. 武汉:华中科技大学,2004.

[4] NELSON J C,XUE S,BARLOW J W,et al. Model of the selective laser sintering of bisphenol-A polycarbonate[J]. Industrial & Engineering Chemistry Research,1993,32(10):2305-2317.

［5］ CHILDS T H C，BERZINS M，RYDER G R，et al. Selective laser sintering of an amorphous polymer simulation and experiments［J］. Proc. Instn. Mech. Engrs. ，1999,213（4）：333-349.

［6］ CERVERA G B M，LOMBERA G. Numerical prediction of temperature and density distributions in selective laser sintering processes［J］. Rapid Prototyping Journal,1999,5(1):12-26.

［7］ DAI K，SHAW L. Distortion minimization of laser-processed components through control of laser scanning patterns［J］. Rapid Prototyping Journal，2002,8(5):270-276.

［8］ 史玉升,钟庆,陈学彬,等.选择性激光烧结新型扫描方式的研究及实现[J].机械工程学报，2002,38(2):35-39.

［9］ 赵保军,施法中,冯涛,等.激光快速成型技术中的扫描轨迹优化研究[J].中国机械工程,2000,11(1):65-67.

［10］ 冯文仙.HRPS 选择性激光烧结机预热系统的研究[D].武汉:华中科技大学,2003.

［11］ 张李超. 快速成形软件及控制系统的研究[D].武汉:华中科技大学,2002.

［12］ 孙家广.计算机图形学[M].北京:清华大学出版社,1998.

［13］ 胡居广,李学金,张百钢,等. 转镜-振镜扫描的非线性及非对称性研究[J].光电工程，2004,31(3):26-28 .

［14］ 朱林泉. 双振镜二维扫描系统的误差分析和校正技术[J]. 应用激光,2001,21(5):325-327 .

［15］ 叶乔. 高速振镜理论研究及实践[D]. 武汉:华中科技大学,2004 .

［16］ CHOI Y M，KIM J J，KIM J W，et al. Design and control of a nanoprecision XY Theta scanner［J］. Review of Scientific Instruments，2008,79(4)：045109.

［17］ XIE J，HUANG S H，DUAN Z C，et al. Correction of the image distortion for laser galvanometric scanning system［J］. Optics & Laser Technology，2005,37(4):305-311.

［18］ XIE J，HUANG S H，DUAN Z C. Positional correction algorithm of a laser galvanometric scanning system used in rapid prototyping manufacturing［J］. International Journal of Advanced Manufacturing Technology,2005,26(11-12):1348-1352.

［19］ CHEN M F，CHEN Y P. Compensating technique of field-distorting error for the CO_2 laser galvanometric scanning drilling machines ［J］. International Journal of Machine Tools and Manufacture,2007,47(7):1114-1124.

[20] STAFNE M A，MITCHELL L D，WEST R L. Positional calibration of galvanometric scanners used in laser Doppler vibrometers[J]. Journal of the International Measurement Confederation，2000,28(1):47-59.

[21] XU M，HU J S，WU X. Precision analysis of scanning element in laser scanning and imaging system［C］//Proceedings of SPIE-Advanced Materials and Devices for Sensing and Imaging Ⅱ，2005,5633:315-320.

[22] LI Y J. Beam deflection and scanning by two-mirror and two-axis systems of different architectures：a unified approach[J]. Applied Optics,2008,47 (32):5976-5985.

[23] KIM D S，BAE S W，KIM C H，et al. Design and evaluation of digital mirror system for SLS process［C］// International Joint Conference on SICE-ICASE，Piscataway，USA，2007:3670-3673.

[24] 齐文,王勇前,曹志刚. 用 Visual C++实现工控设备多线程控制程序[J]. 电子技术应用,2001,27(3):12-14.

[25] 白建华,黄海峰. 开放式 CNC 与现代运动控制技术的发展[J]. 机电工程, 2001,18(4):1-4.

[26] 周凯,钱琪. 工控 PC 数控系统及其应用[J]. 机械工人:冷加工,2002(4): 38-40.

[27] 崔红娟,邱如金,张翊诚,等. 基于 Windows 平台的数控加工系统中中断技术的应用研究[J]. 组合机床与自动化加工技术,2003(11):25-27.

[28] 潘志强,徐晨曦,李演仁. PCI9052 接口电路功能及使用[J]. 国外电子测量技术,2003,22(5):9-11.

[29] 李向阳,李耀. 一种 Windows 2000 下连续输出数据的 PCI 卡[J]. 电子技术应用,2004,30(5):7-9.

[30] 尚利,安德森. PCI 系统结构[M]. 刘晖,等译. 北京:电子工业出版社,2000.

[31] 王福勋,余恬,任思成. PCI 总线接口设计中的几点体会[J]. 半导体技术, 2001,26(8):31-32.

[32] 李学勇,路长厚. 基于 PCI9052 的 PCI 设备的配置方法[J]. 国外电子测量技术,2004,23(z1):29-32.

[33] 吴自信,张嗣忠. 异步 FIFO 结构及 FPGA 设计[J]. 单片机与嵌入式系统应用,2003 (8):24-36.

[34] YANG J，BIN H，ZHANG X，et al. Fractal scanning path generation and control system for selective laser sintering(SLS)［J］. International Journal of Machine Tools and Manufacture,2003,43(3):293-300.

[35] WANG X. Calibration of shrinkage and beam offset in SLS process[J].

Rapid Prototyping Journal，1999，5(3)：129-133.

[36] ZENG F. Study on automatic temperature measuring for laser rapid prototyping [C]// Proceedings of 2009 IITA International Conference on Control，Automation and Systems Engineering，Washington，D. C. ，USA，Computer Society，2009：620-623.

[37] GAO Y Q，XING J，ZHANG J，et al. Research on measurement method of selective laser sintering (SLS) transient temperature[J]. Optik，2008，119(13)：618-623.

[38] CAI D S，SHI Y S，ZHONG J W，et al. Adaptive heating the powder bed for SLS system[J]. Journal of Harbin Institute of Technology (New Series)，2007，14(3)：404-410.

[39] JIAN X. Numerical simulation of selective laser sintering transient temperature field [C]// Proceedings of SPIE—The International Society for Optical Engineering，2009，7282：1-5.

[40] WANG R J，WANG L L，ZHAO L H ，et al. Influence of process parameters on part shrinkage in SLS[J]. International Journal of Advanced Manufacturing Technology，2007，33(5-6)：498-504.

[41] WANG X H ，FUH J Y H ，WONG Y S ，et al. Laser sintering of silica sand- mechanism and application to sand casting mould[J]. International Journal of Advanced Manufacturing Technology， 2003， 21 (12)：1015-1020.

[42] CAULFIELD B，MCHUGH P E，LOHFELD S. Dependence of mechanical properties of polyamide components on build parameters in the SLS process [J]. Journal of Materials Processing Technology，2007，182(1-3)：477-488.

[43] LIU H J，LI Y M，HAO Y，et al. Study on the dimensional precision of the polymer SLS prototype[J]. Key Engineering Materials，2005，291-292 (6)：597-602.

[44] DECKARD C R ，WILLIAMS J D. Advances in modeling the effects of selected parameters on the SLS process[J]. Rapid Prototyping Journal，1998，4(2)：90-100.

[45] BOILLAT E ，KOLOSSOV S，GLARDON R，et al. Finite element and neural network models for process optimization in selective laser sintering [C]//Proceedings of the Institution of Mechanical Engineers，Part B：Journal of Engineering Manufacture，2004，218(6)：607-614.

[46] REDDY T A J，KUMAR Y R ，RAO C S P. Determination of optimum process parameters using Taguchi's approach to improve the quality of SLS

parts［C］//Proceedings of the IASTED International Conference on Modeling and Simulation，2006：228-233.

[47] WANG R J，LI X H，WU Q D，et al. Optimizing process parameters for selective laser sintering based on neural network and genetic algorithm[J]. International Journal of Advanced Manufacturing Technology，2009，42 (11)：1035-1042.

[48] KRUTH J P，KUMAR S. Statistical analysis of experimental parameters in selective laser sintering[J]. Advanced Engineering Materials，2005，7 (8)：750-755.

[49] CERVERA B G M，LOMBERA G. Numerical prediction of temperature and density distributions in selective laser sintering processes[J]. Rapid Prototyping Journal，1999，5(1)：21-26.

[50] JAIN P K，PANDEY P M，RAO P V M. Effect of delay time on part strength in selective laser sintering[J]. International Journal of Advanced Manufacturing Technology，2009，43(1)：117-126.

[51] SENTHILKUMARAN K，PANDEY P M，RAO P V M. Shrinkage compensation along single direction dexel space for improving accuracy in selective laser sintering[J]. IEEE Conference on Automation Science and Engineering，2008：827-832.

[52] GIBSON L，SHI D P. Material properties and fabrication parameters in selective laser sintering process[J]. Rapid Prototyping Journal，1997，3 (4)：129-136.

[53] SENTHILKUMARAN K，PANDEY P M，RAO P V M. New model for shrinkage compensation in selective laser sintering[J]. Virtual and Physical Prototyping，2009，4(2)：49-62.

[54] SHI Y S，LU Z L，LIU J H，et al. Intelligent optimization of process parameters in selective laser sintering［C］//Proceedings of the 3rd International Conference on Advanced Research in Virtual and Rapid Prototyping：Virtual and Rapid Manufacturing，2008：563-568.

[55] DECKARD C，BEAMAN J J. Process and control issues in selective laser sintering［J］. American Society of Mechanical Engineers，Production Engineering Division(Publication)PED，1988，33：191-197.

[56] YANG H J，HWANG P J，LEE S H. A study on shrinkage compensation of the SLS process by using the Taguchi method[J]. International Journal of Machine Tools and Manufacture，2002，42(11)：1203-1212.

[57] MUNGUIA J，CIURANA J，RIBA C. Neural-network-based model for

build-time estimation in selective laser sintering[C]//Proceedings of the Institution of Mechanical Engineers，Part B：Journal of Engineering Manufacture，2009,223(8):995-1003.

[58] JAIN P K ，PNDEV P M，RAO P V M. Experimental investigations for improving part strength in selective laser sintering[J]. Virtual and Physical Prototyping,2008,3(3):177-188.

[59] HUR S M,CHOI K H,LEE S H，et al. Determination of fabricating orientation and packing in SLS process[J].Journal of Materials Processing Technology,2001, 112(2):236-243.

第3章　软件算法及路径规划

3.1　STL文件容错、快速切片算法

STL文件是美国3D Systems公司提出的一种CAD系统与3D打印系统之间的数据交换文件,由于它格式简单,并且对三维模型建模方法无特定要求,因而得到广泛的应用,成为3D打印系统中事实上的标准文件输入格式。STL文件最重要的特点是简单,它仅仅存放CAD模型表面的离散三角形面片信息,这些三角形面片由CAD模型表面三角化得到,并且这些三角形面片的存储顺序是无定义的。

虽然STL文件存放的是一些离散的三角形网格描述,但它的正确性依赖于其内部隐含的拓扑关系。正确的数据模型必须满足如下一致性规则:

①相邻两个三角形之间只有一条公共边,即相邻三角形必须共享两个顶点;

②每一条组成三角形的边有且只有两个三角形面片与之相连;

③三角形面片的法向矢量要求指向实体的外部,其三顶点排列顺序与外法矢之间的关系要符合右手法则。

由于三角形网格拟合实体表面算法本身固有的复杂性,一般CAD造型系统输出复杂模型的STL文件时都有可能出现或多或少的错误(即不满足上述一致性规则),出错的比例可高达1/7。对于CAD图形显示而言,小的三角形是否正确连接并不重要,因为这些细节部分一般不会影响到视觉效果。但3D打印系统的基本任务正是将STL模型离散为一层层的二维轮廓切片,再以各种方式填充这些轮廓,生成加工扫描路径。若不能正确处理这些STL文件错误,在切片时就会出现轮廓错误、混乱等异常情况,甚至会导致程序运行崩溃。使用STL文件修复程序可以解决这个问题,但由于技术上的限制,目前多数STL纠错程序并不能将STL文件所描述的三维拓扑信息还原成一个整体、全局意义上的实体信息模型,也不可能具有与STL模型所描述的物理实体领域相关的知识和经验,因而纠错只能停留在比较简单的层次上,而无法对复杂错误进行自动纠错;或者虽然能将有错的STL文件修复成一个"文法"上正确的STL文件,但其描述的三维模型与原始模型大相径庭。对复杂的模型一般只能采用人工交互式的纠错方法,而这往往是一个冗长、烦琐的过程,失去了3D打印的意义。

为解决这个问题,我们提出容错切片的思想,它避开在三维层次上的纠错,但在模型拓扑重构过程中对复杂的STL文件错误(如裂缝、漏洞及非正则形体等)建

模,再对 STL 模型直接切片,利用已建立的错误模型信息可在最大程度上恢复原始正确模型的切片轮廓信息,对切出来的仍然包含错误的切片轮廓,则在二维层次上进行修复。由于二维轮廓信息十分简单,并有闭合性、不相交性等简单的约束条件,特别是对于一般机械零件实体模型而言,其切片轮廓均由简单的直线、圆弧、低次曲线组合而成,因此能很容易地在二维层次上发现轮廓信息错误,并依照多种条件、信息及经验去除多余轮廓(段)或在轮廓断点处进行插补,从而得到最终的正确(或接近正确)切片轮廓。

切片算法中的另一个重要问题是算法的效率问题。虽然当今计算机硬件系统仍然按照摩尔定律处在高速发展之中,近三年来,主流计算机的内存配置、CPU速度均提高了四倍以上,但 3D 打印系统的商品化和应用不断深入,客户需要更高的加工精度,导致 STL 文件大小以更高的速度在增加。目前“大型”STL 文件的“尺寸”已经由几兆增长为几十兆,传输媒介已由以前的软盘转向 CD-R、因特网。由于 STL 文件拓扑重构算法的复杂性,其时间复杂度还不可能做到随 STL 文件面片数增长而线性增长,有些算法甚至随三角形面片数的平方增长,这在处理大型 STL 文件时是不可接受的。一个好的切片算法必须要保证在主流计算机上能正确、快速处理各种大型(有错的)STL 文件。

本节将论述 STL 模型拓扑重构算法和建立在模型拓扑信息基础上的快速切片算法。针对当前相当大比例的 STL 文件存在种种错误的情况,我们提出了一种不必对有错的 STL 文件进行三维层次上的复杂的人工交互式纠错处理的容错切片算法。该算法在降低算法时间复杂度和空间复杂度方面采取了一系列优化措施,能高效地处理各类大型、复杂 STL 文件。

3.1.1　STL 文件的错误分析

STL 文件的错误种类很多,现在比较常见的错误有无效法矢、重叠三角形、裂缝、漏洞、非正则形体等,如图 3.1 所示。

对无效法矢、重叠三角形等简单错误已经有成熟的处理方法,比较容易识别和纠正这类错误。在本节所述的切片算法中,它们在 STL 模型拓扑重构阶段即被纠正,不影响后继的切片过程。当前 STL 文件中难以修复的错误主要为裂缝、漏洞和非正则形体。

1. 裂缝、漏洞

STL 文件的绝大多数错误均属此类错误,该类错误源于两种情况:一种是由于构成边界表示(B-Rep)模型的几块表面之间会有边界拼接误差,表现在三角化网格上就是裂缝;另一种情况是 CAD 系统在划分表面三角形网格时,由于遍历算法不完善,在某一区域丢失了一个或相邻的一组三角形,从而形成漏洞。由于裂缝在表现形式上与漏洞一样,即在 STL 模型上漏洞/裂缝边界轮廓所包括的边均

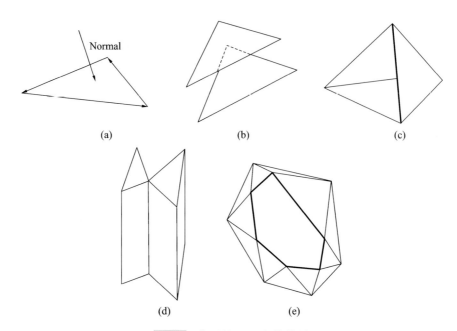

图 3.1　典型的 STL 文件错误

（a）无效法矢；（b）重叠三角形；（c）裂缝；（d）非正则形体；（e）漏洞

只有一个三角形面片与之相连（下文中称为孤边），违反了 STL 文件的一致性规则，故下文将两种情况均称之为漏洞。

丢失一个三角形的简单漏洞很容易发现并填充，但丢失一组三角形（裂缝在表现形式上也相当于丢失多个三角形）的问题就要复杂得多，传统的 STL 纠错程序对此类错误的处理还不成熟。做得比较好的也只能找出丢失三角形组的边界轮廓，若边界轮廓在一个平面上，则还可用一组平面三角形填充（在假定丢失的三角形均在一个平面上的前提下）；但若边界轮廓不在一个平面上，并且比较复杂，则一般软件无法自动判定丢失三角形曲面的形状，从而无法正确进行边界轮廓的填充，只能借助操作人员输入信息来辅助修复。

如果对 STL 模型上的漏洞不加修复，一般的切片算法将输出完全错误的切片轮廓。目前常用的 STL 文件切片算法可分为基于模型层间连续性的连续切片算法和基于模型拓扑信息的直接切片算法两种，后者由于可以随时对模型的任意层高进行切片，因此更加适合于 LOM（分层实体制造）之类需要实时测量已加工实体高度再切片的 3D 打印系统。它的基本算法如下：

①建立 STL 模型的拓扑信息，即建立三角形面片的邻接边表，从而对每一个三角形面片，都能立刻找到它的三个邻接三角形面片；

②根据切片的 Z 值首先找到一个与切平面相交的三角形 F_1，算出交点的坐标值，再根据邻接边表找到相邻三角形面片并求出交点，依次追踪下去，直至最终回到 F_1，从而得到一条封闭的有向轮廓环；

③重复步骤②，直至遍历完所有与 Z 平面相交的面片，如此生成的轮廓环集合即为切片轮廓。

如果在步骤②中追踪三角形面片时遇到漏洞，则该步骤将强行结束，不能输出一个完整的轮廓环，只能得到一个轮廓片段。由于 3D 打印系统的后继处理都是基于轮廓环的，因此这些轮廓片段都将被强行闭合成轮廓环，使得最终的输出轮廓可能会与原始模型应有的切片轮廓大相径庭，如图 3.2 所示。

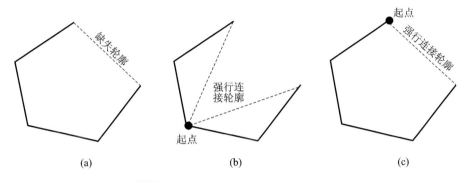

图 3.2　非容错切片算法的切片输出示例

(a)原始轮廓；(b)起点在轮廓中间；(c)起点在漏洞边上

由图 3.2 可见，只在初始搜索起点恰好在漏洞边上时，才会形成一个与原始轮廓基本一致的闭合轮廓，否则会形成两个分割轮廓，与原始轮廓相差甚远。一种简单的解决方法是将上述切片算法中的单向搜索改为双向搜索，即对初始三角形的两条与 Z 轴相交边分别进行轮廓追踪，直至两轮廓相交（正常情况）或都无法搜索下去（漏洞）为止，这样无论初始交点在何处，都可获得断裂的全部轮廓。该方法对一般错误较少的 STL 文件能获得较理想的效果，但对复杂的错误 STL 文件而言，仍有两个严重的缺陷：

①对于尺寸较大的漏洞，若还用直线闭合，则与原轮廓相差太大；

②大型 STL 文件有时在一个闭合曲面上就会出现多处漏洞的情况，反映在切片轮廓上就是一个闭合轮廓多处断裂，这时即使采用双向搜索也无法形成单个闭合轮廓。

图 3.3 所示为 Pro/E 生成的一个含 14 万个三角形面片的 STL 文件的切片实例，可以看出该实例中有多处漏洞。

由此可见，强容错性的切片算法已不能假定能直接切出接近闭合的大块轮廓线段，而必须把算法建立在对一段段断裂、分离的轮廓线段的处理上。

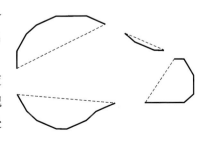

图 3.3　有多处漏洞的切片输出实例

2. 非正则形体

与上一种情况相反,在划分三角形网格时,有时一条公共边上也会有多于 2 个的三角形与之相连,这种情况称为多重邻接边。如图 3.4 所示,造型系统(如 Pro/E)在分别生成模型的部件 1 和部件 2 的三角形网格时,其网格划分都是符合 STL 文件一致性规则的,但造型系统并没有意识到部件 1 和部件 2 在粗白线处是相切的,而粗白线处恰好同时是部件 1 和部件 2 的三角形公共边,故在粗白线处将会出现 4 个三角形共用一条边的情况,即粗白线为多重邻接边。从几何造型学的角度来说,合法的 STL 文件所表示的三维形体都应该是正则形体,即形体上的任意一点的足够小的邻域在拓扑上应是一个等价的封闭圆,围绕该点的形体邻域在二维空间中可构成一个单连通域。含有多重邻接边的 STL 文件所表示的形体为非正则形体。

图 3.4　多重邻接边示例

(a)模型全图;(b)模型局部

非正则形体的生成有一定的普遍性,特别是 Pro/E 之类基于特征建模的 CAD 系统,在输出含有相切特征的模型的 STL 文件时,一般都会出现这种 STL 文件局部正确,整体不符合一致性规则的错误。基于拓扑重构的切片算法在重构模型拓扑结构时,为节省存储空间,一般都严格按照 STL 文件一致性规则,每条边只对应 2 个邻接三角形,若遇到多重邻接边,将丢失重要的三角形邻接信息,造成原本应该闭合的轮廓环分离成断裂的几段。

3.1.2　STL 文件容错切片策略

根据上述 STL 文件的错误分析,可得出如下容错切片策略。

1. 对错误建模,最大限度地保留 STL 模型的原始信息

为了保证切片算法在遇到 STL 文件错误的时候仍然能切出正确或接近正确的轮廓,首先需要设法保留原 STL 文件的全部信息,特别是关于错误的信息,而这类信息在模型拓扑重构时往往被忽略了。

对于漏洞而言,需要建立漏洞轮廓环模型,它由漏洞轮廓处的孤边组成。在STL 拓扑信息重构后,漏洞轮廓环模型可通过如下方法建立:

①在三角形面片邻接边表中找出所有孤边,即没有相应邻接三角形的边,分别记录下各孤边的两端点坐标和所属三角形等信息,构成孤边表。

②在孤边表中取出一条边,把它放到新建的漏洞轮廓环数组中,然后再在孤边表中搜索首端点与漏洞轮廓尾端点相连的边,也将它移到漏洞轮廓环数组中,反复搜索直至该漏洞轮廓闭合为止。由此形成一个漏洞轮廓环模型,然后建立它的各边与邻接边表之间的双向索引。

③重复步骤②,直至所有孤边都处理完毕。

建立了漏洞轮廓环模型后,在切片时遇到漏洞就不必强行中止了,而可以采用漏洞跟踪技术将切片进程继续下去。在上文所述的切片算法步骤②中的切片轮廓追踪过程中,若遇到漏洞轮廓上的某孤边,由于该边在邻接边表上没有相应的邻接边,将无法继续追踪下去;但根据该孤边到漏洞轮廓环模型的索引,可以找到它所在的漏洞轮廓环,并在该轮廓坏上继续追踪下去,直至找到该轮廓环与切平面相交的另一条孤边,即可计算该孤边与切平面的交点并加到切片轮廓数组中;然后又可以由该孤边到邻接边表的索引追踪到正常的模型表面上,继续进行步骤②的切片进程(见图 3.5),直至轮廓闭合。这种方法可以保证切片过程不需人工干预,并且正确性有较强保证,速度很快。

对多重邻接边,也通过附加的数据结构来存储它们的邻接边信息,从而可以避免断裂轮廓的生成,直接切出正确轮廓。

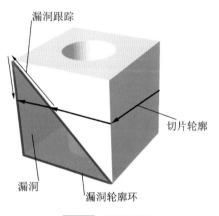

图 3.5　漏洞跟踪

2. 二维层次上的轮廓修整,把复杂的三维模型问题降维

随着 3D 打印技术的逐渐普及,客户提交加工的 STL 文件也在多样化,采用的造型系统和造型方法各有不同,其中有一些模型根本不符合加工规范。主要表现为构成模型的各个曲面之间没有完全连接在一起,而是存在一个微小尺寸的缝隙,反映在 STL 文件上就是存在贯穿模型全局的裂缝,即各曲面之间仍然是分离的,没有形成一个闭合表面。对这种模型,直接采用漏洞跟踪方法是不行的,因为裂缝是贯穿全局的,沿漏洞跟踪得到的是该曲面的另一边,而不是与该曲面相邻的另一个曲面。这时最有效的方法就是保留轮廓片段,在二维层次上进行修整。

在漏洞跟踪生成轮廓环时,对由漏洞跟踪生成的轮廓点做特殊标记,待所有的切片轮廓环都生成完毕后,再将所有漏洞跟踪生成的轮廓线段两端点间的距离及端点处的切线矢量夹角分别与预定门限值进行比较,如果超出,则说明该漏洞跟踪可能是错误的,这时需要将该漏洞跟踪线段删除,将原轮廓环拆分成数个轮廓片段。然后将整个切片轮廓中的所有片段 C_1、C_2、$\cdots$、C_n 集中起来,依次计算任意两个片段 C_i、$C_j(i \neq j)$ 之间不同端点间的连接度评价函数,按连接度高的两片段应连接在一起的原则再对轮廓片段重新组合。连接度评价函数根据实体模型的特征不同可有多种不同的形式,但都应遵循以下原则。

①不自交原则:若两片段连接在一起生成自交环,则连接度为 0;

②距离原则:一般情况下,两片段端点间距离小则连接度大,因为该处通常对应于实体模型裂缝;

③切矢原则:两片段端点间切线矢量夹角小则连接度大;

④法矢原则:两相连片段外法矢(指向实体外部)方向应一致。

通过漏洞跟踪,绝大多数断裂轮廓已经被正确连接,剩下的数目比较少,并且一般是被上文所述的全局细微裂缝所分隔,十分容易识别,与我们提出的上一代容错切片算法相比,其评价函数比较容易实现,可做出一个基本适用所有的实体类型的评价函数,而不再需要根据模型进行人工选择评价函数,实现了完全自动化切片。

为保证切片轮廓接近原始正确轮廓,当两片段端点间距较大时,不宜直接用一条直线连接,而应根据两不封闭线端点间距、切线矢量夹角等参数在中间内插数个顶点。经过上述二维层次上的修整,即生成最终的切片轮廓。

3. 容错切片中的信息利用

从理论上讲,错误的 STL 文件已经丢失了很多三维模型拓扑信息,任何自动的纠错软件或容错切片算法都无法完全恢复模型的全部原有信息,故不可能全自动地切出完全正确的切片轮廓,但是,可以尽可能利用已有信息来切出尽可能接近正确的结果。主要途径如下:

①重建错误的 STL 文件中的漏洞、非正则形体信息;

②利用 STL 文件原有的冗余信息,如在断裂轮廓相连算法中大量用到了三角形外法矢信息;

③利用 STL 文件中隐藏的、常规切片算法不会利用的信息,如在 STL 文件解码时提取出 STL 文件精度信息作为距离判据和插补参数;

④利用一般 STL 文件实体的特征、经验信息,如在断裂轮廓相连的外插点算法中即利用了一般机械零件的切片轮廓均为直线、圆弧或其他低次曲线的经验。

3.1.3 算法的实现方法

快速的容错切片算法分为两个步骤,首先是重建 STL 模型的拓扑结构,然后才是根据该拓扑结构进行高效率的切片处理。STL 模型的拓扑重构实质上是建立模型三角形面片的邻接边表,由此对任何一个三角形面片,都可以立刻查到与它 3 条边相邻的 3 个三角形面片,从而可以直接按切片轮廓顺序遍历所有与切平面相交的三角形面片,由此计算交点,输出切片轮廓。这种方法在切片时的算法时间复杂度为 $O(n)$,效率相当高。

在建立邻接边表时耗时最多的运算过程在于发现各三角形面片中的公共顶点和公共边,目前很多切片算法都是采用排序二叉树算法来进行处理,其数据结构比较复杂,需要进行大量的动态内存操作,效率不高。在本章所述的算法中,先读入所有顶点坐标,再对其顶点坐标数组索引使用快速分类算法进行排序操作,有效地避免了复杂的动态数据结构操作,且快速分类算法在所有时间复杂度为 $O(K_n\lg n)$ 的排序算法中,在绝大多数情况下都具有最低的 K 值,总体效率最高,从而大大降低了拓扑重构算法的时间复杂度。

处理速度与算法的空间复杂度也密切相关,当处理的 STL 文件过大时,物理内存将无法容纳所需的数据,必须使用虚拟内存,频繁的内存与硬盘间的交换将大大降低处理速度,因此,需要尽量降低内存需求。如对某些非关键数据采用即时计算的方法而不是存储在内存中,以少量时间换取大量空间;同时通过增强内存存取局部性的方法来提高虚拟内存的效率,从而提高最终处理速度。

1. 拓扑重构算法

1)读入 STL 文件数据

依次读入各个三角形面片的三个顶点坐标值至三角形面片顶点坐标表。由于三角形面片外法向矢量可以通过右手法则由三个顶点坐标值计算出来,因此不存储外法向矢量以节省存储空间。

在读入各个三角形面片时,要查出并剔除退化三角形,即有两个顶点重合的三角形,若不剔除它们,将造成不必要的多重邻接边错误。值得注意的是,要把退化三角形与三角形三个顶点共一条直线但三个顶点并不重合的情况区别处理,后者对维持三角形网格的一致性规则是必要的,剔除它们将造成模型表面上的逻辑裂缝(即裂缝面积为 0)。

2)点归并

首先对三角形面片顶点坐标表使用快速分类算法进行排序,然后就可以通过线性扫描的方法找到各重合顶点,并将其分别归并为一个点,再将归并点的坐标存入模型顶点坐标表。同时建立三角形面片顶点索引表,用它来存储各三角形面片顶点在模型顶点坐标表中的索引,由此可以删除三角形面片顶点坐标表。这项操作减少了顶点坐标的存储需求,并且将三角形顶点坐标标量化(即将三角形顶点坐标转换成了顶点索引 ID),有利于提高后继处理的速度。

3)边归并

在算法实现中首先需要对每个三角形的每一条边都建立唯一的 ID,如对第 i 个三角形的第 j 条边($i \in \{1, 2, \cdots, n\}$, $j \in \{1, 2, 3\}$),其 ID 定义为:$3(i-1)+(j-$

1),使用这种 ID 编码的好处在于它同时包含了三角形序号和边序号信息。

边归并的目的是建立邻接边表(见图 3.6),在邻接边表中,第 x 项的值就是边 x 对应的邻接边 ID。由此对任意一个三角形面片的任意一条边都能立刻检索到与之相邻的三角形面片。

我们通过查找各三角形面片中的重合边来建立邻接边表。对三角形面片的每条边,按其两顶点 ID 使用快速分类算法进行排序,从而来找到各重合边,进而建立邻接边表。

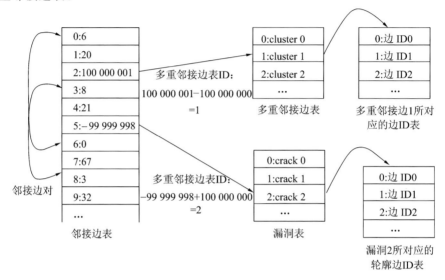

图 3.6 容错切片算法的拓扑数据结构

4)对漏洞(裂缝)建模

如前所述,漏洞的相关三角形至少有一条边没有相邻三角形,这种边称为孤边。对所有的孤边遍历摸索,可以将它们排列成一个个三维环,这就是漏洞的边缘轮廓。本算法通过建立一个漏洞表来存储这些信息,它的每一项即为该漏洞的轮廓边 ID 表。

为建立邻接边表到漏洞表的链接,邻接边表中孤边对应的数据项存储该边所在漏洞在漏洞表中的下标索引。为与正常邻接边 ID 相区别,实际存储值为其下标索引减 100 000 000。

5)对多重邻接边建模

由于邻接边表对每条边只存储其一条邻接边,因此必须专门针对多重邻接边建立多重邻接边表,它的每一项都指向一个存储该多重邻接边所对应边的 ID 表。

为建立邻接边表到多重邻接边表的链接,邻接边表中多重邻接边所对应的数据项存储该多重邻接边在多重邻接边表中的下标索引。为与正常邻接边 ID 相区别,实际存储值为其下标索引加 100 000 000(该数目远大于 STL 文件可能有的边数)。

图 3.6 描述了邻接边表与漏洞、多重邻接边模型的数据结构。

2. 切片算法

在建立好模型(包括其 STL 文件的错误)拓扑结构后,就可以快速地对模型进行在给定 Z 值处的切片操作了。

①针对给定的 Z 值,找出所有与 Z 平面相交的边(此处所说的边均指三角形的 3 条边),并给每一个相交的边设置一个未处理的标志。

②找到一条未处理的边。

③计算该边与 Z 平面的交点,并将其放入切片轮廓当前环的点数组中,再将该边的标志置为已处理。

④判断该边类型。如果该边是孤边(即邻接边表值小于 0),则对该边所在的漏洞轮廓进行遍历,直到找到该漏洞轮廓中与 Z 平面相交的另一条未处理边为止;如果此边是多重邻接边(即邻接边表值大于等于 100 000 000),则通过多重邻接边表找到与该边相邻的一条未处理的邻接边,再找到该邻接边所在的三角形中与 Z 平面相交的另一条边;如果是普通边,则通过邻接边表找到邻接边,再找到该邻接边所在的三角形中与 Z 平面相交的另一条边。

⑤如果找不到未被处理的邻接边,则当前过程结束,建立新环,否则循环至步骤③。

⑥循环至步骤②,直至所有边均被处理为止。

3.1.4　算法的时间和空间复杂度分析

1. 算法的时间复杂度分析

由于容错切片算法的步骤较多,难以精确计算基本操作的执行次数,主要关心的是时间复杂度对 STL 文件大小的增长率。

1)拓扑重构过程

在拓扑重构过程的 5 个步骤中,第一步的线性复杂度为 $O(F)$(F 是模型的三角形面片数),在 F 增大时可忽略;第二、三步都是 $O(F \log_2 F)$;第四、五步分别是 $O(H^2)$ 和 $O(M)$,其中 H 是孤边数,M 是多重邻接边数,由于 H、M 一般极小,故第四、五步的时间复杂度基本可忽略不计。由此,可认为该过程的时间复杂度为 $O(F \log_2 F)$。

图 3.7 所示为本算法在读入一个包含 29 万个三角形面片的大型 STL 文件时的各详细步骤所花时间的实测统计图,可以看到:该算法的时间主要花在读文件和点、边排序上,由于读文件时间是随文件大小线性递增的,因此对更大的 STL 文件,时间将主要花在点、边排序上,这也验证了上文的分析。

2)切片过程

切片过程的时间复杂度可分析如下:

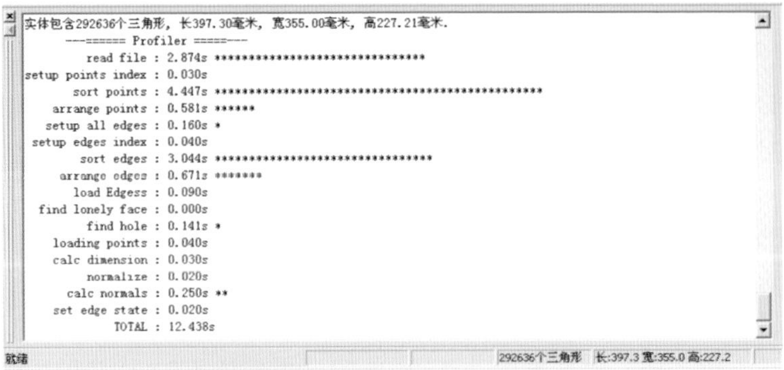

图 3.7 拓扑重构算法时间统计图

①计算交点时间：所有与 Z 平面相交的三角形面片都将被计算一个交点，而与 Z 平面相交的三角形面片数一定小于 F，故最多只会进行 F 次交点计算。

②查找未被处理边的时间：极端情况下，邻接边表将被完全遍历一次来查找每一个环的起始边。根据 STL 文件一致性规则，一个三角形面片的每一条边能且只能和另一个三角形面片的一条边相邻，又一个三角形面片含 3 条边，可知邻接边表长度为 $E=\dfrac{3}{2}F$。

由此可得，切一层片最多只会进行 F 次交点计算和 $\dfrac{3}{2}F$ 次标志检索。这是比较理想的线性复杂度，效率很高。

2. 内存空间复杂度分析

在拓扑重构算法的具体实现中，应用了我们提出的内存-时序分析图优化技术来降低内存的需求，该技术的基本思想是：

①缩短算法中各个内存块的生命周期，反映在整体上就是减少了该算法的内存占用总量。

②硬盘在进行顺序存取时传输速率是很高的，可将顺序存取的内存块转存到硬盘文件中去，从而在不影响效率的前提下节省内存。

如在拓扑重构算法中生成模型顶点坐标表时，并没有为其分配内存，而是直接写入一个数据文件（为优化小文件速度，在内存足够时，仍然是直接存取内存的），待拓扑重构算法完成之后，才将其载入内存（供模型显示和切片之用）。同理对模型边表也进行相应优化，从而就将内存需求峰值降低了近一半。

根据分析，在拓扑重构算法第二步中内存需求达到峰值，此时大的内存需求（优化后）为：

①点坐标数组：需要内存为 $3F\times3\times4=36F$ 字节；

②点排序索引数组：需要内存为 $3F\times4=12F$ 字节；

③边排序所需的堆栈空间：本算法中边排序使用快速分类算法，这是一个递

归算法,需占用较大的堆栈空间,经过优化后的快速分类算法中堆栈的最大深度可降为 $O(\log_2 F)$,基本可以忽略不计。

由上述分析可知,本算法的内存峰值需求大约为 $(36+12)F=48F$ 字节(不包括小的零碎数据结构和堆栈空间,实测的内存需求约为 $60F$ 字节),而二进制 STL 文件大小为 $(50F+80)$ 字节,与本算法的内存需求人致相同。

3.1.5　算法的实测性能

在实际应用中该算法取得了良好的效果,主要具有如下优点。

1. 完备、可靠

该算法能有效处理目前已发现的各类 STL 文件错误,并能保证基本察觉不出对有错模型的切片结果失真。对于一般 STL 纠错软件难以处理的漏洞、裂缝、非正则形体等错误,该算法效果非常明显。对于错误不多的 STL 文件,为进行强度测试,我们随机删除若干个不同类型的 STL 实体的 20% 的三角形之后,再进行容错切片,切片结果与原始切片相比观察不出区别。如图 3.8 所示,该模型包括约 6 万个三角形面片,随机删除 20% 的三角形之后,形成 5000 多个漏洞(漏洞已经用深色线标记),其中 3000 多个为简单的单三角形漏洞,被自动更正,还剩下 2000 个一般漏洞(漏洞包含 3~12 条边)和 162 个复杂漏洞(漏洞包含 12 条以上的边,极难被一般纠错软件所处理),此时切片算法仍能正常进行切片操作,并且结果与原始切片轮廓基本保持一致。

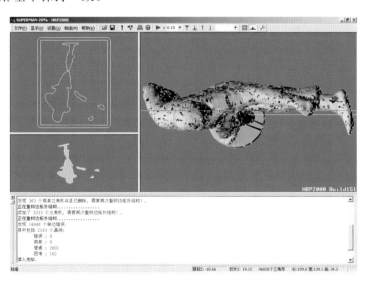

图 3.8　容错切片算法切片实例

该算法对所有非正则形体类型的错误也都能正确处理,图 3.9 显示了其对典型非正则形体(模型见图 3.4)的切片结果。

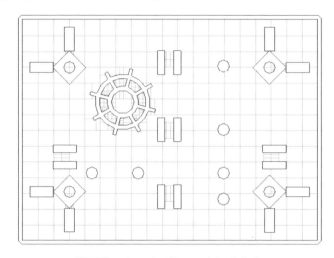

图 3.9 非正则形体的正确切片轮廓

2. 极低的算法空间复杂度

该算法占用内存与待处理二进制 STL 文件大小大致相同,便于处理大型 STL 文件。

3. 非常低的时间复杂度

在当前的低档计算机(CPU:Celeron 400,RAM:64 M,OS:Windows NT 4.0 SP6)上处理包含 60 万个三角形面片的大型模型(二进制 STL 文件大小约 30 M,ASCII STL 文件大小约 90 M)时,其拓扑重构时间少于 1 min,单层切片时间少于 0.2 s,与已有文献报道的分层算法相比,效率高很多。

3.1.6 小结

本节首先分析了 STL 文件的错误特征及容错切片策略,然后在此基础上提出一个完备的 STL 文件容错切片算法,在算法实现上着重考虑了如何降低计算的时间复杂度和空间复杂度,使之能适应高效率处理大型 STL 文件的需求。

基于漏洞跟踪技术的容错切片算法充分利用了 STL 文件中三维层次上的信息,包括正确模型的表面拓扑信息和漏洞边缘处的轮廓环信息,由此对绝大多数 STL 模型都可以通过三角形面片遍历和漏洞跟踪来一次性生成正确切片轮廓;对于极少数漏洞跟踪失效的情况,则可在相对简单的二维层次上进行轮廓修整,保证了切片算法的正确性和广泛适用性。该算法已应用在 HRP 全系列 3D 打印系统上,长期使用稳定可靠,对所遇到的 90%以上的有错 STL 文件都可以在完全无须人工干预的前提下正确处理。

3.2　STL 模型布尔运算的研究与实现

3D 打印技术应用范围的不断扩展,对 STL 模型的数据预处理提出了一些新的要求,如:大尺寸零件 STL 模型的阶梯剖分、曲面剖分,SLA、FDM 制作时三维支撑支架自动生成与编辑,实体空间的镂空加工,导流槽(孔)、加强肋、定位销(孔)等工艺辅助结构的添加,快速制模时模具型腔及上下模的生成,基于 3D 打印的人工骨制作时"细胞载体框架"类蜂窝状结构的生成,等等。这些要求对 STL 的数据处理提出了新的挑战。如果采用 3D 打印中常用的降维思想,实现非常困难,而且灵活性和可操作性都很难达到实用化的要求。STL 模型的三维布尔运算可以为这些问题提供合理有效的解决方案,如通过 STL 模型的布尔运算直接编辑修改 STL 模型、添加辅助工艺结构、自动添加三维工艺支撑,等等。通过工具实体与目标实体的交集和差集的运算可以实现 STL 模型的任意剖分。我们查阅了相关文献数据库,未能找到直接描述 STL 模型三维布尔运算的国内外文献。

3.2.1　STL 网格模型的相关定义与规则

为了方便以后问题的描述,引入如下定义。

定义 3.1　满足以下条件①～⑥的集合三元组 $K=(V,E,F)$,称为广义单纯复形。这里 $V \subset \mathbf{Z}$($\mathbf{Z}$ 是整数集合)的元素称为顶点(顶点可以表示为 V_k);$E \subset \{(i,j) \in V \otimes V\}$ 的元素称为边;F 为顶点组成的多元组集合:

$$F \subset U_{K=3}^{|V|} \overbrace{(V \otimes V \cdots \otimes V)}^{k}, \forall (i_1, i_2, \cdots, i_k) \in F, (i_l, i_{(l \bmod k)+1}) \in E (1 \leqslant l \leqslant k)$$

其中,$|V|$ 表示顶点个数,F 的元素称为面。规定相对顺序相同的顶点多元组表示同一条边或面,如 $(i,j)=(j,i)$ 等。

①每个面的所有边属于 E;

②E 中的每个元素一定属于某个面:$\forall (i,j) \in E, \exists (\cdots, i, j, \cdots) \in F$;

③V 中的每个元素一定属于某条边:$\forall i \in V, \exists j$ 使得 $(i,j) \in E$;

④一条边最多属于两个面;

⑤对于以 $i \in E$ 为端点的任意两条边 e_1、e_2,一定存在一个以 i 为顶点的多边形面序列 $f_1, f_2, \cdots, f_k$ 使得 e_1、e_2 分别为多边形面 f_1 和 f_k 的边,且 f_l 和 f_{l+1}($l=1,2,\cdots,k-1$)共有一条边;

⑥两个面最多共有一条边。

定义 3.2　如果广义单纯复形的一条边只属于一个面,称这条边为边界边(boundary edge);如果一个顶点属于边界边,则称此顶点为边界顶点(boundary vertex);至少包含一个边界顶点的面称为边界面(boundary face)。非边界的边、顶点和面分别称为内部边(internal edge)、内部顶点(internal vertex)和内部面

(internal face)。

定义 3.3　对于单纯复形 $K=(V,E,F)$，如果 F 中的所有面都是三角形，则称 K 为三角形单纯复形；如果所有面都是四边形，则称 K 为四边形单纯复形。

定义 3.4　对于顶点 $i \in V$，如果存在 $j \in V$，使得 $e=(i,j) \in E$，则称 e 为顶点 i 的邻边，称 j 为顶点 i 的相邻顶点，称 j 和 i 为 e 的端点，称顶点 i 的邻边数为 i 的价（valence），记为 $|i|_E$。如果存在顶点 $i_l,\cdots,i_{k-1} \in V$，使得 $f=(i,i_1,\cdots,i_{k-1}) \in \Gamma$，则称 f 为顶点 i 的邻面，顶点 i 的邻面个数记为 $|i|_\Gamma$。

定义 3.5　对于 $(i,j) \in E$，如果存在最小的整数 n 使得面序列 $f_1,f_2,\cdots,f_n$ 满足：①i、j 分别与 f_1 和 f_2 相邻；②f_i 和 f_{i+1} 至少与一个相同的顶点相邻，则称 n 为顶点 i 与 j 的距离，记为 $d(i,j)=n$。

定义 3.6　对 $(i,j) \in E$，如果存在顶点系列 $i_1,i_2,\cdots,i_k \in V$ 使得 (i,i_1)，(i_1,i_2)，$\cdots$，(i_l,i_{l+1})，$\cdots$，$(i_k,j) \in E$，则称 $ii_1 i_2 \cdots i_k j$ 为从 i 到 j 的路径。

定义 3.7　由所有边界顶点构成的多边形称为边界多边形（boundary polygon）。

定义 3.8　对于 $\forall (f_1,f_2) \in F$，如果 $e=(i,j) \in E$ 且 $e \in f_1$，$e \in f_2$，则称面 f_1、f_2 相邻，e 称为 f_1 和 f_2 的共享边。

定义 3.9　对于 $\forall i,j \in V$，如果 $d(i,j)=0$ 且 $i \neq j$，则称 i 与 j 重合。

定义 3.10　$M=(K,\Phi)$ 称为多边形网格（简称为网格），其中 K 为单纯复形，$\Phi:V \rightarrow \mathbf{R}^3$ 是顶点到三维空间的单射。如果 K 为三角形单纯复形，则称 M 为三角网格；如果 K 为四边形单纯复形，则称 M 为四边网格。

定义 3.11　已知单纯复形 $K=(V,E,F)$ 和网格 $M=(K,\Phi)$，$i \in V$，如果 M 是三角网格，i 为内部顶点且价不等于 6 或 i 为边界顶点且价不等于 4 或 2，则称 i 为奇异顶点（extraordinary vertex），否则称 i 为正则顶点（regular vertex）。不存在奇异顶点的网格称为正则网格（regular mesh），或称为规则网格。

如图 3.10 所示，本书描述的 STL 模型就由三角形面片构成，每一个三角形面片用三角形的三个顶点和法向量来描述，法向量由模型内部指向外部，即 STL 模型为三角形单纯复形。一个正确的 STL 模型是一种正则的三角网格模型。

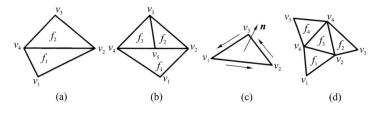

图 3.10　STL 模型的描述规则图例

(a)共享边正确；(b)共享边错误；(c)取向规则；(d)相邻面规则

STL 文件能够正确描述三维模型，必须遵守以下的规则：

①共享边规则：记 $e=\forall (i,j) \in E$，$d(i,j)=1$，$e \in f_k$，最多只能有 $e \in f_{k+1}$。三角形面片每条边只能被另外一个三角形面片的边共享一次，如图 3.10(b)中 f_1 的

边 v_2v_4 被面 f_2 和 f_3 的边 v_5v_2 和 v_4v_5 共享,为错误的拓扑结构,图3.10(a)所示为正确的拓扑表达。

②取向规则:每个三角形面片的法向量必须由实体的内部指向外部,三角形面片顶点排列顺序与法向量指向符合右手法则,如图 3.10(c)所示。

③充满规则:在 STL 三维模型所有表面上必须布满小三角形面片。

④相邻面规则:每个三角形面片只能有三个相邻面片,如图 3.10(d)所示。

3.2.2 三维实体正则集合运算原理

1. 正则集的定义

根据点集拓扑学的原理,Tilove 给出了正则集的定义。正则的几何形体由其内部点的闭包构成,即由内部点和边界两部分组成。对于几何造型中的形体,规定正则形体是三维欧氏空间中的正则集合,因此可以将正则形体描述如下:

设 G 是三维欧氏空间 $\mathbf{R}^3$ 中的一个有界区域,则

$$G=\{bG,iG\}=bG\bigcup iG \tag{3-1}$$

其中 bG 是 G 的 $n-1$ 维边界,iG 是 G 的内部。G 的补集空间 cG 称为 G 的外部,此时正则形体 G 必须满足以下的条件:

①bG 将 iG 和 cG 分为两个互不连通的子空间;

②bG 中的任意一点可以使 cG 和 iG 连通;

③bG 中的任意一点存在切平面,其法矢指向 cG 的子空间;

④bG 是二维流形(2-manifolds)。

所以三维空间中的实体是由封闭表面围成的空间,是三维欧氏空间中非空、有界的封闭子集,其边界是有限面的并集。为了保证几何造型的可靠性和可加工性,要求形体上任意一点的足够小的邻域在拓扑上是一个等价的封闭圆,即围绕该点的形体邻域在二维空间中可构成一个单连通域。我们把满足这个定义的形体称为正则形体。一个正确的 STL 模型就是一个正则形体。图 3.11 所示的几个例子均不满足上述要求,故称这类形体为非正则形体。

(a) (b) (c) (d)

图 3.11 非正则形体的例子

(a)悬面;(b)悬边;(c)一条边有两个以上的邻面;

(d)一顶点小邻域不是单连通域

基于点、边、面几何元素的正则形体和非正则形体的区别如表 3.1 所示。

表 3.1　正则形体和非正则形体的区别

几何元素	正则形体	非正则形体
面	是形体表面的一部分	可以是形体表面的一部分,也可以是形体内的一部分,还可以与形体相分离
边	只有两个邻面	可以有多个邻面、一个邻面或没有邻面
点	至少和三个面(或三条边)邻接	可以与多个面(或边)邻接,也可以是聚集体、聚集面、聚集边或孤立点

2. 正则集布尔运算的公式

几何造型中的集合运算以集合论、拓扑学与拓扑流形学为理论基础。三维几何造型系统规定形体是三维欧式空间中的正则集合。物体间的交、并、差运算是实体造型系统中构造图形的基本手段。由于物体可以用三维空间中的点的集合来表示,物体与物体之间的交、并、差运算也可以用点集的集合运算来定义。但是对两个物体做普通的集合运算并不能保证其结果仍然是一个物体。下面以二维图形为例说明正则集合运算的定义。

如图 3.12 所示,A、B 为两个二维物体,如果对它们按如图 3.12(a)所示的方式进行普通的交集运算,其结果 $A \cap B$ 如图 3.12(b)所示,带有悬挂边,不是一个有效的二维物体。为了保证布尔运算结果的有效性,必须对物体进行正则集合运算。

对于正则形体集合,可以定义正则集合算子。假设 $\langle OP \rangle$ 是集合运算算子(交、并、差),如果 $\mathbf{R}^3$ 中任意两个正则形体 A、B 做集合运算的结果 $C = A \langle OP \rangle B$ 仍然是 $\mathbf{R}^3$ 中的正则形体,则称 $\langle OP \rangle$ 为正则集合算子,正则并、正则交、正则差分别记为 $\cup^*$、$\cap^*$、$-^*$。

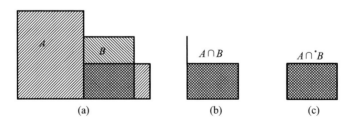

图 3.12　物体的集合运算和正则集合运算

几何建模中的集合运算实质是对集合中的成员进行分类,Tilove 给出了集合成员分类问题的定义及判定方法。

Tilove 对分类问题的定义为:设 S 为待分类元素组成的集合,G 是一正则集合,则 S 相对于 G 的分类函数为

$$C(S,G) = \{S \text{ in } G, S \text{ out } G, S \text{ on } G\} \quad (3\text{-}2)$$

其中：

$$S \text{ in } G = S \bigcap iG \tag{3-3}$$

$$S \text{ out } G = S \bigcap cG \tag{3-4}$$

$$S \text{ on } G = S \bigcap bG \tag{3-5}$$

如果 S 是形体的表面，G 是一正则形体，则定义 S 相对于 G 的分类函数时，需要考虑 S 的法向量。记 $-S$ 为 S 的反向面，则形体表面 S 上一点 P 相对于外侧的法向量为 $N_P(S)$，相反方向的法向量为 $-N_P(S)$，则式(3-2)中的 $S \text{ on } G$ 可分为两种情况：

$$S \text{ on } G = \{S \text{ shared } (bG), S \text{ shared } (-bG)\} \tag{3-6}$$

其中：

$$S \text{ shared } (bG) = \{P \mid P \in S, P \in bG, N_P(S) = N_P(bG)\} \tag{3-7}$$

$$S \text{ shared } (-bG) = \{P \mid P \in S, P \in bG, N_P(S) = -N_P(bG)\} \tag{3-8}$$

于是 S 相对于 G 的分类函数 $C(S,G)$ 可写成

$$C(S,G) = \{S \text{ in } G, S \text{ out } G, S \text{ shared } (bG), S \text{ shared } (-bG)\} \tag{3-9}$$

由此，正则集合运算定义的形体边界可以表达为

$$b(A \bigcup {}^* B) = \{bA \text{ out } B, bB \text{ out } A, bA \text{ shared } (bB)\} \tag{3-10}$$

$$b(A \bigcap {}^* B) = \{bA \text{ in } B, bB \text{ in } A, bA \text{ shared } (bB)\} \tag{3-11}$$

$$b(A - {}^* B) = \{bA \text{ out } B, -(bB \text{ in } A), bA \text{ shared } (-bB)\} \tag{3-12}$$

$$b(B - {}^* A) = \{bB \text{ out } A, -(bA \text{ in } B), bB \text{ shared } (-bA)\} \tag{3-13}$$

上述布尔运算公式在实际使用中可以简化，即根据布尔操作的不同，将 A 和 B 中 shared 的部分归并到 in 或 out 的部分。具体归并规则如下：

①将 $b(A \bigcup {}^* B)$ 中的 $bA \text{ shared } (bB)$ 归并到 $bA \text{ out } B$；

②将 $b(A \bigcap {}^* B)$ 中的 $bA \text{ shared } (bB)$ 归并到 $bA \text{ in } B$；

③将 $b(A - {}^* B)$ 中的 $bA \text{ shared } (-bB)$ 归并到 $bA \text{ out } B$；

④将 $b(B - {}^* A)$ 中的 $bB \text{ shared } (-bA)$ 归并到 $bB \text{ out } A$。

因此，简化后的 A 与 B 之间的布尔运算公式可以表示如下：

$$A \bigcup {}^* B = A \text{ out } B + B \text{ out } A \tag{3-14}$$

$$A \bigcap {}^* B = A \text{ in } B + B \text{ in } A \tag{3-15}$$

$$A - {}^* B = A \text{ out } B + (B \text{ in } A)^{-1} \tag{3-16}$$

$$B - {}^* A = B \text{ out } A + (A \text{ in } B)^{-1} \tag{3-17}$$

其中 $A \text{ in } B$ 是指实体 A 的表面中处于实体 B 内的部分；$A \text{ out } B$ 是指实体 A 的表面中处于实体 B 外的部分；$(A \text{ in } B)^{-1}$ 指实体 A 的表面在实体 B 内的部分的补集，即将 $A \text{ in } B$ 所有的法向量反向后的结果。$B \text{ in } A$、$B \text{ out } A$、$(B \text{ in } A)^{-1}$ 含义类似。

3.2.3 STL 模型布尔运算的实现步骤

基于上述布尔运算公式，当实体采用边界表示时，两实体之间的正则集合运

算就是先对两个实体求交,通过它们的交点、交线及其位置和拓扑关系来对两个实体的边界进行分类,根据分类结果生成对应布尔运算的结果实体。两个实体进行布尔运算可以分为以下四步:

(1)预检查两实体是否相交。

由于实体表面之间的求交运算的计算量很大,非常费时,因此在对两个实体做求交运算前,应该先判断一下两个实体是否可能相交。常采用的方法是用包围盒技术来检查两实体是否相交。如果两个实体的包围盒相交,则两实体可能相交,否则两实体不可能相交。如果由包围盒技术判断两个实体有可能相交,下一步就需要将 A 和 B 实体上的每一面片同另一个实体进行相交判断。这时应该先将面片的包围盒与另一个实体的包围盒进行预检查。

(2)计算两实体各表面之间的交线。

计算两实体各表面之间的交线是整个集合运算的核心,它直接影响集合运算的效率和速度,必须予以慎重考虑。

(3)对实体表面进行判定分类。

对每个实体经求交后被适当分割的几何元素相对于另一实体进行分类,以决定这些元素是包含于(in)另一实体,还是在另一实体之外(out),或是在另一实体的边界上。

(4)建立结果实体的边界表示。

获得正则集合运算结果实体的边界之后,依据该边界表示所采用的数据结构,建立与其对应的边界表示模型。

STL 模型实际上可以看作是一个边界表示(boundary representation)的三维实体模型,它通过表面的三角形面片定义了实体的边界,通过每个表面的法向量指示了实体存在的一侧。设两个 STL 实体为 A 和 B,本书拟定实现 STL 模型的布尔运算的方案步骤如下:

①读入两个 STL 实体,拓扑重构,建立连接关系,递归搜索获得每一个封闭表面的三角形列表;

②两实体的封闭表面间两两进行相交性测试,如果有相交表面,则转步骤③,否则转步骤⑥;

③求取交线,跟踪提取交线环;

④利用交线环对相交三角形和相交表面进行剖分;

⑤判断剖分得到的子表面与另一实体的包含关系;

⑥判断所有非相交表面与另一实体的包含关系;

⑦利用布尔算子实现布尔运算。

3.2.4 STL 文件的存储格式

STL 模型所描述的是一种空间封闭的、有界的、正则的唯一表达物体的模型,这种文件格式类似于有限元的网格划分,它将物体表面划分成很多个小三角形,即用很多个三角形面片去逼近 CAD 实体模型,划分方法依赖于用户所设定的精度。它既包括模型的点、线、面的几何信息,又包括点、线、面之间的拓扑关系,是一种完全表达模型信息的模型描述。

通常所说的物体是三维欧氏空间的一个子空间,其形状由定义它的空间点集确定,其表面是这个点集的子集。同时这个表面必须满足五个特性:(a)封闭的;(b)可定向的;(c)非自交的;(d)有界的;(e)连通的。

定理　任意封闭曲面总能被三角形剖分,即存在和三角形同胚的有限集簇形成一个三角剖分 K,使 $K=\{T_1, T_2, T_3, \cdots, T_n\}$,其中 $\bigcup\limits_{i=1}^{n} T_i = F$,$F$ 为封闭面。

三角剖分描述了三维物体的表面形状,封闭曲面可看作由这些三角形组合而成。在这里,三角剖分的三角形是平面三角形的同胚,在空间可以是弯曲的,也可以是平面的,三角形的边可以是直线也可以是曲线。在求解过程中,平面和平面求交最容易,并且可以转换为三角形的三条边与截割平面相交,所以一般用平面三角形来逼近曲面三角剖分。显然,剖分三角形越密,逼近的程度越高。但是根据一致性规则可知每两个三角形或者不相交,或者只有一个公共顶点,或者只有一条公共边,两个不同的三角形的顶点不可能完全相同。这样,只要给出各个三角形的顶点及坐标,曲面也就确定了。STL 文件就是基于这一方法的实体描述文件,其中每个三角形的描述如下:

$$
\mathrm{Tri} = \begin{cases} \text{float} & \boldsymbol{n}_x & \boldsymbol{n}_y & \boldsymbol{n}_z \\ \text{float} & x_1 & y_1 & z_1 \\ \text{float} & x_2 & y_2 & z_2 \\ \text{float} & x_3 & y_3 & z_3 \end{cases} \tag{3-18}
$$

式中第一行为三角形面片的法向量方向,第二到第四行为三角形三个顶点的坐标。从而,该文件充分表达了物体表面三角剖分的三角形信息,在剖分三角形密度达到极限时,表达的是物体表面的每一个点的位置。只是三角形面片越密,存储量越大,通常在满足精度的要求下用尽可能少的三角形来逼近实体表面。

STL 文件有二进制和文本格式两种。二进制 STL 文件将三角形面片数据的三个顶点坐标 (x, y, z) 和外法向量 $(\boldsymbol{n}_x, \boldsymbol{n}_y, \boldsymbol{n}_z)$ 均以 32 bit 的单精度浮点数(IEEE754 标准)存储,每个面片占用 50 字节的存储空间。而文本 STL 文件则将数据以数字字符串的形式存储,并且中间用关键词分隔开来,平均一个面片需要 150 字节的存储空间,是二进制的 3 倍。

二进制 STL 文件格式如下:

偏移地址	长度（字节）	类型描述	
0	80	字符型文件头信息	
80	4	无符号长整数模型面片数	
第一个面的定义：			
法向量			
84	4	浮点数法向的 x 分量	
88	4	浮点数法向的 y 分量	
92	4	浮点数法向的 z 分量	
第一点的坐标			
96	4	浮点数	x 分量
100	4	浮点数	y 分量
104	4	浮点数	z 分量
第二点的坐标……			
第三点的坐标……			
第二个面的定义：			
……			

文本 STL 文件格式如下：

```
solid<part name>//实体名称
facet                    //第一个面片信息

normal<float><float><float>//第一个面的法向量
    outer loop
        vertex<float><float><float>    //第一个面的第一点的坐标
        vertex<float><float><float>    //第一个面的第二点的坐标
        vertex<float><float><float>    //第一个面的第三点的坐标
    endloop
    endfacet
facet            //第二个面片信息
    …
    endfacet
    …
    endsolid<part name>
```

由上述两种格式可看出,二进制和文本格式的 STL 文件存储的信息基本上是相同的。其中二进制 STL 文件中为每个面片保留了 16 位整型数属性字,但一般规定为 0,并不包含信息;文本格式 STL 文件则可以描述实体名称(solid<part name>),但一般 RP 系统均忽略该信息。文本格式主要是为了满足人机友好性的要求,它可以让用户通过任何一种文本编辑器来阅读和修改模型数据,但在 STL 模型包含数十万个三角形面片的现状下,这并没有什么实际意义,通过专门的三维可视化 STL 工具软件显示和编辑 STL 文件更加合适。文本格式的另一个优点是它的跨平台性能很好,二进制文件在表达多字节数据时在不同的平台上有潜在的字节顺序问题,但只要 STL 处理软件严格地遵循 STL 文件规范,是完全可以避免这个问题的。由于二进制 STL 文件只有相应文本 STL 文件的 1/3 大小,现在主要应用的是二进制 STL 文件。

3.2.5 STL 模型的拓扑重构

在三维空间中,几何信息是指几何对象在欧氏空间中的位置和大小,包括点的坐标、曲线和曲面的数学方程等;拓扑信息是指几何体的顶点、边、面的数目和类型,以及其相互间的连通关系。STL 模型是通过将实体的封闭表面离散划分为一系列的三角形来表达实体边界的,但根据以上的 STL 文件的存储格式可知,STL 文件只存储了一个个三角形面片的信息,这些三角形面片的存储顺序是无定义的,彼此之间没有任何的连接或指向信息。拓扑重构就是为了获得 STL 模型各个三角形面片间的邻接关系和连接关系,从而按封闭表面的方式重新组织所有的三角形面片,为布尔运算中求交及根据交线环合理快速地剖分相交表面提供条件。拓扑信息的建立具有以下的优点:

①压缩了 STL 文件的数据冗余信息。

②对 STL 模型的正确性进行初步的检验。

③提高布尔运算相交性判断的速度。

④提高布尔运算的面域搜索速度。

系统地考虑布尔运算过程中各阶段的要求,建立一个高效的数据结构来表达拓扑信息是十分重要的。下面是建立 STL 拓扑结构的具体描述。

1. 读入顶点坐标建立顶点数组

如图 3.13(a)(b)所示,采用一个一维数组来依次存储读入的所有面片的顶点坐标,因为每一个面片有 3 个顶点,所以第 n 个面片的第 m 个顶点是数组中第 $3n+m$ 个元素(其中 $m \in \{0,1,2\}$,$n \in \{0,1,\cdots,F-1\}$,F 是模型的三角形面片的个数)。

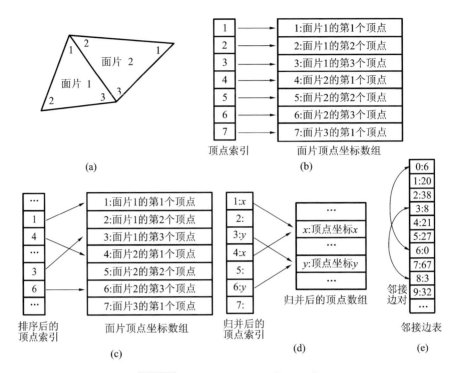

图 3.13　STL 模型的拓扑信息重建

(a)三角形面片;(b)排序前索引;(c)排序后索引;(d)点归并;(e)邻接关系表

2. 点归并

首先对三角形面片顶点坐标表使用快速分类算法进行排序,然后就可以通过线性扫描的方法找到各重合顶点,并分别将其归并为一个点,再将它的坐标存入模型顶点坐标表。同时建立三角形面片顶点索引表,用它来存储各三角形面片顶点在模型顶点坐标表中的索引,由此可以删除三角形面片顶点坐标表。这项操作减少了顶点坐标的存储需求,并且将三角形顶点坐标标量化(即将三角形顶点坐标转换成了顶点索引 ID),有利于提高后继处理的速度。

点的索引数组是通过依次按照点的 Z 轴、X 轴、Y 轴的大小排序后建立的,经过排序,具有相同坐标的点的索引合并,这样只遍历一次就能找出所有的重复顶点,如图 3.13(c)所示。点归并过程中建立一个新的无重复顶点的数组,同时建立一个面片顶点参考索引数组来记录顶点索引与顶点坐标的对应关系,如图 3.13(d)所示。

3. 边归并

在算法实现中首先需要对每个三角形的每一条边都建立唯一的 ID,如对第 i 个三角形的第 j 条边($i\in\{1,2,\cdots,n\}$,$j\in\{1,2,3\}$),其 ID 定义为:$3(i-1)+(j-1)$,使用这种 ID 编码的好处在于它同时包含了三角形序号和边序号信息。边归并的目的是建立邻接边表,在邻接边表中,第 x 项的值就是边 x 对应的邻接边 ID。由此对任意一个三角形面片的任意一条边都能立刻检索到与之相邻的三角形面片。通过查找各三角形面片中的重合边来建立邻接边表。通过对三角形面片的每条边按其两顶点 ID 值使用快速分类算法进行排序,从而来找到各重合边,进而建立邻接边表,如图 3.13(c)所示。

4. 封闭表面搜索

STL 实体的每个表面是一个三角形面片的集合,这些三角形界定了一个封闭连续的空间区域。大多数的 STL 实体所有的三角形之间相互连接只形成一个封闭表面,但由多个物体拼合而成的 STL 实体或者包含有封闭内孔的实体的三角形面片可能形成多个封闭表面。根据表面的连续性和连通性,利用以上建立的三角形之间的相邻关系递归搜索每一个三角形的相邻三角形,我们可以建立每一个封闭表面的所有面片的索引数组,从而按封闭表面的方式重新组织所有的三角形。

3.2.6　相交性测试

相交性测试就是判断两个 STL 实体的各个封闭表面间是否相交,如果相交则找出具体的相交位置并求取交线。相交性测试是两实体模型进行布尔操作的关键性步骤,每一个 STL 实体都可以看作是由一个或多个封闭表面组合而成的,每个表面都由一系列的空间三角形组成,所以两个 STL 模型的相交性判断最终也必须通过两个实体封闭表面间两两进行相交性判断来实现。对三维空间中两个三角网格表面进行相交性判断有两种方案:一是对两个表面的每个三角形面片间两两进行面面相交性判断;二是利用一个表面的每条棱边依次与另一个表面的每个三角形面片进行线面相交性判断。下面对两种方法分别进行具体说明。

1. 面面相交性测试

空间两个三角形的面面相交性测试是计算机图形学的基本问题之一,Möller、Held 及 Devillers 等人提出了三种稳定快速的算法。就算法运行的速度来讲,Devillers 的算法要略好于 Möller 和 Held 的,但该算法相交性判断时的中间数据不能用于最后的交线计算。Held 的算法速度较 Möller 的算法慢 15% 左右。综合考虑,编程实现时采用了 Möller 的相交性测试算法,并进行了相应的改进与简化。下面对该算法进行具体的说明。

用 A 和 B 分别表示两个 STL 实体模型,用 T_1、T_2 分别表示来自 A 和 B 的一对三角形,用 V_0^1、V_1^1、V_2^1 和 V_0^2、V_1^2、V_2^2 表示两个三角形的三个顶点,两个三角形所在的平面为 π_1、π_2。

平面 π_2 的方程为

$$N_2 \cdot X + d_2 = 0 \tag{3-19}$$

其中 X 为平面上的任意一点,所以有

$$N_2 = (V_1^2 - V_0^2) \times (V_2^2 - V_0^2) \tag{3-20}$$

$$d_2 = -N_2 \cdot V_0^2 \tag{3-21}$$

从 T_1 的三个顶点到 π_2 的有向距离 d 可以表示为

$$d_{V_i^1} = N_2 \cdot V_i^1 + d_2, i = 0,1,2 \tag{3-22}$$

如果 T_1 的三个顶点到 T_2 的有向距离 $d_{V_0^1}$、$d_{V_1^1}$、$d_{V_2^1}$ 都不为 0 且符号相同,则表明 T_1 的三个顶点在 π_2 的一侧,所以两三角形不相交,这对三角形可以排除;如果 $d_{V_0^1}$、$d_{V_1^1}$、$d_{V_2^1}$ 不同号,则说明 T_1 的三个顶点分布在 π_2 的两侧,这时将 T_2 的三个顶点相对于 π_1 做对应的操作,如果 $d_{V_0^2}$、$d_{V_1^2}$、$d_{V_2^2}$ 同号则排除这对三角形;如果三者都为 0,则两三角形共面。如果两个共面的三角形之间存在重叠区域则两三角形相交,关于两三角形共面情况的讨论将在后文中进行具体的说明。在这一步中我们设立一个动态数组来记录所有的共面三角形对的索引号。

经过前面的逐步排除后留下的三角形对,它们所在的平面必然相交于一条直线 L,交线 L 有如下公式:

$$L = O + tD \tag{3-23}$$

其中 $D = N_1 \times N_2$ 为交线 L 的方向,O 为直线上的一点。L 一定分别与 T_1 和 T_2 相交得两线段,如图 3.14(a)所示,如果这两线段有重叠部分,则两个三角形相交,两线段重叠部分的线段即为两三角形的交线段;如图 3.14(b)所示,如果两线段没有重叠部分,则两三角形不相交。

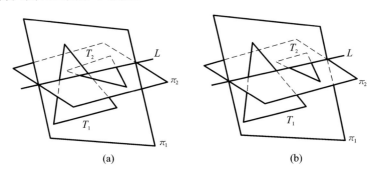

(a)   (b)

图 3.14　空间两三角形所在平面相交示意图

如图 3.15 所示,假设 V_0^1、V_2^1 在平面 π_2 的一侧,V_1^1 在另一侧,V_0^1、V_1^1 在平面 π_2 上的投影为 K_0^1、K_1^1,在交线 L 上的投影为 P_0^1、P_1^1。对应点在直线 L 的方程中的参数 t 分别为 t_1^1、t_2^1,V_0^1、V_1^1 在交线 L 上的投影参数 $p_{V_0^1}$、$p_{V_1^1}$ 可以表示为

$$p_{V_i^1} = D \cdot (V_i^1 - O) \tag{3-24}$$

从图 3.15 中可以看出,$\triangle V_0^1 B K_0^1$ 和 $\triangle V_1^1 B K_1^1$ 相似,$\triangle B K_0^1 P_0^1$ 和 $\triangle B K_1^1 P_1^1$ 相似,这样就有

$$\frac{V_0^1 K_0^1}{V_1^1 K_1^1} = \frac{B K_0^1}{B K_1^1} = \frac{B P_0^1}{B P_1^1} \tag{3-25}$$

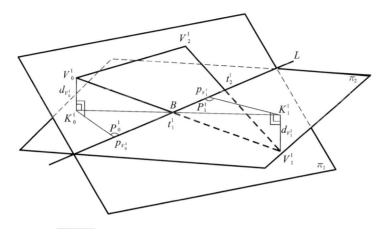

图 3.15 计算相交三角形对交线参数值的几何位置图

$$\frac{d_{V_0^1}}{d_{V_1^1}} = \frac{t_1^1 - p_{V_0^1}}{t_1^1 - p_{V_1^1}} \tag{3-26}$$

$$t_1^1 = p_{V_0^1} + (p_{V_1^1} - p_{V_0^1})\frac{d_{V_0^1}}{(d_{V_0^1} - d_{V_1^1})} \tag{3-27}$$

为了统一,将参数 t 用单独处于一侧的点 V_1^1 的参数表示,进行如下变换:

$$t_1^1 = p_{V_0^1} + (p_{V_1^1} - p_{V_0^1})\frac{d_{V_0^1} - d_{V_1^1} + d_{V_1^1}}{(d_{V_0^1} - d_{V_1^1})} \tag{3-28}$$

得到
$$t_1^1 = p_{V_1^1} + (p_{V_1^1} - p_{V_0^1})\frac{d_{V_1^1}}{(d_{V_0^1} - d_{V_1^1})} \tag{3-29}$$

同理可得
$$t_2^1 = p_{V_1^1} + (p_{V_1^1} - p_{V_2^1})\frac{d_{V_1^1}}{(d_{V_2^1} - d_{V_1^1})} \tag{3-30}$$

利用以上的公式分别计算出两个三角形与交线 L 的两个交点的参数,将每条交线段的参数按升序排列,判断 $[t_1^1, t_2^1]$、$[t_1^2, t_2^2]$ 的重叠关系,如果两者有重叠区间,则说明两个三角形相交,交线段的参数可以表示为 $[\max(t_1^1, t_1^2), \min(t_2^1, t_2^2)]$ (max 和 min 分别表示两参数中较大的和较小的一个)。求得交线段两点的参数 t,根据式(3-23)得到交线段的两个点的坐标。采用如下的数据结构记录相交线段的信息,每条线段的两个端点及产生交线的两个三角形的索引号都被记录下来了。

-Structure{

        StartPoint;//相交线段的起点

        EndPoint;//相交线段的终点

        Tri_Index_Fir;//第一个实体的相交三角形索引号

        Tri_Index_Sec;//第二个实体的相交三角形索引号

        }Intersection_Segment;

对于三维空间中两个共面三角形之间的相交性测试,可以映射到二维平面进行,以减少计算复杂度。为了简单起见,选择与△ABC 的法向矢量三个分量中绝对值最大的方向作为投影方向,这样不仅投影计算简单,而且得到的△ABC 投影的面积比在其他坐标平面上的大,从而可以避免投影面积接近于 0 时数值计算的精度不够等问题。默认△ABC 投影的顶点按逆时针方向排列,否则,任意对换两个顶点的位置。

两个共面三角形按上述方法进行投影后,就转化成了二维平面上两三角形相交关系的测试,其具体计算可以分为两步:

①将一个三角形的每条边与另一个三角形的每条边两两进行相交性判断,如果相交,则说明两三角形相交,计算出交点。

②判断一个三角形的每一个顶点是否在另一个三角形的内部。

通过上面两步的计算,出现的位置关系可以归结为如图 3.16 所示的三种情形:

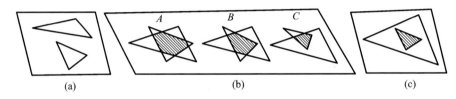

图 3.16　两三角形共面时位置关系分类

如图 3.16(a)所示,两个三角形的三条边互不相交,每个三角形的三个顶点均不在另一个三角形内,所以两三角形不相交。

如图 3.16(b)所示,如果两个三角形至少有一对边相交,则两三角形相交。在存在相交边的基础上,根据顶点被另一个三角形包含的个数不同分为图中 A、B、C 所示的三类。为了在后续的步骤中能够正确地剖分相交三角形,取两个三角形重叠区域的边界作为两个三角形相交的交线。

如图 3.16(c)所示,一个三角形完全被另一个三角形包含,这是两三角形相交的一种特殊形式,我们将被包含三角形的三边作为交线处理。

需要特别说明的是,面片或者表面重叠问题是边界模型布尔运算的难点问题之一。由于浮点运算存在误差,通过对几何计算结果进行逻辑判断而获得的几何元素位置关系很可能发生矛盾,导致布尔运算相关几何算法的失败,从而成为影响几何造型系统可靠性的难点问题。三角形面片重合情况多样,同时又受浮点数的精度问题的影响,处理起来十分复杂。鉴于本算法的设计并不以造型系统为目的,而是为了借助布尔运算的思想解决 STL 模型数据处理中的一些棘手问题,当遇到表面重叠时,我们建议采用摄动法,通过微调实体的位置或适当修改实体的形体尺寸来避免三角形面片的重叠,例如将实体沿重叠面的法向方向平移一个微小的距离。

2.线面相交性测试

直线与三角形的相交是计算机图形学领域的经典问题,Snyder、Dadouel 和 Möller 等人发表了多种简洁高效的算法。我们采用 Möller 的算法来测试一个实体的每条边和另一个实体每个面片的相交关系。下面对这一算法进行具体的说明。

1)空间三角形的参数化表示

如图 3.17 所示,假设点 P 为三角形内任意一点,t_A、t_B、t_C 分别为点 P 的三个参数,且

$$t_A = \frac{S_{\triangle PBC}}{S_{\triangle ABC}}, t_B = \frac{S_{\triangle PCA}}{S_{\triangle ABC}}, t_C = \frac{S_{\triangle PAB}}{S_{\triangle ABC}} \quad (3\text{-}31)$$

则 P 点的参数化表示为

$$P = t_A \cdot A + t_B \cdot B + t_C \cdot C \quad (3\text{-}32)$$

其中

$$t_A + t_B + t_C = 1 \quad (3\text{-}33)$$

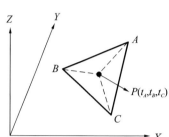

图 3.17　空间三角形的参数化表示

变换式(3-33)得到

$$t_A = 1 - t_B - t_C \quad (3\text{-}34)$$

则式(3-32)变换为

$$P = A + t_B \cdot (B - A) + t_C \cdot (C - A) \quad (3\text{-}35)$$

所以,若假设三角形三个顶点在笛卡儿坐标系中表示为 $V_0(x_0, y_0, z_0)$、$V_1(x_1, y_1, z_1)$、$V_2(x_2, y_2, z_2)$,则三角形内任意一点 $V(r, s)$ 的坐标可以表示为

$$V(r, s) = V_0 + r(V_1 - V_0) + s(V_2 - V_0) \quad (3\text{-}36)$$

式中:r 和 s 是实数,且 $r \geqslant 0, s \geqslant 0, r + s \leqslant 1$;$V_1 - V_0$ 和 $V_2 - V_0$ 是三角形的两个边向量。这样三角形中的任意一点 P 可以用坐标(r, s)表示,即 $P = V(r, s)$,坐标参数 r 和 s 分别表示 V_1、V_2 在结果中所占的权值,$1 - r - s$ 控制 V_0 所占的权值,这种坐标定义方式称为重心坐标。如果 $r = 0$,或者 $s = 0$,或者 $r + s = 1$,则点在三角形的边上。三角形三个顶点用重心坐标表示分别为:$V_0 = V(0, 0)$、$V_1 = V(1, 0)$ 及 $V_2 = V(0, 1)$。

2)空间三角形与线段求交

对于一条由两端点 $P_0(x_0, y_0)$ 和 $P_1(x_1, y_1)$ 定义的直线段,其参数化形式为

$$L(t) = P_0 + t(P_1 - P_0), 0 \leqslant t \leqslant 1 \quad (3\text{-}37)$$

令 $P_0 = O, D = P_1 - P_0$,式(3-37)可以变化为

$$L(t) = O + tD, 0 \leqslant t \leqslant 1 \quad (3\text{-}38)$$

设 $T(r, s)$ 为给定三角形内的任意一点,则根据三角形的参数化表示:

$$T(r, s) = (1 - r - s)V_0 + rV_1 + sV_2 = V_0 + r(V_1 - V_0) + s(V_2 - V_0) \quad (3\text{-}39)$$

计算三角形与线段的交点的实质就是求解方程:

$$L(t) = T(r, s) \quad (3\text{-}40)$$

即

$$O+tD=V_0+r(V_1-V_0)+s(V_2-V_0) \tag{3-41}$$

$$[-D,V_1-V_0,V_1-V_0]\begin{bmatrix}t\\r\\s\end{bmatrix}=O-V_0 \tag{3-42}$$

令 $E_1=V_1-V_0$，$E_2=V_2-V_0$，$T=O-V_0$，根据克莱姆（Cramer）法则解方程得到

$$\begin{bmatrix}t\\r\\s\end{bmatrix}=\frac{1}{|-D,E_1,E_2|}\begin{bmatrix}|T,E_1,E_2|\\|-D,T,E_2|\\|-D,E_1,T|\end{bmatrix} \tag{3-43}$$

从线性代数得知，$|A,B,C|=-(A\times C)\cdot B=-(C\times B)\cdot A$，则方程（3-43）可以变换为

$$\begin{bmatrix}t\\r\\s\end{bmatrix}=\frac{1}{(D\times E_2)\cdot E_1}\begin{bmatrix}(T\times E_1)\cdot E_2\\(D\times E_2)\cdot T\\(T\times E_1)\cdot D\end{bmatrix}=\frac{1}{P\cdot E_1}\begin{bmatrix}Q\cdot E_2\\P\cdot T\\Q\cdot D\end{bmatrix} \tag{3-44}$$

其中 $P=(D\times E_2)$，$Q=(T\times E_1)$。

求解方程得到 t、r、s 的值，如果 $0\leq t\leq 1$，$r\geq 0$，$s\geq 0$，$r+s\leq 1$，则线段和三角形相交，利用式（3-37）计算出交点的三个坐标。我们采用下面的数据结构来记录交点信息：

```
-Structure{
        Point_Coordinates；              //交点坐标
        Point_BarycentricCoord；         //交点的重心坐标值
        First_Edge_Index；               //第一个实体的相交边索引号
        First_Triangle_Index；           //第一个实体的相交面索引号
        Second_Edge_Index；              //第二个实体的相交边索引号
        Second_Triangle_Index；          //第二个实体的相交面索引号
        }Intersection_Point；
```

交点是根据边面相交得到的，边面求交时直接得到了相交边和一个相交面的索引号。为了利用匹配关系获得相交线段，我们采取了如下的策略：每个相交边连接着两个三角形，将每个交点根据相交边所连接的两个三角形的索引号的不同记录两次，这样每个交点都有对应的两个三角形的索引号。交线的获取是建立在每个相交三角形对有两个交点的基础上的。根据交点的数据结构，如果两个交点的两个面的索引参数都相同，则这两个交点间的线段是两个三角形面片的交线。

根据一个相交三角形对产生的两个交点对应的两个三角形的索引号一定相

同,对于所有的交点,我们先按第一个实体三角形索引号(First_Triangle_Index)的升序排列,对于 First_Triangle_Index 相同的点,按照第二个实体三角形的索引号(Second_Triangle_Index)的升序进行排列,这样,由一个相交三角形对形成的两个交点必然处在相邻位置。采用如面面相交性测试中类似的数据结构来记录每一条交线段,但对起点和终点的数据类型进行了扩展。

3)两种相交性测试方法的求交次数比较

设 A 实体的三角形面片数为 m,B 实体的三角形面片数为 n。不考虑优化的条件下,面面相交性测试直接进行面面相交性判断的最大次数为 $m \times n$;线面相交性测试直接进行线面相交性判断的最大次数为 $3m \times n$。由于一次面面测试的复杂程度和计算量是线面测试的 3 倍以上,因此从计算速度上说线面相交性测试要比面面相交性测试快。但线面相交性测试不能直接计算出两个相交三角形面片的交线,在存在歧义位置关系(如一个求交三角形的棱边过另一个三角形的顶点)时的处理要比面面相交性测试复杂很多。目前为了追求稳定性,我们采用面面相交性测试。在后续的研究中,一旦合理地解决了歧义位置关系处理的问题,我们也可以直接进行线面相交性测试。但不论是线面相交性测试还是面面相交性测试,直接将所有的物体单元两两间进行计算的时间复杂度是难以令人满意的,提高计算速度的关键是寻找高效的相交性测试优化方法。

3.2.7　交线环探测

STL 实体是由一个或多个封闭的空间表面组合得到的。根据实体模型表面的几何连续性和封闭性,两个表面相交的交线段一定组成封闭环。从几何上说,交线环是两个相交面的临界,处于交线环不同侧的部分相对于另一实体的位置关系不同,交线环是对相交表面进行剖分的边界。所以交线环探测是布尔运算中将相交表面单元相对于另一实体进行分类的必要前提。

交线环提取是以交线环中两条相邻交线段共一个交点为依据,通过逐一搜索每一条交线段的相邻线段来实现的。对于通过面面相交性测试求交获得的交线,我们记录了每一条交线段的坐标和对应三角形的索引号。我们可以通过判断相交三角形的相邻关系和交点坐标的重合度两个角度进行相邻线段搜索。探测时,我们设定端点的重合度系数,进行由精到粗的逐步提取,当重合度达到上限时,如果还剩下没有被提取的交线段,则认为这些线段是由歧义位置关系相交形成的孤立线段而不予考虑。对于通过线面相交性测试求交得到的交线段来讲,在计算交线段的过程中,我们按相交边连接的两个三角形索引号的不同将每个交点记录了两次,这样基于两条相邻线段有一个公共交点的关系,可以直接获得每条交线段的相邻线段。通过逐一搜索相交线段间的连接关系可获得所有的交线环,并建立链表来记录每一个交线环数据。

只有形成交线环才能对相交表面进行明确的剖分,产生有界的实体。对于单纯的线面、点面、线线等重合关系,由于不能形成空间连通的几何关系,表现为求取的线段不能形成封闭的交线环,因此理应舍弃,这样并不影响结果的正确性,从而简化了对歧义位置关系的判断与处理,提高了整个过程的效率与稳定性。对于 STL 模型中常见的裂缝错误,如果相交三角形位于裂缝位置,将导致交线环探测失败,所以如果 STL 模型有错误,我们建议先修复后处理。

根据相交线段数据结构中记录的产生交线段的两个相交三角形的索引号(Tri_Index_Fir 和 Tri_Index_Sec),每条交线环就可以获得两个对应的三角形环带。如图 3.18 所示,图(a)所示为两个实体中所有的相交三角形,图(b)所示为交线环,图(c)和图(d)所示分别为两个实体的相交三角形环带。

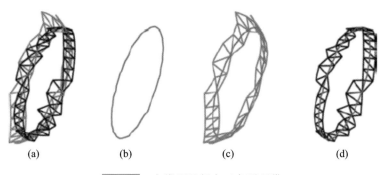

(a)   (b)   (c)   (d)

图 3.18　交线环及相交三角形环带

3.2.8　相交表面的剖分

经过两个物体间的所有表面两两间进行相交性测试后,我们获得了所有的相交三角形和交线环。交线环将相交表面分隔为不同面域,这些面域相对于另一实体的位置属性不同,两实体进行某一项布尔操作时必定要保留某些面域而舍弃其他面域,所以必须以交线环为边界将相交表面精确地剖分为若干个独立的区域,最后确定这些区域相对于另一个实体的位置关系,从而根据布尔运算公式实现两个 STL 模型的交并差运算。相交表面的剖分过程可大致分为如下三个步骤:

①相交三角形的剖分,即将相交三角形沿其内部的交线段分割为若干个互不重叠的区域,这些区域以交线段为分界线,互不重叠,它们的并集为相交三角形三边界定的区域;

②相交三角形环带的分割,即将交线环穿过的所有相交三角形剖分后得到的区域根据相互之间的共边关系沿交线环进行分类,从而将相交三角形环带分为两个以交线环为临界的区域;

③非相交三角形的归并,即对相交表面上处于相交位置以外的其他三角形的分类。

上述三步中,相交三角形的剖分是相交表面剖分的核心,它的剖分方法决定了相交三角形环带的剖分方法。我们先后采用了两种剖分相交三角形的方法:第一种是直接将相交三角形沿交线环剖分为多边形,因此对应的相交三角形环带就可以剖分为两个多边形带,最后根据生成结果 STL 模型的需要对剖分的结果多边形带进行三角划分;第二种是先将相交三角形以其内的交线段为约束进行二次三角划分,从而将相交三角形环带变成一个细化了的三角形区域,对应的相交三角形环带的划分就是以交线环为临界将二次三角划分后的区域分割为两个三角形面片域。第一种方法中剖分的过程基本不涉及复杂的算法,剖分得到的多边形一般都是简单的多边形,三角划分的算法也相对简单。第二种方法思路比较直观,但算法相对复杂,不过在国外的计算机图形学数据库中可以找到相关的代码,所以并不需要完全自主编程实现。考虑到本书的完整性,下面将对这两种方法分别进行说明。

1. 相交三角形沿交线剖分为多边形

为了描述的方便,作如下定义:

封闭表面对:相交性判断时分别来自两个实体的两个封闭表面。

三角形对:相交性判断时分别来自两个 STL 实体表面的两个三角形。

相交三角形对:通过相交性判断获得的分别来自两个 STL 实体表面的存在相交关系的两个三角形。

相交边:相交三角形中与另一实体的面片相交产生交点的边。

边线段:相交三角形的相交边插入交点后细分相交边得到的线段和非相交边线段的总称。

交线链:交线环中位于某一相交三角形中的部分,表现为一条和多条连续的交线段。

入点和出点:交线链如果和三角形的边相交形成两个交点,那么按照一定的顺序排列,起点可以看作交线环进入相交三角形时的交点,称为入点;终点可以看作交线环离开该三角形时的交点,称为出点。入点和出点是相对的概念,一旦交线链的排列方向改变,它们的属性将互换。

1)相交三角形与交线链的位置关系分类

根据交线环的封闭特性,交线链与相交三角形的边如果相交,则交点一定成对出现,即交线链的两个端点一定在相交三角形的边上;如果交线链与三角形三条边都没有交点,则交线链在该三角形内形成封闭的交线环,即一条交线环完全位于该相交三角形内。根据参与布尔运算的两个实体表面形状的不同,一个相交三角形内可能出现多条交线链,即一个三角形可能被多条交线环穿过或被一条交线环多次穿过,但根据正则物体表面不自交的特性可以推理得到,这些交线链之间互不相交。经过分析总结,交线链与相交三角形的位置关系可以大致分为四种情况,如图 3.19 所示,下面对这四种情况中交线链与相交三角形的位置关系及对应的剖分结果进行具体的说明。

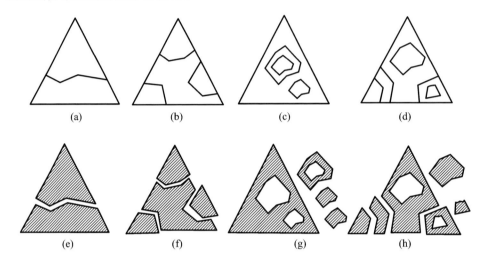

图 3.19　相交三角形与交线链位置关系分类及对应的剖分结果

①如图 3.19(a)所示,相交三角形只被交线环穿过一次,这是相交三角形最常遇到的情形,占所有情形的绝大部分。这种情况下相交三角形面域沿交线链剖分的结果为两个简单多边形,如图 3.19(e)所示。

②如图 3.19(b)所示为相交三角形被两个及两个以上的交线链穿过的情形,剖分的结果为三个以上的多边形,如图 3.19(f)所示。

③如图 3.19(c)所示,交线链在三角形的内部形成了一个或多个交线环。交线环间有可能存在包含关系。相交三角形的剖分结果为由交线环组成的各个多边形和以三角形为边界、以交线环为内孔的复杂多边形。当交线环存在包含关系时,需要判断环与环之间的包含关系来确定各个区域的组成结构,如图 3.19(g)所示。

④图 3.19(d)所示为前面几种情况的组合,交线段在三角形内部形成了交线环,同时也有其他的交线链穿过该相交三角形,对应的剖分结果如图 3.19(h)所示。

2)相交三角形沿交线链剖分为多边形的算法

从相交三角形与交线链的各种位置关系下的剖分结果分析可以得到,相交三角形沿交线链剖分为多边形存在以下两条规则:

①每一条边线段剖分后只会在结果多边形中出现一次,每条交线链以整体的方式出现两次;

②三角形的同一条边细分得到的边线段不会连续出现在同一个多边形中,即三角形的边被同一个交点细分得到的两条线段不出现在同一个多边形中。

根据以上两条规则,本书提出的相交三角形沿交线链剖分为多边形的算法步骤如下:

①将三角形的三个顶点按逆时针方向进行排列,形成一个首尾互连的有向顶点表。

②将各边上的交点按顺序插入三角形的边顶点表中,表中连续两个顶点间的线段为一条边线段。

③在交线链顶点表和边顶点表中的相同交点间建立双向指针。

④搜索边线表,如果存在没有跟踪过的边线段,则反复执行以下(a)~(g)的步骤生成所有的剖分多边形,否则执行第⑤步。

(a)建立空的剖分多边形顶点表。

(b)任取一条没有跟踪过的边线段作为起始边线段,将它的两个顶点输入剖分多边形顶点表中,并将该边线段的搜索标志标记为+1。

(c)如果边线段的终点为交点,则沿交线链的方向搜索,否则沿边线段的方向搜索。

(d)沿边线段的方向搜索时,每遇到三角形的顶点就将它输出到结果多边形顶点表中,并将对应的边线段标志标记为+1,直至遇到新的交点。

(e)遇到交点时,通过连接该交点的双向指针改变跟踪搜索的方向。如果上一步跟踪的是边线段,则改为跟踪交线链;如果上一步跟踪的是交线链,则改为跟踪边线段。

(f)沿交线链搜索时,将交线链的各个顶点按顺序加入剖分多边形顶点表。

(g)重复以上(c)~(f)步,直至回到起始线段的起点,从而生成一个剖分多边形。

⑤如果交线段在相交三角形内形成一个或者多个封闭环,则判断交线环之间以及交线环与以上生成的各个独立剖分多边形之间的包含关系,按照包含关系将剖分多边形和各个交线环分组为一系列的单连通区域。

⑥单连通区域的剖分结果如下:一部分为内环包围的区域,另一部分为以内环为孔洞、外环为边界的带内孔的多边形区域。

下面以图 3.20 为例,说明本算法具体的剖分过程。

首先建立边顶点表,并将交点按顺序插入边顶点表中,然后在边顶点表和交线链顶点表中建立交点间的双向指针(见图 3.21)。以 $A—P_1$ 为第一个剖分多边形的起始线段,由于 P_1 为交线链和边线段的交点,因此改变搜索方向,沿交线链方向搜索,到 P_3 时改为沿边线段的方向搜索,从而得到剖分结果多边形 $A—P_1—P_2—P_3—A$,将其中的边线段 $A—P_1$、$P_3—A$ 的搜索标志置为+1。同理以 $B—Q_1$ 为第二个剖分多边形的起始线段,可得剖分多边形 $B—Q_1—Q_2—Q_3—Q_4—R_1—R_2—R_3—R_4—P_3—P_2—P_1—B$,图 3.22 所示为交替跟踪边线段和交线链线段的

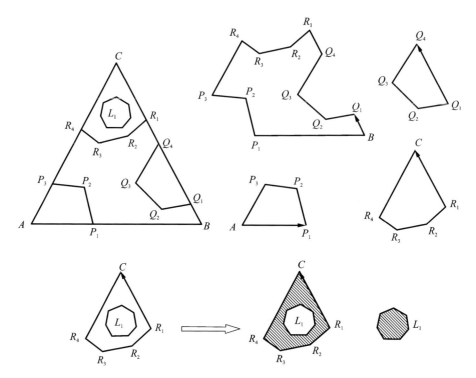

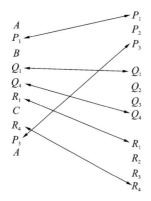

图 3.20　相交三角形沿交线链剖分为多边形的算法执行示例

路径示意图;以 R_1—C 为第三个剖分多边形的起始线段可得 R_1—C—R_4—R_3—R_2—R_1;以 Q_1—Q_4 为第四个剖分多边形的起始线段可得 Q_1—Q_4—Q_3—Q_2—Q_1。至此得到了四个剖分多边形,该相交三角形的边线段搜索完毕。其次,依次判断环 L_1 与以上四个多边形的包含关系,得到该环被 R_1—C—R_4—R_3—R_2—R_1 包含,所以将该多边形区域剖分为一个以该环为内孔、该多边形为外边界的带内孔的多边形区域和一个以该环为边界的区域。

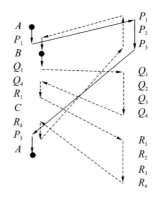

图3.21　建立边顶点表和交线链顶点表并在相同的交点间建立双向指针

图 3.22　交替跟踪边线段和交线链线段的路径示意图

3）剖分结果多边形的三角划分

布尔运算的结果要表达为合格的 STL 模型,必须将剖分结果多边形划分为三角形。从以上的剖分结果多边形分析,这些多边形主要分为由单个环组成的简单多边形和一个外环带一个或者多个内孔的单连通多边形。平面多边形区域的三角形剖分算法很多,本书采用耳切法,具体的实现方法在此不做详细的论述。

2. 相交三角形二次三角划分后剖分

从相交三角形剖分角度来讲,相交三角形二次三角划分后剖分的方法与前一种方法的步骤刚好是相反的,前一种方法是将相交三角形剖分为多边形后三角化,而这种方法是先将相交三角形以交线链为约束进行三角划分,然后沿交线链剖分为不同的三角形区域。

1）限定三角剖分的定义

设多边形 P 有 n 个顶点 $p_1, p_2, \cdots, p_n$,$\overline{p_i p_j}$ 是 P 的对角线,并且不与 P 的顶点及边相交,它将 P 划分为两部分。对 P 逐步增加不交叉的对角线,直至 P 的内部全部被划分成三角形,这样的划分称为多边形的三角剖分。

给定一个平面区域 R(region),其边界由直线段 S(segment)组成,如果存在一个三角形集合 $TS = \{T_i\}$ $(i = 1, 2, \cdots, n)$,满足以下条件:

① TS 中所有三角形区域的并集为 R;

② TS 中任意两个三角形区域的交集为空集。

则称 TS 为区域 R 的三角剖分,记为 $TS(R)$。

在实际应用中,有时不仅希望得到区域的三角剖分,而且希望网格通过区域内一些指定的点和线段,这些问题被称为在一定的限定条件下的三角剖分,简称限定三角剖分(constrained triangulation)。下面通过给出一些相关定义,逐步导出限定三角剖分的定义。

定义 3.12　如果点 P 为三角剖分 TS 中某个三角形 T 的顶点,称 P 在 TS 中存在;如果线段 S(segment)为三角剖分 TS 中某个三角形 T 的边 E(edge),称 S 在 TS 中存在。

定义 3.13　如果点集 PS 中的每个点 P 都在三角剖分 TS 中存在,称 TS 与 PS 具有一致性;如果线段集合 SS(segment set)中的每个线段 S 都可分成一些在三角剖分 TS 中存在的小线段(subsegment),称 TS 与 SS 具有一致性。

定义 3.14　给出一个点集 PS 和一个线段集合 SS,如果一个三角剖分 TS 与 PS 和 SS 都具有一致性,称 TS 为限定条件 PS 和 SS 下的限定三角剖分,记为 CTS(PS,SS)。称 PS 和 SS 为 CTS 的限定点集合 CPS 和限定线段集合 CSS。

域的三角剖分 $TS(R)$ 必须和域 R 的边界具有一致性并且所有的 T 都在 R 内部。但只要剖分结果同域的边界具有一致性,可以很容易将域外部的三角形删除,因此,可以说区域的三角剖分也是一种限定三角剖分,它以边界为限定条件。如图 3.23 所示为限定三角剖分的示意图。

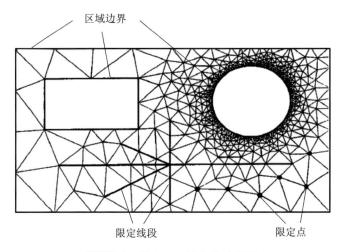

图 3.23　限定三角剖分的示意图

2)相交三角形以交线链为约束的三角划分

根据交线段所属三角形的信息对交点进行调整,获得每个三角形内的所有的交线段,其中交点的顺序按交线环的走向顺序排列。经过这一步,每个相交三角形都有一组交线段的链表,这些交线段就是相交三角形进行二次三角划分的约束条件,三角形的三边即为三角划分的区域边界。因为相交三角形的空间位置取向是任意的,为了采用经典的二维平面多边形区域的三角划分算法,必须将所有顶点合理地变换为用二维坐标表示。采用 3.2.6 节所述的参数坐标法将三角形区域的所有顶点变换到二维。如果求交时采用线面求交的方式,则对应的 r、s 是已知的;如果采用线面求交获得交点,则可以通过如下方法计算。

现已知相交三角形的三个顶点坐标 V_0、V_1、V_2 及内部的一交点 $P(x_P,y_P,z_P)$ 的三个坐标,则式(3-36)可以变换为

$$P-V_0=r(V_1-V_0)+s(V_2-V_0) \tag{3-45}$$

令 $w=P-V_0$,$u=V_1-V_0$,$v=V_2-V_0$,则式(3-46)可以变换为

$$w=ru+sv \tag{3-46}$$

式中:w、u、v 均为矢量;r、s 均为实数。根据已有文献介绍的方法解方程得到

$$\begin{cases} r=\dfrac{(u \cdot v)(w \cdot v)-(v \cdot v)(w \cdot v)}{(u \cdot v)^2-(u \cdot u)(v \cdot v)} \\[3mm] s=\dfrac{(u \cdot v)(w \cdot u)-(u \cdot u)(w \cdot v)}{(u \cdot v)^2-(u \cdot u)(v \cdot v)} \end{cases} \tag{3-47}$$

通过式(3-47)可以得到各点的重心坐标 (r,s),从而将三角形区域内各点的三维坐标转化为二维坐标。对每一个相交三角形以位于其内部的交线段为约束,利

用 Jonathan Shewchuk[①] 编写的二维点集三角化程序库（TRIANGLE）进行三角划分。图 3.24 给出了一个三角划分实例。

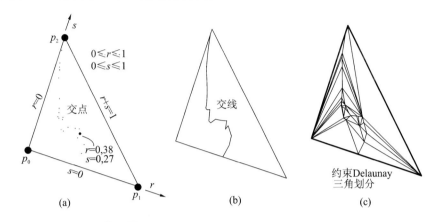

图 3.24　相交三角形的约束 Delaunay 三角划分

（a）相交三角形顶点及内部交点的参数坐标；（b）交线；（c）二次三角划分的结果

3. 相交三角形环带及相交表面的剖分

1）相交三角形环带的剖分

以只有一条交线环的情形为例来说明，进行相交三角形环带的剖分就是沿交线环将相交三角形环带分割为两个区域，分割的实质就是将上一步相交三角形剖分获得的多边形或者三角形沿交线环进行分类，形成两个以交线环为临界的独立区域。经过分析和归纳，本书提出以下的剖分规则：

在相交三角形沿交线环剖分得到的多边形或二次三角划分获得的三角形中，如果两个多边形或三角形的公共边为交线环的一部分，则这两个多边形或三角形分别位于交线环的两侧，否则它们位于交线环的同一侧。

利用上述的规则，如果相交三角形环带上的每个三角形都被剖分成了多边形，那么可以根据相邻两个相交三角形的剖分得到的结果多边形之间的共边关系，直接将相交三角形环带剖分为两个多边形带，再用每个多边形三角划分得到的三角形替代对应的多边形，就成功地实现了相交三角形环带的剖分。

对于将相交三角形进行基于交线链约束的二次三角划分方法来说，首先利用拓扑重构中边归并的方法来获得这些新生成的三角形之间的共边关系，然后利用上述的剖分规则来进行剖分。首先找一个一条边位于交线环上的三角形作为剖分算法搜索的起始三角形，然后利用上述规则进行递归搜索，就可以将位于交线环一侧的所有三角形都标记出来。

---

① Shewchuk J R. Triangle：a two-dimensional quality mesh generator[EB/OL]. [2005-06-20]. http://www-2. cs. cmu. edu/~quake/triangle. html.

如图 3.25(a)所示,选定三角形对(三角形①和⑥),这两个三角形分别位于交线环的两侧,把三角形①作为起始三角形进行递归搜索,搜索的顺序如下:①→②+③,②→④+⑤,③→⑥+⑦,④→⑧+⑨,……这样直到每步获得的三角形都被遍历为止。图 3.25(b)显示了剖分的结果。

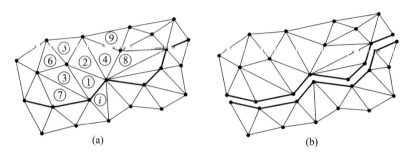

(a)   (b)

图 3.25   三角形面域沿交线环剖分示意图

2)非相交位置的三角形面片的归类

非相交位置的三角形与相交三角形环带的临界是相交三角形的非相交边,从相交三角形中找到一条非相交边,如果和这个相交三角形共这条边的三角形不是相交三角形,则将这个三角形作为分割非相交区域三角形的种子三角形。与剖分相交三角形环带一样,以相交三角形环带为搜索边界进行递归搜索,可以得到与种子三角形在同一侧的所有非相交三角形。

图 3.26 给出了一个沿交线环剖分相交表面的实例。图 3.26(a)(b)(c)分别是相交的两个球面、相交的三角形环带,以及交线环的位置。图 3.26(d)显示了沿交线环剖分相交三角形环带和以相交三角形环带为界剖分非相交三角形域的结果。图 3.26(e)所示为相交表面沿交线环剖分的最终结果。

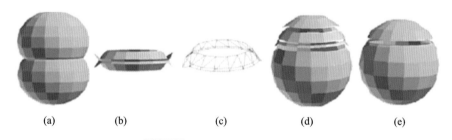

(a)   (b)   (c)   (d)   (e)

图 3.26   相交表面的剖分示意图

3.2.9   位置关系测试

如果两实体的某些表面相交产生封闭的交线环,则相交表面以交线环为边界分割得到的多个区域分别处于另一实体的内部和外部。被交线环分隔开来的各个三角形区域相对于另一实体的位置关系都以交线环为临界,要么全部都在另一实体的外部,要么全在另一实体的内部。对于不相交的表面,则需要判断该表面是否被另一实体完全包含,如果两实体既没有表面相交,又不存在包含关系,则两实体的交集为空集。假设参与布尔运算的两个 STL 实体为 A 和 B,经过位置关系判断,将实体 A 所有的表面三角形相对于 B 分为 A out B 和 A in B,实体 B 所有的三角形相对于 A 分为 B out A 和 B in A。

位置关系测试就是要判断参与布尔运算的两个物体中一个物体的各个非相交表面或者相交表面沿交线环剖分得到的各个面域与另一个物体的包含关系。在要判断的非相交表面或者由相交表面分割得到的各个面域上取一个非交线处的点,判断这个点相对于另一实体的位置关系,即可得到该点所在区域相对于另一实体的位置关系。如果该点在另一实体的内部,则该区域全在另一实体的内部;如果该点在另一实体的外部,则该区域全在另一实体的外部。因此可以通过测定一个顶点与一个实体的位置关系来确定顶点所属的独立面域与这个实体的位置关系。

点在多边形或多面体内的检测在计算机图形学方面具有大量的应用。对于点在多边形内的检测,已有了广泛的研究和成熟的算法,然而三维情况下直接判断点在多面体内的检测算法比较复杂,现有的方法大都因需要处理许多奇异情况而比较复杂,而且需要进行大量的计算。在三维空间中,如果一个点在三维模型对应高度切片的实体区域内,则该点一定在实体内。本书基于这种思想提出并实现了一种利用 3D 打印中经典的切片思想来实现点与 STL 模型位置包含关系的判断的方法,从而将三维空间中点与多面体位置关系的判断转化到二维平面上点与多边形的包含关系判断。对 STL 模型进行切片是 3D 打印软件最基本的功能之一,许多已有文献中具体描述了 STL 实体的切片算法。

为了判断一个点是否在模型对应高度切片的实体区域内,必须了解轮廓环之间界定截面实体区域的方式。下文将对 STL 模型的切片轮廓环的性质、轮廓环的分组及点与轮廓环包含关系的判断方法进行具体的描述。通过下文提供的方法,最终将切片上的所有轮廓环按内外环属性及包含关系分为一系列的单连通区域。只要被测点在截面上某一个单连通区域的外环以内,且在该单连通区域的所有内环以外,则该点就在实体切片的实体区域内,即该点在实体内。

1. STL 模型切片轮廓环的性质

假设要判断一个点 P 与实体 A 的位置关系,那么在点 P 的高度处垂直于 Z 轴对实体 A 进行切片。由 STL 模型切片得到的截面轮廓线是一组封闭的多边形,每一个多边形由顺序相连的顶点坐标表示,称之为轮廓环。轮廓环的个数与零件截面的复杂程度密切相关,含有型腔或分支的物体在每一层上有多个边界轮廓,每一轮廓分别与物体上的不同表面相对应。切片所得的轮廓复杂程度不定,可能由一个或多个的、凸多边形或凹多边形组成,这些多边形将它们包含的区域隐式地界定为实体区域和非实体区域。图 3.27 所示为一个切片轮廓环的实例，其中图 3.27(a)所示为一个 STL 实体模型，图 3.27(b)所示为一个中间高度切片的所有轮廓环，图 3.27(c)中阴影部分为轮廓环界定的实体区域，空白部分为孔洞部分，即非实体区域。

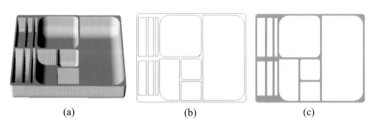

(a)   (b)   (c)

图 3.27   STL 切片轮廓环及由轮廓界定的实体区域示例

(a)三维实体图；(b)切片轮廓环；(c)实体区域

切片的轮廓环根据其界定区域的性质不同，可以分为外轮廓环和内轮廓环。当一个轮廓环的包围区域是实体部分时，则该轮廓环为外轮廓环；当一个轮廓环的包围区域是空洞部分时，则该轮廓环为内轮廓环，如图 3.28 所示。

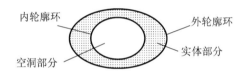

图 3.28   外轮廓环与内轮廓环

如果轮廓环 A 的所有线段都在轮廓环 B 内部，就称轮廓环 A 被轮廓环 B 包容。一个正确的 STL 模型切片得到的轮廓环相互之间不会相交，相互之间只存在相离或包容的关系，如图 3.29 所示。如果一个外轮廓环仅包容内轮廓环，那么它们共同组成的区域就是一个有空洞的实体区域（见图 3.28），把这样的区域称为单连通区域。而如果一个外轮廓环所包容的内轮廓环又包容其他轮廓环，那么它们共同组成的区域则是一个多连通区域，如图 3.30 所示。

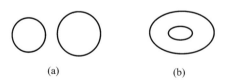

(a)   (b)

图 3.29   两轮廓环的位置关系

(a)相离；(b)包容

一个多连通区域通过合理的轮廓环分组，可以分成多个单连通区域，所以每一个切片得到的轮廓环组都可以分成一个或者多个单连通区域。图 3.30 中用不同的填充网格表示了不同轮廓环之间界定的不同实体区域。

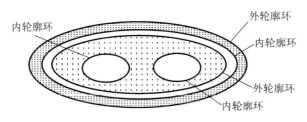

图 3.30 多连通区域

一个正确的 CAD 模型得到的切片轮廓环满足下列几个规则：

①轮廓环之间不可能相交，也就是说各轮廓环的线段之间互不相交；

②不被任何环所包容的轮廓环是最外层环，它肯定是一个外环，一个层面可以存在一个或一个以上的最外层环，但至少存在一个；

③一个内环至少被一个外环所包容，因为内环所包围的区域是空洞，而空洞不可能单独存在，它只能存在于实体中；

④一个内环如果被另外一个内环所包容，那么这两个内环之间必定至少存在一个外环，也就是说至少存在一个外环包容这个内环，同时这个外环又被另一个内环所包容；

⑤一个外环如果被另外一个外环所包容，那么这两个外环之间必定至少存在一个内环，也就是说至少存在一个内环包容这个外环，同时这个内环又被另一个外环所包围；

⑥一个单连通区域只存在一个外环，而内环可以有多个。

2. 基于轮廓关系矩阵的轮廓环分组算法

设某层切片包含 n 个轮廓环，定义变量 $R(i,j)(i,j=1,2,\cdots,n)$，$R(i,j)$ 为轮廓的包含关系式，则有

$$R(i,j)=\begin{cases} -1 & 轮廓 j 包含于轮廓 i 中 \\ 0 & 轮廓 i,j 互相独立，互不包含 \\ 1 & 轮廓 i 包含于轮廓 j 中 \\ 2 & i=j \end{cases} \tag{3-48}$$

依次循环判断每个轮廓与其他轮廓的包含关系，求取对应的 $R(i,j)$，那么我们便可以得到一个 $n\times n$ 阶的轮廓关系矩阵。

若假设切片轮廓有一个虚拟的外边框轮廓（编号为 0），将所有轮廓都包含于内，并将包含关系视作父子关系，则整幅断层中的轮廓便构成以假想外框为根节点，以其他轮廓为子节点，以包含关系为父子关系的一棵树。按上述定义，以编号为 0 的虚拟最大边界轮廓为起始层，层号为 0，则轮廓树的奇数层对应于物体截面的外轮廓，偶数层对应于物体截面的内轮廓。根据以上描述的实体切片轮廓关系的特点及式（3-48）所定义的轮廓关系矩阵，可得到下述轮廓树的生成规则。

规则 1：若某轮廓 i 与其他轮廓 j 的包含关系变量 $R(i,j)(i,j=1,2,\cdots,n)$ 的每一个值均不为 -1，那么该轮廓是一个独立的最外层轮廓；关系变量 $R=1$ 的个数即为该轮廓所包含的轮廓个数，$R=1$ 所对应的轮廓 j 在该轮廓的内部。

规则 2：若某轮廓 i 与其他轮廓的关系变量 $R(i,j)(i,j=1,2,\cdots,n)$ 中的某个值为 -1，那么该轮廓是一个被 j 轮廓包含的轮廓；若关系变量 $R=-1$ 的个数为奇数，则该轮廓为一孔洞边界；若关系变量 $R=-1$ 的个数为偶数，则该轮廓为某孔洞中的一个实心区域边界，也即它位于某孔洞之中；关系变量 $R=-1$ 的个数加 1 就是该轮廓环在轮廓关系树中的层数。

规则 3：若某轮廓 i 是一个被包含轮廓，且其关系变量 $R(i,j)(i,j=1,2,\cdots,n)$ 中还含有等于 1 的值，则该轮廓还含有对应更深层的轮廓，$R=1$ 的个数为轮廓 i 中包含的轮廓的个数。

按照上述规则，逐行扫描关系矩阵便可确定轮廓彼此的包含关系和被包含关系，并生成相应的轮廓树。图 3.31(a) 所示截面的轮廓环按上述的规则生成的轮廓关系矩阵如图 3.31(b) 所示，轮廓关系树如图 3.31(c) 所示。依次将轮廓树中奇数层和其下一层的连接分支进行组合，如图 3.32(a) 所示，就可以得到轮廓环的具体分组。图 3.32(a) 所示的轮廓可分为图 3.32(b) 所示的 A、B、C、D、E 五组，图 3.32(b) 中的阴影部分为内外环之间的实体区域。

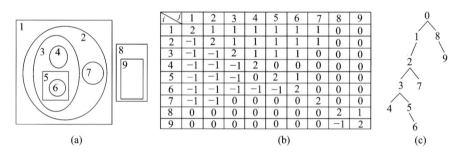

i\j	1	2	3	4	5	6	7	8	9
1	2	1	1	1	1	1	1	0	0
2	-1	2	1	1	1	1	1	0	0
3	-1	-1	2	1	1	1	0	0	0
4	-1	-1	-1	2	0	0	0	0	0
5	-1	-1	-1	0	2	1	0	0	0
6	-1	-1	-1	-1	-1	2	0	0	0
7	-1	-1	1	0	0	0	2	0	0
8	0	0	0	0	0	0	0	2	1
9	0	0	0	0	0	0	0	-1	2

(a)　　　　　　　　　　(b)　　　　　　　　　　(c)

图 3.31　轮廓关系矩阵及轮廓关系树示意图

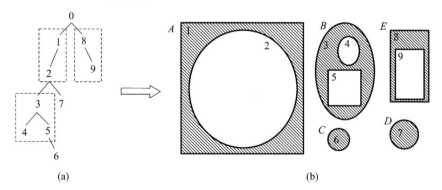

(a)　　　　　　　　　　(b)

图 3.32　利用轮廓关系树对轮廓环进行分组的示意图

将轮廓环按内外环属性及包含关系分组,实体的截面区域可以分为一系列的单连通区域,这样如果一个点在一个单连通区域的外环以内,且在所有的内环以外,则该点在切片的实体区域内,即该点在实体内。

3. 点与轮廓环包含关系的判断

点与轮廓环包含关系的判断就是一个点是否在一个平面多边形内的检测问题,这个问题是计算机图形学中的基本问题。至今,对于二维情况下点在多边形内的检测,已有了深入的研究。算法已有多种,如叉积判断法、夹角之和检验法、交点计数法等。其中叉积判断法的不足之处是要求先将多边形剖分为多个凸多边形,且难以处理待判点与多边形边界共线的情况;夹角之和检验法的缺点是需要计算所有相邻边界点与待判点的夹角,运算量较大。目前一般采用交点计数法(crossing number method),也就是通常所称的射线法,该算法基于约当曲线定律(Jordan curve theorem),通过被测试点引出任意一条射线并统计此射线穿过多边形边的次数(c_n)。如果统计的次数是偶数,则该点在多边形外,如果次数为奇数则该点在多边形内,如图 3.33 所示。其难点是对边界点及边界与射线共线等特殊情况的处理。本书采用了一种射线法的改进算法来判断点与多边形的包含关系,下面对该算法进行具体的描述。

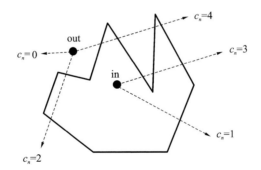

图 3.33　点与多边形包含关系判断的射线法示意图

1)平面内两直线段求交的参数化表示

如图 3.34 所示,对于一条由两端点 $P_0(x_0,y_0)$ 和 $P_1(x_1,y_1)$ 定义的直线段,其参数化方程可以表示为

$$L=P_0+r(P_1-P_0)=\{(x_0,y_0)+(r(x_1-x_0),r(y_1-y_0))|0\leqslant r\leqslant1\} \quad (3-49)$$

根据直线段的参数化表示,平面上两条线段 L 和 L' 有交点时,参数 r 和 r' 满足方程:

$$P_0+r(P_1-P_0)=P_0'+r'(P_1'-P_0') \quad (3-50)$$

用两点的坐标表示时,方程(3-50)可以变为如下方程组:

$$\begin{cases} x_0+r(x_1-x_0)=x_0'+r'(x_1'-x_0') \\ y_0+r(y_1-y_0)=y_0'+r'(y_1'-y_0') \end{cases} \quad (3-51)$$

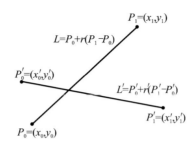

图 3.34 两直线段求交的参数化表示

如果方程组的解 r 和 r' 都位于闭区间 $[0,1]$ 内，那么两直线段有一个交点。除非两线段所在的直线平行（包括共线的情况），则方程组有唯一解。r 和 r' 的值可通过计算如下行列式得到：

$$D = \begin{vmatrix} (x_1 - x_0) & -(x'_1 - x'_0) \\ (y_1 - y_0) & -(y'_1 - y'_0) \end{vmatrix} \tag{3-52}$$

$$D_1 = \begin{vmatrix} (x'_0 - x_0) & -(x'_1 - x'_0) \\ (y'_0 - y_0) & -(y'_1 - y'_0) \end{vmatrix} \tag{3-53}$$

$$D_2 = \begin{vmatrix} (x_1 - x_0) & -(x'_0 - x_0) \\ (y_1 - y_0) & -(y'_0 - y_0) \end{vmatrix} \tag{3-54}$$

当且仅当两直线平行时 $D = 0$。若 $D \neq 0$，则 $r = \dfrac{D_1}{D}$，$r' = \dfrac{D_2}{D}$。若 D、D_1 和 D_2 都为 0，则两线段共线，这时通过比较两直线段的端点坐标可以判断出这两条线段是部分重叠或者共一个端点。在判断点与多边形的包含关系时，通过合理选择过待判点的射线可以避免射线与多边形某条边的重叠问题。

若行列式 D 不为 0，那么线段的相交性判断可以进行简化。因为不等式 $r(1-r) \geqslant 0$ 成立的条件为 $r \in [0,1]$，可得如下结论：

当且仅当不等式

$$\begin{cases} r(1-r) = \dfrac{D_1}{D}\left(1 - \dfrac{D_1}{D}\right) = \dfrac{D_1(D-D_1)}{D^2} \geqslant 0 \\ r'(1-r') = \dfrac{D_2}{D}\left(1 - \dfrac{D_2}{D}\right) = \dfrac{D_2(D-D_2)}{D^2} \geqslant 0 \end{cases} \tag{3-55}$$

成立时，两线段才相交。其中 D^2 总是大于 0，所以在 $D \neq 0$ 的条件下，两线段相交的充要条件可以表示为

$$\begin{cases} D_1(D-D_1) \geqslant 0 \\ D_2(D-D_2) \geqslant 0 \end{cases} \tag{3-56}$$

2）射线的选择

射线法判断点与多边形的包含关系的难点问题就是射线通过多边形顶点时交点的计数情况较为复杂。射线的选择就是要通过合理的方向选择使得到的射

线不通过多边形的顶点,具体的选择方法如下:

①假定 $P(x_0, y_0)$ 是要测试的是否落在多边形 $\{(x_1, y_1), (x_2, y_2), \cdots, (x_n, y_n)\}$ 内的点;

②确定非零最小值 $\{|y_0 - y_i| (i = 1, 2, \cdots, n)\}$,称之为 m_y;

③确定 $\{|x_0 - x_i| (i = 1, 2, \cdots, n)\}$ 的最大值,称之为 M_x;

④考虑从 (x_0, y_0) 发出的斜率为 $m_y/2M_x$ 的射线,如图 3.35 所示。选择这个斜率是因为此射线不通过 (x_0, y_0) 上方的任何顶点,由于 m_y 和 M_x 的选择方式,此射线不会与多边形的任何一个顶点 (x_i, y_i) 相交。

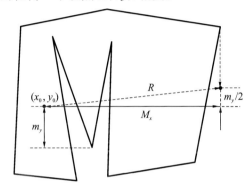

图 3.35　射线的选择

选取的射线 R 可用参数方式描述为

$$R = \{(x_0, y_0) + r(2M_x, m_y) \mid r > 0\} \tag{3-57}$$

令 $r = 1$,得到这条射线上的第二点:

$$(x', y') = (x_0 + 2M_x, y_0 + m_y) \tag{3-58}$$

3)点在多边形内的测试

根据前面的分析,点在多边形内的测试可以简化为:统计从 (x_0, y_0) 发出的经过 (x', y') 的射线 R 与定义为多边形各边界的直线段 $S_i[(x_i, y_i), (x_{i+1}, y_{i+1})]$ 的交点数(其中 $i = 1, 2, \cdots, n$),设顶点 $n+1$ 表示起始顶点。其中

$$S_i = \{(x_i, y_i) + r'(x_{i+1} - x_i, y_{i+1} - y_i) \mid 0 < r' < 1\} \tag{3-59}$$

对于射线 R 和多边形各直线段 S_i,统计交点数就是判断下面的不等式组是否成立:

$$\begin{cases} D_{i1}(D_i - D_{i1}) \geqslant 0 \\ D_{i2}(D_i - D_{i2}) \geqslant 0 \end{cases} \tag{3-60}$$

其中:

$$D_i = \begin{vmatrix} 2M_x & -(x_{i+1} - x_i) \\ m_y & -(y_{i+1} - y_i) \end{vmatrix} \tag{3-61}$$

$$D_{i1} = \begin{vmatrix} 2M_x & x_i - x_0 \\ m_y & y_i - y_0 \end{vmatrix} \tag{3-62}$$

$$D_{i2} = \begin{vmatrix} x_i - x_0 & -(x_{i+1} - x_i) \\ y_i - y_0 & -(y_{i+1} - y_i) \end{vmatrix} \tag{3-63}$$

如果不等式组成立,那么射线 R 和多边形的边 S_i 相交,交点数增 1。获得交点总数后,根据其奇偶属性即可获得被测点与多边形的包含关系。

3.2.10　程序界面和计算实例

以 VC++6.0 为开发工具,按照上述方法我们开发了 STL 模型的布尔运算程序,图 3.36 所示为程序界面。由于算法程序的实现总要经历从初步实现、逐步完善到最终形成一个合理的版本的过程,为了直观地观察算法实现中各个步骤计算的结果,便于程序的调试和算法的完善,界面提供了两个实体的移动,实体的线框模式、实体模式显示,交线环的显示,两个实体相交三角形环带的显示,两个实体相交环带剖分结果的显示,相交表面沿交线剖分结果显示,布尔运算的交并差运算的结果显示等功能按键。

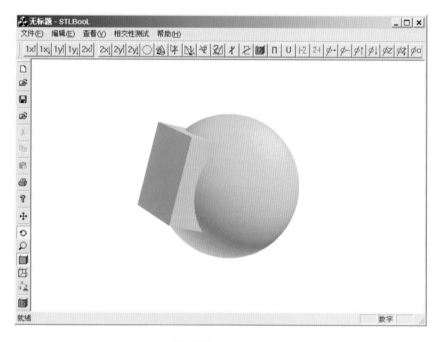

图 3.36　程序界面

图 3.37 给出了一个计算实例来描述一个球模型和一个人脸模型进行布尔运算时的不同部分和交并差布尔运算的结果。球模型包含 252 个三角形面片,人脸模型包含 32744 个三角形面片,采用面面相交性测试时进行了初步的优化操作,在低端 PC 系统(处理器:Intel Celeron 1 GHz;内存:256 MB;操作系统:Microsoft

Windows 2000）上整个计算过程耗时为 13.8 s。

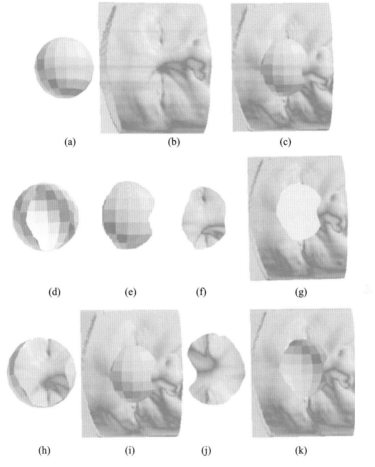

(a)　　　　　　　(b)　　　　　　　　(c)

(d)　　　　　(e)　　　　　(f)　　　　　　　(g)

(h)　　　　　(i)　　　　　(j)　　　　　　(k)

图 3.37　球模型与人脸模型的布尔运算过程实例

(a)实体 A；(b)实体 B；(c)A 与 B 相交；(d)A in B；(e)A out B；(f)B in A；
(g)B out A；(h)$A \cap B$；(i)$A \cup B$；(j)$A - B$；(k)$B - A$

3.2.11　STL 模型布尔运算的应用初探

在利用布尔运算解决 STL 模型的数据处理问题时，通常要利用一些简单的实体作为工具实体来对目标实体进行布尔操作。如利用目标实体和长方体求差集和交集来实现目标实体的平面剖分操作；利用目标实体和一个圆柱体求差集来实现目标实体的打孔操作；利用目标实体和工具实体求并集来添加加强肋板。常用的工具实体包括长方体、圆柱体、球体、多棱柱、棱锥、圆台、棱台等。可以借鉴特征造型中的拉伸、旋转等思想直接生成简单工具实体的参数化模型，然后直接将它们转换为 STL 模型。像长方体、棱柱、棱台一类的工具实体,由于表面都为平面,生成 STL 模型的过程十分简单,直接在拉伸后通过添加对角线将表面三角化即可获得对应的 STL 模型。像球体、圆柱、圆台这一类的物体,可以设定精度对表面的控制曲线进行离散,最终将它们转变为多面体,从而可以比较直接地转化为 STL 模型。至于更为复杂的工具实体,可以利用简单实体之间的布尔运算来间接生成。图 3.38 给出了一个利用布尔运算实现模型曲面剖分的实例,其中图 3.38(d)和图 3.38(e)所示的目标实体与工具实体的交集和差集分别为曲面剖分结果的上下两个部分。

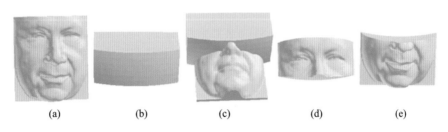

图 3.38　利用布尔运算实现曲面剖分的实例

(a)目标实体 A;(b)工具实体 B;(c)A 与 B 相交;(d)$A \bigcap B$;(e)$A-B$

3.2.12　小结

本节提出并实现了一种基于交线环探测的 STL 模型布尔运算的算法,该算法以交线环探测为目标,可以合理地避免两实体局部的单纯性点点、点线、点面、线面重合等歧义位置关系的处理,降低了位置关系判断的复杂性,提高了布尔运算的稳定性。目前,STL 模型的布尔运算已经直接应用于解决 3D 打印技术实际应用过程中的 STL 模型的阶梯剖分、曲面剖分、支撑的自动添加问题,以及进行一些简单辅助结构的生成,取得了满意的效果。在布尔运算的基本应用中,如剖切、添加工艺孔等操作中,工具实体的三角形面片数目小于 1000,该程序的运行速度基本满足实际应用需要。当参与布尔运算的两个实体的面片数目均超过 10000 时,目前在相交性测试时采用的普通的优化方式将导致布尔运算时求交时间太长而不能满足实际需要,所以必须对相交性测试的优化进行进一步的探讨,这方面的内容将在下一节中论述。

3.3　相交性测试优化方法研究

对两个实体进行相交性测试的目的是判断两个模型的空间位置是否发生干涉,即它们的交集是否为空集。初始采用的直接对两个模型的基本几何元素进行两两相交性测试(即直接进行面面或线面相交性测试)的方法复杂度为 $O(n^2)$,这个方法也被称为"完全物体对检测方法",当两个 STL 模型包含的三角形面片数量都较大时会遇到严重影响算法效率的问题。例如,当两个模型的面片数均超过10000时,需要执行超过 1 亿次三角形与三角形相交测试来确定两实体的相交位置和求取交线,按照目前普通的微机配置,一般需要 10～15 min,显然这种直接测试方式的速度是无法让人满意的。因此非常有必要利用一些优化策略或方法来快速排除明显不发生相交的三角形,找出潜在的相交区域或潜在的相交三角形对,提高算法速度,从而保证布尔运算的速度达到实用的水平。提高算法效率的关键是减少必须直接进行相交性测试的元素的数量,毕竟相交的情形只会发生在两个表面间很少的部分,所以可采取措施迅速地过滤掉两个实体中那些完全不可能相交的三角形。

本书所研究的相交性测试的优化问题与计算几何中的碰撞检测问题十分相似。碰撞检测在计算机图形学、机器人运动规划等领域中有很长的研究历史,近年来,随着虚拟现实、分布交互仿真等技术的兴起,碰撞检测再一次成为研究的热点。借鉴碰撞检测中的相关算法思想,两个 STL 模型的相交性测试的优化方法大致可分为两类:空间分解法(space decomposition)和层次包围体树法(hierarchical bounding volume tree)。这两类方法都是通过尽可能减少必须进行精确求交的物体对或基本几何元素的个数来提高算法效率的。不同的是,空间分解法采用对整个场景的层次剖分技术来实现,而层次包围体树法则是对场景中每个物体建构合理的层次结构的包围盒来实现。基于层次包围体树的相交性测试优化方法,首先同时遍历物体对的层次树,递归检测层次树节点之间是否相交,直到层次树叶子节点,进而精确检测叶子节点中所包围的物体多边形面片或基本体素之间是否相交。而基于空间分解的相交性测试优化方法是在详细检测阶段逐步对潜在的相交区域进行细分,并检测细分后的子区域内是否有物体相交,直到细分子区域中发现有不同物体的基本体素或多边形面片之间发生精确相交。下面就这两类方法的思想和具体过程进行说明。

3.3.1　空间分解法

空间分解法是将两个模型所占据的空间划分成相等体积的小的单元格,检查这些单元格内是否有物体元素存在,将不包含物体元素的单元格剔除,只对占据了同一单元格或相邻单元格的几何元素(如三角形面片)进行相交测试。应用空间分解法可以将相交三角形的搜索细化到由单元格定义的一个小的体积内,因而大大降低了计算过程的时间复杂度。

1. 单元格的划分

如果两实体相交,则两个实体的包围盒一定相交,相交的位置发生在包围盒的交集中。首先计算两个实体包围盒的交集,然后将它划分成一系列边长相等的长方体单元网格。按照网格生成的顺序搜索,将与单元格相交的三角形面片记录下来。针对某一单元格,如果两个实体都至少有一个面片与这个单元格相交,则两个表面可能在此单元格处发生相交,只要两个实体中有一个实体中没有三角形面片与这个单元格相交,则在该单元格处不会发生相交。因此,这可以作为一个检查相交发生位置的初步条件。

典型的单元格尺寸计算公式如下:

$$N_x = l_x/d_x, N_y = l_y/d_y, N_z = l_z/d_z \tag{3-64}$$

其中 l_x、l_y 和 l_z 表示包围盒三个方向的长度,如图 3.39 所示,这样单元格细分的数目 $N = N_x \times N_y \times N_z$ 取决于计算机可用物理内存的大小。采用 $C(i,j,k)$ 的方式对每一个单元格进行编号,其中 $i \in [1, N_x], j \in [1, N_y], k \in [1, N_z]$。

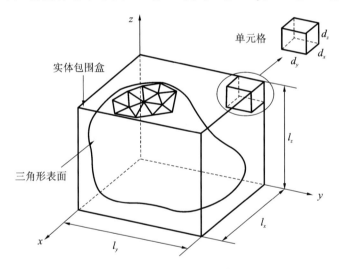

图 3.39 三角形网格表面的包围盒与单元格

2. 计算与一个三角形面片相交的单元格

一个三角形面片可能与多个背景网格的单元格相交,依次考虑每一个三角形面片,记录经过该面片的所有单元格。经过这个过程,得到了与一个三角形面片相交的所有单元格。

与一个三角形面片相交的所有单元格可以通过如下步骤得到:

(1)计算三角形面片的包围盒 B。

将三角形的顶点记为 $v_1(a_1, b_1, c_1)$、$v_2(a_2, b_2, c_2)$、$v_3(a_3, b_3, c_3)$,则包围盒两个顶点坐标 $(x_{min}, y_{min}, z_{min})$、$(x_{max}, y_{max}, z_{max})$ 由下式获得:

$$x_{\min}=\min(a_1,a_2,a_3),x_{\max}=\max(a_1,a_2,a_3)$$
$$y_{\min}=\min(b_1,b_2,b_3),y_{\max}=\max(b_1,b_2,b_3)$$
$$z_{\min}=\min(c_1,c_2,c_3),z_{\max}=\max(c_1,c_2,c_3)$$

（2）计算与一个三角形面片 T 相交的所有单元格。

设两实体包围盒的交集为 C，表示为

$$C=[X_{\min},X_{\max}]\times[Y_{\min},Y_{\max}]\times[Z_{\min},Z_{\max}] \tag{3-65}$$

如果 B 在 C 的外部，则 C 中没有单元格与三角形面片 T 相交，否则，可用下列式子计算并记录与之相交的单元格：

$$i=\left[\mathrm{Int}\left(\frac{x_{\min}-X_{\min}}{d_x}\right)+1\right]\rightarrow\left[\mathrm{Int}\left(\frac{x_{\max}-X_{\min}}{d_x}\right)+1\right] \tag{3-66}$$

$$j=\left[\mathrm{Int}\left(\frac{y_{\min}-Y_{\min}}{d_y}\right)+1\right]\rightarrow\left[\mathrm{Int}\left(\frac{y_{\max}-Y_{\min}}{d_y}\right)+1\right] \tag{3-67}$$

$$k=\left[\mathrm{Int}\left(\frac{z_{\min}-Z_{\min}}{d_z}\right)+1\right]\rightarrow\left[\mathrm{Int}\left(\frac{z_{\max}-Z_{\min}}{d_z}\right)+1\right] \tag{3-68}$$

需要说明的是，由于我们采用的是两个实体的包围盒的交集作为背景包围盒来进行单元格划分的，因此某些三角形面片的包围盒 B 可能会超出两实体包围盒的交集 C，即下标 i、j、k 会小于 0 或者大于最大值，这时我们取两个极限值，即该三角形与每一个单元格都相交。

3. 找出所有可能相交的三角形

用 S_1 和 S_2 分别表示两个 STL 模型，则搜索所有可能相交的候选三角形的步骤如下：

①对于 S_1 中的所有三角形面片，判断与每一个三角形面片 $T_k\in S_1$ 相交的单元格 C_i，在单元格 C_i 中记录与之相交的三角形面片 T_k。

②对于 S_2 中的所有三角形面片，判断与每一个三角形面片 $F_j\in S_2$ 相交的单元格 C_i，在单元格 C_i 中记录与之相交的三角形面片 F_j。

③对于每一个单元格 $C_i(i\in\{1,2,\cdots,n\})$，依次检查，如果与之相交的三角形中没有来自 S_1 中的三角形 T_k 或来自 S_2 中的三角形 F_j，则将这个单元格忽略不计。剩下的单元格就是两实体可能发生相交的区域，将剩下的单元格中所有的来自 S_1 和 S_2 的三角形保留下来作为可能相交的候选三角形。

4. 空间分解法优化实例

如图 3.40（a）所示的两个球形表面，每个表面包含 672 个三角形面片，图 3.40（b）显示了利用背景网格进行判断后留下的可能相交的候选三角形面片。图 3.40（c）和图 3.40（d）所示分别为两个表面留下的候选三角形，第一个包含 88 个三角形面片，第二个包含 152 个三角形面片，显然，可能发生相交的三角形只是原始表面的很小一部分。

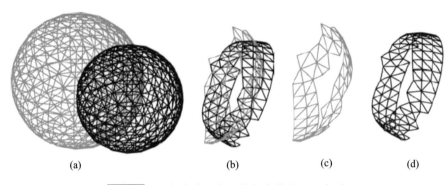

图 3.40　两相交表面中可能相交的候选三角形

3.3.2　层次包围体树法

1. 包围盒及层次包围树的概述

一个几何对象的包围盒是包含该对象的一个简单的几何体，它可以形成对该对象的一个保守的估计，从而可以近似地代替几何对象进行一些粗略的原始计算。相交性判断时，先对物体的包围盒进行检测，当包围盒相交时，其包含的几何元素（如三角形面片）才有可能相交；如果包围盒不相交则其包含的几何元素一定不相交。有这样几类包围盒：沿坐标轴的包围盒 AABB（axis-aligned bounding box）、包围球（sphere）、沿任意方向包围盒（oriented bounding box）、固定方向包围盒（fixed directions hull）和一种具有更广泛意义的 k-dop 包围盒。

一个复杂的对象是由成千上万个基本几何元素组成的，通过把它们的包围盒组织成层次结构可以逐渐逼近对象，以获得尽可能完善的几何特性，这种按层次结构组织的包围盒称为层次包围体树。层次包围体树方法是碰撞检测算法中广泛使用的一种方法，它曾经在计算机图形学的许多应用领域（如光线跟踪等）中得到深入的研究。其基本思想是用体积略大而几何特性简单的包围盒来近似地描述复杂的几何对象，进而通过构造树状层次结构来逐渐逼近对象的几何模型，直到几乎完全获得对象的几何特性。通过层次包围体树进行相交测试时，多数情况下，不相交的情况在包围盒树上层就能确定，这样就可以快速地剔除不相交的基本几何元素对，最终只需对包围盒重叠的部分进行进一步的相交测试。

对给定的 n 个基本几何元素的集合 S，定义 S 上的包围盒层次结构 BVT(S) 为一棵树，简称包围体树（bounding volume tree），它具有以下性质：

①树中的每个节点 v 对应于 S 的一个子集 S_v（$S_v \subseteq S$）；

②与每个节点 v 相关联的还有集合 S_v 的包围盒 $b(S_v)$；

③根节点对应全集 S 和 S 的包围盒 $b(S)$；

④树中的每个内部节点（非叶节点）有两个以上的子节点，内部节点的最大子

节点数称作度,记为 δ;

⑤节点 v 的所有子节点所对应的基本几何元素的子集合构成了对 v 所对应的基本几何元素的子集 S_v 的一个划分。

物体的层次包围体树可以根据其所采用包围体类型的不同来加以区分,主要包括层次包围球树、AABB 层次树、OBB 层次树、k dop 层次树、QuOSPO 层次树以及混合层次包围体树等。层次包围体树根据层次树采用的结构可以分为二叉树、三叉树、八叉树等。树的度决定了我们将要构造一棵什么样的树。在建立一个层次树时我们总是希望树的高度尽可能地小,这样在执行搜索时,可以在很少的步骤中完成从根到叶的遍历。一般来说,度越大,树的高度越小。显然,树的高度和度的大小间存在着一个权衡,度大的树比较矮,但在搜索过程中,每个节点的工作量将会增大。度小的树比较高,但搜索时每个节点的工作量较小。二叉树是最简单的树形结构,计算速度快,把一个节点分裂成两个比分成三个或更多的子集所要做的选择要少得多。从以往对一些典型位置情形进行碰撞检测的调查中,人们发现选择二叉树的综合效率是最高的,所以目前大多数碰撞检测系统均选用二叉树。

借鉴碰撞检测研究中已经取得的经验,综合考虑各种包围盒形式及树状结构的优缺点,我们选用基于 AABB 包围盒的层次结构二叉树作为相交性测试优化时两个 STL 模型的层次包围体树。沿坐标轴的包围盒 AABB 是计算机图形学领域使用最广泛的包围盒,一个给定对象的 AABB 是指包含该对象且各边平行于坐标轴的最小的六面体。给定对象的 AABB 的计算十分简单,只需分别计算组成对象的基本几何元素集合中各个元素的所有顶点的三个坐标轴方向的最大值和最小值即可。AABB 间的相交测试是所有包围盒类型中最简单、速度最快的,AABB 间的相交测试可以直接通过它在三个坐标轴上的投影区间之间的重叠测试来完成。如果两个 AABB 在任何一个坐标轴上的投影区间是不重叠的,则可判定它们不相交;只有当它们在三个坐标轴上的投影区间都重叠,它们才是相交的。因此,AABB 间的相交测试最多只需要六次比较运算。

2. AABB 层次二叉树的构建

构建物体层次包围体树既可采取自顶向下的策略,也可自底向上来进行。目前基于层次包围体树的算法多数采用自顶向下的方式来构建层次包围体树。自顶向下方法的核心是如何把一个集合划分成若干个不相交的子集。在采用自顶向下的方法构造包围盒树的过程中,首要任务是对给定节点 v 的基本几何元素的集合 S_v 进行划分,从而给每个子节点 v_i 指定基本几何元素子集。由于我们的包围盒树为二叉树,父节点的划分问题就可简化为如何把集合 S_v 划分成两个子集的问题。这里一共有 $\frac{1}{2}(2^{|s_v|}-2)$ 种不同的划分方法,无法考虑所有的划分,一种比较直观的划分是选定一个平面,根据集合中的基本几何元素相对于平面的几何

位置进行划分,这个平面称为分裂平面。利用分裂平面进行划分的合理性在于它能够尽可能地保证把相邻的基本几何元素分在一组。

一个平面可以把整个空间划分为两个半空间,一个基本几何元素或者属于平面的左半空间,或者属于平面的右半空间,或者与平面相交,跨越这两个半空间。对于前两种情况可以很自然地把它们划分到两个子集中,关键在于第三种情况的处理。我们希望按照基本几何元素的侧重点来分配,为每个基本几何元素指定其中心为其表现点,根据表现点在平面的哪一侧来分配元素,而对于表现点仍位于分裂平面上的元素,分配给所含元素较少的子集。

基于分裂平面的划分方法的关键在于分裂平面的选择,通常可由两步完成:首先确定分裂轴,即确定分裂平面的法线;其次在分裂轴上寻找分裂点以定位分裂平面。分裂轴不可能选自空间中的任意一个方向,它与包围盒类型有很大关系,构造 AABB 包围盒树时通常从三个坐标轴中选择包围盒的跨度最大的轴作为分裂平面的法线轴。当我们已选择好与分裂平面正交的轴线后,我们必须确定分裂平面的位置,即选择分裂点。我们选择所有基本几何元素(三角形面片)的中心在分裂轴上的投影的中值作为分裂点。使用中值作为分裂点,计算简单,而且可以得到两个大小相等的子集,从而最终得到一棵平衡的包围盒树。

一个物体可以用不同层次表达的包围盒来近似,结合层次表达的二叉树结构,把物体用近似包围盒一级一级地表达,使用一个大的包围盒包围住整个物体,再把物体分成两部分,用两个包围盒包围各自的部分,这样细分下去,直到每个包围盒只包含一个基本几何元素,形成一棵用层次表达的包围盒二叉树。图 3.41 给出了一个简单的二维空间中 AABB 层次二叉树的构建示例。

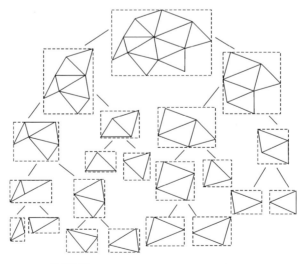

图 3.41　AABB 层次二叉树的构建示例

3. AABB 层次二叉树的遍历

假定已分别为两个 STL 模型对象 E 和 F 建立了包围盒树状层次结构（简称为包围盒树）。在包围盒树中，每个节点上的包围盒都对应于组成该对象的基本几何元素集合的一个子集，根节点为整个对象的包围盒。基于层次包围体树的相交性测试优化算法的核心就是通过有效地遍历这两棵树，以确定在当前位置下，对象 F 的某些部分是否与对象 E 的某些部分相交。这是一个双重递归遍历的过程。算法首先用对象 F 的包围盒树的根节点遍历对象 E 的包围盒树，如果到达叶节点，再用该叶节点遍历对象 F 的包围盒树。如果能到达对象 F 的叶节点，则进一步进行基本几何元素的相交测试。图 3.42 给出了一个遍历层次包围体二叉树的递归算法伪代码。

```
输入：a,b 两物体的层次包围体二叉树 BVTₐ,BVT_b。输出：布尔值。true 为相交,false 为不
相交。
bool Detect_recursive(BVTₐ,BVT_b)
{
    if(检测到 BVTₐ 与 BVT_b 两个包围体之间不相交)
    {
        返回两物体不相交的结果；
    }
    if  (  BVTₐ,BVT_b 均为叶子节点)
    {
        精确检测 BVTₐ,BVT_b 所包围的多边形面之间是否相交；
            返回精确求交检测的结果；
    }else if(BVTₐ 为叶子节点,BVT_b 为非叶子节点){
        Detect_recursive(BVTₐ,BVT_b 的左子节点)；
        Detect_recursive(BVTₐ,BVT_b 的右子节点)；
        }else if(BVTₐ 为非叶子节点,BVT_b 为叶子节点){
            Detect_recursive(BVTₐ 的左子节点,BVT_b)；
            Detect_recursive(BVTₐ 的右子节点,BVT_b)；
        }else{//BVTₐ,BVT_b 均为非叶子节点
            Detect_recursive(BVTₐ,BVT_b 的左子节点)；
            Detect_recursive(BVTₐ,BVT_b 的右子节点)；
            Detect_recursive(BVTₐ 的左子节点,BVT_b)；
            Detect_recursive(BVTₐ 的右子节点,BVT_b)；
        }
}
```

图 3.42　遍历层次包围体二叉树的递归算法伪代码

在进行相交性测试时从根节点来遍历包围盒二叉树，如果进行检测的两个物

体的包围盒的根节点不相交,那么这两个物体不相交,否则继续向下走一级,进行下一级的包围盒的碰撞检测,如果在某个节点两个包围盒不相交,那么以该节点为根节点的子树就不用再检测;当检测到叶节点时,如果叶节点包围盒相交就要进行基本的几何元素间的相交检测,否则这两个基本几何元素不相交。这样通过由粗到细的检测,即只有粗检相交时才进行下一级较细致的检测,可以提前剔除不可能相交的物体块,从而大大加快相交性测试的速度。

在预处理阶段,算法先为物体对的每个物体(a 和 b)各建构了一个层次二叉树,层次树的每个非叶子节点表示一个由 AABB 包围盒包围的三角形面片区域,每一个叶节点对应一个空间三角形面片。于是检测两物体是否相交可通过同时递归遍历它们的层次二叉树进行。令 $BV_{a,0}^0$、$BV_{b,0}^0$ 分别为 a、b 层次树的根节点,$BV_{a,1}^0$、$BV_{a,1}^1$ 和 $BV_{b,1}^0$、$BV_{b,1}^1$ 分别表示 a、b 层次树的两个叶节点。图 3.43 给出了这两棵层次二叉树相交检测时遍历过程的一个示例。

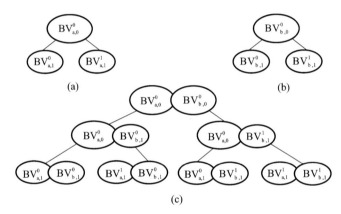

图 3.43　层次二叉树的遍历

(a)a 的层次二叉树;(b)b 的层次二叉树;(c)a 与 b 的遍历任务树

3.3.3　小结

由于参与布尔运算的 STL 模型的三角形数量往往都在几万甚至几十万以上,直接对两个模型的三角形面片两两间进行相交性测试的速度是无法让人满意的。本节提出了用空间分解法和层次包围体树法来对相交性测试进行优化,并对采用均匀单元格的空间分解法和 AABB 层次包围体树法对相交性测试进行优化的具体步骤进行了详细的说明。这两类方法都是通过快速排除明显不发生相交的三角形,找出潜在的相交区域或潜在的相交三角形对,从而减少必须直接进行相交性判断的三角形对的数目来提高算法效率。

均匀单元格的空间分解法的算法简单,实现容易,但通常只适用于三角形面片的形状大小比较均匀的两个 STL 实体对象间的相交性测试优化。在两个实体的形状尺寸大小相差较大、三角形面片尺寸差别显著时优化的效果并不十分理想。如果采用层次划分法进行空间分解,即进一步对潜在相交单元格进行细分,如八叉树、BSP 树等,可以进一步提高算法的速度。

AABB 树具有建构简单快速、内存占用少的特点,但包围盒的简单性和紧密性是一对互相矛盾的约束,AABB 是最简单的包围盒,但它的紧密性较差。所以 AABB 树由于包围较松散,会产生较多的节点,导致层次二叉树节点过多的冗余,从而会影响 AABB 树的检测效率。近年来方向包围盒 OBB(oriented bounding box)是在碰撞检测中较广泛应用的一个包围盒类型,一个给定对象的 OBB 被定义为包含该对象且相对于场景坐标轴方向任意的最小的长方体。方向包围盒由于紧密性高而在同类的层次包围盒树算法中具有更高的算法效率。在下一步的算法设计和编程实现中,我们将尝试采用 OBB 层次包围盒来进行相交性测试的优化工作,以求进一步提高 STL 模型布尔运算时相交性测试的速度。

3.4　基于递归拾取和标识计算的网格支撑生成算法

支撑已经成了 3D 打印工艺中必不可少的重要组成部分,它为零件的顺利加工、减少零件的变形提供了必要保障。然而支撑的生成算法长期以来一直是 3D 打印工艺软件的瓶颈,特别是支撑生成的速度没能得到显著提高,生成支撑需要花费大量的时间,而且还需要人工干预,不断调整适当的参数,重复生成计算支撑,导致支撑生成效率非常低下,严重影响到 3D 打印的推广应用。华中科技大学 3D 打印中心早期研发的工艺软件(PowerRP)的综合性能处于国内先进水平,不过其支撑自动生成模块的计算速度与国外最优秀的软件(如 Magics 和 SolidView)相比,仍存在许多不足,如表 3.2 所示。

表 3.2　PowerRP 与 Magics、SolidView 支撑计算时间对比表

实体名称(.stl)	三角形面片数 /个	PowerRP /s	Magics /s	SolidView /s
标准测试件	892	2.7	0.2	0.3
国际象棋	50092	27.88	7.3	15
排气管	19282	19.3	2.6	7.2
电话机壳	34312	24.3	3.7	8.1
叶轮	62292	87.8	12.4	33.5
小方缸体	89752	134.5	18.7	46.1
人体头盖骨	353444	1254.6	39.6	129.7

从表 3.2 可以看出早期研发的工艺软件(PowerRP)与国外工艺软件 Magics 和 SolidView 还有相当大的差距,在应用上也直接影响到 3D 打印工艺软件的推

广,且当实体模型非常复杂时其计算时间超长,严重时甚至无法计算成功。因此支撑工艺的生成算法必须加以优化改进,才能发挥 3D 打印的优势。

3.4.1　支撑生成的算法原理

在 3D 打印支撑自动生成算法中,使用最广泛的是基于 STL 文件格式的支撑自动生成技术。STL 格式的模型曲面由三角形面片构成,需要支撑的部位有四种情况。第一种是被支撑面与 Z 轴垂直。第二种是被支撑面与 Z 轴形成一定夹角 θ。成形工艺要求当夹角 θ 等于或小于一定的临界值 δ 时才需要加支撑。这两种支撑形式通常称为区域支撑。该类型支撑在实际中应用范围很广,算法也研究得比较成熟。第三种通常称为悬吊点,悬吊点是指那些在分层切片过程中出现的一些孤点,经过多层叠加后,孤立的点逐渐发展成孤立的实体区域。第四种通常称为悬吊线,悬吊线由一系列微观意义上的悬吊线组成。该悬吊线支撑既可以为真正几何意义上的两个邻接面的 V 形底线,也可以为大尺度范围内的两个邻接面的 U 形底面,只不过这个底面很狭窄,可以简化为一条线形支撑来处理。

只有模型表面上的三角形面片的方向矢量与 Z 轴夹角小于临界值 δ 时,才会拾取出此三角形面片,拾取出来的离散三角形面片也即需要支撑的区域,但这些三角形面片大都彼此相邻,去掉相邻三角形的重合线段合并成环,对环也同样操作将其合并成一系列单独的彼此不相交的环。合并出来的待支撑区域,也不能直接求支撑,因为在快速成形中任何加工切片都要考虑激光半径的大小,按给定的轮廓环加工尺寸时,若加工外环则会超出,若加工内环则会内缩一个光斑半径的大小。所以在加工时要消除激光半径的影响,即对轮廓环进行光斑补偿。补偿后有时会出现环的相交、自交以及无效环等现象,必须重新调整(分离)环,以避免重复扫描。

当拾取出所有待支撑区域后,用如下布点规则生成支撑射线:在每个待支撑区域的 X 和 Y 方向上以一定间距划分网格,这些 X 和 Y 方向上的等间距线称为支撑基底扫描线,这些基底扫描线的 X 向和 Y 向会有若干相交点生成;然后以这些交点为基准向 Z 轴正方向生长一直到该零件的包围框的 Z 向的最大值为止,这个生长后的线称为垂直支撑射线,如图 3.44 所示。

然后将所有的支撑射线延伸至加工平台(基平面 X-Y),若其间与实体表面相交,则在交点处截断,并取 Z 向最大交点为其下端点,不必将支撑的端点延伸至加工平台,从而适应夹层区域的支撑生成;支撑的上端点为支撑环中对应点的 Z 值。

如图 3.45 所示的简化模型,设支撑环中某一点为 A,以 A 为支撑射线起点,沿 Z 轴负方向作射线,与实体求交,得交点 B 与 C,由于点 B 可以以实体面作为支撑平台,故取交点 B 为支撑线的另一端点,得线段 AB。线段 AB 即为点 A 的支撑

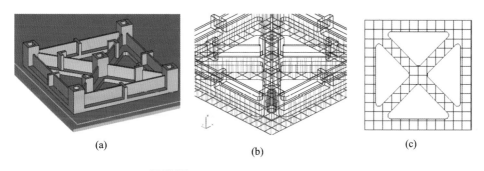

(a)　　　　　　　　　(b)　　　　　　　　　(c)

图 3.44　支撑区域内部填充支撑射线
(a)STL 模型;(b)计算支撑区域;(c)按一定步长确定支撑射线

线段。确定所有区域的支撑线段以后,按照支撑的类型参数,如支撑的嵌入深度、支撑的锯齿形状等,生成相应的支撑结构,并将支撑结构保存为相应的存储文件,便于及时加载。

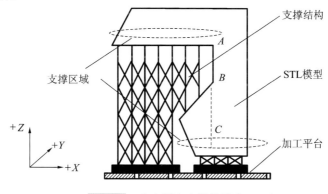

图 3.45　确定所有支撑线端点

3.4.2　支撑区域的快速递归拾取

支撑计算的第一步即是要拾取出 STL 模型的支撑区域。本书中所提到的 STL 模型是指以 STL 文件格式表示的产品模型,由于 STL 模型的面片数目成千上万,传统的拾取方法需要两次遍历模型中所有三角形面片,拾取需要很长时间,这会对工艺处理造成许多不利的影响。如一个火龙工艺品模型,由 9 万多个三角形面片组成,在添加支撑时需要近半个小时,根本无法体现 3D 打印的"快速"优势。针对这个问题,我们对 STL 模型表面区域快速拾取算法进行了研究并提出一种递归拾取算法,结果表明该算法极大地提高了拾取速度。

1. 拾取概念

在 STL 文件格式中,存放的是一个个离散的三角形面片的三顶点坐标和外法向矢量,这些三角形面片由 CAD 模型表面三角化而成,且这些三角形面片的存储顺序是无定义的(即随意的)。虽然 STL 文件是一些离散的三角形网格描述,但它的正确性依赖于内部隐含的拓扑关系。正确的数据模型必须满足如下一致性规则:

①相邻两个三角形之间只有一条公共边,即相邻三角形必须共享两个顶点;

②每一条组成三角形的边有且只有两个三角形面片与之相连。

对模型表面区域的拾取就是要在 STL 模型上拾取所有满足条件的三角形面片,这个条件可以是三角形面片的面积、形状,也可以是三角形面片与水平面的夹角等筛选因素。只要三角形面片符合指定条件,则将其从 STL 模型中识别出来,然后合并这些三角形面片,即把待合并的相邻三角形面片的公共边删除,非公共边保留并按照一定的时针方向排序,然后形成一个或多个三维轮廓。三维轮廓中以合并后的三角形面片来填充表面形成区域,这个三维区域即为所拾取的区域。同时所合并的三角形面片可认为是区域的包含属性。

在 STL 模型中,所有三角形面片的信息是离散的、各自独立的。在前述的合并过程中,每个三角形面片是通过遍历全部信息来搜索相邻三角形面片的,因此理论上对 n 个三角形面片的 STL 模型,这种搜索算法的时间复杂度为 $O(n^2)$,在实际测试中这种算法效率很低(见表 3.2),严重影响软件运行的整体性能,因此,提高拾取速度,特别是改进三角形面片的合并算法显得尤为必要。

2. 快速递归拾取

递归搜索算法是为了解决这一类问题而提出的针对性方法。要达到此目的,首先在读取 STL 模型文件时就构造好所有三角形面片的拓扑关系。具体通过如下定义表示:

$T(n)$——STL 模型中序号为 n 的三角形面片,其中 $n \in \{0,1,\cdots,N-1\}$,N 表示 STL 模型的三角形面片的总数。

$L(n,m)$——$T(n)$ 中序号为 m 的一条边,其中 $m \in \{0,1,2\}$。

$b=I(n)$——函数,用于判断 STL 模型中序号为 n 的三角形面片是否在递归中搜索过。如果 b 为真(True)则表示搜索过,反之表示没有搜索过。

$n_2=F_1(n_1,m_1)$——函数,返回与 $T(n_1)$ 相邻且与 $L(n_1,m_1)$ 共边的三角形面片的序号,其中 $n_2 \in \{0,1,\cdots,N-1\}$。如果求出的 $n_2<0$,则表示 $T(n_1)$ 中没有与 $L(n_1,m_1)$ 共边的三角形面片,这种情况通常出现在 $T(n_1)$ 的旁边是裂缝或者漏洞时。

$m_2=F_2(n_1,m_1,n_2)$——函数,返回 $T(n_2)$ 中一条边的序号,并且 $L(n_1,m_1)=L(n_2,m_2)$,即这条边与 $L(n_1,m_1)$ 共边。

具体过程如下:先找到一个满足条件的种子三角形面片,这个种子三角形面片可看作源三角形面片,然后通过其三条边索引到相邻的三个三角形面片;把这三个三角形面片看作目的三角形面片,判断这些目的三角形面片是否被搜索过且满足拾取条件;如果满足条件则把这些目的三角形面片转换为源三角形面片,再通过其边索引相邻的目的三角形面片,如果不满足条件,则退回到源三角形面片进行剩余边的索引。以此递归,直到所有的三角形面片被搜索完毕为止。这里的核心思想即通过一个满足条件的三角形面片立刻找出一片符合条件的区域来,直到形成一个有边界的封闭区域。上述思想可通过图 3.46 所示的流程图来表示。

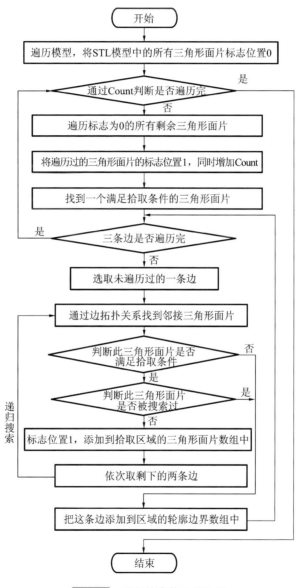

图 3.46　递归搜索算法流程图

在上述流程中,三角形面片通过其附属的标志来判断是否被搜索过,如果标志为 0 则表示未被搜索过,若为 1 则表示已被搜索过。另外,每遍历或者搜索到一个三角形面片则把搜索数目 Count 增加 1,然后通过 Count 来判断是否遍历完所有三角形面片并结束该算法。

具体拾取过程通过图 3.47 和图 3.48 描述如下。

①搜索出第一个满足三角形面片法矢与 Z 轴夹角小于 30°条件的 $T(1)$,先以 $T(1)$进行递归搜索;

②通过函数 $F_1(1,0)$ 找到 $T(2)$,$T(2)$ 满足上述条件且 $I(2)=$ False,再以 $T(2)$ 进行递归搜索;

③通过函数 $F_2(1,0,2)$ 求出 $T(2)$ 中边的序号为 0;

④索引 $T(2)$ 剩余的两条边 $L(2,1)$ 和 $L(2,2)$;

⑤通过函数 $F_1(2,1)$ 求出值为 3,但是 $T(3)$ 不满足条件,不进行递归搜索;

图 3.47　火龙 STL 模型(褶皱型)

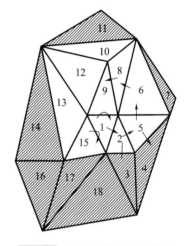

图 3.48　递归搜索过程示意图

⑥通过函数 $F_1(2,2)$ 求出值为 5,此时 $T(5)$ 满足条件且 $I(5)=$ False,则以 $T(5)$ 进行递归搜索;

……

在进行到 $T(15)$ 为源三角形面片时,通过 $F_1(15,2)$ 求出值为 1,因为 $I(1)=$ True,则返回到 $T(15)$。同理,当通过 $F_1(1,2)$ 求出 $T(9)$ 时,因为 $I(9)=$ True,则返回到 $T(1)$。通过以上原理找出区域的所有轮廓边界后,再通过边界的首尾点坐标来串联成一个首尾相连的边界。

运用递归搜索算法可以在区域拾取的过程中通过拓扑关系自动识别出裂缝。具体思路为:在 STL 模型的拓扑关系构造时如果不满足一致性规则,则在求解 $n_2=F_1(n_1,m_1)$ 的值时 $n_2<0$,可判断出 $L(n_1,m_1)$ 是一条裂缝邻边(即与此边相邻的是一条裂缝),把 n_1、m_1 值存储到拾取区域的属性中以便后续利用。

3. 递归拾取的应用

本算法通过 3D 打印工艺支撑的生成进行实例分析,在工艺支撑生成时,需要根据 STL 模型的三角形面片法矢来筛选。通常以法矢与加工坐标系的 Z 轴夹角来判断,如果夹角小于一定角度(通常为 30°),则拾取出此三角形面片,否则不予拾取。

STL 模型千差万别,此处我们简单地将所有 STL 模型以其表面平滑程度做了一个划分:褶皱型,即表面凸凹不均、沟壑交错、曲率变化急促,拾取后区域数目多但每个区域的二维投影面积小,图 3.49 所示模型属于此类;平滑型,即表面光顺、曲率变化缓慢,拾取后区域数目少但每个区域的二维投影面积大,图 3.50 所示模型属于此类;过渡型,即处于褶皱型和平滑型中间的一类模型,图 3.51 所示模型属于此类型。

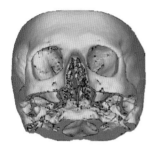

图 3.49　头盖骨模型(褶皱型)　　图 3.50　电话机模型(平滑型)　　图 3.51　发动机缸体(过渡型)

在计算工艺支撑时,各种参数(包括三角形面片数目、传统的拾取算法耗时、快速递归拾取算法耗时)如表 3.3 所示。

表 3.3　STL 模型添加工艺支撑时区域拾取数据

STL 模型	类型	三角形面片数/个	拾取后区域数/个	传统计算时间/s	递归计算时间/s
火龙	褶皱型	89424	200	10.3	0.06
头盖骨	褶皱型	353444	2506	55.6	0.53
电话机	平滑型	20094	21	2.2	0.03
测试件	平滑型	892	1	0.1	<0.01
发动机缸体	过渡型	47700	97	4.9	0.05
发动机排气管道	过渡型	19282	116	2.2	0.02

依据表 3.3 得出三角形面片数与计算耗时的变化曲线,如图 3.52 所示。结果表明,传统算法的耗时呈曲线增长,而递归拾取的计算时间呈线性增长,且均为 1 s 以内,这是 3D 打印工艺支撑操作可以接受的。

基于递归搜索三角形面片的拾取算法,充分利用了 STL 模型的表面拓扑信息和裂缝信息,高效地实现了 STL 模型的表面区域拾取操作,且容易识别裂缝等非正常特征,保证了 RP 的快速性和正确性。该算法已应用在本实验室开发成功的

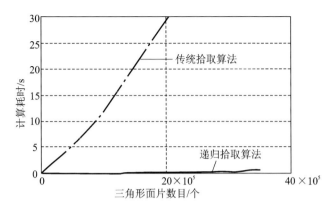

图 3.52　两种拾取算法耗时对比图

HRP 系列的光固化和粉末烧结等成形系统上,使用稳定可靠,对几乎所有 STL 文件都能在极短时间内根据条件拾取表面区域。长期的应用实践表明:运用该算法的计算速度比没有采用递归拾取算法时平均提高了 100 倍。

3.4.3　支撑线段的标识计算

如前所述,在拾取出所有待支撑区域后,下一步即为根据布点规则确定支撑射线,然后计算支撑射线与 STL 模型的相交点,计算出所有的支撑线段。因此支撑线段的计算优化对于支撑算法也是非常重要的一部分,必须加以优化,提高这一环节的速度。

1. 传统的支撑线段计算方法

传统的支撑线段计算方法是以每条支撑射线遍历待生成支撑的支撑区域中的所有三角形面片,然后找到与此垂直支撑射线相交的法矢向下的三角形面片。再遍历所有法矢向上的三角形面片,来计算与该支撑射线的交点。此时,可能有多个三角形面片与此支撑射线相交,也可能一个三角形面片也没有。如果有多个三角形面片相交,则根据最短法则取其中最高处的一个三角形面片,所谓最高处即这些三角形面片与支撑射线的交点的 Z 值最大。待取出最高处的三角形面片后,以此三角形面片的交点为底点,然后以此支撑射线与前述取得的支撑区域的相交三角形面片的交点为顶点,组成一条垂直的支撑线段,该支撑线段也即所需要计算的支撑线段。如果没有法矢向上的三角形面片与支撑射线相交,那么则以该垂直支撑射线与加工平台或基底平台的交点为底点,具体计算方法为取垂直支撑射线的水平坐标与加工平台或基底平台的垂直坐标构成一个三维点,即底点,然后同样以此支撑射线与前述取得的支撑区域的相交三角形面片的交点为顶点组成垂直的支撑线段。

使用这种计算方法由于每一条支撑射线都要与 STL 模型中的所有三角形面

片求交,一般耗时较长,通常一个有 10 万个三角形面片的零件平均耗时在 10 min
以上。可设实体包含 m 个三角形面片,在待支撑区域中含有 n 条支撑射线,则可
以用支撑射线与三角形求交的次数作为评估依据,其时间复杂度为 $O(nm)$。从而
可知,整个支撑自动生成算法的时间复杂度也为 $O(nm)$,其效率较低。由此可见,
最影响支撑自动生成速度的瓶颈因素表现在求出支撑端点的计算步骤上。传统
的支撑线段计算方法是基于分层求交的思想对每条支撑射线与待添加支撑的实
体模型求交,但是效率也相当低下。因此为提高支撑整体计算速度,我们提出了
一种新的支撑生成技术,其原理与网格分割法相似,经实践证明可取得良好效果。

2. 优化后的支撑线段计算方法

针对前述的支撑线段计算复杂、效率低的问题,本书研究了支撑射线的标识
计算算法。其原理为:首先以加工平台所在的 X-Y 平面作为投影平面,再以实体
模型的最小三维包围框向投影平面投影,在投影平面上得到一个矩形。按照某一
步长将投影矩形沿 X 和 Y 向分别离散,形成网格。将实体模型的待支撑区域中所
有三角形面片向投影矩形投影,计算每个投影三角形所占据的网格编号,同时也
在每个网格中记录投影三角形位于或包含于此网格上的三角形在实体模型中的
编号。另外,求出每个支撑射线在投影矩形中所在的网格编号,则在求支撑线段
时,可以直接通过查询该网格中所包含的所有待支撑三角形面片,并与这些三角
形面片求交,从而避免了与大量明显不相交三角形面片求交的情况,可极大地提
高计算速度。

首先确定实体模型与加工平面平行的最小包围框,并作其在加工平面的投影
得到矩形 R,按照一定步长分别沿 X 和 Y 方向将矩形 R 网格化离散,使用一个二
维数组标识三角形面片的编号。实体模型的待支撑区域中的两个三角形面片
$\triangle ABC$ 与 $\triangle EFG$,其编号分别为 m 和 n。过点 D 沿 $-Z$ 方向的支撑射线作其在 R
上的投影,则可得到投影 $\triangle A'B'C'$、$\triangle E'F'G'$ 和点 D',如图 3.53 中的阴影部分所
示,从而得到每个网格单元标识的三角形面片集合。其中点与矩形的包含关系可
以通过有关文献快速计算。根据图中支撑射线投影所在网格单元为横向第 5 格、
纵向第 4 格,该网格单元标识的面片的编号为 m,为确定该支撑射线的另一端点,
可以将支撑射线与编号为 m 的三角形面片 $\triangle ABC$ 求交,而不必与 $\triangle EFG$ 求交,从
而避免与大量无关三角形面片求交点,提高支撑生成的效率。

标识算法的核心思想表现在通过将待支撑区域在加工平面上投影,并在每个
网格内标识待支撑区域中每个三角形面片的编号,减少支撑射线与三角形面片求
交的次数,达到提高支撑生成速度的目的。该算法的关键为三角形面片的标识,
确定面片投影所在的网格。实体模型的待支撑区域均是以三角形面片的形式表
现的,故三角形的标识将成为算法的核心。

三角形的标识与图形学中的区域填充非常相似,只是标识法划分的离散步长
并非以一个像素为单位,而是根据模型尺寸确定。三角形的标识与图形学区域填

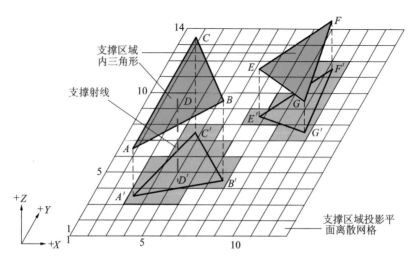

图 3.53　标识算法计算支撑线段的原理图

充的共性均表现在需要对多边形(三角形)区域内部进行标识,此处,不需要对其内部进行颜色的填充。以下将以三角形区域为例来说明该算法。该标识计算算法称为边标识算法。边标识算法分为以下两步。

第一步:对三角形的每条边进行直线扫描转换,即对三角形的边界所经过的网格打上标识。

第二步:内部区域标识。对每条与三角形相交的扫描线,依从左到右的顺序,逐个访问该扫描线上的网格。使用一个布尔量 B 来指示当前网格的状态,若网格在三角形内则 B 为真,若网格在三角形外则 B 为假。B 的初始值为假,如图3.54所示。

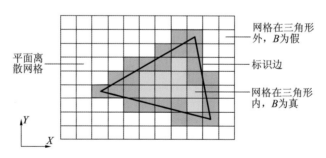

图 3.54　三角形的离散标识原理

待被支撑轮廓的三角形全部被标识以后,计算支撑射线与标识后三角形所在平面的交点,即以每个三角形所包含的支撑射线与该三角形求交计算,求得唯一一个交点,得出支撑射线的 Z 值,取支撑射线的 X 和 Y 值,即得到支撑射线的上交点。再以每条射线与该被支撑轮廓的所有辅助三角形面片求交,求得一系列的交点,取出 Z 值最大的交点即得到支撑线的下交点。若该支撑轮廓没有辅助三角形面片,则此射线的起点即为支撑线的下交点。这样依次对每条射线求一条支撑线,即得到网格化的内部支撑线段填充。布点支撑线段须用下述算法与实体三角形面片求交,求出支撑线,这些支撑线才能最终构成支撑结构。

　　求支撑射线与实体三角形面片的交点时,用叉积判断法判断布点射线的二维投影点是否在三角形面片的二维投影三角形内;再以点与直线段的求交运算来判断投影点是否在投影三角形的某条边上。如果投影点在投影三角形内或其某条边上,则用直线段与平面求交运算求布点射线与三角形面片的交点。具体如图3.55所示。

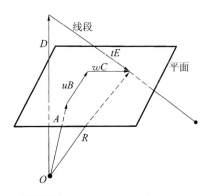

图 3.55　直线段与平面求交运算

　　三角形面片上的点表示为

$$P(u,w)=A+uB+wC \tag{3-69}$$

　　布点射线上的点表示为

$$Q(t)=D+tE$$

　　两者的交点记为 R,则

$$R=P(u,w)=Q(t)$$

解得

$$t=\frac{(B\times C)\cdot A-(B\times C)\cdot D}{(B\times C)\cdot E} \tag{3-70}$$

将 t 代入 $R=D+tE$ 即得交点。

3. 支撑线段计算性能的对比与分析

　　在实现基于标识计算的支撑线段计算后,我们进行了多个零件的工艺支撑计算测试。在测试中,采用前述递归拾取中的所有 STL 模型同步对比,其离散步长为1 mm,支撑射线的布点步长为 2 mm。在计算工艺支撑后,各种数据(包括三角形面片数目、传统的两次遍历计算耗时、标识计算算法耗时)如表 3.4 所示。

表 3.4　支撑线段计算优化前后对比数据

STL 模型	类型	三角形面片数/个	支撑射线数/条	两次遍历计算时间/s	标识计算时间/s
火龙	褶皱型	89424	1045	44.5	2.7
头盖骨	褶皱型	353444	5368	556.8	5.56
电话机	平滑型	20094	478	13.5	0.9
测试件	平滑型	892	120	7.8	<0.1
发动机缸体	过渡型	47700	540	25.3	1.89
发动机排气管道	过渡型	19282	268	9.2	1.3

依据表 3.4 得出支撑射线数与支撑线段计算耗时的变化曲线,如图 3.56 所示。结果表明,传统的两次遍历计算的耗时呈曲线增长,而标识计算的耗时呈线性增长。

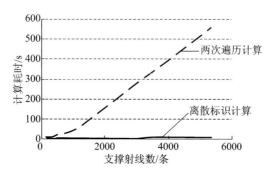

图 3.56 两种支撑线段计算耗时对比图

基于标识的支撑线段计算算法,能够在极短时间内计算出所有支撑线段。相比于传统两层遍历算法,速度平均提高 50 倍。对支撑线段计算性能进行分析如下:假设实体模型中包含的三角形面片个数为 n,而在同一个网格中所标识的三角形面片个数为 n',实体模型需要添加的支撑射线为 m 条,在实际中,每个网格标识的三角形面片数 n' 平均为 $1\sim5$ 个。因此,支撑射线与三角形面片求交的数目也将急剧下降。以支撑射线与三角形面片求交的次数作为衡量算法性能的依据,标识后,其求交的时间复杂度为 $O(mn')$,显然当 $n'\ll n$ 时,有 $O(mn')\ll O(mn)$。因此,从算法的时间复杂度角度分析,优化后的方法在多数情况下更优越。

3.4.4 网格支撑的生成

1. 网格支撑的提出

待支撑区域被拾取和所有支撑线段被计算出后,需要生成一定的支撑结构来辅助零件的加工。网格支撑是生成很多大的垂直平面,它们是由网格状的 X、Y 向的线段向实体上生长而形成的三维状垂直平面,这些 X、Y 向线段按一定间距交错生成。网格支撑的边界是由分离出来的轮廓边界进行轮廓收缩即光斑补偿得来的。支撑与实体零件以锯齿状接触,可以分别设置锯齿高度、锯齿宽度和锯齿间隔。

网格支撑的生成算法简单,对激光器硬件的要求不高,可用于低成本不采用激光器作为光敏树脂的诱发光源,而是以紫外光作为光敏树脂的诱发光源的设备。由于在紫外光光固化设备中没有激光束,而是以面光源来照射树脂表面,因此在支撑设计时以网格支撑来实现支撑功能。

2. 网格支撑的结构设计

网格支撑的结构如图 3.57 所示。

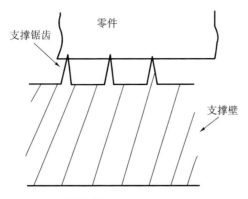

图 3.57　网格支撑结构

在网格支撑中支撑与实体以锯齿状接触，如图 3.58 所示，锯齿的顶点与锯齿的凹陷边之间的高度即为锯齿高度。增加锯齿高度有助于固化时树脂的流动，并能减少边缘固化的影响。

图 3.58　网格支撑锯齿状结构

与实体接触的锯齿上的三角部分的底边长度即为支撑锯齿宽度。减少锯齿宽度会使锯齿的三角部分变得细长，易于去除支撑。不过如果宽度太小则块状部分与锯齿部分过渡急促，容易被刮板刮走锯齿部分。

因为网格支撑的锯齿与实体的接触部分都为点接触，那么由于刮板的运动，在加工实体第一层时会因为与支撑的连接不是很紧密而使锯齿被刮走，从而造成加工失败。所以设计一个嵌入的深度，使网格支撑锯齿的三角部分的顶点嵌入实体一个设定值，让锯齿与实体形成线接触从而有利于加工，如图 3.59 所示。

在对零件生成网格支撑时会分离出一系列的独立的待支撑区域，每个待支撑区域外边界是以区域边界为基础向上生长而形成的，而以网格化划分每个独立的区域，再以这些等间距的边界为基础向上生长形成内部支撑。所以需要设定网格的横向、纵向间隔。如果间隔过大则实体中间的部分容易塌陷；

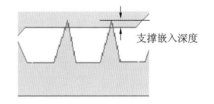

图 3.59　网格支撑嵌入结构

如果间隔过小则支撑分布稠密，不利于树脂流动也不容易去除支撑。网格的间隔一般与锯齿间隔值相同，如图 3.60 所示。

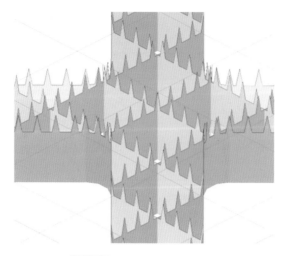

图 3.60　网格支撑立体结构

3. 网格支撑的逐层扫描

　　根据网格支撑的结构设计,在扫描每一层的网格支撑时,该层所在的切平面与网格支撑的所有支撑面是垂直关系,两平面的相交结果为一系列的直线段,这些直线段在其中一层的切平面上的形状如图 3.61 所示,内部为 X、Y 方向的填充,外部为支撑区域的投影轮廓。

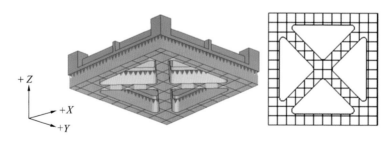

图 3.61　网格支撑向 X-Y 平面投影

　　在实际的网格支撑生成时,由于网格支撑是以底平面为基础垂直向上生长形成的,那么如果支撑面或支撑线与实体的垂直侧面相距太近,则实体的边缘固化影响可能使支撑与这些侧面黏在一起,从而影响加工精度,并使支撑去除困难。为避免此种情况,需要设定支撑的边界与独立的待支撑区域的边界的距离,同样,在加工轮廓环的时候也有一个边界距离,即光斑补偿,如图 3.62 所示。

　　以上网格支撑主要根据拾取后的支撑区域来分类,在实际的零件支撑生成中,还有很重要的一块,即线支撑和点支撑。该支撑类型不是基于支撑区域而生成的,而是通过零件的几何特征及悬吊特征而拾取的。对于这种支撑类型,我们进行过研究,并在 3D 打印工艺中有所应用,具体请参考相关文献。

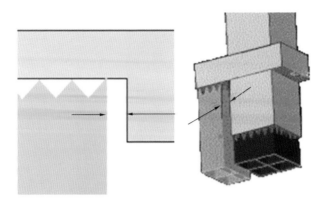

图 3.62　网格支撑的边界光斑补偿

4. 网格支撑的软件实现

网格支撑的结构设计和算法在本实验室开发的 3D 打印工艺规划软件(Power RP)中得到实现。提取参数及支撑结构参数如图 3.63 所示。

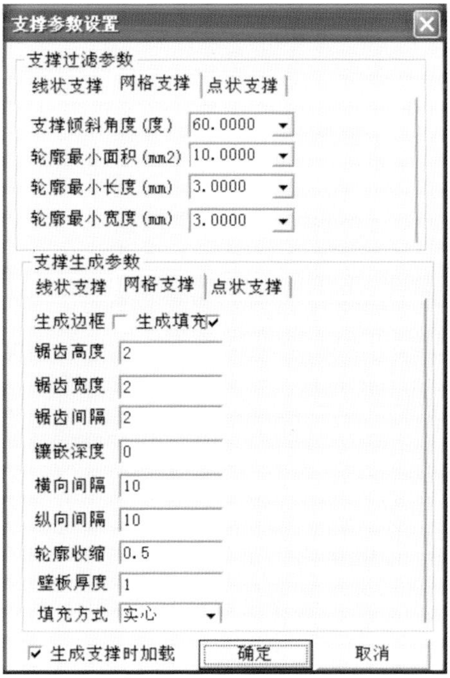

图 3.63　网格支撑参数界面

在 3D 打印工艺规划软件中导入 STL 模型，根据图 3.63 所示参数界面设置好工艺参数后，自动生成的网格支撑如图 3.64 所示。

对图 3.64 中左边的电话机模型的网格支撑多个部位的局部放大如图 3.65 所示。

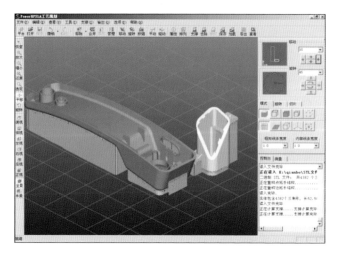

图 3.64　网格支撑生成界面

图 3.65　网格支撑局部细节

3.4.5　支撑工艺实验分析与对比

利用 VC＋＋开发平台开发了支撑自动生成程序,为了验证支撑生成的效率和支撑结构的正确性,选取几种典型模型零件进行支撑生成并导入本实验室开发的 HRP 系列 3D 打印系统上进行加工。从零件的三角形面片个数、支撑生成后的支撑区域个数、优化前和优化后的计算速度等方面进行实验和分析。

1. 支撑工艺实验与分析

测试样例 1:图 3.66 所示的火龙模型,其中图(a)所示为程序对模型计算的支撑,图(b)所示为实际加工出的零件。模型尺寸为 106 mm×82 mm×100 mm,三角形面片数目为 89424 个。选取支撑生成条件:线支撑的最大倾斜角度为 45°,块支撑的倾斜角度为 60°,待支撑区域最小面积为 10 mm²,最小长度为 3 mm,最小宽度为 3 mm。生成后支撑区域的个数是 88 个,是多支撑区域小面积类型的典型零件。根据前述算法分析这种零件,预计速度可以提高很多倍,实际计算结果也是如此:采用优化后支撑算法的计算时间为 5.62 s,没有采用优化后支撑算法的计算时间为 57.3 s,速度提高了约 9 倍。在支撑区域很多的情况下,如果采用传统算法,对每个支撑区域计算其中的支撑线时都需要对零件模型的所有三角形面片进行一次遍历计算;而采用本书的算法时,不管有多少个支撑区域,每个支撑区域只会遍历与自身相关的三角形面片且只会遍历一次。

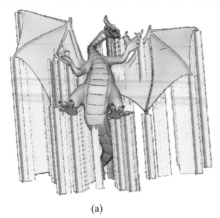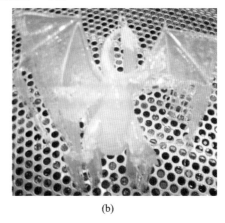

(a)　　　　　　　　　　　　　　　　(b)

图 3.66　火龙模型支撑自动生成实例

(a)火龙模型的支撑;(b)实际加工的零件

　　测试样例 2:图 3.67 所示的复杂焊接面罩模型,其中图(a)所示为程序对模型计算的支撑,图(b)所示为实际加工出的零件。模型尺寸为 81 mm×88 mm×132 mm,三角形面片数目为 48294 个。选取支撑生成条件:支撑的最大倾斜角度为 60°,待支撑区域最小面积为 10 mm^2,最小长度为 3 mm,最小宽度为 3 mm。生成后支撑区域的个数是 22 个,具有支撑区域数目少但每个支撑区域面积又很大的特征。根据前述算法分析这种零件,预计速度的提高程度有限,实际计算结果也是如此:采用优化后支撑算法的计算时间为 8.9 s,没有采用优化后支撑算法的计算时间为 27.5 s,速度只是提高了约 2 倍。这是因为对于大面积区域,通过离散标识剔除不相关的支撑及三角形面片计算所节省的时间与离散标识所额外消耗的时间相比基本接近,导致采用该优化算法本身并没有节省多少时间但又额外消耗一部分时间,总体上时间并没有缩短多少。该特征的零件支撑算法的计算效率有待进一步优化。

(a)　　　　　　　　　　　　　　(b)

图 3.67　复杂焊接面罩支撑自动生成实例

(a)复杂焊接面罩模型支撑;(b)实际加工的零件

测试样例 3:图 3.68 所示的两个单独火龙翅膀的加工模型,其中图(a)所示为程序对模型计算的支撑,图(b)所示为实际加工出的零件。模型尺寸为 148 mm×90 mm×60 mm,三角形面片数目为 19420 个。选取支撑生成条件:支撑的最大倾斜角度为 $60°$,待支撑区域最小面积为 10 mm^2,最小长度为 3 mm,最小宽度为 3 mm。生成后支撑区域的个数是 42 个,具有支撑区域数目少每个支撑区域面积也很小的特征,在支撑生成后,最大的支撑区域面积为 22 mm^2,最小的支撑区域面积为 11 mm^2。对于这种特征的零件,支撑生成的速度也会有很大的提高,采用优化后支撑算法的计算时间为 3.6 s,没有采用优化后支撑算法的计算时间为 21.5 s,速度提高了约 5 倍。这种零件的计算效率的提高原因与测试样例 1 具有一定的相似性。

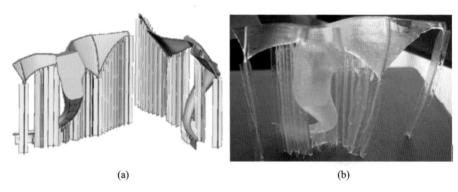

(a)   (b)

图 3.68 两个单独火龙翅膀支撑自动生成实例

(a)两个单独火龙翅膀模型支撑;(b)实际加工的零件

从以上的三个零件支撑生成样例效果分析可知,该快速生成支撑算法在实际应用中,不仅对于具有大量三角形面片复杂局部细节的零件可以大大提高效率,对于少量三角形面片形貌特征简单的零件也可以提高效率,而且对多特征类型的复杂零件也能够提高效率并能顺利加工出零件,具有很强的实用性。

2. 支撑生成性能对比

我们根据递归拾取与标识计算算法的思想,并在程序中实现,对许多模型进行了测试,取得了良好效果,详细测试数据参见表 3.5。

表 3.5   支撑生成算法优化前后计算时间对比

实体名称 (.stl)	三角形面片数 /个	优化前 PowerRP/s	优化后 PowerRP/s	Magics /s	SolidView /s
标准测试件	892	2.7	1.5	0.2	0.3
国际象棋	50092	27.88	8.2	7.3	15
排气管	19282	19.3	5.6	2.6	7.2
电话机壳	34312	24.3	4.9	3.7	8.1

续表

实体名称 (.stl)	三角形面片数 /个	优化前 PowerRP/s	优化后 PowerRP/s	Magics /s	SolidView /s
叶轮	62292	87.8	5.3	12.4	33.5
小方缸体	89752	134.5	7.2	18.7	46.1
龙	89424	157.3	7.5	26.2	72.2
人体头盖骨	353444	1254.6	9.4	39.6	129.7

从表 3.5 中的数据可以看出，在支撑自动生成的速度上，优化后的算法明显较优化前快。当 STL 文件的三角形面片总数较少的时候，优化后的算法比优化前的速度略快，因为支撑生成能够在很短时间内完成，从而该方案的优势并不是特别明显。但是在复杂图形中，三角形面片数目巨大时，优化前的算法将会非常消耗时间，难以在 3D 打印应用软件中推广使用。通过递归拾取和标识计算算法优化以后，支撑生成的速度显著提高，在有些复杂模型中，优化后 PowerRP 的计算速度较 Magics 快 5 余倍。当三角形面片数目达到一定数量，优化后 PowerRP 的支撑计算速度并没有显著增加，而是呈缓慢的增加趋势，这可能是由于在计算支撑过程中主要耗时不在于具体的计算部分而在于支撑线与三角形的搜索上，而三角形的搜索则耗时相对更少。因此，通过此方法优化后的支撑模块完全可以满足实际工程的需求。

3.4.6　小结

本节针对 3D 打印中支撑计算效率低的问题，分析了支撑工艺的应用特点，并通过构建 STL 模型的三角形面片和边的拓扑关系，提出了一种快速递归的区域拾取算法，并应用在支撑的生成算法中。

随后，我们针对支撑生成时支撑线与 STL 模型的求交计算复杂的情况，对传统的通过每一条支撑线来遍历所有三角形面片的求交算法进行了优化，优化后提高了算法的效率。

随后我们进一步提出了网格支撑的生成算法，设计出网格支撑的结构特征，然后在本实验室开发的 PowerRP 工艺规划软件中得到实现。对大部分 STL 文件，该算法都能在 1 min 以内计算出实体模型的支撑，相比以前的算法，该算法的计算速度平均提高了接近 50 倍，对于某些复杂零件（三角形面片超过 10^4 个）比 Magics 平均提高了 5 倍。

在 3D 打印中，支撑工艺是必不可少的。本节所提出的支撑算法已经成功在实验室开发的 PowerRP 工艺规划软件中得到实现，使用稳定可靠，前期主要应用在 3D 打印中，后期将以此为基础应用在激光选区烧结工艺中。

3.5　3D 打印振镜扫描系统的数据处理

在实际的应用中发现,3D 打印中扫描系统数据处理的快慢、优劣也在一定程度上影响了 3D 打印的加工效率以及加工后零件的成形质量。特别是采用螺旋扫描方式对 STL 模型生成的扫描路径,其长度和方向随着零件每层切片的形状不同而不同。对于复杂曲面特征零件,生成的扫描路径基本都为不规则曲线,扫描路径的控制点很多,数据量很大,在加工过程中,扫描系统要处理很长时间,不能体现 3D 打印的快速意义。因此,本节对扫描系统数据处理部分现存的问题进行了一定程度的研究,取得了一定的成果。

在 3D 打印中,扫描系统是一个必需的部分,振镜式扫描系统由于高速高精的特性普遍应用于 3D 打印设备中。一般的机械式扫描系统采用丝杠的传动来带动扫描头在二维平面上来回运动而完成扫描,由于是机械式的,所以扫描系统的惯性大,扫描响应速度比较慢。而振镜式扫描系统采用高速往复伺服电动机带动 X 与 Y 两片微小反射镜片协调偏转反射激光束来达到光斑在整个平面上扫描的目的。

目前最常见的振镜式扫描系统由激光器、振镜系统、扫描控制系统组成,其中激光器按照使用光源的不同可分为:CO_2 激光器、YAG 激光器、光纤激光器、半导体泵浦固体激光器等类型。振镜系统的原理:在数字电信号的控制下,系统内部的两片镜片各自按照给定数据旋转以使入射激光反射到 X-Y 平面上,两片镜片分别控制 X 方向和 Y 方向的激光运动轨迹。扫描系统数据处理的任务是完成用户交互、图形图像的计算、I/O 分配、运动部件的控制指令计算等工作,该部分是扫描系统的关键,数据处理系统实现的优劣关系到整个扫描系统的运行效率和质量。在 3D 打印中,每一层的扫描精度和成形效果关系到整个成形后零件的精度。

对于振镜式扫描系统,本书主要从以下几个方面来优化扫描数据,解决扫描系统中的数据处理关键问题:

①扫描图形的空行程连接过渡优化;

②基于 F-Theta 物镜的二维振镜几何校正算法;

③激光扫描延迟处理;

④基于双线程的扫描数据传输处理。

3.5.1　基于切弧过渡的连接优化

激光标刻中,在加工设定的标刻图案时,激光束标刻行程之间以空行程连接,空行程即两条标刻路径之间关闭激光的那段路径。由于空行程时激光器是关闭的,因此使用任何方式运行空行程都是可行的。但空行程的行走会直接影响到实际标刻图案的效果,对空行程与刻行程的连接优化是提高实际图形标刻后图形质量的非常必要的步骤。传统的空行程以前后相邻刻行程端点的直线连接过渡,但由于控制激光束行径的振镜偏转镜片具有一定的转动惯量,这种过渡形式在高速标刻时会产生末段过冲和起始段侧移现象,特别是在标刻精细图案时比较明显。

在没有对空行程进行连接优化前,考虑到空行程不直接影响标刻效果,传统空行程采用前一条刻行程的终点直接与后一条空行程的起点直线连接来过渡,如图 3.69(a)所示。但是振镜镜片系统的偏转镜片运行接近其最大加速度和最大速度的临界状态,加速度非常大。虽然空行程直线连接最短,空行程扫描所需时间能够减少,节约每一次的标刻时间,但是这样控制激光轨迹,在实际振镜镜片摆动中由于振镜转动惯量的影响其激光运行轨迹会与预设轨迹有所偏差。这种情况下以临界加速度来行走空行程会导致标刻路径的起点和终点处出现指向空行程方向的偏离,因此采用让空行程在起点和终点处不再走直线,而是走一条起始方向和结束方向与对应实际标刻路径相切的曲线的方法来解决。这样同时能够保证振镜系统的偏转镜片运行接近其最大加速度和最大速度的临界状态并顺利过渡到刻行程,如图 3.69(b)所示。在标刻路径的插补计算上,采用速度规划的概念来整体性地提高标刻效率和标刻性能。

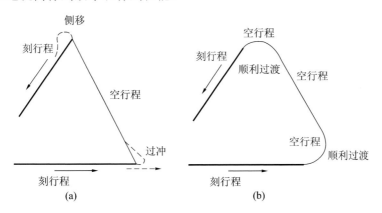

图 3.69　以与实际标刻路径相切的曲线过渡空行程

(a)空行程未优化的激光行走形状;(b)空行程优化后激光行走形状

在本书中,定义的连接曲线是一段半径为固定值 R 的圆弧再加一段直线段。因为圆是一种最简单的二维曲线,它在数学上定义简单,在实际的曲线分段中也最容易实现,因此通过上述方法来实现曲线过渡是合理且可行的。

理论上每条刻行程的相切圆都有两个,如图 3.70 所示。对前一条刻行程来说,因为刻行程受行走矢量方向的约束,在该行程的相切圆必须在终点处,如图 3.70 中 B 点,其半径为固定值 R。对后一条刻行程来说,该行程的相切圆必须在起点处,如图 3.70 中 C 点,其半径也为 R。那么在实际计算中只需各选取一个刻行程的相切圆进行圆弧过渡即可,但是这四个相切圆的组合会有四种选取情况,在每一种选取情况下,两个圆的过渡路径在数学上又可能会有四种相切方式。那么如何取舍相切圆,又如何计算相切路径是一个很重要的问题。

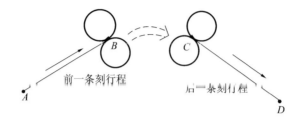

图 3.70 两条刻行程间四种切弧路径过渡

解决这个问题的一个重要原则,是使连接后的过渡曲线尽可能地短,来节约空行程行走时间。在实际的计算中,为了简单起见,通常取圆心直接距离最短的两个切圆。这样选取固定切圆后,在数学上会有四条切线,如图 3.71 所示,其切线的计算过程如下。

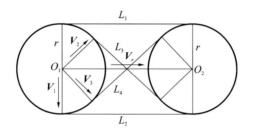

图 3.71 两切圆之间四条切线的计算

在两圆的切线的计算上,先在切圆上给出如下定义。

r 为两圆的半径,O_1、O_2 分别为两圆的圆心,$\boldsymbol{V}_r$ 为两圆心的矢量(方向见图 3.71),表示为 $\boldsymbol{V}_r = O_2 - O_1$。

由以上定义可得出四条切线如下。

L_1:$(O_1 - r\boldsymbol{V}_1, O_2 - r\boldsymbol{V}_1)$,其中 $\boldsymbol{V}_1 \cdot \boldsymbol{V}_r = 0$,并且 $|\boldsymbol{V}_1| = 1$,从此式可得出 $\boldsymbol{V}_1$ 有两个矢量满足条件,再通过 $\boldsymbol{V}_1 \times \boldsymbol{V}_r \leqslant 0$ 来限定 $\boldsymbol{V}_1$ 的方向。

同理,L_2:$(O_1 + r\boldsymbol{V}_1, O_2 + r\boldsymbol{V}_1)$。

L_3:$(O_1 + r\boldsymbol{V}_2, O_2 - r\boldsymbol{V}_2)$,其中 $\boldsymbol{V}_2 \cdot \boldsymbol{V}_r = 2r$,并且 $|\boldsymbol{V}_2| = 1$,同上 $\boldsymbol{V}_2$ 也可能有两个矢量满足条件,仍然通过 $\boldsymbol{V}_2 \times \boldsymbol{V}_r \geqslant 0$ 来限定 $\boldsymbol{V}_2$ 的方向。

同理,L_4:$(O_1 + r\boldsymbol{V}_3, O_2 - r\boldsymbol{V}_3)$,其中 $\boldsymbol{V}_3 \cdot \boldsymbol{V}_r = 2r$,并且 $|\boldsymbol{V}_3| = 1$,$\boldsymbol{V}_3 \times \boldsymbol{V}_r \leqslant 0$。

以上四条切线都是从圆 O_1 到 O_2 的方向,但在实际的计算中也有可能计算出相反的方向,不过这并不影响后续的计算。但是由于前后相邻刻行程是有矢量方向的,那么其每条行程的切线之间的连接圆弧的走向必须与刻行程的走向一致,因为刻行程其实也是一条切线,因此可描述为:两条切线相对于其切圆圆心的转动方向一致。数学上有如下公式:

$W_1 = \boldsymbol{V}_1 \times (O_1 - B) = \boldsymbol{V}_2 \times (O_1 - C)$,其中 W_1 为转动方向,也即两个矢量的叉

乘积，V_1 为前一条刻行程的矢量，O_1 为第一个切圆圆心，B 为前一条刻行程的终点，C 为切线的起点，V_2 为切线的矢量方向。

$W_2 = V_2 \times (O_2 - D) = V_3 \times (O_2 - E)$，其中 W_2 为转动方向，V_3 为后一条刻行程的矢量，O_2 为第二个切圆圆心，E 为后一条刻行程的起点，D 为切线的终点，V_2 为切线的矢量方向。

在理论上，符合以上两个转动方向定义的切线有且只有一条，因为符合前一条刻行程的四条切线中有两条切线的方向与 W_1 的转动方向相反，那么过滤后剩余的两条切线中符合后一条刻行程的两条切线的方向一个与 W_2 相同，一个与 W_2 相反，那么过滤掉与 W_2 相反的那条切线，最后只有一条切线剩余，如图 3.72 所示。

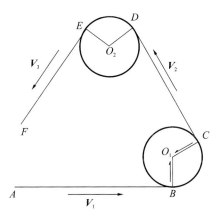

图 3.72　根据转动方向一致原则只可能有一条切线过渡

利用 VC++ 平台编程实现该优化算法模块并加入 3D 打印工艺软件系统后，载入一层扫描图案，其整体优化效果如图 3.73 所示，局部细节效果如图 3.74 所示。其中深色(绿色、黑色、蓝色等)的是标刻路径，白色的是空行程。

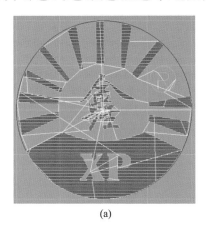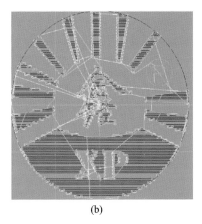

(a)　　　　　　　　　　　　　　(b)

图 3.73　对某一扫描图案进行连接路径优化应用

(a)切弧过渡连接优化前图案；(b)切弧过渡连接优化后图案

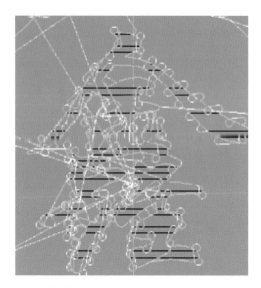

图 3.74　连接路径优化图案局部细节

　　在优化激光空行程路径后,采用全局速度规划的方法对所有标刻路径和空行程进行插补优化处理,使其在激光运行路径的任何位置加速度都不会超过振镜所能承受的最大加速度,以保证振镜在对长路径行走的时候可以达到高得多的最大速度和平均速度。全局速度规划的思想为:根据加工曲线曲率半径的变化,实时改变插补步长,在曲率半径大的地方采用大的速度,在曲率半径小的地方采用小的速度,只要速度变化均匀,不是突然增大或减小,就可以随曲线的变化而变化。在插补过程中,每点速度取决于三个因素:①曲率半径,半径越大,速度越大,两者的关系由插补误差和振镜特性决定;②该点到路径终点的行走长度,保证能在终点处停止,不造成过冲;③振镜所容许的最大速度。对优化后激光运行轨迹的插补优化如图 3.75 所示,完全尺寸插补效果由于幅面原因没有在此展示。

图 3.75　空行程和刻行程的插补效果

利用该算法模块进行实验,在实验平台上,激光器采用 50 W 的 CO_2 气体激光器,振镜系统采用美国 Nutfield 公司 12 mm 镜片的二维振镜系统,标刻设备采用华中科技大学激光加工国家工程研究中心的纽扣机设备。在实验工艺中,连接圆的半径根据不同的标刻图案和振镜的具体性能来设置:偏置镜片目前采用的是 Nutfield 公司的偏置镜片,其镜片的最大速度可以达到 1 m/s,最大加速度可以达到 10 m/s^2,对于幅面在 100 mm×100 mm 以内的图案,根据实验其连接圆半径理论上需要 5 mm,而对于大多数幅面在 10 mm×10 mm 以内的图案,其半径为 1 mm 即可。一些图案的扫描效果如图 3.76 所示。

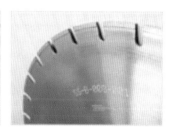

图 3.76 应用切弧过渡连接优化后图案的扫描效果

基于切弧过渡的连接优化算法已经在激光选区烧结 3D 打印上得到应用,与以往相比,消除了实际扫描中在起点、终点和尖点等处的轮廓失真、过烧等缺陷,其扫描效率和质量得到一定的提高。

3.5.2 基于 F-Theta 物镜的双振镜快速校正算法

在实际的扫描中,振镜式激光扫描存在着扫描图形的线性失真和非线性失真,特别是当扫描区域较大时,会严重影响激光扫描的加工质量,也会给进一步分析处理带来困难。双振镜扫描是一种在光栅或矢量模式下对 X、Y 平面场进行扫描的简单、低成本方式。这种扫描方式的主要缺点是其在双轴平面场扫描时存在固有的几何失真,主要包括枕形失真、线性失真和在平面场上成像光束的焦点误差。

X/Y 双振镜用于二维平面场扫描的光路示意图如图 3.77 所示。设 X 振镜转轴和 Y 振镜转轴的距离为 t,Y 振镜的轴线到扫描场原点的距离为 d,则扫描面上任一点 $P(x,y)$ 与扫描场原点的光程差为

$$\delta L = \sqrt{\left(\sqrt{d^2+y^2}+t\right)^2+x^2}-(d+t) \tag{3-71}$$

当 X 轴和 Y 轴的转角分别为 θ_1 和 θ_2 时,对应扫描场上点 $P(x_1,y_1)$ 坐标为

$$y_1 = d \cdot \tan\theta_2 \tag{3-72}$$

$$x_1 = \left(\sqrt{d^2+y_1{}^2}+t\right)\tan\theta_1 \tag{3-73}$$

经过变换后有

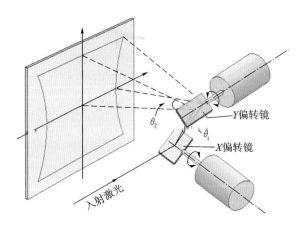

图 3.77　X/Y 双振镜用于二维平面场扫描的光路示意图

$$(x_1/\tan\theta_1 - t)^2 - y_1^2 = d^2 \tag{3-74}$$

当 θ_1 一定时,式(3-74)表示一条非圆周对称的双曲线。可见 X/Y 双振镜的二维平面扫描在原理上存在不可避免的变形。

图 3.78 所示为实际无校正时激光扫描得到的正方形图案。此图案与根据上述两式计算而作出的图案相符,即在 X 轴方向存在枕形失真,Y 轴方向存在桶形失真。

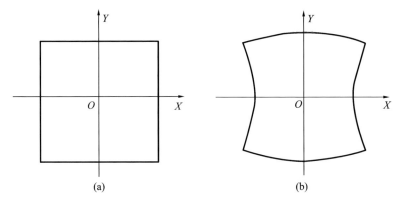

图 3.78　双振镜扫描枕形和桶形失真示意图
(a)无失真正方形图案;(b)失真后正方形图案

因此,从原理上来看,振镜扫描系统的偏转角和扫描平面坐标之间存在着本质的非线性映射关系,如果采用线性映射直接控制振镜,则会产生枕形畸变误差。由于扫描场上各点的光程长度不一样,因此会产生聚焦误差。聚焦误差可以通过动态聚焦系统进行动态校正。

枕形畸变误差可以通过软件校正,一个典型的算法是将一理想的扫描方形像场分割成矩阵式网格,校正文件存入精确的 X、Y 坐标。对于扫描场内的任何一点,都可用插值法计算校正后的坐标。对每一扫描插补点都用这种算法进行校正,然后再将其送给振镜扫描即可得到比较正确的扫描图形。

通常采用 65×65 的图形分割,将分割点的数据保存到相应的文件中,其他的插补点可通过这些基准点以插值法计算出来，所以说此种校正方法的本质就是查表。通常查表分为 9 点校正和 16 点校正，复杂的也有 25 点校正。所谓 9 点校正即正方形网格分为 3×3，16 点校正为 4×4，25 点校正为 5×5。

这种方法虽然能够对扫描图形的失真进行校正，但是由于采用多点校正，每一点都需要测得其校正值后才能扫描，对工艺人员操作有一定的要求。因此本书提出一种应用 F-Theta 物镜后的快速校正算法。这种校正算法只需修改两个参数值，即可分别校正 X、Y 方向的失真。

在双振镜扫描系统后增加一个 F-Theta 物镜，对焦点误差进行校正，使得激光束能够聚焦在同一焦平面上，并对扫描系统进行一定的失真校正，但其无法实现对 X 轴枕形失真的校正，并产生 Y 轴方向的桶形失真。增加校正模块对扫描系统的几何失真进行校正可取得完善的结果。

双振镜扫描系统在所建立的直角坐标系中，X-Y 为扫描场平面，坐标轴 X、Z 分别与振镜 Y 和振镜 X 的转轴平行，Z 轴为光轴。设 X、Y、Z 轴的单位方向矢量分别为 i、j、k，则对于以 i 方向入射的光线，当振镜 X 和振镜 Y 分别在起始位置上偏转 ω_x、ω_y 角度后，系统出射光线的单位方向矢量为

$$A=(\sin2\omega_x)\cdot i+(\cos2\omega_x\cdot\sin2\omega_y)\cdot j+(\cos2\omega_x\cdot\cos2\omega_y)\cdot k \quad (3\text{-}75)$$

令：θ_r 为出射光线与 Z 轴的夹角；R 为以 θ_r 角出射的光线与扫描场平面的交点至坐标原点的距离；φ 为光线交点在扫描场平面上的角坐标。对于焦距为 f 的 F-Theta 物镜：

$$R=f\theta_r=f\arccos(\cos2\omega_x\cdot\cos2\omega_y) \quad (3\text{-}76)$$

根据几何关系可求出扫描场上任一点的坐标：

$$X=R\cos\varphi=f\sin2\omega_x\cdot\arccos(\cos2\omega_x\cdot\cos2\omega_y)\times(1-\cos^2 2\omega_x\cdot\cos^2 2\omega_y)^{-1/2}$$
$$(3\text{-}77)$$

$$Y=R\sin\varphi=f\sin2\omega_x\cdot\cos2\omega_x\cdot\arccos(\cos2\omega_x\cdot\cos2\omega_y)\times(1-\cos^2 2\omega_x\cdot\cos^2 2\omega_y)^{-1/2}$$
$$(3\text{-}78)$$

对上述两式分别进行级数展开，并数学处理后得到近似表达式为

$$X=f(2\omega_x)+C_1\omega_x\cdot\omega_y^2 \quad (3\text{-}79)$$
$$Y=f(2\omega_y)-C_2\omega_x^2\omega_y \quad (3\text{-}80)$$

式中：C_1、C_2 为正常数。设 X_0、Y_0 分别对应 $\omega_y=0$ 和 $\omega_x=0$ 时的坐标值，即

$$X_0=f(2\omega_x) \quad (3\text{-}81)$$
$$Y_0=f(2\omega_y) \quad (3\text{-}82)$$

这正是无失真时，扫描光点位置的两个坐标分量。因此，由上述两式可以推导出：

$$X=X_0+c_1 X_0 Y_0^2 \quad (3\text{-}83)$$
$$Y=Y_0-c_2 X_0^2 Y_0 \quad (3\text{-}84)$$

式中：c_1、c_2 也为正常数。X_0、Y_0 分别为理论上的几何图形矩形框的长和宽。式 (3-83) 和式 (3-84) 即是扫描场的几何失真公式，是进行几何校正的基础方程。通过在工艺软件中修改 c_1、c_2，即可分别完成 X、Y 轴方向的图形失真校正。

下面通过具体实验来验证该快速校正算法。设计一个矩形和圆形来测量矩形和圆形的尺寸,具体实验中,圆形的半径为 50 mm,矩形的尺寸为 50 mm×50 mm。扫描的速度为 1 m/s,激光功率为 15 W,实验材质为普通传真用热敏纸,激光器采用 50 W 的 CO_2 气体激光器,振镜系统采用美国 Nutfield 公司 12 mm 镜片的二维振镜系统。

图 3.79 和图 3.80 所示分别为加入校正后扫描得出的圆形和矩形图案。图3.79中的圆形图形,当 C_1 从 0.000006 提高到 0.000008 时,其 X 向的尺寸从48.4 mm变为 50.1 mm,当 C_2 从 0.000008 变为 0.000006 时,其 Y 向的尺寸从 43.8 mm 变为 44 mm。图 3.80 中的矩形图形,当 C_1 从 0.000006 变为 0.000008 时,其 X 向的尺寸从49.8 mm变为 50.4 mm,当 C_2 从 0.000005 变为 0.000001 时,其 Y 向的尺寸从 48.4 mm变为 50.4 mm。具体数据如表 3.6 所示。

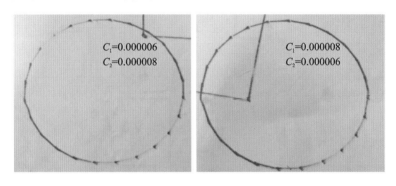

图 3.79　双振镜扫描圆形校正后图像

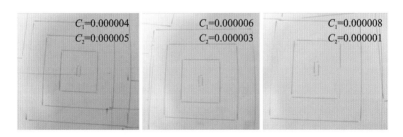

图 3.80　双振镜扫描矩形校正后图像

表 3.6　快速校正算法中不同 C_1 和 C_2 值对尺寸的影响

参数	圆形(半径为 50 mm)		矩形(50 mm×50 mm)		
C_1	0.000006	0.000008	0.000004	0.000006	0.000008
X 值	48.4 mm	50.1 mm	49.3 mm	49.8 mm	50.4 mm
C_2	0.000008	0.000006	0.000005	0.000003	0.000001
Y 值	43.8 mm	44 mm	48.4 mm	49.7 mm	50.4 mm

在应用快速校正算法时，C_1 负责对 X 轴方向失真进行校正，同样 C_2 负责对 Y 轴方向失真进行校正，通过在算法中设置不同的 C_1 值和 C_2 值即可完成对扫描图形的几何校正。

3.5.3　扫描数据的延迟处理

由于振镜镜片在启停过程中有一定的转动惯量，振镜镜片到指定位置的时间滞后于理论时间。因此需要通过控制振镜镜片的延迟时间，对扫描系统的滞后进行补偿，以实现实际扫描过程与理论扫描过程的同步。激光开延时是指系统发出第一个扫描指令和开激光指令的时间差。由于振镜镜片有一个启动过程，如果延时短，振镜镜片尚未到额定角速度时激光已经发出，则扫描起点处由于光斑功率密度大，出现过烧现象；反之，振镜镜片达到指定角速度时，激光还未发出，则扫描起点处出现空扫，扫描线变短，出现空白现象。特别是对于某些粉末材料，需要激光能量到达一定程度才会烧结在一起，而且激光能量的上升也需要一定的时间，这时，可将激光开延时设定为负值，对材料进行预热处理。激光关延时是指系统发出最后一个扫描指令和关闭激光指令的时间差。延时短，当激光关闭时，振镜镜片还未到位，则扫描终点处出现空扫，扫描线变短；延时长，振镜镜片已停止，激光还未关闭，扫描终点处出现过烧现象。如图 3.81 所示为激光开关延时对扫描路径的影响。

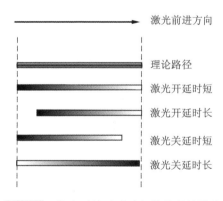

图 3.81　激光开关延时对扫描路径的影响

为了获得较好的扫描效果，应该保证激光的开、关与扫描头的运动同步。通过对激光的开、关控制，可以有效地减少振镜镜片的滞后性带来的影响。

针对激光开关延时对扫描路径的影响，分别做了 300 ms、200 ms、100 ms 三组参数的对比实验，以及没有激光开关延时的实验。实验结果分别如图 3.82 至图 3.85 所示。具体实验中，扫描的速度为 1 m/s，激光功率为 15 W，实验材质为普通传真用热敏纸，激光器采用 50 W 的 CO_2 气体激光器，振镜系统采用美国 Nutfield 公司 12 mm 镜片的二维振镜系统。在实验中圆圈处为起点，方框处为终点。

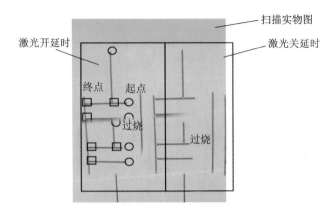

图 3.82　激光开延时、关延时均为 300 ms 时对扫描路径的影响

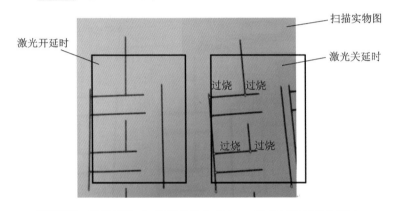

图 3.83　激光开延时、关延时均为 200 ms 时对扫描路径的影响

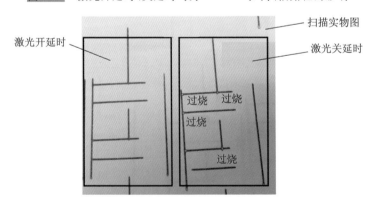

图 3.84　激光开延时、关延时均为 100 ms 时对扫描路径的影响

　　通过以上对比实验,发现在扫描速度为 1 m/s 时,当激光关延时在 300 ms 左右时扫描路径的起始点处会出现过烧现象,在 200 ms 以内时过烧现象有所减少,100 ms 时对扫描路径起始点的扫描质量较优。另外激光关延时在 300 ms、

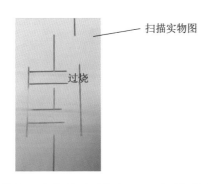

图 3.85　激光开延时、关延时均为 0 ms 时对扫描路径的影响

200 ms时，扫描路径终点处出现过烧现象，当小于 100 ms 时，过烧现象有所减轻，路径终点扫描质量较优。综上所述，扫描直线段时激光开、关延时会影响直线段的起点和终点的过烧程度。由于扫描轮廓和填充都是由一系列的直线段组成的，因此在扫描系统中需要对激光的开关延时进行设置。

另外，扫描过程中振镜镜片的运动分为变向连续和跳转两种。连续扫描过程中，振镜镜片的速度是均匀的；跳转扫描过程中，振镜镜片经历停止—启动—停止的过程。根据不同的扫描方式，需要在执行指令时间上补偿振镜镜片的滞后特性。其延迟处理分为如下两部分。

1. 扫描结束延时

扫描结束延时是指发出最后一个扫描命令与跳转命令的时间差，如图 3.86 所示。延时长，对成形效果没有影响，但会延长加工时间；延时短，扫描镜片还未到达最后的指定位置，跳转指令已发出，出现变形现象。

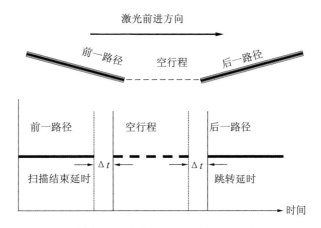

图 3.86　扫描结束延时和跳转延时示意图

针对扫描结束延时对扫描路径的影响，设计一个矩形阵列来观察矩形的起点和终点的过渡情况。由于振镜镜片惯性的影响，当扫描结束延时不合理时，会出现变形现象。因此分别做了延时时间为 100 ms、200 ms、300 ms、400 ms 四组参

数的对比实验。具体实验中,扫描的速度为 1 m/s,激光功率为 15 W,实验材质为普通传真用热敏纸,激光器采用 50 W 的 CO_2 气体激光器,振镜系统采用美国 Nutfield 公司 12 mm 镜片的二维振镜系统。实验结果分别如图 3.87 至图 3.90 所示。

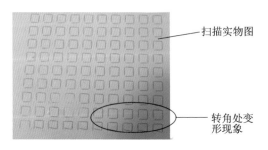

图 3.87　扫描结束延时为 100 ms 时对扫描路径的影响

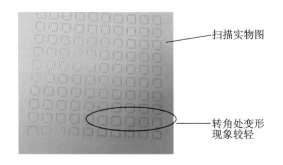

图 3.88　扫描结束延时为 200 ms 时对扫描路径的影响

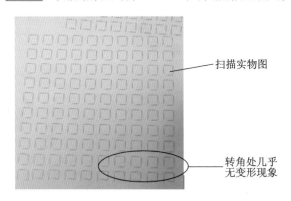

图 3.89　扫描结束延时为 300 ms 时对扫描路径的影响

　　从以上实验结果可以看出,当扫描首尾相连的矩形边框时,扫描结束延时在 100 ms 和 200 ms 时起点和终点连接处出现变形现象,当扫描结束延时为 300 ms 时几乎无矩形变形现象,当扫描结束延时为 400 ms 时无变形现象,但在扫描过程中等待时间过长,在这种情况下以设置 300 ms 的扫描结束延时最优。从上述实验可以看出扫描结束延时也会对扫描效果有所影响,因此在具体实验中需要设置

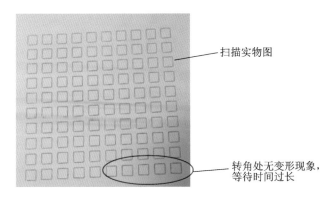

扫描实物图

转角处无变形现象，
等待时间过长

图 3.90　扫描结束延时为 400 ms 时对扫描路径的影响

合理的扫描结束延时参数。

2. 连续扫描延时

连续扫描延时是指激光不关闭的情况下，前后两个扫描命令发出的时间差，如图 3.91 所示。延时短，则多边形转角处呈圆形变形；延时长，由于变向时振镜镜片的速度小，转角处出现过烧的情况。

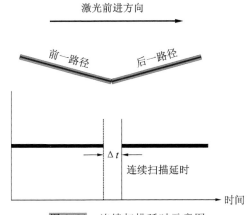

图 3.91　连续扫描延时示意图

针对连续扫描延时对扫描路径的影响，设计一个矩形阵列来观察矩形的起点和终点的过渡情况。由于振镜镜片惯性的影响，当连续扫描延时不合理时，会出现过烧现象。因此分别做了延时时间为 450 ms、400 ms、300 ms、200 ms 四组参数的对比实验。具体实验中，扫描的速度为 1 m/s，激光功率为 15 W，实验材质为普通传真用热敏纸，激光器采用 50 W 的 CO_2 气体激光器，振镜系统采用美国 Nutfield 公司 12 mm 镜片的二维振镜系统。实验结果如图 3.92 至图 3.95 所示。

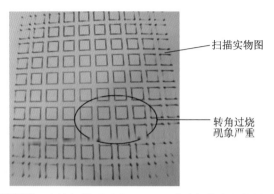

扫描实物图

转角过烧
现象严重

图 3.92 连续扫描延时为 450 ms 时对扫描路径的影响

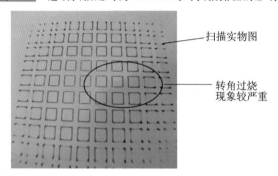

扫描实物图

转角过烧
现象较严重

图 3.93 连续扫描延时为 400 ms 时对扫描路径的影响

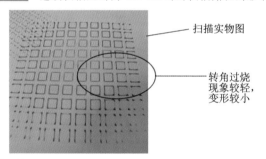

扫描实物图

转角过烧
现象较轻,
变形较小

图 3.94 连续扫描延时为 300 ms 时对扫描路径的影响

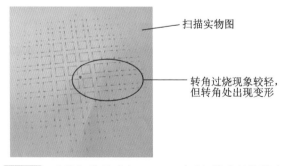

扫描实物图

转角过烧现象较轻,
但转角处出现变形

图 3.95 连续扫描延时为 200 ms 时对扫描路径的影响

从以上实验结果可以看出，当扫描首尾相连的矩形边框时，连续扫描延时为450 ms 和 400 ms 时起点和终点连接处出现过烧现象，当连续扫描延时为 200 ms 时出现矩形变形现象，当连续扫描延时为 300 ms 时过烧现象较轻，变形也较小，在这种情况下以设置 300 ms 的连续扫描延时最优。从上述实验可以看出连续扫描延时也会对扫描效果有所影响，因此在具体实验中需要设置合理的连续扫描延时参数。

3.5.4　双线程扫描数据传输处理

扫描数据传输的传统方式为：应用程序负责把扫描层面信息变换成数据流，而设备驱动程序则负责把数据流的数据按指定插补周期向控制卡输出。应用程序又分为两个主要的数据处理线程，分别进行层面信息数据的插补和坐标变换。当应用程序对层面信息数据全部处理完毕后，生成大量插补点，这些大量插补点再发送到设备驱动程序中，再由设备驱动程序发送到振镜控制卡内控制振镜偏转。这样处理层面信息的传输方式如同一级一级推进一样，可简称为级进式传输方式。虽然级进式传输实现起来简单，但是当层面信息数据量很大时，生成插补点的时间非常长，严重时会超过 1 h，从而导致成形效率严重降低。

因此，在实际研究中，我们提出一种新的扫描数据传输结构来提高扫描数据处理的效率，同时整合了前文所述的空行程优化等技术，使用短达 20 μs 的精细插补周期，确保能实时扫描各种动态生成的路径。其基本思想是采用双线程传输结构来确保扫描数据能接近实时地、源源不断地被插补、变换并输出到 D/A 卡；确保诸如空行程优化、全程速度规划等需要耗费时间的数据处理工作能与振镜系统并行工作，从而使扫描系统能够实时处理各种动态生成的切片路径，以最优的效率和质量进行扫描。其具体流程如图 3.96 所示。

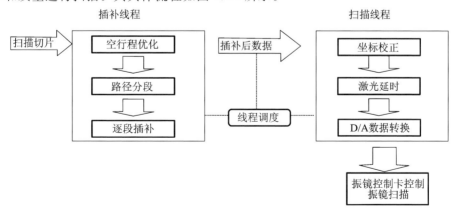

图 3.96　双线程扫描数据传输结构

对于层面信息数据的插补和坐标变换，用两个数据处理线程来分别完成。两个数据处理线程和设备驱动程序之间均通过缓冲区连接,这个缓冲区为先进先出缓冲区(FIFO)。FIFO 是保证系统稳定运行的重要设施,当插补线程由于其他高优先级任务临时阻塞运行的时候,FIFO 确保了仍然能够持续稳定输出数据。

插补线程将层面轮廓信息插补成插补点并送往插补 FIFO。首先对插补路径按照算法进行排序,获得一个相对比较短的空行程方案,并按照上文所述的空行程首尾必须与相应扫描路径相切的原则设计空行程路径,然后对整条路径进行全局速度规划,并找出路径中的尖点、拐点等可预测其最大运行速度的节点,再根据这些节点将整条路径分成很多小段进行插补。

扫描线程把插补点由扫描场坐标转换为电压值,通过振镜数学转换模型将扫描坐标转换为振镜的角度坐标,并通过多点校正或线性校正的方式校正扫描设备的系统误差。除此之外,扫描线程还负责激光器的功率输出。激光功率需要根据设定的激光扫描功率与振镜当时的扫描速度实时进行调整,由于激光器和振镜系统有着不同的响应延迟,扫描线程还需对振镜坐标输出延迟一定的周期。在经过上述处理之后,才能输出该插补点的二进制电压值。此处通过具体扫描图形实验来对比其等待时间,实验具体参数:扫描速度为 100 mm/s,扫描间距为 0.1 mm,插补周期为 0.1 ms,轮廓填充方式为逐行式填充,每个数据点由 $X/Y/Z$ 和功率大小浮点数据组成,每个数据点为 8 字节,计算机配置为 CPU-Intel Celeron(R) 1.70 GHz、内存 512 M。具体对比如表 3.7 所示。

表 3.7 级进式传输等待时间和双线程传输等待时间对比

轮廓形状	层面数据点大小/KB	级进式传输等待时间/s	双线程传输等待时间/s
正方形(3 mm ×3 mm)	72	12.7	0.9
圆形($R=3$ mm)	230	42.3	1.3
六边形($L=3$ mm)	188	33.7	1.2
正三角($L=6$ mm)	65	10.9	0.9
椭圆($R_1=6$ mm,$R_2=3$ mm)	453	80.1	1.4

从以上测试数据可以看出,采用双线程传输扫描数据后数据传输的时间大大缩短,而且由于传输方式采用了双缓冲结构,其传输时间并不与数据量大小成正比关系,而是与缓冲区大小有关,当 D/A 数据缓冲区满后,会阻塞一定的时间,然后再等待插补缓冲区的数据传输过来。因此两个缓冲区的大小最终决定了等待时间。为减少数据传输的等待时间,实验时插补缓冲区设置为 2 M 大小,当 D/A 数据缓冲区大小为 0.2 M 时,空间和时间上取得了一个比较均衡的效果。相比于级进式传输方式,速度平均提高了 20 倍。

3.5.5　小结

本节针对振镜式扫描系统的实际需要,对扫描过程中的扫描行程和空行程之间的连接过渡优化、二维振镜的快速几何校正算法、激光扫描延时处理以及双线程扫描体系结构等四个方面进行了研究,优化并完善了扫幅系统数据处理部分。将上述关键数据处理部分应用在新一代国产振镜式扫描系统中,并将该扫描系统应用在本实验室的 SLS 类型的 HRPS Ⅱ 型设备上,取得了良好的效果。

本章参考文献

[1] 张李超. 快速成形软件及控制系统的研究[D]. 武汉:华中科技大学,2002.

[2] 钱波. 快速成形制造关键工艺的研究[D]. 武汉:华中科技大学,2009.

[3] 郭开波. 快速成形软件与工艺关键技术研究[D]. 武汉:华中科技大学,2006.

[4] ROSCOE L E,CHALASANI K L,MEYER T D. Living with STL files [C]//Proceedings of the 6th International Conference on Rapid Prototyping,University of Dayton,1995:145-151.

[5] LEONG K F,CHUA C K,NG Y M. A study of stereolithography file errors and repair. Part 1:Generic solution[J]. International Journal of Advanced Manufacturing Technology,1996,12:407-414.

[6] LEONG K F,CHUA C K,NG Y M. A study of stereolithography file errors and repair. Part 2:Special cases[J]. International Journal of Advanced Manufacturing Technology,1996,12:415-422.

[7] PIEGL L A,RICHARD A M. Tessellating trimmed nurbs surface[J]. Computer-Aided Design,1995,27(1):16-26.

[8] BLOOMENTHAL J. Polygonization of implicit surface[J]. Computer Aided Geometric Design,1988,5(4):341-355.

[9] BAREQUET G,SHARIR M. Filling gaps in the boundary of a polyhedron [J]. Computer Aided Geometric Design,1995,12(2):207-229.

[10] 朱君,郭戈,颜永年.快速成形制造中基于模型连续性的快速分层算法研究[J].中国机械工程,2000,11(5):549-554.

[11] 张李超,韩明,肖跃加,等. 快速成型系统中 STL 文件的容错切片算法研究[C]//RP 技术与快速模具制造. 西安:陕西科学技术出版社,1998:35-39.

[12] 严蔚敏,吴伟民. 数据结构(C 语言版)[M]. 北京:清华大学出版社,1998.

［13］ 张建钢，胡大泽. 数控技术［M］. 武汉：华中科技大学出版社，2000.

［14］ FORD W，TOPP W. Data structures with C＋＋［M］. Prentice-Hall International Inc.，1996.

［15］ KAI C C，GAN G K J，TONG M. Interface between CAD and rapid prototyping systems. Part 1：a study of existing interfaces［J］. International Journal of Advanced Manufacturing Technology，1997，13 (8)：566-570.

［16］ 陈圆，王从军，黄树槐. 基于 STL 文件的阶梯剖分算法研究［J］. 华中科技大学学报（自然科学版），2004，32(8)：19-21.

［17］ 黎步松，周钢，王从军，等. 基于 STL 文件格式的实体分割算法研究与实现［J］. 华中科技大学学报（自然科学版），2002，30(3)：40-42.

［18］ ZHANG Z Y，DINGY C，HONG J. A new hollowing process for rapid prototype models［J］. Rapid Prototyping Journal，2004，10(3)：166-175.

［19］ HUANG Y M，LAN H Y. CAD/CAE/CAM integration for increasing the accuracy of mask rapid prototyping system［J］. Computers in Industry，2005，56(5)：442-456.

［20］ CHIU W K，TAN S T. Using dexels to make hollow models for rapid prototyping［J］. Computer-Aided Design，1998，30(7)：539-547.

［21］ SUN W，JIANG T，LIN F. A processing algorithm for freeform fabrication of heterogeneous structures［J］. Rapid Prototyping Journal，2004，10(5)：316-326.

［22］ NAKAMURA H，HIGASHI M，HOSAKA M. Robust computation of intersection graph between two solids［J］. Computer Graphics Forum，1997，16(3)：379-388.

［23］ WINDER J，BIBB R. Medical rapid prototyping technologies：state of the art and current limitations for application in oral and maxillofacial surgery［J］. Journal of Oral and Maxillofacial Surgery，2005，63(7)：1006-1015.

［24］ BHATIA S. Microfabrication in tissue engineering and bioartificial organs［J］. Springer US，1999，5(3)：291-301.

［25］ ROSSIGNAC J R，REQUICHA A A G. Offsetting operations in solid modelling［J］. Computer Aided Geometric Design，1986，3(2)：129-148.

［26］ 陈之佳，王从军，张李超. 基于直线扫描的 FDM 支撑自动生成算法［J］. 华中科技大学学报，2004，32(6)：60-62.

［27］ 董涛，侯丽雅，朱丽. 快速成型制造中的工艺支撑自动生成技术［J］. 上海交通大学学报，2002，36(7)：1044-1048.

[28] 洪军，唐一平，武殿梁，等. 快速成型中零件水平下表面支撑设计规则的研究[J]. 西安交通大学学报，2004，38(3)：234-238.

[29] 洪军. 面向 STL 模型特征的支撑生成技术研究[D].西安：西安交通大学，2000.

[30] 吴晓军. 面向快速成形的异质材料零件三维 CAD 表达方法与系统[D].沈阳：中国科学院沈阳自动化研究所，2004.

[31] 张彩明，杨兴强，李学庆. 计算机图形学[M].北京：科学出版社，2005.

[32] 孙家广. 计算机图形学[M].3 版.北京：清华大学出版社，1998.

[33] 摩腾森. 几何造型学[M].北京：机械工业出版社，1992.

[34] 伏玉琛，周洞汝. 计算机图形学——原理、方法与应用[M].武汉：华中科技大学出版社，2003.

[35] MANTYLA M. Boolean operations of 2-manifolds through vertex neighborhood classification[J]. ACM Transactions on Graphics,1986, 5(1):1-29.

[36] BIEMANN H,KRISTJASSON D,ZORIN D. Approximate boolean operations on free-form solids [J]. ACM Computer Graphics Proceedings,2001:185-194.

[37] SATOH T,CHIYOKURA H. Boolean operations on sets using surface data [C]//ACM Symposium on Solid Modeling Foundations & Cad. [s. n.],1991.

[38] REQUICHA A A G, VOELCKER H B. Boolean operations in solid modeling：boundary evaluation and merging algorithms[J]. Proceedings of the IEEE,1985,73(1):30-44.

[39] CHEAH C M, CHUA C K, LEE C W, et al. Rapid sheet metal manufacturing. Part 2： Direct rapid tooling [J]. International Journal of Advanced Manufacturing Technology，2002，19(7):510-515.

[40] GAO Z C，WORMALD N C. Sharp concentration of the number of submaps in random planar triangulations[J]. Combinatorica,2003，23(3):467-486.

[41] SZILVASI-NAGY M, MATYASI G Y. Analysis of STL files[J]. Mathematical and Computer Modelling,2003，38:945-960.

[42] HUANG S H ，ZHANG L C, HAN M. An effective error-tolerance slicing algorithm for STL files[J]. International Journal of Advanced Manufacturing Technology,2002，20(5):363-367.

[43] HUANG S H,ZHANG L C, HAN M. CS file—an improved interface between CAD and rapid prototyping systems [J]. International Journal of Advanced Manufacturing Technology,2003，21(1):15-19.

[44] LO S H, WANG W X. An algorithm for the intersection of quadrilateral surfaces by tracing of neighbours[J]. Computer Methods in Applied Mechanics

and Engineering，2003，192(20-21):2319-2338.

[45] CHANG L C，BEIN W，ANGEL E. Surface intersections using parallel subdivision[J]. Supercomputer,1990，7(6):62-70.

[46] LO S H，WANG W X. A fast robust algorithm for the intersection of triangulated surfaces[J]. Springer-Verlag,2004，20(1):11-21.

[47] MUTHUKRISHNAN S N，NAMBIAR R V，LAWRENCE K L. Refinement of 3D meshes at surface intersections[J]. Computer-Aided Design，1995，27(8): 637-645.

[48] MÖLLER T. A fast triangle-triangle intersection test[J]. Journal of Graphics Tools，1997，2(2):25-30.

[49] HELD M. ERIT—A collection of efficient and reliable intersection tests[J]. Journal of Graphics Tools，1997，2(4):25-44.

[50] DEVILLERS O，GUIGUE P. Faster triangle-triangle intersection tests[J]. INRIA，2002:44-88.

[51] HIGASHI M，TORIHARAA F，TAKEUCHIA N，et al. Robust algorithms for face-based representations[J]. Computer-Aided Design,1997，29(2):135-146.

[52] FANG S，BRUDERLIN B，ZHU X. Robustness in solid modeling:a tolerance-based intuitionistic approach [J]. Computer-Aided Design, 1993, 25(9): 567-576.

[53] 刘金义，张燕. 统一于三角面片的可靠多面体布尔集合运算[J]. 图学学报，2002，23(1):53-62.

[54] EDELSBRUNNER H，MUCKE E. Simulation of simplicity：a technique to cope with degenerate cases in geometric algorithms [J]. ACM Transactions on Graphics,1990，9(1):66-104.

[55] YAP C K. A geometric consistency theorem for a symbolic perturbation scheme [J]. Symposium on Computational Geometry,1988,40(1):134-142.

[56] MÖLLER T，TRUMBORE B. Fast,minimum storage ray/triangle intersection [J]. Journal of Graphics Tools，1997，2(1):21-28.

[57] GRANTSON M，BORGELT C，LEVCOPOULOS C. Minimum weight triangulation by cutting out triangles[J]. Algorithms and Computation,2005，3827:984-994.

[58] CLARK D E R，OCONE R，YANG X Y. Four colouring the vertices of the triangulation of a polygon containing a hole[J]. Lecture Notes in Computer Science,2003,2669:894-902.

[59] CHEN C Y，CHANG R C. On the minimality of polygon triangulation[J]. Bit Numerical Mathematics,1990,30(4):570-582.

[60] QIAN J B，WANG C A. Progress on maximum weight triangulation[J]. Computational Geometry：Theory and Applications，2006，33(3)：99-105.

[61] DING Q，QIAN J，TSANG W，et al. Randomly generating triangulations of a simple polygon[J]. Computing and Combinatorics，2005：471-480.

[62] HONG M，SEDERBERG T W，KLIMASZEWSKI K S，et al. Triangulation of branching contours using area minimization[J]. International Journal of Computational Geometry & Applications，1998，8(4)：389-406.

[63] MITCHELL S A. Approximating the maxmin-angle covering triangulation[J]. Computational Geometry：Theory and Applications，1997，7(1)：93-111.

[64] GOODRICH M T. Planar separators and parallel polygon triangulation[J]. Journal of Computer and System Sciences，1995，51(3)：374-389.

[65] LEVCOPOULOS C，LINGAS A. Fast algorithms for greedy triangulation[J]. Bit Numerical Mathematics，1992，32(2)：280-296.

[66] CHAZELLE B. Triangulating a simple polygon in linear time[J]. Discrete & Computational Geometry，1991，6(1)：485-524.

[67] 李海生. 三维数据场可视化的带权限定 Delaunay 三角化的理论和应用研究[D]. 北京：北京航空航天大学，2002.

[68] 李江雄. 一种受约束的散乱点三角划分方法[J]. 机械科学与技术，2000，19(2)：45-49.

[69] 朱冬林，向彤，葛修润. 基于约束 Delaunay 三角划分法在节理图上实现网格自动剖分[J]. 岩石力学与工程学报，2004，23(11)：20-26.

[70] HILL F S. The pleasures of "perp dot" product[J]. Graphics Gems，1994：138-148.

[71] ANGLADA M V. An improved incremental algorithm for constructing restricted Delaunay triangulations[J]. Computers & Graphics，1997，21(2)：215-223.

[72] TAYLOR G. Point in polygon test[J]. Empire Survey Review，1994，32(254)：479-484.

[73] 罗枫，陈志杨，张三元，等. 基于 OBB 树层次关系的相交体特征计算[J]. 计算机应用研究，2005，22(10)：23-25.

[74] 范昭炜. 实时碰撞检测技术研究[D]. 杭州：浙江大学，2003.

[75] 魏迎梅. 虚拟环境中碰撞检测问题的研究[D]. 长沙：国防科技大学，2000.

[76] THIBAULT W，NAYLOR B. Set operations on polyhedra using binary space partitioning trees[J]. ACM Computer Graphics，1987，21(4)：153-162.

[77] ADELSON S J，HODGES L F. Generating exact ray-traced animation frames by reprojection[J]. IEEE Computer Graphics and Applications，1995，15(3)：

43-52.

[78] WEGHORST H, HOOPER G, GREENBERG D P. Improved computational methods for ray tracing[J]. ACM Transaction on Computer Graphics,1984,3(1): 52-69.

[79] BERGEN G. Efficient collision detection of complex deformable models using AABB trees[J]. Journal of Graphics Tools,1997,2(4):1-13.

[80] BERGEN G. A fast and robust GJK implementation for collision detection of convex objects[J]. Journal of Graphics Tools,1999,4(2):7-25.

[81] LARSSON T, MÖLLER T. Collision detection for continuously deforming bodies[J]. Proceedings of Eurographics,2001:325-333.

[82] LIN M C, MANOCHA D, COHEN J. Collision detection:algorithms and application [M]//LAUMOND J P, OVERMARS M. Algorithms for Robotics Motion and Manipulation. A K Peters Ltd.,1997:129-142.

[83] LIN M, GOTTSCHALK S. Collision detection between geometric models: a survey[C]// Proceedings of MA Conference on Mathematics of Surfaces, 1998.

[84] MOORE M, WILHELMS J. Collision detection and response for computer animation[J]. ACM Computer Graphics,1988,22(4):289-298.

[85] NOBORIO H, FUKUDA S, ARIMOTO S. Fast interference check method using octree representation[J]. Advanced Robotics,1989,3(3):193-212.

[86] NAYLOR B, AMANATIDES J, THIBAULT W. Merging BSP trees yields polyhedral set operations[J]. ACM Computer Graphics,1990,24: 115-124.

[87] GOTTSCHALK S, LIN M C, MANOCHA D. OBBtree:a hierarchical structure for rapid interference detection [J]. Computer Graphics Proceedings(SIG-Graph'96),1996:171-180.

[88] HEARN D, BAKER M P. Computer graphics:C version[M]. 2nd ed. Prentice Hall, 1997:183-215.

[89] 徐雪松. STL 模型表面点快速拾取技术[J]. 图学学报,2005,26(3):18-22.

[90] MIRAS J R D, FEITO F R. Inclusion test for curved-edge polygons[J]. Computer & Graphics, 1997, 21 (6):815-824.

[91] 刘伟军,张嘉易. 快速成形容错切片中线段集合自适应连接方法[J]. 中国机械工程,2004,15(22):1975-1978.

[92] 周培德. 计算几何:算法设计与分析[M]. 2 版. 北京:清华大学出版社,2005.

[93] 姚辉学,卢章平. 一种任意复杂程度二维多边形的求交算法[J]. 图学学报,

2006,27(2):127-131.

［94］ 刘国承. 新型光固化快速成形支撑自动生成技术研究［D］. 武汉：华中科技大学,2007.

［95］ 周培德. 判定点集是否在多边形内部的算法［J］. 计算机研究与发展,1997,34(9):672-674.

［96］ KIRSCHMAN C F. Automated support structure design for stereolithographic parts［M］. South Carolina：The Graduate School of Clemson University,1991.

［97］ 周培德,王树武,李斌. 连接不相交线段成简单多边形（链）的算法及其实现［J］. 计算机辅助设计与图形学学报,2002,14(6):522-525.

［98］ 李湘生,韩明,史玉升,等. SLS 成形件的收缩模型和翘曲模型［J］. 中国机械工程,2001,12(8):887-889.

［99］ GUSAROV A V,YADROITSEV I,SMUROV I. Heat transfer modelling and stability analysis of selective laser melting［J］. Applied Surface Science,2007,254(4):975-979.

［100］ 李湘生,殷燕芳,黄树槐. 激光选区烧结的成型收缩研究［J］. 材料科学与工程学报,2003,21(6):137-138.

［101］ MUMTAZ K A,ERASENTHIRAN P,HOPKINSON N. High density selective laser melting of Waspaloy［J］. Journal of Materials Processing Technology,2008,95(1-3):77-87.

［102］ OSAKADA K,SHIOMI M. Flexible manufacturing of metallic products by selective laser melting of powder［J］. International Journal of Machine Tools & Manufacture,2006,46(11):1188-1193.

［103］ MERCELIS P,KRUTH J P. Residual stresses in selective laser sintering and selective laser melting［J］. Rapid Prototyping Journal,2006,12(5):254-265.

［104］ SHIOMIL M,OSAKADAL K,NAKAMURAL K,et al. Residual stress within metallic model made by selective laser melting process［J］. CIRP Annals - Manufacturing Technology,2004,53(1):195-198.

［105］ ZHANG W X,SHI Y S. Consecutive sub-sector scan mode with adjustable scan lengths for selective laser melting technology［J］. International Journal of Advanced Manufacturing Technology,2009,41(7-8):706-713.

［106］ 刘征宇,宾鸿赞,张小波,等. 生长型制造中扫描路径对薄层残余应力场的影响［J］. 中国机械工程,1999,10(8):848-850.

［107］ 刘征宇,宾鸿赞,张小波,等. 生长型制造中分形扫描路径对温度场的影响［J］. 华中理工大学学报,1998,26(8):32-34.

［108］ 章文献. 选择性激光熔化快速成形关键技术研究［D］. 武汉：华中科技大

学，2008.

[109] 李湘生,黄树槐,黎建军,等. 激光选区烧结中铺粉过程分析[J]. 现代制造工程,2008(2):99-101.

[110] CHEN T, ZHANG Y. A partial shrinkage model for selective laser sintering of a two-component metal powder layer[J]. International Journal of Heat and Mass Transfer，2006,49(7): 1489-1492.

[111] KRUTH J P, FROYEN L, VAERENBERGH J V. Selective laser melting of iron-based powder[J]. Journal of Materials Processing Technology，2004，149(1):616-622.

[112] ABE F, OSAKADA K, SHIOMI M. The manufacturing of hard tools from metallic powders by selective laser melting[J]. Journal of Materials Processing Technology，2001，111(1):210-213.

[113] YADROITSEV I, BERTRAND P, SMUROV I. Parametric analysis of the selective laser melting process[J]. Applied Surface Science，2007，253(19): 8064-8069.

[114] TOLOCHKO N, MOZZHAROV S, LAOUI T, et al. Selective laser sintering of single-and two-component metal powders[J]. Rapid Prototyping Journal，2003，9(2): 68-78.

[115] YADROITSEV I,THIVILLON L,BERTRAND P,et al. Strategy of manufacturing components with designed internal structure by selective laser melting of metallic powder[J]. Applied Surface Science，2007，254(4):980-983.

[116] KRUTH J P, KUMAR S, VAERENBERGH J. Study of laser-sinterability of ferro-based powders[J]. Rapid Prototyping Journal，2005，11(5): 287-292.

[117] 李湘生,史玉升,黄树槐. 粉末激光烧结中的扫描激光能量大小和分布模型[J]. 激光技术,2003,27(2):143-144.

[118] CHILDS T H C, HAUSER C. Raster scan selective laser melting of the surface layer of a tool steel powder bed[J]. Proceedings of the Institution of Mechanical Engineers Part B: Journal of Engineering Manufacture，2005，219(4):379-384.

[119] 邓琦林. 激光烧结陶瓷粉末成形零件的研究[J]. 大连理工大学学报，1998，38(6):733-737.

[120] ZHANG R J, SUI G H, ZENG G,et al. Study on scanning process of selective laser sintering (SLS) [C]// Proceedings of the 1st International Conference on Rapid Prototyping & Manufacturing,Beijing. Shanxi Science and Technology Press,1998:72 -78.

[121] 王军杰,李占利,卢秉恒. 激光快速成型加工中扫描路径的研究[J]. 机械科

学与技术，1997，16(2)：303-305

[122] 刘斌，张征，孙延明，等.快速成型系统中 OFFSET 型填充算法[J].华南理工大学学报，2001，29(3)：64-66.

[123] 许丽敏，杨永强，吴伟辉，等. 选区激光熔化快速成型扫描路径优化算法研究[J].机电工程技术，2007，36(1)：46-47.

[124] 史玉升，钟庆，陈学彬，等. 选择性激光烧结新型扫描方式的研究及实现[J]. 机械工程学报，2002，38(2)：35-39.

[125] GOLD C M，REMMELE P M，ROOS T. Voronoi diagrams of line segments made easy[C] //Proceedings of the 7th Canadian Conference on Computer Geometry. Quebec City，Canada，1995：223-228.

[126] LEE D T，DRYSDALE R L. Generalization of Voronoi diagrams in the plane [J]. Siam Journal on Computing，1981，10(1)：73-87.

[127] HELD M. Voronoi diagrams and offset curves of curvilinear polygons[J]. Computer-Aided Design，1998，30 (4)：287-300.

[128] HELD M. On the computational geometry of pocket machining[J]. Of Lecture Notes in Computer Science，1991，500：61-88.

[129] HELD M. VRONI：An engineering approach to the reliable and efficient computation of Voronoi diagrams of points and line segments [J]. Computational Geometry Theory & Applications，2001，18(2)：95-123.

[130] RAMAMURTHY R，FAROUKI R T. Voronoi diagram and medial axis algorithm for planar domains with curved boundaries I. Theoretical foundations [J]. Journal of Computational and Applied Mathematics，1999，102 (1)：119-141.

[131] CHEN Z M，PAPADOPOULOU E，XU J H. Robustness of k-gon Voronoi diagram construction [J]. Information Processing Letters，2006，97 (4)：138-145.

[132] LÊ N M. Abstract Voronoi diagram in 3-space[J]. Journal of Computer and System Sciences，2004，68(1)：41-79.

[133] BERMAN P，LINGAS A. A nearly optimal parallel algorithm for the Voronoi diagram of a convex polygon[J]. Theoretical Computer Science，1997，174(1)：193-202.

[134] ULRICH K. Local calculation of Voronoi diagrams[J]. Information Processing Letters，1998，68(6)：307-312.

[135] AUGENBAUM J M，PESKIN C S. On the construction of the Voronoi mesh on a sphere[J]. Journal of Computational Physics，1985，59(4)：177-192.

［136］ CHEN X，MCMAINS S. Polygon offsetting by computing winding numbers ［C］// ASME 2005 International Design Engineering Technical Conferences & Computers and Information in Engineering Conference. Long Beach，California，USA. September，2005：24-28.

［137］ CHOU J J. Voronoi diagrams for planar shapes［J］. IEEE Computer Graphics Applications，1995，15(2)：52-59.

［138］ AMENTA N，BERN M，Surface reconstruction by Voronoi filtering［J］. Discrete and Computational Geometry，1999，22(4)：481-504.

［139］ LIN M C. Efficient collision detection for animation and robotics［D］. Berkeley：University of California，1993.

［140］ KIM D S. Polygon offsetting using a Voronoi diagram and two stacks［J］. Computer-Aided Design，1998，30(14)：1069-1076.

［141］ AGGARWAL A，GUIBAS L J，SAXE J，et al. A linear time algorithm for computing the Voronoi diagram of a convex polygon ［J］. Discrete & Computational Geometry，1989，4(1)：591-604.

［142］ KAI C C，GAN G K，TONG M. Interface between CAD and rapid prototyping systems. Part 1：a study of exiting interfaces［J］. Advanced Manufacturing Technology，1997，17(8)：566-570.

［143］ KIRKPATRICK D G. Efficient computation of continuous skeletons［J］. IEEE Sympos Found Comput Sci，1979：18-27.

［144］ LEE D T. Medial axis transformation of a planar shape［J］. IEEE Trans. Pattern Anal. Machine Intell. ，1982，PAMI-4(4)：363-369.

［145］ OHYA T，IRI M，MUROTA K. Improvements of the incremental method for the Voronoi diagram with computational comparison of various algorithms［J］. J Oper. Res. Soc. ，1984，27(4)：306-336.

［146］ MOLINA-CARMONA R，JIMENO A，RIZO-ALDEGUER R. Morphological offset computing for contour pocketing［J］. Transactions of the ASME，2007，129(4)：400-406.

［147］ 张李超，韩明，黄树槐. 快速成形激光光斑半径补偿算法的研究［J］. 华中科技大学学报(自然科学版)，2002，30(6)：16-18.

［148］ BIAN H Y，LIU W J，WANG T R. A selective-subarea offset-scanning path generating algorithm for stereolithography based on profiled outline convex decomposition［J］. High Technology Letters，2005，15(7)，35-39.

［149］ TILLER W，HANSON E G. Offsets of two-dimensional profiles［J］. IEEE Computer Graphics and Applications，1984，4(9)：36-46.

［150］ MACKAWA T. An overview of offset curves and surfaces[J]. Computer-Aided Design，1999，31(3)：165-173.

［151］ 郭飞,胡兵,应花山,等. 双振镜扫描几何失真的硬件校正[J]. 激光技术，2003，27(4)：337-338.

［152］ 陈忠,刘晓东. 激光振镜扫描系统的快速软件校正算法研究[J]. 华中科技大学学报(自然科学版),2003，31(5):68-69.

［153］ 赵毅,卢秉恒. 振镜扫描系统的枕形畸变校正算法[J]. 中国激光,2003,30(3):216-218.

［154］ 谢军,段正澄,史玉升. 用于 SLS 快速成形制造中振镜式激光扫描系统的关键技术[J]. 制造业自动化,2004，26(4):9-12.

［155］ 张李超,钱波,黄树槐. 高性能激光打标机软件体系结构[J]. 现代机械，2006(2):1-2.

第 4 章　SLS 高分子材料制备及成形工艺研究

材料是 SLS 技术发展的关键,它对 SLS 的成形速度和精度、力学性能以及应用都起着决定性的作用。SLS 的突出优点在于它以粉末作为成形材料,所使用的成形材料十分广泛。从理论上说,任何被激光加热后能够在粉粒间形成原子间连接的粉末材料都可以作为 SLS 的成形材料。目前,在 SLS 系统上已经成功运用石蜡、高分子材料、陶瓷粉末和覆膜砂粉末材料进行了烧结。由于 SLS 成形材料品种多、用料节省、成形件性能分布广泛,适合多种用途,因此 SLS 的应用越来越广泛。

4.1　SLS 高分子材料概述

国内外的多家公司及科研机构都在 SLS 材料的研究方面做了大量的工作,如在 SLS 技术方面有影响力的 3D Systems 和 EOS 公司都在大力研发 SLS 材料。目前已开发出多种 SLS 材料,按材料性质可分为以下几类:高分子基粉末、陶瓷基粉末、覆膜砂等。

与其他 3D 打印技术相比,SLS 技术的突出优点是该技术可以处理多种材料,包括高分子材料,金属和陶瓷。高分子材料与金属及陶瓷材料相比,具有成形温度低、烧结激光功率小、精度高等优点,成为应用最早,也是应用最多、最成功的 SLS 成形材料,在 SLS 成形材料中占有重要地位。高分子材料品种和性能的多样性以及各种改性技术也为其在 SLS 方面的应用提供了广阔的空间。目前,用于 SLS 的高分子材料主要是热塑性高分子材料及其复合材料。热塑性高分子材料又可分为晶态和非晶态两种。下面分别对 SLS 用非晶态和晶态高分子材料的最新研究进展进行论述。

1. 非晶态高分子材料

非晶态高分子材料在玻璃化温度(T_g)时,大分子链段运动开始活跃,粉末开始黏结,流动性降低。因而,在 SLS 过程中,非晶态高分子粉末的预热温度不能超过 T_g,为了减小烧结件的翘曲,通常略低于 T_g。当材料吸收激光能量后,温度上升到 T_g 以上而发生烧结。非晶态高分子材料在 T_g 时的黏度较大,而根据高分子材料烧结机理 Frenkal 模型的烧结颈长方程可知,烧结速率是与材料的黏度成反比的,这样就造成非晶态高分子材料的烧结速率很低,烧结件的致密度、强度较低,呈多孔状,但具有较高的尺寸精度。在理论上,提高激光能量密度可以增加烧结件的致密度。但实际上过高的激光能量密度往往会使高分子材料剧烈分解,烧结件的致密度反而下降;此外,也使得次级烧结现象加剧,烧结件的精度下降。因而,非晶态高分子材料通常用于制备对强度要求不高但具有较高尺寸精度的制件。

1) 聚碳酸酯

聚碳酸酯(polycarbonate,PC)具有突出的冲击韧度和尺寸稳定性,优良的力学强度、电绝缘性,较大的使用温度范围,良好的耐蠕变性、耐候性、低吸水性、无毒性、自熄性,是一种综合性能优良的工程塑料。在 SLS 技术发展初期,PC 粉末就被用作 SLS 成形材料,也是研究报道较多的一种高分子激光烧结材料。1993年美国 DTM 公司(现并入 3D Systems 公司)的 Denucci 将 PC 粉末和熔模铸造用蜡进行了比较,认为 PC 粉末在快速制作薄壁和精密零件、复杂零件、需要耐高低温的零件方面具有优势。1996 年 Sandia 国家实验室的 Atwood 等人也对 PC 粉末采用 SLS 技术制作熔模铸造零件进行了研究,从烧结件的应用、达到的精度、表面光洁度以及后处理等方面讨论了采用 PC 粉末的可行性,PC 粉末的激光烧结件在熔模铸造方面获得成功应用。为了合理控制烧结工艺参数,提高 PC 烧结件的精度和性能,许多学者对 PC 粉末在烧结中的温度场进行了研究。美国德克萨斯大学的 Nelson 等人建立了一维热传导模型,用以预测烧结工艺参数和 PC 粉末性能参数对烧结深度的影响。英国利兹大学的 Childs 和 Berzins、美国克莱姆森大学的 Williams、北京航空航天大学的赵保军等人也做了类似的工作,他们分别提出了不同的模型来模拟 PC 粉末在激光烧结过程中能量的传递、热量的传输和一些相关问题。香港大学的 Ho 等人在探索用 PC 粉末烧结塑料功能件方面做了很多工作,他们研究了激光能量密度对 PC 烧结件形态、密度和拉伸强度的影响,试图通过提高激光能量密度来制备致密度、强度较高的功能件。虽然提高激光能量密度能大幅度提高烧结件的密度和拉伸强度,但过高的激光能量密度反而会使烧结件强度下降、尺寸精度变差,还会产生翘曲等问题。他们还研究了石墨粉对 PC 烧结行为的影响,发现加入少量的石墨能显著提高 PC 粉床的温度。香港大学的 Fan 等人对激光选区烧结过程中 PC 粉末移动对烧结件微观形貌的影响进行了研究。华中科技大学的史玉升、汪艳等人从另外一个角度探讨了 PC 粉末在制备功能件方面应用的可能性,他们采用环氧树脂体系对 PC 烧结件进行后处理,经过后处理的 PC 烧结件的力学性能有了很大的提高,可用作性能要求不太高的功能件。

由于 PC 具有较高的玻璃化温度,因此在激光烧结过程中需要较高的预热温度,粉末材料容易老化,烧结不易控制。目前,PC 粉末在熔模铸造中的应用逐渐被聚苯乙烯粉末所替代。

2) 聚苯乙烯

EOS 公司和 3D Systems 公司分别于 1998 年、1999 年推出了以聚苯乙烯

(polystyrene,PS)为基体的商品化粉末烧结材料 PrimeCastTM 和 CastFormTM，这种烧结材料同 PC 相比，烧结温度较低，烧结变形小，成形性能优良，更加适合熔模铸造工艺，因此 PS 粉末逐渐取代了 PC 粉末在熔模铸造方面的应用。之后 3D Systems 又推出商品名为 TureFormTM 的丙烯酸-苯乙烯共聚物粉末材料。由于这些材料都是专利产品，文献报道较少。2007 年英国卡迪夫大学的 Dotchev 等人研究了影响 CastFormTM SLS 成形件精度的因素，并给出了提高这种材料 SLS 成形件精度的几种途径。2008 年香港大学的 Fan 等人研究了二氧化硅填充 TureFormTM 在 SLS 成形过程中的熔融行为。

由于 PS 的 SLS 成形件的强度很低，不能直接用作功能零件，因此国内多位研究者试图通过各种不同途径来增加 PS 烧结件的强度。郑海忠等人和张坚等人利用乳液聚合方法制备核-壳式纳米 Al_2O_3/PS 复合粒子，然后用这种复合粒子来增强 PS 的 SLS 成形件，研究结果表明纳米粒子较好地分散在高分子材料基体中，烧结件的致密度、强度得到提高。然而，他们都没有给出在增加烧结件致密度的同时，烧结件的精度的变化情况。一般来说，较低的致密度是非晶态高分子材料 SLS 成形件强度低的根本原因，而从机理上讲通过添加无机填料不能提高烧结件的致密度，因而我们认为在保持较好精度的前提下，添加无机填料很难对非晶态高分子材料的 SLS 成形件有增强作用。故此，华中科技大学的史玉升等人提出先制备精度较高的 PS 初始形坯，然后用浸渗环氧树脂的后处理方法来提高 PS 烧结件的致密度，从而使得 PS 烧结件在保持较高精度的前提下，致密度、强度得到大幅提升，可以满足一般功能件的要求。此外，华中科技大学的史玉升等人提出通过制备 PS/Polyamide(PA)复合材料来提高 PS 烧结件的强度。由于 PS 与 PA 之间极性相差较大，因此他们使用 PS-g-MAH(马来酸酐的接枝共聚物)作为相容剂来增加这两种高分子材料的相容性。最终他们成功制备出了这种复合粉末的 SLS 成形件，成形件的拉伸强度达到 14 MPa，可以满足一般功能件的要求。

3)高抗冲聚苯乙烯

目前，PS 由于其较低的成形温度及较高的成形件精度，逐渐取代 PC，成为 SLS 最为常用的非晶态高分子材料，但其 SLS 成形件强度较低，不易成形复杂结构或薄壁零件。针对这种问题，杨劲松等人提出使用高抗冲聚苯乙烯(high impact polystyrene,HIPS)粉末材料来制备精密铸造用树脂模，研究了 HIPS 的烧结性能及其烧结件的力学性能、精度，结果表明 HIPS 同样具有较好的烧结性能，且其烧结件的力学性能比 PS 烧结件的高得多，可以用来成形具有复杂结构或薄壁结构的零件。杨劲松等人同时也研究了 HIPS 烧结件的渗蜡后处理工艺以及以 HIPS 树脂模作为熔模的精密铸造工艺，并最终得到了结构精细、性能较高的铸件。华中科技大学史玉升等人同样先由 SLS 制备 HIPS 初始形坯，再通过浸渗环氧树脂的后处理方法，制备了精度较高、力学性能可以满足一般要求的 HIPS 功能零件。

4）聚甲基丙酸甲酯

聚甲基丙酸甲酯（PMMA）主要用作间接 SLS 制造金属或陶瓷零件时的高分子黏结剂，美国德克萨斯大学的研究者使用 PMMA 乳液通过喷雾干燥法制备高分子覆膜金属或陶瓷粉末，这种覆膜粉末材料中 PMMA 的体积分数在 20% 左右。PMMA 覆膜粉末材料已经成功用于通过间接 SLS 制备多种材料（包括氧化铝陶瓷、氧化硅/锆石混合材料、铜、碳化硅、磷酸钙等）的成形零件。

2. 晶态高分子材料

晶态高分子材料的烧结温度在熔融温度（T_m）以上，由于在 T_m 以上晶态高分子材料的熔融黏度非常低，因而其烧结速率较高，烧结件的致密度非常高，一般在 95% 以上。因此，当材料的本体强度较高时，晶态高分子材料烧结件具有较高的强度。然而，晶态高分子材料在熔融、结晶过程中有较大的收缩，同时烧结引起的体积收缩也非常大，这就造成晶态高分子材料在烧结过程中容易翘曲变形，烧结件的尺寸精度较差。目前，尼龙是 SLS 最为常用的高分子材料，另外也有其他一些晶态高分子材料（包括聚丙烯、高密度聚乙烯、聚醚醚酮等）已用于 SLS 技术。

1）尼龙

尼龙（polyamide，PA）是一种半晶态高分子材料，其粉末经激光烧结能制得高致密度、高强度的烧结件，可以直接用作功能件，因此受到广泛关注。3D Systems 公司、EOS 公司及 CRP 公司都将尼龙粉末作为激光烧结的主导材料，分别推出商品名为 DuraForm PA、PA2200、WindForm FX 的纯尼龙粉末材料。1997 年香港大学的 Gibson 等人研究了包括尼龙在内的不同高分子材料的烧结工艺，探讨了影响烧结件性能的因素。2001 年利兹大学的 Childs 和 Tontowi 对尼龙粉末的激光烧结成形做了大量工作，他们研究了粉床温度对烧结件密度的影响，并采用实验和模拟两种方法研究了尼龙 12 及玻璃微珠填充尼龙 11 的激光烧结行为。2003 年美国密西根大学的 Das 等人使用尼龙 6 来烧结成形生物组织工程三维支架。2003 年华中科技大学的林柳兰等人研究了尼龙 1010 的激光烧结工艺及性能。2005 年中国工程物理研究院的许超等人以尼龙 1212 为烧结材料，分析了烧结过程中激光与尼龙材料作用的物理过程，研究了预热温度、激光功率、扫描速度、扫描间距及铺粉参数等因素对尼龙材料烧结成形质量的影响。2006 年英国拉夫堡大学的 Zarringhalam 等人研究了激光烧结对尼龙 12 烧结件的结晶形态、微观结构、化学结构（相对分子质量）及力学性能的影响，结果表明尼龙 12 的 γ 型晶体的熔点是随加工条件的变化而变化的，相应的微观结构也随之发生变化；而尼龙 12 烧结件及使用过的尼龙 12 粉末的相对分子质量都比未用过的尼龙 12 粉末的要高。同在 2006 年，英国拉夫堡大学的 Ajoku 等人研究了制造方向对尼龙 12 激光烧结件力学性能的影响。2007 年爱尔兰国立大学的 Caulfield 等人研究了 SLS 工艺参数对 DuraForm PA 烧结件力学性能的影响。2008 年智利的 Jorge 等人建立了弹性张量刚度系数与尼龙 12 的 SLS 成形件相对密度的关系。

2）尼龙复合粉末材料

与金属及陶瓷相比,高分子材料更容易通过改性、复合等手段来提高材料的某些性能,从而可以扩展其应用领域。尼龙粉末已被证明是目前 SLS 技术直接制备塑料功能件的最好材料,而通过先制备尼龙复合粉末,再烧结得到的尼龙复合材料烧结件具有某些比纯尼龙烧结件更加突出的性能,可以满足不同场合、用途对塑料功能件性能的需求。与非晶态高分子材料不同,晶态高分子材料的烧结件已接近完全致密,因而致密度不再是影响其性能的主要因素,添加无机填料确实可以大幅度提高其某些方面的性能,如力学性能、耐热性等。

近几年来,尼龙复合粉末材料成为 3D Systems 公司、EOS 公司及 CRP 公司重点开发的烧结材料,新产品层出不穷。3D Systems 公司推出了系列尼龙复合粉末材料 DuraForm GF、Copper PA、DuraForm AF、DuraForm HST 等。其中 DuraForm GF 是用玻璃微珠做填料的尼龙粉末,该材料具有良好的成形精度和外观质量;Copper PA 是铜粉和尼龙粉末的混合物,具有较高的耐热性和导热性,可直接烧结注塑模具,用于聚乙烯(polyethylene,PE)、聚丙烯(polypropylene,PP)、PS 等通用塑料制品的小批量生产,生产批量可达数百件;DuraForm AF 是铝粉和尼龙粉末的混合粉末材料,其烧结件具有金属外观和较高的硬度、模量等。EOS 公司也有玻璃微珠/尼龙复合粉末 PA3200GF、铝/尼龙复合粉末 Alumide,以及 2008 年最新推出的碳纤维/尼龙复合粉末 CarbonMide。CRP 公司也推出了玻璃微珠/尼龙复合粉末 WindForm GF、铝粉/玻璃微珠/尼龙复合粉末 WindForm Pro,以及碳纤维/尼龙复合粉末 WindForm XT。

此外,SLS 用尼龙复合粉末材料也成为该领域学者研究的热点课题之一。2004 年英国利物浦大学的 Gill 和 Hon 研究了碳化硅粉末对尼龙烧结材料的影响。2005 年汪艳研究了玻璃微珠、硅灰石、滑石粉等无机填料改性尼龙 12 激光烧结材料的特性。2006 年美国密西根大学的 Chung 和 Das 研究了由 SLS 制备的玻璃微珠填充尼龙 11 功能梯度材料的成形工艺及性能。2006 年美国的 Baumann 等人使用二氧化钛粉末改性尼龙的 SLS 成形件。2007 年意大利马尔凯理工大学的 Mazzoli 等人研究了用于 SLS 的铝粉填充尼龙粉末材料的特性。2007 年英国拉夫堡大学的 Savalani 等人由羟基磷灰石/尼龙复合粉末通过 SLS 得到具有生物活性的复杂骨骼移植结构。2008 年英国伦敦马丽女王大学的 Zhang 等人也对具有生物活性的羟基磷灰石/尼龙复合材料 SLS 成形件的特性及动态力学性能进行了研究。2008 年杨劲松通过钛酸钾晶须来增强尼龙 12 的 SLS 成形件。上述学者使用的无机填料包括玻璃微珠、碳化硅、铝粉、硅灰石等都是微米级填料,这些微米级填料一般会使尼龙 SLS 成形件的模量、硬度等得到提高,而冲击强度却大幅下降。目前,高分子纳米材料成为学术界研究的热点领域,添加少量的纳米填料就可以使得高分子材料的拉伸强度、模量、硬度及热稳定性等同时得到提升,而冲击性能可以得到保持。近年来,一些研究者试图将纳米材料用于增强尼龙 SLS 成形件,并取得了一定进展。2004 年美国德克萨斯 A&M 大学的 Kim 和 Creasy 研究了黏土/尼龙 6 纳米复合材料的烧结特性,认为黏土使尼龙 6 熔体黏度增大,从而降低了烧结速率和烧结件的密度,进而得出纳米复合材料的激光选区烧结需要比纯尼龙材料更高的预热温度及激光功率,然而他们这些结论都是在烘箱加热烧结实验中获得的,需要通过 SLS 实验来验证。2005 年华中科技大学的汪艳等人将累托石与尼龙 12 的混合粉末进行 SLS 成形,在烧结过程中尼龙 12 分子链插入累托石层间结构中,从而形成插层型纳米复合材料,使得 SLS 成形件的拉伸强度、冲击强度等得到提高。美国密西根大学的 Chung 和 Das 分别在 2005 年及 2008 年研究了纳米二氧化硅与尼龙 11 混合粉末的烧结参数及烧结性能,但他们发现机械混合法无法将纳米二氧化硅均匀分散于高分子基体中。

目前,用于 SLS 的无机填料/尼龙复合粉末的制备方法通常有两种。一种是机械混合法,即将无机填料和尼龙粉末机械混合得到复合粉末。由于无机填料在极性和密度上与尼龙粉末存在较大差别,因此机械混合法很难将它们混合均匀,尤其是对于极易团聚的纳米填料,机械混合法根本不能将其以纳米尺寸分散在尼龙基体中。另外一种为深冷冲击粉碎法,首先通过传统方法得到尼龙纳米材料粒子,再将其在极度低温条件下粉碎成适合于 SLS 成形的粉末材料。这种方法虽然可以将纳米粒子均匀分散,但其制备的粉末材料通常具有较大的粒径、较宽的粒径分布和极度不规则的粉末形状,而这些对 SLS 成形件的精度是非常不利的。

3)其他晶态高分子材料

在 SLS 技术中,除了尼龙得到广泛应用外,该领域学者也对其他一些晶态高分子材料的激光选区烧结特性及其烧结件性能进行了研究。而这些研究主要集中在高分子材料 SLS 成形件在生物医学上的应用。2000 年英国伯明翰大学的 Rimell 和 Marquis 研究了超高相对分子质量聚乙烯(UHMWPE)的 SLS 工艺及其烧结件在临床上的应用。2006 年英国拉夫堡大学的 Savalani 等人研究了一种羟基磷灰石(HA)增强高密度聚乙烯(HDPE)生物活性材料(商品名为 HAPEX ©)的 SLS 工艺,对比了 CO_2 激光器和 Nd:YAG 激光器对材料烧结性能的影响。2006 年英国拉夫堡大学的 Hao 等人也研究了 HA/HDPE 复合材料的 SLS 工艺,最后他们得出结论:SLS 非常适合用来成形具有生物活性的、结构复杂的 HA/HDPE 人造骨骼及组织工程支架。2007 年巴西的 Salmoria 等人研究了尼龙/HDPE 共混粉末的 SLS 成形工艺,结果表明只要选择合适的高分子特性(熔融黏度、激光吸收率等)、粉末特性(如粒径分布等)以及最佳的烧结参数,通过 SLS 成形尼龙/HDPE 共混件是可行的。2007 年英国帝国理工学院的 Simpson 等人研究了具有生物活性的聚丙交酯-乙交酯共聚物/HA 及聚丙交酯-乙交酯共聚物/β-磷酸三钙复合材料的 SLS 工艺,并烧结得到用于骨骼移植的三维支架。2008 年新加坡南洋理工大学的 Wiria 等人研究了使用 SLS 技术成形聚乙烯醇/HA 生物复合材料的生物组织工程支架。2008 年香港大学的 Zhou 等人研究了通过 SLS 技术成形聚 L-丙交酯/纳米羟基磷灰石复合材料的生物组织工程支架。

聚醚醚酮(PEEK)是一种半晶态高分子材料,具有非常高的力学性能、耐热性(熔点在 330～385 ℃之间)、耐磨性及抗化学物质腐蚀性能。近年来,一些学者研究了 PEEK 的 SLS 成形工艺及烧结件的应用。1999 年美国学者 Schultz 等人研究了 PC-PEEK 复合材料的 SLS 成形工艺。在 2003 年及 2005 年新加坡南洋理工大学的 Tan 等人研究了 PEEK/HA 生物活性复合材料的 SLS 成形工艺。2004 年德国斯图加特大学的 Wagner 等人研究了炭黑添加剂对 PEEK 烧结性能的影响。在 2005 年及 2007 年德国 Bavarian Laserctrum 的 Rechtenwald 等人研究了 PEEK 的 SLS 成形工艺,他们认为烧结 PEEK 时为了避免翘曲必须将预热温度升高到 340 ℃左右(接近 PEEK 的熔点),而现在商品化的 SLS 系统不能达到这么高的预热温度,必须对现有商品化设备进行改造。

4.2   激光选区烧结材料的制备方法

目前,常用于制备 SLS 复合材料的方法主要有三种,包括机械混合法、低温粉碎法、溶剂沉淀法。下面分别进行论述。

4.2.1   机械混合法

机械混合法是目前制备 3D 打印用高分子粉末/填料复合粉末、金属/黏结剂复合粉末、陶瓷/黏结剂复合粉末最常用的方法,其基本工艺过程为:将高分子粉末与各种填料粉末、金属/黏结剂粉末、陶瓷/黏结剂粉末在三维运动混合机、高速捏合机或其他混合设备中进行均匀机械混合。机械混合法工艺简单,对设备要求低,但缺点也十分明显。当填料粉末的粒径非常小(如粉末粒径小于 10 μm),或者填料(如金属粉末)的密度比高分子粉末大得多时,粉末颗粒容易产生偏聚现象,机械混合法很难将无机填料颗粒均匀地分散在高分子基体中,最终会造成制件的性能下降。

4.2.2   低温粉碎法

高分子材料由于其热敏性和黏弹性,一般难以像无机材料那样用传统的粉碎、研磨等方式达到微细化。黏弹性高分子材料由于自黏性大,随研磨时间增加,粒子会重新黏合而使粉碎效率降低,通常要用液氮或干冰作冷却介质进行超低温冷冻粉碎。对于硬度、脆性较大的材料,可采用撞击摩擦的粉碎方式;而对于软韧材料,可采用剪切撕裂方式进行粉碎。大多数高分子材料为软韧材料,只有在低温下才能粉碎,而且冷冻温度最好控制在物料的脆化温度之下。表 4.1 所示为几种常见高分子材料的粉碎温度。

表 4.1　常见高分子材料的粉碎温度

物料	聚苯乙烯	聚氯乙烯	聚酰胺	聚丙烯	聚乙烯	轮胎橡胶
粉碎温度/℃	0	30	−80	−100	−120	−70

1.低温粉碎原理

高分子材料在低温下具有各自的脆化点及玻璃化转变点。当温度低于脆化点时,高分子材料会变脆。在不同的温度范围,高分子材料的冲击韧度会出现延展性区、过渡区及脆性区三个区。

在延展性区,高分子材料呈高弹态时,可像橡胶一样被延伸,持久载荷的断裂过程在 1 s 以上,与冲击断裂时的瞬时性不同。高分子材料处于高弹态与玻璃态之间的过渡区时,会出现较稳定的颈缩和冷拉现象,有高的伸长率。在脆性区,高分子材料呈玻璃态,抗拉、抗压增强,硬度增高,塑性、冲击韧度和伸长率降低。受到外力时,材料内不均匀的质点和细微裂纹积聚能量,使裂纹不断扩展。裂纹的存在是破坏的内在因素,其会增加蠕变和应力松弛的速率。银纹化和裂纹化的结果使应力更加集中,使部分分子链滑动或断裂。随应变速率加快,材料的脆性增强,形成的断裂为脆性断裂。

整体而言,随温度降低,高分子材料的脆性增加。粉碎高分子材料时,就是利用这一特性,在低温下用高速冲击的粉碎方式来粉碎高分子材料。

低温有三个方面的作用:

(1)消耗粉碎时产生的局部热,防止温度升高,保持低温状态;

(2)降低高分子材料的冲击韧度和扯断伸长率,使其易于粉碎;

(3)大幅度减少粉碎热,提高粉碎产量。

低温粉碎时,主要是用制冷剂达到低温效果。深冷低温粉碎常用的制冷剂为液氮和甲烷。由于液氮的潜热很大,又是惰性液化气,无爆炸隐患,因此应用较广。

2.低温粉碎方法

低温粉碎方法可归纳为三类:

(1)先使原材料在低温下冷却,达到低温脆化状态,再投入处于常温的粉碎机中进行粉碎。此法用于与食品有关的材料及废物的粉碎。

(2)在原材料为常温、粉碎机内部温度为低温的情况下进行粉碎,可防止原材料粉碎过程中局部过热变质。该法用于热硬化性树脂和食品原材料的粉碎。

(3)将原材料冷却至很低的温度,将粉碎机内部温度也保持在合适的低温状态,再进行粉碎。

制备高分子粉末材料时,首先将原料冷冻至液氮温度(−196 ℃),将粉碎机内部温度保持在合适的低温状态,加入冷冻好的原料进行粉碎。粉碎温度越低,粉碎效率越高,制得的粉末粒径越小,但制冷剂消耗量大。粉碎温度可根据原料性质而定,对于脆性较大的原料如聚苯乙烯、聚甲基丙烯酸酯类,粉碎温度可以高一些,而对韧度较好的原料如聚碳酸酯、尼龙、ABS 等则应保持较低的温度。

低温粉碎法工艺较简单,能连续生产,但需专用深冷设备,投资大,能量消耗大,制备的粉末颗粒形状不规则,粒径分布较宽。粉末需经筛分处理,粗颗粒可进行二次粉碎、三次粉碎,直至达到要求的粒径。

4.2.3 溶剂沉淀法

1. 溶剂沉淀法原理

溶剂沉淀法是选择某种溶剂(高分子材料在该溶剂中高温下的溶解性好,而在低温下几乎不溶),在高温下使高分子材料溶解,边激烈搅拌边冷却得到粉末。该法制备覆膜粉末只需常规化工设备,生产过程易于控制,溶剂可回收利用,并且可根据不同要求,选择不同的溶剂,制备出不同粒径范围、不同结构性能的覆膜粉末,特别是可以制备几何形貌规则的近球形粉末。其一般流程如图 4.1 所示。

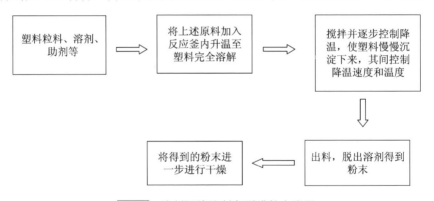

图 4.1 溶剂沉淀法制备覆膜粉末流程

研究表明,球形或者近球形的粉末流动性好,便于铺粉,SLS 成形时收缩小,成形性能好。

溶剂沉淀法制备高分子及其复合粉末材料,利用溶解再结晶的方法使微米/纳米级填料均匀分散,并能够形成良好的界面黏结强度,制得的粉末材料球形度好,粒径分布较窄,利于铺粉和成形过程。

2. 溶剂沉淀法制备尼龙及其复合粉末材料

溶剂沉淀法制备无机填料增强尼龙复合粉末材料的一般过程为:首先对无机填料粒子进行表面改性处理,在超声和搅拌的条件下使其均匀地分散在溶剂中,形成均匀悬浮液;然后将尼龙树脂、溶剂、均匀悬浮液和其他助剂一起加入反应釜中,在气体保护下升温并保温一段时间,剧烈搅拌,然后逐渐冷却,减压蒸馏得到尼龙粉末聚集体;最后真空干燥、球磨、筛分得到尼龙复合粉末材料。溶剂沉淀法制备尼龙复合粉末材料的具体工艺流程如图 4.2 所示。

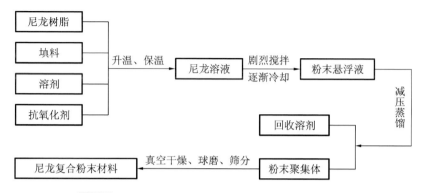

图 4.2　溶剂沉淀法制备尼龙复合粉末材料工艺流程

采用溶剂沉淀法制备的尼龙复合粉末材料,其粒径大小及分布受溶剂用量、溶解温度、保温时间、搅拌速率、冷却速率等因素的影响,改变条件可以制备出不同粒径的粉末材料。一般来说,粒径大小与溶剂的用量和溶解温度成反比,溶剂用量越大,溶解温度越高,粉末粒径越小。增加保温时间也可减小粉末粒径。利用溶剂沉淀法制备的粉末接近球形,并且可以通过控制工艺条件生产出不同粒径范围、不同结构和性能的尼龙粉末。

4.2.4　其他制备方法

除了上述三种主要制备方法外,有些聚合工艺可直接制得高分子粉末。如采用自由基乳液聚合合成聚丙烯酸酯、聚苯乙烯、ABS 等高分子材料时,将高分子胶乳进行喷雾干燥可得到高分子粉末。这种方法制备的高分子粉末形状为球形,流动性很好。当采用界面缩聚生产聚碳酸酯时,也可直接得到聚碳酸酯粉末,但这种方法得到的粉末形状极不规则,表观密度很低。

4.3　高分子材料的制备与成形工艺

高分子材料是最早获得成功应用的 SLS 成形材料,高分子粉末与金属和陶瓷粉末相比,具有较低的成形温度,烧结所需的激光功率小,且其表面能低,因此,高分子粉末是目前应用最多也是应用最成功的 SLS 材料。SLS 技术要求高分子材料能被制成平均粒径为 $10 \sim 100\ \mu m$ 的固体粉末,在吸收激光后熔融(或软化、反应)而黏结,且不会发生剧烈降解。目前,用于 SLS 的高分子材料主要是热塑性高分子材料及其复合材料。

4.3.1 尼龙粉末的制备与 SLS 成形工艺

1. 溶剂沉淀法制备尼龙 12 粉末

1）尼龙粉末的制备实验

将尼龙粉末及其助剂、溶剂一起投入反应釜中开始升温，待温度升到尼龙的溶解温度后保温，随后开始分段降温，待温度降到 70 ℃以下后出料，用过滤或蒸馏除去其中的溶剂，而后于球磨机中球磨即得尼龙粉末。

（1）尼龙树脂的选择。

晶态高分子材料经激光烧结能得到致密的原型件，原型件的性能可接近于模塑件的性能，因此可直接用作塑料功能件。由于高分子材料的性能决定了原型件所能达到的性能，要制备高性能的原型件，必须选用高性能的高分子材料作烧结材料。

由于目前广泛使用的尼龙材料牌号众多，性能上也有很大的差异，因此应当优选一种烧结温度适当、不易翘曲变形、力学性能优良的尼龙。最常用的尼龙牌号为尼龙 6、尼龙 66、尼龙 11 及尼龙 12 等。表 4.2 中列出了各种尼龙的主要性能。

从表 4.2 可以看出，这几种尼龙都具有良好的力学性能，能满足作为塑料功能件的性能要求。尼龙 6 和尼龙 66 由于分子中的酰胺基密度大而具有较高的吸水率，吸水会破坏尼龙分子间的氢键，在高温下还会发生水解导致相对分子质量下降，从而使制件的强度和模量显著下降，尺寸发生较大变化。若制成粉末，由于比表面积大，更容易吸水，吸水率高对 SLS 成形极为不利。而且这两种尼龙的熔融温度都很高，烧结时需要很高的预热温度，这给 SLS 成形带来很大的困难。在这几种尼龙中，尼龙 12 的熔融温度最低，吸水率和成形收缩率都较小，因此我们选择尼龙 12 进行研究。

表 4.2 不同牌号尼龙的性能参数

性能	尼龙 6	尼龙 66	尼龙 11	尼龙 12
密度/(g/cm³)	1.14	1.14	1.04	1.02
玻璃化温度/℃	50	50	42	41
熔点/℃	220	260	186	178
吸水率(23℃ 24 h)/(%)	1.8	1.2	0.3	0.3
成形收缩率/(%)	0.6~1.6	0.8~1.5	1.2	0.3~1.5
拉伸强度/MPa	74	80	58	50
断裂伸长率/(%)	180	60	330	200

续表

性能	尼龙 6	尼龙 66	尼龙 11	尼龙 12
弯曲强度/MPa	125	130	69	74
弯曲模量/GPa	2.9	2.88	1.3	1.33
悬臂梁冲击强度/(J/m)	56	40	40	50
热变形温度(1.86 MPa)/℃	63	70	55	55

（2）溶剂。

溶剂沉淀法可选择的溶剂体系有甲醇、乙醇、乙二醇、二甲基亚砜、硝基乙醇、ε-己内酰胺等。崔秀兰等人研究了不同的溶剂沉淀体系对制备尼龙粉末的影响，包括二甘醇、二甘醇-水、乙醇-氯化钙、乙醇-盐酸四种溶剂沉淀体系，综合研究了粉末的性能，发现使用溶剂沉淀法制备的粉末形貌和粒径与溶剂有很大关系。二甘醇体系的粉末平均粒径为 43 μm，二甘醇-水体系的粒径在相同条件下可以达到最小，只有 17 μm 左右，乙醇-氯化钙体系的粒径为 37 μm 左右，乙醇-盐酸体系的粉末平均粒径为 66 μm 左右。此外发现乙醇-氯化钙体系制备的粉末颗粒具有多孔结构。乙醇-盐酸体系制备的粉末在 230 ℃ 以上热稳定性较好。

以上溶剂体系中，甲醇、二甲亚砜、硝基乙醇等毒性较大，不适合人工操作生产；二甘醇等溶剂的沸点较高，不易于溶剂的回收，且价格高。用乙醇-氯化钙体系制备的粉末粒度均匀，粒径适中，但制备的粉末呈多孔结构，成形时变形较大，而且对设备有一定的腐蚀性。乙醇-盐酸体系制备的粉末稳定性较好，但腐蚀更为严重，此外盐酸容易挥发出氯化氢气体，有毒性、刺激性，此方法欠佳。为避免这些问题，丁淑珍等人研究了另一种醇溶液体系，生产的尼龙粉末粒径可控制在 53～75 μm，但是其粉末颜色发黄，熔点高达 200 ℃ 以上。

乙醇为一种优良的溶剂，而且毒性和刺激性低，价格低，易于回收，因此，本研究仍然首选以乙醇为主的溶剂体系。

本课题组的先期研究表明，粒径分布集中在 30～50 μm 的粉末对 SLS 成形特别有利。因为在 SLS 成形过程中，粒径太小使粉末不仅变得蓬松，堆密度降低，而且容易黏附在铺粉辊上，不利于粉末的铺平；粒径过大，则成形性能恶化，制件的表面粗糙。

前人的研究报道表明，乙醇体系所制备的尼龙粉末很难达到这样的要求，一般平均粒径都在 75 μm 左右，因此 3D Systems 公司推出的精细尼龙（平均粒径为 40 μm）主要通过空气筛分获得。在粉末没有其他用途的情况下，这种方法效率太低、成本太高。虽然通过降低溶质-溶剂比可以减小粉末的粒径，但报道的溶质-溶剂比已经很低，为 1∶(10～20)，再降低比例很不经济。溶剂极性对粉末粒径有着显著的影响，如溶剂中的水分会使粉末粒径增加，表 4.3 所示为不同质量分数的水分对粉末粒径的影响。

表 4.3　不同质量分数的水分对粉末粒径的影响

（溶解温度 145 ℃,2 h;尼龙：溶剂＝1：5）

溶剂中水分的质量分数/(%)	0.3	0.5	1	2	5
平均粒径/μm	53.5	56.7	78.8	125	>500

由表 4.3 可见,随着溶剂中水分的增加,所制备的尼龙粉末粒径迅速增加,实验中应将溶剂中的水分质量分数控制在 0.5% 以下,最多不能超过 1%。本研究发现,溶剂中加入弱极性溶剂,如丁酮、二甘醇等有利于降低粉末的粒径。因此本实验所采用的溶剂中除乙醇外还有不超过 10% 的丁酮和二甘醇,通过调节溶剂组分比例可达到制备不同粒径粉末的目的。

2)尼龙粉末的制备工艺

(1)溶解温度。

溶剂沉淀法制备尼龙 12 粉末,其实质是尼龙 12 在高温下溶解,在低温下又析出的过程,因此温度控制在尼龙粉末的制备过程中起着举足轻重的作用。用溶剂沉淀法制粉必须保证尼龙 12 的完全溶解,温度越高、溶解时间越长,越有利于尼龙 12 的溶解,生产出的粉末越细;温度越低、溶解时间越短,尼龙 12 的溶解就越不完全,生产出来的粉末就越粗大。但尼龙 12 在高温下会发生氧化和降解,对尼龙 12 性能的影响不利,因此在保证溶解的前提下应采用较低的溶解温度和较短的时间。如表 4.4 所示为溶解温度和时间对粉末粒径的影响。

表 4.4　溶解温度和时间对粉末粒径的影响

溶解温度/℃	溶解时间/h	粉末粒径	颜色
130	8	粗,大于 500 μm	白
135	4	粗,大于 200 μm	白
135	8	较粗,大于 100 μm	白
140	1	较粗,大于 80 μm	白
140	2	细	白
145	1	细	白
150	0.5	细	白
150	4	细	微黄
170	1	细	微黄

根据以上实验结果,溶解温度选择 140～145 ℃,溶解时间选为 2 h。

(2)降温方式及速度。

降温方式及速度对粉末的沉淀有着显著的影响,这里设计了以下几种降温方式。

①自然冷却降温。

自然冷却降温的降温速度与环境温度有关,在气温低时可获得较快的降温速度,而在气温高时降温速度也慢。尼龙 12 沉淀结晶时会放出结晶熔使体系的温度升高,因此可根据温度的转折来判断尼龙的沉淀温度。图 4.3 所示为环境温度为 13 ℃时的降温曲线,由图可见沉淀结晶温度为 106 ℃。结晶时放出的热熔使整个体系的温度上升了 1℃以上,由此可见结晶熔十分巨大。

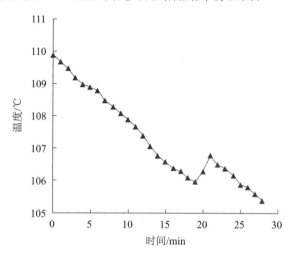

图 4.3　釜内温度随时间的变化曲线(自然降温,室温 13 ℃)

用自然降温的方法生产出来的粉末大小不均匀,形貌不规则,如图 4.4 所示,粉末的 SLS 成形性能也不好。

图 4.4　尼龙 12 粉末的照片(自然降温,室温 13 ℃)

进一步研究发现,用自然降温方法生产的尼龙 12 粉末的粒径及其分布受气温的影响很大,气温越高,降温速度越慢,生产出的尼龙 12 粉末越细,但粒径分布变宽,几何形貌不规则的微细粉末(小于 10 μm)含量增加。图 4.5(a)所示为环境温度为 31 ℃时的降温曲线。

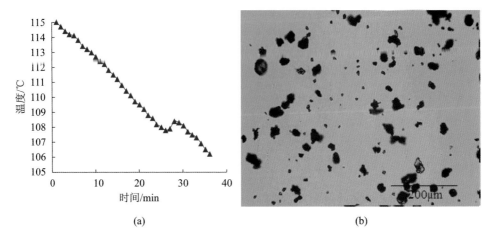

(a)　　　　　　　　　　　　　　　　(b)

图 4.5　釜内温度随时间的变化曲线及尼龙 12 粉末的照片(自然降温,室温 31 ℃)
(a)降温曲线;(b)粉末照片

由图 4.5(b)可知,在气温较高时制备的粉末的粒径分布很宽,粉末的形貌变得更不规则,有很大一部分粉末的粒径在 10 μm 以下。此粉末的流动性不好,易结块,干燥后难以分散,SLS 成形时收缩大,易翘曲变形。

②直接通冷却水降温。

自然降温不能控制降温速度,特别是在室温较高时,由于降温速度缓慢,沉淀时的结晶熔不能被及时带走,溶液体系温度上升明显,给粉末几何形貌和粒径都带来不利的影响,所以本研究试图用釜内的冷却盘管来冷却,以期获得较快的降温速度。

在冷却盘管中直接通水冷却发现,尼龙 12 全部围绕着冷却盘管沉淀,围绕冷却盘管最内层为一层尼龙 12 薄膜,而后是肉眼可见的粗粉末,再由内向外粉末逐渐变细。由此可知,随着冷却速度的增加,粉末粒径增大。

③通过冷却夹套油降温。

釜体内的冷却盘管通水冷却的方法会造成温差过大,所以这里改为冷却夹套油降温的方法来降温。夹套油降温制备的尼龙 12 粉末如图 4.6 所示。

但该方法会使油温变得不均匀,在釜体中心部位也出会现一层尼龙 12 薄膜,而且很难通过油温来准确控制釜内温度。虽然粉末的几何形貌近似球形,但粒径较大,大部分在 70 μm 以上,甚至有一部分超过 100 μm。粉末的流动性较好,但 SLS 成形性能较差。

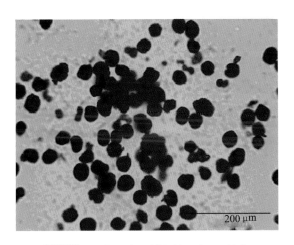

图 4.6　夹套油降温制备的尼龙 12 粉末

④釜外冷却与蒸馏冷却。

为获得窄粒径分布的近球形尼龙 12 粉末,必须严格控制沉淀结晶时的冷却速度,特别是要能迅速带走结晶焓,防止沉淀结晶时温度的回升,并且保证体系温度的均匀性。为此,实验在冷却快接近沉淀温度时开启风扇,通过空气对流来带走热量。加吹风后,降温过程中温度再度升高的幅度降低,如图 4.7(a)所示,粉末的粒径分布变窄,大部分粉末的几何形貌为近球形,但仍有部分为不规则粉末,如图 4.7(b)所示。

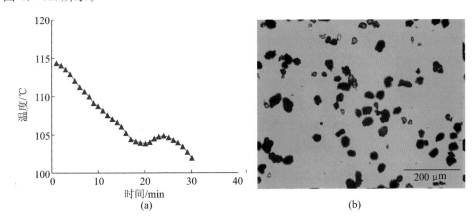

图 4.7　釜外强制对流冷却的降温曲线与制备的尼龙 12 粉末(室温 25 ℃)
(a)降温曲线;(b)粉末照片

虽然用风扇通风冷却后,细粒径不规则粉末的数量有所减少,但其粒径很不均匀,仍然存在部分几何形貌不规则的细粒径粉末。通过大量的实验发现:尼龙 12 在沉淀过程中温度的再度升高对粉末几何形貌的规则性带来十分不利的影响。显然,通过空气对流无法及时带走突然放出的结晶焓。因此,本研究实验在釜体外直接喷冷却水,具体办法是:待温度冷却到接近沉淀温度时,开始向釜盖外表面喷水冷却,直至沉淀结束。用此方法后,有效地降低了沉淀结晶过程中温度再次升高的幅度,升温幅度降至 0.5 ℃ 以内。待沉淀结束后打开反应釜,发现在釜盖内表面附着有大量的粉末,且粒径较粗。为此减少了釜的装填量,当装填量小于釜内体积的 70% 后,釜盖内表面不再有粉末出现,可能是由于搅拌时液体不会接触到釜盖了。制备的粉末粒径较为均匀,但粉末的粒径较粗,平均粒径为 55 μm,细粉末基本消失,如图 4.8 所示。

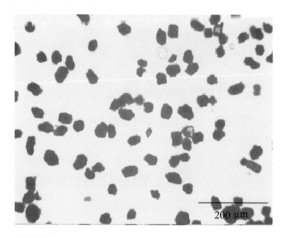

图 4.8 严格控制降温速度时制备的尼龙 12 粉末

上述办法能很好地解决小反应釜的降温问题,但对于大反应釜,由于其热容量太大,无法通过釜外空气强制对流传热。前面的实验表明,通过低温液体与釜体直接接触的传热方式对制粉不利。而液体蒸发的潜热很大,蒸发时会吸收大量的热量,因此可用蒸馏冷却的方法来降温。同时蒸馏不会出现局部低温的现象,并可维持釜体温度的相对稳定。通过控制蒸馏的速度可以控制降温速度,具体做法是:降温时开启蒸馏阀,调节蒸馏速度以达到合适的降温速度,当尼龙 12 开始沉淀时,由于结晶放热温度上升,此时加大蒸馏速度,使温度上升不超过 0.5 ℃,直到沉淀结束。

(3)搅拌。

粉末粒径分布及其范围与搅拌速度相关,如表 4.5 所示为不同搅拌速度下尼龙 12 粉末的粒径及其分布。

表 4.5 不同搅拌速度下尼龙 12 粉末的粒径及其分布

参数	参数值		
搅拌速度/(r/min)	500	600	700
$D_{50}/\mu m$	75	66	53
$D_{10\sim90}/\mu m$	83	67	40

由表 4.5 可知,随着搅拌速度的增加,粉末粒径减小,粒径分布变窄,因此,在

一般情况下,应尽可能选择较高的搅拌速度。

(4)粉末沉淀过程中的成核。

用溶剂沉淀法制备尼龙 12 粉末,当大分子链处于溶解状态时,运动是无序的。在冷却过程中,随着温度的降低,分子链的运动逐渐被限制,当达到饱和时,在溶液中形成无数的由几个链段聚集在一起的有序的结晶,但由于结晶核太小,溶液仍处于过饱和状态,溶液透明,尼龙 12 不会沉淀出来。随着温度的继续降低,晶核的尺寸越来越大,一旦有晶区尺寸达到了临界值,便稳定存在,从而形成晶核。此时尼龙 12 便围绕这些晶核开始大量的沉降。

以上是均相成核的机制。在沉淀过程中一般均相成核和异相成核同时存在,如尼龙 12 以冷凝盘管和釜内壁为中心沉淀就是异相成核。直接通水冷却时,由于盘管和釜内壁的温度较低,因而尼龙 12 围绕着这些壁沉淀,即形成一层尼龙 12 薄膜。直接通水冷却时,越靠近管壁温度越低,即形成温度梯度,因而粉末也呈现梯度沉降。因此,为获得均匀的粉末,应保持夹套温度稍高于釜内温度,并且去掉釜内的冷却盘管。

在无外加成核剂和直接通水冷却的情况下,尼龙 12 的沉淀结晶以均相成核为主。因此晶核的生成就成为对尼龙 12 粉末的粒径及其分布进行控制的关键。

要制备粒度均匀的粉末,沉淀前的晶核就必须均匀。温度从溶解温度直接冷却到沉淀温度,在降到溶液的饱和温度后,晶核开始出现,直到沉淀结束。这期间随着时间的延长和温度的降低,晶核数量不断地增加,尺寸不断长大,因此在不同阶段出现的晶核大小不一。先出现的晶核由于有足够的生长时间,颗粒较粗,由于生长完全,表面光滑而几何形貌规则。后出现的晶核生长不完全,所以粉末粒度细,形貌也不规则。

为获得均匀的晶核,本研究实验在实际沉淀前的某一温度下维持 0.5～1 h 的成核阶段。如表 4.6 所示为不同成核温度对制备尼龙 12 粉末的影响。

表 4.6　不同成核温度对制备尼龙 12 粉末的影响

成核温度/℃	结果
130	无变化
125	粒径稍细,几何形貌规则
120	粒径变小,大部分几何形貌规则,但仍有部分细粉末
115	粒径小,细粉末多
110	粒径小,几乎全为细粉末,几何形貌不规则

通过进一步的实验,发现将成核温度控制在 120～122 ℃,维持半小时的成核阶段可获得较好的效果,所制备的粉末粒度较均匀,几何形貌规则,大部分粒径可控制在 30～50 μm。

用晶核的形成机理同样可以解释沉淀时细粉末的出现。因为在较高的温度下,分子的热运动过于剧烈,晶核不易形成,或生成的晶核不稳定,容易被分子热运动所破坏。随着温度的降低,均相成核的速度逐渐加快,因此冷却速度越慢,形成的晶核越多,则粉末越细。沉淀结晶时,不同时期生成的晶核完善程度不同,过多的晶核又相互影响,多个不完善的晶核可能相互聚集在一起,因此粉末的几何形貌不规则,粒径分布变宽。如果在沉淀结晶时放出的热量不能及时被带走,温度回升,在这期间又将产生大量的晶核,从而产生大量的几何形貌不规则的细粉末。

(5)异相成核。

以上研究表明,在沉淀过程中增加一个成核阶段,粉末的粒度及其分布可以得到改善,但用此方法制备的粉末粒径分布仍然较宽,特别是不能同时获得粒度细而几何形貌规则的粉末,满足不了 SLS 对尼龙粉末的需要,使用前必须经过筛分,为此实验通过外加成核剂来调节粉末的粒度及其分布。

尼龙的成核剂有很多,常用的有:二氧化硅(SiO_2)、胶体石墨、氟化锂(LiF)、氮化硼(BN)、硼酸铝和某些高分子材料等。普通无机物的粒度较粗,几乎与所制备的粉末粒径相当,因此这里选用气相二氧化硅作为成核剂。

气相二氧化硅的粒径很小,溶于酒精后迅速地膨胀分散,达不到晶核的尺寸,对后面激光烧结性能的影响较小。因此在沉淀过程中加入 0.1% 气相二氧化硅,随后的实验发现,加入二氧化硅后自然冷却降温沉淀,粉末的粒度及几何形貌没有得到改善,但维持一段时间的成核阶段后,粉末的粒径分布及几何形貌得以改善。可能是气相二氧化硅的粒径很小,直接沉淀时达不到晶核的尺寸,但气相二氧化硅对晶核的形成具有促进作用,即可能是尼龙 12 围绕细小气相二氧化硅形成晶核,所以形成的晶核更加均匀和稳定。但若无成核阶段,尼龙 12 在低温下成核,由于温度较低,均相成核的速度较快,因而气相二氧化硅的作用很小。如图 4.9 所示为加入气相二氧化硅并经历成核阶段后制备的尼龙 12 粉末。

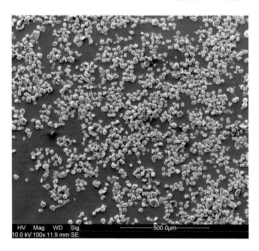

图 4.9　加入 0.1% 气相二氧化硅成核的尼龙 12 粉末

成核剂的用量对粉末的粒径有着显著的影响,随着成核剂用量的增加,粉末的粒径变细,但几何形貌的规则性变差。当用气相二氧化硅作成核剂时,若用量超过 1%,溶液的黏度显著增加,堆密度迅速下降,制备的粉末由于比表面积高而大量吸收溶剂,无法出料。因此二氧化硅的用量应尽量少。

(6)热历史对制备粉末的影响。

热历史对粉末的影响较大,将制备的粉末再次加入反应釜中多次制粉,制备的粉末如图 4.10 所示,可见粉末的粒径分布变宽,不仅出现形状不规则的粉末,而且部分粉末颗粒中间出现了裂痕。

图 4.10　反复加热制备的尼龙 12 粉末

(7)尼龙粉末的后处理工艺。

将制备好的尼龙 12 粉末浆料于离心机中分离溶剂,而后于双锥真空干燥机中干燥,经球磨过筛即得所需的尼龙 12 粉末。在使用前尼龙 12 粉末需要在 70 ℃下再真空干燥 4 h。

3)尼龙粉末的热氧老化与防老化

(1)尼龙 12 的老化。

尼龙 12 在氮气中以不同速度升温测得的热重(TG)曲线如图 4.11 所示。由图 4.11 可知,在氮气气氛中,尼龙 12 具有较高的稳定性,在 350 ℃时几乎无质量损失,加热至 550 ℃时的热降解残留物仅为 1% 左右,表明尼龙 12 热降解主要产生挥发物,极少产生交联结构。这与尼龙 6 的热降解有较大区别。

激光选区烧结尼龙 12 时由于预热温度很高,粉末的比表面积大,热氧老化十分严重。在未经防老化处理的尼龙 12 粉末经一次使用后,原型件及中间工作缸中的粉末明显变黄,不仅影响了原型件的外观质量,对其物理性能与力学性能也

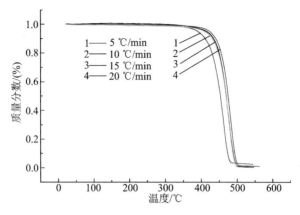

图 4.11 尼龙 12 的 TG 图

有较大的影响,而且变黄的粉末因成形性能下降而不能重复利用,大大增加了材料成本。因此,有必要对尼龙 12 的热稳定性进行深入研究,揭示其热氧老化机理及影响因素,进而研究其稳定化方法,以提高尼龙 12 粉末的循环次数。

对于尼龙的热氧老化机理,前人已做了大量的研究,虽然机理仍不是十分清楚,但已研究出多种尼龙防老化的配方,可以作为本研究的借鉴。对尼龙的防老化研究多半是针对模塑成形的,在模塑成形中,防老化剂可以很好地与熔体混合,达到防老化的目的。但对于溶剂沉淀法制备尼龙粉末,防老化剂会留在溶液中,因而其防老化性能大幅下降。因此要提高尼龙粉末的热稳定性十分困难,EOS 和 3D Systems 等公司都要求尼龙 SLS 成形时要有氮气保护,并且规定旧粉的回收率在 70% 以上。而国产设备都没有氮气保护装置,因而材料本身的防老化就更加重要。

(2)粉末的防老化处理。

本研究首先对进口尼龙 12 粉末进行防老化处理。方法为用溶剂溶解抗氧剂,而后与尼龙 12 粉末共混。为此分别试验了多种有机、无机抗氧剂,以及它们的复配组合物。老化实验在烘箱中进行,将未经处理的尼龙 12 粉末和经防老化处理的尼龙 12 粉末于 150 ℃烘箱中老化 4 h。

尼龙老化最主要的特征表现是颜色变黄和力学性能的下降,因此通过颜色变化和力学性能测试来确定防老化剂的效果。其结果如表 4.7 所示。

表 4.7 抗氧剂对尼龙 12 粉末的防老化性能的影响

编号	抗氧剂	老化前尼龙颜色	老化后尼龙颜色
1	无	白	黄偏红
2	1098	白	黄
3	1010	白	黄
4	DNP	略带暗绿	黄

续表

编号	抗氧剂	老化前尼龙颜色	老化后尼龙颜色
5	1098∶168(1∶1)	白	黄
6	1098∶168(3∶1)	白	黄
7	1010∶168(1∶1)	白	黄
8	$CuCl_2$	浅绿	黄偏红
9	KI	白	黄
10	CuI	白	红
11	$CuCl_2$∶KI(1∶10)	红	红
12	$CuCl_2/KI/K_3P_2O_6$	红	红
13	$1098/168/CuCl_2/KI/K_3P_2O_6$	红	红
14	$1098/168/KI/K_3P_2O_6$	白	黄

由表 4.7 可知,虽然实验了多种被认为是比较理想的尼龙防老化方案,但结果并不理想,尼龙的防老化性能几乎没有改变(含 KI 和 Cu 的样品颜色呈红色是碘和铜作用的结果)。随后的 SLS 成形实验也证明了这一点,制备的 SLS 试样颜色为黄色至红色,二次循环使用的粉末在 SLS 成形时翘曲严重。

粉末的防老化性能不佳可能与抗氧剂的分散有关。虽然抗氧剂已用溶剂溶解,但它也只能与粉末的表面接触,而要达到好的防老化效果必须达到分子程度的复合。因此实验在制粉过程中加入抗氧剂,结果如表 4.8 所示。

表 4.8　制粉过程中加入抗氧剂的尼龙 12 粉末的防老化性能

编号	抗氧剂	粉末颜色	烧结试样颜色
1	无	白	上表面淡黄,下表面红
2	1098	白	上表面白,下表面淡黄
3	DNP	暗绿	暗黑色
4	1010∶168(1∶1)	白	上表面淡黄,下表面红
5	1098∶168(1∶1)	白	上表面白,下表面淡黄
6	$CuCl_2$	红	红
7	CuI	红	红
8	$CuCl_2/KI/K_3P_2O_6$	红	红
9	$KI/K_3P_2O_6$	表面黄,加热后消失	上表面白,下表面淡黄
10	$1098/168/KI/K_3P_2O_6$	表面黄,加热后消失	上表面白,下表面淡黄

由表 4.8 可知,加入抗氧剂后,含铜盐的粉末均呈红色,说明铜盐已经分解。而含 KI 的粉末自然干燥时表面为黄色,加热烘干后黄色消失,说明有碘生成。加

入抗氧剂 1098 和含 $KI/K_3P_2O_6$ 的粉末的防老化性能有所提高,但仍不理想,虽然经 SLS 成形后的粉末未变黄,但试样为黄色。这与已有报道的效果有很大的出入,其主要原因可能是大部分抗氧剂溶于溶剂中不能发挥作用。而含 1098 的粉末具有一定的抗老化性能,可能是由于 1098 的酰胺结构与尼龙的结构相似,能够与尼龙 12 一起沉淀。因含铜盐的粉末颜色本身为红色,不能靠颜色来判断其抗氧化的性能,且红色不利于红外加热管热量的吸收,对 SLS 成形不利。

试验抗氧剂对尼龙 12 SLS 试样力学性能的影响,其结果如表 4.9 所示。

表 4.9 抗氧剂对尼龙 12 SLS 试样力学性能的影响

抗氧剂	力学性能					
	一次激光烧结		二次激光烧结		三次激光烧结	
	拉伸强度/MPa	冲击强度/(kJ/m^2)	拉伸强度/MPa	冲击强度/(kJ/m^2)	拉伸强度/MPa	冲击强度/(kJ/m^2)
无	41.5	23.6	成形失败		—	—
1098/168	42.2	36.2	41.7	28.5	41.3	20.1
$KI/K_3P_2O_6$	43.1	35.3	42.4	29.6	40.5	21.3
1098/168/KI/$K_3P_2O_6$	44.5	37.2	42.3	33.6	40.8	26.9

由表 4.9 可知,由 1098/168/KI/$K_3P_2O_6$ 组成的四组分抗氧化体系具有较好的防老化效果,试样的力学性能较未加抗氧剂时明显提高。未加抗氧剂的体系在二次循环时就已无法进行,而加入抗氧剂的体系能够进行二次循环。同时可知,老化对拉伸强度的影响较小而对冲击强度的影响较大,因此老化主要使材料变脆。

2. 低温粉碎法制备 PA1010 粉末

1)粉碎实验研究

(1)实验条件。

物料:聚酰胺(PA1010),上海赛璐珞厂,挤压造粒,尺寸为 3 mm×4 mm×3 mm,图 4.12 所示为 PA1010 颗粒形态。图 4.13 所示为 PA1010 的 DSC 热分析曲线,其熔点在 210 ℃左右。

粉碎机:图 4.14 所示为日本 NARA SIMPLE 排放式低温粉碎机,主要包括控制柜、粉碎系统和物料接收部分。转子直径为 120 mm,转速为 5000～16000 r/min,功率为 1.5 kW。

制冷剂:液氮。

(2)粉碎条件探讨。

PA1010 的柔韧性很大,属于难粉碎物质。粉碎机的转速愈大,撕裂能力愈强。因此实验中采用了 NARA SIMPLE 的最大转速 16000 r/min。粉碎效果以粉体产物的微观形态表征。

图 4.12　聚酰胺(PA1010)颗粒

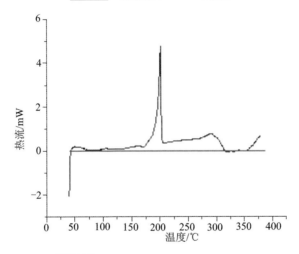

图 4.13　PA1010 的 DSC 热分析曲线

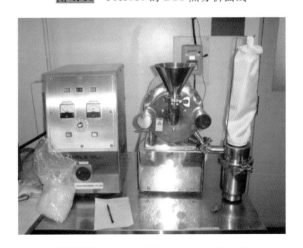

图 4.14　NARA SIMPLE 低温粉碎机

①冷却温度。

PA1010 为热塑性树脂，直接进行粉碎时，产生的粉碎热会增加自身黏弹性，出现熔融拉丝现象。因此将物料 PA1010 投入粉碎机前，要用液氮将原材料冷却。PA1010 投入粉碎机后也必须连续不断地向粉碎机内供给液氮，将粉碎机内部温度保持在合适的低温状态。

PA1010 原料被预冷至－50 ℃以下后，粉碎机内的工作温度由排气温度来估计。本实验中，粉碎机内的工作温度比排气温度低 30 ℃以上。当排气温度高于－10 ℃时，由于液氮不足，不能完全抵消粉碎产生的热，PA1010 的韧度降低很小，粉碎中发生严重的拉丝现象，机器转子被卡死，无法进行粉碎操作。当排气温度为－18 ℃时，粉碎机可以运转，但粉碎出的产物含有大量的丝状纤维，如图 4.15(a)所示。当排气温度低于－22 ℃时，工作腔内的实际温度低于－60 ℃，低于 PA1010 的脆化温度－52 ℃，此时可以得到粉体产物，如图 4.15(c)所示。随着温度降低，PA1010 的脆性增强，韧度迅速降低，所得粉体粒子粒径变小，纤维状粒子逐渐消失。在图 4.15(b)中还依稀可见短小的纤维，而在图 4.15(c)中纤维状粒子则完全消失，粒子粒径变小，粒径分布也更加均匀。

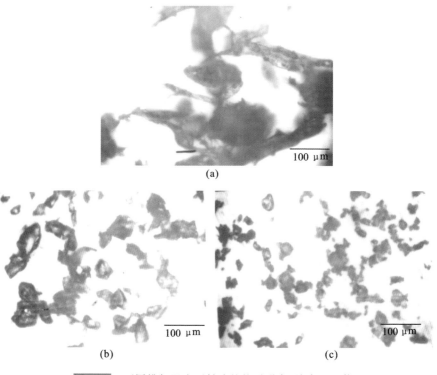

图 4.15 不同排气温度下粉碎的粒子形态(放大 100 倍)

(a)－18 ℃;(b)－20 ℃;(c)－26 ℃

此组实验表明粉碎过程中的温度控制非常重要。原料如果冷却不充分，粉碎时会产生纤维状物;液氮如果供给不足,纤维状物会缠住转子、堵塞筛网出口,致使物料滞留在工作腔内,粉碎无法进行,不能得到超细粉体。粉碎 PA1010 的排气温度必须控制在 $-22\ ℃$ 以下,且冷却温度愈低,粉碎效果愈好。

②物料处理能力。

NARA SIMPLE 为研究开发用的小型粉碎机,适用于少量多品种原料的粉碎,对不同原料的处理能力不同。实际处理能力可由粉碎机的负荷电流值的大小来判断是否合理。电流的全量程为 $0\sim10\ A$,当负荷电流值在 $4\sim7\ A$ 时,表明物料处理量在粉碎机的正常工作范围内。实际物料处理能力与原料粒径、筛网大小、原料及工作腔冷却程度、机器转速等有关。实验中,机器转速为 $16000\ r/min$,原料温度低于 $-50\ ℃$,工作腔的排气温度低于 $-22\ ℃$。表 4.10 所示为粉碎机的物料处理能力与筛网大小的关系。

表 4.10　粉碎机的物料处理能力与筛网大小的关系

序号	T_1	T_2	T_3	T_4	T_5	T_6
筛网直径/mm	1.5	1.0	0.5	0.3	0.25	0.25
原料来源	原始原料	原始原料	T_2 产物	T_2 产物	T_4 产物	T_4 产物
处理量/g	232.0	161.0	42.0	35.6	21.6	30
处理时间/s	245	181	84	85	68	112
处理能力/(kg/h)	3.4	3.2	1.8	1.5	1.1	0.9
负荷电流值/A	5.0~6.0	5.0~6.0	5.5~6.0	4.5~5.0	5.0~5.5	4.5~5.0

当筛网直径为 1.5 mm 时,对于 3 mm 的物料,粉碎机的物料处理能力可达 3.4 kg/h。当筛网直径为 0.5 mm 时,原料的粒径已经变小为 0.2 mm 左右,粉碎机的物料处理能力下降为 1.8 kg/h;同样条件下,筛网直径为 0.3 mm 时,粉碎机的物料处理能力为 1.5 kg/h。当筛网直径为 0.25 mm 时,粉碎机的物料处理能力为 1.1 kg/h。实验结果表明,随筛网直径减小,粉碎机的物料处理能力减小。

③筛网选择。

实验 T_3 至实验 T_6 实际是在筛网组合使用下进行的。当将 1.5 mm、1.0 mm、0.5 mm、0.3 mm、0.25 mm 五种规格筛网单独使用时,其粉碎情况见表 4.11。使用直径为 1.5 mm 的筛网,粉碎机可以在正常负荷电流值范围内工作,产物粒径为 0.2 mm 左右,不能达到粉碎要求。使用直径为 1.0 mm 的筛网,产物为长丝状纤维,主要是由于筛网过小,原料粒径过大,原料在机器内停留时间较长,纤维状物质增加,操作困难。使用直径为 0.5 mm、0.3 mm 和 0.25 mm 的筛网时,粉碎机负荷电流值迅速增大,超出正常工作范围,不得不采取紧急停机措施,这主要是由于筛网小,无产物排出,所有物料全部滞留在工作腔内,同时转子被卡死,无法转动,而筛网也被丝状纤维堵塞,粉碎无法进行。

表 4.11　筛网与粉碎效果

筛网直径/mm	1.5	1.0	0.5	0.3	0.25
粉碎现象	小粒子	丝状纤维	急停	急停	急停

图 4.16 所示为实验中使用不同筛网时的粉碎产物粒子形态。图 4.16(a) 所示为直接使用直径为 1.5 mm 筛网的粉碎粒子形态,其粒子大小均匀但粒径偏大,其 200 目粒子的通过率仅为 2%。图 4.16(b) 所示为直接使用直径为 1.0 mm 筛网的粉碎粒子形态,由于筛网过小,原料在粉碎机内停留时间过长,粒子堆积、滞留,造成机内液氮量不足,工作腔中温度升高,原料脆性下降,形成拉丝现象,因此得到的产物有呈纤维状的部分,没有 200 目的粒子通过筛网。图 4.16(c)(d) 所示为将大小筛网组合使用进行分级粉碎所得粒子形态,由图可见粉碎粒子中纤维拉丝现象消失,粒径迅速减小,且大小均匀,同时 200 目粒子的通过率上升,可以达到 23%。实验结果表明,不同规格的筛网不能单独使用,否则无法得到所需粒径的粒子,需将不同的筛网进行组合使用。

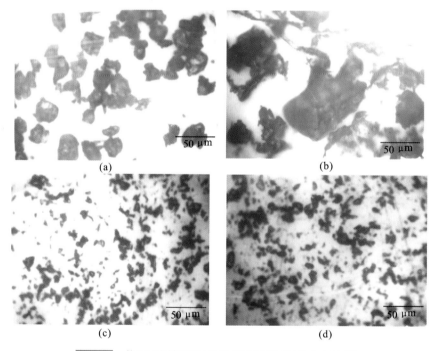

图 4.16　使用不同筛网时的粉碎粒子形态(放大 100 倍)

(a)1.5 mm 筛网;(b)1.0 mm 筛网;(c)1.5 mm、0.5 mm、0.25 mm 筛网组合;
(d)1.5 mm、0.3 mm、0.3 mm 筛网组合

2)实验结果

①原料需要冷却充分。原料如果冷却不充分,粉碎时会有纤维状物出现,因

此,粉碎时原料、机器的温度控制很重要。需用液氮将原料进行预冷,在粉碎过程中还需连续不断地向机器内供给液氮。为了保证机器内的低温,排气温度应控制在-22 ℃左右。

②保证合适的物料处理能力。不同的粉碎机有着不同的物料处理能力,当负荷电流值在 4~7 A 时,表明物料处理量在粉碎机的正常工作范围内,粉碎出的粒子自然粉碎,无纤维状物质出现。

③粉碎时筛网应遵循直径由大到小的原则,分级进行粉碎。应先使用大直径筛网进行粗粉碎,再使用小直径筛网进行细粉碎,减少物料在工作腔内的滞留时间。

④因为使用了排放式深冷粉碎系统,整体实验的液氮消耗量较大。使用液氮作为制冷介质,要注意实验环境的通风。

3. 尼龙 12 的 SLS 工艺及其制件性能

1)尼龙 12 的熔融与结晶特征

图 4.17 所示为尼龙 12 粉末的差热扫描(DSC)升温曲线,尼龙 12 粉末熔融的起始温度(熔融起始温度)、峰顶温度(熔点)、结束温度(完全熔融温度)分别为 176.5 ℃、181.8 ℃和 184.1 ℃,由 DSC 得出的熔融焓为 81.9 J/g。尼龙 12 的熔融峰窄而尖,熔融起始温度较高,熔融潜热大,有利于成形致密的塑料功能件。

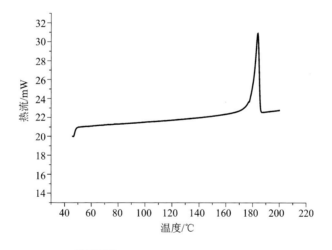

图 4.17　尼龙 12 的 DSC 升温曲线

图 4.18 所示为尼龙 12 熔体的 DSC 降温曲线,结晶起始温度为 152.9 ℃,结晶峰顶温度为 148.2 ℃,结晶终止温度为 144.7 ℃,结晶焓为-51.9 J/g。由此可知,尼龙 12 的结晶主要发生在 144.7~152.9 ℃。在 152.9 ℃以上时,由于晶核不易形成,尼龙的结晶速度很慢,结晶过程难以进行。在激光烧结过程中可通过控制温度来调整结晶速度,减少因结晶产生的收缩应力。表 4.12 所示为尼龙 12 的熔融-结晶特征温度。

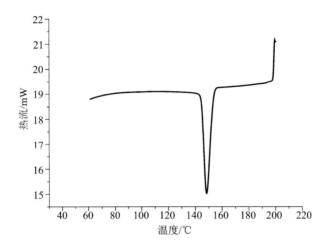

图 4.18 尼龙 12 的 DSC 降温曲线

表 4.12 尼龙 12 的熔融-结晶特征温度

熔融起始温度/℃	熔点/℃	完全熔融温度/℃	熔程/℃	结晶起始温度/℃	结晶终止温度/℃	熔融焓/(J/g)	结晶焓/(J/g)
176.5	181.8	184.1	7.6	152.9	144.7	81.9	−51.9

晶态高分子材料熔融时,比容有较大的变化,如图 4.19 所示。对于无定形高分子材料,在玻璃化温度(T_g)处,比容-温度曲线是不连续的,有拐点。对于晶态高分子材料,比容-温度曲线在熔点附近出现急剧的变化和明显的转折。因此,晶态高分子材料在固化过程中有较大的收缩。

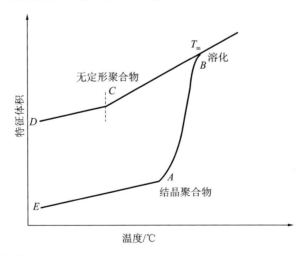

图 4.19 晶态高分子材料与无定形高分子材料的比容-温度示意图

玻璃化温度 T_g 和熔点 T_m 是高分子材料重要的物理参数,分别是无定形高分子材料和晶态高分子材料的理论最高使用温度。对于晶态高分子材料,如尼龙,其收缩比无定形高分子材料大得多,而且主要的收缩来源于熔体的凝固结晶。理论上晶态高分子材料的预热温度为粉末开始熔化与熔体开始结晶的温度区间,因此理论的预热温度窗口可以用如下公式来计算:

$$\Delta T_0 = T_{im} - T_{ic} \tag{4-1}$$

式中:T_{im} 为熔化初始温度;T_{ic} 为结晶初始温度。

但事实上,由于尼龙为半晶态高分子材料,结晶部分的熔点高于非晶部分的熔点,因此在 T_{im} 之前,由于非晶部分分子链的活动,粉末就已开始结块,故实际的最高预热温度要低于 T_{im}。

晶态高分子材料实际的预热温度窗口比理论计算的结果要窄得多,且与尼龙粉末的性能、成形工艺等多种因素有关,以下分别予以讨论。

2) 铺粉性能

良好的铺粉是 SLS 成形的前提。粉末的粒径越小,成形时可以采用的层厚就越小,更有利于降低表面的台阶效应和提高精度。但粉末越细铺粉效果越差。表 4.13 所示为不同粒径粉末的铺粉情况。

由表 4.13 可见,细粉末在铺粉时会被铺粉辊扬起,并且容易黏附在铺粉辊上。这可能是由于细粉末的表面积大,尼龙的导电性又不好,铺粉时因摩擦而带有大量的电荷,粉末在静电作用下吸附于铺粉辊上。

表 4.13　不同粒径粉末的铺粉情况

粒径/μm	28.5	40.8	57.6	65.9
层厚/mm	0.1	0.1	0.15	0.15
铺粉情况	铺粉时粉尘扬起,铺粉辊表面有黏粉现象,温度升高后铺粉辊中间区域可铺平整	铺粉辊表面有黏粉现象,但当温度升高后铺粉辊表面光滑,粉床平整	铺粉时无扬尘,铺粉辊无黏粉现象	铺粉时无扬尘,铺粉辊无黏粉现象

粉末的粒度不均匀时,少量的细粉末不会影响铺粉的效果,而大量的细粉末则对铺粉不利。表 4.14 所示为不同比例的粗细粉末对铺粉的影响。

表 4.14　不同比例的粗细粉末对铺粉的影响

粉末粒径/μm	28.5/57.6		
比例	1∶3	1∶1	3∶1
铺粉情况	良好	铺粉辊有黏粉现象,加热后消失,无明显的扬尘现象	铺粉辊黏粉现象和扬尘现象明显,与 28.5 μm 的粉末类似

尼龙粉末的几何形貌同样也影响铺粉的情况。球形粉末的流动性更好,有利于铺粉,非球形粉末则相反。由于实验中所制备的粉末粒径为 $40\sim70\ \mu$m,几何形貌相差不大,因此未发现同粒径粉末的铺粉性能有显著的差异。

3）激光烧结性能

（1）激光烧结过程中的收缩与翘曲变形。

SLS 成形过程中的收缩与翘曲变形是材料成形失败的主要原因。无定形高分子材料的收缩主要有熔固收缩和温致收缩，且熔融不完全，因而收缩较小，不易翘曲变形。晶态高分子材料在成形过程中的收缩主要有致密化收缩、熔固收缩、温致收缩和结晶收缩，且在成形过程中粉末完全熔化，因而收缩较大，极易发生翘曲变形。

翘曲是 SLS 成形过程中的常见现象，晶态高分子材料的熔体在冷却时所产生的收缩带来收缩应力，若这个应力不能释放，并且大到足以拉动熔体的宏观移动，熔体就会产生翘曲。SLS 成形时，晶态高分子材料由于完全熔化，其熔固收缩、温致收缩、结晶收缩都比无定形高分子材料大，因此晶态高分子材料的翘曲倾向更大、更严重。

尼龙在激光烧结中因致密化产生的体积收缩主要发生在高度方向，即粉末在经激光烧结后高度降低，这对烧结体在水平面上的翘曲影响不大。而当熔体的温度继续下降，熔体的黏度上升，甚至不能流动，收缩的应力就不能通过微观的物质流动来释放，从而引起烧结体在宏观上的位移，即发生翘曲变形。这正是 SLS 成形时，预热温度远高于尼龙 12 结晶温度的重要原因。尼龙 12 在 SLS 成形过程中很容易出现翘曲现象，尤其是最初几层，其原因是多方面的：一是由于第一层粉床的温度较低，激光扫描过的烧结体与周围粉末存在较大温差，烧结体周边很快冷却，产生收缩而使烧结体边缘翘曲；二是第一层的烧结体收缩发生在松散的粉末表面，只需要很小的应力就可以使烧结层发生翘曲。因此第一层的成形最为关键。在随后的成形中，由于有底层的固定作用，翘曲倾向逐渐减小。

严格控制粉床温度是解决尼龙 12 SLS 成形过程中翘曲问题的重要手段。当粉床温度接近于尼龙 12 的熔点，激光输入的能量恰好能使尼龙 12 熔融，即激光仅提供尼龙 12 熔融所需的热量，由于熔体与周围粉末的温差小，单层扫描过程中尼龙 12 处在完全熔融状态，烧结后熔体冷却，其应力逐渐释放，这样就可避免翘曲变形的发生。

（2）粉末几何形貌的影响。

虽然尼龙 12 粉末激光烧结时翘曲变形的主要来源是粉末熔化之后的固化收缩和温致收缩，但大量的研究表明粉末几何形貌对激光烧结翘曲变形也有着显著的影响。

图 4.20 所示为深冷粉碎法制备的尼龙 12 粉末（法国阿托公司进口），可见深冷粉碎法制备的粉末几何形貌不规则，呈无规则形。深冷粉碎法制备的尼龙 12 粉末，虽然粒径很细，但 SLS 成形性能仍然不好，预热温度超过 170 ℃时，尼龙已经结块，烧结体边缘处仍然严重翘曲，如图 4.21 所示。由于粉末过细，粉末的铺

粉性能也不好,在不加玻璃微珠的情况下有大量粉末黏在铺粉辊上,铺粉时伴有大量扬尘。

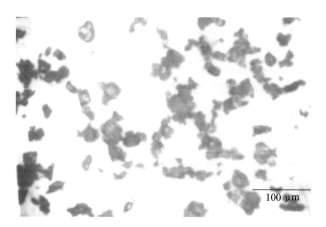

图 4.20　深冷粉碎法制备的尼龙 12 粉末

图 4.21　深冷粉碎法制备的尼龙 12 粉末的单层激光扫描照片

由图 4.21 可知,深冷粉碎法制备的尼龙 12 粉末 SLS 成形时的翘曲十分严重,特别是扫描边线的中间位置,翘曲的形状如半月形,说明中心位置的应力较大。仔细观察发现,翘曲几乎与激光扫描同时发生,即翘曲发生在尼龙的熔化过程中。这一现象可以通过粉末烧结的几个阶段来解释。

①颗粒之间自由堆积阶段:粉末完全自由地堆积在一起,相互之间各自独立。

②形成相互黏结的瓶颈:粉末颗粒相接触的表面熔化,颗粒相互黏结,但还未发生体积收缩。

③粉末球化:随着温度的进一步升高,晶体熔化,但此时黏度很高,熔体不能自由流动,但在表面张力的驱动下,粉末趋向于减小表面积收缩成球形,即球化。

④完全熔合致密化:熔体黏度进一步降低,粉末完全熔化成液体,挤出粉末中的空气,粉末完全熔合成一休。

图 4.22 和图 4.23 所示分别为非球形粉末和球形粉末的激光烧结示意图。非球形粉末烧结时,粉末首先相互黏连形成瓶颈,而后发生球化,进而再熔合。因粉末在球化前已相互黏连,因此粉末球化的应力使收缩不仅发生在高度方向,而且发生在水平方向,从而导致激光烧结时发生边缘翘曲现象。球形粉末烧结过程只有瓶颈长大与粉末完全熔合致密化过程,而没有球化过程,因而在水平方向的收缩小。并且球形粉末的堆密度要高于非球形粉末,致密化的体积收缩小。综合以上原因,球形粉末激光烧结时的收缩低于非球形粉末。

图 4.22 非球形粉末的激光烧结示意图

图 4.23 球形粉末的激光烧结示意图

(3)粉末粒径及其分布的影响。

粉末粒径大小对 SLS 成形有着显著的影响,为研究粉末粒径对预热温度的影响,制备了窄粒径分布的尼龙 12 粉末,测定不同粒径粉末的预热温度,如表 4.15 所示。

表 4.15 粉末粒径对 SLS 成形预热温度的影响

参数	参数值				
平均粒径/μm	28.5	40.8	45.2	57.6	65.9
预热温度/℃	166～168	167～169	167～169	168～169	170

随着粉末粒径的增加,预热温度升高,而预热温度窗口却变窄。当粒径大于 65.9 μm 后,粉末的预热温度就超过 170 ℃,SLS 成形过程就无法进行了。

为测定粒径分布对预热温度的影响,将不同粒径的粉末混合进行 SLS 成形试验,结果如表 4.16 所示。

表 4.16　不同粒径粉末混合对预热温度的影响

参数	参数值				
粒度/μm	28.5/65.9	28.5/65.9	28.5/65.9	28.5/40.8/65.9	28.5/40.8/65.9
配比	1:2	1:1	2:1	1:1:1	2:1:1
预热温度/℃	—	—	167~168	168	167~168
结块温度/℃	169	168	168	168	168

由表 4.16 可知,粉末的结块温度主要受小粒径粉末的影响,而预热温度的下限则受粗粉末限制,因此粒径分布窄的粉末预热温度窗口宽,而粒径分布宽的粉末预热温度窗口窄。

粉末越细,表面积越大,相应的表面能也越大;表面能越大,烧结温度越低,因此烧结温度随粉末粒径的减小而降低。激光功率一定时,激光穿透深度随着粉末粒径的增加而增加,而扫描第一层时烧结体最容易翘曲变形,穿透深度的增加使得表面所获得的能量降低,熔体的温度降低,同时穿透深度越深,烧结深度也越深,收缩应力就越大,因此粉末粒径越粗,烧结第一层时越易翘曲变形。由于烧结时热量由外向内传递,因此粗粉末烧结时熔化较细粉末慢,若粉末过粗,烧结时部分粉末可能不能完全熔化,在冷却的过程中起晶核的作用,从而加快粉末的结晶化速度。总之,粗粒径粉末对 SLS 成形十分不利。

对于已成形多层的激光扫描,粉末完全熔化后,其收缩结晶与粉末粒径完全无关。细粉末的烧结温度低,有利于第一层的烧结,但为防止粉末的结块,成形时往往需要维持较低的预热温度,这可能会造成烧结体整体的变形。因此,为获得良好的激光烧结性能,尼龙粉末的粒径需要维持在一定的范围之内,根据实验,尼龙粉末粒径在 40~50 μm 可以获得较好的效果。

(4)粉末分散与团聚的影响。

用溶剂沉淀法制备的粉末经干燥后易团聚,这种团聚属于软团聚,经球磨后可以分散,但粉末粒径很小时,球磨的效果不好,粉末甚至被磨球所压实。粉末在激光烧结过程中,若温度过高,也会结块,结块的粉末若只过筛而不球磨,则颗粒间也相互团聚。团聚的粉末空隙大,不仅密度低,对激光烧结也有显著的影响。

如图 4.24 所示为团聚粉末的单层激光扫描结果,可见边角处翘曲,现象与非球形粉末的结果类似。即便是提高预热温度,这种现象也不能消失,因此团聚粉末的 SLS 成形性能不好。

(5)成核剂与填料。

成核剂在晶态高分子材料中已得到广泛应用,可以大幅提高高分子材料的力学性能。前面已知,在制粉时加入成核剂可以获得粒径分布更窄、几何形貌更规

图 4.24　团聚粉末的单层激光扫描结果

则的粉末,在球磨阶段加入少量的气相二氧化硅等可以提高球磨的效率和粉末的流动性。

表 4.17 所示为在制粉阶段加入成核剂后的激光烧结情况。由表可知,在制粉时加入成核剂,除气相二氧化硅外,其他成核剂使预热温度窗口变窄,成形性能恶化。

表 4.17　成核剂对激光烧结的影响

成核剂	无	气相二氧化硅	硅灰石	硅灰石	蒙脱石	滑石粉
质量分数/(%)	—	0.1	0.1	0.5	0.5	0.5
预热温度/℃	167~169	167~169	168~169	169~170	170	170
预热温度窗口/℃	2	2	1	1	<1	<1

溶剂沉淀法制备的尼龙粉末干燥后容易结块,球磨时容易被磨球压实而不易分散,极细的无机粉末可以作为分散剂,破坏粉末间的结合力,并提高球磨的效率。

因此在球磨的过程中加入 0.1% 的气相二氧化硅后,粉末的流动性增加,团聚块全部消失。用此粉末进行 SLS 成形实验,前几层的预热温度明显升高,预热温度为 169~170 ℃,与加入其他成核剂类似。可见,气相二氧化硅在激光烧结过程中起到了成核剂的作用。多层烧结后发现烧结体与周围粉体出现裂痕,烧结体也呈透明状,取出后发现透明的烧结体已经凝固。此现象说明气相二氧化硅的加入加快了结晶的速度,并细化了球晶,因此,无机分散剂的加入会使预热温度窗口变窄,不利于 SLS 成形,应避免使用。

填料也具有成核剂的功能，与成核剂的差别主要在于含量的多少和粒径的大小。填料的加入一方面加快了熔体的结晶，使预热温度窗口变窄；另一方面起填充作用，降低了熔体的收缩率。同时填料对高分子粉末起到了隔离的作用，相当于在粉末中加入了分散剂，因此阻止了尼龙 12 粉末颗粒间的相互黏结，提高了尼龙粉末的结块温度。表 4.18 所示为加入 30% 不同填料的尼龙 12 粉末材料的预热温度。

表 4.18　不同填料对尼龙 12 粉末烧结的影响

填料种类	玻璃微珠（200～250 目）	玻璃微珠（400 目）	滑石粉（325 目）	硅灰石（600 目）
预热温度/℃	167～170	168～170	失败	失败

从表 4.18 中可以看出，玻璃微珠对尼龙 12 粉末的结块温度影响较小，但扩大了预热温度窗口，这可能是因为玻璃微珠尺寸较大，表面光滑且为球形，对结晶的影响较小。非球形的滑石粉、硅灰石的加入使成形性能恶化。

（6）扫描工艺的影响。

尼龙 12 的扫描工艺对烧结体的翘曲变形有着显著的影响，单层激光扫描时，激光功率与翘曲变形和预热温度的关系如表 4.19 所示。

表 4.19　激光功率对烧结的影响

项目	测量值/现象					
激光功率/W	8	9	9	10	10	11
预热温度/℃	166	166	167	167	168	168
现象	成功	翘曲	成功	翘曲	成功	翘曲

由表 4.19 可见，激光功率越高，单层扫描时烧结体更易翘曲变形，可能是因为激光功率越高，烧结深度越深，则烧结部分的收缩应力越大。因此，在扫描第一层时尽量用较低的激光功率。

多层扫描时，随着激光功率的增加，烧结体的温度越高，冷却速度越慢，因此翘曲变形的倾向减小。随着激光扫描速度的增加，扫描的时间缩短，热损失减少，烧结体温度较高，因此翘曲变形的倾向减小。表 4.20 所示为多层扫描时不同激光功率下的预热温度。

表 4.20　多层扫描时不同激光功率下的预热温度

项目	测量值				
激光功率/W	6	7	8	9	10
预热温度/℃	166	164	163	163	162
备注	制件中的浮粉清理困难	—	—	当烧结体厚度超过 2 mm 后，新铺的粉末立即熔化，扫描后熔体流动向周围扩散	

由表 4.20 可知,较高的激光功率可以弥补预热温度的不足,防止尼龙的翘曲变形,因此在扫描完第一层后,可以适当地降低预热温度。但激光功率大于 9 W 后,随着烧结厚度的增加,能量的累积十分明显,熔体过热;由于熔体的温度过高,粉刚铺上就被底层热量所熔化,经激光扫描后,熔体向周围扩散,未扫描的部分也熔化,严重影响原型件的精度。烧结体小孔中的粉末则完全熔化,与实体熔合在一起。因此,随着烧结厚度的增加,激光功率应适当降低。

实际上,由于零件形状不规则,因此截面也是不断变化的。激光扫描时常是新截面与多层扫描同时存在,不同位置烧结的厚度也不一致,能量累积程度不同。对于一个复杂的零件,激光扫描时要不断地变换激光功率和预热温度是十分困难的,一般只能维持相对恒定的温度和功率。因此除新的大截面外,应采用 163～164 ℃ 的预热温度,7～8 W 的激光功率。对于厚而大的实体,当出现过熔时,可适当地降低激光功率。

(7)预热时间与设备保温性能。

SLS 设备的加热方式为粉床上方辐射加热,因此用红外测温仪测量的结果只能代表粉床表面的温度,但熔体能量的散失还取决于粉床表面下的温度和空气温度。实际上,粉末在垂直方向上的温度梯度很大,表面温度要比下层温度高很多。

将温度计埋于 HRPS-Ⅲ 型 SLS 设备(台面尺寸为:320 mm × 320 mm × 450 mm)的粉床中距表面 5～10 mm 深处,经 1 h 后,测定此处的温度,与用红外测温仪测定的粉床表面温度对比,结果如表 4.21 所示。

表 4.21　粉床表面温度与其下层温度的对比

参数	测量值					
粉床表面温度/℃	120	130	140	150	160	169
距粉床表面 5～10 mm 处温度/℃	100	107	115	122	129	135
温度差/℃	20	23	25	28	31	34

由表 4.21 可知,随着预热温度的提高,垂直方向上的温度梯度增大。当粉床表面温度为 169 ℃ 时,距表面 5～10 mm 深处的温度仅为 135 ℃,与粉床表面的温度相差 34 ℃。由于粉床表面以下的温度很低,烧结体向粉床内部的传热快,烧结后零件易翘曲变形。

预热时间对温度梯度也有显著的影响,如表 4.22 所示。随着预热时间的延长,粉床内部的温度升高,温度梯度减小,因此,延长预热时间有利于减小烧结的翘曲变形。但加热时间大于 90 min 后,粉床表面下的温度差几乎不变,说明温度达到平衡。尼龙在高温下易老化,延长预热时间实际上也加速了尼龙的老化,从而减少了尼龙可以重复回收的次数。

表 4.22　预热时间与温度梯度

参数	测量值					
预热时间/min	20	30	60	90	120	150
表面温度/℃	169	169	169	169	169	169
距粉床表面 5~10 mm 处温度/℃	113	127	135	138	139	141
温度差/℃	56	42	34	31	30	28

为提高粉床表面下的温度,延长预热时间的效果有限,当预热时间为 150 min 时,温度差仍然有 28 ℃,说明粉末的导热性能不好,且延长时间会加速尼龙的老化。因此,将预热的方式改为:预热 30 min 后开始以 0.2 mm 的厚度铺粉,每层粉末的预热温度均升至 169 ℃,直到新铺粉的厚度达到 10 mm。这种方式不仅缩短了尼龙粉末的预热时间,而且减小了其温度梯度,有利于防止 SLS 成形时尼龙的翘曲变形。

(8)尼龙 12 粉末热氧老化的影响。

尼龙的老化不仅对制件的力学性能和颜色有影响,而且对激光烧结性能也有显著的影响。

尼龙的老化主要是热氧化交联和降解。交联会使高分子材料的熔点升高和黏度上升,如将尼龙 66 放于 260 ℃ 的空气中加热 5~10 min,尼龙 66 就变成不溶不熔的状态。因此热氧化交联会使激光烧结时尼龙的熔体黏度显著增高,烧结所需的温度增加。而尼龙的氧化降解会产生部分低聚物,低聚物的熔点会下降,结晶速度加快,并且结晶时产生大量的球晶,增加高分子材料的收缩,降低高分子材料的强度。

老化尼龙 12 粉末 SLS 成形时表现为易结块、难熔化、流动性差、易翘曲,多次循环使用的尼龙 12 需要更高的激光能量才能完全熔化。即使在尼龙 12 结块时进行激光扫描,烧结体仍然会发生翘曲。所以老化对尼龙 12 的成形十分不利,国内外在用尼龙粉末进行激光烧结时,均需要氮气保护,并且在旧粉末中加入至少 30% 的新粉末才能使用。

4)力学性能

表 4.23 所示为尼龙 12 粉末 SLS 原型件与尼龙 12 模塑件之间的性能比较。

表 4.23　尼龙 12 粉末 SLS 原型件与尼龙 12 模塑件之间的性能比较

性能	密度/(g/cm³)	拉伸强度/MPa	断裂伸长率/(%)	弯曲强度/MPa	弯曲模量/GPa	冲击强度/(kJ/m²)	热变形温度/℃
尼龙 12 SLS 原型件	0.97	41	21.2	47.8	1.30	39.2	51
尼龙 12 模塑件	1.02	50	200	74	1.4	不断	55

由表 4.23 可知,尼龙 12 粉末 SLS 原型件的密度为 0.97 g/cm³,达到尼龙 12

模塑件密度的 95%,表明烧结性能良好(96% 是粉末烧结的上限),这与无定形高分子材料的 SLS 成形有很大的差别。尼龙 12 SLS 试样的拉伸强度、弯曲模量和热变形温度等性能指标与模塑件比较接近。但试样的断裂行为与模塑件有较大的差别,尼龙 12 模塑件的断裂伸长率达到 200%,而尼龙 12 SLS 试样在拉伸过程中没有预缩现象,试样在屈服点时即发生断裂,断裂伸长率仅约为模塑件的 1/10。尼龙 12 SLS 试样的断裂行为属于脆性断裂,这是因为尼龙 12 SLS 试样中少量的孔隙起到应力集中作用,使材料由韧性断裂变为脆性断裂,冲击强度大大低于模塑件。

4.3.2 聚苯乙烯的 SLS 成形工艺与后处理

对于无定形高分子材料如 PS(聚苯乙烯)和 HIPS(高抗冲聚苯乙烯),预热温度范围可以描述为 $[T_s, T_g]$,T_s 是指烧结体不翘曲的最低预热温度,T_g 是材料的玻璃化温度,也是预热的最高温度。当温度低于 T_g 时,高分子材料处于玻璃态,分子链的运动被冻结。当温度高于 T_g 后,分子链运动加剧,模量降低,为高弹态,高分子粉末会相互黏连。T_g 可以从差热扫描(DSC)曲线中获得,而 T_s 不仅与材料特性,如收缩率等有关,还与粉末的粒径大小及分布、几何形貌、表面形貌等相关。

1. PS 和 HIPS 原型件的制备

图 4.25 所示为 PS 和 HIPS 的 DSC 曲线,由曲线可知 PS 和 HIPS 的 T_g 分别为 102 ℃ 和 97 ℃,从表 4.24 可知 PS 和 HIPS 的预热温度分别为 92~102 ℃ 和 88~98 ℃。虽然两种高分子材料的玻璃化温度有差异,预热温度也不一样,但预热温度窗口均为 10 ℃,说明两者的 SLS 成形性能类似,都具有较好的成形性能。

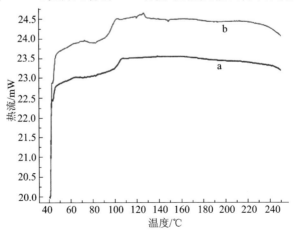

图 4.25 PS 和 HIPS 的 DSC 曲线(a:PS;b:HIPS)

表 4.24　PS 和 HIPS 的 SLS 成形性能

（扫描间距:0.10 mm;扫描速度:2000 mm/s;层厚:0.1 mm;激光功率:14 W）

项目		预热温度/℃							
		86	88	90	92	96	98	100	102
结果	PS		—	翘曲	成功				结块
	HIPS	翘曲	成功				结块	—	

PS 和 HIPS 的 SLS 原型件的力学性能如表 4.25 所示,可见相对于 PS 而言,HIPS 具有较好的力学性能,特别是冲击性能较高。这可能是因为 HIPS 中橡胶成分的加入提高了冲击强度,同时橡胶的玻璃化温度较低,有利于粉末颗粒间的黏结。如图 4.26 所示,HIPS 粉末颗粒间的黏结明显好于 PS 粉末。

表 4.25　PS 和 HIPS 的 SLS 原型件的力学性能

性能	拉伸强度/MPa	断裂伸长率/(%)	杨氏模量/MPa	弯曲强度/MPa	冲击强度/(kJ/m^2)
PS	1.57	5.03	9.42	1.87	1.82
HIPS	4.59	5.79	62.25	18.93	3.30

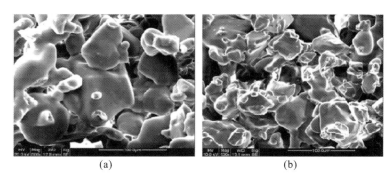

（a）　　　　　　　　　　　　（b）

图 4.26　PS 和 HIPS 的 SLS 试样的 SEM 图

（a）PS；（b）HIPS

虽然在力学性能方面 HIPS 优于 PS,而在成形性能方面两者相似,但 HIPS 中含有的橡胶成分的黏弹性使得成形后清粉相对困难。成形过程中,橡胶成分易分解,放出难闻的丁二烯。PS 的成形精度更高,而 HIPS 适合于对原型件力学性能有较高要求的情况,如制造大型薄壁零件。

2. 后处理增强树脂的研究

PS 是目前主要应用的 SLS 材料,因此以下对增强树脂的研发主要针对 PS 的 SLS 原型件进行研究。

1）相容性

将液态的增强树脂渗透到 SLS 原型件中,以填充粉末颗粒间的空隙,从而达到对 SLS 原型件增强的目的。从理论上讲,为使最终的制件有较高的力学性能,希望增强树脂与 SLS 材料能够很好地相容,即两者要有较好的相容性。只有两者互相扩散,互相渗透,才能达到最佳的增强效果。

在化学上,常用溶度参数来判断材料之间相容性的好坏。溶度参数越接近,材料的相容性越好,增强效果越好。溶度参数原则与极性原则相结合能够比较准确地判断材料之间的相容性。SLS 所用的 PS 粉末的溶度参数 δ 为 8.7~9.1,与聚酯类比较接近;而环氧树脂的溶度参数 δ 为 9.7~10.9,与不同的固化剂和稀释剂配合时溶度参数有所不同。

然而,对于增强树脂来说必须考虑精度,如 502 胶虽与 PS 具有较好的相容性,但因相容性太好,导致在渗透过程中,PS 完全溶解;AB 胶、聚酯类也与 PS 具有较好的相容性,虽然不会使 PS 溶解,但会使原型件变软。

用溶度参数原则来衡量,环氧树脂与 PS 和 HIPS 材料的溶度参数相差并不是很大;从极性原则上讲,两者的极性相差也不太远。适中的相容性和可调性是最终选择环氧树脂的重要原因。为使最终的制件强度更高,应通过调节固化剂和稀释剂来提高相容性;为减小后处理过程中的变形,则应降低相容性。PS 或 HIPS 的 SLS 原型件只是靠粉末间的微弱力结合在一起,强度很低,对其进行液体渗透时,粉末间的结合力很容易被破坏,从渗透树脂到树脂固化这段时间里原型件因自身重力等原因而变形。如表 4.26 所示为含 12~14 碳长链的缩水甘油醚(5748)和含 4 个碳的丁基缩水甘油醚(660A)作稀释剂时对原型件变形性的影响。

表 4.26　不同稀释剂对制件变形性的影响

稀释剂	结果
5748	渗入树脂后稍微发软,悬臂弯曲实验可见有一定的弯曲
660A	渗入树脂后不发软,悬臂弯曲实验未观察到弯曲

由以上实验结果可知,5748 带有长链,增加了与 PS 的相容性,破坏了粉末颗粒间的结合,导致了原型件在增强过程中的变形。所以,为了保证最终制件的精度,增强树脂与 PS 的相容性不能太好,但同时相容性也不能太差,以至于不能润湿。

增强树脂的溶度参数由环氧树脂、稀释剂和固化剂共同决定,而树脂的选择余地不大,因此增强树脂与 PS 的相容性好坏主要由固化剂和稀释剂来决定。然而,环氧树脂固化剂和稀释剂的品种繁多,改性的手段也很多,特别是固化剂多为混合物,无法从手册中查得溶度参数值,而测量每种固化剂的溶度参数不可能,也没有必要。所以在进行选择时估算是必要的,再结合极性原则,可初步估算增强树脂与 PS 的相容性好坏。溶度参数的估算公式为

$$\delta = \frac{\sum F}{M} \cdot \rho \tag{4-2}$$

式中：$\sum F$ 为重复单元中各基团的摩尔引力常数；M 为重复单元的相对分子质量；ρ 为密度。

环氧树脂的溶度参数 δ 一般为 $9.7 \sim 10.9$，有一定的极性，PS 的溶度参数 δ 为 $8.7 \sim 9.1$，且为非极性材料，因此在固化剂中引入极性大、摩尔引力常数大的基团，如氰基、羟基。在稀释剂中减小非极性链的长度，可以达到降低相容性的目的，提高原型件在操作过程中的尺寸稳定性。而在固化剂中引入极性小、摩尔引力常数小的基团可增加相容性，稀释剂中引入长链可同时增加柔性和相容性，但会降低稀释效果。

由图 4.27 和图 4.28 所示的断面扫描电镜（SEM）图可以看到：用固化剂 X-89A 固化时，制件的断面较光滑，表面相容性较好；而用端胺基聚醚作固化剂时表面粗糙，粉末颗粒在切开后暴露出来。这有力地证明了用端胺基聚醚作固化剂时环氧树脂与 PS 材料的相容性不好。

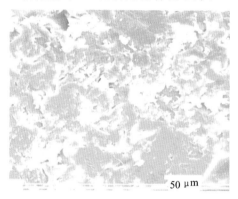 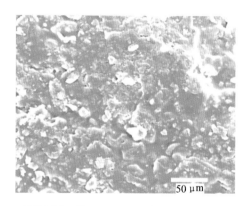

图 4.27　增强 SLS 试样断面形貌（SEM）　　　图 4.28　增强 SLS 试样断面形貌（SEM）
（固化剂：X-89A）　　　　　　　　　　　　　（固化剂：端胺基聚醚）

2）浸润与渗透

为了提高增强后制件的强度和获得较好的外观，良好的浸润与渗透是必要的。如果渗透不完全，就会有较多的气泡存在于制件中，不仅影响强度，而且影响美观。良好的浸润和渗透要满足热力学和动力学的可能性。

液体完全浸润固体必须满足一定的热力学条件，即杨氏方程。从热力学上讲液体要能在固体表面平铺，则要求液体的表面张力小于固体的极限表面张力，环氧树脂的表面张力为 $40 \sim 44$ mN/m，而 PS 的表面张力为 33 mN/m，因此液体的表面张力大于固体的表面张力，似乎不能对固体很好地浸润。但是对于低能的表面并不一定要求接触角 θ 为零，只要液体能够浸润每一个孔隙即可，即要求 θ 角小于 90° 就能完全平铺和浸润，所以从热力学上讲环氧树脂可以对 PS 原型件进行浸润，从而渗透到原型件的空隙中。

尽管从热力学的角度衡量，用环氧树脂是可以浸润和渗透的，但实际上浸润不良的情况还是会发生，良好的渗透还需考虑动力学因素。浸润的动力学因素与原型件的孔隙结构、表面张力和增强树脂的黏度有关。原型件的孔隙可以看作毛细管，因此利用毛细管的渗透公式，黏度为 η、表面张力为 γ_L 的液体流过半径为 r、长度为 l 的毛细管所需的时间 t 可以根据如下公式来计算：

$$t = \frac{2\eta l^2}{r\gamma_L \cos\theta} \tag{4-3}$$

将上述公式变换为

$$l = \sqrt{\frac{r\gamma_L \cos\theta \cdot t}{2\eta}} \tag{4-4}$$

由式(4-4)可知，当液体的表面张力、接触角一定时，液体沿毛细管渗透的深度与毛细管的直径、渗透时间和黏度相关，因此可通过调节增强树脂的黏度和固化时间来达到完全的渗透。

3)固化速度与后处理增强工艺

固化速度的大小对后处理有显著的影响。固化速度太快，则反应剧烈，操作时间短，渗透深度不够，甚至发生暴聚使后处理操作完全失败。固化速度太慢则使后处理的周期延长，原型件因强度低而易变形，未固化的树脂从原型件的孔隙中再渗出而出现缺胶，这不仅会影响最终制件的强度，而且还会在制件中留下大量的气泡，影响美观。图 4.29 所示为单独使用 302 作固化剂时后处理制件的扫描电镜(SEM)图。

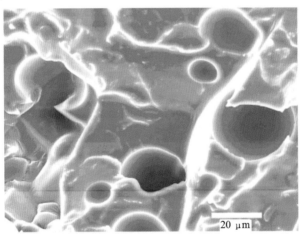

图 4.29　增强 SLS 试样断面形貌(SEM)(固化剂:302)

由图 4.29 所示的扫描电镜照片可见，制件中有大量的气泡和孔洞。气泡和孔洞的出现是由于 302 的固化速度很慢，渗透到原型件中的树脂再次渗出，特别是在表面会由于缺胶而凹凸不平。

固化速度太慢会在制件中留下大量气泡,但固化速度太快,不可避免地会出现发热和反应的自动加速。这不仅影响到操作时间和渗透性,更重要的是使表面多余树脂的去除变得困难。特别是对于体积较大的原型件,其表面的树脂根本来不及去除便固化了。因此,无论是快固型还是慢固型固化剂都达不到要求。为此,本研究提出了后处理所需的理想的固化示意图,如图 4.30 所示。

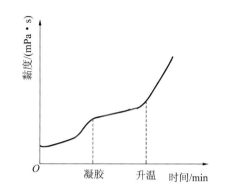

图 4.30　增强树脂的理想固化示意图

理想的状态是初始的反应速度较慢,黏度上升缓慢,这样树脂就有足够的时间来渗透;反应进行一段时间后由于升温而自动加速,反应速度逐渐加快,当达到凝胶时,树脂失去流动性,第一阶段反应结束,反应速度下降,这样就有足够的时间来去除表面多余的树脂,最后升温固化完全。

实际上,要满足这样的固化条件,固化应分成两步,前一步为低温固化剂的反应,而后一步则是中温固化剂的固化反应,因此选择 A(低温固化剂)和 B(中温固化剂)组合固化剂进行调节,可得与理想固化模型相接近的后处理增强树脂。用其增强的制件断面的形貌(SEM)如图 4.31 所示。

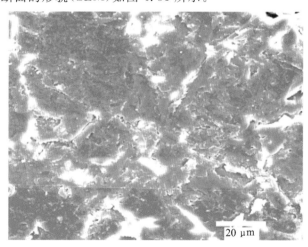

图 4.31　增强 SLS 试样断面形貌(SEM)(A、B 组合固化剂固化)

由图 4.31 可见,用 A、B 组合固化剂后,制件断面光滑,气泡少,显示出了对 PS 材料良好的润湿性,树脂在渗透后很快失去了流动性,因此没有因液体的渗出而出现的气泡和缺胶现象,所以经后处理的制件有较高的强度和较好的外观。

根据以上研究,确立的后处理增强工艺为:①清除原型件表面的浮粉;②使用前将增强树脂配成两组分,使用时按比例混合;③渗树脂时用毛刷蘸取少量树脂从上表面开始渗透,树脂在重力的作用下逐渐浸入原型件的孔隙中,在整个渗透过程中保证渗透表面有树脂存在,直到渗透结束,为使孔隙中的空气能够排出,渗透时必须保证至少有一个面能够排出空气;④待原型件的孔隙完全渗透后,于室温下固化,当树脂的黏度增加,失去流动性后,立即用纸吸去表面多余的树脂;⑤于室温下继续固化 2~4 h 后于 40 ℃烘箱中固化 2 h,再将烘箱的温度升高至 60 ℃固化 2 h;⑥最后打磨抛光并检查零件尺寸即得所需要的塑料功能件。

3.增强制件的性能

如表 4.27 所示为经增强后 PS、HIPS 的 SLS 制件的密度和力学性能,可见经增强后,制件的力学性能得以大幅提高,在一定程度上满足了塑料功能件对力学性能的要求。经后处理后,力学性能由高到低依次为 HIPS 制件、PS 制件,而成形性能则相反,因此可根据实际情况选择相应的材料进行成形。图 4.32 所示为经增强后处理的制件。

表 4.27　经增强后制件的密度和力学性能

原型材料	密度/(g/cm³)	拉伸强度/MPa	断裂伸长率/(%)	拉伸模量/MPa	冲击强度/(kJ/m²)
PS	1.03	25.2	4.3	325.7	3.39
HIPS	1.02	30.7	6.8	900.4	4.65

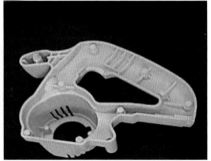

图 4.32　经增强后处理的制件

4.3.3　聚碳酸酯的 SLS 成形工艺及其制件性能

1.SLS 成形工艺对 PC 烧结件性能的影响

PC 粉末的激光烧结在华中科技大学制造的 HRSP-Ⅲ型 3D 打印机上进行。SLS 工艺参数主要有激光功率、光斑大小、扫描间距、扫描速度、单层厚度、粉床温度等。对于特定的 SLS 成形设备,激光的光斑大小是一定的。激光扫描间距影响输送给粉末的能量分布,为了使激光能量分布均匀,扫描间距应小于光斑半径,但过小的扫描间距将影响成形速度,实验中将扫描间距定为 0.1 mm。单层厚度指铺粉厚度,即工作缸下降一层的高度。对于某一制件,采用较大的单层厚度,所需制造的总层数少,制造时间短。但由于激光在粉末中的透射强度随厚度的增加而急剧下降,单层厚度过大,会导致层与层之间黏结不好,甚至出现分层,严重影响烧结件的强度,实验中单层厚度取 0.15 mm。扫描速度决定激光对粉末材料的加热时间,扫描速度小则成形速度低,取 1500 mm/s。PC 的玻璃化温度为 145~150 ℃,粉床预热温度控制在 138~143 ℃,当预热温度超过 143 ℃时,中间工作缸的粉末严重结块,铺粉困难。实验中上述工艺参数均保持不变,只改变激光功率,重点考察激光功率对烧结件的影响。

1)激光功率对 PC 烧结件断面形态的影响

图 4.33 所示为在不同的激光功率下制备的 PC 烧结件的断面形貌。

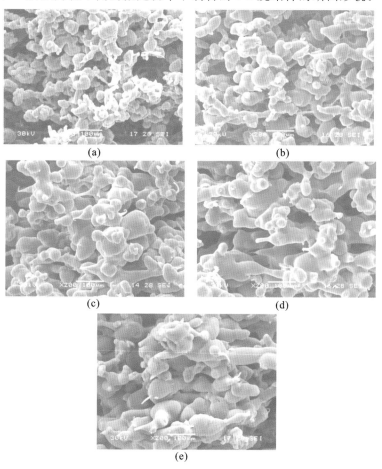

图 4.33　不同激光功率下制备的 PC 烧结件的断面形貌(SEM)
(a)6 W;(b)7.5 W;(c)9 W;(d)10.5 W;(e)12 W

当激光功率很低时,如图 4.33(a)所示,粉末粒子仅在相互接触的部位轻微地烧结在一起，单个粉末粒子仍保持原来的形状。随激光功率增加，如图 4.33 (b)所示，粉末粒子的形状发生了较明显的变化，粒子从原来的不规则形状变得接近于球形，表面变光滑。因为随激光功率提高，粉末吸收的能量增加，温度升高较多，在 T_g 温度以上，PC 的表观黏度随温度升高迅速降低，大分子链段活动能力增大，在表面张力的作用下，粒子趋于球形化，表面也变光滑。继续增加激光功率，如图4.33(c)～(e)所示，烧结颈明显增长，小粒子合并成大粒子，孔隙变小，致密度提高。

2)激光功率对 PC 烧结件的密度和力学性能的影响

PC 烧结件的密度和力学性能随激光功率的变化如表 4.28 所示。

表 4.28　PC 烧结件的密度和力学性能随激光功率的变化

激光功率/W	密度/(g/cm³)	拉伸强度/MPa	断裂伸长率/(%)	拉伸模量/MPa	冲击强度/(kJ/m²)
6	0.257	0.39	52.1	2.19	0.92
7.5	0.343	1.32	35.6	7.42	1.37
9	0.384	1.89	32.8	10.62	2.14
10.5	0.416	2.04	31.4	13.24	2.81
12	0.445	2.18	30.7	15.97	2.98
13.5	0.463	2.29	30.1	17.13	3.13

从表 4.28 中可以看出，PC 烧结件的密度、拉伸强度、拉伸模量和冲击强度均随激光功率的增加而增大，断裂伸长率则相反，随激光功率的增加而下降。当激光功率从 6 W 增加至 13.5 W，PC 烧结件的密度从 0.257 g/cm³ 增加至 0.463 g/cm³，拉伸强度从 0.39 MPa 增加至 2.29 MPa，分别增加了约 80% 和 487%。尽管如此，与 PC 模塑件的密度 1.18 g/cm³ 及拉伸强度 60 MPa 相比，PC 烧结件的密度和拉伸强度还是低得多，分别只有模塑件的 39% 和 3.8%。继续增加激光功率虽然还有可能进一步提高烧结件密度，但当激光功率为 13.5 W 时，烧结件颜色已明显变黄，表明 PC 已发生部分降解，不宜继续增加激光功率。

由此可知，PC 烧结件的强度主要受烧结件孔隙率大小的影响，而与 PC 本体强度关系不大，烧结件的密度越大，其强度越高。加大激光功率可以使 PC 粉末更好地烧结，从而可提高烧结件的密度，但过高的能量输入会使激光束直接照射下的粉末过热，带来如下问题：

①加剧 PC 的热氧化，造成烧结件变色、性能恶化，当局部温度超过 PC 的分解温度时，PC 将产生强烈分解，烧结件性能将进一步恶化。

②激光照射下的粉末与周围粉末的温度梯度加大，PC 烧结件容易产生翘曲变形。

③由于 PC 没有熔融潜热，传热作用导致扫描区域以外的粉末黏附在烧结件

上,使烧结件失去清晰的轮廓,影响成形精度。

④优化烧结工艺参数只能在一定程度上提高 PC 烧结件的密度及力学性能,并不能从根本上消除烧结件的孔隙,所以 PC 粉末不能直接烧结功能件。

3)激光功率对 PC 烧结件精度的影响

将 PC 粉末进行激光烧结,制成 50 mm×50 mm×4 mm 的方块。烧结件在 X 方向和 Y 方向的尺寸误差随激光功率的变化如图 4.34 所示。

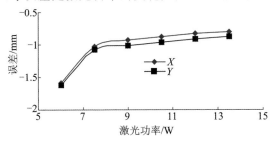

图 4.34　PC 烧结件的尺寸精度

从图 4.34 中可知,PC 烧结件的尺寸误差为负值。当激光功率很小时,烧结件的误差较大,因为过低的激光功率不足以使粉末粒子产生良好的黏结,试样的边缘部位尤其如此,烧结件的尺寸小于激光扫描的范围。随激光功率增加,试样边缘部位的烧结情况得以改善,尺寸误差减小。尺寸误差为负值是由于 PC 粉末在烧结过程中产生收缩。PC 材料的成形收缩率并不大,烧结件产生较大的收缩,与所用的粉末表观密度过低有关。由于粉末的起始密度很低,烧结时产生相对较大程度的致密化,因此产生了较大的收缩。Y 方向的尺寸误差稍大于 X 方向,这可能与非球形粉末在沿 X 方向运动的铺粉辊作用下产生定向有关,粉末在 X 方向排列相对较紧密,烧结收缩率较小。

由材料收缩产生的尺寸误差可通过在 SLS 成形设备上调整 X 方向和 Y 方向的比例系数来补偿。

2. 后处理工艺对 PC 烧结件性能的影响

1)PC 烧结件后处理工艺

PC 烧结件后处理是用液态环氧树脂体系浸渍多孔的 PC 烧结件,环氧树脂体系由于毛细管作用浸入烧结件内部,填充其中的空隙,然后在一定的温度下使环氧树脂固化,形成致密的制品。

环氧树脂体系由液态的环氧树脂、固化剂和稀释剂组成。环氧树脂宜选用相对分子质量低、黏度小的品种如 CYD-128,以利于对烧结件的浸渍。固化剂的选用较为关键,为避免烧结件在固化时变形,固化温度应低于 PC 的热变形温度,以不超过 120 ℃ 为宜,因此只能选用中低温固化剂。但也不宜选用在室温下具有较大活性的固化剂,因为这样的固化体系固化速度快,适用期短,有可能在浸渍过程中就开始固化,造成不能浸透烧结件的缺陷,严重影响后处理效果。稀释剂的作用是调节环氧树脂的黏度,宜选用含单环氧基、双环氧基的活性稀释剂。因为活性稀释剂可以参加环氧树脂的固化反应,对环氧树脂固化物性能的损害较小,其用量以能使环氧树脂体系浸透烧结件为准,不宜多加。

2)后处理对 PC 烧结件密度和力学性能的影响

表 4.29 所示为经过环氧树脂体系处理的烧结件的密度和力学性能。

表 4.29　经环氧树脂体系处理后的 PC 烧结件的密度和力学性能

烧结激光功率/W	密度/(g/cm³)	拉伸强度/MPa	断裂伸长率/(%)	拉伸模量/MPa	冲击强度/(kJ/m²)
6	1.02	38.87	10.31	385.6	6.47
7.5	1.09	42.19	14.5	581.5	7.93
9	1.12	44.7	15.1	600.6	8.83
10.5	1.08	42.04	15.7	547.2	7.52
12	1.06	41.18	16.2	515.97	7.08
13.5	1.03	39.24	15.9	475.13	6.93

比较表 4.29 和表 4.28 可以看出,PC 烧结件经过环氧树脂体系处理后,其密度和力学性能均大幅度提高,其中密度提高至原来的 2.22～3.97 倍,拉伸强度和拉伸模量提高的幅度最大,分别提高至原来的 17.1～99.7 倍和 26.7～176 倍,冲击强度提高至原来的 2.15～7.03 倍,断裂伸长率则下降了 50%～80%。处理后的烧结件的力学性能仍然与密度有关,密度越大,其拉伸强度、拉伸模量和冲击强度也越大。但处理后的密度并不随处理前的密度的增大而增大,具有中等密度的烧结件处理后的密度最大。这与环氧树脂体系的浸渍情况有关,环氧树脂在密度较大、孔隙率较小的烧结件中渗透速度较慢,不容易渗入所有的孔隙,影响了密度的提高。PC 烧结件的密度和各力学性能在处理前相差很大,处理后的差距大大缩小,表明后处理对烧结件的性能起着决定性的作用。用 9 W 的激光功率制备的烧结件经环氧树脂处理后的力学性能最佳,其性能指标能满足对冲击强度等性能要求不高的塑料功能件。图 4.35 所示为经过后处理的 PC 烧结件冲击断面的形貌。

从图 4.35 中可以看出,PC 烧结件中的孔隙被环氧树脂填充,形成了致密的材料。当试样受到外力作用时,环氧树脂成为承受外力的主体,大大减小了外力对 PC 粒子间黏结处的破坏作用,从而使烧结件的力学强度大幅度提高。

3)后处理对烧结件尺寸精度的影响

将在不同的激光功率下烧结的 50 mm×50 mm×4 mm 的方块,用环氧树脂进行后处理,处理后的各试样在 X 方向和 Y 方向的尺寸均略微增加,但增加值均在 0.1 mm 以下。可见,后处理对 PC 烧结件尺寸精度的影响很小,最终试样的尺寸精度取决于处理前烧结件的精度。

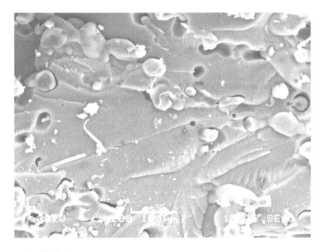

图 4.35　经过后处理的 PC 烧结件冲击断面的形貌

4.4　高分子复合材料的制备与成形工艺

在尼龙粉末中加入适当的填料,不仅可降低收缩率,提高烧结件的尺寸精度,同时还可提高烧结件的模量、热变形温度等物理、力学性能,并可大大降低成本。在高分子材料改性技术中,无机填料与高分子材料的共混改性应用得最广泛。随着加工技术的进步、表面改性技术的发展,改性高分子材料已从以降低成本为主要目的发展成开发高性能高分子复合材料的重要手段。

4.4.1　碳纤维/尼龙复合粉末的制备及 SLS 成形工艺

本研究中,碳纤维/尼龙(CF/PA)复合粉末的制备过程是整个研究的关键部分,也是后续各项工作的必要前提。为了研究不同纤维含量对烧结件性能的影响,先后采用溶剂沉淀法制备了三种纤维质量分数分别为 30%、40%、50% 的 CF/PA 复合粉末。本节详细论述了本研究中 CF/PA 复合粉末的制备过程,并通过对所制得的复合粉末进行表征,分析其微观形貌和热学性能,以及由此可能对粉末的烧结性能产生的影响。

1. 原材料的选用

1)碳纤维粉末的选用

SLS 成形技术对粉末材料的粒度大小有一定的要求。根据经验,粉末的平均粒径在 50 μm 左右时,有良好的烧结性能。从这个角度上来说,传统意义上的连续纤维和短切纤维的长度都远远超过了 SLS 材料的要求。从另一个角度上来说，纤维的长度过长，会对铺粉质量造成不利的影响，从而进一步影响烧结件的性能。因此，我们认为制备复合粉末的纤维平均长度应该控制在 50 μm 及以下，以保证复合粉末的烧结性能。

本研究中所使用的碳纤维粉末是吉林市吉研高科技纤维有限责任公司生产的 400 目（38 μm）碳纤维粉末。该碳纤维粉末由连续碳纤维经球磨、过筛制得。所用碳纤维含碳量不低于 93%，平均直径为 7 μm，抗拉强度为 2.8～3.5 GPa，模量为 220～240 GPa，体积密度为 1.76 g/cm³，粉末呈黑色，有油腻感。

2）尼龙的选用

粉末材料的比表面积大，比其他一般形态更容易吸水，因此吸水率高对粉末烧结材料的储存极为不利。同时，如果烧结材料具有较低的熔融温度，所需的预热温度也会相应降低，有利于烧结成形。晶态高分子材料一般而言比非晶态高分子材料的收缩率要大，而较低的收缩率有利于成形的精度和烧结过程中的控制。

尼龙作为一种半晶态高分子材料，具有一般半晶态高分子材料的优点及缺点。如可以获得接近完全致密的激光烧结件，拥有良好的力学性能，但收缩率较大，容易在激光选区烧结过程中出现翘曲现象。尼龙的品种繁多，其不同品种的性质与高分子中酰胺基团的浓度有着密切的关系。尼龙 12 中酰胺基团浓度很低，从而其具有较低的吸湿率和较低的密度，并且具有较低的熔融温度以及较低的收缩率。因此，尼龙 12 在激光选区烧结中得到了广泛应用。

本研究中采用德国 Degussa 公司生产的尼龙 12（PA12）粒料。PA12 颗粒呈白色半透明状。

3）其他粉末助剂的选择与用量

本研究中采用的粉末助剂的用法用量完全参照前期的工作。

由于高分子粉末材料比表面积较大，在 SLS 成形过程中容易发生热氧化降解，导致性能变差，因此十分有必要加入抗氧剂，降低成形过程中和烧结件使用过程中的热氧老化。抗氧剂选用由受阻酚类与亚磷酸酯类组成的复合抗氧剂，其中受阻酚类抗氧剂占 60%～80%，亚磷酸酯类抗氧剂占 20%～40%。加入抗氧剂的质量为尼龙质量的 0.5%。

在铺粉过程中会有少量尼龙粉末与铺粉辊黏结，从而影响铺粉表面的质量，这对烧结过程以及制件的精度都有不利影响。加入硬脂酸钙这种金属皂盐，可以减少尼龙粉末与铺粉辊的黏结，减小高分子粉末间的相互摩擦，提高加工材料的流动性，有利于铺粉。加入硬脂酸钙的质量为尼龙质量的 0.5%。

综上所述，该 SLS 高分子材料由尼龙、碳纤维粉末、抗氧剂以及硬脂酸钙组成。尼龙与碳纤维按照所需要的质量比加入，抗氧剂的质量为尼龙质量的 0.5%，硬脂酸钙的质量为尼龙质量的 0.5%。

2. 纤维粉末的表面处理

未经表面处理的碳纤维由于其表面光滑，缺少与树脂结合的活性基团，纤维与基体树脂材料之间的界面结合较弱，不利于复合材料承载时应力的有效传递，从而降低了复合材料的力学性能。目前，有大量关于碳纤维表面处理的研究文献，国内外对碳纤维表面改性的研究中应用较多的处理方法包括液相氧化、气相氧化、阳极电解氧化、等离子氧化处理、偶联剂涂层等。

综合多种氧化方法的处理效果及其对设备的要求，最终选用简单易操作、效果已得到广泛认可的硝酸氧化处理方法。

硝酸是液相氧化中研究较多的一种氧化剂。用硝酸氧化碳纤维，能够使其表面产生羧基、羟基和酸性基团，并且这些基团的量随氧化时间的延长和温度的升高而增多。而氧化后的碳纤维表面所含的各种含氧极性基团和沟壑增多，有利于提高纤维与树脂之间的界面结合力。强氧化剂与高浓度含氧酸的水溶液被认为是多种氧化剂中最有效的。羧基的增加提高了纤维表面的极性，从而改善了纤维与树脂的浸润性，有利于界面结合。而且这种氧化剂对纤维表面的氧化程度具有可控性，不致对纤维造成损伤，在纤维表面的刻蚀深度不是很大，有益于改善纤维和树脂的黏结。

本研究中，采用浓度为 67% 的浓硝酸对纤维粉末进行处理。将纤维粉末置于浓硝酸中，60 ℃下超声处理 2.5 h，之后用蒸馏水稀释，对稀释后的溶液进行真空抽滤，如此反复，直到滤液的 pH＝7，再将滤出的粉末放置于烘箱中在 100 ℃下干燥 12 h。

3. 复合粉末的制备过程

本研究采用溶剂沉淀法对碳纤维粉末进行包覆，设备、工艺简单，成本低，适合中小批量覆膜粉末的生产。该方法在本实验室的研究实践中，已经得到了广泛的应用，制备出了尼龙包覆的金属、陶瓷粉末，并取得了良好的效果。

1）主要仪器及性能指标

反应釜：烟台科立化工设备有限公司生产，10 L。

真空干燥箱：巩义市予华仪器有限责任公司生产，DZF-6050 型。

球磨机：南京大学研制，行星式球磨机。

2）溶剂沉淀法制备复合粉末的流程

尼龙是一类具有优异抗溶剂能力的树脂，常温条件下很难溶于普通溶剂，但在高温下可溶于适当的溶剂。选用乙醇做溶剂，加入尼龙与被包覆粉末，在高温下使尼龙溶解，冷却时剧烈搅拌，由于被包覆粉末对尼龙的结晶具有异质形核作用，所以尼龙会优先析出在被包覆粉末上，形成覆膜粉末。

制备本研究中 CF/PA 复合粉末的具体过程如下：

①将 PA12 粒料、经表面处理过的碳纤维粉及抗氧剂、硬脂酸钙按比例投入带夹套的不锈钢反应釜中,加入足量的溶剂将反应釜密封,抽真空,通氮气保护。溶剂为乙醇,化学纯,上海振兴化工一厂生产。

②以 1~2 ℃/min 的速度,逐渐升温到 150~160℃,使尼龙完全溶解于溶剂中,保温保压 2~3 h。

③在剧烈搅拌下,以 2~4 ℃/min 的速度逐渐冷却至室温,使尼龙逐渐以碳纤维粉末为核,结晶包覆在其表面,形成尼龙覆膜碳纤维粉末悬浊液。

④将覆膜粉末悬浊液从反应釜中取出。

⑤对覆膜粉末悬浊液进行减压蒸馏,得到粉末聚集体。(回收的乙醇溶剂可以重复利用。)

⑥得到的聚集体在 80 ℃下进行真空干燥 24 h 后,在球磨机中以 350 r/min 的转速球磨 20 min,过筛,选择粒径在 100 μm 以下的粉末,即得到实验所需的 CF/PA 复合粉末材料。

本次实验中,一共制备了三种不同纤维含量的 CF/PA 复合粉末,其中纤维的质量分数分别为 30%、40%、50%。所制得的 CF/PA 复合粉末均呈灰黑色,且无油腻感。

3)溶剂沉淀法与机械混合法的比较

在制备激光选区烧结用复合粉末时,还有另一种常用的方法——机械混合法。机械混合法,顾名思义,就是指将需要混合的两种或多种不同组分的粉末进行机械混合,如在高速混合机中或在球磨机中混合。

机械混合法所制得的复合粉末,其最终的形态为两种或多种粉末在空间内的独立分散,仍保持了原不同粉末的各自形态和性质;而溶剂沉淀法制备的覆膜复合粉末则形成了不同组分的相互结合。

从不同组分粉末分散的均匀程度上来说,覆膜粉末的分散均匀程度远大于机械混合粉末。机械混合粉末中,两种或多种不同性质的粉末相对独立存在,由于其密度不同,形态不同,很容易产生成分偏聚现象,从而导致最终成形的零件成分不均匀,进一步影响到零件的各方面性能。覆膜粉末由于在形态上已经不是两种或多种不同粉末的独立存在,而是二者的有机结合,作为一个整体出现,因此在均匀性上要比机械混合粉末好很多。这保证了增强材料在基体内的均匀分散,从而提高了增强的效果。通过制得的覆膜 CF/PA 粉末与机械混合 CF/PA 粉末的比较,我们从宏观上可以发现,覆膜 CF/PA 粉末失去了原碳纤维粉末的油腻感,而机械混合 CF/PA 粉末仍然具有油腻感。由此可以初步推断,这是由于碳纤维粉末的表面附着了一层尼龙,其表面得到了改性。

从激光烧结的过程比较,覆膜的复合粉末能够更有效地吸收激光能量,促进烧结。材料对激光能量的吸收与激光波长及材料表面状态有关,10.6 μm 的 CO_2

激光很容易被高分子材料吸收。由于高分子粉末材料表面粗糙度较大,激光束在其峰-谷侧壁产生多次反射,甚至还会产生干涉,从而产生强烈吸收,所以高分子粉末材料对 CO_2 激光束的吸收系数很大,可达 $0.95\sim0.98$。覆膜粉末在受到激光扫描时,吸收激光能量,表面覆膜材料熔融,相邻颗粒相互黏结在一起,而被覆膜颗粒保持原位,仅影响到热量的传递,不会反射激光而造成激光功率的损失。

从工艺的复杂性和成本上来看,机械混合法又有其优势。机械混合法工艺简单,成本低,并且不受材料种类的影响。而溶剂沉淀法需要根据被包覆材料与包覆材料的性质选用合适的工艺,工艺复杂,步骤繁多,从而增加了制备成本和时间成本。

在实际的应用中,应当根据需求选择合适的制备复合粉末的方法。既要考虑到复合粉末的使用效果,又要考虑到相应的成本问题。本研究中为了考察碳纤维粉末的增强效果,提高烧结件的力学性能,且只需制备少量粉末,故采用溶剂沉淀法。

4. 复合粉末的表征

通过对粉末进行测试和表征,我们可以更加深入地了解复合粉末材料的性质。粉末颗粒的粒径及粒径分布直接影响着铺粉质量、烧结过程中的参数以及粉末的烧结性能。粉末的微观形貌可以让我们更加清楚地了解粉末的构成形态,以及各种成分的分布状态,从而对一些宏观性能进行预测。激光烧结过程,实际上是粉末材料所经历的热过程,而对粉末的热学性能的表征,可以加深我们对激光烧结过程的认识,指导我们对激光烧结中预热温度及激光能量密度的调控。

1)测试仪器及测试方法

激光衍射法粒度分析仪:英国 Nalvern Instruments 公司生产,型号 MAN5004。采用湿法测量,测量范围 $0.05\sim900\ \mu m$。

电镜制样系统:美国产,型号 GATAN-691-682-656;用于电镜 TEM、SEM,光镜 OM 金属,以及非金属固体样品的制备。环境扫描电镜(ESEM):荷兰 FEI/飞利浦公司生产,型号 Quanta 200。首先将粉末材料分散后,利用双面胶粘贴在试样台上,利用电镜制样系统对试样进行喷金,然后利用环境扫描电镜对试样进行观察。

差示扫描量热仪:美国铂金-埃尔默公司生产,型号 Diamond DSC。在氮气保护下,先以 10 ℃/min 的速率由室温升至 200 ℃,恒温 5 min,然后再以5 ℃/min的速率降到室温,记录升温和降温过程的 DSC 曲线。

热重分析仪:美国铂金-埃尔默公司生产,型号 Pyris1 TGA。在氮气保护下,以 10 ℃/min 的速率由室温升温,记录过程中样品的失重情况。

2)结果与讨论

(1)粉末的粒径分布分析。

图 4.36 所示为本研究所制备的三种 CF/PA 复合粉末的粒径分布图,横坐标

是粒径数值,纵坐标是体积分数。图上的每一个点的纵坐标代表等效粒径大小在当前点的粒径与下一个点的粒径之间的粉末所占的体积百分比。从图中我们可以看出,制得的复合粉末的粒径分布较宽,这可能是由于粉末中混杂了过长的纤维,而纤维直径很细($7~\mu m$),在过筛时可以垂直纵向穿过筛网。比较三张图片,不难发现,随着纤维含量的增多,粉末的粒径分布逐渐加宽,这也可能是纤维的增多导致穿过筛网的长纤维增多造成的。

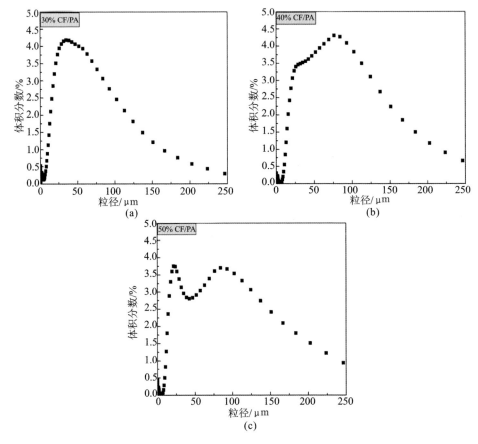

图 4.36　三种 CF/PA 复合粉末的粒径分布图

以下是几个粒径相关重要参数的详细描述。

体积平均径 $D[4,3]$:这是通过体积分布计算出来的表示平均粒度的数据,是激光粒度测试中的一个重要的测试结果。

中值:也称中位径或 D_{50},这也是表示平均粒度大小的典型值,该值准确地将总体划分为二等份,也就是说有 50% 的颗粒的粒径大于此值,50% 的颗粒的粒径小于此值。中值被广泛地用于评价样品的平均粒度。

D_{90}:一个样品的累计粒度分布数达到 90% 时所对应的粒径。它的物理意义是粒径小于该值的颗粒占 90%。这是一个被广泛应用的表示粉体粗端粒度指标的数据。

表 4.30 所示为通过激光粒度分析仪的配套软件所计算出的粒径相关参数值。从表 4.30 中,我们可以看出,三种粉末的表示粒径的三个参数中有两个参数测量值分布在 35 μm 到 70 μm 之间,平均粒径在 50 μm 左右波动,这个值比较适合于激光选区烧结工艺。同时我们也可以看到,表示粉体粗端粒度指标的参数 D_{90} 均超过了 100 μm,说明很有可能是混进了长纤维,或者有粉体在测量时没有充分分散。

表 4.30　三种粉末的粒径相关参数测量值

粒径参数	30% CF/PA	40% CF/PA	50% CF/PA
$D[4,3]/\mu$m	51	67.38	68.54
D_{50}/μm	37.59	52.20	46.86
D_{90}/μm	111.62	143.71	157.35

分析图 4.36 和表 4.30 可知,三种粉末中均含有一定量较长(>100 μm)的长纤维,且粉末的粒径分布范围较宽,平均粒度在 50 μm 左右波动。由于纤维有一定的长径比,粉末的流动性能受到一定的限制,而纤维越长,影响越严重。在铺粉过程中,这些因素可能会综合导致粉床表面不光滑,烧结件的表面也会相对粗糙。而想要避免长纤维的出现,就应该提高原材料的品质,并在球磨后粉末的筛分方法上进行优化。

(2)粉末的微观形貌。

图 4.37 是经过表面处理的碳纤维粉末形貌。从图 4.37(a)中可以看出粉末的整体构成以及分布情况。粉末主要由长度不等的纤维及颗粒状物质构成,纤维长短不一,长可达 100 μm,短的只有几微米。联系粉末的制备过程,不难猜测到,由于此碳纤维粉末是由较长的纤维经球磨所得,在球磨的过程中必然不可能出现均匀的断裂,所制得的纤维的平均长度也只能通过控制相应的球磨参数来决定,如球磨转速、球磨时间等。而球磨过程又不能避免从纤维上砸下一些碎渣,这就可以解释为什么在图 4.37(a)中纤维底部会出现粉状物质。在进一步筛分的过程中,这些碎渣也难以去除,所以实际上真正称得上纤维的含量只是所使用的粉末的一部分。图 4.37(b)则通过一个局部更加清楚地反映了纤维与碎渣之间的关系。图 4.37(c)则是我们所期望的 40 μm 左右长度的纤维图片。通过进一步放大,我们可以从图 4.37(d)上观察到纤维的表面形貌,不难发现表面有多道轴向的沟壑,这些沟壑对增加纤维表面粗糙度,从而增加纤维与树脂之间的结合是十分有利的。

图 4.38 所示为一组覆膜的 CF/PA 复合粉末形貌。由图 4.38(a)可以看出,复合粉末由被尼龙包覆的碳纤维及近等轴的尼龙颗粒组成。仔细观察可以发现,碳纤维的表面包覆了一层尼龙,出现了典型的尼龙高分子材料形貌表面,而形状

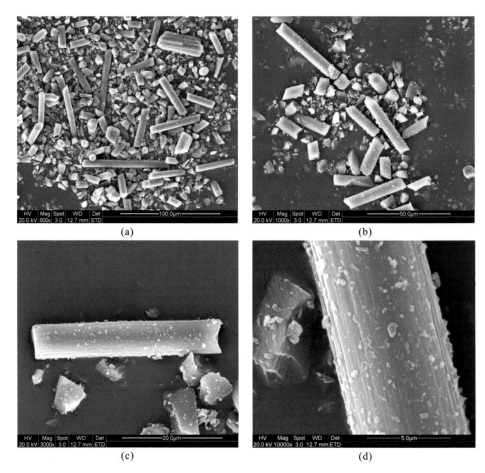

图 4.37　经过表面处理的碳纤维粉末形貌

(a)放大 600 倍的效果图;(b)放大 1000 倍的效果图;

(c)放大 3000 倍的效果图;(d)放大 10000 倍的效果图

仍然保持原来的纤维状,如图 4.38(c)所示,一根长约 50 μm 的纤维表面被完全包覆,已经看不到裸露的碳纤维相对光滑的表面。而由图 4.38(b)中可以观察到的近等轴颗粒,可能是尼龙颗粒成核结晶,也可能是以图 4.37 中所出现的碳纤维粉末碎渣成核结晶。图 4.38(d)中的纤维表面未被完全包覆,仍有部分纤维表面裸露,可能是因为该位置缺乏形成尼龙晶核的活性点,尼龙优先在其他位置结晶。

(3)复合粉末的熔融/结晶行为。

差示扫描量热分析(DSC)曲线是在控制温度变化情况下,以温度(或时间)为横坐标,以样品与参比物间温差为零所需供给的热量为纵坐标所得的扫描曲线。通过分析样品在升温和降温过程中的热量吸收和释放情况,从而判断材料的微观结构变化过程。由于半结晶性高分子材料的激光烧结是一个激光加热熔融、冷却结晶的过程,因此有必要对复合粉末材料的熔融、结晶行为进行研究。图 4.39 所

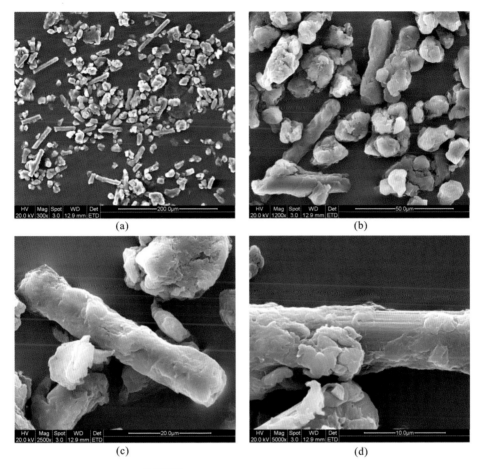

图 4.38　覆膜的 CF/PA 复合粉末形貌

(a)放大 300 倍的效果图;(b)放大 1200 倍的效果图;

(c)放大 2500 倍的效果图;(d)放大 5000 倍的效果图

示为三种复合粉末的熔融过程和结晶过程的 DSC 曲线。对比三种复合粉末的熔融曲线,可以发现,随着碳纤维含量的增加,在原熔融峰左侧增加了一个新的小熔融峰,并且在碳纤维质量分数为 50% 时,这个峰的高度甚至超过了原来的峰。这个176 ℃左右的峰,很有可能是由纤维上所包覆的尼龙而形成的。碳纤维导热系数很高,附着在纤维上的尼龙只有薄薄的一层,在升温的过程中,由于良好的导热性,包覆在纤维上的尼龙优先熔融而吸热。随着碳纤维含量增多,包覆在纤维上的尼龙含量也增多,吸收热量增多,这个峰也逐步增大。

图 4.39(b)中,三种复合粉末的结晶峰位置几乎没有变化。而仔细观察可以发现,随着碳纤维含量的增多,结晶峰的宽度变窄,结晶放热过程更加迅速而集中,这也可以归因于碳纤维的良好导热性。

表 4.31 将三种复合粉末的熔融/结晶峰值温度与纯尼龙 12 做了比较。由

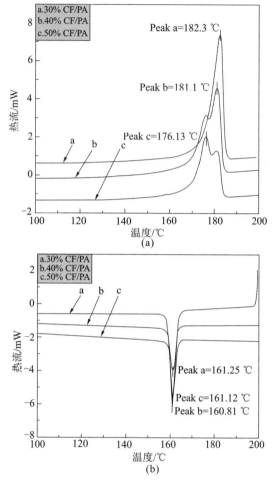

图 4.39 三种 CF/PA 复合粉末的 DSC 曲线

(a)熔融过程;(b)结晶过程

DSC 曲线以及上文的分析可以解释其峰值的变化。而从结晶峰的比较,可以看出,复合粉末的结晶峰值温度比纯尼龙 12 粉末高出 6 ℃ 左右,这可以说明纤维粉末的加入是有助于尼龙的结晶过程的。对于半结晶性高分子材料而言,其结晶度越大,力学性能就越好。

表 4.31 四种粉末熔融/结晶参数值对照表

项目	纯尼龙 12	30% CF/PA	40% CF/PA	50% CF/PA
熔融峰 T_{mp}/℃	180.2	182.3	181.1	176.13
结晶峰 T_{cp}/℃	154.1	161.25	160.81	161.12

然而,从激光选区烧结的预热角度来说,由于复合粉末的起始结晶温度降低,预热温度比纯尼龙 12 粉末也相应降低,而其结晶峰温度增高,导致烧结窗口(即

起始结晶和起始熔融之间的温度范围)减小。这也就意味着这种复合粉末在烧结过程中更容易产生翘曲现象,从而对设备的温度控制提出了更严格的要求。

(4)复合粉末的热重分析。

热重分析是在程序控制温度下,测量样品失重或增重的一种分析技术。可测量材料随温度和时间变化时其质量的变化及变化速率,并对材料的与失重或增重有关的化学、物理变化进行定量及定性分析,预测材料的热稳定性。

图 4.40(a)所示为三种 CF/PA 复合粉末和尼龙粉末的 TG 曲线对比图。图中纵坐标为相应温度下粉末的残余质量分数。从图中可以看出,三种复合粉末的曲线轮廓基本重合,碳纤维在低温下基本不降解,作为粉末的残余成分。由于纤维质量也计入整个曲线的计算之中,从此图中虽然可以看到曲线普遍右移,但并不能确定是尼龙的降解温度得到提高还是掺入的碳纤维质量导致的。图 4.40(b)所示为失重微分曲线,纵坐标为相应温度下残余质量分数对时间的导数,由此曲线可以分析粉末的热降解动力学。可以看出,30%CF/PA 复合粉末的峰较纯尼龙 12 明显右移,说明复合粉末的热稳定性得到了明显的提高。

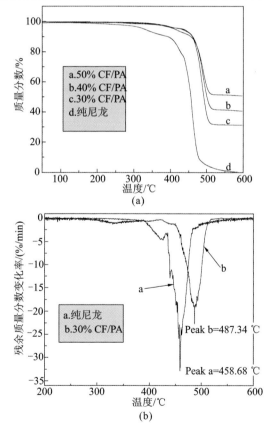

图 4.40 CF/PA 复合粉末和尼龙粉末的 TG 曲线
(a)失重曲线;(b)失重微分曲线

如果假定碳纤维在升温的过程中质量完全不变，对原数据进行处理，得到纤维外覆膜尼龙粉末的降解质量分数，则可直接与纯尼龙 12 粉末进行比较。对于纤维质量分数为 30% 的复合粉末，如果令原残余重量的质量分数为 MR_0，令纤维外的覆膜尼龙的自身相对残余重量的质量分数为 MR_1，则两者之间的关系为

$$MR_1 = (MR_0 - 0.3)/0.7 \tag{4-5}$$

根据式(4-5)处理数据并绘图，得到图 4.41。可以看出，整条曲线右移，进一步说明了复合粉末的热稳定性得到了提高。

复合粉末热稳定性得到提高的原因自然与碳纤维粉末的加入有关。以下是关于此的一种解释：由于尼龙分子链与碳纤维表面形成了化学键合，降解活性末端由原来的两端变为只有一端，碳纤维阻碍了和其键合一端的分子链的降解，从而使热稳定性得到了提高。而这也正是我们希望得到的结果。如果碳纤维表面与尼龙分子间形成了化学键合，那么碳纤维的加入才能真正起到承载应力的作用，不会作为应力集中区而削弱本体强度，从而达到增加强度的效果。

从另一方面来看，粉末热性能的提高，对减少在激光扫描过程中粉末的降解也将起到积极的作用，从而减小可能由此引起的强度损失。

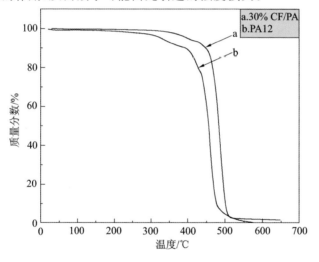

图 4.41 经过处理的 30% CF/PA 复合粉末和尼龙粉末的 TG 曲线

5. 碳纤维/尼龙复合粉末的 SLS 成形工艺研究

在激光选区烧结技术中，最终烧结零件的性能不仅跟所选用的粉末材料的各方面性能有关，同时也与激光选区加工的整个工艺过程密切相关。SLS 工艺过程中的各种参数，如激光功率、扫描速度、扫描间距、单层厚度、预热温度等，共同决定了烧结件的微观形态，从而影响烧结件的宏观性能。对于一种新的成形粉末材料而言，如何调整工艺参数，充分发挥材料的本体性能，与提高粉末材料的性能同样重要。为此，本节首先对所制备的碳纤维/尼龙 12 复合粉末材料的激光烧结机理进行阐述，再对加工过程中工艺参数对烧结件的影响进行分析，最终选定一组

较为适合的工艺参数。实验所用设备为华中科技大学快速制造中心研制的 HRPS-Ⅳ型激光烧结系统,激光光斑直径为 0.4 mm,最大激光功率为 50 W。

1)碳纤维/尼龙 12 复合粉末的铺粉性能研究

铺粉性能是关系到激光选区烧结件性能的很重要的因素之一。具体有以下几点要求:

①粉末与铺粉辊之间尽量减少黏结。这是铺粉表面光滑的必要条件之一,可以提高制件的尺寸精度,并且在加工过程中不会发生异常情况(如褶皱、裂纹等),不会影响加工的正常进行。实验证明,加入硬脂酸钙后可以明显减少尼龙与铺粉辊之间的黏结,有利于铺粉。

②粉末颗粒之间具有良好的流动性。良好的流动性能够促进粉末在铺粉过程中均匀地分散在所需铺粉表面上,加入硬脂酸钙也有利于增加粉末颗粒之间的流动性。粉末的流动性好,可以在一定程度上提高粉床的铺粉密度。如果铺粉密度过低,则会影响烧结件的密度,从而导致烧结件性能的下降。

③粉末具有合适的粒径及粒径分布。粒径对铺粉密度有着直接的影响,粉末的粒径如果过小,则由于静电力及摩擦力的作用,粉末相对松散,铺粉密度低;粉末的粒径如果过大,则会使得制件的精度降低。粒径在 $10 \sim 100 \ \mu m$ 的粉末能够形成相对良好的铺粉情况以及相对较高的成形精度。

粉末的颗粒形貌越接近球形,其铺粉表面光洁度、粉末的流动性能和粉床的铺粉密度越会有很大的提高,从而烧结件的精度以及力学性能也会提高。由于实验中所制备的 CF/PA 复合粉末,其形貌为细长纤维状和近球形等轴颗粒的混合,粉末的流动性能大大降低,而且铺粉表面不光滑,这直接导致了烧结件的表面精度降低,力学性能也会受到一定的影响。但是这些情况是由纤维材料的特性所决定的,如何进一步提高纤维增强复合粉末的铺粉性能还有待将来的研究人员进行更加深入的研究。

2)SLS 工艺参数对烧结件性能的影响分析

(1)预热温度。

对于尼龙及尼龙基复合粉末材料来说,预热温度控制是否合理,直接影响到整个烧结过程能否顺利进行。如何控制预热温度从而防止烧结件的翘曲,需要从以下两个方面考虑。

预热温度越接近熔点,激光扫描区域与周围区域的温度梯度越小,烧结件在加工过程中的翘曲也会越小。但如果激光输入的能量过大,则由于热传导的作用,原本在扫描区域之外的粉末与烧结件结合起来,会降低尺寸精度和增加表面粗糙度,对后处理过程的要求较高。如此一来,就要求有非常精准的预热温度控制及激光能量控制。

预热温度升高到熔点下的一定温度,粉末会开始黏结成块,称之为粉末结块。由于尼龙 12 是一种半晶态高分子材料,分子中存在着结晶区和非结晶区,在接近于熔点温度时,非结晶区的大分子链段已经有较大的活性。大分子链段的扩散运动使粉末粒子相互黏结,而且尼龙 12 中比较不完善的晶体可在较低温度下熔融,因此其结块温度低于熔融温度。粉末结块会造成以下问题:首先,会导致烧结件清粉困难,即会有多余的粉末黏结在烧结件上,难以清除;其次,粉末严重结块还会造成铺粉平面上出现裂缝,影响铺粉,使烧结过程不能正常进行;最后,粉末结块后,性能将会有所降低,必须重新球磨过筛,粉末的可复用性降低。

由于碳纤维的加入及纤维含量的不同,二种 CF/PA 复合粉末的熔融结晶温度相比尼龙粉末都出现了一些变化,从而需要根据三种粉末的 DSC 曲线及实验来确定每一组复合粉末的预热温度。最终确定的预热温度如表 4.32 所示。

表 4.32　三组 CF/PA 复合粉末的预热温度

粉　末	30% CF/PA	40% CF/PA	50% CF/PA
预热温度/℃	170	168	165

（2）激光参数。

激光参数主要包括激光功率、扫描速度以及扫描间距等。这些激光参数共同决定了粉末层所接收的激光能量大小,从而进一步决定了烧结件的组织结构、性能以及尺寸精度等。通常,将这三个激光参数的共同作用结果用激光能量密度来表示。激光能量密度定义为单位面积上获得的相对激光能量,可以计算为

$$e = \frac{P}{v \times s} \tag{4-6}$$

式中:e 为激光能量密度（energy density）,单位为 J/mm^2;P 为激光功率（laser power）,单位为 W;v 为激光扫描速度（laser beam speed）,单位为 mm/s;s 为扫描间距（scanning spacing）,单位为 mm。从式中可以看出,激光能量密度与激光功率成正比,与激光扫描速度以及扫描间距成反比。

SLS 成形系统中的激光束为高斯光束,由于工作面在激光束的焦平面上,因此激光束的光强分布为

$$I(r) = I_0 e^{(-2r^2/\omega^2)} \tag{4-7}$$

式中:I_0 为光斑中心处的最大光强;ω 为光斑特征半径,此处的光强 I 为 $e^{-2}I_0$;r 为考察点到光斑中心的距离。

可以看出,在激光扫描线中心的粉末所接收的能量较大,而在边缘的能量较小。当激光的扫描速度很快时,扫描线之间区域的粉末所获得的激光能量可以近似看成两条扫描线能量的线性叠加。能量的叠加可使得整个扫描区域上的激光能量达到一个较均匀的程度。扫描间距这个参数就直接控制着两条扫描线能量的叠加情况:当扫描间距过大时,两条扫描线中间区域的粉末会获得不均匀的激光能量分布;随着扫描间距的减小,激光能量在两条扫描线之间分布逐渐均匀化。为了获得均匀的激光能量分布,从而改善烧结件的微观组织结构和力学性能,扫描间距一般不得小于激光的光斑特征半径。虽然扫描间距的缩小可以改善激光

能量分布的均匀性,但是如果扫描间距太小,则会使得单位面积内接收的激光能量远远大于能够融化该面积内粉末的能量,导致温度过高而产生高分子材料分解的情况,进而影响烧结件的性能。基于实验中所使用的 SLS 系统的激光器参数,以及实验室原有的研究,结合实验中的摸索,对所制得的 CF/PA 复合粉末材料选取扫描间距为 0.1 mm,可获得较好的烧结效果。

扫描间距确定下来之后,激光功率和扫描速度就共同决定着单位面积上的激光能量。激光功率直接涉及能量的大小,也仅仅涉及能量的大小。而扫描速度除了影响激光能量密度之外,还影响着加工效率。扫描速度越快,单位时间内加工的零件数量越多,这对于以成形速度为其主要优势之一的快速制造而言,无疑是非常重要的。但是扫描速度的大小还受激光器以及整个光路系统的制约,如果扫描速度过大,则有可能会导致扫描不稳定的情况发生。除此之外,粉末层在受到激光扫描的过程中,不可避免地要与周围环境进行换热,因而其温度场分布是随时间不断变化的不稳定场,扫描速度作为与时间有关的参数,也是影响整个温度场变化的关键因素之一。为了保证有一定的成形速度,并且能够获得较为均匀的温度场分布,实验中最终选定扫描速度为 2000 mm/s。

激光功率的选取则要考虑以下几个方面。首先,必须能够使粉末完全熔融,并且具有较低的黏度,从而能够促进致密化,获得微观组织密实的烧结件。其次,要保证烧结件具有清晰的轮廓,不能因为激光能量过大而将扫描区域周围的粉末也部分地烧结在一起。最终确定的合适的激光功率为 22 W。

(3)单层厚度。

单层厚度是 SLS 加工中一个非常重要的参数。首先,单层厚度的设定与粉末粒径有关,单层厚度应该大于粉末粒径,才能保证铺粉良好。单层厚度如果过大,激光能量难以传递均匀,会导致烧结件性能的不均匀。从理论上来说,单层厚度越小,由层片叠加起来的烧结件就越接近原始 CAD 模型,台阶效应越不明显,如果单层厚度无限小,则理论上零件侧面是连续的,不存在台阶。但实际上单层厚度是必须大于粉末粒径的,所以 SLS 过程中的台阶效应是不可避免的,只能尽量降低。由于制得的 CF/PA 复合粉末的粒径分布较宽,铺粉层厚过小时,不能够均匀有效地铺粉;而铺粉层厚过大时,容易产生分层的现象,使烧结件性能急剧降低,甚至报废。通过实验,在所制得的 CF/PA 复合粉末的 SLS 过程中,单层厚度为0.1 mm时,能够获得较为均匀的铺粉层和较为均匀的制件性能。

(4)扫描路径。

由于激光束汇集在焦平面上是一个点,就必须采用一定的扫描路径来对一个指定截面进行扫描烧结。由于扫描不是一个瞬时过程,而是一个依赖于时间的过程,粉末的温度场在激光烧结的过程中也不是稳态,涉及烧结区域与非烧结区域及周围环境之间的换热,那么不同的激光扫描路径,就会导致扫描区域的温度场随时间有着不同的变化历程。图 4.42 所示为同一截面不同扫描路径的简单示例。

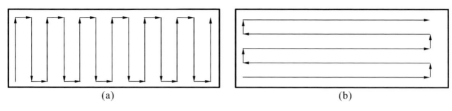

图 4.42　同一截面不同扫描路径的示意图

(a)扫描路径 a;(b)扫描路径 b

从图 4.42 中可以看出,对于同一个矩形截面,扫描路径 a 是激光沿着矩形短边逐行扫描,而扫描路径 b 是激光沿着矩形长边逐行扫描。如果激光参数设置相同,那么激光能量密度是相同的,也就是说,每个点上所获得的激光能量是相同的。如果不考虑烧结区域与其周围环境的换热,获得的激光能量一部分使粉末由固相转化为液相,另一部分使得所烧结区域的温度增加,那么两种扫描方式下扫描区域内相同的点都将达到相同的最高温度。然而实际情况下,由于烧结区域与周围环境之间存在较大的温度梯度,因此其温度会随着时间的推移逐渐下降,那么对于扫描路径 a 而言,其截面上的一个点得到其附近扫描线能量的平均时间间隔比扫描路径 b 中的短,因而吸收的能量能够更好地积累,从而达到更高的温度。所以,虽然激光能量密度相同,扫描路径 a 对能量的利用效率要比扫描路径 b 中的高。

扫描路径的不同除了会使粉末达到不同的最高温度,还会影响粉末的冷却过程,即影响扫描截面上一点的温度变化历程。扫描区域中不同位置的温度变化也是不同的,例如扫描边界由于与周围区域的温度梯度较大,因而冷却速度快。以图 4.42(a)为例,随着扫描线的不断前进,矩形的左端由于远离了扫描前端,而且处于扫描轮廓边界,最先冷却,并且表层由于与空气接触,冷却速度高于底部,因而收缩比底部大,从而产生翘曲。所以,控制扫描截面上不同点的冷却速度,使整个截面温度变化较为均匀,有利于防止烧结过程中翘曲现象的发生。而扫描路径可以在一定程度上控制截面的温度场变化情况。

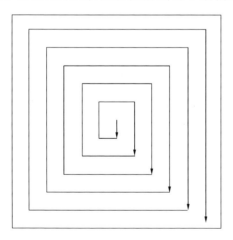

图 4.43　内外螺旋扫描路径示意图

图 4.43 是一种内外螺旋扫描路径的示意图,激光由扫描截面中心出发,逐步螺旋向外扫描。这种扫描方式先对中心进行扫描,此时对中心周围的粉末也是一个预热的过程,从而可以使温度变化更为均匀。更为重要的是,扫描中心区域的冷却速度较慢,而扫描前端始终处在已扫描区域的外轮廓区,这

对防止外轮廓由于收缩而产生翘曲具有十分积极的意义。在实验中,也验证了这一点,采用内外螺旋扫描方式比起逐行扫描,烧结件的翘曲倾向明显减小。不过这种扫描方式也存在着一定的缺陷,由于扫描路线的逐渐增长,同对图 4.42 的解释一样,外围区域由于散热时间更长,对激光能量的利用效率比中心区域低,从而所达到的最高温度也较中心低。如果能够实时对激光功率进行调整,这个问题将得到改善。由于所烧结的测试件尺寸较小,这种效应不明显,而且内外螺旋扫描可以显著减小烧结过程中的翘曲倾向,因此采用这种扫描方式。

(5)最终烧结参数的选定。

综上所述,最终选取的工艺参数为:激光功率 22 W,扫描速度 2000 mm/s,扫描间距 0.1 mm,单层厚度 0.1 mm,采用内外螺旋扫描方式进行扫描,三种CF/PA复合粉末的预热温度分别为 170 ℃、168 ℃、165 ℃。最终获得了形状精度基本良好、微观组织致密的烧结测试件,如图 4.44 所示。

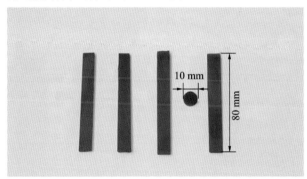

图 4.44　烧结测试件照片

6. 烧结件的力学性能研究

在确定了碳纤维/尼龙 12 复合粉末的烧结工艺参数之后,在华中科技大学快速制造中心研制的 HRPS-Ⅳ 型激光烧结系统上进行测试样件的烧结,并对测试样件的力学性能、断口形貌进行分析,从而更深入地了解碳纤维的加入给烧结所得到的复合材料零件的宏观性能与微观组织带来的影响,进而评价这种新型的复合粉末在激光选区烧结技术中的应用价值。

1)测试仪器及方法

采用德国 Zwick/Roell 公司的 Z010 型电子万能力学试验机,按 GB/T 9341—2008 测量烧结试样的三点弯曲强度及弯曲模量。

使用承德试验机总厂的 XJ-25 组合式冲击试验机,按 GB/T 1043.1—2008 测量冲击强度。

2)结果与讨论

如图 4.45 所示,可以看出,与纯尼龙 12 粉末材料的烧结件相比,碳纤维的加入使得复合粉末材料的烧结件的弯曲强度与弯曲模量有了很大幅度的提高,并且随着碳纤维含量的增多,弯曲强度与弯曲模量也随之升高。三种 CF/PA 粉末烧结件的弯曲强度分别提高了 44.5%、83.3% 和 114%,弯曲模量分别提高了 93.4%、129.4% 和 243.4%。

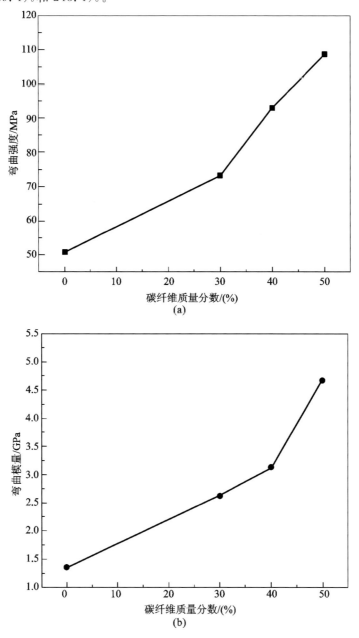

图 4.45 三种 CF/PA 复合粉末烧结件的弯曲强度和弯曲模量
(a)弯曲强度;(b)弯曲模量

强度和刚度的提高可以使 CF/PA 复合粉末的烧结件工作在对强度和刚度要

求较高的场合,从而拓展了激光选区烧结制件的应用范围。在实际应用中,为了使烧结件获得所需要的刚度,从而控制零件在固定载荷下的变形量,也可以根据碳纤维含量与模量之间的关系,通过调整复合粉末中碳纤维的含量来实现。

图 4.46 所示为当填料分别为碳纤维和铝粉时,不同填料含量对烧结件冲击强度的影响。图中 Al/PA 指的是填充铝粉的尼龙 12 复合粉末,可以看出,CF/PA 复合粉末的烧结件的冲击强度随着碳纤维含量的增多而逐步降低,但其下降的程度要远远小于 Al/PA 复合粉末的烧结件。当填料质量分数为 50% 时,Al/PA 复合粉末的烧结件的抗冲击性能仅为纯尼龙 12 的 15.9%,而 CF/PA 复合粉末的烧结件的抗冲击性能则为纯尼龙 12 的 64.2%。这说明碳纤维与以往的一些增强填料有很大的不同,以往的增强填料一般都为颗粒状或球形,比如玻璃微珠、铝粉等,这种复合粉末的烧结件虽然在强度、刚度上得到了提高,但随着填料含量的增多,其抗冲击性能也急剧削弱。虽然填料的增加导致塑性基体材料在冲击过程中产生塑性变形而吸收的能量减少,但由于碳纤维属于纤维填料,在材料的断裂过程中,纤维不仅延缓了裂纹的扩展,而且在断裂时由于纤维的拔出而吸收了额外的能量,因此其抗冲击性能的降低相对于其他填料而言要轻微得多,仍可以保持一定的抗冲击性能。

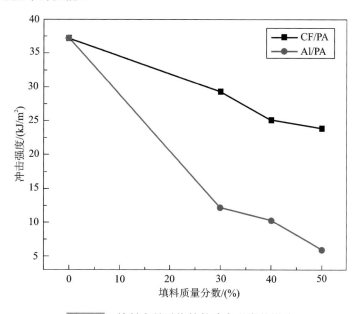

图 4.46　填料含量对烧结件冲击强度的影响

7. 烧结件断面形貌的观察

1)测试仪器及方法

电镜制样系统:美国产,型号 GATAN-691-682-656;用于电镜 TEM、SEM,光镜 OM 金属,以及非金属固体样品的制备。

场发射扫描电镜(FSEM):荷兰 FEI/飞利浦公司生产,型号 Sirion 200。

将测试件切割成小块后,将其断面朝上固定在试样台上,利用电镜制样系统对试样进行喷金,然后利用场发射扫描电镜对试样进行观察。

2)结果与讨论

图 4.47 所呈现的是 40% CF/PA 复合粉末烧结件抗弯测试断面的低倍数 FSEM 照片。从图中可以看到断面的总体形貌以及各相的分布情况。整个断面非常粗糙,其中,碳纤维分散较为均匀,可以看到碳纤维与碳纤维之间均有尼龙基体的存在,尚未发现有相互搭接的碳纤维。碳纤维的取向性呈现随机分布,几乎可以看到各种角度的碳纤维裸露在断面上。从图中还可以看到碳纤维拔出所留下的孔洞。尼龙基体分布于碳纤维的四周,并都呈现云状扯起,这是尼龙基体经过较大塑性变形后留下的形貌,说明尼龙基体的韧性得到了较为充分的发挥。可以认为,碳纤维在基体中的均匀分布是纤维覆膜后所产生的结果。由于在复合粉末的制备阶段,碳纤维的表面均被包覆了一层尼龙,而在复合粉末烧结的过程中,周围包覆的尼龙熔融,再结晶,碳纤维仍旧被周围的尼龙所包裹,因此可以达到如此均匀的分散效果。碳纤维在基体内的均匀分散是烧结件具有良好且较为均一的力学性能的保证,因为一旦两根或多根碳纤维直接搭接在一起,那么这些纤维之间的弱界面将会成为微小的裂纹源,其周围将会产生很大的应力集中,从而加快并促进整个基体的断裂。而碳纤维随机的取向性使得整个烧结件最后呈现近似各向同性的力学性能。从碳纤维周围的尼龙形态可以看出,碳纤维的加入并没有影响材料断裂时尼龙表现出良好的塑性,从而使复合材料也具有一定的韧性。碳纤维的均匀分布对基体的作用也可以近似用"弥散强化"来解释,碳纤维的加入在一定程度上限制了尼龙分子链在变形时的自由运动,从而增加了基体塑性变形的抗力,提高了复合材料的强度。

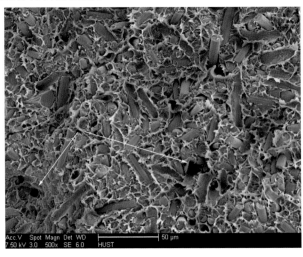

图 4.47 烧结件断面的总体形貌(FSEM)

图 4.48 所示为烧结件断面细节放大后的形貌(FSEM),从图中可以更加清楚地观察到碳纤维拔出所留下的孔洞、碳纤维的形态以及碳纤维周围尼龙基体的塑性变形留下的形貌。从图中还可以观察到碳纤维的侧壁上仍然保持着原始的光滑表面,说明碳纤维与尼龙基体之间的黏结强度不及尼龙基体本身的强度。但在碳纤维的端部仍然可以看见残留在其上的尼龙基体呈现塑性变形态,这可能是由于碳纤维端部存在更多不饱和的化学键,从而成为活性点与尼龙基体产生大量的化学键合。

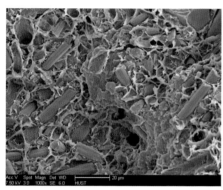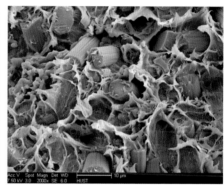

图 4.48　烧结件断面细节放大后的形貌(FSEM)

短纤维复合材料的破坏通常始于微观空隙和细观裂纹,这些缺陷存在于增强相、基体和介相中。在复合材料的制备过程中,也会产生缺陷,尤其对于激光选区烧结工艺而言,烧结件内部存在少量的微小孔隙是难以避免的。短纤维复合材料的最终破坏是几种细观力学作用过程的结果,断裂的宏观外貌取决于这些作用过程中哪一个控制着整个破坏过程。

如图 4.49 所示,短纤维复合材料的主要破坏机制包括:纤维断裂(A)、纤维拔出(B)、纤维/基体脱黏(C)、塑性变形和树脂基体的破坏(D)。

通过之前的断面形貌,可以发现 CF/PA 复合粉末的烧结件的断裂方式主要由后三种,即纤维拔出、纤维/基体脱黏以及塑性变形和树脂基体的破坏构成。关于复合材料弯曲强度和弯曲模量的提升,可以做出如下解释:①由于碳纤维的加入,可塑性变形的基体含量相应减少;②由于裂纹的扩展在破坏机制为 B 和 C 时需要绕过纤维,从而增加了裂纹扩展的路径,且在破坏机制 C 时,纤维的桥接作用可以在一定程度下减缓、减弱裂纹的进一步扩展,从而阻碍了整个基体的断裂;③由于纤维的刚性限制,尼龙基体的塑性变形受到一定的阻碍,变形抗力增大。以上几点综合导致了复合材料弯曲强度和弯曲模量的大幅度提高。

对于复合材料的抗冲击性能,可以做出如下解释。基体材料提供了部分的复合材料断裂能。如果基体材料是某种脆性树脂,与纤维断裂或界面破坏相比较,该部分断裂能是较小的。于是作为纤维增强的结果,复合材料的断裂能会高于未填充碳纤维的基体材料的断裂能。但由于尼龙基体具有极其良好的塑性,由基体

图 4.49   裂纹穿过某一短纤维增强树脂的路径示意

所产生的能量吸收高于断裂过程中纤维加入引起的能量吸收,因此,与尼龙基体相比较,复合材料的抗冲击性能随着碳纤维含量的增高而逐渐降低;与其他填充材料相比较,却由于纤维加入所引起的额外能量吸收而保持了更好的抗冲击性能。

纤维端部如果没有与基体良好地结合,端部存在空隙时,纤维/基体的界面处存在较高的应力集中,从而促进裂纹的扩展。而从 FSEM 照片来看,纤维端部仍残留有塑性变形之后的尼龙基体,说明端部与基体结合良好。这也是纤维表面覆膜尼龙的优点之一,进一步确保了复合材料力学性能的提高。

4.4.2   累托石/尼龙复合粉末的制备及 SLS 成形工艺

1. 概述

普通的无机填料使尼龙 12 烧结件的冲击强度明显下降,不能用于对冲击强度要求较高的功能件,因此有必要采用其他的增强改性方法,提高烧结件的性能。由于 SLS 所用的成形材料为粒径在 $100~\mu m$ 以下的粉末材料,不能采用玻璃纤维等高分子材料常用的增强方法增强,甚至长径比在 15 以上的粉状填料也不适合SLS 工艺。纳米无机粒子虽对高分子材料有良好的增强作用,但常规的混合方法不能使其得到纳米尺度上的分散,因而不能发挥纳米粒子的增强作用。近年来出现的高分子/层状硅酸盐纳米复合材料不仅具有优异的物理力学性能,而且制备工艺经济实用,尤其是高分子材料熔融插层,工艺简单、灵活,成本低廉,适用性强,为制备高性能的复合烧结材料提供了一个很好的途径。在激光烧结粉末材料中加入层状硅酸盐,若能在烧结过程中实现高分子材料与层状硅酸盐的插层复合,则可制备高性能的烧结件。

1)高分子/层状硅酸盐纳米复合材料

20 世纪 80 年代末期,日本丰田研究中心的 Okada 等人,将有机化的黏土加入己内酰胺聚合体系,制得了黏土以纳米级尺寸分散在尼龙 6 基体中的纳米复合材料。通过小角 X 射线衍射等手段对这种材料的结构进行分析,确认了它的结构是尼龙 6 的大分子链插入黏土的片层之间,使得黏土片层之间的距离显著增大,每一个单独的片层得以均匀地分散在尼龙基体之中。这种材料由于真正实现了无机相在有机基体中的纳米级均匀分散,有机与无机相界面结合强,因此具有传统高分子/无机填料复合材料无法比拟的优点,如优异的力学性能、热学性能、气液阻隔性能等,因此受到了极大的关注。国内外对此类高分子/层状硅酸盐(polymer/layered silicate,PLS)纳米复合材料的研究异常活跃,日本丰田研究中心、美国康奈尔大学、密西根州立大学和中国科学院化学研究所等单位对这类新型的复合材料进行了大量的研究工作,采用不同的插层复合方法,先后制备出性能优良的聚酰胺、聚酯、聚烯烃/黏土等 PLS 纳米复合材料。

插层复合方法可分为以下两大类:

(1)插层聚合法(原位聚合插层法)。

先将单体分散、插层进入层状硅酸盐片层中,然后引发原位聚合,利用聚合时放出的大量热量,克服硅酸盐片层间的库仑力,从而使硅酸盐片层以纳米尺度与高分子基体复合。

(2)高分子插层。

将高分子熔体或溶液与层状硅酸盐混合,利用力化学或热力学作用使大分子链插入硅酸盐片层之间。

高分子插层可分为高分子溶液插层和高分子熔融插层两种。高分子溶液插层是高分子大分子链在溶液中借助于溶剂而插层进入硅酸盐片层间,然后再挥发除去溶剂,这种方法需要合适的溶剂来同时溶解高分子和分散黏土。高分子熔融插层是高分子在高于其熔融温度下加热,高分子熔体在静态条件或剪切力作用下直接插层进入硅酸盐片层间。

美国康奈尔大学的 Vaia 和 Giannelis 等人对高分子熔融插层进行了深入研究,制备出聚苯乙烯/层状硅酸盐、PEO/层状硅酸盐等 PLS 纳米复合材料。随后,刘立敏等人报道了熔融插层制备 PA/层状硅酸盐纳米复合材料;许多研究者都报道了熔融插层制备聚丙烯/层状硅酸盐纳米复合材料。他们的实验结果均表明,利用熔融插层方法制备的 PLS 纳米复合材料的性能与原位聚合插层法制得的PLS 纳米复合材料基本相同,说明高分子熔融插层也是制备 PLS 纳米复合材料的有效方法。这种方法同其他插层方法相比,还具有工艺简单、灵活,成本较低等显著优点,可以方便地生产出更多有价值的产品。

2) 累托石

累托石(REC)是一种易分散成纳米级微片的天然矿物材料,以其发现者 E. W. Rector 名字命名。1981 年国际矿物学会新矿物命名委员会将其定义为"由二八面体云母与二八面体蒙脱石组成的 1:1 规则间层矿物"。国内已知的累托石产地有十余处,其中湖北钟祥杨榨累托石矿为一大型工业矿床,其储量、品位均为国内外罕见。

累托石属于层状硅酸盐矿物,具有亲水性,在高分子基体中的分散性不好。但在累托石的蒙脱石层间含有 Ca^{2+}、Mg^{2+}、K^+、Na^+ 等水化阳离子,这些金属阳离子是被很弱的电场力吸附在片层表面的,因此很容易被有机阳离子表面活性剂交换出来。用有机阳离子与累托石矿物进行阳离子交换反应,使有机物进入累托石的蒙脱石层间,生成累托石有机复合物。由于有机物进入矿物层间并覆盖其表面,因此累托石由原来的亲水性变成亲油性,增强了累托石与高分子之间的亲和性,不仅有利于累托石在高分子基体中的均匀分散,而且使高分子分子链更容易插入累托石的片层间。

国外对累托石的研究报道很少,有关累托石在 PLS 纳米复合材料应用方面的研究主要集中在国内。陈济美首先报道了利用二甲基十八烷基羟乙基季铵盐与累托石进行阳离子交换反应合成有机累托石。马晓燕等人以不同碳链长度的烷基季铵盐合成有机累托石,并通过高分子熔融插层制备了累托石/热塑性聚氨酯弹性体、累托石/聚丙烯纳米复合材料。方鹏飞等人研究了聚苯乙烯/累托石纳米复合材料的制备和其结构特性。汪昌秀等人的研究结果表明 PA6/累托石纳米复合材料的力学性能优于 PA6/蒙脱土纳米复合材料。

作为层状硅酸盐黏土,累托石与蒙脱石极为相似但又具有它独特的结构特点。它与蒙脱石一样具有阳离子交换性,层间进入有机阳离子后,可膨胀,可剥离。由于累托石矿物结构中蒙脱石层的层电荷较蒙脱石低,因此,它比蒙脱石更易于分散、插层和剥离。而且累托石的单元结构中 1 个晶层厚度为 2.4~2.5 nm,宽度为 300~1000 nm,长度为 1~40 μm,其长径比远比蒙脱石大,晶层厚度也比蒙脱石大 1 nm,这在高分子的增强效果和阻隔性方面,是长径比小的蒙脱石无法比拟的。另外,由于累托石含有不膨胀的云母层,其热稳定性和耐高温性能优于蒙脱石。因此在制备高性能高分子/层状硅酸盐纳米复合材料方面,累托石具有更大的优势。

2. 尼龙 12/累托石复合烧结材料的制备

1) 有机累托石的制备

湖北钟祥生产的累托石呈银灰色,有丝绸油质光泽。实验中选用精品钠基累托石,用三甲基十八烷基铵作为有机处理剂制备有机累托石(OREC)。制备方法如下:将一定量的累托石放入适量的蒸馏水中,高速搅拌使累托石充分分散,搅拌并升温至 40～50 ℃,滴加所需量的季铵盐有机处理剂,搅拌 2 h,自然冷却至室温,抽滤,水洗数次得有机累托石滤饼,将此滤饼在 80 ℃ 干燥,碾磨过筛备用。OREC 的微观形貌如图 4.50 所示。

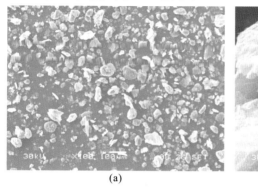 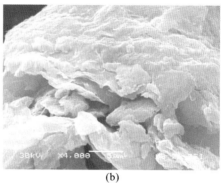

　　　　　(a)　　　　　　　　　　　　　　　(b)

图 4.50　有机累托石的微观形貌

(a)整体形貌;(b)微观放大图

图 4.50(a)所示为 OREC 粉末的整体外观,其粒子形状不规则,粒径分布较宽,绝大多数粒子的粒径在 10～80 μm。图 4.50(b)所示为放大 4000 倍的 OREC 颗粒形貌,可以清晰地看出其层状结构。

2)复合粉末烧结材料的制备

复合粉末烧结材料由尼龙 12、OREC 和其他助剂组成,OREC 的质量分数为 3%～10%。将经过真空干燥的尼龙 12 粉末、OREC 及加有稳定剂、分散剂、润滑剂等助剂的尼龙 12 母料在高速混合机中混合 5 min,混合粉末用 200 目筛子过筛,过筛后的粉末再在高速混合机中混合 3 min,得到复合粉末烧结材料。

3.尼龙 12/累托石的激光选区烧结工艺

(1)预热温度。

预热温度对以晶态高分子材料为基体的粉末烧结材料具有特别重要的意义。预热温度过高,粉末会黏结成块,铺粉困难,烧结过程难以进行;预热温度过低,则在烧结第一层时就会产生翘曲,烧结过程同样无法进行。可操作的预热温度范围极窄,必须严格控制才能制备出合格的烧结件。

OREC 对尼龙 12 烧结材料的预热温度有一定影响。HRPS-Ⅲ 型 3D 打印机采用红外加热元件对烧结粉末进行预热,在加热功率相同的情况下,尼龙 12/OREC复合粉末的表面温度比不加 OREC 粉末的表面温度高 3～5 ℃,且温度升高的速率较快,这可能与 OREC 的吸热系数较高有关,因此在烧结粉末中加入 OREC 可适当降低粉末预热所需功率并缩短预热时间。

在 SLS 成形过程中,当预热温度超过 172 ℃时,尼龙 12/OREC 复合粉末产生严重结块。烧结第一层时,粉末的预热温度应控制在 168～170 ℃,以免产生翘曲现象,随烧结层数增加,翘曲倾向减小,预热温度范围可适当增大,烧结过程可在 165～170 ℃下进行。

（2）激光功率。

在 SLS 工艺中，当其他烧结条件固定不变时，有一最佳激光功率。低于此功率时，粉末材料熔融不充分，烧结件中存在一些空隙，甚至出现分层现象，烧结件密度、强度较低；高于此功率时，烧结件密度、强度变化不大，却会产生烧结件清粉困难、颜色变深等问题。为了考察不同 OREC 含量的尼龙 12/OREC 复合粉末的最佳激光功率，使用不同 OREC 含量的复合粉末在不同的激光功率下制备了一系列密度和拉伸强度测试试样。复合粉末烧结件的密度和拉伸强度随激光功率的变化如图 4.51 和图 4.52 所示。

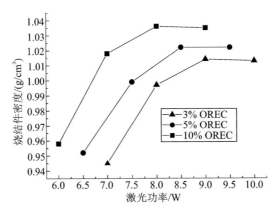

图 4.51　激光功率对烧结件密度的影响

注：制备试样的预热温度为 168 ℃、扫描速度为 1500 mm/s、烧结单层厚度为 0.15 mm、扫描间距为0.1 mm。

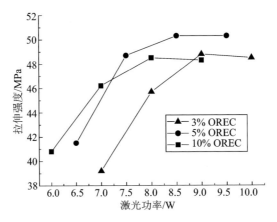

图 4.52　激光功率对烧结件强度的影响

从图 4.51 中可以看出，OREC 质量分数分别为 3%、5%、10% 的复合粉末，其烧结件的密度分别在激光功率为 9 W、8.5 W 和 8 W 时达到最大值。图 4.52 表明相应烧结件的拉伸强度也在此激光功率下达到最大值，因此 9 W、8.5 W 和 8 W 分别为各复合粉末的最佳激光功率。随 OREC 含量增加，最佳激光功率降低，这与 OREC 对预热温度的影响一致。OREC 对红外激光的吸收系数较高，从而可降低烧结成形所需的激光功率。

4. SLS 尼龙 12/累托石复合材料的结构表征

(1)X 射线衍射分析。

利用 X 射线衍射的方法可测得累托石的片层间距,从而可判断有机累托石的处理效果和高分子分子链的插层情况,测量原理如图 4.53 所示。

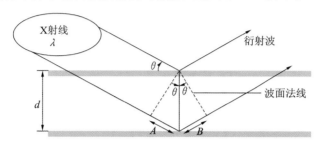

图 4.53　X 射线测量累托石片层间距的原理图

根据布拉格定律:

$$n\lambda = 2d\sin\theta \tag{4-8}$$

利用 X 射线衍射谱图中(001)面的衍射峰出现的位置,就可以方便地计算出累托石片层之间的平均间距。

采用日本 RIGAKU 公司制造的 W-FEN100 型 X 射线衍射仪,分别测定经有机试剂处理后的有机累托石、尼龙 12 及烧结过的 OREC 质量分数为 10% 的尼龙 12/累托石复合材料,如图 4.54 所示。

由图 4.54(a)可知,OREC 片层间距为 3.65 nm 左右,而未处理的 REC 的片层间距 d_{001} 为 2 nm 左右,OREC 比 REC 的片层间距增大了约 1.65 nm,说明有机试剂进入了 REC 片层,增大了 REC 片层间的距离。

图 4.54(b)所示为尼龙 12 的 X 射线衍射图,尼龙 12 为晶态高分子材料,在 X 射线衍射图上也有衍射峰,0.42 nm 处的衍射峰为尼龙 12 的 γ 晶体的衍射峰,但它在小角度处没有衍射峰,不会与累托石的衍射峰混淆。

图 4.54(c)所示为尼龙 12/OREC 复合材料的 X 射线衍射图,OREC 在复合材料中的片层间距为 7.36 nm,比其本身的片层间距增加了 3.71 nm,表明尼龙 12 大分子进入 OREC 片层,生成了插层复合物。

(2)红外光谱分析。

分别取少量的 REC、OREC、尼龙 12 及尼龙 12/OREC 复合材料粉末(从烧结试样上用细钢锉锉下少量粉末),用溴化钾压片法制样,在 Nicolet IMPACT 420 型傅里叶变换红外光谱仪上进行 FTIR 测试。

图 4.55(a)所示为 REC 的红外光谱,3642.6 cm^{-1} 处是 Al—OH 伸缩振动吸收峰,3400 cm^{-1} 附近的宽吸收峰属层间水伸缩振动带,1637 cm^{-1} 处为水的弯曲振动峰,1051 cm^{-1}、1023 cm^{-1} 附近的强吸收峰为 Si—O—Si 骨架伸缩振动,400～550 cm^{-1} 处为 Si—O 弯曲振动峰。

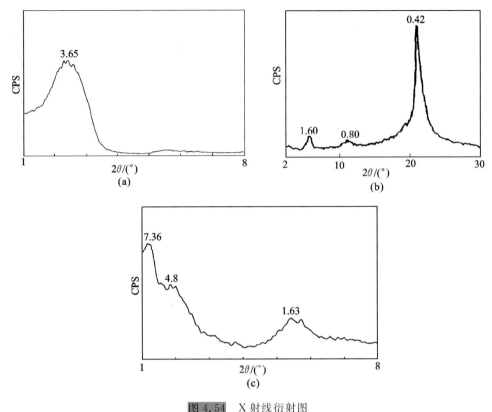

图 4.54 X 射线衍射图

(a)OREC;(b)尼龙 12;(c)尼龙 12/OREC

注:测试条件为 Cu 靶,Kα 射线,管电压 40 kV,电流 70 mA,扫描速度 1(°)/min。

图 4.55(b)所示为 OREC 的红外光谱,REC 有机化后在 2919 cm^{-1}、2850 cm^{-1}、1481 cm^{-1} 处出现了新的吸收峰,2919 cm^{-1} 和 2850 cm^{-1} 处的吸收峰分别为 CH_3 和 CH_2 的伸缩振动吸收,1481 cm^{-1} 处为 CH_3 和 CH_2 弯曲振动吸收峰。这些吸收峰是有机处理剂的特征吸收峰,表明季铵盐与 REC 发生了阳离子交换反应,有机处理剂插入了 REC 的层间,REC 的有机化是成功的。

图 4.55(c)所示为尼龙 12 的红外光谱,1642 cm^{-1} 处为羰基的伸缩振动吸收峰,1550 cm^{-1} 处为 N—H 弯曲和 C—N 伸缩振动的组合吸收,二者为尼龙 12 的特征峰。3090 cm^{-1} 为 1550 cm^{-1} 的倍频;3300 cm^{-1} 处为 N—H 的伸缩振动。

图 4.55(d)所示为尼龙 12/OREC 复合材料的红外谱,与图 4.55(c)相比,图 4.55(d)在 3600 cm^{-1} 处有一很小的吸收峰,为 OREC 的 Al—OH 吸收峰,在 1027 cm^{-1} 处的吸收峰是 OREC 的 Si—O 伸缩振动。

(3)复合材料结晶行为。

采用美国 Perkin Elmer DSC-7 型差示扫描量热仪分别对尼龙 12 及复合材料烧结样品(从 OREC 质量分数为 10% 的复合材料烧结件上锉取粉末)进行差示扫描量热分析(DSC)。在氮气保护下,以 10 ℃/min 的速率由室温升至 220 ℃,然后

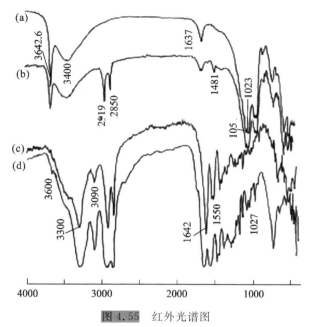

图 4.55　红外光谱图

(a)REC；(b)OREC；(c)PA12；(d)PA12/OREC 复合材料

再以同样速率降温，记录升温和降温过程的 DSC 曲线。图 4.56 所示为尼龙 12 和尼龙12/OREC复合材料样品升温和降温过程的 DSC 曲线。

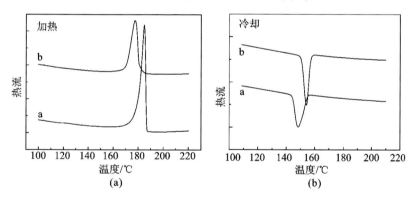

图 4.56　尼龙 12 和尼龙 12/OREC 复合材料的 DSC 曲线

注：图中曲线 a 表示尼龙 12 的 DSC 曲线，曲线 b 表示尼龙 12/OREC 的 DSC 曲线。

由图 4.56 可知，尼龙 12 和尼龙 12/OREC 复合材料均只有单一的熔融峰，复合材料的熔融温度较低，可能是由于尼龙 12 分子中的极性基团与 OREC 片层有强烈的作用，一部分分子链与 OREC 片层互相结合在一起，成为受限链，而受限链在结晶时不能及时地规整排列，结晶不够完善，熔融温度较低。在降温 DSC 曲线上，尼龙 12/OREC 复合材料的结晶峰位置明显高于尼龙 12 的结晶峰，并且其半峰宽明显减小，结晶峰更为尖锐。这说明累托石起异相成核作用，提高了尼龙 12 的结晶温度并加快了结晶速率，这与报道的高分子/层状硅酸盐纳米复合材料的结晶行为一致。

(4)烧结件的冲击断面形貌。

将激光烧结成形的 HS 和尼龙 12/OREC 复合材料(OREC 质量分数为 10%)试样的冲击断面经喷金处理后,用 LV JSM 5510 型扫描电子显微镜观察试样的断口形貌。图 4.57(a)所示为 HS 烧结样条冲击断面的 SEM 照片,其断面比较光滑,为脆性断裂。而图 4.57(b)中,尼龙 12/OREC 烧结样条的断面凹凸不平且有大量的丝状物,这与累托石在尼龙 12 中的均匀分散有关。尼龙 12 分子链上的极性基团与累托石片层的极性表面有较强的相互作用,有利于累托石均匀分散在基体中,并有利于尼龙 12 大分子插入累托石层间。

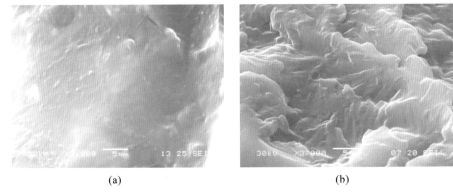

(a)   (b)

图 4.57　烧结件的 SEM 照片

(a)HS;(b)尼龙 12/OREC 复合材料

图 4.58 所示为激光烧结成形的尼龙 12/OREC 复合材料(OREC 质量分数为 10%)试样经超薄切片制样后得到的透射电镜(TEM)照片。照片中白色区域为尼龙 12 基体材料,黑色条纹为累托石片层,可以看出黑色条纹间有白色树脂,表明尼龙 12 大分子插入累托石片层,形成了纳米复合材料。

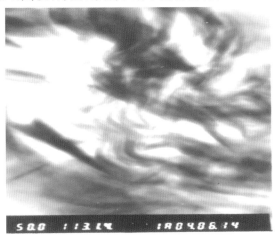

图 4.58　尼龙 12/OREC 复合材料 TEM 照片

5. 尼龙 12/累托石复合材料烧结件的性能

在 HRPS-Ⅲ型 3D 打印机上制备尼龙 12/DREC 复合材料的拉伸、冲击、热变形温度等标准测试试样,试样的制备参数如下:激光功率 8～10 W,扫描速度 1500 mm/s,扫描间距 0.1 mm,单层厚度 0.15 mm,预热温度 168～170 ℃。

(1)力学性能。

表 4.33 给出了经激光烧结成形的尼龙 12 及尼龙 12/OREC 复合材料烧结件的力学性能。

表 4.33　烧结件的力学性能

参数	参数值			
OREC 质量分数/(%)	0	3	5	10
拉伸强度/MPa	44.0	48.8	50.3	48.5
断裂伸长率/(%)	20.1	22.8	19.6	18.2
弯曲强度/MPa	50.8	57.8	62.4	58.9
弯曲模量/GPa	1.36	1.44	1.57	1.58
冲击强度/(kJ/m²)	37.2	40.4	52.2	50.9

从表 4.33 中可以看出复合材料烧结件在拉伸强度、弯曲强度、弯曲模量、冲击强度等方面的力学性能均优于尼龙 12 烧结件。随 OREC 用量的增加,复合材料的力学性能呈现先增大后降低的趋势。当 OREC 质量分数为 5% 时,烧结件的力学性能最好,与尼龙 12 烧结件相比,拉伸强度提高了 14.3%,弯曲强度及模量分别提高了 22.8% 和 15.4%,冲击强度提高了 40.3%。对复合材料的结构表征已证明,尼龙 12 与 OREC 的混合粉末经激光烧结后实现了尼龙 12 对 OREC 的插层,形成了纳米复合材料。由于累托石以纳米尺度的片层分散于尼龙 12 基体中,比表面积极大,与尼龙 12 界面结合强,在复合材料断裂时,除了基体材料断裂外,还需将累托石片层从基体材料中拔出或将累托石片层折断,因此明显改善了复合材料的力学性能,尤其是使烧结件的冲击强度得到大幅度提高。这是普通无机填料无法比拟的,因此尼龙 12/OREC 在激光烧结高性能塑料功能件方面具有重要的意义。

(2)热性能。

采用德国 Netzsch 公司制造的综合热分析仪分别对尼龙 12 及尼龙 12/OREC 复合材料进行热重(TG)分析,在氮气保护下,以 10 ℃/min 的速率由室温升至 450 ℃,记录升温过程的 TG 曲线,如图 4.59 所示。

图 4.59 中的 a、b 曲线分别为尼龙 12 及尼龙 12/OREC 复合材料(OREC 质量分数为 10%)的 TG 曲线,对比这两条曲线可以看出:尼龙 12 的热分解起始温度为 358 ℃,450 ℃的热失重为 55.77%;而复合材料的热分解起始温度为 385 ℃,450 ℃的热失重仅为 15.84%,复合材料的热稳定性明显优于尼龙 12。这可能是由于以纳米尺度分散的累托石片层具有阻隔挥发性热分解产物扩散的作用,因此

复合材料的热分解温度大幅度提高。

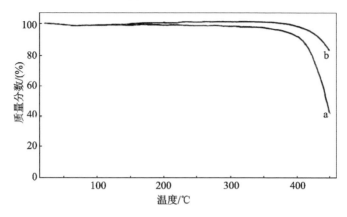

图 4.59　尼龙 12 和尼龙 12/OREC 复合材料的 TG 曲线

表 4.34 所示为尼龙 12 及尼龙 12/OREC 复合材料烧结件在负荷为 1.85 MPa 下的热变形温度。

表 4.34　尼龙 12 及尼龙 12/OREC 复合材料烧结件的热变形温度

项目	测量值			
OREC 质量分数/(%)	0	3	5	10
热变形温度(1.85 MPa)/℃	52	101	>120	>120

由表 4.34 可知,OREC 质量分数仅为 3% 时,复合材料烧结件的热变形温度就达到了 101 ℃,比尼龙 12 烧结件提高了 49 ℃。随 OREC 含量的增加,热变形温度进一步提高。由于尼龙 12 分子链与累托石片层有强烈的界面相互作用,因此累托石片层可以有效地帮助基体材料在高温下保持良好的力学稳定性。同时累托石片层对尼龙 12 分子链的限制作用,可以在一定程度上减少由于分子链移动重排而导致的制件变形,提高了复合材料的尺寸稳定性。

6. 激光选区烧结插层机理

尼龙 12 与累托石的混合粉末在 SLS 过程中,尼龙 12 吸收了激光的能量而熔化、冷却后凝固成固体材料,与此同时,尼龙 12 分子插层进入累托石片层。这种插层方法为高分子熔融插层,而且是一种静态的高分子熔融插层。图 4.60 所示为尼龙 12 熔融插层示意图。

从热力学上分析,高分子材料大分子链对 OREC 的插层过程能否进行,取决于相应过程中体系的自由能变化(ΔG),只有当 $\Delta G < 0$ 时,此过程才能自发进行。对于等温过程,有如下的关系:

$$\Delta G = \Delta H - T\Delta S \tag{4-9}$$

式中:ΔG、ΔH 和 ΔS 分别为自由能变化、焓变和熵变;T 为绝对温度。

根据 R. A. Vaia 等的平均场理论(mean field theory),高分子熔融插层体系的

比较图 4.65～图 4.67 可以发现,当少量的 PTW 存在于溶液中时,由于 PTW 的异相成核作用,粉末粒径更均匀,表面也更光滑(见图 4.65)。但随着 PTW 含量的增加,粉末的几何形貌开始变得更不规则,且在颗粒中出现大量孔洞。当 PTW 的质量分数达到 30％时,颗粒更像是多个小颗粒的聚集体,说明粉末颗粒的生长已不是单一的过程,而是向空间多个方向生长。这可能是因为 PTW 特殊的高长径比结构易于搭桥,难以分散,特别是当溶液中 PTW 浓度大时,靠机械搅拌已不能分散,许多 PTW 相互团聚,由于 PTW 的特殊形态,团聚体向空间各个方向伸长,这就使得在同一颗粒中有多个生长点,它们相互作用,导致颗粒呈现零乱堆集和多孔洞状。由于晶核过多,具有较少生长点的颗粒还没有长大,尼龙 12 就已沉淀完毕,因此出现了部分细粉末。

纯尼龙 12 粉末和尼龙 12/PTW 复合粉末的堆密度如表 4.35 所示,含 10％ PTW 的尼龙 12 复合粉末堆密度最大,而随着 PTW 含量的增加,粉末堆密度反而减小,含 30％PTW 的尼龙 12 复合粉末密度不仅为含 10％PTW 尼龙 12 复合粉末的 79.5％,而且仅为纯尼龙 12 粉末的 85.3％。这与粉末的形貌密切相关,粉末颗粒几何形貌越规则,密度越高。在以上几种复合粉末中,含 10％PTW 的尼龙 12 复合粉末形状最为规则。随着 PTW 含量的增加,粉末表面变得越来越粗糙,且在粉末颗粒中有大量的孔洞存在,所以复合粉末的堆密度随之降低。

表 4.35　尼龙 12/PTW 复合粉末的堆密度

种类	纯尼龙 12 粉末	含 10％PTW 的尼龙 12 复合粉末	含 20％PTW 的尼龙 12 复合粉末	含 30％PTW 的尼龙 12 复合粉末
堆密度/(g/cm³)	0.41	0.44	0.40	0.35

2)热稳定性

图 4.68 所示为纯尼龙 12 粉末和含 30％PTW 的尼龙 12 复合粉末的热重 (TG)曲线。纯尼龙 12 粉末的初始降解温度为 323 ℃,而含 30％PTW 的尼龙 12 复合粉末为 360 ℃。在 450 ℃时,纯尼龙 12 粉末已降解失重 50％,而含 30％ PTW 的尼龙 12 复合粉末只降解了 31％,说明 PTW 的加入有利于提高尼龙的热稳定性。

2. 粉末的激光烧结性能

1)铺粉性能

良好的铺粉性能是 SLS 成形的前提,填料的形状、大小及聚集态对铺粉性能有着不同的影响。球形填料对铺粉有利,所以目前商品化应用的增强填料只有 $40～70~\mu m$ 的玻璃微珠。纤维状、晶状及易团聚的极细粉末不利于铺粉。传统的增强材料,如玻璃纤维、碳纤维不仅不能铺平,而且不能在尼龙 12 粉末中分散。用铺粉辊铺此粉末,可见粉层表面十分粗糙,纤维不均匀地裸露于表面,还有部分纤维伸出表面,并在表面出现划痕。

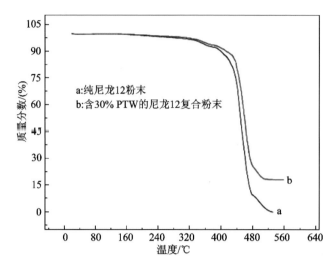

图 4.68　纯尼龙 12 粉末和含 30% PTW 的尼龙 12 复合粉末的 TG 曲线

　　含 10% PTW 和 20% PTW 的复合粉末表现出了良好的铺粉性能,而含 30% PTW 的复合粉末也能够辅平,但由于粉末蓬松,密度低,且有部分吸附在铺粉辊上,这部分吸附的粉末聚积到一定数量后就会掉到粉层表面,所以每隔一段时间后必须清理这些粉末才能保证 SLS 成形的顺利进行。

　　2)结晶性能

　　纯尼龙 12 及其 PTW 复合粉末的 DSC 升温和降温曲线如图 4.69 所示。由图 4.69 可见,纯尼龙 12 和尼龙 12/PTW 复合粉末都只有一个熔融峰,而且熔融峰相近,说明只有一个晶型,PTW 的加入没有改变尼龙 12 的晶型结构。

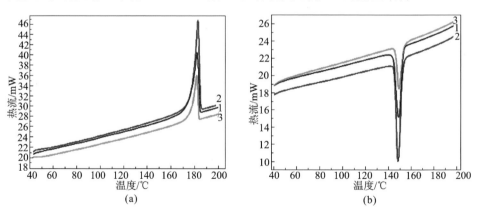

图 4.69　纯尼龙 12 及其 PTW 复合粉末的 DSC 升温及降温曲线
(a)DSC 升温曲线;(b)DSC 降温曲线
1—纯尼龙 12;2—含 10% PTW 的尼龙 12 复合粉末;3—含 20% PTW 的尼龙 12 复合粉末

　　表 4.36 所示为从图 4.69 获得的具体数据,含 10% PTW 的尼龙 12 复合粉末的熔点最高,熔融焓也最大。增加 PTW 的含量,熔点和熔融焓反而降低,可能是

由于 PTW 在粉末中起到了成核剂的作用,过多的 PTW 可能在尼龙 12 晶体中成为缺陷,造成尼龙 12 熔点的下降,熔融焓降低。

表 4.36　尼龙 12/PTW 复合粉末的基本热性能

参数	熔融起始温度/℃	熔点/℃	完全熔融温度/℃	熔程/℃	结晶起始温度/℃	结晶终止温度/℃	熔融焓/(J/g)	结晶焓/(J/g)
纯尼龙 12	176.5	181.8	184.1	7.6	152.9	144.7	81.9	−51.9
含 10% PTW	178.0	182.6	184.5	6.5	152.5	145.3	83.3	−50.0
含 20% PTW	176.7	181.7	183.2	6.5	153.2	146.0	74.1	−43.7

通过表 4.36 中的数据可以计算出尼龙 12 及其复合粉末的结晶度(CI):

$$CI = (\Delta H_m / \Delta H_m^0) \times 100 \tag{4-11}$$

式中:ΔH_m 是熔融焓;ΔH_m^0 是完全结晶的纯尼龙 12 的熔融焓,是一个常数。对于复合材料,结晶度应扣除填料部分,因此式(4-11)可修正为

$$CI = (\Delta H_m / \Delta H_m^0) \times 100 / (1 - f) \tag{4-12}$$

式中:f 为填料的质量分数。

由式(4-12)可以计算出纯尼龙 12 和复合粉末的结晶度,其中含 10%PTW 的尼龙 12 复合粉末的结晶度比纯尼龙 12 粉末高 12%,而含 20% PTW 的尼龙 12 复合粉末的结晶度比纯尼龙 12 粉末高 8%,这进一步证明了 PTW 的成核作用促进了尼龙 12 的结晶,而过多的 PTW 引起了晶格的缺陷,反而使结晶度降低。

通过 DSC 降温曲线,还可计算出尼龙 12 粉末的结晶时间:

$$t_c = \frac{(T_{ic} - T_{ec})}{r} \tag{4-13}$$

式中:T_{ic}、T_{ec} 和 r 分别为结晶起始温度、结晶终止温度和降温速度。

由此计算出纯尼龙 12 粉末、含 10%PTW 和 20%PTW 的尼龙 12 复合粉末的结晶时间分别为 0.82 min、0.72 min 和 0.72 min,这说明虽然三种粉末的结晶起始温度差不多,但含 PTW 的尼龙 12 复合粉末的结晶速度高于纯尼龙 12。

3)SLS 成形性能

含 10%PTW 和 20%PTW 的尼龙 12 复合粉末的 SLS 成形性能良好,如图 4.70 所示,与纯尼龙 12 基本一致,表面平整光滑。含 30% PTW 的尼龙 12 复合粉末扫描后的表面平整,但边角处有卷曲现象,所以边界呈锯齿状,如图 4.71 所示,但仍可成形,激光烧结体侧面不光滑,如图 4.72 所示。PTW 与尼龙 12 粉末直接共混的单层激光扫描图片如图 4.73 所示。由图 4.73 可见激光烧结体颜色较浅,说明 PTW 的分散不好(PTW 为黄色);表面不光滑,其中有大量的缩孔;边界不整齐,向中心严重卷曲和收缩,SLS 成形过程根本无法进行。

由以上实验结果可知,粉末的几何形貌对 SLS 成形的影响十分显著,PTW 的加入不利于尼龙 12 粉末的 SLS 成形,但若被尼龙 12 所包覆,就变成了尼龙 12 复

图 4.70　含 20％PTW 的尼龙 12 复合粉末的单层激光扫描照片

图 4.71　含 30％PTW 的尼龙 12 复合粉末的单层激光扫描照片

图 4.72　含 30％PTW 的尼龙 12 复合粉末的激光烧结体照片

合粉末的 SLS 成形，这样 PTW 对 SLS 成形性能的影响就可降到最低。但若 PTW 的用量很大，分散不好并且影响到尼龙粉末的几何形貌，则不利于 SLS 成形。图 4.73 所示的单层激光扫描表面上出现大量缩孔可能是由于 PTW 的分散不好。激光扫描时，熔体对 PTW 的润湿性差，由于表面张力的影响而不能流平，所以出现大量缩孔。表 4.37 所示为几种粉末的预热温度及其 SLS 成形情况。

图 4.73　20％PTW 与尼龙 12 粉末直接共混的单层激光扫描照片

表 4.37　不同激光烧结材料的预热温度

类别	50％玻璃微珠共混	10％PTW复合	20％PTW复合	30％PTW复合
预热温度/℃	167～170	167～169	168～169	169

3. 力学性能

表 4.38 列出了尼龙 12/玻璃微珠和尼龙 12/PTW 复合粉末激光烧结试样的力学性能。玻璃微珠对尼龙 12 的增强效果不佳，与纯尼龙 12 的烧结试样相比，其试样的拉伸强度几乎不变，只在弯曲强度和弯曲模量上有所提高，即便是效果最

好的含 40％玻璃微珠的增强尼龙的弯曲强度和弯曲模量也仅为 60.7 MPa 和 1.84 GPa,且是以牺牲冲击性能为代价换来的。随着玻璃微珠含量的增加,试样冲击强度大幅下降,玻璃微珠质量分数分别为 30％、40％和 50％时,其冲击强度分别为纯尼龙 12 试样的 56.2％、50.3％和 41.1％。这是因为玻璃微珠的模量比尼龙 12 的模量人得多,填充体系的模量显著增加。玻璃微珠是刚性的,在受力时不变形,也不能终止裂纹或产生银纹以吸收冲击能,因此试样脆性增加,冲击强度下降。

表 4.38　尼龙 12/玻璃微珠和尼龙 12/PTW 复合粉末激光烧结试样的力学性能

性能	拉伸强度 /MPa	冲击强度 /(kJ/m²)	弯曲强度 /MPa	弯曲模量 /GPa
纯尼龙 12	44.0	37.2	50.8	1.14
含 30％玻璃微珠的尼龙 12	44.5	20.9	59.8	1.68
含 40％玻璃微珠的尼龙 12	45	18.7	60.7	1.84
含 50％玻璃微珠的尼龙 12	45.3	15.3	59.4	1.81
含 10％PTW 的尼龙 12	52.5	34.3	72.18	1.518
含 20％PTW 的尼龙 12	68.3	31.2	110.90	2.833
含 30％PTW 的尼龙 12	52.7	20.3	85.29	2.682

含 PTW 的尼龙 12 复合材料粉末的拉伸强度、弯曲强度和弯曲模量均得以大幅提高。当 PTW 的质量分数达到 20％时,其试样拉伸强度、弯曲强度和弯曲模量达到最大值,分别为纯尼龙 12 激光烧结试样的 1.55 倍、2.18 倍和 2.49 倍,为含 40％玻璃微珠填充试样的 1.52 倍、1.83 倍和 1.54 倍;而冲击强度下降不多,为纯尼龙 12 的 83.9％,为用玻璃微珠填充时的 1.69 倍。这表明 PTW 对 SLS 成形尼龙 12 粉末具有显著的增强效应,是一种比玻璃微珠优良的增强材料,但填充量较低。当填充量超过 20％时,其试样力学性能显著下降;而玻璃微珠的填充量可以达到 40％～50％。理论上,用注塑成形时,PTW 增强的极大值在 30％～35％,这与 PTW 在尼龙中的分散程度和尼龙 12 粉末的几何形貌密切相关。

4. 冲击断面形貌分析

图 4.74、图 4.75 分别为含 40％玻璃微珠的尼龙 12 粉末和含 20％PTW 的尼龙 12 粉末激光烧结试样冲击断面形貌(SEM)。由图 4.74 可见,大量的玻璃微珠被拔出裸露于断面,断面上可见大量的由于玻璃微珠脱出所出现的光滑圆洞。这可能是由于玻璃微珠过于光滑,即便用偶联剂处理后仍然与尼龙结合得不好,当受到外力作用而产生裂纹时,玻璃微珠与尼龙 12 基体首先脱离,起不到阻断裂纹的作用,裂纹沿着玻璃微珠与尼龙 12 的结合处更易扩展,所以玻璃微珠填充的尼龙 12 粉末激光烧结试样的冲击强度大幅下降。由图 4.75 可见,含 20％PTW 的尼龙 12 粉末激光烧结试样的冲击断面无裸露的 PTW,也未见 PTW 被拔出后留

下的空洞,说明 PTW 与尼龙 12 基体结合得很好。断面表面凹凸不平,有大量由于拉伸而产生的丝状物和裂纹,说明尼龙在受到外力而断裂前发生了韧性形变,这是尼龙 12/PTW 复合粉末烧结件表现出良好力学性能的原因。

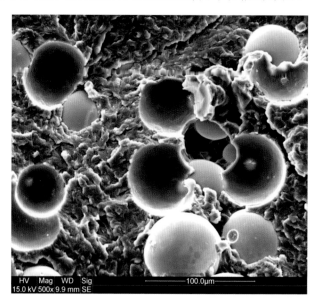

图 4.74 含 40%玻璃微珠的尼龙 12 粉末激光烧结试样冲击断面形貌(SEM)

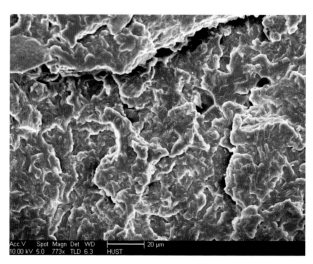

图 4.75 含 20%PTW 的尼龙 12 粉末激光烧结试样冲击断面形貌(SEM)

由表 4.38 中的力学性能测试结果可知,当 PTW 的用量大于 20%后,激光烧结试样的力学性能就开始下降,这从冲击断面的 SEM 照片中可以得到解释。如图 4.76 所示,部分裸露的 PTW 明显团聚,在团聚部位还出现了孔隙,这个孔隙不是由于冲击产生的,而是试样中原有的孔隙。正是这些缺陷的出现,使得激光烧结试样的密度降低、力学性能下降。SLS 成形时,为保证成形时的精度,防止未烧结部分的熔化,烧结部分熔体的温度只能略高于高分子材料的熔点,所以熔体的黏度大,流动性差。因此,尼龙 12/PTW 复合粉末必须在 SLS 成形前得以很好地分散。

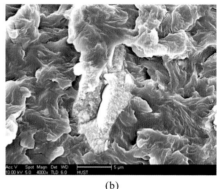

(a)　　　　　　　　　　　　　　(b)

图 4.76　含 30%PTW 的尼龙 12 粉末激光烧结试样冲击断面形貌(SEM)

4.4.4　无机填料/尼龙复合粉末的 SLS 工艺与制件性能

虽然尼龙 12(PA12)能直接烧结出满足一般要求的塑料功能件,但其成形收缩率较大,烧结过程中易发生翘曲变形,烧结温度范围狭窄。由于烧结条件要求苛刻,在实际操作中较难控制烧结件质量。同时对于一些性能要求很高的功能件,尼龙 12 在强度、模量、热变形温度等方面的性能还有待于进一步提高,因此有必要采用适当的改性方法改善 PA12 的烧结工艺性及烧结件的物理、力学性能。

1. 填料对 SLS 工艺的影响

1)对铺粉性能的影响

良好的铺粉性能是 SLS 成形的前提,不同的填料形状大小各异,对铺粉性能有不同的影响。影响铺粉性能的主要因素是填料的形状和颗粒大小。

(1)填料形状的影响。

无机填料有各种不同的形状,有的具有规则的形状,有的具有不规则的非固定性形状;有球状、立方体状等同向性形状,也有针状、板状等异向性形状。粒子形状对粉末的流动性影响很大,球形或接近于球形的粒子流动性好,有利于铺粉,其他形状的粒子尤其是长径比很大的粒子则不利于铺粉,甚至不能均匀铺粉,使SLS 工艺无法进行。图 4.77 所示为几种填料的形貌(SEM)。

图 4.77(a)(b)所示为两种不同牌号的玻璃微珠(1♯、2♯),可以看出玻璃微珠形状光滑圆整,与其他形状的填料相比,其单位体积的表面积最小,与尼龙 12的接触面小,而且微珠相互间也是点接触,具有滚珠轴承效应,流动性非常好。1♯玻璃微珠粒径均匀,2♯玻璃微珠粒径分布较宽。图 4.77(c) 所示为滑石粉放

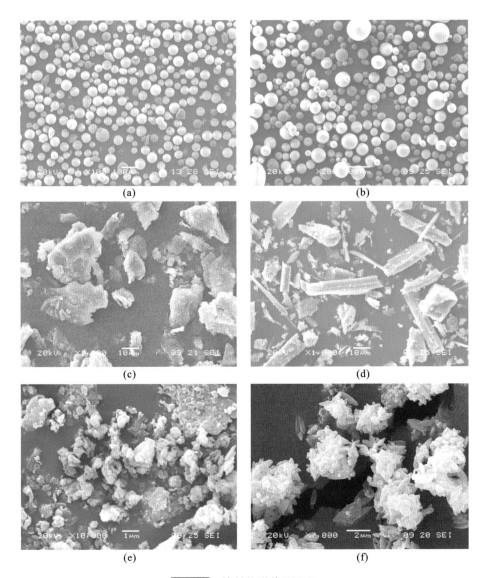

图 4.77　填料的形貌(SEM)

大 1000 倍的 SEM 照片,粉末粒子为层状结构,形状不规则。图 4.77(d)所示为硅灰石放大 1000 倍的 SEM 照片,粉末粒子的形状不规则,有长板状、针状、柱状等形状,其流动性显然不如玻璃微珠。图 4.77(e)所示为一种陶瓷微珠放大 10000 倍的 SEM 照片,初级粒子的粒径极小,细小粒子相互团聚形成表面极其粗糙、形状也很不规则的粒子。图 4.77(f)所示为轻质碳酸钙放大 7000 倍的 SEM 照片,其粉末颗粒由呈纺锤状的初级粒子聚集而成。

　　在所用的几种填料中,呈球状的玻璃微珠的铺粉性能最好;其次是滑石粉,它具有润滑性,铺粉性能也很好。其他形状的填料如炭黑、氧化锌和硅灰石等也能满足铺粉要求,但超细针状硅灰石短纤维(长径比为 15～18)在尼龙粉末中分散不均匀,不能顺利铺粉。

(2)粒径大小的影响。

SLS 工艺中,烧结的单层厚度一般在 0.1～0.2 mm。填料粒子的粒径应小于烧结的单层厚度,否则将影响烧结件的表面粗糙度。但太小的粒子会影响铺粉性能,粒径在 2 μm 以下的轻质碳酸钙、陶瓷微珠在铺粉过程中,粉末呈小片状黏附在铺粉辊上,铺粉辊转动过程中,部分黏附在铺粉辊上的片状粉末会散落下来,造成铺过的粉层不平整,使烧结过程无法进行正常。这种现象的产生是由于细小的粉末粒子表面带有大量的静电荷而被吸附在铺粉辊上。但当它们的用量在 10%(质量分数)以下时,由于填料加入量少,在尼龙粉末中分散得较均匀,填料粒子间团聚现象少,则不会产生这种吸附现象,对粉末的铺粉性能没有影响。

2)对预热温度的影响

在 SLS 工艺中,尼龙 12 粉末的预热温度应尽可能接近其熔融温度,以减少翘曲变形,并降低激光功率。在实际操作中,预热温度不能超过尼龙 12 粉末的结块温度。尼龙 12 粉末的结块温度为 170 ℃,预热温度应控制在 168～169 ℃。加入填料后,由于填料细粉末起到隔离剂的作用,阻止了尼龙 12 粉末颗粒间的相互黏结,因此尼龙 12 粉末的结块温度提高了,预热温度也可相应提高。表 4.39 所示为加入 30% 不同填料的尼龙 12 粉末烧结材料的预热温度。

表 4.39　填料对尼龙 12 粉末烧结材料的预热温度的影响

填料种类	玻璃微珠	滑石粉	硅灰石	氧化锌	碳酸钙	陶瓷微珠
预热温度/℃	165～170	172～175	174～176	176～177	176～177	177～178

从表 4.39 中可以看出,玻璃微珠对尼龙 12 粉末烧结材料的结块温度影响较小,但增大了预热温度范围,有利于烧结成形,而其他填料使预热温度有较大的提高。这与填料的粒子大小和形态有关。在所用的烧结材料中,玻璃微珠的粒子最大,为 250 目,滑石粉为 325 目,硅灰石为 800 目,碳酸钙和陶瓷微珠为 1250 目,因此,在填充质量分数相同的情况下,玻璃微珠的粒子数量最少。而玻璃微珠粒子形状为球形,与尼龙粉末接触面小,所以玻璃微珠对结块温度影响较小。由于玻璃微珠可减少翘曲变形,烧结可在较宽的温度范围内进行。而其他填料的粒子小,数量大,在尼龙粉末颗粒间起隔离剂作用,使尼龙 12 的结块温度有较大幅度提高,因此对预热温度影响较大。

3)对激光功率的影响

表 4.40 所示为尼龙 12 粉末烧结材料及含 30% 不同填料的复合烧结材料在不同烧结条件下的最佳激光功率。烧结时的扫描速度为 1500 mm/s,单层厚度为 0.15 mm,扫描间距为 0.1 mm,预热温度同表 4.39。

表 4.40　填料对激光功率的影响

填料种类	无	玻璃微珠	滑石粉	硅灰石	氧化锌
最佳激光功率/W	10	7.5	8.5	8.5	8.5

由表 4.40 可知,加入填料使尼龙 12 粉末烧结所需的激光功率减小。由于填料在烧结过程中不发生相变,不需要熔融热,因此单位体积的复合材料粉末烧结所需的能量较少。另外,复合粉末材料的预热温度较高,也有利于降低激光功率。同玻璃微珠相比,滑石粉等填料对尼龙 12 粉末的熔融黏度影响较大,对烧结有较大的阻碍作用,烧结时需要更高的温度来弥补因熔融黏度增大对烧结过程的影响,因此所需的激光功率较大。

2. 填料对烧结件的密度及形态的影响

1)填料对烧结件密度的影响

不同的填料具有不同的密度,因此含不同填料的复合烧结粉末的密度各不相同,烧结后的密度也不相同。图 4.78 所示为烧结件密度随填料用量的变化情况。

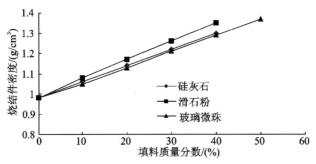

图 4.78　填料对烧结件密度的影响

由图 4.78 可知,烧结件密度随填料用量的增加而线性增加。由于玻璃微珠、滑石粉和硅灰石的密度均大于尼龙 12 的密度,因此加入这些填料后,烧结件的密度增加。在填料加入量相同的情况下,加滑石粉的烧结件密度最大,其次是加硅灰石的,加玻璃微珠的最小,但三者相差不大。

2)烧结件的微观形态

图 4.79 所示为用电子显微镜观察到的含不同填料的复合材料烧结件的冲击断面形貌。

图 4.79(a)(b)(c)所示分别为含玻璃微珠、滑石粉和硅灰石的烧结件的冲击断面形貌。由于在混合和烧结过程中,填料粉末均未受到强烈的机械力作用,因此球形的玻璃微珠、片状的滑石粉及针状的硅灰石在烧结体内仍保持原有的形态。从图(a)和(c)中可以看出,经过表面处理的玻璃微珠和硅灰石与尼龙 12 界面结合性能良好,而图(b)中可见大量光滑的滑石粉片层露在外面,表明滑石粉与尼

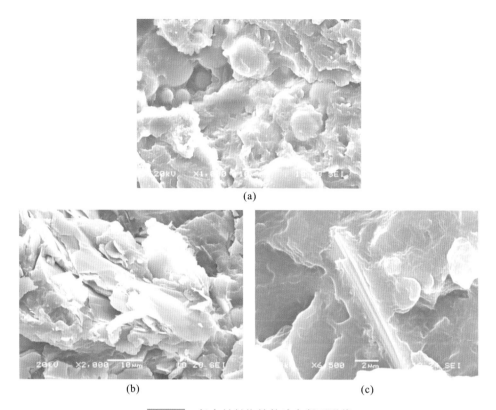

(a)

(b)　　　　　　　　　　　　　(c)

图 4.79　复合材料烧结件冲击断面形貌

龙 12 结合得不好。这与偶联剂 KH550 对填料的处理效果有关,KH550 对玻璃微珠和硅灰石处理效果很好,而对滑石粉的处理效果欠佳。

3. 填料对烧结件性能的影响

1)填料对烧结件力学性能的影响

(1)玻璃微珠对烧结件力学性能的影响。

玻璃微珠对烧结件力学性能的影响如表 4.41 所示。

表 4.41　玻璃微珠对烧结件力学性能的影响

项目	测量值			
材料	PA12	PAG-1	PAG-2	PAG-3
拉伸强度/MPa	44.0	44.5	45	45.3
断裂伸长率/(%)	20.1	12.8	10.4	9.1
弯曲强度/MPa	50.8	59.8	60.7	59.4
弯曲模量/GPa	1.36	1.68	1.84	1.81
冲击强度/(kJ/m²)	37.2	20.9	18.7	15.3

注:烧结件的制备条件为扫描速度 1500 mm/s,单层厚度 0.15 mm,扫描间距 0.1 mm;PA12 烧结时的预热温度为 166 ℃,激光功率为 10 W;其他材料烧结的预热温度为 168 ℃,激光功率为 7.5 W。

表 4.41 中,PA12 为不加玻璃微珠的尼龙 12 粉末烧结材料,PAG-1、PAG-2、PAG-3 分别为含 30%、40%、50%(质量分数)玻璃微珠的尼龙 12 复合烧结材料,

由表 4.41 可知,玻璃微珠对尼龙 12 粉末烧结材料有一定的增强作用。随玻璃微珠加入量的增加,烧结件的拉伸强度稍有提高;弯曲强度及弯曲模量则明显提高,并在加入量为 40% 时达到最大值,比未加玻璃微珠的烧结件分别增加了 19.5% 和 35.3%;但冲击强度随玻璃微珠用量的增加而有较大幅度的降低。由于玻璃微珠的模量比尼龙 12 的模量大得多,因此填充体系的模量显著增加。玻璃微珠是刚性的,不能在受力时变形,也不能终止裂纹或产生银纹以吸收冲击能,因此会使填充材料的脆性增加,冲击强度下降。同时,玻璃微珠的存在,阻碍了尼龙 12 分子的变形,也使分子链柔性降低,烧结件的拉伸强度、弯曲强度及弯曲模量提高,冲击强度降低。

(2)滑石粉对烧结件力学性能的影响。

滑石粉对烧结件力学性能的影响如表 4.42 所示。

表 4.42 滑石粉对烧结件力学性能的影响

项目	测量值			
滑石粉质量分数/(%)	0	20	30	40
拉伸强度/MPa	44.0	42.5	40.3	34.1
断裂伸长率/(%)	20.1	12.8	10.6	8.8
弯曲强度/MPa	50.8	59.8	63.58	59.4
弯曲模量/GPa	1.36	2.14	2.86	2.73
冲击强度/(kJ/m²)	37.2	18.4	12.2	5.3

注:烧结件制备条件为预热温度 173 ℃,激光功率 8.5 W,扫描速度 1500 mm/s,单层厚度 0.15 mm,扫描间距 0.1 mm。

从表 4.42 中可以看出,随滑石粉用量的增加,复合材料烧结件的拉伸强度、断裂伸长率、冲击强度均下降,当滑石粉用量超过 30% 时,烧结件的拉伸强度和冲击强度的下降幅度更加显著。烧结件的弯曲强度和弯曲模量则随滑石粉用量的增加而有较大幅度的增大,但滑石粉用量超过 30% 后,弯曲强度和弯曲模量又有所降低。同玻璃微珠填充体系相比,滑石粉使复合材料的力学性能有较大幅度的下降。由于滑石粉层片之间只存在较弱的范德华力作用,其受力时容易产生相对滑移,从而在体系中产生大量的弱界面,弱界面引起的损伤破坏使体系的韧度极度下降。滑石粉与尼龙 12 界面结合也不够好,受力时容易脱黏,和基体高分子材料之间失去联系。随着滑石粉用量的增加,真正承受拉伸应力的尼龙 12 在单位截面上的比例减小,因此复合材料的拉伸强度也随滑石粉用量的增加而下降。

(3)硅灰石对烧结件力学性能的影响。

如表 4.43 所示,硅灰石对烧结材料具有很大的增强作用,烧结件的拉伸强

度、弯曲强度及弯曲模量随硅灰石用量的增加而显著增加,当硅灰石用量为 30%时,达到最大值,分别比未加填料的烧结件增加了 35%、75%和 111%;但冲击强度和断裂伸长率则有所降低。硅灰石对尼龙 12 烧结材料的增强作用与其具有较大的长径比有关,填料粒子的长径比越大对高分子材料的增强作用越大。硅灰石的长径比大,而且与尼龙 12 界面结合效果良好,因此起到了类似纤维材料的增强作用,使烧结件的力学性能有较大幅度的提高。

表 4.43　硅灰石对烧结件力学性能的影响

项目	测量值			
硅灰石质量分数/(%)	10	20	30	40
拉伸强度/MPa	48.5	54.1	59.4	46.7
断裂伸长率/(%)	15.3	13.9	11.2	9.5
弯曲强度/MPa	69.6	76.4	88.9	85.9
弯曲模量/GPa	1.74	2.23	2.87	2.98
冲击强度/(kJ/m²)	23.8	19.9	17.2	11.6

注:烧结件制备条件为预热温度 175 ℃,激光功率 8.5 W,扫描速度 1500 mm/s,单层厚度 0.15 mm,扫描间距 0.1 mm。

(4)其他填料对烧结件力学性能的影响。

表 4.44 所示为含陶瓷微珠、碳酸钙、氧化锌等不同填料的尼龙 12 复合材料烧结件的力学性能。

表 4.44　不同填料对烧结件力学性能的影响

项目	测量值			
烧结材料	PA12	含 10%陶瓷微珠	含 10%碳酸钙	含 30%氧化锌
拉伸强度/MPa	44.0	48.9	47.5	50.8
拉伸模量/MPa	318.9	346.3	387.8	432.7
断裂伸长率/(%)	20.1	15.2	14.5	11.4
冲击强度/(kJ/m²)	37.2	16.8	14.6	9.8

由表 4.44 可知,陶瓷微珠、碳酸钙和氧化锌三种填料均对尼龙 12 烧结材料有一定的增强作用,使烧结件的拉伸强度和拉伸模量增加,但烧结件的断裂伸长率和冲击强度下降幅度较大,烧结材料的韧度显著降低。含陶瓷微珠或碳酸钙的烧结件表面粗糙,有一些小白点,这是由于陶瓷微珠或碳酸钙填料中团聚的粒子未均匀分散。简单混合方法不能改变填料粒子的大小,即不能使团聚的粒子分散,因此,易团聚的填料不适合本工艺。含氧化锌的烧结粉末在烧结过程中颜色明显变黄,烧结件的外观质量也较差。

2)填料对烧结件热性能的影响

尼龙 12 的热变形温度较低,其 SLS 制件在负荷为 1.85 MPa 时的热变形温度仅为 52 ℃。热变形温度反映了制件能工作的最高温度,因此尽管尼龙 12 的熔点较高,但其制件在大负荷下允许使用的最高温度较低。无机填料由于可使复合体系的模量和黏度增加,因此可提高制件的热变形温度。含 40% 玻璃微珠的尼龙复合材料,其烧结件在负荷为 1.85 MPa 时的热变形温度为 115 ℃,比未加填料的热变形温度提高了 63 ℃,可见玻璃微珠的加入大大提高了尼龙 12 烧结材料的热性能。滑石粉和硅灰石对复合体系的模量和黏度影响更大,因此对烧结材料的热性能影响也更大。当滑石粉或硅灰石用量为 30% 时,烧结件在 1.85 MPa 下的热变形温度均超过 120 ℃,比玻璃微珠对烧结件耐热性能提高的幅度更大。

4. 填料对烧结材料热氧稳定性的影响

1) 对颜色的影响

填料的加入通常会降低烧结材料的白度,加有 40% 玻璃微珠的烧结材料与未加填料的烧结材料在空气中及 170 ℃下,白度随热氧化时间的变化情况如图 4.80 所示。

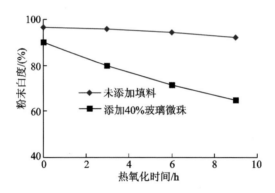

图 4.80 玻璃微珠对粉末白度的影响

图 4.80 表明加有玻璃微珠的烧结材料白度随热氧化时间的增加下降很快,9 h 后白度下降为原来的 71.9%,而在同样的条件下未加填料的烧结材料白度保持率为 95.5%。这表明玻璃微珠对尼龙 12 的热氧降解有很强的促进作用。

将加有 30% 不同填料的烧结材料分别置于 HRPS-Ⅲ型 3D 打印机中,烧结标准测试样条。第一次烧结完成后,取出中间粉缸中的粉末,过筛后再用于烧结标准测试样条,依此类推,直至烧结 5 次。图 4.81 所示为各烧结材料的白度随烧结次数的变化。

由图 4.81 可知,硅灰石和滑石粉对烧结材料的白度影响很小,经过 5 次烧结后的白度分别为原来的 92.7% 和 95.6%,与未加填料的烧结材料差不多。而加入玻璃微珠的烧结材料经过 5 次烧结后的白度仅为原来的 78.4%。这表明硅灰石和滑石粉对尼龙 12 的热氧降解没有明显影响,而玻璃微珠则促进了尼龙 12 的热氧降解。

玻璃微珠对尼龙 12 热氧降解的促进作用可能与其碱性有关。由于所用的玻

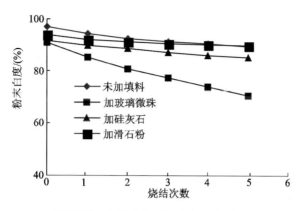

图 4.81　烧结次数对粉末白度的影响

璃微珠为碱性玻璃,其表面呈强碱性,碱的存在催化了尼龙 12 的热氧降解,从而使烧结材料的白度迅速下降。

2)对力学性能的影响

将含 30％不同填料的烧结材料分别进行 SLS 实验,由新鲜原料烧结的测试件为一次烧结件,取经过了一次烧结后中间粉缸中的粉末,过筛后再进行烧结,制得的测试件为二次烧结件,第二次烧结后中间粉缸的粉末再进行烧结则为三次烧结件。各烧结件的力学性能如表 4.45 所示。

表 4.45　烧结次数对力学性能的影响

力学性能		拉伸强度/MPa	冲击强度/(kJ/m²)
含 30％玻璃微珠的烧结材料	一次烧结件	44.5	20.9
	二次烧结件	43.3	15.8
	三次烧结件	42.1	10.3
含 30％硅灰石的烧结材料	一次烧结件	60.1	18.8
	二次烧结件	59.8	17.2
	三次烧结件	58.9	16.5
含 30％滑石粉的烧结材料	一次烧结件	40.3	12.9
	二次烧结件	39.1	11.4
	三次烧结件	38.4	10.5

从表 4.45 中可以看出,三种烧结材料的力学性能均随烧结次数的增加而下降。其中拉伸强度下降的幅度较小,含玻璃微珠、硅灰石、滑石粉的烧结材料经三次烧结,拉伸强度分别下降了 5.4％、2％和 4.7％;但冲击强度显著下降,分别下降了 50.7％、12.2％和 18.6％。以玻璃微珠为填料的烧结材料力学性能下降最大,这与白度的实验结果一致,进一步证明玻璃微珠对尼龙 12 的热氧化有促进作用,硅灰石和滑石粉对尼龙 12 的热氧化没有明显影响。

5. 烧结件实例

图 4.82 所示为用不同的烧结材料制作的各标准测试件照片。其中图(a)(b)所示为含硅灰石的烧结测试件,图(a)中的条状试样尺寸为 80 mm×10 mm×4 mm,用于测弯曲强度和冲击强度,图(b)中的哑铃状试样是测定过拉伸强度的试样。图(c)所示为含滑石粉的烧结测试件,图中大的条状试样尺寸为 120 mm×10 mm×15 mm,用于测试材料的热变形温度,方块试样的尺寸为 60 mm×60 mm×6 mm,用于测定烧结件的尺寸精度和密度。图(d)所示为含玻璃微珠的烧结件,用于成形精度的测量。

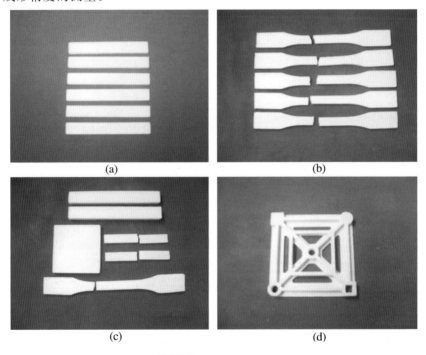

图 4.82 烧结测试件

图 4.83 所示为用 PAG-2 复合材料制作的各种烧结件。

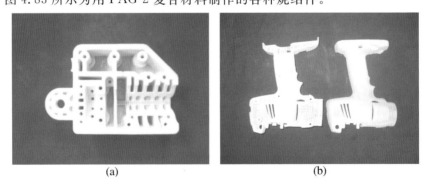

图 4.83 用 PAG-2 复合材料制作的烧结件

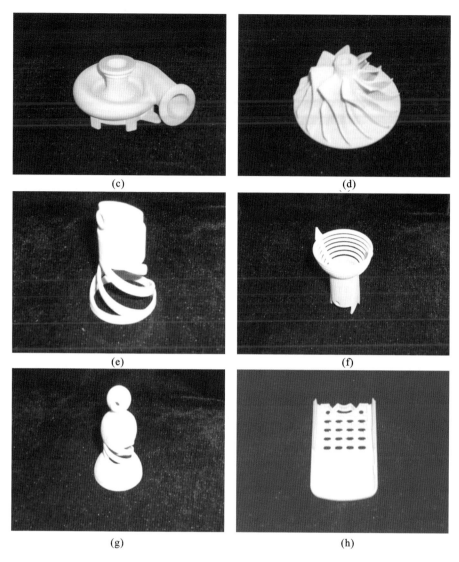

(c)　　　　　　　　　　(d)

(e)　　　　　　　　　　(f)

(g)　　　　　　　　　　(h)

续图 4.83

4.4.5　纳米二氧化硅/尼龙复合粉末的制备及 SLS 成形工艺

1. 纳米二氧化硅/尼龙 12 复合粉末的制备

1）主要原料及仪器

主要原料:尼龙 12 粒料,德国 Degussa 公司产品;纳米二氧化硅,杭州万景新材料有限公司产品,平均粒径为 50 nm,比表面积为(160±20) m²/g,使用前于

100 ℃真空干燥 5 h;(3-氨丙基)三乙氧基硅烷偶联剂(APTS),湖北武大有机硅新材料股份有限公司产品;溶剂为分析纯乙醇,市售产品。

主要仪器:10 L 反应釜,烟台科立化工设备有限公司生产;DZF-6050 型真空干燥箱,巩义市予华仪器有限责任公司生产;行星式球磨机,南京大学研制;KQ2200B 超声振荡器,巩义市予华仪器有限责任公司生产。

2)纳米二氧化硅的表面改性

纳米二氧化硅表面改性的步骤为:

(1)将纳米二氧化硅进行预热,并利用超声振荡使其充分分散在溶剂中,形成纳米颗粒悬浮液;

(2)用乙醇和水按质量比 95:5 配成醇-水溶液,搅拌下加入硅烷偶联剂 APTS 使其浓度达到 2%,将溶液放置 1 h 使偶联剂充分水解;

(3)将水解的 APTS 加入到上述纳米颗粒悬浮液中,混合物在常温下搅拌 2 h,再在 75 ℃下冷凝回流 4 h;

(4)将混合物进行离心处理,回收溶剂,并用乙醇洗涤沉淀物以除去吸附在纳米二氧化硅表面多余的 APTS;

(5)将得到的沉淀物在 110 ℃下真空干燥 1 h,再在 50 ℃下真空干燥 12 h。

3)粉末的制备过程

溶剂沉淀法制备纳米二氧化硅/尼龙 12 复合粉末(D-Nanosilica/PA12)的步骤如下:

(1)将表面改性的纳米二氧化硅加入到一定量的溶剂中,30 ℃超声振荡处理 2 h,形成纳米二氧化硅悬浮液;

(2)将尼龙 12 粒料、溶剂、纳米二氧化硅悬浮液按一定比例投入带夹套的不锈钢压力釜中,密封通氮气保护;

(3)缓慢升温至150 ℃左右,使尼龙 12 完全溶于乙醇中,同时剧烈搅拌,使纳米二氧化硅均匀分散在尼龙 12 的醇溶液中;

(4)以一定的速度缓慢冷却至室温,使尼龙 12 缓慢地以纳米二氧化硅为核结晶形成粉末;

(5)得到的粉末聚集体经真空干燥后,球磨、过筛,即可得到 D-Nanosilica/PA12,其中纳米二氧化硅的质量分数为 3%。

利用上述相同的工艺,在不添加纳米二氧化硅的情况下,制备纯尼龙 12 粉末(NPA12)。

采用机械混合法制备纳米二氧化硅/尼龙 12 复合粉末(M-Nanosilica/PA12)的过程如下:将一定质量比的表面改性的纳米二氧化硅和 NPA12 进行混合,将混合物在行星式球磨机中球磨 5 h,即得到 M-Nanosilica/PA12,其中纳米二氧化硅的质量分数为 3%。

2. 纳米二氧化硅与尼龙 12 的界面黏结

为了提高纳米二氧化硅与尼龙 12 基体的界面黏结效果,使用硅烷偶联剂 APTS 对纳米二氧化硅颗粒表面进行了有机化处理。APTS 与纳米二氧化硅及尼龙 12 的反应式如图 4.84 所示。

首先,APTS 水解形成含有硅醇基(Si—OH)的水解物,如图 4.84 中反应式 (1)所示;其次,纳米二氧化硅表面含有大量的 Si—OH,能与 APTS 的水解物进行缩聚反应,形成硅氧烷,这样氨基(—NH$_2$)就被接枝到了纳米二氧化硅颗粒表面,如图 4.84 中反应式(2)所示;最后,接枝到纳米二氧化硅表面的氨基与尼龙 12 中的羧基进行反应,形成酰胺键,这样纳米二氧化硅与尼龙 12 基体的界面黏结得到改善。

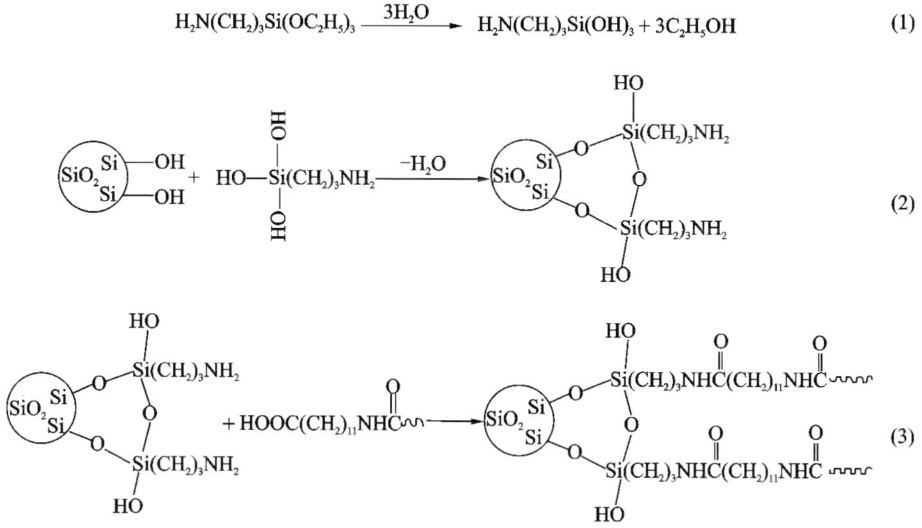

$$H_2N(CH_2)_3Si(OC_2H_5)_3 \xrightarrow{3H_2O} H_2N(CH_2)_3Si(OH)_3 + 3C_2H_5OH \tag{1}$$

图 4.84　硅烷偶联剂 APTS 与纳米二氧化硅及尼龙 12 树脂的反应式

使用傅里叶红外光谱(FTIR)定性地分析纳米二氧化硅在表面改性前后的结构变化,所使用的仪器为德国 Bruker 公司 VERTEX 70 傅里叶变换显微红外/拉曼光谱仪。图 4.85 所示为纳米二氧化硅在表面改性前和表面改性后的 FTIR 光谱图。

从纳米二氧化硅表面改性前的红外光谱图可以看出,在 3387 cm^{-1} 处存在一个宽而强的峰,这个峰归属于纳米二氧化硅表面的硅醇基的 O—H 伸缩振动峰,在 1100 cm^{-1} 和 467 cm^{-1} 处存在较强的 Si—O—Si 吸收峰,以及在 963 cm^{-1} 处存在 Si—OH 的弱吸收峰。从纳米二氧化硅表面改性后的红外光谱图可以看出,相比于表面处理前的红外光谱图,表面处理后的红外光谱图在 2920 cm^{-1} 和 2895 cm^{-1} 处出现了新的吸收峰,其中 2920 cm^{-1} 处为—CH$_3$ 的吸收峰,而 2895 cm^{-1} 处为—CH$_2$ 的吸收峰。这是由于在表面处理过程中,将有机碳链接枝到了纳米二氧

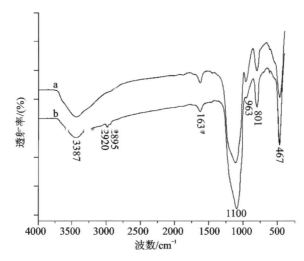

图 4.85 纳米二氧化硅在表面改性前和表面改性后的 FTIR 光谱

注：a 为表面改性前的 FTIR 光谱，b 为表面改性后的 FTIR 光谱。

化硅的表面。在 3387 cm^{-1} 和 963 cm^{-1} 处的吸收峰变弱，这是由于图 4.84 中反应式（2）消耗了一定数量的纳米二氧化硅表面的 Si—OH。在 1100 cm^{-1} 和 467 cm^{-1} 处的吸收峰变强，这是由于图 4.84 中反应式（2）生成了 Si—O—Si，使 Si—O—Si 增加，吸收峰增强。以上的傅里叶红外光谱分析表明，硅烷偶联剂 APTS 被成功地接枝到了纳米二氧化硅表面。

3. 粉末特征分析

采用英国 Nalvern Instruments 公司生产的 MAN5004 型激光衍射法粒度分析仪对 NPA12 和 D-Nanosilica/PA12 进行了粒径及粒径分布分析。粉末试样经喷金处理后，用荷兰 FEI 公司 Sirion 200 型场扫描电子显微镜观察其微观形貌。

图 4.86（a）（b）所示分别为 D-Nanosilica/PA12 的 SEM 微观照片和粒径分布，从图中可以看出，D-Nanosilica/PA12 具有不规则形状和粗糙的表面，粒径分布在 6～89 μm，主要粒径分布在 14～36 μm，从激光粒度分析可知其平均粒径为 25.08 μm。图 4.87（a）（b）所示分别为 NPA12 的 SEM 微观照片和粒径分布，从图中可以看出，NPA12 也具有不规则形状和粗糙的表面，粒径分布在 10～90 μm，主要粒径分布在 31～56 μm，从激光粒度分析可知其平均粒径为 37.42 μm。从以上实验结果可以发现，虽然这两种粉末都是采用溶剂沉淀法制备的，但是 D-Nanosilica/PA12 的粒径比 NPA12 的要小得多，这主要是由于纳米二氧化硅在尼龙 12 结晶过程中充当了成核剂的作用，成核中心增加，这样粉末颗粒数量增大，粉末颗粒粒径就减小了。D-Nanosilica/PA12 的小粒径可以使其烧结速率加快，SLS 成形件的细节更加清晰，轮廓更加分明。

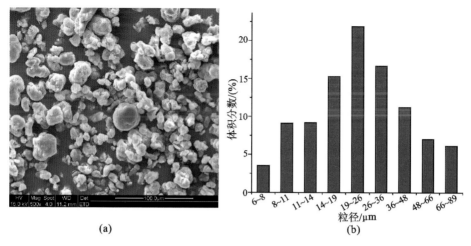

图 4.86　D-Nanosilica/PA12 的 SEM 微观照片和粒径分布

(a)SEM 微观照片；(b)粒径分布

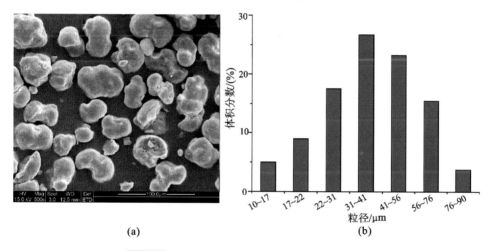

图 4.87　NPA12 的 SEM 微观照片和粒径分布

(a)SEM 微观照片；(b)粒径分布

4. 纳米二氧化硅对尼龙 12 熔融与结晶行为的影响

采用差示扫描量热分析(DSC)来研究纳米二氧化硅对尼龙 12 熔融与结晶行为的影响。所用仪器为美国 Perkin Elmer DSC27 型差示扫描量热仪，DSC 测试条件为：在氩气保护下，先以 10 ℃/min 的速率由室温升至 200 ℃，恒温 5 min，然后再以 5 ℃/min 的速率降到室温，记录升温和降温过程的 DSC 曲线。

图 4.88 所示为 D-Nanosilica/PA12、M-Nanosilica/PA12 及 NPA12 的升温和降温 DSC 曲线，由 DSC 曲线得到的熔融开始温度(T_{im})、结晶开始温度(T_{ic})、熔融焓(ΔH_m)以及结晶焓(ΔH_c)列于表 4.46 中，表中的相对结晶度(CI)是由下式计算得到的：

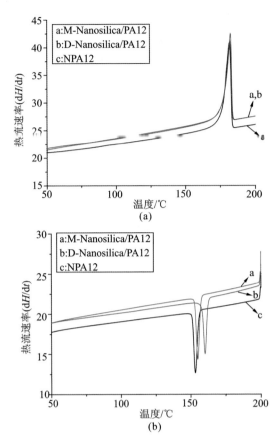

图 4.88 D-Nanosilica/PA12、M-Nanosilica/PA12 及 NPA12 的升温和降温 DSC 曲线

$$CI = \frac{\Delta H_m - \Delta H_c}{\Delta H_f^0 \times (1-f)} \times 100\% \tag{4-14}$$

式中:ΔH_f^0 为 100%结晶的尼龙 12 的熔融焓,由相关文献可知为 209.2 J/g;f 为纳米二氧化硅的质量分数。

表 4.46 由 DSC 曲线得到的热性能数据

样品	$T_{im}/℃$	$T_{ic}/℃$	$\Delta H_m/(J/g)$	$\Delta H_c/(J/g)$	$CI/(\%)$
D-Nanosilica/PA12	178.00	162.33	76.70	40.03	18.0
M-Nanosilica/PA12	178.22	157.38	77.16	48.17	14.2
NPA12	177.80	155.83	85.47	58.30	13.0

从图 4.88(a)及表 4.46 可以看出,D-Nanosilica/PA12、M-Nanosilica/PA12 及 NPA12 这三种粉末的熔融温度相差不大,说明纳米二氧化硅对尼龙 12 的熔融温度影响不大。由于在 SLS 过程中晶态高分子材料的预热温度要接近熔融开始温度但不能高于熔融开始温度,因此这三种粉末可以设置相同的预热温度。本实

验将这三种粉末的预热温度设置为 170 ℃。

比较图 4.88(b) 中的降温 DSC 曲线可知,D-Nanosilica/PA12 具有最高的结晶温度,而 NPA12 具有最低的结晶温度,这说明纳米二氧化硅具有异相成核的作用。而在纳米二氧化硅含量相同的情况下,D-Nanosilica/PA12 比 M-Nanosilica/PA12 具有更高的结晶温度,这可能是由于在 D-Nanosilica/PA12 中的纳米二氧化硅是以纳米尺寸均匀地分散在尼龙 12 基体中,而在 M-Nanosilica/PA12 中的纳米二氧化硅以微米级的团聚体存在,因而在相同的含量下,D-Nanosilica/PA12 中的成核中心更多。

从表 4.46 可知,D-Nanosilica/PA12 具有最高的相对结晶度,而 NPA12 具有最低的相对结晶度,这说明纳米二氧化硅使得尼龙 12 的晶体含量得到提高。与结晶温度相似,在纳米二氧化硅含量相同的情况下,D-Nanosilica/PA12 比 M-Nanosilica/PA12 具有更高的相对结晶度。

5. 纳米二氧化硅对尼龙 12 热稳定性的影响

采用热重(TG)分析来研究纳米二氧化硅对尼龙 12 热稳定性的影响。所用的仪器为 PE 公司 PE27 Series Thernnal Analysis System,在氩气保护下,以 10 ℃/min 的速率由室温升至约 550 ℃。图 4.89 所示为 D-Nanosilica/PA12、M-Nanosilica/PA12 及 NPA12 的 TG 曲线,表 4.47 所示为三种粉末在失重为 5%、10% 时的热失重温度(分别记为 T_d-5%,T_d-10%)。可以发现,M-Nanosilica/PA12 和 NPA12 的 T_d-5%、T_d-10% 的差别不大,说明 M-Nanosilica/PA12 中的纳米二氧化硅对尼龙 12 基体的热稳定性没有影响。然而,D-Nanosilica/PA12 的 T_d-5% 比 NPA12 的高出 33.6 ℃,T_d-10% 亦比 NPA12 的高 37.52 ℃,说明 D-Nanosilica/PA12 的热稳定性明显优于 NPA12,也就是说 D-Nanosilica/PA12 中的纳米二氧化硅使尼龙 12 基体的热稳定性得到了提高。这可能是由于纳米尺寸均匀分散的纳米二氧化硅粒子与尼龙 12 基体的强烈界面作用限制了尼龙 12 分子链的热分解。

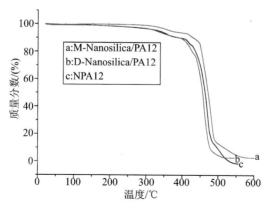

图 4.89　D-Nanosilica/PA12、M-Nanosilica/PA12 及 NPA12 的 TG 曲线

表 4.47　D-Nanosilica/PA12、M-Nanosilica/PA12 及 NPA12 的热失重温度

样品	$T_d\text{-}5\%/℃$	$T_d\text{-}10\%/℃$
D-Nanosilica/PA12	368.49	430.19
M Nanosilica/PA12	328.32	393.31
NPA12	334.89	392.67

6. 纳米二氧化硅在尼龙基体中的分散

纳米粒子在基体中的分散程度对复合材料的性能至关重要。如果由于纳米粒子极易团聚而不能使纳米粒子均匀分散在基体材料中,那么复合材料会表现出与普通微米粒子增强材料相同或更差的性能。利用荷兰 FEI 公司 Sirion 200 型场扫描电子显微镜观察试样低温脆断面的微观形貌来分析纳米二氧化硅在尼龙基体中的分散状况。

图 4.90 所示为 D-Nanosilica/PA12 的 SLS 成形件的低温脆断面的微观形貌(SEM)。从图中可以看出,在 D-Nanosilica/PA12 的 SLS 成形件的低温脆断面中,大量白色粒子非常均匀地分散在尼龙 12 基体材料中,而通过测量,这些粒子的尺寸在 30～100 nm。这说明纳米二氧化以纳米尺度均匀地分散在尼龙基体中。这主要有以下两方面的原因:一方面,通过硅烷偶联剂对纳米二氧化硅进行表面处理,增加纳米二氧化硅与尼龙 12 基体的相容性,从而有利于纳米二氧化硅的分散;另一方面,在溶剂沉淀法制备复合粉末过程中,纳米二氧化硅首先被均匀地分散在尼龙 12 的醇溶液中,当混合液降温时,尼龙 12 以纳米二氧化硅为核结晶,形成粉末材料,这样纳米二氧化硅就均匀地分散在尼龙 12 基体中。

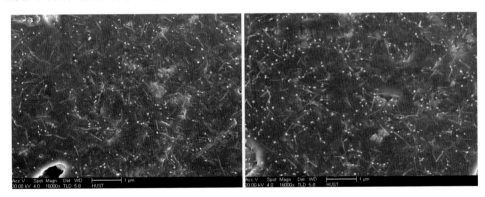

图 4.90　D-Nanosilica/PA12 的 SLS 成形件的低温脆断面的微观形貌(SEM)

图 4.91 所示为 M-Nanosilica/PA12 的 SLS 成形件的低温脆断面的微观形貌(SEM)。从图中可以看出,在 M-Nanosilica/PA12 的 SLS 成形件的低温脆断面中,存在着大量的纳米二氧化硅的聚集体,而且这些聚集体的分散不均匀。通过测量,这些聚集体的尺寸在 2～10 μm。这说明机械混合法根本不能将极易团聚的

纳米材料均匀地分散在尼龙 12 基体中,在 M-Nanosilica/PA12 的 SLS 成形件中,纳米二氧化硅以微米级团聚体存在。

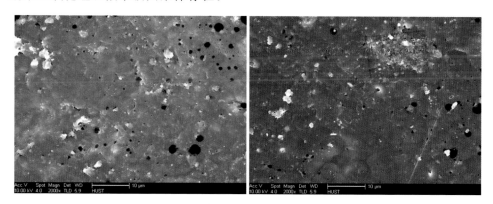

图 4.91　M-Nanosilica/PA12 的 SLS 成形件的低温脆断面的微观形貌(SEM)

7. 纳米二氧化硅对尼龙 12 的 SLS 成形件力学性能的影响

图 4.92 所示为 D-Nanosilica/PA12、M-Nanosilica/PA12 和 NPA12 的 SLS 成形件的拉伸强度随激光能量密度的变化曲线。从图中可以看出,这三种粉末的 SLS 成形件的拉伸强度随激光能量密度的变化趋势基本相同。SLS 成形件的拉伸强度随激光能量密度的增大而增加,直到达到一个最大值;而继续增大激光能量密度反而会使拉伸强度下降。这是由于增大能量密度会增大烧结速率,从而使烧结件拉伸强度增大,但能量密度增大到一定值时,材料剧烈分解使得烧结件的力学性能下降。

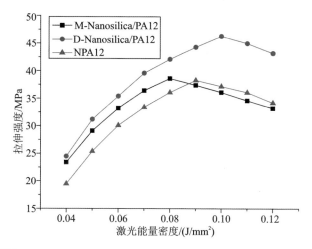

图 4.92　D-Nanosilica/PA12、M-Nanosilica/PA12 和 NPA12 烧结件的
拉伸强度随激光能量密度的变化曲线

将达到拉伸强度最大值所对应的激光能量密度称为最佳激光能量密度,使用

每种粉末的最佳激光能量密度来制造各自的力学性能测试件。表 4.48 列出了最佳激光能量密度下 D-Nanosilica/PA12、M-Nanosilica/PA12 和 NPA12 烧结件的力学性能。从表中数据可知：D-Nanosilica/PA12 的 SLS 成形件的拉伸强度、拉伸模量及冲击强度分别比 NPA12 的 SLS 成形件高 20.9%、39.4% 及 9.54%，而断裂伸长率比 NPA12 下降 3.65%；M-Nanosilica/PA12 的 SLS 成形件的拉伸强度和拉伸模量分别比 NPA12 高 0.78% 和 22.5%，而断裂伸长率和冲击强度比 NPA12 分别下降了 17.4% 和 17.2%。这些力学性能结果表明，D-Nanosilica/PA12 中的纳米二氧化硅具有良好的增强效果，使尼龙 12 的 SLS 成形件的拉伸强度、拉伸模量和冲击强度同时得到提高；而 M-Nanosilica/PA12 中的纳米二氧化硅的增强效果非常有限，在使尼龙 12 的 SLS 成形件的拉伸强度和拉伸模量略有提高的同时，却使断裂伸长率大幅下降，其增强效果类似于传统的微米级填料。这些结果的产生主要有以下两个方面的原因：首先，D-Nanosilica/PA12 中以纳米尺寸均匀分散的纳米二氧化硅与尼龙 12 基体有较强的界面作用，而 M-Nanosilica/PA12 中以微米级聚集体存在的纳米二氧化硅与尼龙 12 基体的界面作用较弱，而且松散的聚集体会形成应力集中点，破坏 SLS 成形件的力学性能，因而 D-Nanosilica/PA12 中的纳米二氧化硅比 M-Nanosilica/PA12 中的纳米二氧化硅具有更好的增强作用；其次，D-Nanosilica/PA12 的热稳定性比 M-Nanosilica/PA12 和 NPA12 的都要好，因而在 SLS 过程中，其材料分解对 SLS 成形件力学性能的影响比 M-Nanosilica/PA12 和 NPA12 要小，因此，D-Nanosilica/PA12 的 SLS 成形件的力学性能比 M-Nanosilica/PA12 和 NPA12 的 SLS 成形件要高。

表 4.48　D-Nanosilica/PA12、M-Nanosilica/PA12 和 NPA12 的最佳激光激光能量密度及其成形件的力学性能

样品	最佳激光能量密度/(J/mm²)	拉伸强度/MPa	断裂伸长率/(%)	拉伸模量/GPa	冲击强度/(kJ/m²)
D -Nanosilica/PA12	0.1	46.3	20.07	1.98	40.2
M-Nanosilica/PA12	0.08	38.6	17.21	1.74	30.4
NPA12	0.09	38.3	20.83	1.42	36.7

8. SLS 成形件冲击断面的微观形貌

图 4.93 所示为 NPA12 和 M-Nanosilica/PA12 的 SLS 成形件冲击断面的微观形貌（SEM）。从图中可以看到，NPA12 及 M-Nanosilica/PA12 的 SLS 成形件断面上存在大片光滑和带状区域，表现为脆性断裂，表明裂纹很容易扩展，断裂试样需要较少的能量。在 M-Nanosilica/PA12 的 SLS 成形件断面上，有微米级纳米二氧化硅的聚集体存在，这些微米级的聚集体与尼龙 12 基体的黏结效果非常差，导致了冲击试样的脆性断裂，使冲击强度降低。

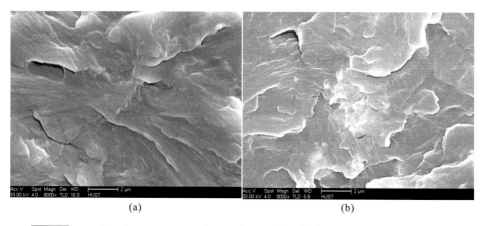

(a)　　　　　　　　　　　　(b)

图 4.93　NPA12 和 M-Nanosilica/PA12 的 SLS 成形件冲击断面的微观形貌（SEM）

(a)NPA12；(b)M-Nanosilica/PA12

图 4.94 所示为 D-Nanosilica/PA12 的 SLS 成形件冲击断面的微观形貌（SEM）。从图中可以看出，与 NPA12 及 M-Nanosilica/PA12 的 SLS 成形件断面相比，D-Nanosilica/PA12 的 SLS 成形件断面更加粗糙，存在大量的剪切屈服带及开口销。由于形成这些断口特征需要消耗更多的能量，因此 D-Nanosilica/PA12 的 SLS 成形件具有更高的冲击强度。

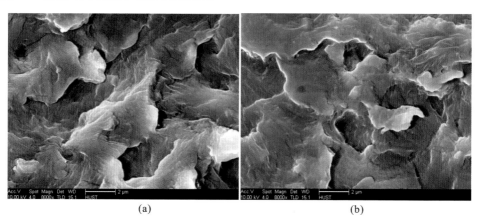

(a)　　　　　　　　　　　　(b)

图 4.94　D -Nanosilica/PA12 的 SLS 成形件冲击断面的微观形貌（SEM）

4.4.6　尼龙覆膜铝复合粉末的制备及 SLS 工艺研究

1. 复合粉末的制备

1) 原材料的选用

采用北京沃泰技术发展有限责任公司的微细近球形铝粉，粉末呈银灰色；尼龙 12(PA12) 粒料购买于德国 Degussa 公司；抗氧剂选用由受阻酚类与亚磷酸酯类组成的复合抗氧剂,其中受阻酚类抗氧剂占 60%～80%,亚磷酸酯类抗氧剂占 20%～40%,加入抗氧剂的质量为尼龙质量的 0.5%;乙醇在高温下可以溶解尼龙 12,而且具有低毒、低刺激性、低价格、易于回收等优点,因此采用分析纯乙醇作为溶剂。

2)尼龙 12 覆膜铝复合粉末的制备过程

采用溶剂沉淀法来制备尼龙覆膜铝粉复合粉末,此覆膜方法具有设备、工艺简单,环境污染小,尼龙覆膜层均匀等优点。

3)主要设备

10 L 反应釜,烟台科立化工设备有限公司生产;DZF-6050 型真空干燥箱,巩义市予华仪器有限责任公司生产;行星式球磨机,南京大学研制。

4)制备原理及过程

制备原理:尼龙 12 是一类具有优异抗溶剂能力的树脂,常温条件下很难溶于普通溶剂,但在高温下可溶于乙醇中。将尼龙、金属粉末、抗氧剂等加入密闭容器中,在高温下使尼龙 12 溶解,剧烈搅拌下逐渐冷却,尼龙 12 就以金属颗粒为核结晶,逐渐包覆于金属颗粒外表面,形成尼龙 12 覆膜金属粉末。

制备过程:将尼龙 12、溶剂、铝粉及抗氧剂按比例投入带夹套的不锈钢反应釜中,将反应釜密封,抽真空,通氮气保护;以 2 ℃/min 的速度,逐渐升温到150 ℃,使尼龙完全溶解于溶剂中,保温保压 2 h;在剧烈搅拌下,以 2 ℃/min 的速度逐渐冷却至室温,使尼龙逐渐以铝粉颗粒为核,结晶包覆在铝粉颗粒外表面,形成尼龙覆膜金属粉末悬浮液;将覆膜金属粉末悬浮液从反应釜中取出,对覆膜金属粉末悬浮液进行减压蒸馏,得到粉末聚集体(回收的溶剂可以重复利用);得到的粉末聚集体在 80 ℃下真空干燥 24 h 后,在球磨机中以 350 r/min 的转速球磨15 min,过筛,选择粒径在 100 μm 以下的粉末,即得尼龙 12 覆膜铝复合粉末。

本次实验中,一共制备了铝粉质量分数分别为 10%、20%、30%、40% 及 50% 的五种尼龙 12 覆膜铝复合粉末,分别记为 Al/PA(10/90)、Al/PA(20/80)、Al/PA(30/70)、Al/PA(40/60) 及 Al/PA(50/50)。不添加铝粉,采用上述同样的工艺制备一种纯尼龙 12 粉末(记为 NPA12)用于进行对比研究。

2. 粉末材料的表征

1)粒径及粒径分布

采用英国 Nalvern Instruments 公司生产的 MAN5004 型激光衍射法粒度分析仪对 Al 粉、Al/PA(50/50) 和 Al/PA(20/80)进行了粒径及粒径分布分析。测量得到几种平均粒径:体积平均径——通过体积分布计算出来的表示平均粒度的数据;中位径——该值准确地将总体划分为二等份,也就是说有 50% 的颗粒粒径大于此值,而 50% 的颗粒粒径小于此值。利用激光粒度分析仪得到的粉末平均粒径列于表 4.49 中,粒径分布如图 4.95 所示。

表 4.49　Al 粉、Al/PA(50/50)及 Al/PA(20/80)的平均粒径

粉末种类	体积平均径/μm	中位径/μm
Al 粉	27.99	23.08
Al/PA(50/50)	38.90	35.65
Al/PA(20/80)	40.93	39.42

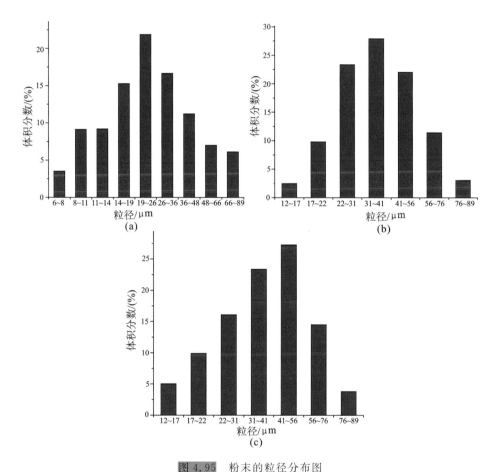

图 4.95　粉末的粒径分布图

(a)Al 粉；(b)Al/PA(50/50)；(c)Al/PA(20/80)

　　从图 4.95(a)中可以看出,Al 粉粒径分布在 6～89 μm,粒径主要集中在 19～36 μm。从图 4.95(b)中可以看出,Al/PA(50/50)的粒径分布在 12～89 μm,粒径主要集中在 22～41 μm,说明 Al/PA(50/50)的粒径分布比 Al 粉要窄,Al/PA(50/50)中没有了 Al 粉中 6～11 μm 的颗粒,而且大粒径颗粒比 Al 粉增多,这主要是由于尼龙 12 包覆在 Al 粉颗粒的外表面,使得粉末粒径增大。从图4.95(c)中可以看出,Al/PA(20/80)的粒径分布在 12～89 μm,粒径主要集中在 31～56 μm,说明虽然 Al/PA(20/80)的粒径分布与 Al/PA(50/50)的相同,但是主要粒径比 Al/PA(50/50)大。这是由于 Al/PA(20/80)的铝粉含量比 Al/PA(50/50)少,而

尼龙 12 进一步增大,使得铝粉颗粒外的尼龙 12 包覆层进一步增大。

从表 4.49 中可以看到,随着铝粉质量分数的降低,相应的尼龙含量增加,导致包覆层厚度的增大,从而粉末的平均粒径也随之增大。总体看来,这两种尼龙覆膜铝粉的粒径在 $10\sim100\ \mu m$,比较适合 SLS 成形工艺。

2)粉末的微观形貌

粉末试样经喷金处理后,用荷兰 FEI 公司的 Sirion 200 型场扫描电子显微镜观察其微观形貌。对 Al 粉以及各种铝粉含量的覆膜复合粉末进行 SEM 分析。图 4.96 所示为 Al 粉的 SEM 照片,从图中可以看出,实验所用 Al 粉表面光滑,呈近球形,从而保证了尼龙 12 包覆在其表面之后,制得的复合粉末也能接近球形,这样对 SLS 过程中的铺粉是非常有利的。

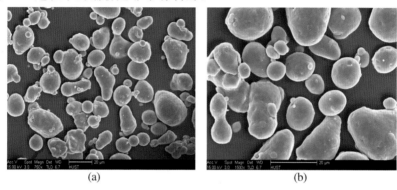

(a)　　　　　　　　　　　　(b)

图 4.96　Al 粉的 SEM 照片

(a)放大 750 倍;(b)放大 1500 倍

图 4.97 所示为 Al/PA(50/50)的 SEM 照片,从图中可以看出,Al/PA(50/50)的颗粒形状与 Al 粉较为相似,也呈近球形。尼龙 12 在冷却结晶时,以 Al 粉颗粒为核,逐渐包覆在 Al 粉颗粒的外表面,因而得到的复合粉末与 Al 粉的形状相似。此复合粉末中颗粒表面都很粗糙,没有发现具有光滑表面的颗粒,说明 Al 粉颗粒都被尼龙 12 树脂所包覆,无裸露的 Al 粉颗粒存在。

(a)　　　　　　　　　　　　(b)

图 4.97　Al/PA(50/50)的 SEM 照片

(a)放大 600 倍;(b)放大 1000 倍

图 4.98 所示为 Al/PA(40/60)的 SEM 照片,从图中可看出,Al/PA (40/60) 的颗粒形状与 Al/PA(50/50)相似,但不规则度增大,而且粉末颗粒呈现多孔状。由于 Al/PA(40/60)的尼龙含量高于 Al/PA(50/50),因此 Al/PA(40/60)的尼龙覆膜层更厚,这就使得颗粒趋于不规则。Al/PA(40/60)颗粒表面的孔隙可能是溶剂蒸馏的速率过快造成的。

图 4.98　Al/PA(40/60)的 SEM 照片

(a)放大 600 倍;(b)放大 1000 倍

图 4.99、图 4.100 及图 4.101 所示分别为 Al/PA(30/70)、Al/PA(20/80)及 Al/PA(10/90)的 SEM 照片,从图中可以看出,随着尼龙 12 含量的增大,颗粒的包覆层逐渐增厚,复合粉末变得更加不规则,而且存在多个 Al 粉颗粒被尼龙包覆到一起的现象。这与包覆层增厚及球磨的工艺控制有关,而球磨这一过程中就有很多可变的因素值得考虑,比如装球量、球磨速度、球磨时间等。

图 4.99　Al/PA(30/70)的 SEM 照片

(a)放大 600 倍;(b)放大 1000 倍

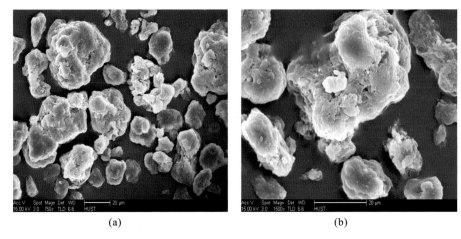

(a)　　　　　　　　　　　　　　　(b)

图 4.100　Al/PA(20/80)的 SEM 照片

(a)放大 750 倍；(b)放大 1500 倍

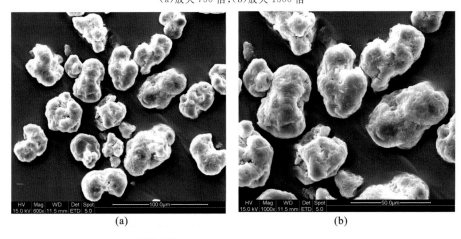

(a)　　　　　　　　　　　　　　　(b)

图 4.101　Al/PA(10/90)的 SEM 照片

(a)放大 600 倍；(b)放大 1000 倍

　　总的来说，利用溶剂沉淀法工艺制备的尼龙 12 覆膜铝复合粉末中，铝粉颗粒可以被完全包覆，无裸露铝粉颗粒存在；复合粉末的形状与铝粉相似，尼龙含量越少，复合粉末的形状越接近铝粉；有的复合粉末颗粒表面存在大量孔隙，这可能是由溶剂蒸馏速率过快造成的；尼龙包覆层较厚的复合粉末中，存在多个铝粉颗粒被包覆到一起的现象，通过控制球磨工艺可以解决这个问题。

　　3)粉末的能谱分析

　　粉末试样经喷金处理后，用荷兰 FEI 公司的 Sirion 200 型场扫描电子显微镜对 Al/PA(50/50)的单个颗粒进行 EDX 成分分析。图 4.102 所示为 Al/PA(50/50)的 SEM 照片及 EDX 分析图，EDX 分析窗口由 SEM 照片中"+"所示。由图 4.102(b)的 EDX 分析图可知，此颗粒中主要含有 C、N、O 及 Al 元素，说明尼龙 12 已经结晶并包覆在 Al 粉颗粒外表面；此颗粒中还含有极少量的 Si 元素，这可能是由少量杂质引入的。

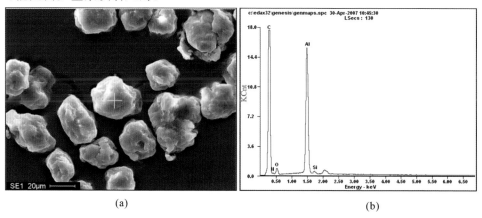

(a)　　　　　　　　　　　　　(b)

图 4.102　Al/PA(50/50)的 SEM 照片及 EDX 分析图(EDX 分析窗口由 SEM 照片中"＋"所示)

(a)SEM 照片；(b)EDX 分析图

4)粉末的热重分析

采用热重(TG)分析来研究 Al 粉对尼龙 12 热稳定性的影响。所用的仪器为 PE 公司的 PE27 Series Thernnal Analysis System,在氩气保护下,以 10 ℃/min 的速率由室温升至 550 ℃。对 NPA12、Al/PA(50/50)及 Al/PA(10/90)进行了 TG 分析。图 4.103 所示为这三种粉末的 TG 曲线,表 4.50 所示为这三种粉末在失重为 5％、10％时的热失重温度(分别记为 T_d-5％,T_d-10％)。

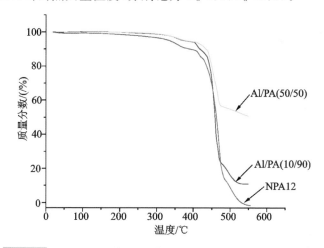

图 4.103　NPA12、Al/PA(50/50)及 Al/PA(10/90)的 TG 曲线

表 4.50　NPA12、Al/PA(50/50)及 Al/PA(10/90)的热失重温度

粉末	T_d-5％/℃	T_d-10％/℃
NPA12	334.9	392.7
Al/PA(10/90)	376.6	418.2
Al/PA(50/50)	382.0	434.5

由图 4.103 及表 4.50 可见,复合粉末的热稳定性明显优于纯尼龙,Al/PA(10/90)的 T_d-5% 和 T_d-10% 比纯尼龙分别提高 41.7 ℃ 和 25.5 ℃,Al/PA(50/50)的 T_d-5% 和 T_d-10% 比纯尼龙分别提高 47.1 ℃ 和 41.8 ℃。这可能是铝粉颗粒的阻隔作用造成的,尼龙 12 主链降解时的活性末端触碰到铝粉颗粒时会失去活性,不再引起主链剩余部分的降解。

5)粉末的差示扫描量热分析

采用差示扫描量热分析(DSC)来研究铝粉对尼龙 12 热转变及烧结窗口的影响。所用仪器为美国 Perkin Elmer DSC27 型差示扫描量热仪,DSC 测试条件为:在氩气保护下,先以 10 ℃/min 的速率由室温升至 200 ℃,恒温 5 min,然后再以 5 ℃/min 的速率降到室温,记录升温和降温过程的 DSC 曲线。

由于晶态高分子材料的激光烧结是一个激光加热熔融、冷却结晶的过程,因此有必要对复合粉末材料的熔融、结晶行为进行研究。图 4.104 所示为 NPA12、Al/PA(50/50) 及 Al/PA(10/90) 的熔融过程和结晶过程的 DSC 曲线。从图 4.104 可以得到这三种粉末的熔融峰温度(T_{mp})、熔融起始温度(T_{ms})、熔融结束温度(T_{me})、结晶峰温度(T_{cp})、结晶起始温度(T_{cs})、结晶结束温度(T_{ce}),将其列于表 4.51 中。

结晶时间由式(4-15)求出:

$$t_c = (T_{cs} - T_{ce})/r \tag{4-15}$$

式中:r 为降温速率,本实验中为 5 ℃/min。

依据式(4-16)算出其烧结温度窗口宽度 W:

$$W = T_{ms} - T_{cs} \tag{4-16}$$

表 4.51 NPA12、Al/PA(50/50)及 Al/PA(10/90)的热转变温度及烧结温度窗口宽度

粉末类型	T_{mp}/℃	T_{ms}/℃	T_{me}/℃	T_{cp}/℃	T_{cs}/℃	T_{ce}/℃	t_c/min	W/℃
NPA12	180.2	175.2	182.0	154.1	156.9	151.2	1.14	18.3
Al/PA(10/90)	180.5	175.8	182.1	153.9	156.6	151.8	0.96	19.2
Al/PA(50/50)	183.2	177.3	185.1	156.1	157.2	154.2	0.60	20.1

从图 4.104(a)可以看出,随着铝粉含量的增大,粉末的熔融温度是增大的,这可能是由于 PA12 在结晶包覆铝粉的过程中,酰胺基团与铝粉表面的活性氢形成氢键作用,使得尼龙分子链排列更加紧密,导致其熔融温度升高。

从图 4.104(b)可以看出,Al/PA(50/50)的结晶峰值温度、结晶起始温度及结晶结束温度均高于 NPA12,而且结晶时间也大大缩短,说明铝粉在 PA12 的结晶过程中起到了异相成核作用,使得 PA12 的结晶温度升高,结晶速率提高。

从表 4.51 中可以看出,随着铝粉含量的增加,烧结温度窗口变宽。通常粉末材料的烧结温度窗口越宽,粉末层的温度越容易控制在烧结温度窗口中,烧结件

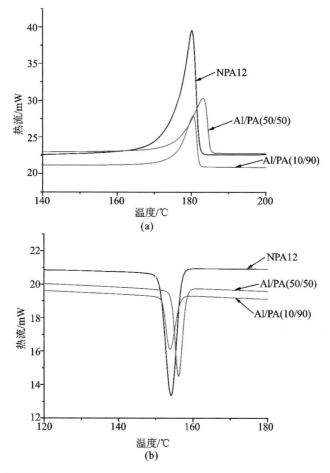

图 4.104　NPA12、Al/PA(50/50)及 Al/PA(10/90)的 DSC 曲线

(a)升温；(b)降温

就越不容易发生翘曲变形。这证明尼龙包覆铝复合粉末比纯尼龙粉末更适合于烧结。

3.尼龙 12 覆膜铝复合材料的 SLS 工艺研究

将所制备的不同铝粉含量的尼龙覆膜铝复合粉末在华中科技大学快速制造中心研制的 HRPS-Ⅲ型激光烧结系统上烧结成形。该系统使用的激光器为 CO_2 激光器，光斑直径为 0.4 mm，激光功率在 0～50 W 可调。

1)铺粉性能

要获得较好的烧结效果，首先要求粉末具有良好的铺粉性能。铺粉的好坏直接关系到成形件的精度及力学性能，如果铺粉不均匀，则会在成形件中产生缺陷，造成 SLS 成形件精度及力学性能的下降。当粉末颗粒之间具有良好的流动性时，粉末在铺粉过程中会均匀地分散在所需铺粉表面上。一般来说，球形粉末比不规则粉末具有更好的流动性。从以上分析可知,溶剂沉淀法制备的尼龙 12 覆膜铝复合粉末的形状是由铝粉形状所决定的,因而本实验选用球形或近球形铝粉,这样复合粉末的形状也为近球形,从而具有较好的流动性。此外,粉末的铺粉性能还与其粒径大小有关,粒径越大,粉末的铺粉性能越好;粒径越小,粉末颗粒之间的摩擦力越大,粉末的铺粉性能越差,一般粉末的平均粒径不能小于 $10~\mu m$,否则会造成铺粉困难。

综合以上几个影响粉末铺粉性能的因素可知,通过溶剂沉淀法能够制备出具有良好的铺粉性能的尼龙 12 覆膜铝复合粉末。

2)预热温度的控制

晶态高分子材料的预热温度一般控制为接近 T_{ms} 但低于 T_{ms},T_{ms} 可由粉末的 DSC 曲线得到。实际应用中,预热温度是根据 T_{ms} 和逐步逼近实验共同获得的。

通过逐步逼近的方法来获得 NPA12、Al/PA(50/50)及 Al/PA(10/90)的预热温度。预热温度实验从 160 ℃ 开始,仔细观察成形件的翘曲变形及清粉情况,如果观察到成形件发生翘曲,则提高预热温度 3~4 ℃,直到成形件不发生翘曲变形,而且成形比较易于清粉,这样就找到了该材料的预热温度。NPA12、Al/PA(50/50)及 Al/PA(10/90)的预热温度逐步逼近的实验结果列于表 4.52 中,从该实验可以得出 NPA12、Al/PA(50/50)及 Al/PA(10/90)的预热温度分别为167 ℃、168 ℃ 及 170 ℃。可以看出,铝粉含量越高,复合粉末的预热温度越高。当铝粉含量越高时,复合粉末的 T_m 越大,因而预热温度越高。

表 4.52　预热温度逐步逼近的实验结果

预热温度/℃			观察结果
NPA12	Al/PA(10/90)	Al/PA(50/50)	
160	160	160	成形件翘曲严重,铺粉时已烧结层出现移动现象,成形件容易清粉、轮廓清晰
162	162	163	成形件翘曲,铺粉时已烧结层出现移动现象,成形件容易清粉、轮廓清晰
165	166	168	成形件略有翘曲,铺粉时已烧结层没有移动现象,成形件容易清粉、轮廓清晰
167	168	170	成形件无翘曲,铺粉时已烧结层没有移动现象,成形件轮廓较为清晰
169	170	172	成形件无翘曲,铺粉时已烧结层无移动现象,成形件不容易清粉、轮廓不清晰。

3)扫描间距的控制

当扫描间距减小时,激光能量密度增大。如果扫描间距太小,则粉末在单位面积内吸收的激光能量远远大于能够熔化该面积内粉末的能量,从而导致材料温度过高而发生热分解,影响烧结件的性能;而且扫描间距太小,成形效率会降低。

如果扫描间距过大,那么扫描线之间的重叠区域太小,造成粉末吸收激光能量不足,从而使烧结件的性能低下。基于大量的烧结实验,发现选取扫描间距为 0.1 mm,可获得较好的烧结效果。

4)加工参数的优化实验

激光功率、扫描速度及单层厚度是 SLS 成形过程中非常重要的工艺参数,对成形件的性能影响较大,因而这里采用三因素三水平正交试验的方法获得激光功率、扫描速度及单层厚度的最优值组合。对 PA/Al(50/50)进行了烧结正交试验,研究激光功率、扫描速度以及单层厚度对烧结件弯曲强度的影响。正交试验设计为 3 个主要试验因素,每个因素有 3 个水平。表 4.53 列出了 3 个因素的 3 个水平值,试验数据如表 4.54 所示。

表 4.53　因素水平表

编号	因素	因素的水平		
		水平 1	水平 2	水平 3
1	扫描速度/(mm/s)	1500	2000	2500
2	激光功率/W	20	17.5	15
3	单层厚度/mm	0.08	0.10	0.12

表 4.54　正交试验设计及结果

试验号	激光功率/W	扫描速度/(mm/s)	单层厚度/mm	弯曲强度/MPa
1	20	1500	0.08	92.44
2	20	2000	0.1	94.05
3	20	2500	0.12	84.36
4	17.5	1500	0.1	75.01
5	17.5	2000	0.12	85.00
6	17.5	2500	0.08	84.18
7	15	1500	0.12	79.22
8	15	2000	0.08	87.17
9	15	2500	0.1	71.81

首先对数据进行直观分析,计算出极差 R,具体数据如表 4.55 所示。以安排激光功率因子的第 1 列为例加以说明。计算方法如下:记相应第 i 个试验号的结果为 y_i,第 1 列的 K_1 就是对应于该列中"1"水平的 3 次试验结果之和,即

$$K_1 = y_1 + y_2 + y_3 = 92.44 + 94.05 + 84.36 = 270.85 \qquad (4-17)$$

第 1 列的 K_2 就是该列中"2"水平对应的 3 次试验结果之和,即

$$K_2 = y_4 + y_5 + y_6 = 75.01 + 85.00 + 84.18 = 244.19 \qquad (4-18)$$

第1列的 K_3 就是第1列中"3"水平所对应的3次试验结果之和,即

$$K_3 = y_7 + y_8 + y_9 = 79.22 + 87.17 + 71.81 = 238.20 \qquad (4\text{-}19)$$

第1列中的 k_1、k_2、k_3 分别是第1列的 K_1、K_2、K_3 除以3得到的平均数,即

$$k_1 = K_1/3 = 270.85/3 = 90.283 \qquad (4\text{-}20)$$
$$k_2 = K_2/3 = 244.19/3 = 81.397 \qquad (4\text{-}21)$$
$$k_3 = K_3/3 = 238.20/3 = 79.400 \qquad (4\text{-}22)$$

R_1 就是 k_1、k_2、k_3 中最大的一个数减去最小的一个数:

$$R_1 = k_1 - k_3 = 90.283 - 79.400 = 10.883 \qquad (4\text{-}23)$$

表 4.55　试验结果的直观分析表

所在列	1	2	3	试验结果
因素	激光功率	扫描速度	单层厚度	
试验 1	1	1	1	92.44
试验 2	1	2	2	94.05
试验 3	1	3	3	84.36
试验 4	2	1	2	75.01
试验 5	2	2	3	85
试验 6	2	3	1	84.18
试验 7	3	1	3	79.22
试验 8	3	2	1	87.17
试验 9	3	3	2	71.81
均值 k_1	90.283	82.223	87.930	—
均值 k_2	81.397	88.740	80.290	—
均值 k_3	79.400	80.117	82.860	—
极差 R	10.883	8.623	7.640	

根据极差 R 的大小,可以判断各因素对试验结果影响的大小。判断的原则是:凡是极差大的,所对应的因素对试验结果影响就大。表 4.55 中,第1列的极差是 10.883,是所有极差中最大的一个,该列是激光功率因素,表明激光功率因素对烧结件弯曲强度的影响是最主要的。其次是扫描速度因素,最后为单层厚度因素。因而,因素的主次关系是:激光功率>扫描速度>单层厚度。

根据 k_1、k_2、k_3 的大小来确定激光功率、扫描速度、单层厚度三因素最佳水平组合。确定的原则要根据指标值的要求而定:如果要求指标值越大越好,则取最大的 k 所对应的那个水平;若要求指标值越小越好,则取最小的 k 所对应的那个水平;若要求指标值适中,则取适中的 k 所对应的那个水平。现在,问题所考察的指标值即烧结件弯曲强度要求越大越好,而对应于激光功率下方的 k_1、k_2、k_3 中 k_1

最大,表明激光功率因素取第 1 个水平较好。同理,可知扫描速度取第 2 个水平较好,单层厚度取第 1 个水平较好。这样得到一个较优水平组合:激光功率 20 W;扫描速度 2000 mm/s;单层厚度 0.08 mm。

4. 烧结件实例

利用以上分析所确定的最佳工艺参数组合,成功烧结成形了如图 4.105 所示的具有复杂结构的 SLS 成形件,从而证明了所确定的最佳工艺参数组合的正确性。

图 4.105　由 Al/PA(50/50)制造的具有复杂结构的 SLS 成形件

5. 铝粉含量对 SLS 成形件性能的影响

1)铝粉含量对 SLS 成形件力学性能的影响

(1)测试仪器及方法。

采用承德试验机有限责任公司的 XWW-20 系列电子万能试验机,按 GB/T 9341—2008 测量弯曲强度及弯曲模量,按 GB/T 1040—2006 测量拉伸强度及拉

伸模量。使用承德试验机有限责任公司的 XJ-25 组合式冲击试验机,按 GB/T
1043.1—2008 测量冲击强度。烧结不同铝粉含量的测试件进行测试。测试件的
烧结工艺参数如下:初始预热温度 168～172 ℃,激光功率 20 W,扫描速度 2000
mm/s,单层厚度 0.08 mm。图 4.106 所示为一些烧结的拉伸试样、弯曲试样及冲
击试样测试前后的实物图片。

图 4.106　拉伸试样和弯曲试样及冲击试样

(a)拉伸试样;(b)弯曲试样及冲击试样

(2)结果及讨论。

图 4.107 所示为烧结件拉伸性能(包括拉伸强度及断裂伸长率)随铝粉含量
的变化曲线。从图中可以看出,烧结件的拉伸强度随铝粉含量的增大而增大,而
断裂伸长率却随铝粉含量的增大而降低,说明刚性铝粉颗粒的加入使得烧结件拉
伸强度增大,但使尼龙 12 基体的柔韧性降低。

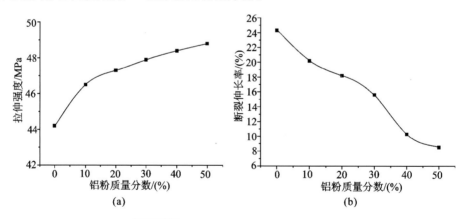

图 4.107　铝粉含量对拉伸性能的影响

(a)拉伸强度;(b)断裂伸长率

图 4.108 所示为烧结件弯曲性能(包括弯曲强度及弯曲模量)随铝粉含量的
变化曲线。从图中可以看出,烧结件弯曲强度及弯曲模量都随铝粉含量的增大而
有较大幅度的升高,说明刚性铝粉颗粒的加入使得弯曲强度增大,同时也使复合
材料的刚度增大。

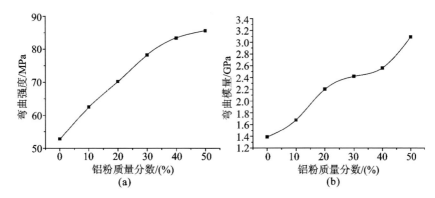

图 4.108　铝粉含量对弯曲性能的影响

(a)弯曲强度；(b)弯曲模量

　　图 4.109 所示为烧结件冲击强度随铝粉含量的变化曲线。从图中可以看出，随着铝粉含量的增加，烧结件冲击强度显著降低，这是由刚性铝粉颗粒对尼龙 12 的分子链热运动的限制作用所致的。这也说明铝粉不能使烧结件的强度和韧度同时得到提高，在实际使用中，可以根据对强度和韧度的要求调整铝粉的含量，从而获得两者的平衡。

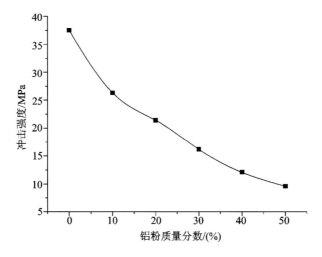

图 4.109　铝粉含量对冲击强度的影响

　　2)铝粉含量对 SLS 成形件尺寸精度的影响

　　(1)测试仪器及方法。

　　尺寸精度用尺寸偏差来表征，测试件的设计尺寸及尺寸偏差的计算方法见第 6 章。

　　(2)结果及讨论。

　　图 4.110 所示为烧结试样在相同的烧结参数下，分别在 X、Y 及 Z 方向上的尺寸精度随铝粉含量的变化曲线。从图中可以看出各种复合粉末烧结试样的尺

寸精度均为负偏差,这是由粉末烧结过程中产生体积收缩造成的。烧结试样在 X、Y 及 Z 方向上的负偏差都随铝粉含量的增大而减小,如在 X 方向上,铝粉质量分数为 50% 时的负偏差为 1.53,而纯尼龙的负偏差为 3.2,减小了一半以上,说明烧结试样的尺寸精度随铝粉含量的增大而提高。这是由于随着铝粉含量的增加,粉末材料中可烧结熔融粉末即尼龙 12 的含量逐渐减少,可以降低烧结成形过程中的体积收缩率,使得烧结件尺寸负偏差减小,尺寸精度得到提高。

从图 4.110 中还可以看出,X、Y 方向上的尺寸偏差相差不大,而 Z 方向上的偏差与 X、Y 方向上的尺寸偏差相差较大。这是由于本实验采用的扫描策略为分组变向,也就是说沿 X 轴和 Y 轴是逐层交替变化的,这样成形件在 X、Y 方向上的体积收缩及次级烧结程度是相同的,因而成形件在 X、Y 方向上的尺寸偏差相差不大。由于在 Z 方向上存在使尺寸变大的 Z 轴"盈余"现象,因而 Z 方向上的负偏差小于 X、Y 方向上的负偏差。

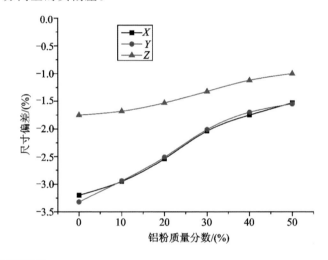

图 4.110 铝粉含量对成形件 X、Y 及 Z 方向上的尺寸偏差的影响

6. 铝粉颗粒分散状态及其与尼龙 12 的界面黏结

无机填料颗粒的分散状态及其与高分子基体的界面黏结对复合材料的性能有较大影响。一般来说,如果填料颗粒能够均匀地分散在高分子基体中,而且与高分子基体有良好的界面黏结,那么得到的复合材料具有较高的性能。

图 4.111 所示为 Al/PA(50/50)弯曲试样的断面微观形貌。从图 4.111(a)可以看出,铝粉颗粒均匀地分散在尼龙 12 基体中,无铝粉颗粒的聚集体。在尼龙 12 覆膜铝复合粉末中,尼龙 12 较好地包覆在铝粉颗粒的外表面,这样就使得尼龙 12 和铝粉混合得非常均匀,而且也可以有效地避免运输及铺粉中产生偏聚现象。因此,尼龙 12 覆膜铝复合粉末的 SLS 成形件中,铝粉颗粒被就均匀地、无聚集地分散在尼龙 12 基体当中。

从图 4.111(b)可以看出,试样断面上的铝粉颗粒外表面非常粗糙,附着着一

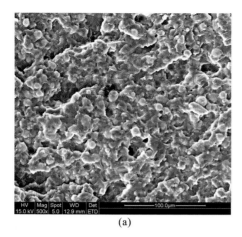 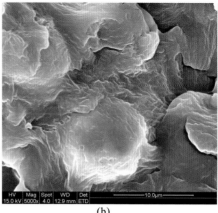

(a)　　　　　　　　　　　　　　　　　(b)

图 4.111　Al/PA（50/50）弯曲试样的断面微观形貌
(a)放大 500 倍；(b)放大 5000 倍

层尼龙 12 树脂，断裂部位在尼龙 12 本体中，这些结果都表明铝粉与尼龙 12 基体具有较好的界面黏结。具有较高极性的铝粉表面一般都会吸附许多极性小分子物质，如 H_2O。尼龙 12 中的酰胺基团具有较高极性，酰胺基团中 N、O 原子有孤对电子，很容易与吸附在铝粉表面的极性小分子形成氢键。因此，铝粉与尼龙 12 基体形成良好的界面黏结。

7. 铝粉粒径对 SLS 成形件性能的影响

1）实验材料

三种粒径不同的铝粉，其体积平均粒径分别为 9.36 μm、18.37 μm 及 27.99 μm，河南省远洋铝业有限公司产品。使用前将铝粉用浓度为 2% 的稀盐酸处理，除去铝粉表面的氧化物。

2）实验内容

使用上述三种铝粉制备铝粉质量分数为 50% 的尼龙 12 覆膜铝复合粉末，分别记为 Al-9.36/PA（50/50）、Al-18.37/PA（50/50）及 Al-27.99/PA（50/50）。使用 HRPS-Ⅲ 型激光烧结系统成形拉伸试样及冲击试样，研究铝粉粒径对 SLS 成形件拉伸性能及冲击强度的影响。用荷兰 FEI 公司的 Sirion 200 型场扫描电子显微镜观察冲击试样的断口形貌。

3）结果与讨论

（1）力学性能。

图 4.112 所示为成形件拉伸强度及断裂伸长率随铝粉粒径的变化曲线，图 4.113所示为成形件冲击强度随铝粉粒径的变化曲线。从图 4.112 及图 4.113 可以看出，成形件的拉伸强度、断裂伸长率及冲击强度都随铝粉平均粒径的减小而增大，Al-9.36/PA（50/50）的 SLS 成形件的拉伸强度、断裂伸长率及冲击强度比Al-27.99/PA（50/50）的 SLS 成形件均有较大幅度的提高，拉伸强度提高了

15.6%,断裂伸长率提高了94.1%,冲击强度提高了103.1%。采用较小粒径的铝粉可以使界面增多,因为烧结件中铝粉分布均匀、界面黏结良好,所以受力时应力分布更加均匀,裂纹扩展途径的随机性大大增加,因而使得成形件的强度、韧度都得到提高。

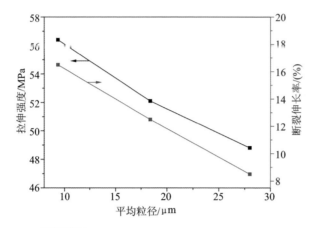

图 4.112　铝粉粒径对成形件拉伸性能的影响

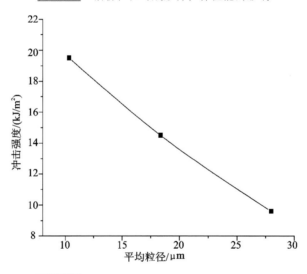

图 4.113　铝粉粒径对成形件冲击强度的影响

(2)冲击试样的断口形貌。

图 4.114 所示为 Al-9.36/PA(50/50)、Al-18.37/PA(50/50)及 Al-27.99/PA(50/50)的冲击试样的断口微观形貌,比较图 4.114(a)(b)(c)可以看出,铝粉粒径越小,烧结件断面裂纹就越多越细小,当铝粉粒径较大时断面上明显出现断裂孔洞,这些孔洞是铝粉颗粒在界面处断裂与断面分离留下的。铝粉粒径越小,铝粉与尼龙12树脂的界面越多,裂纹扩展途径的随机性大大增加,因此裂纹变得更加多而细小,应力分布更加均匀,这样就使得成形件的力学性能变得更好。

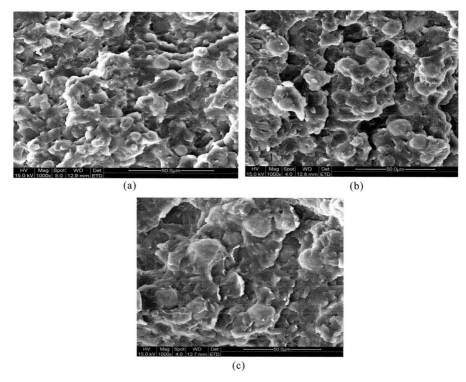

图 4.114 冲击试样的断口微观形貌

(a)Al-9.36/PA(50/50);(b)Al-18.37/PA(50/50);(c)Al-27.99/PA(50/50)

4.4.7 间接 SLS 用尼龙覆膜球形碳钢的制备、成形及后处理

一般来说,SLS 系统配备的激光器的功率较小,不足以直接熔化高熔点金属粉末,故采用间接法来制备金属零件。这种方法使用的金属基粉末材料中含有低熔点黏结剂,激光器通过扫描熔融这些低熔点黏结剂来成形金属初始形坯,而以有机高分子材料作为黏结剂成形的初始形坯中往往存在大量的空隙,形坯强度、致密度非常低,因而需要经过适当的后处理工艺才能最终获得具有一定强度、致密度的金属零件。后处理的一般步骤为脱脂、高温烧结、熔渗金属或浸渍树脂等。

目前,有两种方法可以用来制备间接 SLS 用高分子黏结剂/金属复合粉末。其一是在机械混合设备中将高分子黏结剂和金属粉末混合在一起,这种方法称为机械混合法。刘锦辉等人和鲁中良等人使用环氧树脂/金属机械混合粉末用于间接 SLS 制造金属零件,环氧树脂的质量分数为 4%~5%(体积分数 24%~29%),可以制造的最小精细结构尺寸为 1.4 mm。澳大利亚的 Sercombe Schaffer 使用尼龙 612 作为黏结剂,与铝合金粉末混合用于间接 SLS 制备零件,尼龙 612 粉末的质量分数为 4%（体积分数约为 10%）。机械混合法具有工艺简单的优点,但其缺点非常明显,如:黏结剂含量高,零件后处理收缩大;初始形坯强度低,后处理过程中形坯容易损坏;粉末在运输及铺粉过程中容易产生偏聚现象等。其二是覆膜法,即通过一定工艺将高分子材料包覆在金属粉末颗粒的外表面,形成高分子覆膜金属粉末。

目前,最常用的覆膜工艺为美国德克萨斯大学提出的喷雾干燥法,所使用的材料为甲基丙烯酸甲酯（PMMA）或甲基丙烯酸甲酯与甲基丙烯酸丁酯的共聚物（P(MMA-BMA)）乳液。喷雾干燥法制备高分子覆膜金属粉末的基本过程为:首先,通过乳液聚合制备高分子乳液;然后将要覆膜的金属粉末加入高分子乳液中形成金属粉末浆料;最后,将金属浆料加入喷雾干燥设备中,将浆料由喷嘴喷出,瞬间干燥制备得到高分子覆膜金属粉末,高分子黏结剂的体积分数为 20%。国内中北大学的白培康等人使用卤代烃作溶剂,加热溶解蜡、热熔胶及 PS 混合高分子材料形成包覆溶液,将包覆溶液和金属粉末加入双锥回转真空干燥设备中回收溶剂后,得到覆膜金属,高分子黏结剂的体积分数约为 28%。然而这种方法使用毒性较高的卤代烃有机溶剂,在包覆溶液制备与转移过程中极易造成环境污染,而且这种覆膜金属中高分子黏结剂的含量较高。覆膜金属粉末具有较多优点,如:形坯的强度比较高,实验表明,在黏结剂及其含量相同的情况下,覆膜粉末的形坯强度约为机械混合粉末形坯的两倍;黏结剂效率较高,因而含量较少;材料稳定,在运输及铺粉过程中不会产生偏聚现象;激光吸收率高等。然而目前的覆膜工艺较复杂、成本较高,如最常用的喷雾干燥法,对材料要求高,材料准备工序复杂。由于一般的喷雾干燥设备的喷嘴不能用于金属粉末,因此要对喷嘴进行改造,说明喷雾干燥法对设备要求较高。

在间接 SLS 过程中,初始形坯必须具有足够的强度来保证后处理过程中形坯的形状、尺寸精度不受影响。要增加初始形坯的强度,最简单的方法是提高高分子黏结剂的含量,然而由于黏结剂最终要高温脱除即进行脱脂后处理,因此高黏结剂含量往往造成形坯在脱脂后形成大量空洞,这就使得最终零件会产生不可接受的收缩量,而且还可能使形坯在脱脂过程中溃散。高黏结剂含量引起的另一个问题是脱脂时间的延长,造成效率降低、成本提高。因此,在形坯强度满足后处理要求（弯曲强度大于 1.7 MPa）的情况下,黏结剂的含量要降到最低。因为覆膜粉末的形坯强度高于机械混合粉末,所以使用覆膜粉末更有利于降低黏结剂的含量。另外,选用与金属粉末界面黏结较好的高分子材料以及 SLS 成形件的强度较高的高分子材料作为黏结剂也有利于提高形坯强度,降低高分子黏结剂的含量。

本研究使用尼龙 12 作为间接 SLS 制备金属零件用高分子黏结剂。因为尼龙 12 能与金属表面吸附的小分子形成氢键,所以两者之间有较好的界面黏结,而且尼龙 12 的 SLS 成形件强度比常用作黏结剂的非晶态高分子材料的 SLS 成形件的强度要高得多,因而使用尼龙 12 作黏结剂非常有利于提高初始形坯的强度、降低黏结剂的含量。本研究使用溶剂沉淀法来制备间接 SLS 用尼龙 12 覆膜金属粉末。由于所使用的溶剂乙醇毒性较低,而且整个制备过程是在密闭容器中进行的,因而不会对环境造成污染。溶剂沉淀法制备尼龙 12 覆膜金属粉末采用一步法加料,而且使用的反应设备为常规的反应釜,因而具有工艺简单、对设备要求低等特点。该覆膜粉末中高分子材料的质量分数仅为 1%,可以制造小到 1.0 mm 的精细结构,而且初始形坯具有较高的精度以及足够满足后处理要求的强度。将 SLS 初始形坯进行脱脂和浸渗耐高温环氧树脂的后处理,得到了精度与强度较高的金属/高分子复合零件。

1. 尼龙 12 覆膜金属粉末的制备与表征

1)主要原料及仪器

主要原料:尼龙 12(PA12)粒料,德国 Degussa 公司产品;金属粉末选用球形碳钢粉末,购买于中南大学,使用前用稀盐酸进行处理以除去表面的氧化层;溶剂为分析纯乙醇,市售;抗氧剂 1098,购于佛山市瀚帝贝格进出口贸易有限公司。

主要仪器:10 L 反应釜,烟台科立化工设备有限公司生产;DZF-6050 型真空干燥箱,巩义市予华仪器有限责任公司生产;行星式球磨机,南京大学研制。

2)粉末的制备过程

溶剂沉淀法制备尼龙 12 覆膜碳钢粉末的步骤如下:

(1)将尼龙 12、溶剂、碳钢粉末及抗氧剂按比例投入带夹套的不锈钢反应釜中,将反应釜密封,抽真空,通氮气保护。其中,尼龙 12 与溶剂的质量比为 1:7,抗氧剂含量为尼龙 12 质量的 0.1%～0.3%。

(2)以 1～2 ℃/min 的速度逐渐升温到 150～160 ℃,使尼龙完全溶解于溶剂中,保温保压 2～3 h。

(3)在剧烈搅拌下,以 2～4 ℃/min 的速度逐渐冷却至室温,使尼龙逐渐以碳钢粉颗粒为核,结晶包覆在碳钢粉末颗粒外表面,形成尼龙覆膜碳钢粉末悬浮液。

(4)将覆膜金属粉末悬浮液从反应釜中取出,对覆膜金属粉末悬浮液进行减压蒸馏,得到粉末聚集体(回收的乙醇溶剂可以重复利用)。

(5)得到的粉末聚集体在 80 ℃下真空干燥 24 h 后,在球磨机中以 350 r/min 的转速球磨 15 min,过筛,选择粒径在 100 μm 以下的粉末,即得实验所用的尼龙 12 覆膜碳钢粉末。

本次实验中,制备了尼龙 12 质量分数分别为 0.6%、0.8%、1.0% 的三种尼龙 12 覆膜碳钢粉末,分别记为 CP0.6、CP0.8 及 CP1.0。尼龙 12 覆膜金属粉末的制备流程如图 4.115 所示。

利用上述相同的工艺,在不添加碳钢的情况下,制备纯尼龙 12 粉末(NPA12)。

尼龙质量分数为 0.8% 的机械混合尼龙 12/碳钢粉末(MP0.8)的制备过程如下:将碳钢粉末、NPA12 及抗氧剂按比例进行混合,再将混合物在行星式球磨机中球磨 5 h,即得到 MP0.8。

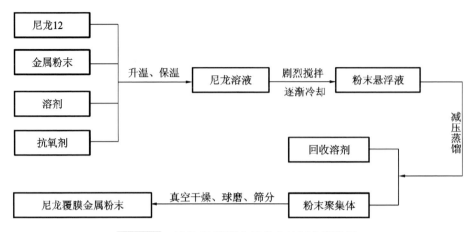

图 4.115　尼龙 12 覆膜金属粉末的制备流程图

3)粉末材料的表征

(1)微观形貌分析。

用荷兰 FEI 公司的 Sirion 200 型场扫描电子显微镜观察碳钢粉末及覆膜粉末 CP1.0 的微观形貌。图 4.116 所示为碳钢粉末的微观形貌(SEM),从图中可以看出,碳钢粉末颗粒为规则的球形,表面较为光滑。图 4.117 所示为覆膜粉末 CP1.0 的微观形貌(SEM),对比图 4.116 与图 4.117 可以发现,相比于碳钢粉末,CP1.0 的颗粒形状变得不规则,而且表面变得粗糙、不光滑,这是由于碳钢粉末颗粒的外表面被尼龙 12 树脂包覆。目前,溶剂沉淀法被广泛用于制备尼龙粉末,如尼龙 11、尼龙 12 粉末等,淄博广通化工有限责任公司的王明吉在 2005 年获授权的发明专利中也提出使用溶剂沉淀法制备尼龙粉末。而本研究提出使用溶剂沉淀法制备尼龙覆膜金属粉末,也取得了较好的覆膜效果。

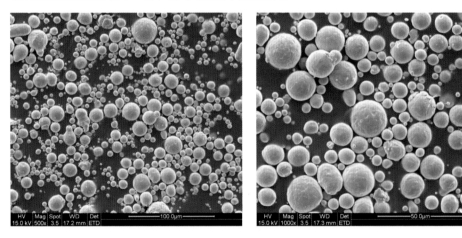

图 4.116　碳钢粉末的微观形貌(SEM)

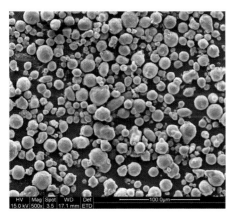

图 4.117　CP1.0 的微观形貌(SEM)

(2)激光粒度分析。

采用英国 Nalvern Instruments 公司生产的 MAN5004 型激光衍射法粒度分析仪对碳钢粉末和覆膜粉末 CP1.0 进行了粒径及粒径分布分析。图 4.118(a)(b)所示分别为碳钢粉末及 CP1.0 的粒径分布。从图中可以看出,这两种粉末的粒径分布都在 $2\sim29~\mu m$,但是相对于碳钢粉末,CP1.0 中粒径在 $2\sim5~\mu m$ 及 $5\sim8~\mu m$ 的颗粒所占的比例减少了,而粒径在 $20\sim23~\mu m$ 的颗粒所占的比例明显增大。从激光粒度分析得出碳钢粉末与 CP1.0 的平均粒径分别为 $18.60~\mu m$ 和 $19.11~\mu m$,可以看出 CP1.0 的平均粒径略大于碳钢粉末的平均粒径。从以上分析可以得出,相对于碳钢粉末,CP1.0 的颗粒粒径是增大的,这进一步证明了金属粉末颗粒被尼龙 12 树脂所包覆。

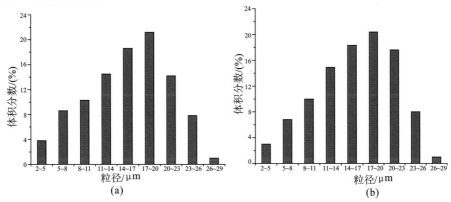

图 4.118　碳钢粉末及 CP1.0 的粒径分布

(a)碳钢粉末;(b)CP1.0

2.SLS 成形

1)预热温度的控制

通过逐步逼近的方法来获得 NPA12、CP0.6、CP0.8 及 CP1.0 的预热温度。

预热温度实验从 150 ℃开始,仔细观察成形件的翘曲变形及清粉情况,如果观察到成形件发生翘曲,则提高预热温度,直到成形件不发生翘曲变形,而且成形件比较易于清粉,这样就找到了该粉末的预热温度。NPA12、CP0.6、CP0.8 及 CP1.0 的预热温度逐步逼近的实验结果列于表 4.56 中,从该实验可以得出 CP0.6、CP0.8 及 CP1.0 的预热温度都为 160 ℃。从表 4.56 还可以发现尼龙覆膜金属粉末的预热温度比纯尼龙的预热温度要低 7 ℃,这可能是由以下两个方面的原因造成的:

(1)烧结过程中由可烧结材料的非均匀性收缩产生的收缩应力是引起 SLS 成形件翘曲变形的主要原因,由于尼龙覆膜金属粉末中可烧结材料即尼龙的含量非常少,因而在 SLS 过程中产生的收缩应力较小,成形件不易产生翘曲变形,因此预热温度可以设置得较低。

(2)由于金属粉末具有良好的导热性,因此覆膜粉末中大量存在的金属粉末可以使温度场更加均匀,这样材料在烧结过程中,收缩更加均匀,SLS 成形件不易翘曲变形,从而其预热温度较低。

表 4.56　预热温度逐步逼近的实验结果

预热温度/℃				观察结果
NPA12	CP0.6	CP0.8	CP1.0	
150	150	150	150	成形件翘曲严重,铺粉时已烧结层出现移动现象,成形件容易清粉、轮廓清晰
162	154	154	154	成形件翘曲,铺粉时已烧结层出现移动现象,成形件容易清粉、轮廓清晰
165	158	158	158	成形件略有翘曲,铺粉时已烧结层没有移动现象,成形件容易清粉、轮廓清晰
167	160	160	160	成形件无翘曲,铺粉时已烧结层没有移动现象,成形件轮廓较为清晰
169	162	162	162	成形件无翘曲,铺粉时已烧结层没有移动现象,成形件不容易清粉、轮廓不清晰

2)激光能量密度对成形件弯曲强度的影响

使用华中科技大学快速制造中心研制的 HRPS-Ⅲ型激光烧结系统将各种覆膜粉末及机械混合粉末烧结成形。烧结参数的设定:扫描速度设为 2000 mm/s;扫描间距设为 0.1 mm;激光功率设定范围 8～24 W,因而,激光能量密度的变化范围为 0.04～0.12 J/mm²,单层厚度设为 0.1 mm。采用德国 Zwick/Roell 公司 Z010 电子万能试验机测量初始形坯的三点弯曲性能,测量速度为 2 mm/min,弯曲试样的尺寸为 80 mm×10 mm×4 mm。采用热重(TG)分析来确定初始形坯中高分子黏结剂的含量,所用的仪器为 PE 公司的 PE27 Series Thernnal Analysis System,在氩气保护下,以 10 ℃/min 的速率由室温升至 550 ℃。试样从弯曲试样的中心处取得,试样质量为 100 mg。

图 4.119 所示为 CP0.6、CP0.8、CP1.0 及 MP0.8 四种粉末 SLS 初始形坯的弯曲强度随激光能量密度的变化曲线。从图中可以看出,这四种粉末 SLS 初始形坯的弯曲强度随激光能量密度的变化趋势基本一致,弯曲强度先随激光能量密度的增大而增大,直至达到一个最大值,再随激光能量密度的增大而下降。刘锦辉等人在环氧树脂/铁混合粉末的 SLS 过程中,Subramanian 等人在 PMMA 覆膜氧化铝粉末的 SLS 过程中都得到了类似的结果。一般,增大激光能量密度可以提高高分子黏结剂的温度,使其黏度下降,因而烧结速率增大,初始形坯的弯曲强度增大。然而当激光能量密度增大到一个较大的值时,高分子黏结剂剧烈分解,初始形坯中高分子黏结剂的含量急剧下降,因此初始形坯的弯曲强度开始下降。图 4.120 所示为 CP1.0 的 SLS 初始形坯中高分子黏结剂含量随激光能量密度的变化曲线。从图中可以看出,在激光能量密度为 0.04~0.10 J/mm^2 时,黏结剂含量随激光能量密度的增大而缓慢下降,说明在 SLS 过程中,即使使用很小的激光能量密度,也会使得高分子黏结剂发生分解;在激光能量密度大于 0.10 J/mm^2 时,黏结剂的含量急剧下降,说明此时能量密度值太高,从而引起高分子黏结剂的剧烈分解。

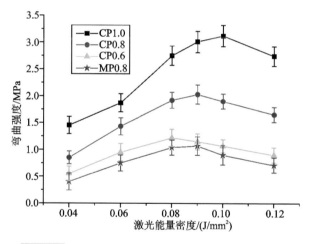

图 4.119　激光能量密度对初始形坯弯曲强度的影响

从图 4.119 还可以发现,虽然 CP0.8 与 MP0.8 具有相同的高分子黏结剂质量分数 0.8%,但是在相同的激光能量密度下,CP0.8 初始形坯的弯曲强度比 MP0.8 初始形坯的弯曲强度要高得多。例如在激光能量密度为 0.08 J/mm^2 时,CP0.8 和 MP0.8 初始形坯的弯曲强度分别为 1.92 MPa 和 1.04 MPa,CP0.8 初始形坯的弯曲强度约为 MP0.8 初始形坯弯曲强度的 1.85 倍。这主要是由以下三个方面的原因引起的:

(1)尼龙 12 的密度与碳钢的密度相差很大,尼龙 12 的密度为 1.01 g/cm^3,而碳钢的密度约为 7.8 g/cm^3,因而机械混合法很难将这两种粉末混合均匀,而且在运输和铺粉过程中容易产生偏聚现象,这样就在初始形坯中形成一些没有黏结剂

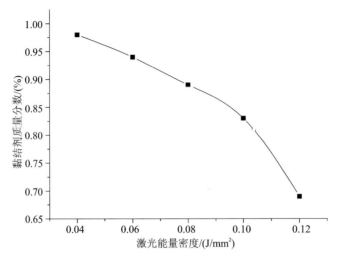

图 4.120　激光能量密度对 CP1.0 的 SLS 初始形坯中高分子黏结剂含量的影响

或黏结剂很少的区域,即黏结弱区,使得机械混合粉末初始形坯的强度下降。相反,在覆膜金属粉末中,因为尼龙 12 包覆在每个金属粉末颗粒上,所以这两种物质被混合得较为均匀,避免了偏聚现象的产生,因此在覆膜粉末的 SLS 初始形坯中几乎不存在黏结弱区。

(2)在使用的高分子黏结剂的种类及其含量相同的情况下,覆膜粉末对二氧化碳激光的吸收率高于机械混合粉末。

(3)在使用的高分子黏结剂的种类及其含量相同的情况下,覆膜粉末的烧结速率大于机械混合粉末。

比较图 4.119 中不同高分子材料含量覆膜粉末 SLS 初始形坯的弯曲强度可以发现,高分子黏结剂含量越多,SLS 初始形坯的弯曲强度越高。当黏结剂的质量分数为 0.6% 时,不同激光能量密度下的初始形坯强度都低于 1.4 MPa,而由已有文献可知,形坯的弯曲强度必须大于 1.7 MPa,才能保证后处理过程中初始形坯的精度不受影响,因而黏结剂的质量分数应该高于 0.6%。当激光能量密度从 0.06 J/mm² 增加到 0.12 J/mm² 时,黏结剂质量分数为 1.0% 的初始形坯的弯曲强度为 1.87～3.12 MPa,这些强度都能够满足后处理对形坯强度的要求。因此,将高分子黏结剂的质量分数确定为 1.0%。

3)弯曲试样断裂面的微观形貌分析

图 4.121 所示为 CP1.0 的 SLS 初始形坯断裂面的微观形貌(SEM),烧结所用的激光能量密度为 0.06 J/mm²。从图中可以看出,SLS 初始形坯中金属粉末是靠高分子材料烧结颈黏结成形的。在 CP1.0 的 SLS 初始形坯中存在大量的孔隙,这就造成初始形坯的强度较低,不能直接用作功能件,而要通过适当的后处理来获得具有一定精度及强度的最终零件。

图 4.121　CP1.0 的 SLS 初始形坯断裂面的微观形貌(SEM)

3. SLS 初始形坯实例

图 4.122 所示为 CP1.0 的 SLS 初始形坯实例图片,烧结所用的激光能量密度为 0.06 J/mm^2。从图中可以看出,这些 SLS 初始形坯具有较为精细、复杂的结构,形坯轮廓清晰,具有较高的形状精度。这就说明采用溶剂沉淀法制备的尼龙 12 覆膜金属粉末可以用于制造间接 SLS 初始形坯,而且高分子黏结剂的质量分数仅为 1.0%。同时这也说明通过以上分析获得的烧结工艺参数(预热温度为 160 ℃,激光能量密度为 0.06 J/mm^2)是比较合理的。

图 4.122　CP1.0 的 SLS 初始形坯实例

4. 脱脂

脱脂即在高温条件下将初始形坯中的高分子黏结剂完全地分解脱除。由于初始形坯是由高分子黏结剂黏结金属颗粒而成形的,所以脱脂后的形坯极易变形甚至溃散。因此,研究适当的脱脂工艺,使得形坯在脱脂过程中的变形最小和脱脂时间最短,是非常重要的。首先从研究高聚物的热分解特性出发,然后根据其热分解特性制定相应的脱脂工艺。采用热重(TG)分析来研究尼龙 12 的热分解特性,所用的仪器为 PE 公司 PE27 Series Thernnal Analysis System,在氩气保护下,升温速率为 10 ℃/min,测试最高温度定为树脂完全分解为止所对应的温度。图 4.123 所示为上述检测的 TG 曲线,从 TG 曲线可看出:在 25~300 ℃温度段,尼龙 12 树脂略有分解,分解速度最慢;在 300~400 ℃温度段,尼龙 12 树脂分解速度加快,出现第一个分解平台,这可能是尼龙 12 树脂中添加的助剂分解形成的;在 400~480 ℃温度段,尼龙 12 的分解最为剧烈,在这个温度段之后树脂残留质量分数仅约为 8%;在 480~570 ℃温度段,树脂分解速度逐渐降低,在 570 ℃分解完全。

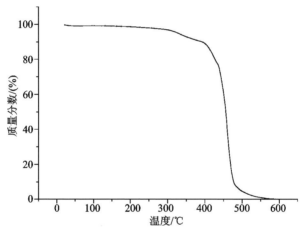

图 4.123　尼龙 12 的 TG 曲线

根据以上尼龙 12 热分解过程的分析,确定了脱脂过程中的升温程序,如图 4.124 所示。在 25~300 ℃温度段,尼龙 12 分解速度最慢,分解产生的挥发物不会对形坯造成较大冲击,因而这个阶段的升温速率可以较快,设定为 3.5 ℃/min;在 300~400 ℃温度段,尼龙 12 分解加快,因而将升温速率降低为 2 ℃/min;在 400~480 ℃温度段,尼龙 12 的分解速度最快,分解会产生大量挥发物质,为了减缓分解气体脱出的剧烈程度、避免气体膨胀对金属颗粒的冲击,将升温速率设置为最低,即 1 ℃/min;在 480~570 ℃温度段,树脂分解速度逐渐降低,因而将升温速率提高到 2 ℃/min 以缩短脱脂时间;在将高分子材料完全脱除后,继续将炉温以 3.5 ℃/min 的速率升高至 850 ℃,并保温 1 h,以使形坯中金属粉末颗粒之间形成预烧结,这样就可以避免脱脂后的形坯在后续工序中发生溃散。在每个温度段的最终温度处至少保温 30 min，以确保树脂在该温度段的挥发物完全脱除，并保证气体脱除与液相流动的平衡，维持脱脂过程的平稳。为了避免金属粉末在脱脂过程中氧化，脱脂在氢气气氛中进行，氢气是不断更新流通的，从而维持形坯表面黏结剂的挥发气体分压与环境气体中等同成分间的正向压差，并将挥发的气体带出脱脂炉。初始形坯在脱脂过程中放置在充满氧化铝陶瓷粉末的容器中，这样就可以避免形坯的悬臂结构在脱脂过程中折断。

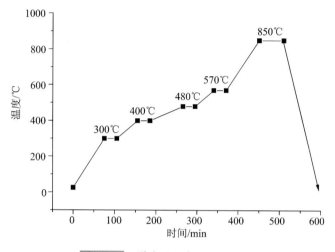

图 4.124　脱脂过程中的升温程序

测量脱脂后形坯的弯曲性能，列于表 4.57 中。从表中数据可以看出，脱脂后形坯的弯曲强度、弯曲模量比初始形坯要高出很多，弯曲强度提高了约 9 倍，弯曲模量提高了约 7 倍。这主要是由于在脱脂过程中，金属粉末颗粒之间形成了烧结颈，出现了金属粉末颗粒间的冶金结合。然而，可以看出脱脂后形坯的强度仍然不高，不能直接作为功能件使用。

表 4.57　初始形坯及脱脂后形坯的弯曲性能

试样	弯曲强度/MPa	弯曲模量/GPa
初始形坯	1.87	0.79
脱脂后形坯	18.6	6.26

测量脱脂后形坯在 X、Y 及 Z 方向上的尺寸偏差，并列于表 4.58 中。从表中数据可以看出，初始形坯在脱脂后，在 X、Y 及 Z 方向上的尺寸偏差都从原来的正偏差变为负偏差，这说明形坯在脱脂过程中发生了收缩。收缩是由以下两个方面的原因引起的：首先，由于高分子黏结剂被脱除，形坯会发生一定的收缩，黏结剂的含量越多，这种收缩越大；其次，金属粉末颗粒之间发生了烧结，形成了烧结颈，也产生了一定的收缩。总的来说，形坯脱脂后虽然有一定的收缩，但是还是保持了较高的尺寸精度。

表 4.58 初始形坯及脱脂后形坯在 X、Y 及 Z 方向上的尺寸偏差

试样	尺寸偏差/(%)		
	X 方向	Y 方向	Z 方向
初始形坯	0.21	0.20	0.59
脱脂后形坯	−0.18	−0.19	−0.11

图 4.125 所示为脱脂后形坯断裂面的微观形貌(SEM),从图中可以发现,初始形坯在脱脂后,金属粉末颗粒之间确实形成了烧结颈,但是形坯中还是存在大量的孔隙,这就是脱脂后形坯强度仍然不高的主要原因。

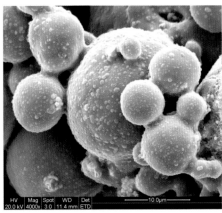

图 4.125 脱脂后形坯断裂面的微观形貌(SEM)

5. 低温浸渗耐高温环氧树脂

脱脂后形坯强度虽然比初始形坯有了较大幅度的提高,但还是不能直接用作功能零件,仍需要进一步后处理来提高其致密度及力学性能。目前,有多种方法来消除脱脂后形坯的孔隙,从而使其致密度及强度得到提高。刘锦辉等人和鲁中良等人提出将脱脂后形坯进行等静压处理(包括冷等静压和热等静压)来提高形坯的致密度,得到的零件具有较高的致密度(98%以上)。然而,由于这种后处理方法步骤较多,而且形坯收缩、变形非常大,因而最终零件的精度很难得到控制。美国 3D Systems 公司推出了多种间接 SLS 用高分子覆膜金属粉末如 RapidSteel 1.0、RapidSteel 2.0 等,这些覆膜粉末的 SLS 形坯都采用在高温下(至少在 1000 ℃以上)熔渗低熔点金属(如纯铜或青铜)的方法来提高形坯的致密度。刘锦辉等人在 1200 ℃下将脱脂后的形坯进行熔渗铜处理。这种高温下熔渗低熔点金属的方法虽然可以使形坯的致密度及力学性能得到大幅提高,但是高温状态下熔渗金属对工艺和设备条件要求较高,而且形坯收缩大、容易变形。基于上述原因,刘锦辉及 Zhou 等人提出在最终零件使用性能要求不高的情况下利用低温浸渗高分子的方法来提高形坯的力学性能。这种浸渗高分子的方法所需的条件较熔渗金属

的方法要低,更为重要的是低温浸渗所需的最高温度远低于形坯基体起始烧结温度,而且浸渗剂与形坯材料不发生合金化反应,上述两点可使形坯在浸渗过程中不致产生收缩和变形,因而一定程度上减小了零件的精度误差。

本研究采用低温浸渗耐高温环氧树脂来增强脱脂后形坯,开发了几种新的浸渗用环氧树脂,并研究了浸渗用环氧树脂的工艺及其对形坯精度、强度的影响。

1)浸渗用环氧树脂的制备

浸渗用环氧树脂应该能够完全浸渗到形坯的孔隙中,而且对孔隙结构具有良好的流动性和润湿性,因此浸渗用环氧树脂应该具有以下特点:

①在浸渗工艺条件下,浸渗用环氧树脂应该具有较低的黏度和对金属具有较高的润湿性,以至于可以浸渗到形坯中,完全填充其孔隙;

②在一定条件下,可以实现完全固化;

③固化过程中,环氧树脂的体积变化尽可能地小,以保持形坯的精度;

④固化后浸渗用环氧树脂具有较高的强度、硬度和耐化学性;

⑤浸渗用环氧树脂固化后具有较高的耐高温性能。

2)原材料的选用

根据以上所述的浸渗用环氧树脂所应该具有的特点,进行原材料的选用。

(1)环氧树脂的选用。

本研究采用的环氧树脂之一是最通用的具有代表性的双酚 A 二缩水甘油醚,即双酚 A 型环氧树脂,其结构式如图 4.126 所示。双酚 A 型环氧树脂也有很多牌号,根据实验的要求,环氧树脂在室温下应为液态,而且具有很强的黏结力,固化收缩率小。实验选用岳阳巴陵石化有限公司生产的 CYD-128,这种牌号的环氧树脂在常温下呈淡黄色透明液态,25 ℃下黏度为 11000~14000 MPa・s,环氧值约为0.51 mol/(100 g),软化点为 21~27 ℃,可作黏合、浇铸、密封、浸渗、层压等用途。

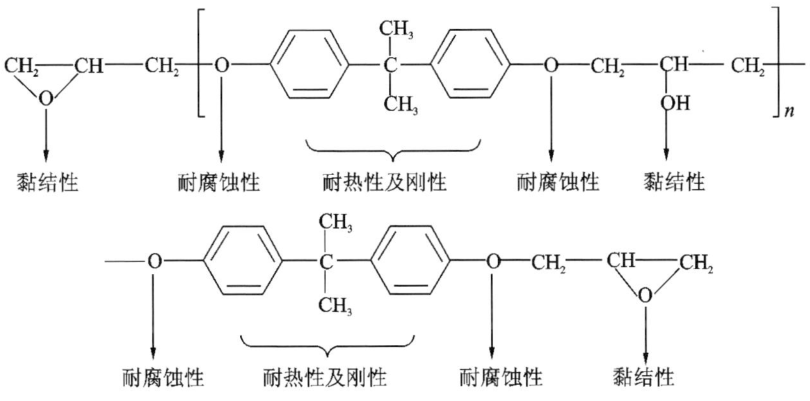

图 4.126　双酚 A 二缩水甘油醚结构式

为了进一步提高浸渗用环氧树脂的耐高温性能,本研究选用了另外一种耐热性能更高的环氧树脂,即线性酚醛多缩水甘油醚,其结构式如图 4.127 所示。它由线性酚醛树脂与环氧丙烷反应而得,主链含有多个苯环,环氧基团在三个以上,因此它的固化产物交联密度大,耐热性高于双酚 A 二缩水甘油醚 30 ℃ 左右,刚度好,力学强度、耐碱性优于酚醛树脂。实验选用岳阳巴陵石化有限公司生产的 F-51酚醛环氧,这种牌号的树脂在常温下是浅棕黄色黏稠液体,相对分子质量为 600,66 ℃ 下黏度为 5000 MPa·s,环氧值约为 0.51 mol/(100 g)。

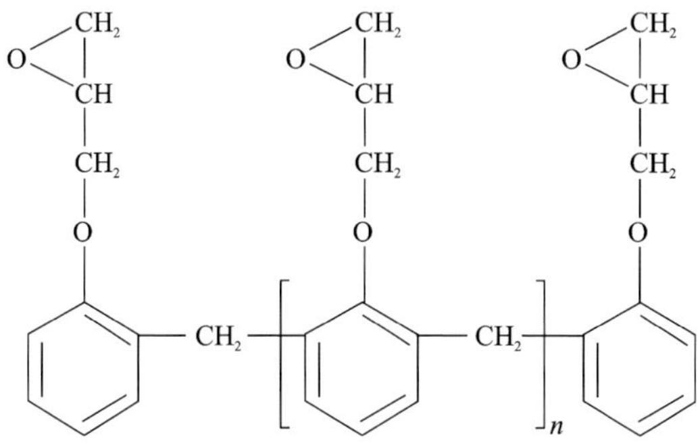

图 4.127　线性酚醛多缩水甘油醚的结构式

(2)固化剂的选用。

常用的环氧树脂固化剂有胺类和酸酐类固化剂。酸酐固化剂具有使用寿命长,毒性小,收缩率低,产物的力学强度、电性能、耐热性优良等优点。因此,本研究选择甲基四氢邻苯二甲酸酐(MeTHPA)和甲基纳迪克酸酐(MNA)这两种酸酐作为固化剂。

MeTHPA 全称是 3(或 4)-甲基-1,2,3,6-四氢邻苯二甲酸酐,其结构式如图 4.128 所示。它在常温下为淡黄色透明液体,黏度为 $50\sim80$ MPa·s,酸酐当量为 166。

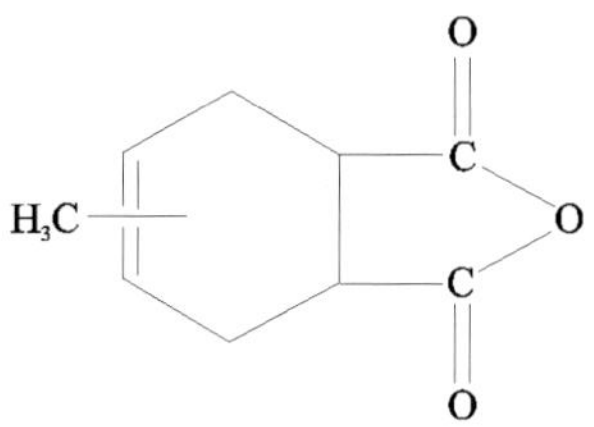

图 4.128　MeTHPA 的结构式

MNA 是由甲基环戊二烯与顺丁烯二酸酐以等摩尔比合成的液体酸酐,其结构式如图 4.129 所示。它在室温下黏度为 $200\sim300$ MPa·s,酸酐当量为 178,是应用最广泛的酸酐固化剂之一。它的环氧树脂固化产物热稳定性优于甲基四氢邻苯二甲酸酐,MNA/环氧树脂配合物具有适用期长、反应速度慢、固化收缩小、固化物的耐高温老化性和耐化学药品性能优异等特点。

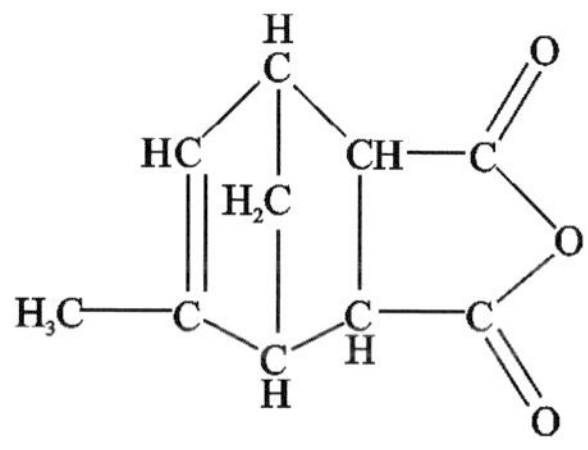

图 4.129　MNA 的结构式

（3）环氧树脂固化促进剂的选用。

环氧树脂固化促进剂选用 2，4，6-三（二甲氨基甲基）苯酚，商品名为 DMP-30。它是环氧树脂固化反应中重要的促进剂，其结构式如图 4.130 所示。DMP-30 为淡黄色液体，沸点为 250 ℃。它作为环氧树脂固化促进剂的用量为 0.1%～0.3%（质量分数）。

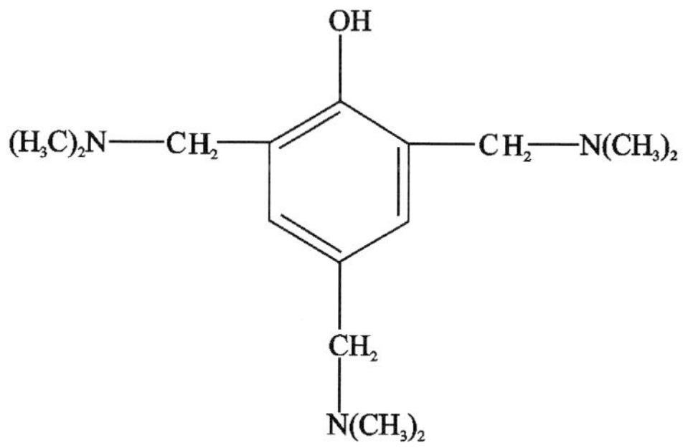

图 4.130　DMP-30 的结构式

3）浸渗用环氧树脂的制备

上述两种酸酐作为环氧树脂固化剂的用量的计算公式如下：

$$酸酐用量（phr）=\frac{酸酐当量}{环氧当量}×100×K$$

$$=\frac{酸酐相对分子质量×100}{酐官能团相对分子质量×环氧当量}×K$$

$$=\frac{酸酐相对分子质量}{酐官能团相对分子质量}×环氧值×K \tag{4-24}$$

式（4-24）中，在无固化促进剂存在时 K 值为 0.8～0.9，在有固化促进剂存在时 K 值为 1。

环氧树脂以质量分数计算，由式（4-24）计算出酸酐的用量，固化促进剂为 0.1%。将称量好的环氧树脂加热到 90 ℃，加入酸酐及固化促进剂后，搅拌混合均匀，即可制备得到浸渗用环氧树脂。本研究制备了三种浸渗用环氧树脂：

①环氧树脂用 CYD-128，用量为 100 g；固化剂为 MeTHPA，用量为 85 g；固

339

化促进剂为 DMP-30,用量为 0.1 g。这种浸渗用环氧树脂记为 CYD/MeTHPA/DMP(100/85/0.1)。

②环氧树脂用 CYD-128,用量为 100 g;固化剂为 MNA,用量为 91 g;固化促进剂为 DMP-30,用量为 0.1 g。这种浸渗用环氧树脂记为 CYD/MNA/DMP(100/91/0.1)。

③环氧树脂用 CYD-128 和 F51,用量均为 50 g;固化剂为 MNA,用量为 91 g;固化促进剂为 DMP-30,用量为 0.1 g。这种浸渗用环氧树脂记为 CYD/F51/MNA/DMP(50/50/91/0.1)。

4)浸渗用环氧树脂的固化机理及条件

有固化促进剂 DMP-30 存在的条件下,酸酐与环氧树脂的固化反应如图 4.131 所示。首先,叔胺与酸酐形成一个离子对,如图 4.131 中反应式(1)所示;接着环氧基插入此离子对,羧基负离子打开环氧基,生成酯键,同时产生一个新的阴离子,如图 4.131 中反应式(2)式所示;这个阴离子又可与酸酐形成一个新的离子对,如图 4.131 中反应式(3)所示,或者使环氧基开环,进一步发生酯化反应,固化反应便继续下去。

$$\text{图 4.131 浸渗用环氧树脂的固化反应式}$$

图 4.132 所示为 CYD/F51/MNA/DMP(50/50/91/0.1)在不同固化条件下的红外光谱图,从未固化的原始树脂的红外光谱曲线 a 中可以发现,913 cm^{-1} 处强烈吸收峰为环氧基团的特征吸收峰,在 1856 cm^{-1} 和 1778 cm^{-1} 处的吸收峰为酸酐基团 C═O 的特征吸收峰。从红外光谱曲线图 b、c 及 d 中可以看出,随着固化时间的延长及温度的提高,环氧基团及酸酐基团的特征吸收峰强度逐渐变小,同时酯基在 1731 cm^{-1} 处的特征吸收峰逐渐变强。这是在固化反应中,环氧基团和酸酐基团逐渐反应消耗掉,并生成酯键的缘故。当树脂在固化条件 d(130 ℃ 固化

3 h、150 ℃固化 10 h 及 200 ℃固化 5 h)下,913 cm^{-1}、1856 cm^{-1} 及 1778 cm^{-1} 处的吸收峰基本消失,这就说明环氧树脂中的环氧基团和酸酐基团基本反应完全,因而将固化条件确定为:130 ℃固化 3 h、150 ℃固化 10 h 及 200 ℃固化 5 h。

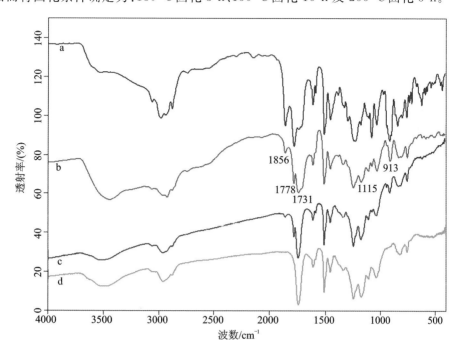

图 4.132　不同固化条件下 CYD/F51/MNA/DMP(50/50/91/0.1)的红外光谱图(条件 a:原始树脂;条件 b:130 ℃ 3 h;条件 c:130 ℃ 3 h+150 ℃ 10 h;条件 d:130 ℃ 3 h+150 ℃ 10 h+200 ℃ 5 h)

5)环氧树脂固化物的耐热性能

一般来说,非晶态高分子作塑料使用时,其使用上限温度是 T_g,因此通过测定环氧树脂固化物的 T_g 来考察其耐热性能。采用差示扫描量热分析(DSC)来测定 CYD/MeTHPA/DMP(100/85/0.1)、CYD/MNA/DMP(100/91/0.1)及 CYD/F51/MNA/DMP(50/50/91/0.1)固化物的 T_g,所用仪器为美国 Perkin Elmer DSC27 型差示扫描量热仪,测试条件为:在氩气保护下,先以 10 ℃/min 的速率由室温升至约 300 ℃,记录升温过程的 DSC 曲线。

图 4.133、图 4.134 及图 4.135 所示分别为 CYD/MeTHPA/DMP(100/85/0.1)、CYD/MNA/DMP(100/91/0.1)及 CYD/F51/MNA/DMP(50/50/91/0.1)固化物的升温 DSC 曲线,从 DSC 曲线可以得出 CYD/MeTHPA/DMP(100/85/0.1)、CYD/MNA/DMP(100/91/0.1)及 CYD/F51/MNA/DMP(50/50/91/0.1)固化物的 T_g 分别为 139.96 ℃、149.56 ℃ 及 166.80 ℃。可以看出,CYD/MeTHPA/DMP(100/85/0.1)固化物的 T_g 最低,而 CYD/F51/MNA/DMP(50/

50/91/0.1)固化物的 T_g 最高,这就说明:甲基纳迪克酸酐的环氧树脂固化物耐热性能优于甲基四氢邻苯二甲酸酐的,酚醛环氧树脂的固化物耐热性能高于双酚 A 型环氧树脂的,但是由于酚醛环氧树脂的黏度要比双酚 A 型环氧树脂的高得多,因此本研究将酚醛环氧树脂与双酚 A 型环氧树脂混合使用。

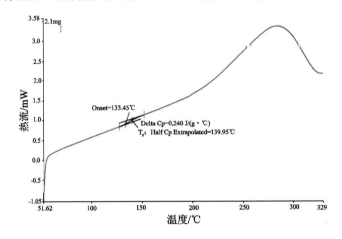

图 4.133　CYD/MeTHPA/DMP(100/85/0.1)固化物的升温 DSC 曲线

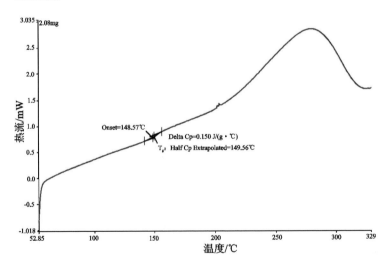

图 4.134　CYD/MNA/DMP(100/91/0.1)固化物的升温 DSC 曲线

6. 环氧树脂的浸渗工艺

1)浸渗温度的确定

由于黏度越低,越有利于树脂向形坯浸渗,因此在浸渗过程中将树脂加热到一定温度,以使树脂的黏度降低,将此温度称为浸渗温度。本研究通过树脂黏度随温度的变化曲线以及树脂的 DSC 曲线来确定树脂的浸渗温度。浸渗树脂的黏

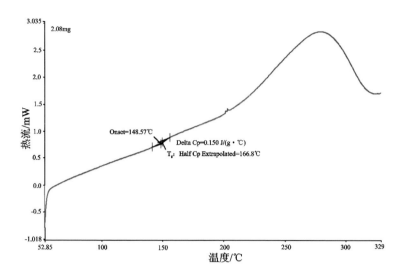

图 4.135　CYD/F51/MNA/DMP(50/50/91/0.1)固化物的升温 DSC 曲线

度由上海地学仪器研究所的 SNB-2 型数字旋转黏度计测定。

（1）CYD/MeTHPA/DMP(100/85/0.1)。

图 4.136 所示为 CYD/MeTHPA/DMP(100/85/0.1)的黏度随温度的变化曲线。从图中可以看出,树脂黏度先随温度的升高而下降,约在 110 ℃下降到最低点,随后再增加温度,树脂黏度反而会升高。这是由于当温度升高到一定程度时,树脂会发生交联反应,黏度会升高。本研究将 CYD/MeTHPA/DMP(100/85/0.1)的浸渗温度设置为树脂黏度为最低点的温度,即 110 ℃。

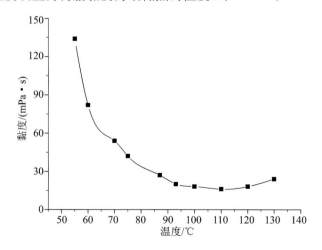

图 4.136　CYD/MeTHPA/DMP(100/85/0.1)的黏度随温度的变化曲线

（2）CYD/MNA/DMP(100/91/0.1)。

浸渗用环氧树脂在加热到一定温度后,会剧烈地发生交联反应,黏度大幅上升,并放出大量热。图 4.137 所示为 CYD/MNA/DMP(100/91/0.1)的 DSC 曲线,从图中可以看出,浸渗用树脂从 143.0 ℃开始出现一个较大的放热峰,表明树脂从 143.0 ℃开始发生剧烈的交联反应,显然 CYD/MNA/DMP(100/91/0.1)的浸渗温度应该低于 143.0 ℃。图 4.138 所示为 CYD/MNA/DMP(100/91/0.1)的黏度随温度的变化曲线。从图中可以看出,树脂黏度先随温度的升高而下降,约在 110 ℃下降到最低点,随后再增加温度,树脂黏度反而会升高。根据以上分析,为了使树脂在浸渗时获得较低的黏度,又不至于使其发生剧烈的交联反应,本研究将 CYD/MNA/DMP(100/91/0.1)的浸渗温度设置为 110 ℃。

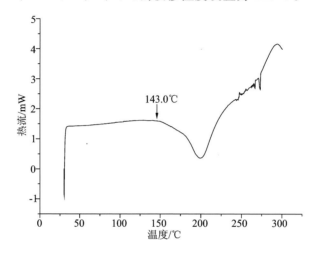

图 4.137　CYD/MNA/DMP(100/91/0.1)的 DSC 曲线

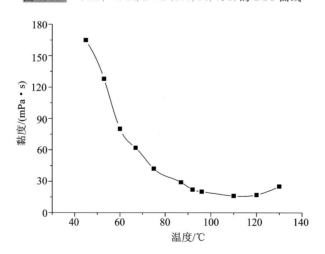

图 4.138　CYD/MNA/DMP(100/91/0.1)的黏度随温度的变化曲线

(3)CYD/F51/MNA/DMP(50/50/91/0.1)。

图 4.139 所示为 CYD/F51/MNA/DMP(50/50/91/0.1)的 DSC 曲线,从图中

可以看出,浸渗用树脂从 172.3 ℃开始出现一个较大的放热峰,表明树脂从 172.3 ℃开始发生剧烈的交联反应,因而 CYD/F51/MNA/DMP(50/50/91/0.1)的浸渗温度应该低于 172.3 ℃。图 4.140 所示为 CYD/F51/MNA/DMP(50/50/91/0.1)的黏度随温度的变化曲线。从图中可以看出,树脂黏度先随温度的升高而下降,约在 135 ℃下降到最低点,随后再增加温度,树脂黏度反而会升高。根据以上分析,为了使树脂在浸渗时获得较低的黏度,又不至于使其发生剧烈的交联反应,本研究将 CYD/F51/MNA/DMP(50/50/91/0.1)的浸渗温度设置为 135 ℃。

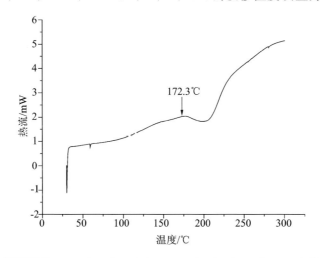

图 4.139　CYD/F51/MNA/DMP(50/50/91/0.1)的 DSC 曲线

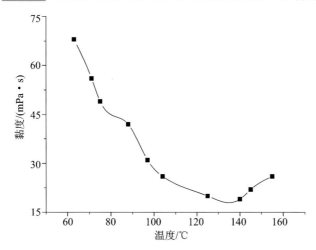

图 4.140　CYD/F51/MNA/DMP(50/50/91/0.1)的黏度随温度的变化曲线

2)浸渗步骤

形坯浸渗环氧树脂的过程包括以下步骤:

①首先在树脂槽中将环氧树脂加热到其浸渗温度;

②再将形坯直接浸入树脂中,但将其上表面露出液面,以便在浸渗过程中,形坯中的气体可以从其上表面排出;

③将树脂槽放入真空烘箱中,抽真空,这样更有利于树脂浸渗到形坯里面;

④将浸渗好树脂的形坯取出,清理其表面多余的树脂;

⑤放入烘箱中进行固化,固化条件为:130 ℃固化 3 h、150 ℃固化 10 h 及 200 ℃固化 5 h。

7. 形坯浸渗树脂后的性能

1)力学性能

采用德国 Zwick/Roell 公司 Z010 电子万能试验机测量浸渗树脂后形坯的三点弯曲性能,测量速度为 2 mm/min,弯曲试样的尺寸为 80 mm×10 mm×4 mm,图 4.141 所示即为浸渗环氧树脂后的弯曲试样。

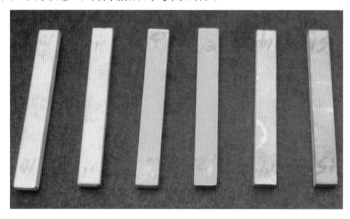

图 4.141　浸渗环氧树脂后的弯曲试样

表 4.59 列出了浸渗树脂前和浸渗 CYD/MeTHPA/DMP(100/85/0.1)、CYD/MNA/DMP(100/91/0.1)、CYD/F51/MNA/DMP(50/50/91/0.1)后形坯的弯曲性能。图 4.142 所示为浸渗 CYD/F51/MNA/DMP(50/50/91/0.1)前后形坯的应力-应变曲线,可以看出,形坯在浸渗环氧树脂后弯曲强度和弯曲模量都有较大幅度的提高,浸渗 CYD/F51/MNA/DMP(50/50/91/0.1)后形坯的弯曲强度、弯曲模量比浸渗前分别提高了约 4 倍和 1.3 倍。

表 4.59　形坯浸渗树脂前后的弯曲性能

试样	弯曲强度/MPa	弯曲模量/GPa
浸渗树脂前形坯	18.6	6.26
浸渗 CYD/MeTHPA/DMP(100/85/0.1)形坯	79.4	11.5
浸渗 CYD/MNA/DMP(100/91/0.1)形坯	88.2	13.1
浸渗 CYD/F51/MNA/DMP(50/50/91/0.1)形坯	93.4	14.7

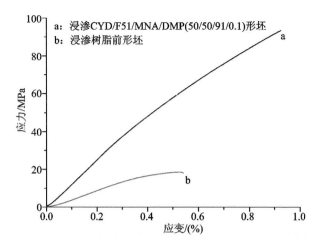

图 4.142　浸渗 CYD/F51/MNA/DMP(50/50/91/0.1)前后形坯的应力-应变曲线

从表 4.59 中数据可以看出：浸渗 CYD/MNA/DMP(100/91/0.1)形坯的弯曲性能高于浸渗 CYD/MeTHPA/DMP(100/85/0.1)形坯，这是由于甲基纳迪克酸酐的环氧树脂固化物的力学性能优于甲基四氢邻苯二甲酸酐的；浸渗 CYD/F51/MNA/DMP(50/50/91/0.1)形坯的弯曲性能高于浸渗 CYD/MNA/DMP(100/91/0.1)形坯，这是由于 CYD/F51/MNA/DMP(50/50/91/0.1)中含有酚醛环氧树脂，而酚醛环氧树脂固化物的交联密度比双酚 A 型环氧树脂更高，因而酚醛环氧树脂固化物的强度及刚度比双酚 A 型环氧树脂更高。

2)尺寸精度

表 4.60 列出了形坯浸渗树脂前后在 X、Y 及 Z 方向上的尺寸偏差。从表中数据可以看出，浸渗树脂后形坯在 X、Y 及 Z 方向上的负偏差增大，说明浸渗树脂后形坯发生了收缩，这是由环氧树脂在固化过程中发生交联反应引起的。

表 4.60　形坯浸渗树脂前后在 X、Y 及 Z 方向上的尺寸偏差

试样	尺寸偏差/(%)		
	X 方向	Y 方向	Z 方向
浸渗树脂前形坯	−0.18	−0.19	−0.11
浸渗 CYD/MeTHPA/DMP(100/85/0.1)形坯	−0.41	−0.44	−0.31
浸渗 CYD/MNA/DMP(100/91/0.1)形坯	−0.28	−0.29	−0.20
浸渗 CYD/F51/MNA/DMP(50/50/91/0.1)形坯	−0.30	−0.32	−0.25

从表 4.60 中数据可以看出：浸渗 CYD/MNA/DMP(100/91/0.1)形坯在 X、Y 及 Z 方向上的负偏差小于浸渗 CYD/MeTHPA/DMP(100/85/0.1)形坯，这是由于甲基纳迪克酸酐固化收缩低于甲基四氢邻苯二甲酸酐的；浸渗 CYD/F51/MNA/DMP(50/50/91/0.1)形坯在 X、Y 及 Z 方向上的负偏差高于浸渗 CYD/

MNA/DMP(100/91/0.1)形坯,这是由于 CYD/F51/MNA/DMP(50/50/91/0.1)中含有酚醛环氧树脂,而酚醛环氧树脂固化产物的交联密度比双酚 A 型环氧树脂更高,因而会产生更大的收缩。

3)断面微观形貌

图 4.143 所示为浸渗 CYD/F51/MNA/DMP(50/50/91/0.1)形坯的断裂面微观形貌。从图中可以看出,形坯中的孔隙全部被环氧树脂所填充,浸渗颗粒表面粗糙,附着着一层树脂,这就说明浸渗颗粒与环氧树脂有较好的界面黏结。浸渗树脂后,形坯中的环氧树脂成为一个连续相,形坯变得密实,当受到外力作用时,树脂承担了大部分应力,因此形坯的力学性能得到大幅提升。

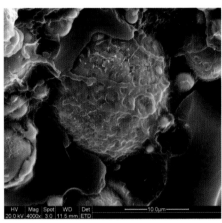

图 4.143　浸渗 CYD/F51/MNA/DMP(50/50/91/0.1)形坯的断裂面微观形貌

8. 浸渗树脂后的形坯

图 4.144 所示为浸渗 CYD/F51/MNA/DMP(50/50/91/0.1)的 SLS 形坯,浸渗树脂后的 SLS 形坯具有较高的精度,其力学性能可以满足一般功能件的要求。

图 4.144　浸渗 CYD/F51/MNA/DMP(50/50/91/0.1)的 SLS 形坯

4.4.8　尼龙/铜复合粉末的制备及 SLS 成形工艺

通常,激光选区烧结所用的高分子与金属的复合材料主要以两种形式存在,一种是高分子粉末与金属粉末的机械混合物,另一种是高分子材料均匀地覆在金属粉末的表面。目前,国外对高聚物/金属复合粉末材料的制备大多数还是采用覆膜的方法,即对被覆膜金属粉末进行清洗油脂、清洗氧化物以及润湿的表面处理,然后制备包覆溶液并和表面处理后的金属粉末混合、烘干,再经粉碎、添加其他元素,制得用于激光烧结 3D 打印金属零件或模具的覆膜金属粉末。这种制备方法工艺复杂,加工周期长,成本高,而且对环境不利。针对这些问题,本实验提供两种新的尼龙/铜复合材料的制备方法——机械混合法和溶剂沉淀覆膜法。

1. 尼龙/铜复合粉末材料的制备

1)尼龙基质的确定

尼龙是工程塑料中发展最早的品种,目前在产量上居工程塑料之首。常用的尼龙品种为尼龙 6 和尼龙 66,除此之外还有尼龙 11、尼龙 12、尼龙 610、尼龙 612、尼龙 1010、尼龙 46 等。

尼龙是结晶性高聚物,因而具有良好的力学性能。与金属材料相比,尼龙虽然刚度逊于金属,但比抗拉强度高于金属,比抗压强度与金属相近,因此可作代替金属的材料。尼龙的最大特点是韧性、耐磨性、自润滑性良好,其无油润滑的摩擦因数为 0.1~0.3,但尼龙的抗蠕变性能较差。尼龙的热变形温度为 66~110 ℃,长期使用温度可达 80℃,短时间内可达 100 ℃,热膨胀系数大。尼龙广泛地用于制造各种机械、电气部件,尤其是耐磨、耐腐蚀的零件,如轴承、齿轮、辊轴、滚子、滑轮、涡轮、风扇叶片、高压密封扣卷、垫片、储油容器、绳索、砂轮黏合剂等。

尼龙 6 弹性好,冲击强度高,吸水性较大,热变形温度 66 ℃,熔点 210~225 ℃,30%玻纤增强尼龙 6 的热变形温度可达 190 ℃。尼龙 66 强度高,耐磨性好,熔点为 250~265 ℃,热变形温度 60 ℃。因这两种尼龙的熔点较高,意味着烧结中需要的预热温度较高,温度不好控制,所以实验中选择尼龙 12 作为基质,尼龙 12 熔点为 178~179 ℃,热变形温度在 4.6 kg/cm² 荷重下为 145~155 ℃,密度为 1.01~1.04 g/cm³。尼龙 12 的分子结构式为

$$\left[NH{-}(CH_2)_{11}{-}\overset{\displaystyle O}{\overset{\displaystyle \|}{C}} \right]_n$$

实验中所用尼龙 12 材料为德固赛公司生产,制备是由丁二烯开始,通过多步加工生产出尼龙 12 的单体月桂内酰胺,然后缩聚得到半结晶聚酰胺 12。由于尼龙的性质取决于大分子中酰胺基团的浓度,与市场上其他聚酰胺材料相比,实验所用尼龙 12 中酰胺基浓度最低,从而造就了它的独特性能:最低吸湿率,在湿度

改变的条件下,尼龙 12 部件仍显示出最佳的尺寸稳定性;即使在远低于凝固点的温度下,仍保持杰出的冲击强度和缺口冲击强度;良好的抗脂、油、燃料、液压液、各种溶剂、盐溶液和其他化学品的性能;杰出的抗应力开裂能力,优良的抗磨损性;降噪及减振特性,在高频循环负载条件下,杰出的抗老化性及优异的加工性。

2)尼龙/铜复合粉末的机械混合制备法

机械混合法制备尼龙/铜复合粉末材料的步骤为:首先将作为基体材料的尼龙粉末筛分至 50 μm 以内;再将铜粉加入球磨机内,混合约 2 h,混合均匀即可。其中铜粉粒度为 200～400 目,尼龙与铜粉的质量比为 1∶5 至 1∶2,混料球与各原料粉末的体积比为 1∶3 左右。

采用该方法制备的激光选区烧结 3D 打印材料具有制作工艺简单、加工周期短、成本低且环保等特点,有助于实现激光选区烧结快速制造功能件,拓宽了激光烧结技术成形粉末的范围,在 3D 打印领域具有广泛的应用前景。

3)不同制备方法得到的复合粉末比较

在高分子材料和金属粉末质量比相同的情况下,覆膜粉末与机械混合粉末烧结后的强度有所不同。图 4.145 所示为二者在 SLS 成形后弯曲强度的比较。从图中可以看出,覆膜法和机械混合法制备的粉末的形坯弯曲强度都随着激光能量密度的增大而增大,而覆膜法制备的粉末的形坯强度在同一激光能量密度下可达机械混合法制备的粉末的形坯强度的两倍以上。造成这种结果有以下原因。

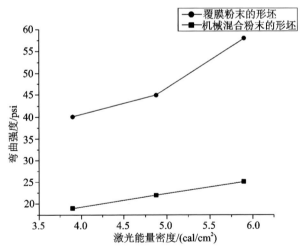

图 4.145　铜粉与尼龙机械混合粉末和覆膜粉末在 SLS 成形后弯曲强度的比较

注:1 psi＝6.895 kPa,1 cal＝4.184 J。

(1)由于高分子材料与金属的密度相差较大,难以混合均匀,容易造成偏聚,因此在激光扫描时尼龙颗粒少的位置会出现不充分的黏结弱区,造成形坯强度较差。而覆膜金属粉从粉末制备上消除了上述弱点,故覆膜粉末的形坯获得了相对较高的强度。

（2）覆裹了高聚物的金属粉末在接受激光扫描时基本相当于高聚物本身接受扫描。尼龙对波长为 10.6 μm 的 CO_2 激光的吸收率可达 0.75，而金属粉末（Cu）对该波段的激光吸收率只有 0.26。对于机械混合粉末，由于有明显的低吸收率组元的存在，吸收率较 0.75 要低很多，因此在激光能量密度相同的情况下，机械混合粉末中尼龙的温升较小，从而影响了其黏结活性。

（3）覆裹高分子材料的金属粉末在激光热作用下，基本上是同类表面（高聚物表面）发生黏结，类似 Frenkel 的流动黏结理论，无须对异质表面的浸润和铺展过程，而机械混合粉末中的高分子颗粒在激光作用下既要完成与金属粉末表面的黏附，又要完成彼此之间的黏结，在极短的扫描时间内效果不及覆膜粉末，因此形坯强度相对较差。

本实验中用的是尼龙 12 和铜粉，尼龙 12 起基体的作用，铜粉除了提高烧结件强度，其高导热率更是材料成形需要的。粉末材料确定的情况下，可以采取一些措施进一步提高机械混合粉末制造的形坯的强度。如：使机械混合粉末中的高分子基体进入金属颗粒间隙，增加高分子材料与金属的质量比，从而提高形坯的强度；优化成形工艺参数，对混合粉末进行 SLS 成形，使形坯强度达到要求。

本研究分别采用机械混合法和覆膜法制取 SLS 用尼龙/铜复合粉末材料，对其形坯的强度进行了比较，并由 SLS 法直接制造注塑模具。

2. 尼龙/铜复合材料的表征

SLS 粉末材料的性能不仅是影响形坯质量好坏的重要因素，而且对后处理工艺的复杂程度也有重要的影响。影响 SLS 粉末材料性能的因素主要有以下两个。

（1）粉末材料的成分。

金属材料对制造的零件和模具的力学性能有决定性影响，而高分子基体的种类决定了形坯的质量。除此之外，金属材料的抗氧化性与黏结剂的吸潮性对 SLS 粉末材料的保存方式有不同的要求。SLS 粉末材料吸收激光能量的能力与热传导性对激光工艺参数有重要的影响。尼龙具有坚韧、耐磨、耐疲劳、耐油的特点，但因尼龙吸水性很强，且长时间暴露于红光照射下容易发生热老氧化，故制备的材料要密封保存，或随时制备，不宜存放。

（2）粉末的粒度和粒形。

日本的大阪大学研究了纯钛的烧结行为，平均粒度为 50 μm 时，制件致密度为 84%，拉伸强度为 70 MPa；平均粒度为 25 μm 时，制件致密度为 93%，拉伸强度是 150 MPa。由此可见，减小粉末的粒度可以提高形坯的致密度。因此本实验采用的铜粉粒度为 300 目，而高分子基质粒度选用平均粒径为 50 μm 左右。有研究表明，改善粉末粒度的分布也可以提高形坯的致密度。若粉末的粒形是球形，则粉末的流动性好，可以减小铺粉过程中粉末与已烧结部分之间的摩擦力，从而减小已烧结部分在铺粉过程中的移动，可提高形坯的精度，而且球形粉末的烧结性也更好。

　　图 4.146 所示为纯尼龙 12 的 SEM 照片，从图中可看出尼龙粉末球形颗粒较少，大多数颗粒形状不规则，棱角分明，颗粒大小不均匀，大部分颗粒直径在 40 μm，最大直径可达 50 μm。

　　实验选用的电解铜粉在 300 目左右，图 4.147 所示为电解铜粉的 SEM 照片，从图中可以看出，电解铜粉的颗粒很小而团聚形成有一定规则的穗状，团聚最大尺寸也在 50 μm 左右。

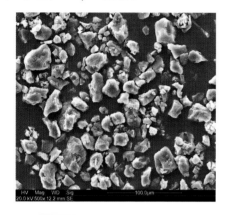

图 4.146　纯尼龙 12 粉末颗粒

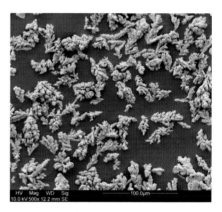

图 4.147　电解铜粉颗粒

　　图 4.148 所示为尼龙 12/铜覆膜复合粉末颗粒的形貌，图中看不到裸露的铜颗粒，表明铜颗粒全部被尼龙覆裹，这样保证了扫描时激光全部被尼龙吸收，提高了激光的效率和黏结强度。从图中还可看出颗粒形状比较一致，很规则，尺寸大部分在 30～50 μm，最大不超过 100 μm。

　　图 4.149 所示为尼龙 12/铜机械混合粉末形貌，图中穗状的是团聚的铜颗粒，其余为尼龙粉末。从图中可以看出尼龙颗粒比铜颗粒大许多，导致烧结中尼龙熔融不能完全包覆住铜颗粒，而且容易导致两种材料的偏析，从而使得制件强度较差。

图 4.148　尼龙 12/铜覆膜复合粉末颗粒

图 4.149　尼龙 12/铜机械混合粉末

3. 尼龙 12/铜复合粉末的激光烧结特性

尼龙 12/铜覆膜复合粉末中因铜颗粒全部被尼龙包覆，与激光直接接触的是尼龙，且实验所用的是 CO_2 激光器，高分子材料对 CO_2 激光的吸收率很高，所以大大提高了激光的效率。尼龙在激光热作用下熔融黏结到一起，把铜粉包覆其中构成非连续相。图 4.150 所示为尼龙包覆铜粉与尼龙/铜机械混合粉末的 DSC 曲线比较，由曲线可以看出两种不同方法制备的复合粉末的熔融峰跟纯尼龙的峰形基本一致，而尼龙覆膜铜粉的熔融峰明显高于机械混合粉末，即熔融潜热大于机械混合粉末，该特性保证了制件的成形精度。

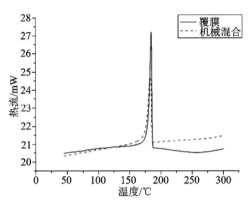

图 4.150　尼龙包覆铜粉与尼龙/铜机械混合粉末 DSC 曲线比较

4. 尼龙 12/铜机械混合粉末激光烧结成形工艺

尼龙 12/铜机械混合粉末 SLS 坯体的强度受很多因素的影响，例如烧结材料本身的性质、烧结设备硬件的设定、烧结工艺参数等，实验采用尼龙 12 与铜的机械混合粉末，主要考察烧结工艺包括预热温度、激光功率、扫描速度、单层厚度对强度和精度的影响，测试件如图 4.151 和图 4.152 所示。

图 4.151　尼龙 12/铜机械混合粉末
烧结的拉伸试样

图 4.152　尼龙 12/铜机械混合粉末
烧结的冲击试样

1）预热温度

预热温度对尼龙的烧结变形有明显的影响，是能否实现 SLS 成形的关键所在。当预热温度过低或不预热时,需要较高的激光功率才能使尼龙粉末熔融,扫描时激光功率越大造成的热应力也越大,而且粉末处于自由状态,会导致烧结层面的变形较大;预热温度过低,则烧结区域与未烧结区域的温度梯度较大,会造成烧结区域边界卷边、翘曲和边界不清晰。随着预热温度的升高,扫描时激光能量输入减小,由此造成的热应力减小,从而使烧结件变形减小,而且烧结区域与未烧结区域的温度梯度也减小,烧结区域的边界翘曲变小,边界更清晰。

为防止成形过程中的翘曲变形并保证粉末不结块从而实现顺利铺粉,预热温度应严格控制在结块温度以下并尽可能高。实验表明,当预热温度高于 170 ℃时,复合粉末结块现象严重,不能顺利铺粉;而预热温度低于 160 ℃时,在烧结第一层时边缘会明显卷曲,第二层铺粉时就容易将其拖离原位,使成形失败。

因此,复合粉末开始烧结时,预热温度必须严格控制在 165~168 ℃ 范围内。随着烧结层数的增加,翘曲倾向减小,再加之层与层之间能量累积和铜的高导热性,这时要降低预热温度,以防止结块或黏粉。

2)激光功率

当扫描速度为 2000 mm/s、烧结单层厚度为 0.15 mm 时,烧结件的强度随激光功率的变化如图 4.153 和图 4.154 所示。

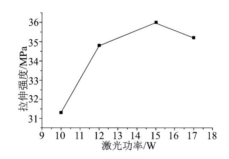

图 4.153 激光功率对烧结件拉伸强度的影响

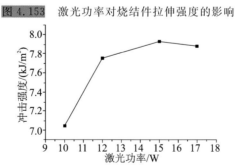

图 4.154 激光功率对烧结件冲击强度的影响

在激光功率较低时,烧结件的拉伸强度和冲击强度均随激光功率的增加而增加;当激光功率增大到 15 W 后,继续增加激光功率,烧结件的强度反而降低。这是因为激光功率过低时,输入的能量不足以使粉末材料充分熔融,烧结件的孔隙率高、密度低、强度差。随着激光功率的增大,高聚物熔融程度加大,强度提高。当功率达 15 W 时,输入的能量恰好使粉末充分熔融,强度达最大值;超过 15 W,烧结过程中有冒烟现象,说明输入的能量过大,导致了尼龙材料的氧化降解,进而影响其强度。

3)扫描速度

由图 4.155 和图 4.156 可以看出,扫描速度为 2000 mm/s 时,烧结件的拉伸强度和冲击强度最好。扫描速度影响的是激光与粉末材料的作用时间,在激光功率相同的情况下,扫描速度越低,激光对粉末的加热时间越长,传输的能量越多,粉末熔融越充分,但过低的扫描速度也会导致粉末表面的温度过高,引起材料的氧化或降解,不仅使其强度降低,还影响成形效率。

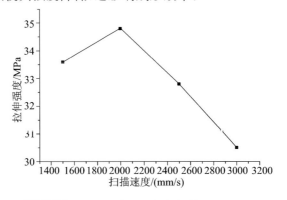

图 4.155　扫描速度对烧结件拉伸强度的影响

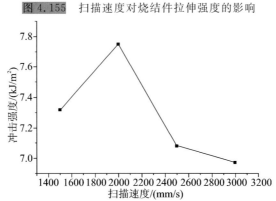

图 4.156　扫描速度对烧结件冲击强度的影响

4)单层厚度

单层厚度是单层信息扫描完成后工作缸下降的高度,也就是生长型 3D 打印方法每次增加的高度。它对制件的成形效率和表面粗糙度都有影响,所以要根据成形过程中的台阶效应、制件对表面性能的要求及设备(铺粉辊)的性能选择合适的单层厚度。

由表 4.61 可知，烧结件的表面硬度随单层厚度的减小而增大，当单层厚度为 0.2 mm 时，成形件有明显的分层现象，而且表面硬度也较低；当单层厚度减小到 0.1 mm 时，大大增加了成形时间，而且铺粉辊在铺第二层粉时，容易将已成形的第一层拖离原位，影响成形精度。当单层厚度取 0.15 mm 时，层与层间结合较好，烧结件的表面硬度也较好。因此，单层厚度取 0.15 mm 为最佳。

表 4.61　单层厚度对烧结件表面硬度的影响

单层厚度/mm	0.10	0.15	0.20
表面硬度/HRM	85.57	79.50	59.70

5. 尼龙 12/铜机械混合粉末烧结件的微观结构分析

1）激光功率

激光扫过的区域，瞬间可以达到很高的温度，从而使高聚物熔融，呈现黏性流动状态，烧结过后，温度在熔点 T_m 和玻璃化温度 T_g 之间，高分子材料重新结晶，把铜粒子包覆的同时相互黏结形成致密的烧结层。

不同激光功率下的烧结件拉伸断面形貌如图 4.157 所示。激光功率为 8 W 时，制件分层严重，强度很低；当激光功率设为 10 W 时，断面可以看到明显的疏松颗粒，说明功率不足以使高聚物粉末完全熔化。随着功率的增大，颗粒明显增大，内部孔隙减少，密实度增加。当激光功率高于 15 W，烧结时激光扫描处会有明显的白烟，表明复合材料中的高聚物成分部分降解，进而影响制件的强度。

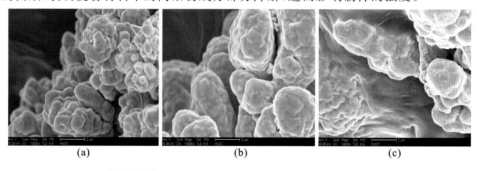

(a)　　　　　　　　　　(b)　　　　　　　　　　(c)

图 4.157　不同激光功率下的烧结件拉伸断面形貌
(a)10 W；(b)12 W；(c)15 W

2）扫描速度

扫描速度决定的是激光束与粉末材料的作用时间。在激光功率相同的情况下，扫描速度越大，材料跟激光作用的时间就越短，传输的能量就越少，粉末熔融越不充分。实验表明，扫描速度为 3000 mm/s 时，烧结件层间结合不牢固，强度也较差；扫描速度为 2500 mm/s 时，烧结件层间结合较好。如图 4.158(c)所示的烧结件断面，尼龙包覆的铜粉颗粒并未完全熔融在一起，内部孔隙率较图 4.158(a)(b)中的都大。但过低的扫描速度也会导致粉末表面的温度过高，引起材料的氧化或降解,不仅使强度降低,还会影响成形效率。

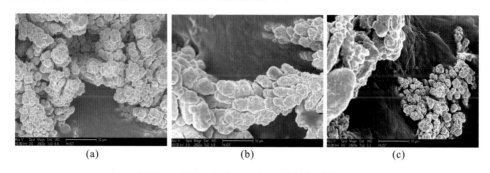

图 4.158　不同扫描速度下的烧结件拉伸断面形貌

(a)2000 mm/s;(b)2500 mm/s;(c)3000 mm/s

3)单层厚度

选择合理的铺粉参数有利于提高铺粉密度和烧结质量,单层厚度小于烧结深度是烧结成形的重要条件之一。图 4.159 所示为不同单层厚度下的烧结件拉伸断面形貌。

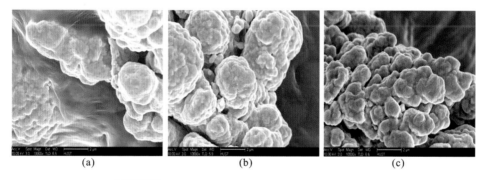

图 4.159　不同单层厚度下的烧结件拉伸断面形貌

(a)0.1 mm;(b)0.15 mm;(c)0.20 mm

实验中所用的尼龙 12 粉末粒径为 40~70 μm,铜粉粒径也是 70 μm 左右,当层厚超过 0.20 mm 时,高分子粉末不能完全熔融,层间不能牢固结合。若层厚小于 0.10 mm,第一层扫描过后进行第二层铺粉时,铺粉辊总会将成形层拖离原位,或拖变形。层厚为 0.10 mm 时,尼龙包覆的铜粒子之间结合较好;当层厚为 0.15 mm 时,尼龙熔融基本充分,形成较大颗粒;层厚继续增大,尼龙包覆的铜粉颗粒之间并未完全熔到一起,制件内部孔隙明显增多(见图 4.159(c))。

6.尼龙 12/铜覆膜复合粉末激光烧结成形工艺及其制件性能

1)尼龙 12/铜覆膜复合粉末激光烧结成形工艺

尼龙 12/铜覆膜复合粉末与机械混合粉末相比,不存在因成分密度相差较大而出现的偏析,每个铜粉颗粒的外表面均被尼龙所包覆,烧结过程中激光能量完全被尼龙吸收,相同的激光功率下尼龙的熔融更加充分,密度更大,强度更高。

SLS 工艺过程类似一个快速移动的点热源加热粉末,使粉末熔融、固化成形,整个传热系统是一个非常复杂的动态开放系统,很多因素一起起作用并相互影响。对工艺参数的研究基本采用正交试验——包含各个因素交互作用的影响,而且可以判断哪个参数的影响程度最大,以优化 SLS 成形工艺。激光烧结的工艺参数主要有三个,即激光功率、扫描速度、单层厚度,选择这三个参数作为影响因素来进行正交试验设计,每个因素选择三个水平,用形坯的弯曲强度作为衡量标准。复合材料采用溶剂沉淀法制备,铜粉粒径为 50 μm 左右,尼龙 12 与铜粉的质量比为 7:3。

实验烧结的试样为 80 mm×10 mm×4 mm 的长方体,为了减小偶然误差的影响,一次烧结出两个试样,强度取其平均值,正交试验结果如表 4.62 所示。

表 4.62 弯曲强度正交试验表

所在列及 因素	1 扫描速度/(mm/s)	2 激光功率/W	3 单层厚度/mm	4 弯曲强度/MPa
试验 1	1000	17.5	0.08	27.57
试验 2	1000	20	0.09	27.72
试验 3	1000	22.5	1.00	20.43
试验 4	1500	17.5	0.09	23.75
试验 5	1500	20	1.00	26.6
试验 6	1500	22.5	0.08	30.63
试验 7	2000	17.5	1.00	19.01
试验 8	2000	20	0.08	29.91
试验 9	2000	22.5	0.09	28.05
均值 k_1	25.240	23.443	29.370	
均值 k_2	26.993	28.077	26.507	
均值 k_3	25.657	26.370	22.013	
极差 R	1.753	4.634	7.357	

表 4.62 中,第 3 列的极差是 7.357,是所有极差中最大的一个,该列是单层厚度因素,表明单层厚度因素对试验结果的影响最大。其次是激光功率因素,再次为扫描速度因素。

扫描速度、激光功率、单层厚度三个因素取哪个水平较好要根据 k_1、k_2、k_3 值的大小来确定。确定的原则根据选取的指标值要求而定,如果要求指标值越大越好,则取最大的 k 所对应的那个水平;若要求指标值越小越好,则取最小的 k 所对应的那个水平;若要求指标值适中,则取适中的 k 所对应的那个水平。试验中选取的指标是制件的弯曲强度,要求越大越好,对应于扫描速度下方的 k_1、k_2、k_3 中 k_2 最大,表明扫描速度取第二个水平较好。同理,可知激光功率取第二个水平较好,单层厚度取第一个水平较好。这样得到一个较优水平组合:扫描速度 1500 mm/s;激光功率 20 W,单层厚度 0.08 mm。

2)尼龙 12/铜覆膜复合粉末烧结件的精度

尼龙 12/铜覆膜复合粉末在烧结过程中为了防止前几层翘曲变形,对粉床温度的要求非常严格,尽量使预热温度比尼龙 12 的熔融温度低 4~5 ℃。随着层数的增加,由下面层积累的能量会提供一部分热量,这时要将预热温度适当降低,实验表明 20 层往后预热温度可以由 160 ℃ 降至 120 ℃。制作注塑模具时,经常先做 1~2 cm 厚的基底,然后在基底上继续零件的烧结,这样可以降低制件的收缩,保证制件的精度。采用这种方法后,不易清粉而导致制件尺寸偏大的问题得到缓解。而由于尼龙材料的结晶特性,在烧结中产生的体积收缩占据主导,这个主要发生在 X 向和 Y 向。不同激光功率下尼龙 12/铜覆膜粉末烧结出来的制件的实际尺寸如表 4.63 所示。

表 4.63　激光功率对尼龙 12/铜覆膜复合粉末烧结件的精度的影响

试样		1#	2#	3#
密度/(g/cm³)		1.72	1.81	1.86
测量尺寸/mm	X 向	79.14	78.92	79.35
	Y 向	10.32	10.10	10.06
	Z 向	4.82	4.92	4.95

注:实验烧结条件为扫描速度 3000 mm/s,层厚 0.10 mm,激光功率分别为 17.5 W、20 W、22.5 W,试样原始尺寸为 80 mm×10 mm×4 mm。

由表 4.63 中数据可以看出,随着激光功率的增大,烧结件密度增加,说明激光功率越大,尼龙熔融越充分,而使尼龙在熔融后重结晶过程中分子链间空隙减小,致密度增大。同时可以看到 X 向尺寸都小于理论值,表明这种分子链间空隙减小的趋势在 X 向更明显;Y 向和 Z 向尺寸都比理论值要大,说明这两个方向体积收缩小于多余热量使周边粉末熔融而增大的尺寸。

7. 尼龙 12/铜复合粉末成形注塑模具形坯的后处理

经激光选区烧结得到的形坯,强度和密度都较低,力学性能差,不能够作为功能件应用在工业生产当中。因此需对形坯进行后处理,提高其强度和致密度,使形坯变成高强度的功能件。后处理工艺一般包含四个阶段:清粉处理、树脂涂覆、固化并打磨和金属封装。这里将对后处理的前面三个阶段展开研究。

1)形坯清粉方法

对形坯进行后处理的第一个阶段就是清粉处理。当形坯烧结完成之后,首先将工作台上升,左右粉缸下降,这是为了便于清粉,未烧结的粉末可以直接落入粉缸,进行再一次的回收利用。清粉处理主要有如下三种方法:

①对于规则形状的形坯,可以直接用毛刷刷去表面未烧结的粉末。这是最简单的一种清粉方法。

②对于大多数不规则形状的形坯,就必须采用压缩机等吹风设备来吹去未烧结粉末。这种方法也可以用于规则形状的沟、槽或者凹进去的边角。

③对于看似规则,但有嵌入形坯内部结构的形坯,就采用吸尘器等设备吸去未烧结粉末。比如注塑模具随形冷却流道内的粉末清理,大多采用这样的方法,效果很好。设备功率越大,吸去粉末越快,花费时间越短。

烧结成形的具有随形冷却水道的注塑模形坯都比较复杂,所以上述这几种方法一般情况下都会同时使用。

2)形坯的表面处理

激光选区烧结得到的形坯虽具有一定的强度,但还不能满足作为注塑模具的需求,需要进一步提高其力学性能及耐热性。加之毛坯表面较软,不易打磨,光洁度很难达到模具要求,所以要用作注塑模具还需对形坯进行浸渗,以改善它的力学性能,同时增加表面硬度使之易打磨,同时浸渗也对形坯表面进行了密封,以防冷却水道渗漏和注塑件脱模困难。实验选用环氧树脂固化体系对形坯进行浸渗。

(1)环氧树脂的选用。

作为浸渗剂的高分子材料应该能够完全浸渗到形坯的孔隙中,而且对孔隙结构具有良好的流动性和润湿性,因此作为浸渗剂的树脂应该具有以下特点:

①在室温下是液态,但是在一定的条件下又能够转变为固态;

②液态向固态的转变是不可逆的;

③液态向固态转变时树脂的体积变化尽可能地小;

④浸渗用树脂应该具有较低的黏度和对金属具有较高的润湿性,以便可以浸渗到烧结实体中填充其孔隙;

⑤浸渗用树脂固化后具有可靠的强度、硬度和耐化学性;

⑥浸渗用树脂固化后应该能够耐 $150 \sim 250\ ℃$ 的温度。

根据以上分析,本实验采用最通用的具有代表性的双酚 A 二缩水甘油醚即双酚 A 型环氧树脂,其结构式如图 4.126 所示。双酚 A 型环氧树脂有很多牌号,根据实验的要求,环氧树脂在室温下应为液态,而且具有很强的黏结力,固化收缩率小,实验选用 E-42、CYD-128 作为尼龙 12/铜覆膜复合粉末烧结件的浸渗实验基体,这两种牌号的树脂在常温下都呈淡黄色透明液态,环氧值为 $0.40 \sim 0.55\ mol/(100\ g)$,软化点为 $21 \sim 27\ ℃$,可作黏结、浇铸、密封、浸渗、层压等用途。

虽然环氧树脂有很多的优点,但是它也有以下的一些缺点:耐候性差,在紫外线照射下会降解,造成性能下降,不能在户外长期使用;冲击强度低;耐高温性差。这些给环氧树脂的使用带来一些负面影响,其中不耐高温性的影响是最明显的,因此本实验采用改进固化剂的方法来提高树脂的耐高温性。

（2）固化剂的选用。

环氧树脂本身是一种热塑性高分子的预聚体，单纯的树脂几乎没有多大的使用价值，只有加入称作固化剂的物质使它转变为三维网络立体结构，成为不溶不熔的高聚物（常称固化产物）后，才可以出现前面所说的一系列优良的性能。因此固化剂对环氧树脂的应用及固化产物的性能起了相当大的作用。

固化剂品种繁多，而环氧树脂的固化反应主要发生在环氧基上，由于诱导效应，环氧基上的氧原子存在着较多的负电荷，其末端的碳原子上则留有较多的正电荷，因而亲电试剂（酸酐）、亲核试剂（伯胺、仲胺）都以加成反应的方式使之开环聚合。

固化环氧树脂的固化剂常用的有胺类和酸酐类等固化剂，其中胺类固化剂固化环氧树脂主要用作涂料，耐热性能较差，而且还具有较高的毒性，对实验操作是十分不利的。因此本实验采用酸酐类固化剂，酸酐作为固化剂还具有以下特点：使用寿命长；对人体基本上没有伤害；固化反应慢，放热量小，收缩率低；产物的力学强度、电性能优良；产物的耐热性高。

酸酐的种类也很多，常见的大致有以下几种：

A. 邻苯二甲酸酐（PA）；

B. 四氢邻苯二甲酸酐（THPA）；

C. 六氢邻苯二甲酸酐（HHPA）；

D. 甲基四氢邻苯二甲酸酐（MeTHPA）；

E. 甲基六氢邻苯二甲酸酐（MeHHPA）；

F. 甲基纳迪克酸酐（MNA）。

由于 A、B、C 是固体，熔点都很高，因此不适合作为本实验的固化剂。而 E 不容易制得，需要在高压条件下反应生成，价格昂贵，不易购买。因此选用 D 和 F 作为本实验的固化剂。这两种固化剂挥发性小，毒性也低，又是低黏度液体，和环氧树脂在室温下能够混溶，力学性能优良，是目前用于浇注、黏结和浸渗的主要固化剂。

（3）浸渗工艺。

①浸渗剂的配制。

由于环氧树脂在常温下黏度比较大，不容易精确配制，故先将环氧树脂加热到一定温度，使其黏度降到足够低，然后准确称量，再取计算量的酸酐（参见式(4-24)），搅拌混合均匀即可。

②浸渗温度的确定。

高聚物流体黏度会随温度的升高而降低，从而提高流体的流动性，有利于高聚物向形坯的浸渗。将环氧树脂和固化剂在 80 ℃ 烘箱内按计算好的配比混合均匀。图 4.160 所示为浸渗用 E-42 树脂的黏度曲线，在升温至 100 ℃ 过程中，树脂的黏度迅速降低,继续升温,黏度降低幅度显著下降,到 130 ℃继续升温,黏度开始有上升趋势。浸渗剂固化物的 DSC 曲线如图 4.161 所示,在 101 ℃有一个放热峰,表明此时浸渗剂开始固化反应;继续升温至 130 ℃往后,浸渗剂黏度增大,表明环氧树脂的交联固化反应使黏度增大的程度已超过温度升高引起的黏度降低的程度,故浸渗不适合在该温度卜进行。由此得出结论,形坯的浸渗应选择在100 ℃左右的温度下进行。

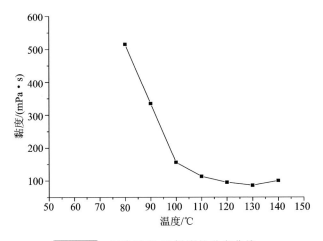

图 4.160 浸渗用 E-42 树脂的黏度曲线

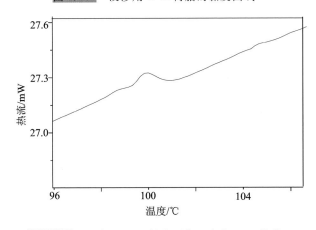

图 4.161 浸渗用 E-42 树脂固化反应的 DSC 曲线

图 4.162 所示为 CYD-128/MNA/DMP-30 浸渗体系固化物的 DSC 曲线,从129 ℃开始有一个放热峰,说明此时浸渗剂开始固化反应,故用该浸渗体系必须在125 ℃左右的温度下进行。

③浸渗方法。

浸渗过程可以采用两种方法。一种是将形坯逐渐放入树脂槽中,让树脂逐步完成从形坯底端到顶端的浸渗。在浸渗过程中,形坯表面有大量的气泡产生,并

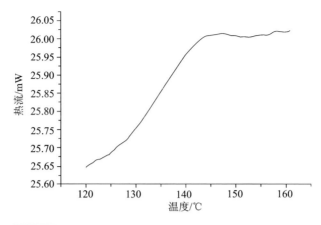

图 4.162　CYD-128/MNA/DMP-30 浸渗体系的 DSC 曲线

且是从上端开始,并逐渐下移,这时可以对恒温箱进行抽真空,待气泡数逐渐减少至零时,将形坯取出,此时金属形坯表面的树脂浸渗到形坯里面,表面液体逐渐消失;再用毛刷在形坯的表面刷树脂,反复多次,直至表面的树脂不再渗入,表面变得湿润,表明树脂基本渗满。还有一种方法是将形坯直接浸入树脂中,但将其上表面露出液面,以便在浸渗过程中,形坯内产生的大量气泡可以从上表面排出,同时也对恒温箱进行抽真空,这样更有利于树脂浸渗到形坯里面。

8. 尼龙 12/铜复合粉末烧结件浸渗后的精度及力学性能

实验采用了三种不同的浸渗固化体系:E-42/THPA 体系、CYD-128/THPA 体系和 CYD-128/MNA/DMP-30 体系。分别采用不同的温度和时间固化,测得形坯的弯曲强度。

1)经 E-42/THPA 体系浸渗的形坯精度及力学性能

E-42 的环氧当量为 230～280,THPA 的酸酐当量为 152,没有促进剂时 K 值取 0.85,计算得到环氧树脂与固化剂的用量比(质量比)为 1∶0.6,固化条件为 120 ℃(4 h)→140 ℃(16 h)→150 ℃(3 h),试样原始尺寸为 80 mm×10 mm×4 mm,经过浸渗、打磨处理后测得试样尺寸及性能如表 4.64 所示。

表 4.64　经 E-42/THPA 固化体系浸渗后试样尺寸及性能

试样尺寸/(mm×mm×mm)	弯曲强度/MPa	弯曲模量/MPa
79.20×10.16×4.18	54.13	2382
79.56×10.16×4.46	56.84	2779
79.36×10.14×4.52	51.26	2113
79.08×9.88×4.64	73.65	1984
79.30×10.22×4.62	54.40	1976

对一部分试样进行了二次浸渗,尺寸及性能如表 4.65 所示。

表 4.65　经 E-42/THPA 固化体系二次浸渗后试样尺寸及性能

试样尺寸/(mm×mm×mm)	弯曲强度/MPa	弯曲模量/MPa
79.24×10.14×4.24	56.86	2251
79.04×9.94×4.06	59.12	2558
78.90×9.88×4.24	56.22	2162
79.08×9.82×4.10	64.79	2512

将表 4.64 与表 4.65 相比较得到,二次浸渗并未使试样的弯曲强度获得明显改善,即一次浸渗已完成对尼龙/铜复合粉末烧结件的填充,使其基本达到了完全致密化,经打磨可获得良好的表面光洁度。

2) 经 CYD-128/THPA 体系浸渗的形坯精度及力学性能

CYD-128 的环氧当量为 184～194,THPA 的酸酐当量为 152,没有促进剂时 K 值取 0.85,计算得到环氧树脂与固化剂的用量比(质量比)为 1∶0.72,在 105 ℃下固化 12 h,固化后试样有轻微翘曲,试样原始尺寸为 80 mm×10 mm×4 mm,经过浸渗、打磨处理后测得试样尺寸及性能如表 4.66 所示。

表 4.66　经 CYD-128/THPA 固化体系浸渗后试样尺寸及性能

试样尺寸/(mm×mm×mm)	弯曲强度/MPa	弯曲模量/MPa
79.08×9.82×4.32	84.28	2289
79.00×9.88×4.44	80.16	2464

固化后试样略有变形翘曲,这可能是固化温度过高,固化速度过快,树脂的收缩大于试样本身的收缩引起的。随后实验添加 DMP-30 作为促进剂,改善固化条件为 85 ℃(4 h)→90 ℃(11 h)→120 ℃(2 h)。其中浸渗剂成分质量配比为 CYD-128∶THPA∶DMP-30=100∶72∶0.5。得到试样尺寸及性能如表 4.67 所示。

表 4.67　经 CYD-128/THPA/促进剂固化体系浸渗后试样尺寸及性能

试样尺寸/(mm×mm×mm)	弯曲强度/MPa	弯曲模量/MPa	密度/(g/cm³)	硬度/HRM
78.62×9.68×3.70	88.90	1570	1.968	77.5
78.74×9.62×3.68	80.48	2861	1.976	77.0

固化温度降低后,试样无翘曲现象,而且弯曲强度及硬度有了很明显的提高,基本满足用作注塑模具的要求。

3）经 CYD-128/MNA/DMP-30 体系浸渗的形坯精度及力学性能

CYD-128 的环氧当量为 184～194,MNA 的酸酐当量为 178,用叔胺 DMP-30 作促进剂,K 值取 1.0,计算得到环氧树脂与固化剂、促进剂的用量比（质量比）为 100:80:0.5,固化条件为 90 ℃（12 h）→140 ℃（3 h）→150 ℃（4 h）,试样原始尺寸为 80 mm×10 mm×4 mm,经过浸渗、打磨处理后测得试样尺寸及性能如表4.68所示。

表 4.68　经 CYD-128/MNA/促进剂固化体系浸渗后试样尺寸及性能

试样尺寸/(mm×mm×mm)	弯曲强度/MPa	弯曲模量/MPa	硬度/HRM
79.48×9.82×3.78	97.11	3031	70.9
79.63×9.74×3.76	89.0	3075	74.8

试样固化后没有翘曲变形现象,由表 4.68 可以看出,虽然该浸渗体系固化后的试样硬度不及 THPA 作为固化剂的体系,但收缩率要比前两种浸渗体系都小,弯曲强度及模量也有明显提高。实验确定该体系为注塑模具用浸渗体系,并采用该固化条件。

图 4.163 所示为该固化体系的固化物 TG 曲线,由曲线可以看出该树脂固化体系从 300 ℃开始有失重,最大失重发生在 350～450 ℃,由此可以看出该固化体系的耐热温度可达 300 ℃。本实验用该浸渗体系浸渗的形坯是用来做注塑模具使用的,而注塑模具所要求的耐热温度至少是 200 ℃,因此根据实验结果,该浸渗体系满足工作温度在 250 ℃下的注塑模具浸渗使用条件。

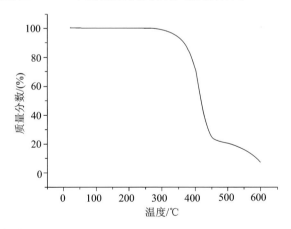

图 4.163　CYD-128/MNA/DMP-30 浸渗体系固化物 TG 曲线

9. 烧结件实例

图 4.164 所示为尼龙 12/铜复合粉末材料制作的烧结件。

图 4.165 所示为尼龙 12/铜复合粉末材料制作的标准测试件照片,图（a）中的条状试样尺寸为 80 mm×10 mm×4 mm,用于测弯曲强度和冲击强度,图（b）中的哑铃状试样用于测拉伸强度。

图 4.164　尼龙 12/铜复合粉末材料制作的烧结件

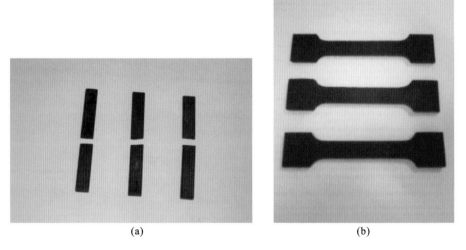

(a)　　　　　　　　　　　　　　　(b)

图 4.165　尼龙 12/铜复合粉末材料制作的烧结测试件
(a)测弯曲强度和冲击强度的试样；(b)测拉伸强度的试样

本章参考文献

［1］　TITOV V I,LAOUI T,YADROITSEV I A, et al. Balling processes during selective laser treatment of powders[J]. Rapid Prototyping Journal，2004，10(2)：78-87.

［2］ 韩召，曹文斌，林志明，等. 陶瓷材料的选区激光烧结快速成形技术进展［J］. 无机材料学报，2004，19（4）：705-713.

［3］ WANG X H，FU H J，WONG Y S，et al. Laser sintering of silica sand-mechanism and application to sand casting mould［J］. The International Journal of Advanced Manufacturing Technology，2003，21（12）：1015-1020.

［4］ GIBSON I，ROSEN D，STUCKER B. Additive manufacturing technologies，3D printing，rapid prototyping，and direct digital manufacturing［M］. Springer，2010.

［5］ 国家制造强国建设战略咨询委员会.《中国制造 2025》重点领域技术路线图（2015）［EB/OL］.（2015-10-29）［2015-11-10］. http://www. cae. cn/cae/html/files/2015-10/29/20151029105822566730637. pdf.

［6］ 史玉升，闫春泽，魏青松，等. 选择性激光烧结 3D 打印用高分子复合材料［J］. 中国科学：信息科学（中文版），2015，45（2）：204-211.

［7］ LIN L，SHI Y，ZENG F，et al. Microstructure of selective laser sintered polyamide.［J］. Journal of Wuhan University of Technology（Materials Science），2003，18（3）：60-63.

［8］ 杨劲松. 塑料功能件与复杂铸件用选择性激光烧结材料的研究［D］. 武汉：华中科技大学，2008.

［9］ KUMAR S. Selective laser sintering：a qualitative and objective approach［J］. JOM，2003，55（10）：43-47.

［10］ ZARRINGHALAM H. Investigation into crystallinity and degree of particle melt in selective laser sintering［D］. UK：Loughborough University，2007.

［11］ KONG Y，HAY J. The enthalpy of fusion and degree of crystallinity of polymers as measured by DSC［J］. European Polymer Journal，2003，39（8）：1721-1727.

［12］ AMADO BECKER A F. Characterization and prediction of SLS processability of polymer powders with respect to powder flow and part warpage［D］. Zurich：ETH Zurich，2016.

［13］ KRUTH J P，LEVY G，KLOCKE F，et al. Consolidation phenomena in laser and powder-bed based layered manufacturing［J］. Annals of the CIRP，2007，56（2）：730-759.

［14］ ROMBOUTS M. Selective laser sintering/melting of iron-based powders［D］. Belgium：Katholieke Universiteit Leuven，2006.

［15］ SLOCOMBE A，LI L. Selective laser sintering of $TiC-Al_2O_3$ composite with self-propagating high-temperature synthesis［J］. Journal of Materials Processing Technology，2001，118（1）：173-178.

［16］ HASSOLD G N，CHEN I W，SROLOVITZ D J. ComputerSimulation of final-stage sintering：model，kinetics and microstructure［J］. Journal of the

American Ceramic Society，2010，73 (10)：2857-2864.

[17] BLEATENE D C，GVROSIK J D，PARK S J，et al. Master sintering curve concepts as applied to the Sintering of molybdenum[J]. Metallurgical and Materials Transactions A，2006，37 (3)：715-720.

[18] TIAN X Y，GüNSTER J，MELCHER J，et al. Process parameters analysis of direct laser sintering and post treatment of porcelain components using Taguchi's method[J]. Journal of the European Ceramic Society，2009，29：1903-1915.

[19] TANG H H，CHIU M L，YEN H C. Slurry-based selective laser sintering of polymer-coated ceramic powders to fabricate high strength alumina parts [J]. Journal of the European Ceramic Society，2011，31：1383-1388.

[20] GERMAN R M. Sintering theory and practice[J]. Solar-Terrestrial Physics，1996：568.

[21] FRENKEL J. Viscous flow of crystalline bodies under the action of surface tension[J]. Journal of Physics，1945，9(5)：385.

[22] ROSENZWEIG N，NARKIS M. Sintering rheology of amorphous polymers[J]. Polymer Engineering & Science，1981，21(17)：1167-1170.

[23] BRINK A，JORDENS K，RIFFLE J. Sintering high performance semicrystalline polymeric powders[J]. Polymer Engineering & Science，1995，35(24)：1923-1930.

[24] HAGUE R，CAMPBELL I，DICKENS P. Implications on design of rapid manufacturing[J]. Proceedings of the Institution of Mechanical Engineers，Part C：Journal of Mechanical Engineering Science，2003，217(1)：25-30.

[25] HOPKINSON N，HAGUE R，DICKENS P. Rapid manufacturing：an industrial revolution for the digital age[M]. John Wiley & Sons，2006.

[26] 闫春泽，史玉升，杨劲松，等. 高分子材料在选择性激光烧结中的应用——（Ⅱ）材料特性对成形的影响[J]. 高分子材料科学与工程，2010，26(8)：145-149.

[27] POKLUDA O，BELLEHUMEUR C T，VLACHOPOULOS J. Modification of Frenkel's model for sintering[J]. Aiche Journal，1997，43(12)：3253-3256.

[28] SUN M，NELSON J C，BEAMAN J J，et al. A model for partial viscous sintering[C]//Solid Freeform Fabrication Symposium. The University of Austin Texas，1991.

[29] CASALINO G，DE FILIPPIS L A C，LUDOVIVO A D，et al. Preliminary experience with sand casting applications of rapid prototyping by selective laser sintering [C]//Proceedings of the Laser Materials Processing Conference，2000，89：263-272.

[30] CASALINO G，DE FILIPPIS L A C，LUDOVICO A D，et al. An investigation of rapid prototyping of sand casting molds by selective laser sintering[J]. Journal of Laser Applications，2002，14(2)：100-106.

[31] CASALINO G，DE FILIPPIS L A C，LUDOVICO A. A technical note on the mechanical and physical characterization of selective laser sintered sand for rapid casting [J]. Journal of Materials Processing Technology，2005，166(1)：1-8.

[32] 樊自田,黄乃瑜. 选择性激光烧结覆膜砂铸型(芯)的研究[J]. 华中科技大学学报,2001，29(4)：60-62.

[33] 赵东方，赵忠泽，庞国星. 激光快速成型用覆膜砂工艺性能探讨[J]. 热加工工艺，2004，(8)：33-34.

[34] 姚山,陈宝庆,曾锋,等. 覆膜砂选择性激光烧结过程的建模研究[J]. 铸造,2005,54(6)：545-548.

[35] 果世驹. 粉末烧结理论[M].北京:冶金工业出版社,1998.

[36] 李湘生. 激光选区烧结的若干关键技术研究 [D]. 武汉:华中科技大学，2001.

[37] NELSON J C. Selective laser sintering：a definition of the process and an empirical sintering model [D]. Austin：The University of Texas at Austin，1993.

[38] BEAMAN J J，BARLOW J W，BOURELL D L，et al. Solid freeform fabrication：a new direction in manufacturing [M]. Boston：Kluwer Academic Publishers，1997.

[39] 徐林. 碳纤维/尼龙12复合粉末的制备与选择性激光烧结成形[D]，武汉：华中科技大学，2009.

[40] 汪艳. 选择性激光烧结高分子材料及其制件性能研究[D]武汉:华中科技大学，2005.

[41] FRENKEL J. Viscous flow of crystalline bodies under the action of surface tension[J]. J Phys (USSR)，1945，9：385-396.

[42] 闫春泽. 高分子及其复合粉末的制备与选择性激光烧结成形研究[D]. 武汉:华中科技大学，2009.

[43] GOGOS C G，TADMOR Z. Principles of polymer processing[M]. New York：John Wiley & Sons,1979.

[44] 郭婷. 尼龙/Cu复合粉末激光烧结快速成形注塑模具的研究[D].武汉:华中科技大学，2007.

[45] 马德柱，何平笙，徐种德,等. 高聚物的结构与性能[M].2版. 北京：科学出版社，1995.

[46] SHI Y，CHEN J，WANG Y，et al. Study of the selective laser sintering of polycarbonate and postprocess for parts reinforcement[J]. Proceedings of the Institution of Mechanical Engineers，Part L：Journal of Materials Design and Applications，2006，221(1)：37-42.

[47] ZHENG H，ZHANG J，LU S，et al. Effect of core-shell composite particles on the sintering behavior and properties of nano-Al_2O_3/polystyrene composite prepared by SLS[J]. Materials Letters，2006，60(9)：1219-1223.

[48] SHI Y，WANG Y，CHEN J，et al. Experimental investigation into the selective laser sintering of high- impact polystyrene[J]. Journal of Applied Polymer Science，2008，108(1)：535-540.

[49] YANG J，SHI Y，SHEN Q，et al. Selective laser sintering of HIPS and investment casting technology [J]. Journal of Materials Processing Technology，2009，209(4)：1901-1908.

[50] YAN C，SHI Y，YANG J，et al. Investigation into the selective laser sintering of styrene- acrylonitrile copolymer and postprocessing[J]. The International Journal of Advanced Manufacturing Technology，2010，51(9-12)：973-982.

[51] 何曼君，陈维孝，董西侠. 高分子物理[M]. 上海：复旦大学出版社，1990.

国家科学技术学术著作出版基金资助
湖北省学术著作出版专项资金资助项目

3D打印前沿技术丛书

丛书顾问◎卢秉恒　丛书主编◎史玉升

激光选区烧结3D打印技术

（下册）

闫春泽　史玉升　魏青松
文世峰　李昭青 ◎ 著

JIGUANG XUANQU
SHAOJIE 3D DAYIN JISHU

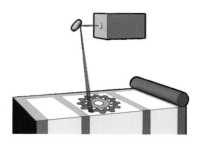

华中科技大学出版社
http://www.hustp.com
中国·武汉

内 容 简 介

本书以华中科技大学材料成形与模具技术国家重点实验室快速制造中心 20 余年的研究成果为基础,全面系统地介绍了激光选区烧结 3D 打印技术的理论和方法。

第 1 章概述了激光选区烧结技术的发展状况及工艺原理。第 2 章介绍了激光选区烧结装备及控制系统,重点讲解了温控和激光扫描系统原理及设计优化。第 3 章研究了软件算法及路径规划,分析了其对激光选区烧结成形质量的影响规律。第 4 章、第 5 章分别介绍了高分子和无机非金属材料的制备及成形工艺研究。第 6 章研究了激光选区烧结成形精度的影响因素及调控方法。第 7 章研究了激光选区烧结关键技术数值分析,采用数值模拟方法分析了预热场和成形件致密化过程。第 8 章介绍了激光选区烧结技术的典型应用案例。

本书内容深入浅出,兼顾了不同知识背景读者的需求,既保证内容新颖,反映国内外最新研究成果,又有理论知识探讨和实际应用案例。因此,本书既可供不同领域的工程技术人员阅读,也可作为相关专业在校师生的参考书。

图书在版编目(CIP)数据

激光选区烧结 3D 打印技术:上、下册/闫春泽等著.—武汉:华中科技大学出版社,2019.3
(3D 打印前沿技术丛书)
ISBN 978-7-5680-4709-8

Ⅰ.①激… Ⅱ.①闫… Ⅲ.①立体印刷-印刷术 Ⅳ.①TS853

中国版本图书馆 CIP 数据核字(2019)第 052308 号

激光选区烧结 3D 打印技术(上、下册)
JIGUANG XUANQU SHAOJIE 3D DAYIN JISHU

闫春泽　史玉升　魏青松
文世峰　李昭青　著

策划编辑:张少奇
责任编辑:戢凤平　罗　雪
封面设计:原色设计
责任监印:周治超
出版发行:华中科技大学出版社(中国·武汉)　　电话:(027)81321913
　　　　　武汉市东湖新技术开发区华工科技园　　邮编:430223
录　排:武汉楚海文化传播有限公司
印　刷:湖北新华印务有限公司
开　本:710mm×1000mm　1/16
印　张:43.25
字　数:891 千字
版　次:2019 年 3 月第 1 版第 1 次印刷
定　价:358.00 元(含上册、下册)

下 册 目 录

第 5 章 SLS 无机非金属材料 制备及成形工艺研究

目前已开发出的 SLS 材料,除了高分子基材料外,还包括陶瓷基粉末、覆膜砂等无机非金属材料。不同于高分子基材料,无机非金属材料熔点较高,很难用激光直接烧结成形,因此通常采用添加黏结剂的方式烧结成形。

5.1 无机非金属材料的 SLS 成形及研究进展

SLS 技术起初主要用于高分子材料成形,利用高能 CO_2 激光束的热效应使材料软化或熔化,形成一系列薄层,并逐层叠加获得三维实体零件。1995 年,Subramanian 等人最早将 SLS 技术应用到陶瓷零件的成形中,从此,采用 SLS 技术成形和制造高性能复杂形状陶瓷零件就成了前沿的研究课题。

按照基体材料的不同,用于陶瓷零件成形的 SLS 技术主要可以分为基于浆料的 SLS 技术和基于粉末材料的 SLS 技术。

5.1.1 基于浆料的 SLS 技术

西安交通大学田小永等人利用浆料 SLS 工艺直接制造陶瓷零件。这种方法用浆料作为激光的作用对象,使粉末均匀分布于浆料中,烧结后的初始形坯密度也较高。成形过程中,通过刮刀的作用,实现每一层的送料;然后激光按照指定路径扫描;紧接着完成单层的干燥,干燥后再进行下一层的操作,逐层累积、叠加,最终直接制造出了相对密度为 86% 的陶瓷零件。但是,该方法制造的陶瓷零件强度并不高,这是由于成形件的微观组织并不均匀,成形过程中易产生热应力。

为了减小成形时的热应力,提高陶瓷零件 SLS 成形的稳定性,保证陶瓷初始形坯的高密度,台北科技大学的 Hwa-Hsing Tang 等人采用完全水解的聚乙烯醇作为黏结剂,利用胶体科学的原理,配置分散性好的 Al_2O_3 陶瓷浆料,然后在激光的作用下逐层烧结、累积成形,得到三维实体陶瓷形坯,然后经过脱脂、高温烧结,最终使陶瓷零件的平均相对密度达到了 98%。但是,该方法的效率非常低,成形速度不到 $0.89\ mm^3/s$,这是由于在成形过程中,下一层开始成形前,需完成对上一成形层的干燥,干燥过程较慢,因此零件成形非常慢,难以满足未来陶瓷零件批量高效制造的需求。这也是基于浆料的 SLS 技术的共同缺点。

5.1.2　基于粉末材料的 SLS 技术

基于粉末材料的 SLS 技术由于不需要干燥环节,可以显著提高零件的成形速度。SLS 技术的工作原理如图 1.1 所示。首先,在工作台上铺一薄层粉末;然后,利用 CO_2 激光束按照各层截面的信息,对需要黏结的粉末进行扫描,被扫描区域的粉末材料由于烧结或熔化黏结在一起,而未被扫描区域的粉末仍呈松散状,可重复利用;工作台在加工一层后下降一个层厚的高度,再进行下一层铺粉和扫描,层与层之间黏结在一起,逐层堆积,直到成形出整个零件,最终将零件取出。

该成形技术将 CAD(computer aided design)、CNC(computerized numerical control)、激光加工技术和材料科学技术结合在一起,具备以下优势:

①周期短,成本低,适用于新产品的开发,也适用于复杂形状零件的成形;

②与传统工艺技术相结合,为传统制造技术带来了新的生命力;

③应用范围广泛,可用于汽车、模具、家电等许多领域;

④与其他 3D 打印技术相比,SLS 技术所能使用的成形材料种类较多,理论上讲,任何加热后可以使原子间黏结的粉末都可当作 SLS 的成形原料。

在 SLS 成形高分子材料零件的过程中,由于高分子材料熔点较低,激光可以充分烧结高分子粉末,获得最终成形件。但是,陶瓷粉末的熔点非常高,加上初始堆积密度不高,激光很难将其直接烧结。通常情况下,将难熔的陶瓷粉末混合或包覆上高分子黏结剂,然后通过 SLS 技术对其成形,激光熔融黏结剂,各层之间再通过黏结剂传热相互黏结,从而获得初始形坯,再经过脱脂、高温烧结等过程,最终成形出陶瓷零件。

1995 年,美国的 Subramanian 等人率先利用 SLS 技术制备陶瓷零件,他们在氧化铝粉末中混合高分子黏结剂,对所得到的粉末进行 SLS 成形,再依次进行脱脂和高温烧结,最终零件的弯曲强度和相对密度只有 8 MPa 和 50%。韩国 In Sup Lee 率先利用浸渗溶胶的方法来提高 SLS 陶瓷零件的强度,他往通过 SLS 成形的 Al_2O_3-$Al_4B_2O_9$ 陶瓷零件里浸渗 Al_2O_3 溶胶或 SiO_2 溶胶,干燥后进行高温烧结,最终陶瓷零件的相对密度达到 75%,弯曲强度最高为 33 MPa;他也尝试用 Al_2O_3 溶胶浸渗含单相 Al_2O_3 的 SLS 形坯,经高温烧结,零件的相对密度和弯曲强度仅为 50% 和 20 MPa。英国的 Toby Gill 等人将尼龙粉末和 SiC 粉末按照 1∶1 的体积比混合,SiC 选取平均粒径为 44.5 μm 和 22.8 μm 的两种粉末,尼龙粉末的平均粒径是 58 μm,对 SLS 环节的工艺参数进行优化,得到的 SiC 零件孔隙率超过 45%,拉伸强度达 5 MPa,并未对后续处理进行试验。比利时的 Shahzad 等人将尼龙材料加入 Al_2O_3 粉末中,由于黏结剂体积分数达到 50% 以上,SLS 形坯经过脱脂和高温烧结处理,最终零件的强度较低,相对密度也仅为 50.8%。美国的 Liu 等人将硬脂酸加入 Al_2O_3 粉末(粒径为 0.26 μm)中,并进行包覆处理,最终得到的陶瓷零件的相对密度提高至 88%，但其对粉末获取、工艺参数研究较少，不能满足工业生产对陶瓷性能的要求。

总的来说：可通过 SLS 技术成形的陶瓷粉末材料种类较多、来源广泛，其成形件表面质量较好、成形稳定性高；SLS 技术具有较高的生产效率，因而在制造复杂结构陶瓷零部件领域极具潜力。

5.1.3　SLS/CIP/FS 复合成形技术研究现状

通过 SLS 技术制造复杂陶瓷零件具有显著的成本低、周期短及节省材料等优点，因而逐渐成为制造复杂性状陶瓷零件的研究热点。由于通过 SLS 技术制造陶瓷零件存在零件相对密度低、力学性能差等劣势，因此往往通过浸渗、形成烧结液相等方法提高零件相对密度，但是 SLS 陶瓷零件仍存在成分难控制、精度差、性能不高等缺陷。

而冷等静压（cold isostatic pressing，CIP）技术可增强 SLS 成形的初始形坯。CIP 技术是指在常温下对橡胶包套中的粉末施加各向均匀压力的一种成形技术，利用液体（乳化液、油等）介质均匀传压的特性，促进包套中粉末颗粒的位移、变形和碎裂，减小粉末间距，增加粉末颗粒接触面，获得特定尺寸、形状以及较高密度的压坯。CIP 技术成形的压坯组织结构均匀，无成分偏析。但是，传统的 CIP 技术尚存在以下三个缺陷：①由于粉体受到橡胶包套作用，成形形状尺寸难以控制；②难以制造复杂零件，目前只适合制造管状或长轴类陶瓷零件；③橡胶包套设计困难，制造过程烦琐。

为此，Mukesh Agarwala 等人首次提出将等静压的思想引入 SLS 领域进行复杂结构零件的增材制造，但是他们采用的是热等静压（hot isostatic pressing，HIP）技术。HIP 技术以惰性气体为介质，向坯体施加各向同等的压力，同时施以高温，坯体得以烧结和致密化。他们将石英玻璃作为包套，对 SLS 技术成形的镍-青铜方形坯体进行真空密封，最后进行 HIP 处理，获得较高密度的金属零件。然而，通过 SLS/HIP 技术成形复杂零件尚存在包套制作方面的许多问题。华中科技大学鲁中良等人首次提出利用 CIP 技术处理经 SLS 技术和脱脂的不锈钢金属零件，以提高坯体的初始密度，并在高温烧结后获得较高的致密度。但是，该方法仅适用于金属零件，陶瓷 SLS 坯体几乎完全依靠高分子黏结剂黏结成形，若直接进行脱脂处理，坯体很可能发生溃散、坍塌，更无法进行 CIP 处理。

因此，为了增材制造高致密度高性能复杂结构陶瓷零件，可利用 CIP 技术直接处理 SLS 陶瓷初始形坯，然后对 SLS/CIP 形坯进行脱脂及高温烧结（furnace sintering，FS）处理。这就是陶瓷零件的 SLS/CIP/FS 复合成形技术，它将为增材制造高致密度高性能复杂结构陶瓷零件提供新的途径，为加快我国陶瓷制造业的发展奠定重要的基础。其具体过程是：首先制备 SLS 成形用陶瓷-高分子复合粉末,采用 SLS 技术制造出陶瓷零件初始形坯,接着经过 CIP 处理提高 SLS 零件的致密度,以进行脱脂低温预烧结处理,获得具有一定强度的多孔陶瓷零件形坯,最后进行 FS 处理,获得最终高致密度的陶瓷零件。

SLS/CIP/FS 复合成形技术并不是几种技术的简单相加,而是很好地利用了各子技术的优点,具有以下特点:①利用 SLS 成形"分层、堆积"的特点,可根据零件三维模型直接成形任意坯体,不受结构复杂度限制;②利用 CIP 技术均匀促进致密化的特点,SLS 初始形坯经 CIP 处理可以在提高密度的同时,几乎不改变零件形状;③SLS/CIP 陶瓷形坯所用黏结剂种类、含量、分布方式均与传统陶瓷形坯的不同,需根据其特点,制定合理的脱脂及 FS 处理工艺路线。

综上所述,相对于其他陶瓷成形技术,SLS/CIP/FS 复合成形技术不仅具有柔度高、成形零件致密度高与成本低等优势,且在近净成形复杂结构陶瓷零件方面具有非常大的潜力。因此,对陶瓷零件的 SLS/CIP/FS 复合成形技术进行研究具有极其重要的意义。

5.1.4 铸造覆膜砂的 SLS 成形及研究进展

SLS 技术可以直接制备用于铸造的砂型(芯),从零件图纸到铸型(芯)的工艺设计、铸型(芯)的三维实体造型等都是由计算机完成的,而无须过多考虑砂型(芯)的生产过程。特别是对于一些空间的曲面或流道,用传统方法制备十分困难,若用 SLS 技术,则这一过程就会变得十分简单,因为它不受零件复杂程度的限制。用传统方法制备砂型(芯)时,常将砂型分成几块,然后分别制备,并且将砂芯分别拔出后进行组装,因而需要考虑装配定位和精度问题。而用 SLS 技术可实现砂型(芯)的整体制备,不仅简化了分离模块的过程,铸件的精度也得以提高。因此,用 SLS 技术制备覆膜砂型(芯)在铸造中有着广阔的前景。

覆膜砂与铸造用热型砂类似,采用酚醛树脂等热固性树脂包覆锆砂、石英砂的方法制备,如 DTM 公司的 Sand Form Zr。在 SLS 成形过程中,酚醛树脂受热而软化和固化,使覆膜砂黏结成形。由于激光加热时间很短,酚醛树脂在短时间内不能完全固化,因此砂型(芯)的强度较低,须进行加热后固化,经后固化处理的砂型或砂芯能够浇注金属铸件。

G. Casalino 等人对覆膜砂的 SLS 成形做了大量的工作,并从 2000 年开始陆续发表了激光能量、扫描速度、扫描间距对层间黏结、表面质量之间精度的影响的相关文章。关于覆膜砂的 SLS 成形工艺参数的研究表明,CO_2 激光器的能量在 $25\sim60$ W 时就能够进行覆膜砂的 SLS 成形,扫描速度不能太低,以免树脂分解,0.3 mm 是较好的层厚。而后其又对覆膜砂工艺参数和透气性、力学性能之间的关系做了进一步的研究。

从 1999 年开始,华中科技大学的樊自田等人对覆膜砂的 SLS 成形做了大量的研究工作,包括 SLS 成形工艺、后处理工艺、覆膜砂激光烧结固化的模型和机理、砂型(芯)的烧结强度和后固化强度。研究结果表明:由于激光束扫描加热时间短(为瞬间加热)、普通覆膜砂的热传导系数较小、加热温度不能太高等,一般用 SLS 成形的覆膜砂型(芯)的强度较低;提高覆膜砂型(芯)烧结强度的措施是选择合理的 SLS 成形工艺参数(激光束的输出功率、扫描速度等)、采用较小的烧结层厚度和导热系数较大的覆膜砂。

该研究也表明,SLS 覆膜砂型(芯)的精度不高,表面粗糙,需要浸涂涂料才能达到满意的效果,并且不能制备精细以及具有悬臂结构的砂型(芯)。

赵东方等人对覆膜砂的 SLS 成形工艺性能进行了探讨,得出覆膜砂应使用粒径为 $140\sim200\ \mu m$ 的擦洗硅砂,树脂的熔点在 $90\sim95\ ℃$ 为宜,树脂加入量在 $3.0\%\sim3.5\%$ 为宜,同时应采用润滑性能较好的润滑剂。姚山等人对 SLS 覆膜砂进行了建模研究,建立了覆膜砂 SLS 成形过程中的数学模型,综合考虑了材料的物性参数随温度变化及激光光强分布不均匀等因素,并采用热像仪非接触测温的方法合理地确定了模型中的参数和边界条件。

此外,中北大学的白培康等人也对覆膜砂的 SLS 成形工艺和参数进行了研究,并通过正交分析优化了覆膜砂 SLS 成形工艺。

5.2 陶瓷-黏结剂复合材料的 SLS 成形及后处理工艺

通过 SLS 技术制造复杂陶瓷零件具有显著的成本低、周期短及节省材料等优点,因而逐渐成为制造复杂形状陶瓷零件的研究热点。由于通过 SLS 技术制造陶瓷零件存在密度低、力学性能差等劣势,往往需要通过浸渗、热/冷等静压、高温烧结等后处理方法来提高其性能。

5.2.1 纳米氧化锆-聚合物复合粉末的制备及成形

1. 概述

氧化锆(ZrO_2)陶瓷是一种十分重要的功能陶瓷和结构陶瓷,一般氧化锆零件的几何形状复杂,且要求复杂结构具有整体性。利用 CAD/CAM 机加工的方法制造复杂的氧化锆零件,可以满足快速和个性化的制造理念,但是这种方法精度有限,加工过程中可能会引起微裂纹,另外,机加工方法属于减材制造,会造成材料的浪费,成本较高,而且在针对较复杂结构氧化锆零件成形时,由于受到加工刀具的限制,也很难完成成形。除此以外,以注射成形、等静压成形等为代表的传统氧化锆成形方法均受到模具的限制,个性化程度低,成本高,无法满足复杂结构氧化锆零件的成形需求。例如,干压、等静压成形方法只能成形简单形状或管状的氧化锆陶瓷零件;注射成形方法可以成形较为复杂的氧化锆陶瓷零件,但是模具成本很高,且氧化锆在医疗领域为小批量甚至单件生产,因此显著增加了制造成本。哈尔滨工业大学张红杰对氧化锆微结构件的粉末注射成形进行了研究,对微结构件的尺寸精度、显微组织及力学性能进行了分析,实验表明微结构件的径向收缩率在 18%~20% 波动,烧结后的相对密度高达 97%。这种注射成形的工艺可以用来制备复杂形状氧化锆陶瓷零件,然而它的模具成本高,更不利于产品的更新换代。德国 Darmstadt 工业大学的 Jochen Langer 等人比较了 8% yttria-稳定氧化锆(8YSZ)的热压烧结和电场辅助烧结技术,其研究表明,在试样形状、升温工艺、保压压力和烧结气氛均一致的情况下,两种技术得到的 8YSZ 烧结试样表现出相似的致密化程度和显微结构特征,且二者的烧结阶段的主要致密化机理相同,均为晶界扩散,将升温速率增加至 150 K/min,致密化机理仍然不会改变。但是,受到模具单向压制的限制,这两种技术均只能用于圆柱或方块试样的成形,无法压制复杂形状,因此,该研究中的优异性能难以在实际应用中展现。

利用增材制造的方法制造氧化锆陶瓷零件,无须依靠模具,且适合制造复杂形状的氧化锆陶瓷零件,在开发新型结构产品时具有显著的优势,由于可在同一工作台面上同时进行多件氧化锆陶瓷产品的成形,也显著提高了成形效率。因此,该方法在未来氧化锆陶瓷零件制造中发展空间将非常巨大。德国 Aachen 大学的 J. Ebert 等人采用直接喷墨印刷的方法,配制了固相含量为 27% 的氧化锆基陶瓷浆料,浆料通过改良过的传统喷墨打印机成形,该机器配备了清洁和干燥装置,有助于致密零部件的制造,J. Ebert 利用该方法成形了氧化锆牙冠零件。直接喷墨打印成形的氧化锆试样经高温烧结后的抗压强度达到 763 MPa,平均断裂韧度达到 6.7 MPa·m$^{0.5}$。直接喷墨打印的方法有比较高的精度,材料浪费率很低,在制造全瓷牙修复体方面很有应用前景。但是,直接喷墨打印成形氧化锆陶瓷零件表面"梯度"现象明显,较为粗糙,给后续处理带来很大麻烦,有些结构甚至无法通过后续处理进行改善。另外,该方法对于浆料的配制要求严格,且干燥环节难以控制,易造成坯体固相分布不均或形成微裂纹,在脱脂烧结环节这些缺陷更为明显。法国 DIPI 实验室的 Ph. Bertrand 利用 SLM 方法直接成形氧化锆零件,采用 50 W 光纤激光器,通过实验分析了粉末性能、粉末层厚以及激光扫描工艺对陶瓷零件密度和结构的影响规律,从而获得性能较好的陶瓷零件。虽然陶瓷零件密度和性能的数据并不完整,但是 Ph. Bertrand 的研究证明了不添加黏结剂的纯 Y-氧化锆陶瓷可以通过 SLM 方法直接成形,认为粉末性能、激光参数及设备参数对最终的陶瓷零件有一定的影响,但是,这种激光直接制造的氧化锆陶瓷零件表面非常粗糙,尺寸精度差,微裂纹随处可见,距离产品应用还有很长的路要走。

本节在以往相关研究的基础上,将 SLS/CIP/FS 复合成形技术运用到氧化锆粉末的成形中,既能满足各个领域对氧化锆零件复杂形状的要求,又能在一定程度上消除 SLS 成形陶瓷零件孔隙多的致命缺陷,可以获得性能较好的复杂氧化锆零件,成形过程不易出现裂纹等缺陷。该技术在氧化锆成形制造方面有着广阔的应用前景。

2. 粉体制备

1)主要原料

实验中用到的主要原料如表 5.1 所示。

表 5.1　主要原料

名称	供应商	主要指标
环氧树脂 E06	湖北兴银河化工有限公司	平均粒径 50 μm
造粒氧化锆	深圳信柏结构陶瓷有限公司	平均粒径 50 μm
硬脂酸	国药集团化学试剂有限公司	白色叶片状结晶
尼龙 12	德国德固赛(Degussa)公司	粒料
抗氧剂 1098	佛山瀚帝贝格进出口贸易有限公司	白色粉末
硅烷偶联剂	国药集团化学试剂有限公司	白色结晶或颗粒
纳米氧化锆	南京海泰纳米材料有限公司	平均粒径 20 nm
稀盐酸	武汉鑫科玻璃仪器有限公司	—
无水乙醇	武汉鑫科玻璃仪器有限公司	分析纯

2)粉末的制备过程

(1)纳米氧化锆-硬脂酸复合粉末制备方法。

硬脂酸是一种饱和脂肪酸,分子式为 $C_{18}H_{36}O_2$,在无水乙醇、丙酮、苯、氯仿等溶剂中均有较好的溶解性。无水乙醇是一种较常见的化学试剂,且无毒,较适合作为本实验中硬脂酸的溶剂。

图 5.1 所示的是纳米氧化锆-硬脂酸复合粉末的制备流程。首先,将一定量的纳米氧化锆粉末与无水乙醇混合,并加入氧化锆磨球进行球磨,使纳米氧化锆粉末在溶剂中的分散性更好。然后,将分散好的纳米氧化锆粉末混料取出,与硬脂酸和氧化锆磨球按照质量比 4:1:10(氧化锆粉末混料:硬脂酸:氧化锆磨球)的比例,加入球磨罐中,并继续加入溶剂无水乙醇,无水乙醇液面超过粉体和磨球即可。球磨过程在行星式球磨机上完成,球磨速度 $v=300$ r/min,球磨时间 $t=4$ h。球磨完毕后,将混料倒入烧瓶内,烧瓶与无水乙醇回收装置相连,置于恒温磁力搅拌器上,进行恒温搅拌,温度保持在 $T=40$ ℃。溶剂蒸发至剩余少量无水乙醇时,取出混料,在恒温箱中烘干。烘干后的粉末经轻微碾磨或球磨,并经过 200目筛筛选,即获得纳米氧化锆-硬脂酸复合粉末。该粉末流动性较好,适于 SLS 成形,为了分析方便,记该粉末为 SZ20。

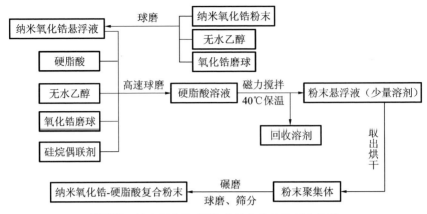

图 5.1　纳米氧化锆-硬脂酸复合粉末的制备流程

（2）溶剂沉淀法制备纳米氧化锆-尼龙 12 复合粉末。

图 5.2 所示的是溶剂沉淀法制备纳米氧化锆-尼龙 12 复合粉末的流程。

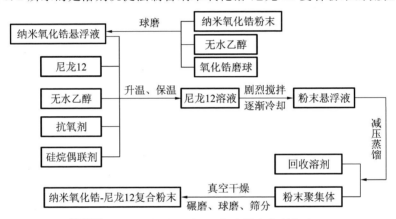

图 5.2　纳米氧化锆-尼龙 12 复合粉末的制备流程

　　首先，将一定量的纳米氧化锆粉末与无水乙醇混合，并加入氧化锆磨球进行球磨，使氧化锆粉末在溶剂中的分散性更好。然后取出氧化锆混料，并将之与尼龙 12、无水乙醇、抗氧剂及硅烷偶联剂按比例投入带夹套的不锈钢反应釜中，将反应釜密封，抽真空，通氮气保护。其中，尼龙 12 与纳米氧化锆粉末按质量比 1∶4 混合，抗氧剂质量为尼龙 12 质量的 0.1%～0.3%，硅烷偶联剂质量为尼龙 12 质量的 0.1%～0.5%。接着，以 1～2 ℃/min 的速度逐渐升温到 140 ℃左右，使尼龙 12 完全溶解于溶剂无水乙醇中，在最高温度下保温保压 1～2 h。在剧烈搅拌下，以 2～4 ℃/min 的速度逐渐冷却至室温，使尼龙 12 逐渐以氧化锆粉末聚集体为核，结晶包覆在氧化锆粉末聚集体外表面，形成尼龙覆膜氧化锆粉末悬浮液。将尼龙覆膜氧化锆粉末悬浮液从反应釜中取出，静置数分钟后，悬浮液中的覆膜氧化锆粉末会沉降下来，收集剩余的无水乙醇溶剂，回收的乙醇溶剂可以重复利用。将取出的稠状粉末聚集体在 80 ℃下进行真空干燥 24 h，得到干燥的尼龙覆膜氧化锆复合粉末,然后在碾钵中轻微碾磨,并在球磨机中以 200 r/min 转速球磨 15 min,经 200 目筛筛选,即得实验所用的纳米氧化锆-尼龙 12 复合粉末,记为 PZ20。该粉末流动性也较好,适于 SLS 成形。

本次实验也制备了尼龙 12 质量分数为 25％的纳米氧化锆-尼龙 12 复合粉末,记为 PZ25,并与 PZ20 粉末的形貌和粒径进行对比。

(3)机械混合法制备造粒氧化锆-环氧树脂 E06 复合粉末。

本实验同样也用机械混合法制备了造粒氧化锆-环氧树脂 E06 复合粉末,作为纳米氧化锆-尼龙 12 复合粉末的对比项。氧化锆粉末采用深圳信柏结构陶瓷有限公司提供的四方相钇稳定氧化锆粉末,造粒体大小为 40～120 μm,松装密度为 $1.0～1.5$ g/cm³。四方相钇稳定氧化锆粉末成分如表 5.2 所示。环氧树脂 E06 由湖北兴银河化工有限公司提供,平均粒径为 50 μm。造粒氧化锆粉末和环氧树脂 E06 粉末按照质量比 9:1,在 3D 混合机中均匀混合24 h,获得 SLS 用造粒氧化锆-环氧树脂 E06 复合粉末。粉末流动性较好,适于 SLS 成形。本次实验制备了环氧树脂 E06 质量分数为 10％的粉末,记为 EZ10。

表 5.2　四方相钇稳定氧化锆粉末成分

成分	ZrO_2	Y_2O_3	SiO_2	Na_2O	Al_2O_3	Fe_2O_3	K_2O	MgO	Cl^-
质量分数/(％)	94.71	5.10	0.045	0.02	0.01	0.015	0.01	0.01	0.08

3)粉末材料的表征

用日本电子株式会社(JEOL)的 JSM-7600F 型场发射扫描电子显微镜(SEM)分别观察 EZ10、SZ20 及 PZ20 复合粉末的微观形貌。

图 5.3 所示的是 EZ10 复合粉末的微观形貌,图中呈球形且大小不均的颗粒是造粒氧化锆,其平均粒径为 $45～60$ μm。

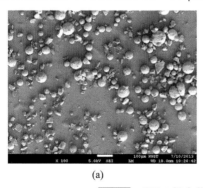

(a)　　　　　　　　　　　　　　　(b)

图 5.3　EZ10 复合粉末的微观形貌(SEM)

图 5.3 中呈不规则状且粒径较小的颗粒是环氧树脂 E06 颗粒,平均粒径仅为 $20～28$ μm。由于造粒氧化锆粉末仍然维持了混合前的球形形貌,大部分颗粒为球形且粒径均匀,因此粉末的流动性好,成形性好。但是,环氧树脂 E06 颗粒在复合粉末中的分布并不太均匀,这是由于环氧树脂 E06 粉末和氧化锆粉末的相对密

度差距较大,混合时很难达到完全均匀。然而,高分子黏结剂在陶瓷粉末中分布的均匀程度将会直接影响到 SLS 过程陶瓷试样孔隙和密度的分布,也会大大影响后续处理各环节,包括 CIP、热脱脂及高温烧结环节的尺寸收缩和密度分布。

本实验采用的纳米氧化锆粉末由南京海泰纳米材料有限公司提供,型号为 HTZr-02,平均粒径为 20 nm,比表面积不小于 20 m^2/g,其中添加 3‰ Y_2O_3 作为稳定剂。

由于纳米粉末普遍存在团聚现象,且难以进行分散,通过 SEM、激光粒度分析等手段不易对其进行微观分析,因此,采取透射电子显微镜(TEM)的手段,观察 HTZr-02 型纳米氧化锆粉末的微观形貌,如图 5.4 所示。

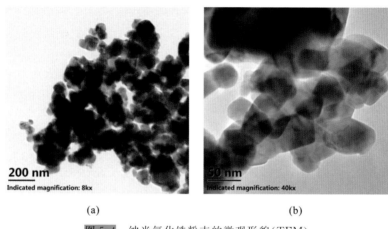

(a)　　　　　　　　　　　(b)

图 5.4　纳米氧化锆粉末的微观形貌(TEM)

由图 5.4 可看出,粉末存在明显的团聚现象,但粉末颗粒粒径基本在 20~60 nm 范围内,有利于后期高温烧结环节对氧化锆陶瓷零件的致密化作用。

图 5.5 所示的是 SZ20 复合粉末的微观形貌。由图 5.5(a)可以看出,SZ20 复合粉末颗粒的大小并不均匀,粒径分布较广。由图 5.5(b)可以看出 SZ20 复合粉末颗粒表面很粗糙,说明硬脂酸结晶效果一般。颗粒越大,其形状越接近球形,较小的颗粒呈不规则形状,因此,SZ20 复合粉末的流动性较好,较适于 SLS 成形。

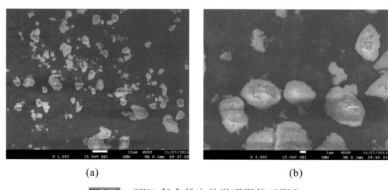

(a)　　　　　　　　　　　(b)

图 5.5　SZ20 复合粉末的微观形貌(SEM)

图 5.6 所示的为 PZ20 和 PZ25 复合粉末的微观形貌。对比图 5.6 和图 5.4 可以发现,相对于纳米氧化锆粉末,PZ20 和 PZ25 复合粉末的颗粒明显变大并且粒径处于微米级,颗粒形态更逼近球形。如图 5.6(a)(b)所示,PZ20 和 PZ25 复合粉末的颗粒粒径分布更加集中,并没有出现图 5.5 中颗粒粒径明显不均匀的现象。如图 5.6(c)(d)所示,PZ20 和 PZ25 复合粉末颗粒形状变得更加接近球形,颗粒表面相对 SZ20 颗粒更平滑,这是由于纳米氧化锆粉末及其聚集体的外表面被顺滑性好的尼龙 12 包覆,而尼龙 12 的结晶效果非常好。PZ25 粉末颗粒较 PZ20 粉末颗粒的粒径更大,二者均非常适于 SLS 成形,也有利于后续处理的进行。

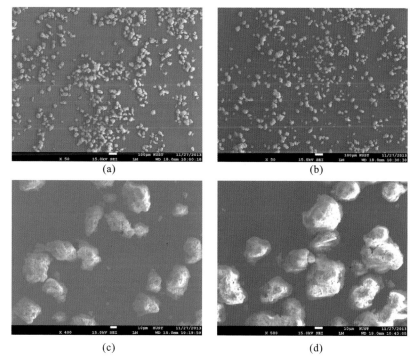

图 5.6　PZ20 和 PZ25 复合粉末的微观形貌(SEM)

(a)(c)PZ20 复合粉末;(b)(d)PZ25 复合粉末

溶剂沉淀法曾被用于制备尼龙粉末,淄博广通化工责任有限公司的王明吉提出使用溶剂沉淀法制备尼龙粉末;也有学者提出采用溶剂沉淀法制备尼龙覆膜金属粉末,如尼龙 12 覆膜碳钢粉末,如华中科技大学的闫春泽在 2009 年提出使用溶剂沉淀法制备尼龙 12 覆膜铜粉末。而本实验使用溶剂沉淀法制备纳米氧化锆-尼龙 12 复合粉末,并且获得了一定的成果。

采用英国 Malvern Instruments 公司生产的 MAN5004 型激光衍射法粒度分析仪对 EZ10、SZ20、PZ20 和 PZ25 复合粉末进行了粒径及粒径分布分析,结果如下。

图 5.7(a)(b)分别是造粒氧化锆粉末和环氧树脂 E06 粉末的粒径分布图。由图可知,造粒氧化锆粉末和环氧树脂 E06 粉末的平均粒径差距较大,分别是 45～60 μm 和 20～28 μm。二者通过机械混合后,EZ10 复合粉末基本是原先两种粉末的均匀混合,该粉末流动性好。

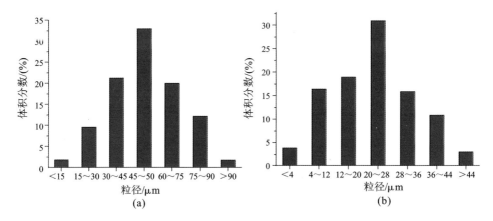

图 5.7　EZ10 粉末的粒径分布图

(a)造粒氧化锆粉末;(b)环氧树脂 E06 粉末

图 5.8 是 SZ20 复合粉末的粒径分布图。由图可知,SZ20 复合粉末的平均粒径是 24～28 μm,但是粒径为 16～24 μm 的颗粒仍然较多。SZ20 复合粉末的粒径分布较广。

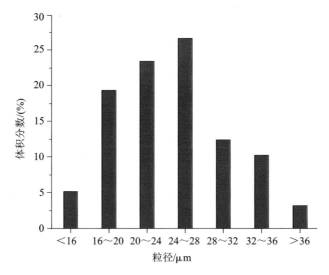

图 5.8　SZ20 复合粉末的粒径分布图

图 5.9(a)(b)分别为 PZ20 与 PZ25 复合粉末的粒径分布图。由图可知,这两种粉末的粒径分布都在 1～80 μm,几乎没有纳米级的粉末,这进一步证明了纳米粉末颗粒被尼龙 12 所包覆。对比图 5.9(a)与(b),可知 PZ20 复合粉末的粒径主

要分布在 $3\sim59\ \mu m$,平均粒径在 $27\sim35\ \mu m$,该粒径范围内的粉末体积分数为 20% 左右,而 PZ25 复合粉末的粒径主要分布在 $1\sim78\ \mu m$,平均粒径在 $34\sim45$ μm,该粒径范围内的粉末体积分数为 27% 左右。由粒度分析仪得出 PZ20 复合粉末和 PZ25 复合粉末的平均粒径分别是 $31.1\ \mu m$ 和 $40.1\ \mu m$,这两种复合粉末都是通过溶剂沉淀法制备的,但是 PZ20 复合粉末的平均粒径比 PZ25 的要小,这是由于尼龙 12 在结晶过程中以纳米氧化锆作为成核中心,PZ20 复合粉末中纳米氧化锆含量比 PZ25 的大,成核中心增加导致粉末颗粒数量增加,颗粒粒径就随之减小了。另外,由于 PZ25 复合粉末在平均粒径范围内的粉末体积分数更大,因此它的粒径分布更集中,利于 SLS 成形。

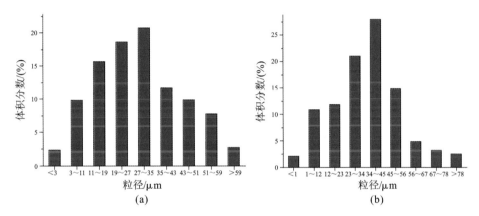

图 5.9　PZ20 与 PZ25 复合粉末的粒径分布图
(a)PZ20 复合粉末;(b)PZ25 复合粉末

4)纳米氧化锆与聚合物的界面黏结

为了增强纳米氧化锆基体与尼龙 12、硬脂酸等聚合物的界面黏结,使用硅烷偶联剂(APTS)对纳米氧化锆颗粒表面进行了有机改性。APTS 与纳米氧化锆、尼龙 12、硬脂酸的反应过程如图 5.10 所示。

首先,APTS 水解形成含有醇基(—OH)的水解物,如图 5.10(a)所示;其次,纳米氧化锆表面含有大量的—OH,能与 APTS 的水解物进行缩聚反应,这样氨基(—NH$_2$)就被接枝到了纳米氧化锆颗粒表面,如图 5.10(b)所示;最后,接枝到纳米氧化锆表面的氨基与尼龙 12 和硬脂酸中的羧基进行反应,形成酰胺键,如图 5.10(c)(d)所示。这样纳米氧化锆基体与尼龙 12 和硬脂酸的界面黏结就得到了改善。

使用傅里叶红外光谱(FTIR)定性地分析纳米氧化锆在表面改性前后的结构变化,所使用的仪器为德国 Bruker 公司 VERTEX 70 傅里叶变换显微红外/拉曼光谱仪。图 5.11 所示的为纳米氧化锆在表面改性前和表面改性后的光谱图。

$$H_2N-R-(OC_2H_5)_3 \xrightarrow{3H_2O} H_2N-R-(OH)_3+3C_2H_5OH$$

(a)

(b)

(c)

(d)

图 5.10　APTS 与纳米氧化锆、尼龙 12、硬脂酸的反应过程

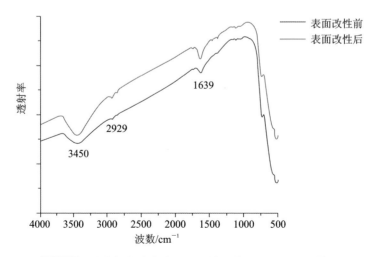

图 5.11　纳米氧化锆在表面改性前和表面改性后的光谱图

从纳米氧化锆表面改性前的光谱图可以看出,在 3450 cm^{-1} 处存在一个宽而强的峰,这个峰归属于纳米氧化锆表面的 O—H 伸缩振动峰。从纳米氧化锆表面改性后的光谱图可以看出,在 2929 cm^{-1} 处出现了新的吸收峰,这是由于在表面处理过程中,将有机链接枝到了纳米氧化锆的表面。以上的傅里叶红外光谱分析表明,APTS 被成功地接枝到了纳米氧化锆表面。

3. 陶瓷-聚合物复合粉末激光烧结成形过程分析

1)陶瓷-聚合物机械混合粉末 SLS 成形

图 5.12 所示的为陶瓷-聚合物机械混合粉末的 SLS 成形过程,可分成以下三个阶段。

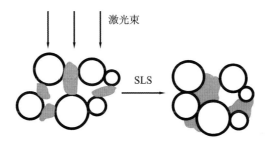

图 5.12　陶瓷-聚合物机械混合粉末的 SLS 成形过程

(1)混合粉末吸收激光能量。

粉末对激光的吸收率可以表示为

$$\alpha = \varphi_P \alpha_P + \varphi_M \alpha_M \tag{5-1}$$

式中:α 为混合粉末的激光吸收率;α_P 及 α_M 分别为黏结剂和陶瓷粉末的激光吸收率;φ_P 及 φ_M 分别是混合粉末中黏结剂和陶瓷粉末的体积分数。

(2)黏结剂对陶瓷颗粒的润湿。

有机物吸收激光能量而熔融,熔融后对陶瓷颗粒进行润湿和黏结。把粉末表面的孔隙视作毛细管,黏度为 η 的液体,经过半径为 R、长度为 L 的毛细管时,其润湿时间为

$$t = 2\eta L / (R\gamma_L \cos\theta) \tag{5-2}$$

式中:γ_L 为液体表面张力;θ 为接触角。

陶瓷颗粒表面粗糙度对润湿速率也有影响,可描述为

$$\Delta G = -\gamma_L [1 + (A_S / A_L)\cos\theta] A_L \tag{5-3}$$

式中:γ_L 为高分子的表面张力;A_L 为被润湿陶瓷的表面积;A_S 为被润湿陶瓷的面积;θ 是润湿角;A_S / A_L 为颗粒表面的粗糙度系数。

(3)聚合物黏结剂颗粒间的烧结。

混合粉末的烧结速率取决于黏结剂对陶瓷颗粒的润湿速率和黏结剂颗粒间的烧结速率,而且聚合物黏结剂颗粒间的烧结速率的影响要大于黏结剂润湿速率的影响。

2）聚合物覆膜陶瓷粉末 SLS 成形

图 5.13 所示的为聚合物覆膜陶瓷粉末的 SLS 成形过程，可以分为以下两个阶段。

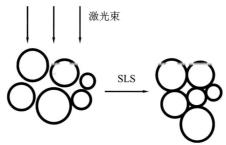

图 5.13　聚合物覆膜陶瓷粉末的 SLS 成形过程

（1）覆膜粉末吸收激光能量。

由于在覆膜粉末中，聚合物黏结剂完全包覆在纳米陶瓷聚集体周围，因而覆膜粉末在接受激光扫描时基本相当于聚合物黏结剂本身接受扫描。因此，覆膜粉末的激光吸收率即为聚合物黏结剂的吸收率：

$$\alpha = \alpha_P \tag{5-4}$$

（2）黏结剂层的烧结。

陶瓷颗粒表面的聚合物黏结剂层吸收激光能量而温度升高，彼此间发生烧结并形成黏结颈，该行为属于黏性流动。

3）覆膜粉末与机械混合粉末在激光烧结中的差异性

Nikolay 等人通过试验研究证明，聚合物材料对 CO_2 激光的吸收率与氧化物陶瓷材料接近，表 5.3 列出了部分聚合物和陶瓷粉末对 CO_2 激光的吸收率。但是，在 SLS 成形过程中，由于激光作用于陶瓷粉末的时间很短暂，不足以发生固相烧结，因此氧化物陶瓷受激光扫描时无法成形。IPT 实验室在不使用黏结剂的情况下，使用 SLS 技术直接成形陶瓷，得到的陶瓷件很脆弱，容易发生破坏，因此，在和 CO_2 激光直接相互作用时，陶瓷粉末和金属粉末是不利于 SLS 成形的。由于覆膜粉末中陶瓷并没有与激光直接作用，全部是聚合物高分子受到激光的作用，因此其对 CO_2 激光的吸收率高于机械混合粉末。

表 5.3　部分聚合物和陶瓷粉末对 CO_2 激光的吸收率

材料	对 CO_2 激光的吸收率/（%）
Al_2O_3	96
SiO_2	96
SiC	66
TiC	46
PTFE	73
PMMA	75
EP（缩水甘油醚）	94

在机械混合粉末的 SLS 成形中,既存在聚合物熔体向陶瓷表面的浸润和铺展过程,也存在聚合物同类表面之间的黏结;在覆膜粉末的激光烧结过程中,仅发生聚合物同类表面黏结。由于同类物质间的黏结速率远大于异相物质间的浸润与黏结速率,因此,在聚合物黏结剂含量满足 SLS 成形需求且含量类似的条件下,机械混合粉末的烧结速率小于覆膜粉末的。

4. 成形过程

1)激光选区烧结成形参数

SLS 成形效果与激光烧结工艺参数之间的影响机制长期以来备受关注,国内外学者针对这方面做了许多研究,建立了多种热传导模型,目的是优化工艺参数,获得性能较好的 SLS 坯体。为成形出性能好的 SLS 坯体,需要通过实验对复合粉末 SLS 成形工艺参数进行优化。

(1)预热温度的控制。

预热温度在 SLS 烧结时是一个非常关键的工艺参数。预热温度较低会使 SLS 试样强度较差;反之,预热温度太高,过量熔化黏结剂将使未扫描区域粉末发生黏结,导致 SLS 试样精度降低。

在间接 SLS 成形用陶瓷复合材料中,高分子黏结剂分为非晶态高分子聚合物和晶态高分子聚合物两类。图 5.14(a)所示的是晶态高分子聚合物的温度-形变曲线,在熔点 T_m 以下其处于晶态,当温度高于 T_m 时,其处于黏流态。因此,对于晶态高分子聚合物,熔点 T_m 又是黏流温度 T_f。图 5.14(b)所示的是非晶态高分子聚合物的温度-形变曲线,把非晶态高分子聚合物划为三种力学状态——玻璃态、高弹态与黏流态。温度较低时,其刚性固体状被称作玻璃态;当温度升高至玻璃化温度 T_g 后,呈现柔软的高弹态;继续升温至黏流温度 T_f,则呈现出黏流态。所以晶态高分子和非晶态高分子在 SLS 成形时的润湿和铺展作用是有一定区别的。

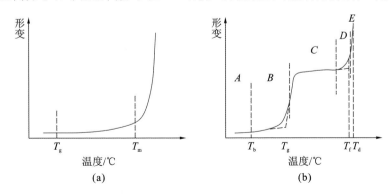

图 5.14　温度-形变曲线

(a)晶态高分子聚合物;(b)非晶态高分子聚合物

实验所用的 SLS 成形用复合材料分别是 EZ10 复合粉末、SZ20 复合粉末及 PZ20 复合粉末,使用的黏结剂分别为非晶态高分子聚合物环氧树脂 E06 与晶态高分子聚合物硬脂酸和尼龙 12,因而它们成形机理不同。当采用黏结剂为环氧树脂 E06 的复合粉末时,黏结剂粉末在激光扫描后受热变成黏流态,然后润湿高熔点氧化锆粉末,与氧化锆粉末颗粒形成烧结颈。当采用黏结剂为硬脂酸或尼龙 12 的复合粉末时,氧化锆粉末表面的高分子硬脂酸或尼龙 12 完全熔化,随着温度升高,氧化锆粉末表面高分子材料熔化量增大,流动性更好,逐渐填充氧化锆颗粒间隙,此阶段中熔化/固化机理起主要作用。

如图 5.15(a)所示,该曲线是硬脂酸的 DSC 曲线,由图可知,硬脂酸的熔点在 69 ℃左右,因此,SLS 成形时的工作台温度设置在 69 ℃即可。

如图 5.15(b)所示,曲线 A 为尼龙 12 的升温 DSC 曲线,尼龙 12 熔融起始点温度 T_{ms} 约为 170 ℃。曲线 B 为尼龙 12 的降温 DSC 曲线,重结晶起始点温度 T_{rs} 约为 158 ℃。因而尼龙 12 的烧结温度为 158~170 ℃,实验中预热温度设置在 150 ℃左右。

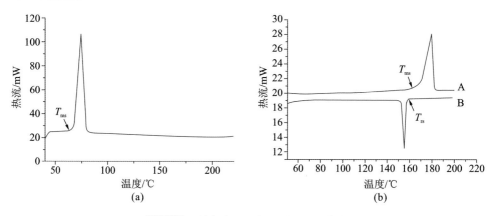

图 5.15 硬脂酸和尼龙 12 的 DSC 曲线

(a)硬脂酸的 DSC 曲线;(b)尼龙 12 的 DSC 曲线

当黏结剂为环氧树脂 E06 时,由于环氧树脂 E06 属于非晶态高分子聚合物,根据图 5.15 所示 DSC 曲线可知,粉床预热温度一般不高于 53 ℃。

(2)实验设计。

对覆膜陶瓷粉末来说,要保证成形性能,仍然必须从控制激光能量密度入手。激光能量密度公式为

$$e = \frac{P}{vs} \tag{5-5}$$

式中:e 为激光能量密度,单位是 J/mm²;P 为激光功率;s 为扫描间距;v 为扫描速度。

激光能量密度在 SLS 成形中起到决定性作用,它的大小与激光功率、扫描速度及扫描间距有关。为了得到较适合的激光扫描工艺参数,设计了基于激光能量密度的 SLS 工艺参数组合,能量密度增加幅度较均匀。在各工艺参数组合下,利用 SLS 技术,成形高度 $H = 10$ mm、直径 $D = 25$ mm 的圆柱形试样,实验结束后,

分别对每个试样的实际直径 d、实际高度 h 以及质量 m 进行了记录，如表5.4至表5.6所示。

表 5.4   EZ10 复合粉末 SLS 成形实验结果

序号	激光能量密度/(J/mm²)	实际高度/mm	实际直径/mm	质量/g	密度/(g/cm³)
1	0.2750	5.06	20.20	1.79	1.11
2	0.2922	5.04	20.18	1.83	1.14
3	0.3235	5.04	20.08	1.79	1.13
4	0.3300	4.98	19.80	1.75	1.14
5	0.3438	4.98	19.78	1.83	1.20
6	0.3575	4.96	19.72	1.84	1.21
7	0.3929	5.00	19.98	1.85	1.17
8	0.4125	5.02	20.06	1.82	1.14
9	0.4533	5.08	20.32	1.86	1.13

表 5.5   SZ20 复合粉末 SLS 成形实验结果

序号	激光能量密度/(J/mm²)	实际高度/mm	实际直径/mm	质量/g	密度/(g/cm³)
1	0.165	5.32	21.42	2.18	1.14
2	0.176	5.08	20.44	1.94	1.16
3	0.220	5.04	20.22	1.93	1.19
4	0.244	5.02	20.18	1.93	1.20
5	0.264	5.00	20.16	1.98	1.24
6	0.275	5.06	20.40	1.85	1.12
7	0.342	5.20	21.20	1.79	0.98

表 5.6   PZ20 复合粉末 SLS 成形实验结果

序号	激光能量密度/(J/mm²)	实际高度/mm	实际直径/mm	质量/g	密度/(g/cm³)
1	0.330	4.86	19.02	0.83	0.60
2	0.358	4.82	18.96	0.86	0.63
3	0.375	4.80	18.84	0.90	0.67
4	0.415	4.74	18.66	0.96	0.74
5	0.435	4.76	18.74	0.91	0.69
6	0.465	4.80	18.78	0.80	0.60

2）冷等静压

若氧化锆陶瓷件是带有内部结构的复杂形状陶瓷件，则可采用天然橡胶胶乳固化的方法制作冷等静压用随形包套。然而,许多氧化锆陶瓷件(如牙冠等),仅仅是外表面很复杂,并没有复杂的内部结构,为了简化包套制作工艺,无须采用天然橡胶胶乳固化的方法,只需将陶瓷件放置在可封口的塑料包装袋(或气球、塑胶手套)中,使用真空泵将袋内空气抽至压力为 0.1 Pa,再使用封口机封住(或用绳子分成三节系牢)即可进行冷等静压操作。压制完毕后,由于 CIP 介质是油,用纯净水将包套表面的油污冲干净,避免污染试样,待包套晾干后即可剪开包套,取出试样。

具体的 CIP 工艺参数如表 5.7 所示。

表 5.7　SLS 试样的 CIP 工艺参数

CIP 工艺参数	保压压力	保压时间	升压速率	压力介质
值	200 MPa	5 min	1 MPa/s	油

具体实验结果如表 5.8 至表 5.10 所示。

表 5.8　EZ10 复合粉末 CIP 实验结果

序号	SLS 激光能量密度/(J/mm²)	高度/mm	直径/mm	质量/g	密度/(g/cm³)
1	0.2750	3.94	15.66	1.78	2.36
2	0.2922	3.84	15.60	1.82	2.48
3	0.3235	3.80	15.50	1.79	2.50
4	0.3300	3.70	15.40	1.74	2.53
5	0.3438	3.70	15.32	1.82	2.68
6	0.3575	3.66	15.32	1.83	2.71
7	0.3929	3.64	15.28	1.84	2.75
8	0.4125	3.74	15.39	1.81	2.60
9	0.4533	3.80	15.56	1.85	2.56

表 5.9　SZ20 复合粉末 CIP 实验结果

序号	SLS 激光能量密度/(J/mm²)	高度/mm	直径/mm	质量/g	密度/(g/cm³)
1	0.165	4.58	19.26	2.17	1.63
2	0.176	4.42	18.46	1.93	1.63
3	0.220	4.40	18.40	1.92	1.64
4	0.244	4.36	18.18	1.92	1.69
5	0.264	4.34	17.78	1.97	1.83
6	0.275	4.44	18.14	1.84	1.61
7	0.342	4.66	19.18	1.78	1.32

表 5.10　PZ20 复合粉末 CIP 实验结果

序号	SLS 激光能量密度/(J/mm²)	高度/mm	直径/mm	质量/g	密度/(g/cm³)
1	0.330	2.78	12.74	0.750	2.12
2	0.358	2.74	12.44	0.746	2.24
3	0.375	2.66	12.40	0.738	2.30
4	0.415	2.60	12.36	0.736	2.36
5	0.435	2.66	12.46	0.739	2.28
6	0.465	2.70	12.54	0.723	2.17

3）热脱脂

（1）黏结剂为环氧树脂 E06 的热脱脂工艺。

EZ10 复合粉末中的黏结剂与 Al_2O_3-PVA-ER6 中的相似，可以按同样的脱脂路线进行热脱脂处理。

（2）黏结剂为硬脂酸的热脱脂工艺。

图 5.16(a)所示的为硬脂酸的 TG 曲线。从图中可知，硬脂酸的分解在 200 ℃左右逐步开始；在 200 ℃到 300 ℃之间，硬脂酸分解最为剧烈，约 80% 的硬脂酸完成了分解；420 ℃之后，硬脂酸已基本脱除干净。

因此，针对黏结剂为硬脂酸的 SLS/CIP 试样，脱脂路线如图 5.16(b)所示。

①在 200 ℃之前，升温速率为 0.1 ℃/min 左右，达到 200 ℃后保温 1 h；200 ℃到 300 ℃之间升温速率设为 0.1 ℃/min，然后保温 1 h。

②从 300 ℃到 420 ℃过程中，升温速率为 0.1 ℃/min，达到 420 ℃后保温 1 h。

③从 420 ℃到 850 ℃，升温较快，速率为 3 ℃/min，然后保温 2 h，再随炉冷却。

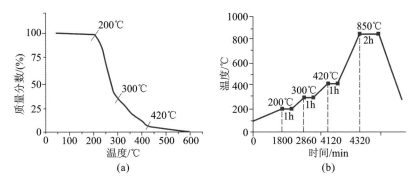

图 5.16　黏结剂为硬脂酸的热脱脂工艺
(a)硬脂酸的 TG 曲线；(b)SZ20 的 SLS/CIP 试样脱脂路线

（3）黏结剂为尼龙 12 的热脱脂工艺。

图 5.17(a)所示的为尼龙 12 的 TG 曲线。从图中可知，尼龙 12 在 300 ℃左右开始分解，在 400 ℃左右分解加剧；在 400～480 ℃，分解最为剧烈，失重大约为

90%;在 570 ℃之后,尼龙 12 基本完全脱除。

因此,针对黏结剂为尼龙 12 的 SLS/CIP 试样,脱脂路线如图 5-17(b)所示。

①在 300 ℃之前,升温速率为 0.1 ℃/min 左右,在达到 300 ℃后保温 1 h;从 300 ℃到 400 ℃之间,升温速率设为 0.1 ℃/min,然后保温 1 h。

②从 400 ℃到 480 ℃过程中,升温速率为 0.1 ℃/min,并在达到 480 ℃后保温 1 h。

③从 480 ℃到 570 ℃过程中,升温速率为 0.1 ℃/min,并在达到 570 ℃后保温 1 h。

④从 570 ℃到 850 ℃过程中,升温较快,速率为 5 ℃/min,然后保温 2 h,再随炉冷却。

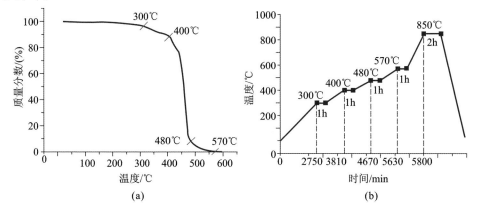

图 5.17 黏结剂为尼龙 12 的热脱脂工艺
(a)尼龙 12 的 TG 曲线;(b)PZ20 的 SLS/CIP 试样脱脂路线

4)高温烧结

高温烧结的目的是继续提高脱脂试样的致密度,使其达到最终要求。由于 SLS/CIP 试样内应力较大,如果升温速率较快,其内部温度梯度将较大,容易引起应力不均匀释放,导致开裂;如果烧结温度太低,较难提高致密度,从而不能满足最终要求;如果烧结温度太高,虽然致密度容易满足要求,但是烧结试样内部晶粒容易长大,影响试样最终的力学性能。

脱脂试样的高温烧结环节在硅钼棒烧结炉中进行,以 5 ℃/min 的速率从室温升至 1450 ℃,并保温 2 h,然后随炉冷却至室温,实验结果如表 5.11 至表 5.13 所示。

表 5.11 EZ10 复合粉末高温烧结实验结果

序号	SLS 激光能量密度/(J/mm²)	高度/mm	直径/mm	质量/g	密度/(g/cm³)
1	0.2750	3.02	12.68	1.65	4.32
2	0.2922	2.98	12.52	1.68	4.59

序号	SLS 激光能量密度/(J/mm²)	高度/mm	直径/mm	质量/g	密度/(g/cm³)
3	0.3235	2.92	12.34	1.65	4.74
4	0.3300	2.76	12.14	1.61	5.05
5	0.3438	2.72	12.12	1.69	5.38
6	0.3575	2.70	12.08	1.69	5.47
7	0.3929	2.90	12.20	1.70	5.00
8	0.4125	2.98	12.36	1.67	4.67
9	0.4533	3.02	12.60	1.71	4.55

表 5.12　SZ20 复合粉末高温烧结实验结果

序号	SLS 激光能量密度/(J/mm²)	高度/mm	直径/mm	质量/g	密度/(g/cm³)
1	0.165	2.92	11.90	1.80	5.58
2	0.176	2.56	11.88	1.60	5.66
3	0.220	2.52	11.84	1.59	5.72
4	0.244	2.58	11.68	1.59	5.76
5	0.264	2.64	11.64	1.63	5.80
6	0.275	2.50	11.70	1.53	5.70
7	0.342	2.42	11.74	1.48	5.64

表 5.13　PZ20 复合粉末高温烧结实验结果

序号	SLS 激光能量密度/(J/mm²)	高度/mm	直径/mm	质量/g	密度/(g/cm³)
1	0.330	1.92	8.60	0.64	5.75
2	0.358	1.62	8.26	0.51	5.86
3	0.375	1.40	8.02	0.42	5.90
4	0.415	1.42	8.36	0.46	5.92
5	0.435	1.52	8.42	0.49	5.85
6	0.465	1.80	8.62	0.61	5.79

5. 结果分析

1)收缩率

(1)在 SLS 成形过程中,激光能量密度对 SLS 收缩率的影响。

图 5.18 所示的是 SLS 成形过程中激光能量密度对 PZ20、SZ20 及 EZ10 三种复合粉末在高度 H 和直径 D 方向收缩率的影响规律。从图中可以看出,这三种复合粉末的 SLS 形坯的收缩率具有明显差异。PZ20 复合粉末的 SLS 形坯各方向

上尺寸出现明显的收缩,即收缩率均大于 0;SZ20 复合粉末的 SLS 形坯各方向上尺寸出现明显的膨胀,即收缩率均小于 0;EZ10 复合粉末的 SLS 形坯各方向上尺寸随激光能量密度变化会出现膨胀或收缩两种可能,当激光能量密度为 $0.275\sim$ $0.325\ J/mm^2$ 和 $0.412\sim0.453\ J/mm^2$ 时,H 和 D 方向的收缩率为负值,当激光能量密度为 $0.330\sim0.393\ J/mm^2$ 时,H 和 D 方向的收缩率为正值。

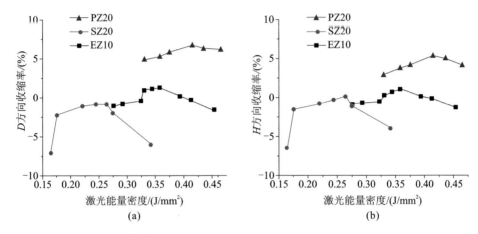

图 5.18　激光能量密度对 SLS 收缩率的影响规律

(a)D 方向;(b)H 方向

烧结件的非控制性增长会造成烧结件尺寸超出激光扫描的范围,在烧结过程中,当激光功率或预热温度比较大时,激光扫描区域内的温度很高,熔融区的热传导使周围的粉末黏结,使烧结件径向边界模糊,D 方向尺寸变大,即出现次级烧结。SLS 成形时,要使层与层之间能够较好地黏结成一体,激光烧结深度必须要大于成形件每一层的铺粉厚度,这样激光会使前一层(已经烧结)表面的材料重新熔融或软化,与随后的扫描层粉末黏结成一个整体,然而,当在烧结第一层粉末材料时,烧结件在高度 H 方向上尺寸会增大,这个在高度方向上增大的尺寸称为高度盈余。次级烧结和高度盈余是引起形坯膨胀的主要因素。

当材料为 PZ20 复合粉末时,复合粉末中的黏结剂尼龙 12 熔融潜热很大,在 SLS 成形时,当尼龙 12 达到熔点后,从固态变为液态吸收部分热量,减小了激光或预热引起的成形件周围的热影响区域,有利于阻止次级烧结和高度盈余现象的发生,加之尼龙 12 本身受热后体积收缩明显,故 PZ20 复合粉末在 SLS 成形时的收缩率为正值,表现为明显的收缩变形,且 H 方向平均收缩率比 D 方向小。作为 SZ20 复合粉末的主要黏结剂,硬脂酸在 SLS 成形时次级烧结和高度盈余现象占主导地位,表现出明显的膨胀,H 和 D 方向上尺寸都比目标尺寸大。EZ10 复合粉末在激光能量密度为 $0.275\sim0.325\ J/mm^2$ 和 $0.412\sim0.453\ J/mm^2$ 时,次级烧结和高度盈余现象占主导地位;当激光能量密度为 $0.330\sim0.393\ J/mm^2$ 时,黏结剂环氧树脂 E06 由于相变而发生体积变化所导致的收缩行为占主导地位,因此该范围内形坯各方向上尺寸收缩,收缩率大于0。

三种复合粉末的收缩率随激光能量密度的变化趋势基本一致,基本可以分为两个阶段:收缩率先随能量密度的增大而增大,直到达到一个最大值;继续增大能量密度,收缩率反而会减小。这是由于在适合粉末SLS成形的条件下,当激光能量密度较小时,无论次级烧结和高度盈余对成形件尺寸影响怎样,因烧结导致的高聚物相变和重构收缩使尺寸收缩率逐渐增大,而且随着激光能量密度的增大,成形件体积收缩增大,因而收缩率随激光能量密度的增大而增大;当激光能量密度继续增大时,高聚物黏结剂会因为能量过高而发生降解或挥发,逐渐失去润湿、黏结及相变的效果,且随着激光能量密度的增大,次级烧结和高度盈余现象也会更加明显,因而收缩率随激光能量密度的增大而减小。

整体上来讲,PZ20复合粉末的平均收缩率最大,H 和 D 方向的收缩率分别在2.8%和4.9%以上,成形所需的激光能量密度也相对较大,当能量密度在0.330 J/mm^{2}以上时才可进行烧结。这是由于PZ20复合粉末的黏结剂包覆效果好,其SLS成形过程与尼龙12的SLS成形过程类似,收缩方式均以高聚物相变引起体积收缩为主,而以润湿、黏结和表面积缩小引起陶瓷颗粒重构收缩为辅,因此收缩量较大。而EZ10复合粉末的黏结剂与氧化锆粉末是机械混合,收缩方式以陶瓷颗粒重构收缩为主,大量环氧树脂E06颗粒由于氧化锆的遮蔽作用,并未直接受到激光作用,因此相变收缩较小,收缩量较小。

(2)在CIP工艺环节中,激光能量密度对收缩率的影响。

图5.19所示的是在CIP工艺环节中,激光能量密度对PZ20、SZ20及EZ10三种复合粉末的SLS形坯 H 和 D 方向收缩率的影响规律的。从图中可以看出,无论是在 H 方向还是 D 方向,形坯收缩率较SLS成形过程都急剧增加,以硬脂酸为黏结剂的SZ20复合粉末的SLS形坯也出现了明显的收缩,且收缩率随激光能量密度的变化趋势同SLS成形过程的类似。这说明CIP工艺在SLS形坯保持较完整形状的前提下,使其各方向尺寸较均匀地完成收缩。然而,三种SLS形坯的收缩率随激光能量密度变化的幅度有一定减小,这说明不同激光能量密度烧结的形坯,成形尺寸在CIP工艺环节后更加趋于一致。

三种SLS形坯在CIP工艺环节的收缩率以PZ20试样最大,H 和 D 方向的收缩率分别达到了44.4%和36.3%以上;SZ20试样收缩率最小,H 和 D 方向的收缩率分别在13.2%和11.1%以下;EZ20试样收缩率适中,H 和 D 方向的平均收缩率分别为24.9%和22.8%。这是由于PZ20复合粉末中纳米氧化锆粉末被尼龙12高聚物包覆,复合粉末的CIP过程可被近似认为是尼龙12高聚物的CIP过程,而尼龙12是一种很典型的晶态热塑性材料,受到压力作用时,表现出良好的塑性,从而引起黏结剂包覆物尼龙12大体积收缩,与纳米氧化锆粉末黏结更加紧密,尼龙12颗粒也会发生大幅度变形,在形坯收缩过程中不断充填孔隙,进一步增加形坯的收缩量。EZ20复合粉末中环氧树脂E06的收缩性较差,其形坯在

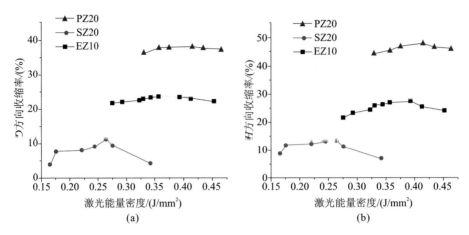

图 5.19　激光能量密度对收缩率的影响规律（CIP）

（a）D 方向；（b）H 方向

CIP 工艺环节的收缩主要来自孔隙的消除，黏结剂仍然以原有的形态存在于形坯中。SZ20 复合粉末在 CIP 工艺环节的收缩率较小，这是由于 SZ20 复合粉末的黏结剂是硬脂酸，它的熔点较低，仅为 69 ℃，虽然工作台面的温度设为 40 ℃，但在激光扫描作用下，产生的热量仍然会使硬脂酸成形时流动性增强，半固态的硬脂酸不仅会充分地润湿、黏结氧化锆颗粒，也会充填氧化锆颗粒之间的孔隙，导致 SZ20 复合粉末的 SLS 试样孔隙率较小，因此其在 CIP 工艺环节的收缩量有限；加之硬脂酸的塑性较尼龙 12 差，压缩性也较差，导致 H 和 D 方向的收缩率分别在 13.2% 和 11.1% 以下，在三种复合粉末中是最小的，因此其精度也是最易控制的。

（3）在高温烧结过程中，激光能量密度对收缩率的影响。

图 5.20 所示的是在脱脂和高温烧结工艺环节中，激光能量密度对 PZ20、SZ20 及 EZ10 三种复合粉末的 SLS/CIP 形坯 H 和 D 方向收缩率的影响规律。

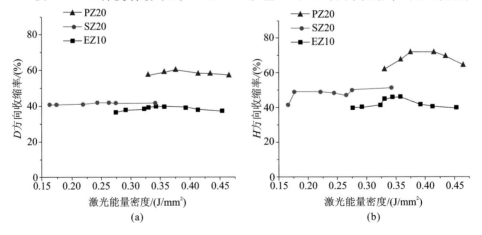

图 5.20　激光能量密度对收缩率的影响规律（高温烧结）

（a）D 方向；（b）H 方向

从图中可以看出,三种形坯的最终收缩率在 SLS/CIP 形坯的基础上有大幅度增加,且仍然是 PZ20 形坯收缩率最大,但其次是 SZ20 形坯,收缩最小的为 EZ10 形坯。这是由于 PZ20 和 SZ20 形坯中的氧化锆粉末为纳米级,烧结时较大的表面自由能导致氧化锆试样具备良好的高温烧结活性,试样各方向上的收缩驱动力也较大,加之其在 CIP 工艺环节中压缩明显,颗粒排列最为紧密,而 SZ20 形坯的密度较 PZ20 的小,因此 PZ20 形坯的高温烧结收缩率最大,SZ20 形坯其次;EZ10 形坯由于造粒氧化锆粉末相对粗大,单个颗粒比表面积小,表面自由能小,在高温烧结阶段烧结活性差,颗粒与颗粒间孔隙仍然难以闭合,阻碍了烧结收缩行为。

2)致密度

适合三种复合粉末进行 SLS 成形的激光能量密度范围有所不同:SZ20 复合粉末完成 SLS 成形所需的激光能量密度最小,当激光能量密度达到 0.165 J/mm^2 时,即可开始成形;其次是 EZ10 复合粉末;而 PZ20 复合粉末在激光能量密度达到 0.330 J/mm^2 后才可开始成形。这与三种复合粉末的黏结剂的熔点有关,在 SLS 成形时,选定一定的送粉缸和工作缸预热温度后:当黏结剂熔点较低时,激光扫描产生的热量会迅速熔融黏结剂,黏结剂即开始起到润湿、黏结及充填的作用;当黏结剂熔点较高时,激光能量密度必须达到某一特定程度,才可使黏结剂熔融。如表 5.14 所示,黏结剂熔点越高,该复合粉末完成 SLS 成形所需的起始和最终激光能量密度就越大。

表 5.14　三种复合粉末成形所需激光能量密度

粉末种类	黏结剂	黏结剂熔点	起始激光能量密度	最终激光能量密度
SZ20	硬脂酸	69 ℃	0.165 J/mm^2	0.342 J/mm^2
EZ10	环氧树脂 E06	73 ℃	0.275 J/mm^2	0.4533 J/mm^2
PZ20	尼龙 12	180 ℃	0.33 J/mm^2	0.465 J/mm^2

图 5.21 所示的是三种复合粉末的形坯在 SLS、CIP、FS 各环节中致密度随激光能量密度的变化规律。从图中可以看出,在进行 SLS 成形时,三种粉末成形的形坯的致密度随激光能量密度的变化趋势基本一致,致密度先随激光能量密度的增大而增大,直到达到一个最大值,再随激光能量密度的增大而减小。闫春泽等人在尼龙覆膜金属粉末的 SLS 成形过程中,Subramanian 等人在 PMMA 覆膜氧化铝粉末的 SLS 成形过程中都得到了类似的结果。一般,增大激光能量密度可以提高黏结剂的温度,使其黏度下降,因而烧结速率增大,黏结剂的润湿、黏结和充填效果增强,形坯的致密度增大。然而当激光能量密度增大到一个较大的值时,黏结剂剧烈分解,形坯中黏结剂的含量急剧下降,黏结剂的润湿、黏结和充填效果减弱,因此形坯的致密度开始下降。

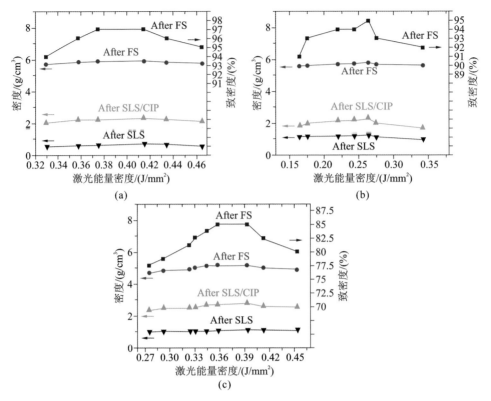

图 5.21 激光能量密度对复合粉末的形坯致密度的影响
(a)PZ20；(b)SZ20；(c)EZ10

图 5.22 所示的是三种复合粉末的 SLS 形坯中黏结剂含量随激光能量密度的变化曲线。从图中可以看出，在适合复合粉末 SLS 成形的激光能量密度范围内，起初，黏结剂含量随激光能量密度的增大而缓慢减小，说明在 SLS 成形过程中，即使激光能量密度很小，也会使黏结剂发生分解，但该阶段由黏结剂的收缩、黏结引起的体积收缩更剧烈，使形坯致密度逐渐上升；在激光能量密度大于某一特定值时，黏结剂的含量急剧下降，说明此时激光能量密度太大，从而引起黏结剂的剧烈分解，体积收缩不再明显，形坯总质量急剧下降，因此形坯致密度也随之减小。

从图 5.21 还可以看出，PZ20、SZ20 及 EZ10 复合粉末的形坯在 CIP 和 FS 阶段致密度随激光能量密度的变化趋势基本上仍然遵循先上升后下降的规律。这说明三种 SLS 试样各向尺寸在 CIP 和 FS 阶段基本上是均匀收缩的。但是 SZ20 复合粉末和 EZ10 复合粉末的 SLS 试样在 CIP 和 FS 过程中会出现"剧变点"，如图 5.21(b)(c)所示；而 PZ20 复合粉末的 SLS/CIP 试样和 SLS/CIP/FS 试样的致密度在激光能量密度为 0.330～0.465 J/mm² 时几乎是均匀变化的，没有出现"剧变点"，如图 5.21(a)所示。这是由于 PZ20 复合粉末中黏结剂尼龙 12 均匀地包覆在每个氧化锆聚集体上，这两种物质被混合得较为均匀，而且也避免了偏聚现象

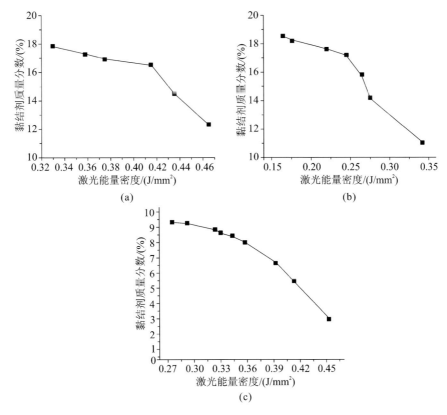

图 5.22　激光能量密度对 SLS 形坯中黏结剂含量的影响

(a)PZ20；(b)SZ20；(c)EZ10

的产生,因此在 SLS 形坯中几乎不存在黏结弱区,所以在 CIP 阶段,其 SLS 试样受到等静压力后,伴随着试样内部孔隙均匀消除和尼龙 12 颗粒均匀收缩、变形及充填,PZ20 复合粉末的 SLS 试样致密化程度也较均匀。而通过溶剂蒸发法制备的 SZ20 复合粉末,最终蒸发阶段是在没有搅拌的条件下完成的,部分硬脂酸会发生沉降,导致黏结剂分布不均匀;通过机械混合法制备的 EZ10 复合粉末,由于环氧树脂 E06 的密度与氧化锆的密度相差很大,机械混合法很难将这两种粉末混合均匀,而且在运输和铺粉过程中容易产生偏聚现象,这样就在形坯中形成一些没有黏结剂或黏结剂很少的区域,即黏结弱区,使得 SLS 形坯中的环氧树脂 E06 分布并不均匀。因此,SZ20 复合粉末和 EZ10 复合粉末的 SLS 试样在 CIP 过程中虽然也受到各向相同的等静压力作用,但试样内部黏结剂的收缩、变形及充填是不均匀的,这也导致了在试样致密化过程中致密度随激光能量密度变化时可能产生"剧变点"。

　　假设混合物由 a 和 b 两种物质组成,φ_1 和 ρ_1 分别是物质 a 占混合物的体积分数和 a 的理论密度,φ_2 和 ρ_2 分别是物质 b 占混合物的体积分数和 b 的理论密度,ρ_m 是混合物的理论密度。假设两种粉体组成的混合物是全致密的,那么该混合物

的理论密度的计算方法为

$$\rho_m = \varphi_1 \rho_1 + \varphi_2 \rho_2 \qquad (5\text{-}6)$$

PZ20 复合粉末由氧化锆和尼龙 12 组成,氧化锆的理论密度 $\rho_1 = 6.10 \text{ g/cm}^3$,尼龙 12 的理论密度 $\rho_2 = 1.01 \text{ g/cm}^3$,氧化锆和尼龙 12 的质量比是 4∶1,那么二者的体积比是 2∶3,氧化锆占混合物的体积分数是 40%,尼龙 12 占混合物的体积分数是 60%,则 PZ20 复合粉末的理论密度:

$$\rho_{mpz} = 6.10 \text{ g/cm}^3 \times 40\% + 1.01 \text{ g/cm}^3 \times 60\% = 3.046 \text{ g/cm}^3$$

硬脂酸的理论密度 $\rho_3 = 0.847 \text{ g/cm}^3$,占 SZ20 复合粉末的体积分数是 64.3%;环氧树脂 E06 的理论密度 $\rho_4 = 1.02 \text{ g/cm}^3$,占 EZ10 复合粉末的体积分数是 39.3%。依据上述方法分别计算 SZ20 复合粉末和 EZ10 复合粉末的理论密度:

$$\rho_{msz} = 6.10 \text{ g/cm}^3 \times 35.7\% + 0.847 \text{ g/cm}^3 \times 64.3\% \approx 2.722 \text{ g/cm}^3$$

$$\rho_{mez} = 6.10 \text{ g/cm}^3 \times 60.7\% + 1.02 \text{ g/cm}^3 \times 39.3\% \approx 4.104 \text{ g/cm}^3$$

根据三种复合粉末混合物的理论密度以及氧化锆的理论密度,结合各环节平均致密度结果,可得到表 5.15 所示的平均相对密度。

表 5.15　三种复合粉末 SLS/CIP/FS 各环节试样的平均相对密度

复合粉末	SLS 试样	SLS/CIP 试样	SLS/CIP/FS 试样	$(\rho/\rho_m)_{max}$
PZ20	21.5%	73.7%	95.8%	97%
SZ20	42.1%	59.6%	93.3%	95%
EZ10	28.1%	62.7%	79.7%	89.6%

由表 5.15 可知,三种复合粉末 PZ20、SZ20 和 EZ10 的 SLS 试样平均相对密度分别是 21.5%、42.1% 和 28.1%。SZ20 的 SLS 试样平均孔隙率最小,仅为 57.9%,PZ20 和 EZ10 的 SLS 试样平均孔隙率较大,达到 78.5% 和 71.9%,这是因为 SZ20 中的硬脂酸除了起到润湿和黏结氧化锆粉末的作用外,还具有较低的熔点,在 SLS 过程中极易受到热量的作用,相对长时间地保持黏流态,较充分地充填 SLS 试样内部的孔隙,故 SZ20 的 SLS 试样相对密度最大。对三种 SLS 试样分别进行 CIP 处理后,PZ20 的 SLS/CIP 试样的相对密度上升最快,增加了 52.2%,远高于 SZ20 和 EZ10 的相对密度增幅 17.5% 和 34.6%,主要有以下几个原因:

①在三种 SLS 试样中,PZ20 的孔隙率是最大的,大量的孔隙在 CIP 过程中得到迅速消除,所以其相对密度迅速上升;

②相对于硬脂酸和环氧树脂 E06,尼龙 12 具有优异的塑性变形能力,在 CIP 过程中试样内部孔隙变小的阶段,尼龙 12 最易在被压制后产生变形,"挤入"氧化锆颗粒间的孔隙,因此 PZ20 孔隙率进一步减小,相对密度上升。

在 PZ20 复合粉末中,氧化锆粉末较均匀地被尼龙 12 包覆,在 CIP 过程中氧化锆颗粒间并没有相互接触,相互接触的是内部包覆了氧化锆粉末的尼龙 12 颗粒,因此其受等静压力时的变形抗力较小;而 EZ10 复合粉末中的氧化锆粉末并没有被包覆,在 CIP 过程中,氧化锆直接受到等静压力作用,试样的变形抗力较大;SZ10 复合粉末中的氧化锆粉末虽然也被硬脂酸包覆,但其 SLS 成形时硬脂酸较长时间处于半固态,较活跃的黏流态硬脂酸在试样内部和表面充分流动,会导致大量氧化锆粉末裸露出来,这些裸露出来的氧化锆粉末在受到等静压力作用时,同样会产生较大的变形抗力,不利于试样相对密度的上升。

在经过 CIP 处理后,PZ20 试样具备了较高的平均相对密度,达到了 73.7%,而 SZ20 和 EZ10 试样的平均相对密度较低,为 59.6% 和 62.7%。最后,对试样进行脱脂和高温烧结(FS)处理,由于 PZ20 和 SZ20 试样中的氧化锆粉末属于纳米级,具有较大的表面自由能和烧结活性,在高温烧结时孔隙大量闭合消除,因此试样相对密度迅速上升。而 EZ10 试样内部的氧化锆颗粒较大,烧结活性差,颗粒之间较大的孔隙难以闭合。由于 PZ20 的 SLS/CIP 试样平均相对密度大于 SZ20 的 SLS/CIP 试样,因此,经高温烧结后,PZ20 试样平均相对密度为 95.8%,最高可到 97%,而 SZ20 试样的平均相对密度为 93.3%,最高可到 95%。另外,也存在其他原因导致 PZ20 烧结件相对密度稍高,原因如下:

①PZ20 试样的黏结剂尼龙 12 分布较均匀且包覆在氧化锆上,在经过 SLS/CIP 处理后,尼龙 12 仍然会很均匀地分布在试样内部,并构成相互连通的网状结构,这有利于脱脂时黏结剂的降解、挥发和去除;而 SZ20 试样黏结剂分布不如 PZ20 试样,在 CIP 过程后有可能造成部分黏结剂的“死区”,这不利于脱脂时硬脂酸的去除,会影响试样相对密度的上升。

②PZ20 和 SZ20 复合粉末黏结剂的质量分数均为 20%,但是尼龙 12 的体积分数为 60%,小于硬脂酸的体积分数 64.3%,在氧化锆质量相同的前提下,较小的黏结剂体积含量有利于试样相对密度的增加。

3)微观形貌

(1)EZ10 试样的微观形貌。

图 5.23 所示的是 EZ10 复合粉末在成形工艺中各阶段试样断口的微观形貌(SEM),观察的试样是采用优化的成形工艺制备的,采用的 SLS 工艺参数是:激光功率 $P=5.5$ W,扫描速度 $v=1400$ mm/s,扫描间距 $s=0.1$ mm,激光能量密度 $e=0.3929$ J/mm²,预热温度为 55 ℃。SLS 成形后进行 CIP、脱脂和高温烧结工艺。

其中,图 5.23(a)(b)所示为 EZ10 复合粉末经 SLS 成形后试样断口的微观形貌。从图中可以看出,该试样的成形方式主要是造粒氧化锆颗粒被环氧树脂 E06 黏结剂黏结,形成黏结颈,因此该试样孔隙率较高,这些黏结颈在 SLS 试样中的分布并不均匀,有的氧化锆球形颗粒在激光的作用下被击碎,导致氧化锆形态各异地分布在 SLS 试样中,这些因素都不利于后续 CIP 处理时试样保持原有形状的能力和致密度的提升。图 5.23(c)(d)所示为 EZ10 复合粉末的 SLS/CIP 试样断口

图 5.23　各工艺阶段 EZ10 试样断口的微观形貌（SEM）

（a）（b）SLS 试样；（c）（d）SLS/CIP 试样；（e）（f）SLS/CIP/FS 试样

的微观形貌。从图中可以看出，SLS/CIP 试样内部仍然存在着较多的孔隙，这是由于氧化锆初始颗粒间的孔隙均较大，较大的变形抗力在 CIP 过程中始终会阻碍这些孔隙尺寸的减小，加之黏结剂环氧树脂 E06 在 CIP 阶段流动性较差，只有部分破碎的黏结颈被压入孔隙中，并不会出现大面积的流动行为，因此试样孔隙仍较多。图 5.23（e）（f）所示为 EZ10 复合粉末的 SLS/CIP/FS 试样断口的微观形貌。从图中可以看出，烧结试样内部残留着大量孔隙，这些孔隙主要包括两种类型：①脱脂前已存在于 SLS/CIP 试样中，特别是较大的孔隙，在脱脂和烧结过程中变化非常微小，最终残留在烧结试样中；②脱脂过程中，黏结剂降解挥发后，会在原有位置留下许多孔隙，由于造粒氧化锆表面自由能较小，烧结活性一般，这些孔隙在后续高温烧结环节会有一定程度缩小，但大多很难消除，这些孔隙也会残留在烧结试样中。但是,由于部分造粒氧化锆颗粒破碎,不同颗粒裸露出来的氧化锆精细粉末在 CIP 处理后会紧密接触,形成致密区域,这些区域的氧化锆精细粉末在高温烧结环节具有较高的烧结活性,SLS/CIP/FS 试样最终具有较高的致密度,如图 5.24 所示,从图中可以看出试样存在烧结致密的区域,也存在许多孔隙。

图 5.24　EZ10 复合粉末经 SLS/CIP/FS 成形的试样断口微观形貌

(2)SZ20 试样的微观形貌。

图 5.25 所示的是 SZ20 复合粉末在成形工艺中各阶段试样断口的微观形貌 (SEM),观察的试样也是采用优化的成形工艺制备的,采用的 SLS 工艺参数是:激光功率 $P=5.5$ W,扫描速度 $v=1400$ mm/s,扫描间距 $s=0.1$ mm,激光能量密度 $e=0.264$ J/mm^2,预热温度为 40 ℃。SLS 成形后进行 CIP、脱脂和高温烧结工艺。

其中,图 5.25(a)(b)所示为 SZ20 复合粉末经 SLS 成形后试样断口的微观形貌。从图中可以看出,试样内部孔隙数量较 EZ10 少,尺寸也较小。这是由于硬脂酸熔点较低,在受热处于黏流态时,具有较好的流动性,不仅会润湿并黏结纳米氧化锆粉末,还会充填其附近的孔隙,原先的纳米氧化锆粉末在这个阶段同样也会发生局部移动并重新排列,因此,SLS 试样内部孔隙分布更加均匀,尺寸也较小。图 5.25(c)(d)所示为 SZ20 复合粉末的 SLS/CIP 试样断口的微观形貌。从图中可以看出,SLS/CIP 试样内部的孔隙进一步缩小和消除,试样相对密度较高。图 5.25(e)(f)所示为 SZ20 复合粉末的 SLS/CIP/FS 试样断口的微观形貌。从图中可以看出,烧结试样断口较致密,内部残留着少量孔隙,这些孔隙尺寸相对细小,分布也较均匀。这是由于纳米氧化锆粉末在烧结过程中具有较大的表面自由能和烧结活性,尽管大量的硬脂酸黏结剂在脱脂后留下许多空位,但这些空位仍然能够迅速缩小、闭合。

图 5.26 所示的是 SZ20 复合粉末的 SLS/CIP 试样和 SLS/CIP/FS 试样断口的微观形貌的进一步放大比较。从图 5.26(a)可以看出,试样不同位置黏结剂的

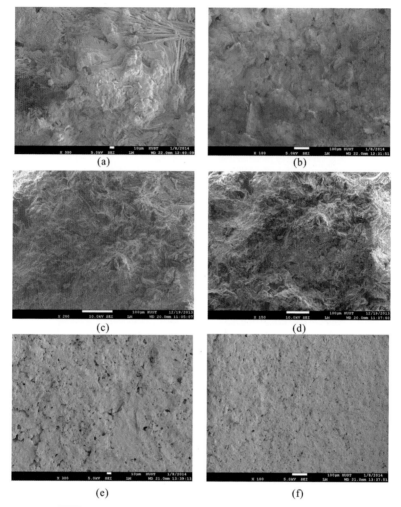

图 5.25 各工艺阶段 SZ20 试样的断口微观形貌(SEM)

(a)(b)SLS 试样;(c)(d)SLS/CIP 试样;(e)(f)SLS/CIP/FS 试样

形态有所区别,这与硬脂酸受热"熔化-凝固"的机理有关,其生长形态在不同位置有所差别,有的是按照针状形态生长凝固,有的是按照毛绒状形态生长凝固,这也导致了黏结剂的分布有一定差异性。因此,经过脱脂和高温烧结后,试样内部会出现部分孔隙形态各异、尺寸大小不一的现象,如图 5.26(b)所示,这些残留的孔隙不利于试样保持良好的力学性能,会造成局部缺陷。

(3)PZ20 试样的微观形貌。

图 5.27 所示的是 PZ20 复合粉末在成形工艺中各阶段试样断口的微观形貌,观察的试样也是采用优化的成形工艺制备的,采用的 SLS 工艺参数是:激光功率 $P=6.6$ W,扫描速度 $v=1600$ mm/s,扫描间距 $s=0.1$ mm,激光能量密度 $e=0.415$ J/mm^2,预热温度为 155 ℃。SLS 成形后进行 CIP、脱脂和高温烧结工艺。

图 5.26　各工艺阶段 SZ20 试样的断口微观形貌（SEM）

(a)SLS/CIP 试样；(b)SLS/CIP/FS 试样

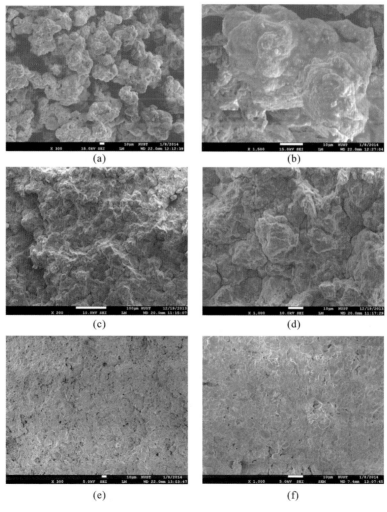

图 5.27　PZ20 试样的断口微观形貌（SEM）

(a)(b)SLS 试样；(c)(d)SLS/CIP 试样；(e)(f)SLS/CIP/FS 试样

其中,图 5.27(a)(b)所示为 PZ20 复合粉末经 SLS 成形后试样断口的微观形貌。从图 5.27(a)可以看出,试样内部虽然孔隙较多,但孔隙分布很均匀,尼龙 12 仍然均匀地包覆在氧化锆上,几乎没有内部的氧化锆裸露出来;图 5.27(b)所示为 1500 倍显微镜下的形貌,两个 PZ20 颗粒通过尼龙 12 而黏结,形成黏结颈,颗粒其他部分仍然维持了 SLS 成形前的形态。图 5.27(c)(d)所示为经 CIP 处理后的 SLS/CIP 试样断口的微观形貌。从图中可以看出,试样内部的大孔隙都完成了减小、收缩及闭合,已不存在明显的孔隙,这也是因为 CIP 压制时,PZ20 颗粒之间仅仅依靠尼龙 12 相接触,尼龙 12 塑性较好,变形抗力小,受到 CIP 作用后,PZ20 颗粒迅速发生重排、塑性变形及蠕变等行为,最终试样内部颗粒紧密、均匀排列,相对密度也较高,黏结剂由于凝固方式统一,并没有出现形态各异的现象,分布也很均匀。图 5.27(e)(f)所示为经脱脂、高温烧结后的 SLS/CIP/FS 试样的断口微观形貌。相对于图 5.25(e)(f)中 SZ20 的 SLS/CIP/FS 试样,PZ20 试样更加致密,孔隙更加细小均匀,在 1000 倍显微镜下观察,可看出虽然仍存在少数孔隙,但孔隙尺寸都很细小,形状接近圆形,并不存在像 SZ20 烧结试样那样孔隙大而不规则的现象。

图 5.28 所示的是在 10000 倍和 50000 倍显微镜下的 PZ20 和 SZ20 烧结试样的断口微观形貌。从图 5.28(a)(b)可以看出,PZ20 试样内部孔隙较 SZ20 试样少,两种试样内部氧化锆晶粒尺寸相近。从图 5.28(c)(d)可以看出,SZ20 烧结试样的断裂以沿晶断裂为主,伴随少量的穿晶断裂,而 PZ20 烧结试样的晶粒更接近圆形,结晶度更好,这也说明 PZ20 试样可能会具备更好的力学性能。

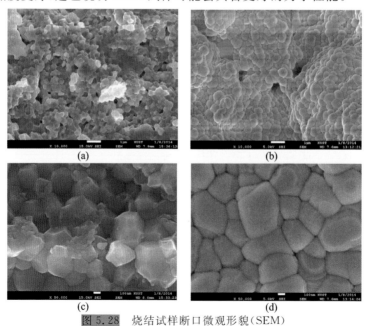

图 5.28 烧结试样断口微观形貌(SEM)

(a)SZ20 烧结试样(10000 倍);(b)PZ20 烧结试样(10000 倍)

(c)SZ20 烧结试样(50000 倍);(d)PZ20 烧结试样(50000 倍)

4)XRD 分析

图 5.29 所示的是 PZ20 烧结试样、SZ20 烧结试样以及钇掺杂氧化锆粉体的 XRD 分析,粉末主要含单斜氧化锆和氧化钇,而掺杂氧化钇后,无论是 PZ20 烧结试样还是 SZ20 烧结试样,经高温烧结后出现的晶相单一的氧化锆,均完全转变为四方相氧化锆,也生成了少量钇酸锆。钇酸锆是高温下氧化钇和部分氧化锆发生反应生成的液相,可以促进粉体烧结活性。

另外,PZ20 烧结试样的四方相的衍射谱线比 SZ20 的更强、更尖锐,这说明 PZ20 烧结试样的结晶度更好,即结晶较完整,它的颗粒相对略大一些,内部质点的排列相对比较规则;而 SZ20 试样的结晶度相对差一些,晶粒也较细小,晶体中会有位错等缺陷存在。图 5.28(c)(d)也说明了这一点。

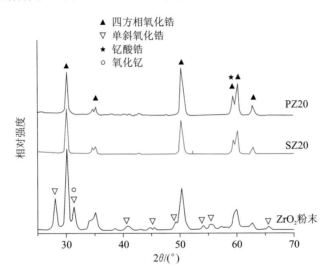

图 5.29　SZ20 和 SZ20 烧结试样的 XRD 分析

5)显微维氏硬度

硬度是衡量陶瓷材料性能较常用的指标之一,并在陶瓷的工程应用和科学研究中应用广泛。陶瓷材料显微组织中的基本相是晶体相,还有玻璃相、气相(晶界上和晶粒内的气孔)和杂质,它们对陶瓷材料的力学性能也有很大影响。

由于通过 EZ10 复合粉末制备的氧化锆烧结试样孔隙较多,维氏硬度较低,这里只对 SZ20 和 PZ20 烧结试样进行显微维氏硬度测试,得到如图 5.30 所示的结果,并与用传统方法制备的氧化锆试样的维氏硬度进行了对比,对照试样通过传统模压和无压烧结方法获得。

由图 5.30 可知,PZ20 烧结试样的最大维氏硬度值为 1180,大于 SZ20 烧结试样的最大维氏硬度值 926,接近氧化锆对照试样的维氏硬度值 1377。这是由于试样致密度越大,其平均显微维氏硬度值也越大。PZ20 烧结试样由于其结晶度更好,且具有较高的平均相对密度(97%),因此,它的维氏硬度值更接近对照试样的维氏硬度值。

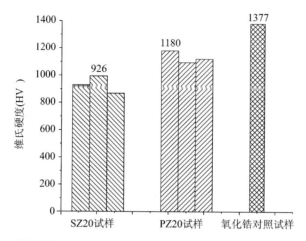

图 5.30　SZ20 和 PZ20 烧结试样的显微维氏硬度分析

6. 典型复杂零件制造

在以上研究的基础上,采用纳米氧化锆-尼龙 12 复合粉末,利用优化的 SLS/CIP/FS 工艺参数和方法,制造了牙冠等复杂形状氧化锆零件,如图 5.31 所示。

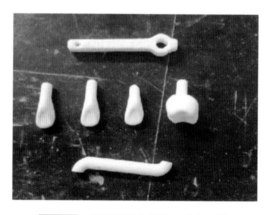

图 5.31　牙冠等复杂形状氧化锆零件

5.2.2　氧化铝零件 SLS/CIP/FS 成形机理与工艺研究

1. 概述

本节通过混合-覆膜的方法制备 PVA-Al_2O_3-环氧树脂 E06 复合粉末,同时采用机械混合法制备微米级氧化铝-环氧树脂 E06 复合粉末,作为对比。通过 SLS 技术成形粉末的初始形坯,然后制作初始形坯的 CIP 包套,接着对其进行冷等静压(CIP)致密化处理,经过后续脱脂、高温烧结(FS)处理,该 SLS/CIP/FS 复合成形全过程各环节的尺寸变化、致密度变化、微/宏观性能演变机理均不同,各环节结果均会影响最终的氧化铝零件性能。因此,本节拟通过对复合成形氧化铝陶瓷试样的性能演变机理进行研究,获得合理的粉末制备方式和优化的工艺,最终利用 SLS/CIP/FS 方法制造复杂结构、高密度氧化铝陶瓷零件。

2. 粉末材料的制备与表征

1)氧化铝粉末和黏结剂的选择

(1)氧化铝粉末的选择。

氧化铝粉末需满足以下要求:

①流动性较好,能够完成 SLS 环节铺粉辊对粉末"铺平"的要求,一般粉末粒径应控制在 $10\sim150~\mu m$;

②粉末材料在高温下具有较好的烧结活性,要求粉末粒径越小越好。

氧化铝(Al_2O_3)粉末来源广,价格也较低廉,本实验采用矿化剂煅烧的 α-Al_2O_3 粉末(A)(河南济源兄弟材料有限公司)和造粒 α-Al_2O_3 粉末(B)(加成实业(上海)有限公司),造粒 α-Al_2O_3 粉末是在 Al_2O_3 亚微米级原粉的基础上加入聚乙烯醇(PVA),经喷雾干燥造粒制成的,其中 PVA 质量分数为 1.5%。

这两种 Al_2O_3 粉末的主要性能指标如表 5.16 所示。

表 5.16　两种 Al_2O_3 粉末的主要性能指标

	化学成分/(%)					密度/(g/cm³)	粒径/μm	适用成形工艺
	Al_2O_3	Na_2O	Fe_2O_3	SiO_2	B_2O_3			
	≥	≤	≤	≤	≤			
A	99.7	0.04	0.04	0.05	0.05	3.96	80~100	干压等
B	99.7	0.05	0.04	0.04	0.04	3.90	74~150	干压、等静压等

选用同一质量分数(8%)的环氧树脂 E06 作为黏结剂,并在同一 SLS、CIP、脱脂、高温烧结工艺(扫描速度 2000 mm/s,预热温度 55 ℃,激光功率 20 W)下,分别进行两种 Al_2O_3 粉末的成形及致密化烧结实验。其成形和烧结性能比较如表 5.17 所示。

表 5.17　两种 Al_2O_3 粉末的 SLS/CIP 成形及烧结性能比较

Al_2O_3	SLS 环节	CIP 环节	脱脂环节	高温烧结环节
A	易于成形,精度、强度好	形状保持较完整	强度低、易破碎	强度低,相对密度仅为 50%左右
B	易于成形,精度、强度好	形状保持较完整	强度较高	强度高,相对密度超过 90%

综上所述,采用 B 型,即经喷雾干燥造粒的氧化铝粉末用于 SLS 成形。

（2）黏结剂的选择。

考虑陶瓷 SLS 用常见黏结剂，分别研究了 $NH_4H_2PO_4$、B_2O_3、Al 粉，以及环氧树脂 E06 等，以选择较合适的 SLS 黏结剂。把氧化铝粉末和黏结剂混合，黏结剂质量分数按 5% 逐步增加，通过 3D 混合机混合均匀，将每一组粉末在 HRPS-Ⅲ A 型 SLS 成形设备上进行成形。各类初坯的对比如表 5.18 所示。

SLS 初坯的精度和强度是衡量黏结剂好坏的重要指标，B_2O_3、$NH_4H_2PO_4$ 和 Al 粉在本实验中基本无法成形，原因可能是：

①SLS 成形要求粉末的粒度和流动性好，实验中材料均为化学纯，可能不满足要求；

②所参考的相关文献对原材料配方做了保密处理。

由表 5.18 可知，前三种黏结剂不符合要求，故黏结剂选择环氧树脂 E06。

表 5.18　添加不同黏结剂的初坯对比

黏结剂类别	黏结剂质量分数	成形效果	强度
$NH_4H_2PO_4$	5%～20%	不能成形，单层不能黏结	无
B_2O_3	5%～20%	不能成形，单层不能黏结	无
Al 粉	5%～10%	不能成形	无
	10%～20%	勉强成形，精度差	低
环氧树脂 E06	5%～20%	成形性好，没有发生翘曲，精度高	高

（3）环氧树脂特性分析。

双酚 A 型环氧树脂在熔化、凝固过程会生成新的羟基和醚键，使其内聚力和黏附力变强，从而促进陶瓷颗粒进行润湿和黏结。本实验选择 E03、E06、E12 三种环氧树脂进行比较，如表 5.19 所示。

表 5.19　三种环氧树脂的性能参数

牌号	原牌号	外观	软化点/℃	环氧值
E03	609♯	黄色透明固体	135～155	0.02～0.04
E06	607♯	黄色透明固体	110～135	0.04～0.07
E12	604♯	黄色透明固体	85～95	0.10～0.18

环氧树脂作为 SLS 成形用的黏结剂时，有以下特点：

①环氧树脂的黏结能力非常强，这是由于其结构中羟基和醚基的极性使得环氧树脂分子和相邻分子之间产生引力，适合黏结许多种陶瓷颗粒。环氧树脂固化后具有优良的物理性能，也可以提高 SLS 陶瓷坯体的强度。

②环氧树脂耐化学药品性强，吸水率也很小，故成形材料较易保存。

③环氧树脂成形收缩率很小，其抗变形能力也很强，可减少形坯的收缩及翘曲。

④原材料来源广泛,是一种经济实用的 SLS 成形黏结剂。

⑤环氧树脂质地脆、抗冲击性差,制粉工艺简单,可在常温下获得较细的粉末。

根据前面的研究可以认为,环氧树脂具有优异的润湿和黏结能力,是非常合适的 SLS 成形用高分子材料。为选择合适的环氧树脂,设计了对比实验,结果如表 5.20 所示。

表 5.20　不同环氧树脂获得的试样的性能比较

Al$_2$O$_3$ 试样性能	E03	E06	E12
强度	较低	高	高
SLS 激光功率	高	低	最低
翘曲现象	预热温度不够时出现	预热温度不够时出现	基本不出现
成形精度	高	高	较低
偏移	轻微	不	轻微

综上所述,环氧树脂 E06 和 E12 均可作为 SLS 成形用的黏结剂。本实验采用 E06 作为黏结剂,进而保证 SLS 形坯的精度。

2)Al$_2$O$_3$-环氧树脂 E06 复合粉末的制备与表征

(1)粉末制备及表征。

本实验通过 3D 混粉机混粉,其操作是:首先将环氧树脂粗大颗粒粉碎至 50 μm 以下;然后将 Al$_2$O$_3$ 粉末和环氧树脂混合后添加至球磨机中,混合 2 h 左右,即得到均匀的复合粉末。

粉末材料对 SLS 形坯质量和后处理工艺都有着重要的影响,粉末材料性能受到以下因素影响:

①粉末的成分。黏结剂的种类决定了形坯的质量,也影响着粉末的吸光性和导热性。

②粉末的粒度和形状。改善粉末的粒度分布可以明显改善形坯初始密度、球形粉末成形偏移,保证精度,另外球形粉末的烧结性也更好。

图 5.32(a)所示的为 Al$_2$O$_3$ 原粉的微观形貌。从图中可以看出,Al$_2$O$_3$ 粉末细小不规则,有轻微团聚,平均粒径为 0.4 μm。

图 5.32(b)所示的为 Al$_2$O$_3$-环氧树脂 E06 复合粉末的微观形貌。图中具有不规则表面的颗粒或颗粒聚集体是环氧树脂 E06,颗粒大多呈带棱角的多面体;具有光滑表面的颗粒为造粒后的 Al$_2$O$_3$ 颗粒,流动性好。

将 Al$_2$O$_3$ 粉末和环氧树脂 E06 粉末机械混合后获得的复合粉末有着以下优异的性能:

①制备方法简单,有助于规模化生产。

②该复合粉末可用成本低的小功率的激光设备烧结。

(a)   (b)

图 5.32　Al_2O_3 原粉和 Al_2O_3-环氧树脂 E06 复合粉末的微观形貌（SEM）

(a) Al_2O_3 原粉的微观形貌；(b) Al_2O_3-环氧树脂 E06 复合粉末的微观形貌

③烧结时，几乎不存在翘曲变形。

④润湿、黏结能力强，经 SLS 成形后的形坯具有较高的强度，易于从工作缸粉末中取出形坯，并除去形坯中未烧结的余粉。

该复合粉末 SLS 成形性好，且制备方法简便，具有低成本和低碳等特点，有助于提高陶瓷件 SLS 成形及其后处理的效率，拥有很好的应用前景。

（2）黏结剂质量分数的确定。

在 Al_2O_3 和黏结剂粉末及其制备方法确定之后，仍需选择合适的黏结剂的质量分数。经过实验研究，Al_2O_3 形坯的强度随环氧树脂质量分数的增加而提高，如图 5.33 所示。环氧树脂质量分数小于 7% 时，形坯强度较低；环氧树脂质量分数大于 8% 时，形坯的强度会明显提高。

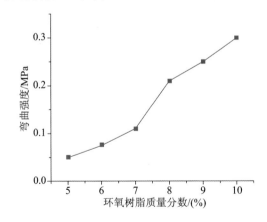

图 5.33　Al_2O_3 形坯的强度和环氧树脂质量分数的关系

这是由于环氧树脂的黏结力决定了 SLS 形坯的强度，更多的环氧树脂会促进 SLS 成形时黏结剂更完全地熔化、润湿及黏结 Al_2O_3 颗粒，环氧树脂之间的作用力也会更大。复合粉末中的 Al_2O_3 颗粒经 SLS 成形后由于熔点很高，几乎没有结合,因此强度很低,无法用作功能件,必须对其进行后处理。所以 SLS 成形的坯体只需要有一定的强度,这种强度能使形坯从工作缸粉体中取出、移动、包覆高分子包套且进行冷等静压时形状保持不变即可。

此外,在满足 SLS 成形要求的前提下,添加的环氧树脂越少越好,主要原因如下:

①复合粉末中高分子黏结剂质量分数增加,单位体积内的 Al_2O_3 就减少,这不仅对形坯最终的强度不利,也会在脱脂和高温烧结时,使形坯产生较大的尺寸收缩变形,同时过多的黏结剂也不容易去除,影响陶瓷件的性能。

②黏结剂过多会导致 SLS 成形的各项参数难以控制。SLS 成形时,需要每一层都有一定的成形强度,且上下两层也要黏结,这就要求对激光工艺参数进行合理的调节和设置。激光产生的热量向邻近的非扫描区域扩散,会产生一定的热影响区域,环氧树脂太多会黏结非影响区域的粉末,这样 SLS 成形精度难以保证。

③在 SLS 成形时,环氧树脂过多会导致大面积黏结,烧结层会翘曲,影响每层的成形精度,也会影响下一层的铺粉,甚至可能导致无法继续成形。

④后续处理过程会对环境和设备造成污染。

总的来说,黏结剂多少的控制原则是:在保证 SLS 坯体在清理余粉、挪动和冷等静压处理过程中不发生崩溃、破裂的同时,含量应尽量少。因此,在复合粉末制备时,选择环氧树脂黏结剂的质量分数为 8%。

3. SLS 环节氧化铝初坯成形机理与工艺研究

1)SLS 环节氧化铝初坯成形机理

SLS 成形过程中激光作用在粉末材料上,粉末受到快速移动的点热源加热,这是一个极其复杂的动态系统。因此,合理的 SLS 工艺参数可以使陶瓷试样的精度、密度、强度达到较优化的组合,反之,若 SLS 工艺参数不合理,试样会产生翘曲、变形、强度低等问题,同样,SLS 环节造成的试样缺陷,也会影响经后续 CIP 等其他环节处理后的陶瓷试样的质量。

SLS 成形时的激光能量主要对环氧树脂起作用,而 Al_2O_3 颗粒由于其熔点极高基本没有变化。随着温度升高,黏度下降的环氧树脂流动性增强,促进 PVA 与造粒 Al_2O_3 颗粒接触,使其冷却固化。

黏结力的大小由环氧树脂的内聚力和黏附力所决定。内聚力即环氧树脂的强度;黏附力是环氧树脂润湿、黏结在异质颗粒表面包覆物 PVA 上的作用力。

图 5.34 所示的为 PVA-Al_2O_3-环氧树脂 E06 复合粉末的 SLS 成形原理示意图。

当采用含环氧树脂 E06 的 Al_2O_3 复合粉末时,由于该复合粉末主要由 PVA 覆膜的高熔点 Al_2O_3 颗粒和环氧树脂 E06 粉末组成,环氧树脂 E06 粉末被激光扫描后变成黏流态,接着黏结高熔点 Al_2O_3 颗粒表面的 PVA 形成黏结颈。其 SLS 激光烧结过程主要包括三个阶段:形成液相;颗粒重新组合;液相固化,生成网状结构。环氧树脂 E06 粉末被扫描后瞬间软化，润湿 PVA-Al_2O_3 颗粒表面，逐步填充颗粒间隙；在颗粒重排阶段，高分子 PVA 的作用增加了 Al_2O_3 颗粒间的润滑性，并加快了 Al_2O_3 颗粒的移动、转动和重新排列；在液相凝固阶段，随着激光扫描结束，黏流态环氧树脂冷却凝固后形成黏结颈，这些黏结颈将 Al_2O_3 颗粒黏结在一起，形成具有一定强度的初坯骨架。

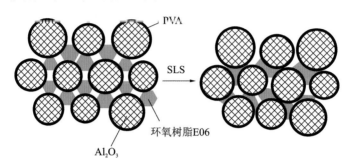

图 5.34　PVA-Al_2O_3-环氧树脂 E06 复合粉末的 SLS 成形原理

2)SLS 环节氧化铝初坯成形工艺

环氧树脂 E06 的 DSC 曲线如图 5.35 所示，环氧树脂 E06 的玻璃化转变温度约为 73 ℃。SLS 预热温度一般低于玻璃化转变温度 20 ℃，若预热温度太高环氧树脂容易挥发，反而导致黏结效果下降，因此，预热温度设定为 53 ℃。

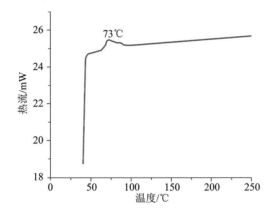

图 5.35　环氧树脂 E06 的 DSC 曲线

在黏结剂质量分数一定的条件下，为了最大限度地获得较高性能的试样，需进行 SLS 工艺实验。另外，扫描层厚太小时，成形烧结层偏移明显；扫描层厚过大时，成形时层间黏结强度低。经过实验，层厚选定在 150 μm 较适宜。

采取正交试验的方法设计了三因素三水平试验，如表 5.21 所示，研究 SLS 工艺参数（包括激光功率、扫描速度和扫描间距）对 Al_2O_3-环氧树脂 E06 初坯密度、弯曲强度的影响规律。扫描参数共分成 9 组，每组包括 5 个初坯试样，试样尺寸为

50 mm×10 mm×5 mm,试验结果取 5 个试样的平均值,如表 5.22 和图5.36
所示。

表 5.21　SLS 正交试验的工艺影响因素及水平值

序号	因素	水平 1	水平 2	水平 3
1	激光功率/W	15	18	21
2	扫描速度/(mm/s)	1600	1800	2000
3	扫描间距/μm	100	120	140

表 5.22　SLS 成形氧化铝试样正交试验结果

序号	激光功率 P/W	扫描速度 v/(mm/s)	扫描间距 s/μm	相对密度 /(%)	弯曲强度 /MPa
1	15	1600	100	32.06	0.721
2	15	1800	120	30.67	0.682
3	15	2000	140	30.53	0.566
4	18	1600	120	32.46	0.775
5	18	1800	140	31.66	0.714
6	18	2000	100	32.86	0.974
7	21	1600	140	33.85	1.106
8	21	1800	100	34.55	1.176
9	21	2000	120	33.96	1.018

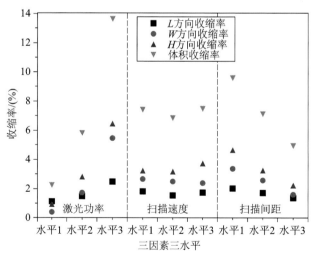

图 5.36　SLS 成形氧化铝试样在 L、W、H 方向的收缩率和体积收缩率

图 5.36 所示的是激光功率、扫描速度和扫描间距在各自不同水平下,SLS 成
形氧化铝试样的平均收缩率的变化规律。收缩率包括长条形试样在长 L、宽 W 和
高 H 三个方向上的收缩率以及其体积收缩率。从图中可以发现,试样在三个方向

上的收缩率均随激光功率的增大而增大,也随扫描间距的减小而增大;然而扫描速度对试样收缩率没有明显影响,试样的平均体积收缩率均不超过 14%。H 方向的收缩率大于 W 和 L 方向的,这是由于激光扫描时试样边界处发生次级烧结,W 和 L 方向上粉末黏结导致尺寸增加,收缩率减小。当激光功率、扫描速度和扫描间距分别为 21 W、1600～2000 mm/s 和 100 μm 时,体积收缩率达到最大。

如图 5.37(a)和(b)所示,试样的相对密度和弯曲强度的变化规律较相似。试样的相对密度和弯曲强度均随激光功率的增大而增大,随扫描间距的增大而减小。实验证明,$v=1600$ mm/s 时试样的相对密度最大;相对密度随着扫描间距的增大而减小,这是由于扫描间距越大,热影响区域间隔越大,越不利于高分子黏结,扫描间距设定为 100 μm 较适宜。

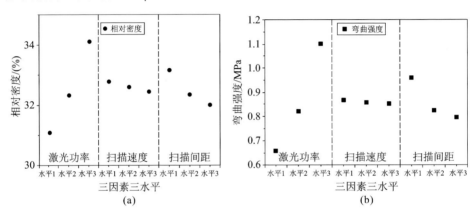

图 5.37　SLS 成形氧化铝试样的正交试验结果

(a)相对密度;(b)弯曲强度

结合表 5.22,SLS 试样强度最好大于 0.95 MPa,这样后续处理可以顺利完成,因此,后四组试样合乎要求,第 8 组试样最合适。

图 5.38 所示的是 SLS 成形 Al_2O_3 试样的断口形貌,从图中可看出,经过激光扫描作用后,PVA 覆膜造粒 Al_2O_3 颗粒本身几乎没有受到影响,仍然维持了 SLS 成形前的球形形态,但是这些颗粒被熔化的环氧树脂黏结,从图 5.38(b)可以看出颗粒之间存在许多黏结颈,这些黏结颈即环氧树脂吸收激光热量后熔化凝固而成的,由于环氧树脂润湿在 PVA 表面,二者均为高分子,因此黏结强度较高,但是试样内部仍存在许多孔隙,需要进行后续处理。

图 5.39 所示的是激光能量密度对试样相对密度的影响。当激光能量密度为 0.875 J/mm^2 时,试样相对密度最大,达到 34%;当激光能量密度小于 0.5 J/mm^2 时,环氧树脂高分子尚未开始熔化,试样强度很差;随着激光能量密度增大,更多的黏结剂熔化并形成黏结颈,试样黏结更牢固,相对密度也增大;但是,若激光能量密度太大,高分子材料在形坯中的含量会因为挥发烧损而减小,导致试样质量减小,相对密度反而减小。

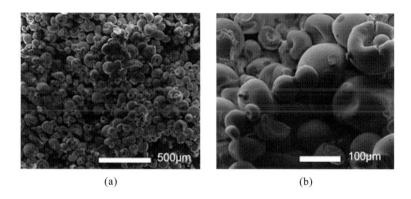

(a)　　　　　　　　　　(b)

图 5.38　SLS 成形 Al_2O_3 试样的断口形貌

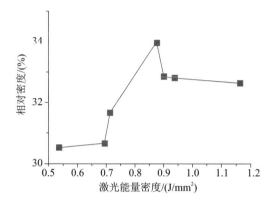

图 5.39　激光能量密度对 SLS 成形 Al_2O_3 试样相对密度的影响规律

综上所述，SLS 环节的激光能量密度是影响 PVA-Al_2O_3-环氧树脂 E06 复合粉末成形的主要因素。为了获得较高的相对密度和强度，最佳 SLS 成形工艺参数是：扫描速度 1600 mm/s，扫描间距 100 μm，激光功率 21 W，单层厚度 150 μm。

4.CIP 环节氧化铝致密化机理与工艺研究

1)CIP 环节氧化铝试样致密化机理

在高分子-陶瓷复合粉末 CIP 压制过程中，由于 SLS 试样存在大量孔隙，属于非连续体，在 CIP 压制过程中存在颗粒位移和变形，因此可以采用粉末 CIP 致密化机理作为指导。陶瓷粉末材料屈服与应力张量和偏量有关，其屈服条件如下：

$$\left.\begin{aligned}
&AJ_2{}' + BJ_1^2 = Y^2 = \delta \cdot Y_0^2 \\
&J_2{}' = (1/6)\left[(\sigma_1 - \sigma_2)^2 + (\sigma_2 - \sigma_3)^2 + (\sigma_3 - \sigma_1)^2\right] \\
&J_1 = \sigma_1 + \sigma_2 + \sigma_3 \\
&\delta = \left[(\rho - \rho_0)/(1 - \rho_0)\right]^2 \\
&A = 2(1 + \mu), B = (1 - 2\mu)/3
\end{aligned}\right\} \tag{5-7}$$

式中:J_1 为应力张量第一不变量;$J_2{}'$ 为应力偏量第二不变量;σ_1、σ_2 与 σ_3 分别为主应力坐标系空间中的应力分量;ρ_0 与 ρ 分别为粉末多孔材料初始致密度与 CIP 试样致密度;μ 为粉末多孔材料塑性泊松比。

将应力张量第一不变量 J_1 与应力偏量第二不变量 $J_2{}'$ 分别代入式(5-7)可得

$$(1+\mu)\left[(\sigma_1-\sigma_2)^2+(\sigma_2-\sigma_3)^2+(\sigma_3-\sigma_1)^2\right]/3+(\sigma_1+\sigma_2+\sigma_3)^2(1-2\mu)/3=Y^2$$

(5-8)

将式(5-8)进一步简化可得

$$(\sigma_1^2+\sigma_2^2+\sigma_3^2)-2\mu(\sigma_1\sigma_2+\sigma_1\sigma_3+\sigma_2\sigma_3)=Y^2 \tag{5-9}$$

在 CIP 过程中,由于 $\sigma_1=\sigma_2=\sigma_3$,因而式(5-9)简化为

$$(3-6\mu)\sigma_1^2=Y^2 \tag{5-10}$$

粉末多孔材料的屈服强度是连续变化的。同时,其塑性泊松比 μ 与密度之间也存在着函数关系:

$$\mu=0.5\rho^a \tag{5-11}$$

式中:$a=1.92\sim2.0$,为经验常数;ρ 为多孔材料致密度。

在 CIP 过程中,CIP 压强与压制试样密度之间存在一定的函数关系:

$$\ln\frac{(d_m-d_0)d}{(d_m-d)d_0}=n\ln P-\ln M \tag{5-12}$$

式中:d_m 为致密试样密度;d_0 为压坯原始密度;d 为压坯密度;n 为硬化指数的倒数;M 相当于压制模量。

由式(5-12)可知,CIP 压力与压坯密度之间不是线性关系(见图 5-40),主要分为两个阶段。当 CIP 压力较小时,由于 SLS 试样内部含有大量孔隙,在低压力条件下孔隙迅速而大量地减少;随着 CIP 压力的增大,已经没有多少孔隙需要减少,Al_2O_3 颗粒间接触面积增大,抵抗变形能力增强,孔隙仅发生微小形态变化,Al_2O_3 颗粒也只是发生有限的塑性变形,因此该阶段密度上升缓慢。

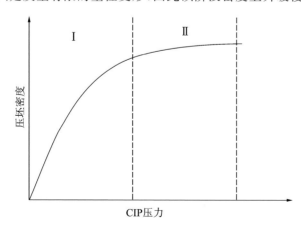

图 5.40　CIP 压力与压坯密度的关系

如图 5-41 所示,PVA 覆膜 Al₂O₃ 颗粒也会发生塑性变形并紧密排列,但颗粒间会充填着许多破碎的环氧树脂 E06 材料。

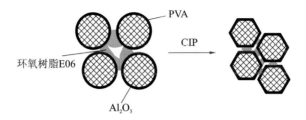

图 5.41　SLS 成形的氧化铝试样的冷等静压示意图

2)CIP 环节氧化铝试样致密化工艺

为 SLS 成形 Al₂O₃ 试样包覆橡胶包套,分别在不同的保压压力(50、92、150、191、255、305、335 MPa)下进行 CIP 处理,如表 5.23 所示。

表 5.23　SLS 成形 Al₂O₃ 试样 CIP 阶段的压力实验

编号	A	B	C	D	E	F	G
保压压力/MPa	50	92	150	191	255	305	335
保压时间/min				5			

图 5.42(a)所示的是试样的相对密度随 CIP 保压压力的变化曲线。当 CIP 保压压力小于 200 MPa 时,试样的相对密度迅速增大,由于试样内部包含大量孔隙,该过程主要是 Al₂O₃ 颗粒的重新组合,相对密度增大速率最大。在该阶段(Ⅰ),随着 CIP 保压压力的增加,黏结颈破碎并充填孔隙,Al₂O₃ 颗粒之间相互作用面积变大,Al₂O₃ 表面的 PVA 也增强了颗粒间的滑动挤压,试样的孔隙进一步减少。随着保压压力增加到 200 MPa;进入阶段Ⅱ,颗粒间接触面积的增大趋于平缓,相对密度的变化也趋于平缓。

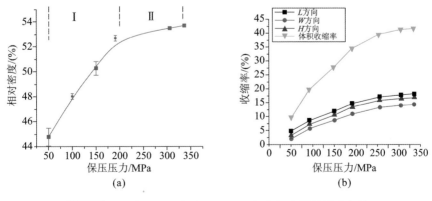

图 5.42　不同 CIP 压力对 SLS/CIP 氧化铝试样的影响规律

(a)相对密度;(b)收缩率

图 5.42(b)所示的是试样收缩率随 CIP 保压压力的变化曲线,它与相对密度变化曲线类似。由于 SLS 成形时,扫描间距明显小于扫描层厚,因此宽度 W 方向上的 Al_2O_3 颗粒排列更紧密,在 CIP 阶段被压制的空间更小,W 方向上的收缩率最小;H 方向上层与层之间存在较大孔隙,在 CIP 阶段有较大的收缩空间,H 方向上的收缩率比 W 方向上的大;长度 L 方向上的尺寸最大,在 CIP 阶段受包套壁厚影响最小,该方向上的收缩率最大。

图 5.43 所示的是不同保压压力条件下 SLS/CIP 氧化铝试样弯曲强度的变化情况。当 CIP 保压压力为 $50 \sim 150$ MPa 时,弯曲强度快速增加至接近 2.5 MPa;随着保压压力继续增加,弯曲强度增加缓慢。这也与试样相对密度的变化规律类似。当 CIP 保压压力为 335 MPa 时,试样弯曲强度达到最大,为 2.975 MPa。

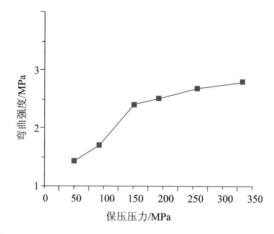

图 5.43 不同保压压力条件下 SLS/CIP 氧化铝试样弯曲强度的变化

图 5.44 所示的是 CIP 保压压力为 335 MPa 时,SLS/CIP 成形 Al_2O_3 试样的断口微观形貌。从图 5.44(a)可以看出,Al_2O_3 均匀分布,孔隙较小,便于致密化处理。从图 5.44(b)可以看出,PVA 覆膜的造粒 Al_2O_3 颗粒明显被压缩,颗粒间紧密排列,环氧树脂 E06 黏结颈已不存在,其被压碎充填在试样孔隙中。

(a)   (b)

图 5.44 SLS/CIP 成形 Al_2O_3 试样的断口微观形貌(SEM)

5.脱脂环节氧化铝致密化机理与工艺研究

1)脱脂氧化铝形坯致密化机理

SLS/CIP 形坯在高温烧结前,必须将黏结剂等高分子材料从形坯中脱去,否则容易导致成分污染和烧结试样致密度降低,进而影响最终试样的性能。脱脂阶段,坯体的强度脆弱,尺寸精度更是很难维持,所以常常需要针对有机物的特点来保证坯体的尺寸精度。虽然脱脂方法很多,例如催化脱脂、溶剂脱脂及热脱脂等,但普遍采用热脱脂方法。根据环氧树脂 E06 的性质及试样性能要求,这里采用热脱脂方法。

图 5.45 所示的是 SLS/CIP 成形的氧化铝试样的热脱脂示意图,脱脂阶段主要有环氧树脂 E06 受热解体和气体逸出。在热脱脂过程中,Al_2O_3 颗粒在黏结剂熔融后重新排列,形坯内部逐步形成连通孔隙,残余黏结剂通过连通孔隙脱除,最终 Al_2O_3 颗粒之间完成预烧结。

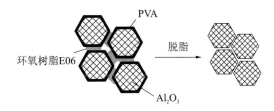

图 5.45　SLS/CIP 成形的氧化铝试样的热脱脂示意图

2)脱脂氧化铝形坯致密化工艺

对 PVA-Al_2O_3-环氧树脂 E06 粉末进行热重(TG)分析,如图 5.46(a)所示。在温度小于 330 ℃时,高分子黏结剂分解缓慢;在 330～420 ℃时黏结剂分解速率显著增加;温度达到 420 ℃时,黏结剂分解速率达到最大;随着温度的升高,黏结剂逐渐解体,至 650 ℃分解完毕。在电阻炉中对 SLS/CIP 试样进行黏结剂去除,制订了适宜的脱脂路线,如图 5.46(b)所示。另外,进行预烧结的原因是:脱脂结束后,由于有机物逸出,试样密度显著减小,为了便于脱脂试样挪动至高温烧结炉中,需在黏结剂去除后进行预烧结处理,保证试样具有较大的密度。对脱脂试样进行了工艺试验,在不同的预烧结温度和保温时间下设计了四组脱脂路线,如表5.24所示,当不进行预热烧结(预烧结温度为 450 ℃)时,脱脂试样相对密度有一定下降,这是由于有机物在此时全部脱去,试样质量减小,但 Al_2O_3 颗粒并未收缩,体积没有减小,因此试样相对密度略微减小。对脱脂试样进行预烧结,温度升至 800 ℃时,试样相对密度增至 69.67%,这是由于尽管试样的质量减小了,但在预烧结阶段试样内部 Al_2O_3 颗粒发生固相原子扩散,烧结颈逐步形成,试样各方向产生明显收缩,因此其体积也产生了收缩,相对密度增加。由图 5.46(b)可知,继续增加预热温度和延长保温时间,均有利于脱脂试样的致密化,当预烧结温度和保温时间分别为为 1000 ℃和 2 h 时,脱脂试样相对密度达到 77.74%。

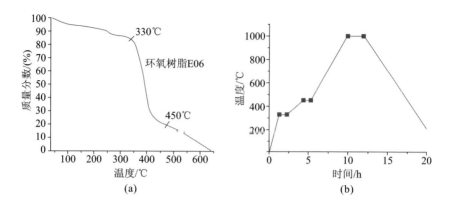

图 5.46　脱脂工艺

(a)PVA-Al₂O₃-环氧树脂 E06 粉末热重分析；(b)SLS/CIP 试样脱脂路线

表 5.24　试样在不同脱脂预烧结温度和保温时间下的相对密度

脱脂预烧结温度/℃	保温时间/h	初始相对密度	脱脂试样相对密度
450	1	53.06%	50.55%
800	1	53.11%	69.67%
800	2	53.15%	72.43%
1000	2	52.08%	77.74%

6.高温烧结环节氧化铝致密化机理与工艺研究

1)高温烧结环节氧化铝试样致密化机理

(1)驱动力。

基于热力学理论,脱脂试样高温烧结阶段整个系统的自由能变小,自由能的减小产生烧结过程的驱动力。如图 5.47 所示,随着高温烧结的进行,Al₂O₃ 颗粒之间的烧结颈初步形成,孔隙呈不规则形状;当烧结温度进一步增加,烧结颈变得更加牢固,孔隙也更加趋近圆形。烧结驱动力主要有本征过剩表面能驱动力、本征 Laplace 应力驱动力以及化学位梯度驱动力。

高温烧结

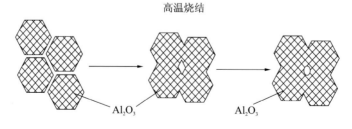

图 5.47　经 SLS/CIP/脱脂的氧化铝试样的高温烧结示意图

假设 E_p 为系统表面能，E_d 为烧结体表面能，那么本征过剩表面能驱动力表示为

$$\Delta E = E_p - E_d \tag{5-13}$$

式中：$E_p = \gamma_{sv} W_m S_p$；$E_d = 6\gamma_{sv}(W_m/\rho_d)^{2/3}$。其中：$W_m$ 为晶体的摩尔质量；γ_{sv} 为固-气表面能；S_p 为 SLS/CIP 试样内部粉末比表面；ρ_d 为致密体密度。

由于 $E_p \gg E_d$，因而式(5-13)可以简化为

$$\Delta E = \gamma_{sv} W_m S_p \tag{5-14}$$

从式(5-14)可知，Al_2O_3 颗粒粒径增大，S_p 减小，那么 ΔE 减小。因此，Al_2O_3 颗粒粒径越小，CIP 压力越高，越易于促进高温烧结致密化。

在 SLS/CIP 试样中，无特定形状的孔隙随着烧结的进行，逐渐向规则形状转变且孔隙减小，Al_2O_3 粉末之间的烧结颈出现并形成，使粉末系统自由能减小。所以本征 Laplace 应力驱动力可表示为

$$\Delta\sigma = \gamma\left(\frac{1}{R_1} + \frac{1}{R_2}\right) \tag{5-15}$$

式中：R_1、R_2 分别为烧结颈横截面上垂直的曲率半径；γ 为颗粒表面张力。

在烧结时，化学位梯度会促进质子运动。所以烧结动力的高低采用化学位梯度描述，化学位梯度驱动力为

$$\Delta\mu = \mu - \sum \mu_i \tag{5-16}$$

$$\Delta\mu = \sigma V_m \tag{5-17}$$

式中：μ 为初始化学位；σ 为应力；V_m 为摩尔体积；μ_i 为第 i 个化学组元的化学位。

高温烧结过程中驱动力为

$$E = \Delta E + \Delta\sigma + \Delta\mu \tag{5-18}$$

SLS/CIP 试样的原子自扩散系数 D 可以表示为

$$D = D_0 \exp\left(-\frac{\Delta G}{RT}\right) \tag{5-19}$$

式中：D 为自扩散系数；D_0 为常数；ΔG 为自扩散激活能；R 为气体常数；T 为热力学温度。温度越高，D 越大，越有利于烧结。

在稳定态时，原子的自扩散系数、空位扩散系数以及空位摩尔浓度之间有着特定的关系，可表示为

$$D = D'M_v = D'A\exp\left(-\frac{E_v}{RT}\right) \tag{5-20}$$

式中：D' 为空位扩散系数；M_v 为空位摩尔浓度；A 为常数；E_v 为空位能。

对于含有许多晶体缺陷的 SLS/CIP 试样，其原子有效扩散系数可表示为

$$1 \leqslant \frac{D_e}{D} \leqslant \left(\frac{2a}{L}\right)^2 \tag{5-21}$$

式中：D_e 为原子有效扩散系数；$2a$ 为 Al_2O_3 颗粒粒径；L 为空位源和阱之间的间距。因为 SLS/CIP 试样存在大量晶体缺陷时，随着空位、晶界和位错增加，原子扩

散能力增加,有利于其致密化。

(2)致密化方式。

在高温烧结时,粉末系统类似于受到一个静水压力,SLS/CIP 烧结试样的孔隙出现移动和收缩。另外,Laplace 应力还存在于烧结颈弯曲的表面。上述两种应力加快了烧结致密化。烧结颈截面处受到一压应力 σ 作用,那么此处的孔隙浓度可表示为

$$C_e = C_0 \exp(-\sigma\Omega/kT) \tag{5-22}$$

式中:k 为常数;T 为热力学温度;C_0 为无应力区域平衡浓度。

由于 $\exp(-\sigma\Omega/kT) \approx 1 - \sigma\Omega/kT$,则式(5-22)可以简化为

$$C_e = C_0(1 - \sigma\Omega/kT) \tag{5-23}$$

由式(5-23)可知,平衡位置的空位浓度大于压应力区域的;烧结颈凹表面受到的应力是拉应力,其空位浓度高于平衡浓度。

在高位烧结时,无论何种烧结机制起作用,其目的都是使试样获得最大密度。针对烧结过程的密度变化,Ivenson 提出了典型的经验公式,即

$$\frac{V_s}{V_p} = V \tag{5-24}$$

$$\frac{V}{V_T} = (1 - kt)^{-n} \tag{5-25}$$

式中:V_s 为烧结 t 时间的空洞总体积;V_p 为形坯空洞总体积;V_T 为恒温烧结时的 $\frac{V_s}{V_p}$;t 为时间;n 为正常数。假若采用烧结前后冷等静压试样的密度和激光烧结试样的密度描述,可把式(5-25)变成:

$$\frac{V_s}{V_p} = \frac{d_p(d_c - d_s)}{d_s(d_c - d_p)} \tag{5-26}$$

式中:d_p 为 SLS/CIP 试样的密度;d_s 为 SLS 烧结试样的密度;d_c 为相应陶瓷致密材料的密度。

综上所述,选择合适的高温烧结工艺方法可使冷等静压试样获得较高的致密度。

2)高温烧结环节氧化铝试样致密化工艺

图 5.48(a)所示的是试样收缩率受保温温度和保温时间变化的影响规律,可以看出:随着保温温度的增加,试样各个方向上的收缩率增加,特别是体积收缩率增加很明显;随着保温时间的延长,体积收缩率也增加,尤其以 $t_2 \sim t_3$ 较明显,$t_1 \sim t_2$ 其变化并不明显,甚至有些减小,然而 $t_2 \sim t_3$ 阶段,体积收缩率增加幅度并不大,仅 5% 左右。

图 5.48(b)(c)是试样相对密度、弯曲强度受保温温度和保温时间变化的影响规律。从图中可以看出,烧结温度对试样性能有很大影响,随着保温温度的增加,试样内部颗粒的迁移速率增大,晶粒生长加快,内部孔隙随着颗粒的迁移逐渐排

除,因此,更高的烧结温度有助于提高试样的致密度。为了确保 Al₂O₃ 试样最终相对密度达到 92%,最终弯曲强度达到 175 MPa 以上,烧结保温温度不得低于 1650 ℃。

从图 5.48(b)(c)也可以看出延长保温时间也可以促进 Al₂O₃ 试样的致密化,这是由于更多的颗粒发生迁移,晶粒生长更完全。保温时间对试样性能的影响与烧结温度类似,当烧结温度高于 1650 ℃ 时,系统的平衡条件不会改变,因此,在该温度下保温较长时间和在更高位浓度下保温较短时间的效果是相似的。随着保温时间延长,试样的弯曲强度和相对密度也增加,从 $t_1 \sim t_2$ 增加很快,t_2 之后,相对密度和弯曲强度增加的幅度减小,这也意味着试样的体积收缩率在 $t_1 \sim t_2$ 阶段有一定减小。

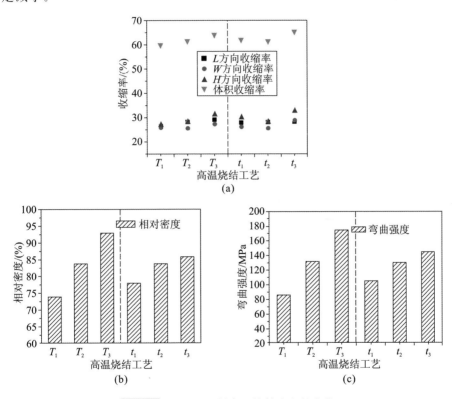

图 5.48　Al₂O₃ 试样高温烧结阶段的变化
(a)收缩率;(b)相对密度;(c)弯曲强度

对烧结试样的横截面进行碾磨和抛光,并在 1300 ℃ 条件下保温 2 h,然后对抛光面进行观察,图 5.49(a)和(b)所示为试样在烧结保温温度分别为 T_1(1510 ℃)和 T_3(1650 ℃)时的微观形貌。由图可知,在 T_1 时,试样含有许多孔隙,颗粒之间排列也不够紧密;当烧结温度升至 T_3 时,大多孔隙得到消除,颗粒之间排列紧密,并没有明显的孔隙,但是,试样的少数地方仍然没有致密。

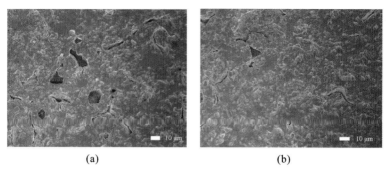

(a)   (b)

图 5.49   氧化铝烧结试样微观形貌（SEM）

(a) $T_1 = 1510 \ ℃$；(b) $T_3 = 1650 \ ℃$

5.2.3　高白土粉末 SLS/CIP/FS 复合成形工艺研究

1. 概述

传统陶瓷是现代先进陶瓷的前身，主要是指陶器和瓷器。我国是世界上最早发明陶器的国家之一，制陶的历史可以追溯到近万年以前；从东汉年间发明真正意义上的瓷器至今也有两千多年。陶瓷既是物质产品，又是精神财富；既是科学技术的结晶，也是文化艺术的成果。它凝聚了中华民族对生活的理解和对美的追求，凝聚了中国人无穷的想象力和创造力，实现了使用价值和审美价值的高度融合与统一。

传统陶瓷是用陶土和瓷土（高岭土）作原料，经过成形、干燥、焙烧等工艺方法制成的器具。传统陶瓷制品过去采用旋转手工和注浆成形的方法成形，其形状结构受到了限制。旋转手工只适合成形对称的回转状形坯，而注浆成形由于受到模具的限制，在产品设计时需考虑脱模是否方便，二者均存在一定缺陷。近年来人们对陶瓷制品的艺术化、个性化等要求越来越高，传统陶瓷制品的成形方式迫切需要创新。

SLS 成形技术作为典型的增材制造技术，可以满足个性化、复杂结构传统陶瓷（包括高岭土、蒙脱土等材料）制品的成形要求。近年来，许多学者已在 SLS 成形土、石等材料方面进行了研究。汪昌秀等人的研究结果表明 PA6-累托石纳米复合材料的力学性能优于 PA6-蒙脱土纳米复合材料的力学性能。华中科技大学汪艳制备了 PA12-累托石复合材料，用于改性 SLS 成形的 PA12 材料，以提高制件性能。但是，以上研究的基体材料均是高分子有机物，其他材料仅作为少量添加剂起增强作用，因此，尚不能为 SLS 成形复杂结构传统陶瓷制品提供借鉴。

因此，本节以常用彩陶材料高白土为例，拟采用 SLS/CIP/FS 成形方法制备个性化陶瓷制品，为传统陶瓷的成形提供一种新的可靠方法。

2.实验过程

1)粉体制备

高白土是我国传统的陶瓷材料之一。本实验中的高白土陶瓷材料由湖南醴陵新世纪陶瓷有限公司提供,新世纪陶瓷有限公司是我国著名的传统彩陶陶瓷制品制造商。高白土粉末的主要成分如表 5.25 所示。

表 5.25　高白土粉末的主要成分

成分	SiO_2	Al_2O_3	H_2O	其他
质量分数	60%	35%	2%	3%

利用场发射扫描电镜对粉末微观形貌进行了分析,如图 5.50 所示。图中球形颗粒是经造粒后的高白土颗粒,平均粒径在 100 μm 左右。该粉体具有很好的流动性,非常适于 SLS 成形。为了简化传统陶瓷 SLS 用粉末的制备流程,并考虑到高白土颗粒较好的流动性、平均粒径较大。黏结剂选用环氧树脂 E06。高白土和环氧树脂 E06 粉末按照 9∶1 的质量比在 3D 混粉机中均匀混合 24 h,取出后即可用于 SLS 成形。该方法简单方便,适合传统陶瓷制品 SLS 成形的应用和发展。

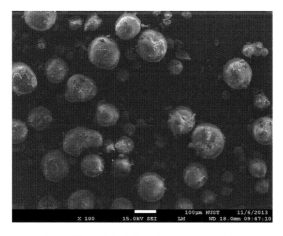

图 5.50　高白土粉末微观形貌(SEM)

2)SLS/CIP 成形

不同陶瓷颗粒具有不同的平均粒径、形态、表面亲和性等,因此,环氧树脂黏结剂对其的黏结效果也不同,为了获得较高密度、高精度、复杂形状、个性化传统陶瓷制品,需要对高白土复合粉末的 SLS 成形环节和 CIP 致密化环节的密度演变和收缩率进行系统的研究,在此基础上进行高温烧结。在制作彩陶时,在本实验的基础上,对烧结前的高白土坯体进行彩绘上釉,即可得到 SLS/CIP/FS 成形的彩陶制品。

在高白土的 SLS 成形过程中,激光能量密度仍然是影响成形质量的核心因素,因此设计 8 组激光能量密度实验,如表 5.26 所示。这 8 组实验的扫描层厚均为 0.13 mm，预热温度均为 55 ℃。

表 5.26　高白土复合粉末 SLS 成形实验

序号	激光能量密度/(J/mm²)	激光功率/W	扫描速度/(mm/s)	扫描间距/mm
1	0.2450	6.05	1900	0.13
2	0.3575	7.15	2000	0.10
3	0.4125	8.25	2000	0.10
4	0.3025	6.05	2000	0.10
5	0.2750	7.15	2000	0.13
6	0.3763	7.15	1900	0.10
7	0.3300	6.60	2000	0.10
8	0.4529	7.70	1700	0.10

从成形效果来看，激光能量密度为 0.2750～0.4125 J/mm² 时，可以完成 SLS 成形，不在该范围内时无法成形。当激光能量密度太小，如 $e=0.2450$ J/mm² 时，坯体几乎没有变化，激光供给的能量尚不能使环氧树脂 E06 熔化，故无法黏结高白土颗粒；当激光能量密度太大，如 $e=0.4529$ J/mm² 时，坯体呈黑色，这是由于过高的能量使环氧树脂 E06 大量挥发或碳化，环氧树脂 E06 同样不能起到黏结的作用，无法成形。

完成高白土的 SLS 成形后，由于形坯致密度较低，若直接对形坯进行脱脂和高温烧结，则烧结体的致密度会很低，烧结体甚至会垮塌，因此需要进行 CIP 致密化处理，以尽量减少形坯的孔隙数量，提高形坯的强度。CIP 包套根据最终制品的形状特点，采用天然橡胶胶乳或乳胶手套的方法制作。

由于工艺陶瓷制品的强度要求并不高，CIP 过程中需要保持前后一致的形状，以满足审美的要求，CIP 压力不必太高，因此，保压压力设为 50 MPa，保压时间设为 5 min，升压速率仍保持在 1 MPa/s。

表 5.27 所示的是 SLS 试样在 CIP 过程中的致密化效果分析。

表 5.27　SLS 试样在 CIP 过程中的致密化效果分析

序号	激光能量密度/(J/mm²)	SLS 成形	CIP 致密化
1	0.2450	无法成形	—
2	0.3575	可以成形，强度高	包套制作顺利、形状保持完整
3	0.4125	可以成形，强度低	制作包套时试样边角脱落
4	0.3025	可以成形，强度一般	制作包套时试样边角脱落
5	0.2750	可以成形，强度低	制作包套时试样断裂
6	0.3763	可以成形，强度高	包套制作顺利、形状保持完整

序号	激光能量密度/(J/mm²)	SLS 成形	CIP 致密化
7	0.3300	可以成形,强度高	包套制作顺利、形状保持完整
8	0.4529	无法成形	—

由表 5.27 可知,当激光能量密度在 0.3300～0.3763 J/mm² 范围内时,SLS 试样可以较顺利地完成随形包套的制作过程,在 CIP 过程中试样形状保持得也较完好,符合 SLS 试样的 CIP 致密化要求。当激光能量密度偏小,如 $e=0.2750$ J/mm² 时,虽然可以进行 SLS 成形,但是黏结剂并没有充分熔化,部分环氧树脂 E06 仍然未起到黏结作用,仅能勉强使试样从 SLS 工作台上取出;一旦需要浸入液态橡胶中,承受一定的外力作用,试样的强度将无法承受该外力作用,从而发生断裂或局部脱落,无法完成 CIP 操作;当激光能量密度偏大,如 $e=0.4125$ J/mm² 时,虽然也可以进行 SLS 成形,但是其中一部分黏结剂挥发或碳化,减弱了环氧树脂 E06 的黏结效果,形成强度较低的 SLS 试样,该试样同样会发生断裂或局部脱落现象。

因此,考虑到需同时满足 SLS 成形和 CIP 致密化的要求,激光能量密度应控制在 0.3300～0.3763 J/mm² 范围内较适宜。

3)脱脂和上釉处理

在完成了 SLS 成形、CIP 致密化后,需对高白土试样进行脱脂处理。脱脂工艺用以除去高白土试样内部的高聚物。在制造彩陶制品时,需在脱脂结束后在其外表面进行彩绘,并进行上釉处理,以满足最终高温烧结后的审美要求。

由于本实验的目的是研究 SLS/CIP/FS 各环节对高白土试样的影响规律,为制造高强度高精度的陶瓷制品做准备,因此是否上釉影响不大,加上实验条件的限制,在此省去上釉环节。

4)高温烧结

在对 SLS/CIP 高白土试样进行了脱脂后,需对试样进行高温烧结。高白土主要成分 SiO_2、Al_2O_3 等的比例与其他黏土材料和硅酸盐铝不同,加上成形方法也不同,为了探索烧结温度对 SLS/CIP 高白土试样的相对密度和收缩率的影响,设计了高温烧结实验,如表 5.28 所示。所用试样均是在激光能量密度为 0.3300～0.3763 J/mm² 的条件下成形的,经过 200 MPa 的 CIP 处理,并进行相同的脱脂工艺。

表 5.28　SLS/CIP 高白土试样高温烧结实验设计

序号	烧结温度	保温时间	升温速率
1	1250 ℃	60 min	5 ℃/min
2	1350 ℃	60 min	5 ℃/min
3	1450 ℃	60 min	5 ℃/min

3. 结果与讨论

1）收缩率

（1）工艺环节。

图 5.51 所示的是高白土试样在 SLS/CIP/FS 成形各环节 H 和 D 方向上的平均收缩率的变化趋势。由图可知，高白土试样在直径 D 和高度 H 方向上的平均收缩率随着成形阶段的递进呈迅速上升趋势；高白土 SLS 试样的 H 和 D 方向上的平均收缩率分别为 0.8％和 0.3％；最终高温烧结完成后，H 和 D 方向上的平均收缩率分别达到了39.1％和31.4％。在脱脂环节，SLS/CIP 试样的收缩率增加幅度很小，这是由于 SLS/CIP 试样受热后，黏结剂环氧树脂 E06 降解和挥发，会在试样内部形成"高分子气流"，气流在试样中由内向外流动过程中，会使高白土颗粒产生方向向外的较小位移，试样整体上表现出一定程度的膨胀，收缩率减小。但是，此时的试样由于强度明显降低不能直接取出，需预烧结至 1000 ℃，膨胀的高白土试样在预烧结过程中开始收缩，不仅恢复 SLS/CIP 试样的尺寸，各方向还有一定程度的收缩，H 和 D 方向上的平均收缩率分别达到了 23.6％和21.9％。另外，整个成形过程中，无论哪个环节，H 方向上的平均收缩率均大于 D 方向上的平均收缩率。在 SLS 阶段，由于黏结剂熔化后的润湿、黏结及凝固收缩，试样在 H 和 D 方向上产生几乎相同的收缩，但实际上 H 方向上的收缩率稍微大一些，这主要有以下两个原因：

①在垂直方向，特别是第一层烧结时，试样会产生盈余，而 SLS 结束时上层没有受到影响；而在水平方向，试样周围始终伴随着次级烧结，导致在 D 方向上两头尺寸都有一定增加，因此其收缩率会相对小一些。

②SLS 成形时，试样受到重力作用，H 方向上的收缩率会增加；而水平方向上受到上一层摩擦力的阻碍，D 方向上的收缩率会减小。

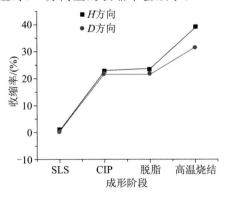

图 5.51　高白土试样收缩率变化

在 CIP 阶段，SLS 试样在 H 方向上的收缩率增幅比 D 方向上的大，这主要是由于 SLS 成形时较大的加工层厚导致 SLS 试样在 H 方向上层之间的孔隙较大，相对更疏松，而在水平方向，激光扫描间距较小($s=0.1$ mm)，相邻扫描线区域内粉末黏结相对更紧密，受压后的收缩空间相对较小，因此，试样受到 CIP 压力后，H 方向上的收缩更显著，其收缩率增幅大于 D 方向上的。随着脱脂和高温烧结环节的进行，收缩率更大的 H 方向上的高白土颗粒排列更紧密，这将有利于 H 方向在烧结过程中的收缩；脱脂和高温烧结时，由于试样底部与承烧板接触，会妨碍高分子黏结剂气流从 H 方向逸出，而从 D 方向逸出的气流增加，会减小 D 方向上的收缩率；另外，承烧板和试样之间的摩擦力也会减小 D 方向上的收缩率。因此，在脱脂及高温烧结环节，试样在 H 方向上的收缩率增幅仍然大于 D 方向上的。

高白土试样在 SLS/CIP/FS 成形各环节的尺寸如表 5.29 所示。

表 5.29　高白土试样在 SLS/CIP/FS 成形各环节的尺寸　　　　　单位：mm

序号	激光能量密度/(J/mm^2)	SLS		CIP		脱脂		高温烧结	
		H	D	H	D	H	D	H	D
1	0.3575	9.88	24.90	7.60	19.50	7.50	19.44	6.02	17.10
2	0.4125	9.94	24.94	7.78	19.66	7.68	19.56	6.14	17.14
3	0.3025	9.94	24.94	7.72	19.56	7.66	19.50	6.10	17.18
4	0.2750	9.96	24.98	7.80	19.74	7.76	19.68	6.16	17.20
5	0.3763	9.92	24.92	7.74	19.62	7.66	19.54	6.08	17.12
6	0.3300	9.90	24.92	7.66	19.50	7.60	19.46	6.04	17.16

烧结温度对高白土试样最终尺寸的影响如表 5.30 所示。

表 5.30　烧结温度对高白土试样最终尺寸的影响

序号	烧结温度	保温时间	升温速率	H/mm	D/mm
1	1250 ℃			7.10	17.84
2	1350 ℃	60 min	5 ℃/min	6.16	17.20
3	1450 ℃			6.48	17.26

(2)激光能量密度。

图 5.52(a)(b)所示的是激光能量密度对 SLS/CIP/FS 成形各环节试样在 H 和 D 方向上的收缩率的影响规律。从图中可以看出，H 和 D 方向上的收缩率在各环节随激光能量密度的增加表现出"先增加后减小"的趋势，这与黏结剂环氧树脂 E06 受激光扫描变化的特点有关；脱脂后的收缩率较 CIP 后的收缩率有一定减小，这说明试样在脱脂期间体积有一定膨胀，这是由于黏结剂离开试样时会对试样产生能由内向外的作用力(该力很小)。

(3)高温烧结温度。

在完成了相同的 SLS、CIP 及脱脂工艺后，对试样进行高温烧结实验，图 5.53

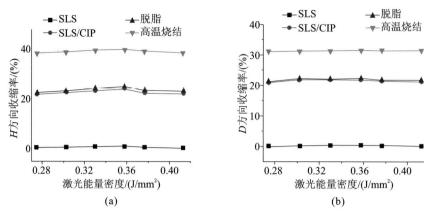

图 5.52　激光能量密度对各环节试样收缩率的影响规律

(a)H 方向收缩率；(b)D 方向收缩率

所示的是不同烧结温度对高白土试样收缩率的影响规律。从图中可以看出,高白土试样的收缩率随烧结温度的增加而增大;当烧结温度达到 1350 ℃时,收缩率最大,H 和 D 方向上的收缩率分别从 29.0% 和 26.6% 增加到 38.4% 和 31.2%;继续增加烧结温度,收缩率会减小,至 1450 ℃,H 和 D 方向上的收缩率分别减小至 35.2% 和 31.0%。这主要是由于当温度为 1250～1350 ℃时,高白土试样内部的孔隙开始收缩、减少,预烧结时初步形成的烧结颈在这个阶段得到加强,颗粒互相靠近,收缩率明显增加;当烧结温度超过 1350 ℃之后,虽然孔隙尺寸仍然会进一步缩小,孔隙数目也会减少,颗粒之间排列更加紧密,但同时也促进了 SiO_2 和 Al_2O_3 之间的化学反应,生成了莫来石,莫来石会使试样体积膨胀。反应如下:

$$2SiO_2 + 3Al_2O_3 \Longrightarrow 3Al_2O_3 \cdot 2SiO_2 \tag{5-27}$$

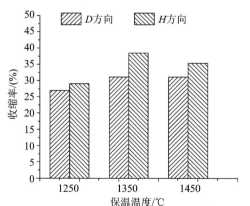

图 5.53　不同烧结温度对高白土试样收缩率的影响规律

2)密度

(1)工艺环节。

图 5.54 所示的是不同工艺环节高白土试样密度的变化情况,由图可知,其变

化趋势基本与图 5.51 所示一致;在脱脂环节,其密度明显减小了,这是由于黏结剂脱去后留下了许多孔隙,试样的总质量也明显减小了,虽然体积有略微收缩,但其密度仍会减小;随着烧结环节收缩率的明显增加,试样密度增加到了 2.59 g/cm³(相对密度 97%)。

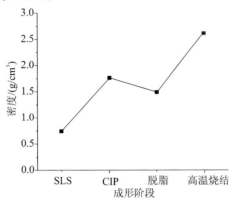

图 5.54　不同工艺环节高白土试样密度的变化

(2)激光能量密度。

图 5.55 所示的是激光能量密度对各环节高白土试样密度的影响规律。增大激光能量密度可以提高聚合物黏结剂的温度,使其黏度下降,因而烧结速率增大,黏结剂的润湿、黏结和充填效果增强,试样的密度增大。当激光能量密度 $e=0.3575$ J/mm² 时,试样密度达到 0.76 g/cm³。然而当激光能量密度增大到一个较大的值时,聚合物黏结剂剧烈分解,试样中聚合物黏结剂的含量急剧下降,黏结剂的润湿、黏结和充填效果减弱,因此试样的密度开始下降,当激光能量密度 $e=0.4125$ J/mm² 时,试样密度减小至 0.70 g/cm³。另外,随着激光能量密度增加,高白土粉末的脱水量也会增加,试样总质量随之减少,同样会使密度减小。

随着 CIP、脱脂和高温烧结的进行,试样密度仍然遵循着"先增大后减小"的规律,这说明高白土在 SLS/CIP/FS 成形各环节致密化进程很均匀。最终,烧结试样的密度在 $e=0.3575$ J/mm² 时,达到 2.65 g/cm³。

(3)高温烧结温度。

图 5.56 所示的是不同烧结温度对高白土试样密度的影响规律。随着烧结温度上升,试样密度逐渐增加,这是因为试样孔隙随着温度升高逐渐缩小,颗粒之间结合逐渐紧密。

温度升高,促进了 SiO_2 和 Al_2O_3 之间的化学反应,生成了莫来石。莫来石补强增韧的机理主要是靠晶须的裂纹转向和拔出桥连机制来促进韧度和强度的提高。在外力作用下,基体产生微裂纹,裂纹扩展遇到晶须,晶须进而发生脱黏、拔出、断裂,在这整个破坏过程中,材料的强度和韧度提高。另外,莫来石晶须是在反应烧结时产生的,其与基体界面结合更加紧密,因此更有利于提高材料的力学性能。

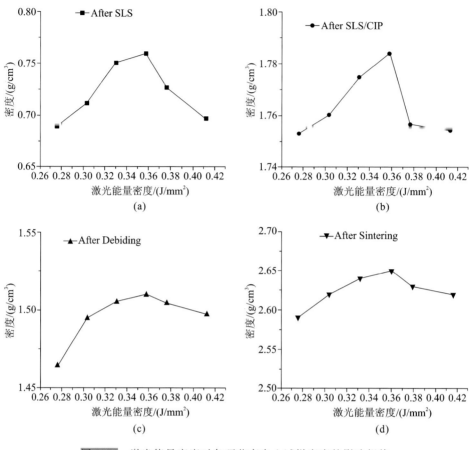

图 5.55 激光能量密度对各环节高白土试样密度的影响规律

(a)SLS；(b)CIP；(c)脱脂；(d)高温烧结

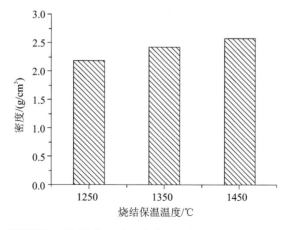

图 5.56 不同烧结温度对高白土试样密度的影响规律

3)微观形貌

(1)SLS/CIP 环节试样微观形貌。

图 5.57 所示的是高白土 SLS 试样断口的微观形貌。从图中可以看出,高白土球形颗粒间形成了许多黏结颈,这是环氧树脂 E06 熔化后润湿高白土颗粒凝固而成的,但是从图 5.57(b)可以看出,试样内部仍然存在大量孔隙。

(a)　　　　　　　　　　　(b)

图 5.57　高白土 SLS 试样断口的微观形貌(SEM)

图 5.58 所示的是高白土 SLS/CIP 试样断口的微观形貌。从图中可以看出,经过 CIP 致密化处理,高白土试样孔隙大量减少,颗粒之间排列也很紧密,黏结剂分布较均匀。

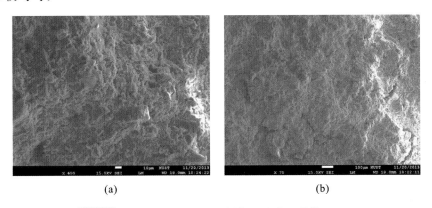

(a)　　　　　　　　　　　(b)

图 5.58　高白土 SLS/CIP 试样断口的微观形貌(SEM)

(2)烧结温度对高白土试样断口的微观形貌的影响。

图 5.59 所示的是不同烧结温度下的高白土试样断口的微观形貌。当烧结温度为 1250 ℃时,如图 5.59(a)(b)所示,试样内部存在较多孔隙,颗粒依然清晰可见,说明该温度下颗粒之间仅仅初步形成烧结颈,许多颗粒尚未结合。如图 5.59 (c)(d)所示,随着烧结温度增加至 1350 ℃,虽然试样内部仍存在一些孔隙,但是孔隙数量大幅度减少,多为颗粒边角处未完全闭合的三角形小孔隙,颗粒之间结合得较好,部分区域已完全烧结。如图 5.59(e)(f)所示,当烧结温度继续增加到 1450 ℃时,试样内部几乎没有孔隙,颗粒之间完全烧结融合,试样断面晶粒呈层状

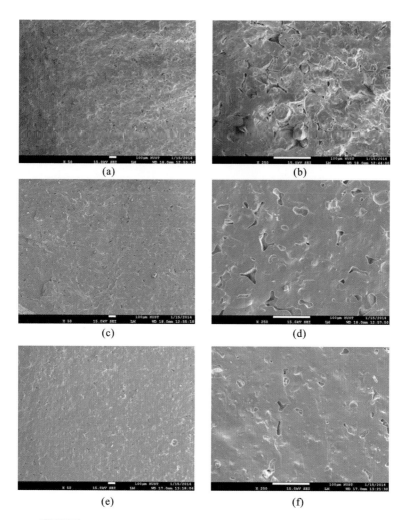

图 5.59 不同烧结温度下的高白土试样断口的微观形貌(SEM)

(a)(b)1250 ℃;(c)(d)1350℃;(e)(f)1450℃

分布,晶粒也长大了。

4)XRD 分析

图 5.60 所示的是高白土试样在不同烧结温度下的 XRD 分析。当烧结温度为 1250 ℃时,试样中含有大量 SiO₂,这说明试样中的 SiO₂ 和 Al₂O₃ 尚未开始化学反应,并没有形成烧结液相。随着温度上升,当温度达到 1350 ℃时,烧结过程中产生硅酸盐铝,已没有 SiO₂ 存在,这说明在 1250 ℃~1350 ℃时,试样内部完成 SiO₂ 和 Al₂O₃ 的化学反应。在 1350 ℃时,硅酸盐铝的峰值较强且尖锐,说明此时高白土晶粒结晶度好;随着烧结温度上升至 1450 ℃和 1480 ℃,峰值较弱且变宽,说明此时高白土晶粒结晶度变差,这也预示着试样力学性能会变差。这是由于超过 1350 ℃后,反应生成的莫来石晶粒会逐渐长大,伴随着应力、微裂纹等缺陷的

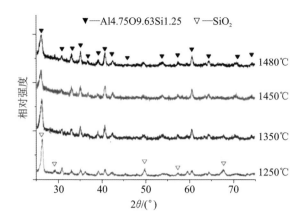

图 5.60　高白土试样在不同烧结温度下的 XRD 分析

产生。

5）显微维氏硬度

图 5.61 所示的是高白土试样在不同烧结温度下的显微维氏硬度变化。在烧结温度为 1350 ℃时,显微维氏硬度值最大,达到 855.8,这是由于该烧结温度下的高白土晶粒细小,结晶度好,孔隙较少。烧结温度太高,莫来石晶粒会长大,降低试样性能;烧结温度太低,则烧结不完全,试样密度低,硬度也会很低。

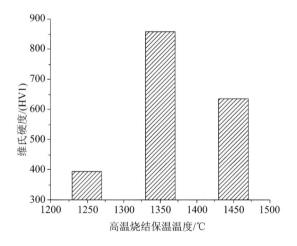

图 5.61　高白土试样在不同烧结温度下的维氏硬度

4. 典型陶瓷制品制造

在以上研究的基础上,以高白土为原料,利用优化的 SLS 工艺参数成形出"黄鸭"SLS 形坯,接着对形坯进行天然橡胶胶乳随形包套的制作,然后经 CIP(200 MPa)、脱脂、彩绘及高温烧结(1350 ℃),制造了"黄鸭"陶瓷制品,如图 5.62 所示。

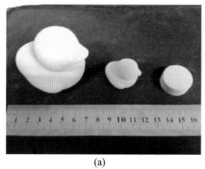
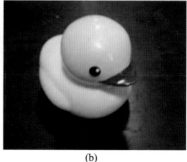

(a)   (b)

图 5.62 "黄鸭"陶瓷制品

(a)高白土 SLS 试样、SLS/CIP 试样及圆柱试样；
(b)脱脂、彩绘和烧结后的"黄鸭"陶瓷制品

其中彩绘工序在新世纪陶瓷有限公司完成。该产品已得到新世纪陶瓷有限公司的认可,该公司已采用这个 SLS/CIP/FS 复合成形新方法,进行个性化彩色陶瓷制品的制造,部分产品已商业化。

5.2.4 碳化硅陶瓷的 SLS 成形与后处理研究

1.碳化硅陶瓷形坯的激光烧结研究

激光选区烧结过程是一个激光和粉末材料相互作用的过程,形坯的成形质量与激光烧结工艺参数之间的关系一直是 SLS 技术研究的热点,国内外都对此做了大量的研究,力图寻找出最佳的工艺参数来制作优质的形坯。

形坯质量主要由形坯的强度、密度及精度来衡量。影响形坯质量的因素很多,如 SLS 设备精度、CAD 模型切片误差、扫描方式、烧结材料、预热温度、激光功率、扫描速度、扫描间距、单层厚度等。其中 SLS 设备精度、CAD 模型切片误差等都属于系统因素,对此国内外已经做了很多研究,通过提高设备精度或给出补偿算法,已经很好地解决了此类因素造成的系统误差。扫描间距、单层厚度主要由激光光斑、成形设备和粉末粒度所决定,预热温度主要由黏结剂决定。而激光功率和扫描速度对形坯件质量的影响最大,有必要做详细的研究,很多学者对此做了大量的工作,建立了多种热传导如激光入射能量分布、粉末材料吸收热量分布方面的模型,这些研究都是针对不同的激光、不同的成形设备、不同的材料,因此得到的结论也不尽相同。为制造出高质量的陶瓷形坯,有必要对实验中所使用的黏结剂和碳化硅(SiC)陶瓷复合粉末在 3D 打印设备上的烧结工艺参数进行研究,找出最佳的烧结工艺参数。

1)碳化硅陶瓷激光选区间接烧结原理及特点

陶瓷的熔点都比较高,一般只能间接烧结成形。特别是碳化硅陶瓷的熔点高

达 3000 ℃,常压下 2500 ℃就开始分解,所以碳化硅陶瓷不能直接烧结成形,只能间接烧结成形。陶瓷和高分子黏结剂复合粉末进行激光烧结成形时,激光作用在粉末上的能量主要对高分子黏结剂起作用,而陶瓷颗粒并不发生任何变化。激光作用在粉末上时,粉末吸收热量,温度逐渐升高,当温度达到黏结剂玻璃化温度 T_g 时,黏结剂从常温下的玻璃态,变为柔软而富有弹性的高弹态;当温度超过熔融温度 T_m 时,黏结剂变为液态的黏流态。温度升高,黏结剂的黏度下降,但其流动性增加,容易与其周围的陶瓷颗粒接触,冷却后固化,黏结在一起。激光成形的形坯,主要通过黏结力把粉末黏结在一起,黏结力的大小由内聚力和黏附力所决定。内聚力是指高分子黏结剂本身分子之间的作用力,即黏结剂的强度。黏附力是黏结剂与陶瓷颗粒之间的作用力,包括黏结剂与陶瓷颗粒的物理吸附力和化学吸附力。图 5.63 所示的为陶瓷和黏结剂复合粉末激光烧结原理示意图。

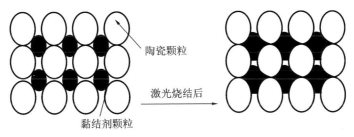

图 5.63　陶瓷与黏结剂复合粉末激光烧结原理示意图

材料本身和激光模式对激光烧结有很大的影响,不同的材料对激光的吸收系数不同;同一种材料对不同模式的激光吸收也不相同,主要是因为材料对不同频率的激光的吸收系数不同。实验中用两种不同的激光器对间接激光选区烧结碳化硅进行了研究:一种为连续式 CO_2 激光器,其激光波长为 10.6 μm,最大输出功率(额定功率)为 50 W,光斑直径约为 0.3 mm;另一种为 YAG 激光器,其激光波长为 1.06 μm,最大输出功率为 150 W,光斑直径约为 0.3 mm。复合粉末总的吸收率可以粗略估计为

$$\alpha = \sum_{i=1}^{n} \gamma_i \alpha_i \tag{5-28}$$

式中:α 为复合粉末的吸收率;α_i 为复合粉末中第 i 个粉末组元的吸收率;γ_i 为复合粉末中第 i 个粉末组元的体积分数。

使用 CO_2 激光器时,复合粉末的吸收率约为 67%;使用 YAG 激光器时吸收率约为 77%。在激光扫描速度、扫描间距、单层厚度相同的条件下,对同一种碳化硅和环氧树脂 E06(质量分数为 3%)复合粉末进行烧结,CO_2 激光器的成形最低激光功率约为 10 W,而 YAG 激光器的成形最低激光功率约为 30 W。这与实验结果相矛盾,主要是因为在两种激光作用下,复合粉末的热吸收方式是不同的。使用 CO_2 激光器时,SiC 的吸收率为 66%,环氧树脂的吸收率为 96%,此时,环氧树脂吸收率高,直接吸收激光能量,升温熔化黏结 SiC。而使用 YAG 激光器时,

SiC 的吸收率为 78%，而环氧树脂的吸收率只有 9%，此时，SiC 吸收激光能量再传输给环氧树脂，使环氧树脂熔化黏结 SiC，传递过程中有能量损失，而且热影响区大，导致成形精度差。因此，后面 SLS 成形 SiC 制件都选用 CO_2 激光器。

2）烧结粉末本身特性对激光烧结成形的影响

（1）碳化硅粉末松装密度对激光烧结成形的影响。

由于碳化硅陶瓷的脆性大，硬度特别高，其制备的粉末材料一般为不规则的颗粒，甚至为片状，很少有球形的碳化硅粉末。图 5.64 和图 5.65 所示的为本实验用的碳化硅粉末 SLS 成形后在不同放大倍数下的微观形貌。从图中可以看出碳化硅粉末颗粒形状很不规则，棱角突出，这将导致其相对密度低。而材料的相对密度对 SLS 成形有很大的影响，也决定了形坯的孔隙率的大小。

图 5.64 碳化硅 SLS 成形后的微观形貌
（SEM×50）

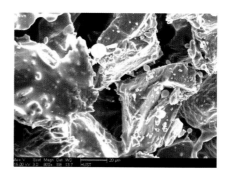

图 5.65 碳化硅 SLS 成形后的微观形貌
（SEM×100）

对三种不同松装密度的碳化硅粉末进行激光烧结对比，黏结剂为环氧树脂 E06，如表 5.31 所示，可知相同类型的粉末，松装密度越大，成形所需的黏结剂越少。实质上是因为粉末的松装密度越大，其相对密度越大，孔隙少，只需要少量的黏结剂就可以把碳化硅粉末黏结在一起；当粉末的松装密度较小时，其相对密度小，孔隙多，需要较多的黏结剂才能填满孔隙，起到黏结作用。通过实验发现，当粉末的松装密度小时，须加入大量的黏结剂，成形后，坯体呈海绵状，强度很低，很难进行后续处理。

表 5.31　不同碳化硅粉末松装密度 SLS 成形所需最小黏结剂质量分数

碳化硅粉末松装密度/(g/cm^3)	1.33	1.28	1.15
成形所需最小黏结剂质量分数/(%)	2	5	10

（2）黏结材料类型和含量的确定。

SLS 成形碳化硅可以选择有机黏结剂或金属黏结剂。但金属黏结剂主要用来成形碳化硅-金属复合材料，如碳化硅-铜、碳化硅-铝等复合材料，其成形速率慢，需要高功率的激光器，而且由于加热温度特别高，需要保护性气氛。为了实现 3D 打印，得到碳化硅坯体，需要选择一种合适的有机黏结剂。通常作为黏结剂的低熔点的高分子聚合物粉末材料主要有以下几种：尼龙、聚苯乙烯、酚醛树脂、聚氨酯、环氧树脂等。对聚苯乙烯、酚醛树脂、环氧树脂 E03、环氧树脂 E06、环氧树脂 E12 等 5 种黏结剂进行比较研究，实验过程如下。

首先把有机黏结剂和碳化硅粉末按一定的质量比混合，其中黏结剂的质量分数从 1% 开始，每次增加 1%，直至能成形出坯体或达到 15% 为止。然后在行星式球磨机上，以 425 r/min 的速率，正反转，球磨 1 h 使其混合均匀。最后将每一组复合粉末在 HRPS-ⅢA 型 3D 打印设备（连续式 CO_2 激光器，其激光波长为 10.6 μm，最大输出功率为 50 W，光斑直径约为 0.3 mm）上进行 SLS 成形实验，选出最佳比例配制最终的复合粉末材料。

表 5.32 所示的是使用这 5 种不同的黏结剂时 SLS 成形现象描述。通过表中分析和 SLS 成形的精度、强度要求，可以看出环氧树脂类黏结剂的成形性相对较好。这主要是因为环氧树脂的软化点低，具有各种不同的性能；黏结性强，作胶黏剂用有"万能胶"之称；尺寸稳定性好，固化收缩率低，力学强度高，耐蠕变性强；吸水率低，为 0.05%～0.10%。所以选用环氧树脂为黏结剂的 SLS 材料成形时，都可以基本保持较好的成形尺寸。而环氧树脂 E06 相对其他环氧树脂具有更好的成形性，因此本实验选用环氧树脂 E06 作为黏结剂。

表 5.32　使用不同黏结剂时 SLS 成形现象描述

黏结剂种类	最小质量分数/(%)	成形精度	成形强度
酚醛树脂	10	成形尺寸保持较好，基本未发生明显收缩和翘曲	强度低，几乎无法取出形坯，脆性大、易溃散
环氧树脂 E03	4	发生明显的翘曲，随着比例的增加，翘曲愈明显，很难选择适当的工艺参数，工艺参数变换区间太窄，难以控制	强度高，当加入比例达到 4% 时，强度可以达到取出形坯的要求
环氧树脂 E06	2	成形尺寸保持较好，未发生翘曲	强度高，当加入比例达到 2% 时，强度可以达到取出形坯的要求
环氧树脂 E12	4	易翘曲，导致铺粉困难，难以选择适当的工艺参数，工艺参数变换区间窄，难以控制，总体比环氧树脂 E03 好	随着比例增加，形坯强度提高，但没有达到理想范围
聚苯乙烯 (STYRON A-TECH 12200)	7	成形尺寸保持较好，基本未发生明显收缩和翘曲，但需要较高的预热温度	随着比例的增加，形坯强度有所提高，但总体上仍然低，易溃散

黏结剂的加入量对激光成形工艺有很大的影响。黏结剂加入量少，不能将陶瓷基体颗粒完全黏结起来，易产生分层；加入量过大，则使坯体中陶瓷的体积分数过小，在脱脂去除黏结剂的过程中容易产生开裂、收缩率大、变形等缺陷。但在一

定的黏结剂含量范围内,可以通过改变黏结剂的含量来改变形坯的孔隙率。图 5.66所示的为形坯的弯曲强度(加载速率 $v=2$ mm/min,支点中心距为 65 mm)和环氧树脂 E06 质量分数的关系。环氧树脂 E06 质量分数在 $1.0\%\sim2.0\%$ 时,形坯强度很低;随着黏结剂的增加,弯曲强度明显增加,当环氧树脂 E06 质量分数达 2.5% 时,弯曲强度达 1.32 MPa;当环氧树脂 E06 质量分数达到一定值时,再继续增大,形坯的弯曲强度提高减慢。

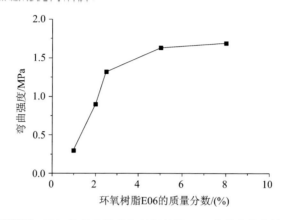

图 5.66　形坯的弯曲强度和环氧树脂 E06 质量分数的关系

　　SLS 成形的形坯强度由环氧树脂 E06 含量决定,环氧树脂 E06 越多,成形后环氧树脂 E06 之间的作用力就越大,其与碳化硅形成的化学键也就越多,形坯孔隙越小,强度就越高。形坯内碳化硅颗粒之间没有化学键结合,强度还是很低,不能使用,必须经过后处理。因此,SLS 成形的形坯必须具有一定强度,应能满足从粉体中取出和移动,以及在清粉过程中保持其形状、精度不变,防止破损的需求。

　　另外,环氧树脂含量并不是越高越好,而是在满足成形要求的情况下应尽可能少,其原因如下:

　　①SLS 材料中环氧树脂含量增加,材料单位体积所含的聚合物就增多,使得成形的形坯密度降低,这对形坯最终的强度不利;另外在脱脂过程中收缩率大,容易产生开裂、变形等缺陷;也增加了除去环氧树脂的难度,残留的环氧树脂就会存在于碳化硅颗粒的晶界中,成为杂质,影响最终制件的力学性能。

　　②环氧树脂软化点低,若含量过高,会使成形工艺参数难以控制。激光烧结时,需要合理调节工艺参数,使每一层烧结都有一定的强度,而且层与层之间也要黏结在一起。激光能量虽然只作用于选择扫描区,但是粉末通过热传递会使热量向非选择扫描区扩散,这样在选择扫描区之外形成一定的热影响区。粉末的导热系数较小,热传导较慢,形坯有一定的厚度,热量层层累积,粉末的温度就会不断升高,过多环氧树脂使得非选择扫描区的粉末容易黏结在一起。形坯从粉体中取出后,刷粉就比较困难,成形精度很难保证,尤其是深孔处,可能无法清除。

　　③环氧树脂含量过高,铺粉辊上就会黏附环氧树脂颗粒,当黏结物达到一定

的大小时,就会影响铺粉的表面质量,甚至会推动烧结件,而无法继续成形。

④如果环氧树脂含量过高,在成形时,环氧树脂在没有压力的情况下大面积黏结,加上陶瓷粉末的阻碍作用和粉体导热造成的选择扫描区温度场变化,会使选择扫描区的热应力增加,烧结层出现翘曲变形,降低尺寸精度,并且会影响铺粉,导致成形无法继续。

⑤环氧树脂含量过高,会影响脱脂过程,增加脱脂的时间,从而增加制备成本,还会对设备和环境有一定的污染。

通过 SLS 制作的陶瓷形坯,必须经过后处理(包括脱脂和高温烧结)才能得到所需制件,形坯的强度必须能维持其在清粉和后处理过程中不会溃散。这不仅与形坯的强度有关,而且与其几何结构有密切联系。当成形件具有薄壁或悬臂结构时,形坯就比较容易出现残缺、断裂等现象;反之,如果成形件无此类结构,则形坯不易损坏。因此,可以根据制件的几何结构适当调整黏结剂含量。实验表明:当成形件壁厚小于 2 mm 或有悬臂结构时,黏结剂质量分数为 5% 即可保证形坯不易损坏;当成形件壁厚大于 2 mm 或无悬臂结构时,黏结剂质量分数只需 2% 即可;另外,当成形大尺寸的制件时须适当加大黏结剂质量分数。

3)SLS 成形工艺参数的确定

(1)预热温度。

预热温度是影响烧结及成形质量的重要参数。首先,通过预热可以减少黏结剂熔化所需的热量,可以选择较大的 SLS 扫描速度或较低的激光功率。其次,在SLS 成形过程中,材料经过快速加热和冷却两个过程。当激光束扫描到粉末表面时,粉末温度由初始温度快速升高到黏结剂软化点以上,这时被照射粉末和其周围未被照射粉末之间形成了一个较大的温度梯度,会产生热应力。激光束扫描过后,被熔化的粉末立即冷却凝固,由于热胀冷缩,会产生收缩,也会导致较大的残余应力。这两种应力的作用会使成形件产生翘曲变形。成形件翘曲变形的程度与温差成正比,与粉层厚度成反比。对粉末进行预热可减小温差,从而减小应力和翘曲变形。再次,在其他成形参数相同的条件下,预热温度增加,粉末材料的导热性变好。因此,预热不仅可以改善层内和层间烧结质量,而且还可以增大烧结深度和烧结密度,从而提高成形质量。粉末的预热温度控制对 SLS 成形十分重要,这就要求严格控制预热温度。在激光扫描开始前,工作台面上的粉末被预热到规定的温度。为了把成形件中的热应力减小到最低程度以防止翘曲变形,工作缸和送粉缸的预热温度应单独控制。工作缸预热温度一般在黏结剂的软化或熔点温度之下,而送粉缸的预热温度一般设置为使粉末能够自由流动和便于铺粉辊铺粉的水平。预热需要精确的控温系统,防止温度过高或不够而导致其他成形参数难以控制,或加工失败。此外,均匀的温度场分布也能提高粉末的成形性。

在本实验中黏结剂为低熔点环氧树脂 E06,因此 SLS 成形的预热温度依据环氧树脂 E06 的软化点 T_g 决定。图 5.67 所示的为环氧树脂 E06 在氮气气氛下的

DSC 曲线。从图中可知,在温度为 77 ℃时有一个较大的峰值点,此温度即为环氧树脂 E06 的玻璃化转变温度 T_g,即软化点。对非晶体材料,工作缸预热温度应该接近 T_g,而不能超过 T_g,一般在 T_g 以下 10～20 ℃。否则,加工的时间长达几个小时,会产生烧结现象,使工作缸中的粉末黏结在一起,成形件与周围未烧结粉末难以分离开,增加清粉的难度,影响尺寸精度。实验研究表明:当预热温度在 30～65 ℃时,可以在保证成形强度和精度的同时,防止发生黏粉或翘曲现象;当温度低于 30 ℃时,由于加热与冷却温差较大,易产生翘曲现象;当温度高于 65 ℃时,成形件黏粉或粉床结块而无法继续烧结成形。因此,SLS 成形碳化硅和环氧树脂 E06 复合粉末的预热温度一般设为 30～65 ℃,在实际的成形工作中,为达到精度和节约成本的要求,选择 40 ℃为 SLS 成形的预热温度。

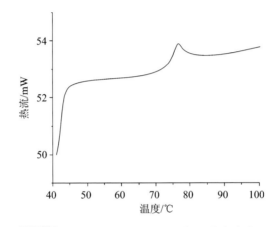

图 5.67　环氧树脂 E06 的 DSC 曲线(氮气气氛)

（2）激光功率和扫描速度。

SLS 成形过程类似一个快速移动的点热源加热粉末的过程,整个传热系统是一个非常复杂的动态开放系统,影响因素很多且交互作用,研究起来难度很大,因此目前对工艺参数的研究基本上是在假定其他参数不变的条件下研究某一工艺参数或某几种工艺参数对 SLS 成形的影响。SLS 成形过程中,激光扫描粉末的效率可以通过激光能量密度来衡量:激光能量密度低,则粉末吸收的能量小,成形坯的强度相对低;激光能量密度高,则粉末吸收的能量多,成形坯的强度相对高;但过高的激光能量密度会导致热影响区过大,产生黏粉现象。

激光功率和扫描速度直接影响激光能量密度,通过适当地调整激光功率和扫描速度可得到所需的激光能量密度。为了加快成形速度,一般选择较大的扫描速度,须相应地提高激光功率;但是物质对光的吸收有一定的时间效应,过大的扫描速度会导致吸收率过低,影响成形坯的强度和精度。

利用 HRPS-ⅢA 型 3D 打印设备,SLS 成形碳化硅粉末(含 3% 的环氧树脂 E06 黏结剂),并考虑成形效率和成本因素,SLS 成形工艺参数确定如下:激光功率为 15 W,扫描速度为 2000 mm/s,扫描间距为 0.1 mm,单层厚度为 0.1 mm。

在此工艺条件下烧结的具有薄壁结构的叶轮如图 5.68 所示。通过排水法测得碳化硅形坯的表观密度为 1.32 g/cm³,孔隙率为 58.7%。

图 5.68　具有薄壁结构的叶轮(最小壁厚:1.2 mm)

4)提高原型件烧结质量的措施

上述优化工艺参数是在环境温度为 40 ℃时烧结碳化硅和环氧树脂 E06 复合粉末得到的,对前文论述的几种粉末都有效,但也不是绝对的,可根据实际烧结原型件的具体条件加以调节。如在材料中添加导热性很强的合金元素 Cu 时,需要适当增大激光功率;如果环境温度和 20 ℃的室温相差很远时,也需要对工艺参数加以修正。

①要考虑到成形件结构的影响。一般来说,环氧树脂有很好的抗翘曲变形的能力,但由于某些成形件的结构很特殊,在激光烧结过程中成形件各部分温度梯度很大,引起翘曲变形,严重的时候会导致无法正常铺粉,烧结过程无法继续下去。对此可考虑对粉末进行预热,减小温度梯度来防止翘曲变形,因为环氧树脂 E06 的软化点很低,预热的温度不能太高,一般不超过 65 ℃,否则会导致环氧树脂 E06 在预热温度下就软化,粉末之间形成黏结。

由于热影响区的存在,原型件底面会向下凸起,这将导致原型件底面不平,因此,在烧结原型件的初始几层时,可考虑用较小的激光功率配合适当的扫描速度来减小这种凸起。

②要严格防止原型件缺陷的产生。原型件中的缺陷在后处理的高温烧结和熔渗金属过程中会被放大,只有没有缺陷的原型件才能通过后处理得到无缺陷的功能件。要防止因为粉末成分不均匀,含有杂质,或工艺参数不当导致原型件产生缺陷。而且原型件中黏结剂含量少对后处理有利,所以尽量选用低黏结剂含量的配比粉末来制作原型件。

综上所述,分析考虑各工艺参数对成形效率和成形强度、精度的影响,选择的一组优化的添加黏结剂的陶瓷粉末 SLS 成形工艺参数为:预热温度 40 ℃,激光功率 15 W(30%),扫描速度 2000 mm/s,扫描间距 0.1 mm,单层厚度 0.1 mm。采用此组工艺参数,在成形设备上制造出多种成形件,密度为 2.3 g/cm³。图 5.69 所示为叶轮和齿轮,其弯曲强度为 1.53 MPa。

图 5.69 SLS 成形的叶轮和齿轮

2. 零件的后处理研究

激光选区烧结后得到的形坯,强度和密度都还很低,力学性能差,还不能够直接应用。必须对形坯件进行后处理,提高其强度和密度,使形坯件变成高强度的结构件或功能件。后处理一般包含四个阶段:清粉处理、脱脂降解、高温烧结和浸渗。这里将对后处理的前面三个阶段展开研究。

1)清粉处理

成形坯进行后处理的第一个阶段就是清粉处理。当激光烧结完成之后,使工作台上升,左右送粉缸下降,这样便于清粉,未烧结的粉末可以直接落入送粉缸,回收利用。清粉处理主要有如下三种方法:

①对于简单形状的形坯件,可以直接用刷子刷去表面未烧结的粉末。

②对于一般复杂形状的、没有深孔、内空或弯曲孔洞的形坯件,可采用压缩机等吹风设备来清除未烧结粉末,清粉速度快、质量高。

③对于具有深孔、内空或弯曲孔洞的形坯件,就采用吸尘器等设备吸去深孔、内空或弯曲孔洞中未烧结的粉末。比如随形冷却流道模具的粉末清理,大多采用这样的方法,得到了很直接的效果。设备功率越大,清粉越快,花费时间越短。

烧结成形的形坯件都比较复杂,为提高清粉的效率和质量,一般同时采用以上刷、吹和吸三种方法。清粉后的零件形坯强度比较低,特别是凸起、尖角处,很容易断裂,如果不立即进行后续处理或需要存储和搬运,应对形坯件进行热处理,即将清粉后的形坯件放入加热箱中升温到黏结剂的软化点左右,保温1～2 h来提高形坯件的强度。由于环氧树脂E06是热塑性的聚合物,这时候形坯件中的环氧树脂E06发生软化作用,然后冷却后将变硬;另外,环氧树脂E06发生液相烧结,使黏结剂与碳化硅之间的作用加强。这样使得形坯件的强度提高,不容易脆裂,便于存储和运输。对于薄壁、悬臂结构的应降低加热温度或加支撑材料,以确保其不变形或断裂。将激光选区烧结成形的碳化硅形坯加热至120 ℃,保温1 h,其弯曲强度可从1.33 MPa提高到5.25 MPa。对图5.69所示的薄壁零件进行了处理,零件没有发生任何变形。

2)脱脂降解

脱脂降解的目的是除去形坯件中的环氧树脂黏结剂,为高温烧结和浸渗做准备。激光选区烧结成形的碳化硅零件中黏结剂的质量分数一般为2%～10%,体积分数为5%～30%。如何有效、快速地从成形坯中除去黏结剂,同时保证其形状和尺寸精度,成为激光选区烧结陶瓷件后处理的关键问题。目前,黏结剂的降解方法主要有热脱脂、溶剂脱脂、虹吸脱脂、催化脱脂、综合脱脂等,而激光选区烧结原型件的致密度低,脱脂后粉末几乎还处于松装状态,强度特别低,机械咬合力特别小,因此只适合用热脱脂方法,热脱脂后还须经过一定的高温预烧达到一定的强度。

(1)热脱脂机理。

热脱脂是指将成形坯加热到一定温度,黏结剂蒸发或者热分解生成气体小分子,气体小分子通过扩散或渗透方式传输到成形坯表面,然后黏结剂分解气体从成形坯表面脱离进入外部气氛的脱脂方法。假定黏结剂分解气体在成形坯内的传输为控制步骤,则热脱脂可以分为扩散控制和渗透控制两种方式。假设黏结剂为单物质,且黏结剂-外部气氛界面呈平直面向成形坯内部推进。当气体分子的平均自由程远大于孔隙半径时,则黏结剂分解气体分子的传输速度取决于其与孔壁间的碰撞频率,这是扩散控制方式起作用的情况,黏结剂分解气体的黏度在这里将不是脱脂的主要影响因素。当孔径较大时,渗透控制方式起作用,这时黏结剂分解气体分子的传输速度取决于其分子间的碰撞频率。在这种情况下,黏结剂气体的黏度是一个重要参数。激光选区烧结的成形坯粉末松装度大,孔径较大,平均孔径达10 μm左右,其热脱脂存在扩散控制和渗透控制两种方式。

German从理论上推导了扩散控制方式和渗透控制方式两种情况下脱脂时间的表达式,分别为

$$t_1 = H^2 (MKT)^{1/2} / [2D(P-P_0)E^2 U] \tag{5-29}$$

$$t_2 = 22.5 H^2 (1-E)^2 PG / [E^3 D^2 F(P^2 - P_0^2)] \tag{5-30}$$

式中:H为试样厚度;M为黏结剂分解气体的摩尔质量;K为玻耳兹曼常数;T为脱脂温度;D为粉末颗粒直径;P为黏结剂-外部气氛界面处的压力;P_0为外部气

氮压力；E 为孔隙率；U 为固态黏结剂的摩尔体积；G 为黏结剂分解气体的黏度；F 为在压力 P 的情况下，黏结剂的固-气体积比。

从式(5-29)中可以看到，扩散控制方式的热脱脂时间与试样厚度的平方成正比，与颗粒直径、压力降和孔隙率的平方成反比。从式(5-30)可知，渗透控制方式的热脱脂时间与黏结剂分解气体的黏度、试样厚度的平方成正比，与颗粒直径的平方及压力降成反比。可见，不论是扩散控制方式还是渗透控制方式，要缩短热脱脂时间，其主要途径是采用小厚度、大颗粒直径、真空或低压气氛、高孔隙率和高的脱脂温度。激光选区烧结的成形坯的颗粒直径大，孔径大，孔隙率达 50％以上，且多为开孔，因此，其脱脂速率比较快。

（2）保护气氛和真空热脱脂降解研究。

不同黏结剂的热脱脂工艺不一样，黏结剂的热解行为决定脱脂工艺。图5.70所示的是环氧树脂 E06 的 DSC-TG 曲线（采用Perkin Elmer 公司的 TGA7 型热重分析仪，氮气气氛，升温速率 10 ℃/min）。从图中可以看出，环氧树脂 E06 在 300 ℃时开始分解，在 380～490 ℃分解挥发最为剧烈，质量减少 85％以上；490 ℃以上时分解挥发速度快速降低。

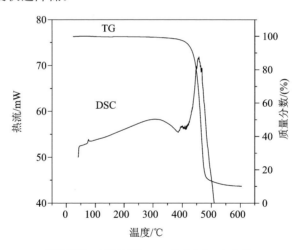

图 5.70　环氧树脂 E06 的 DSC-TG 曲线

另外，升温速度和保温时间也是影响降解过程的重要工艺参数。环氧树脂 E06 降解时，会分解出大量的低分子物质，大部分以气体的形式逸出，所以大体积的形坯脱脂时会产生大量的气体。当升温速度过快时，形坯内部环氧树脂 E06 迅速分解，产生的大量气体来不及排出或以很快的速度排出，容易使形坯产生微裂纹，这些微裂纹在烧结时候会被放大，成为烧结缺陷产生的源头；严重时，形坯内部的气体无法及时排出，会形成很大的压力，而形坯本身强度并不高，会直接破裂。因此要严格控制升温速度和各个温度段的保温时间。保温时间与形坯大小和厚度也有很大的关系，体积大的形坯必须在升温的各个阶段有足够的保温时间，让环氧树脂能逐步降解，控制气体逸出的速度，也能保证环氧树脂完全降解。

环氧树脂 E06 的分解特性可通过其 DSC 曲线反映。环氧树脂 E06 的 DSC 曲线在 76.5 ℃出现一个放热峰,对应环氧树脂 E06 的软化点;在 305 ℃出现一个放热峰,对应环氧树脂 E06 中某成分的熔点;在 385 ℃出现一个吸收峰,对应环氧树脂 E06 开始分解;在 455 ℃出现一个放热峰,对应某物质的熔点;在 460 ℃出现一个吸收峰,对应聚丙烯开始分解。综合以上实验结果和分析,综合考虑分解温度、升温速度、保温时间对脱脂过程的影响,最终确定的脱脂工艺路线如图 5.71 所示。

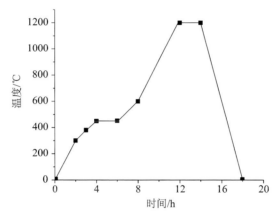

图 5.71　碳化硅成形坯在保护气氛下热脱脂和预烧工艺路线

由于在 600 ℃之后黏结剂已脱除完毕,可将脱脂的最高温度定在 600 ℃,脱脂总时间定为 18 h 左右。在脱脂过程的初期阶段,即从室温升至 300 ℃阶段,采取较大的升温速度,因为此时黏结剂尚未热解,脱脂温度低,黏结剂蒸发较慢,产生的黏结剂蒸气少,不会对脱脂坯体产生不利影响。从 300 ℃至 460 ℃,采取较小的升温速度,由于此阶段黏结剂中相对分子质量较小的组分熔融热解,粉末颗粒会发生重排,但粉末间的孔隙通道尚未形成,环氧树脂呈熔融状包裹着粉末颗粒,颗粒间无明显通道,如果此时升温过快,有机物热解过快,就会产生大量挥发的小分子气体,导致脱脂坯体鼓泡、开裂、变形。在 460～600 ℃阶段,升温速度可以稍微增大,因为在 460 ℃后占黏结剂 60% 的环氧树脂已经热解完毕,粉末间的孔隙通道已初步形成,高分子组分已准备开始分解。最后,由于脱脂后的坯体的强度太低,没有黏结在一起,需要加热到一定的温度进行预烧,所以直接升温至 1200 ℃并保温 2 h 使坯体有一定的强度。

（3）空气气氛下的氧化脱脂研究。

对于在空气中高温下不易氧化,或是高温下不与空气反应的材料,可以将其形坯放在氧化环境中进行脱脂。对于碳化硅形坯,氧化脱脂会使碳化硅表面氧化生成致密 SiO_2 膜,阻止其进一步氧化。如果脱脂后要进行金属熔渗处理,其表面的 SiO_2 膜能改善金属与碳化硅的润湿性。因此,碳化硅形坯也可以进行氧化脱脂,其氧化脱脂存在以下优点:

①降低了对脱脂设备的要求,可在普通控温炉中进行。

②没有脱脂气氛条件的要求,可以在大气中进行。

③在有氧存在的气氛下,黏结剂会与氧气发生氧化反应生成小分子气体,有利于黏结剂的脱除;高温下,可以通过有氧燃烧的方式脱除高聚物,而无须将其高温裂解,因而加快了脱脂速度,并且使脱脂更为彻底。

④氧化脱脂后的形坯中,碳化硅粉末颗粒生成的致密 SiO_2 膜有利于碳化硅颗粒之间的黏结,提高烧结强度;另外,SiO_2 膜有利于后续的处理工艺。

跟在保护气氛下或真空脱脂一样,在空气气氛下,黏结剂的热解行为决定了脱脂工艺,务必要检测环氧树脂 E06 在空气中的失重情况,因此我们在电阻炉中进行了环氧树脂 E06 在大气中的降解实验。首先取 10 份环氧树脂 E06 粉末,每份 10 g,将其放入陶瓷坩埚内,并将容器放入电阻炉内加热,共选择 150 ℃、200 ℃、250 ℃、290 ℃、330 ℃、370 ℃、410 ℃、450 ℃、500 ℃和 550 ℃共 10 个温度点进行测量,每段升温速率约为 5 ℃/min,保温时间为 10 min。每个温度点保温后取出一个坩埚测量质量,同时观察坩埚内环氧树脂 E06 的状态和实验现象。图5.72所示的为实验所得的环氧树脂 E06 的氧化降解曲线。

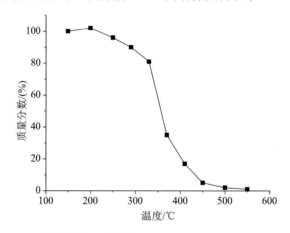

图 5.72　环氧树脂 E06 的氧化降解曲线

由曲线结合在各个温度点对环氧树脂 E06 状态的观测可知,200 ℃之前,环氧树脂 E06 只是熔化并发生氧化反应,变成棕黄色的黏流态液体,几乎没有分解,略有增重现象;200~370 ℃温度段,环氧树脂 E06 为棕黄色的黏流态液体,颜色加深,冒烟,冒泡,质量开始变小,环氧树脂 E06 已开始分解,但主要是相对分子质量较小的组分的挥发;370~450 ℃温度段,环氧树脂 E06 分解最为剧烈,有浓烟冒出,质量减小约 80%,而且余下的环氧树脂 E06 已然变成棕黑色的固态物质,大部分已经炭化;450~500 ℃温度段,环氧树脂 E06 有少部分分解;500 ℃以后,仍残余部分物质。

根据环氧树脂 E06 氧化降解特性,确定氧化脱脂及预烧工艺,路线如图 5.73

所示。氧化脱脂的最高温度可以设为 550 ℃,基本可以使环氧树脂 E06 完全脱除,而且可以较大限度地缩短脱脂时间。氧化脱脂工艺与保护气氛下的脱脂工艺类似,但是氧化脱脂工艺的分解温度区间集中,反应剧烈,应减缓环氧树脂 E06 分解剧烈温度段的升温,并设置适当的保温时间。在脱脂过程的初期阶段,即从室温升至 200 ℃阶段,采取较大的升温速度;200～370 ℃阶段,应略降低升温速度,因为此时黏结剂尚未热解,脱脂温度低,黏结剂蒸发较慢,产生的黏结剂蒸气少,不会对脱脂坯体产生不利影响;370～450 ℃阶段,采取较小的升温速度,由于此阶段黏结剂氧化分解剧烈,产生大量气体,粉末颗粒会发生重排,但粉末间的孔隙通道尚未形成,颗粒间无明显通道,如果此时升温过快,有机物热解过快,就会产生大量挥发的小分子气体,导致脱脂坯体鼓泡、开裂、变形。在 450 ℃以后,升温速度可以稍微增大,因为在 450 ℃后占黏结剂 80% 的环氧树脂 E06 已经热解完毕,粉末间的孔隙通道已初步形成;最后由于坯体脱脂后强度太低,须进行预烧,所以直接升温至 1200 ℃ 并保温 2 h,使坯体有一定的强度。

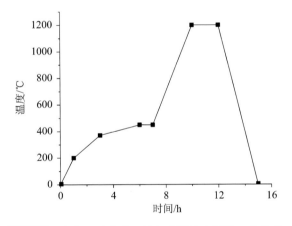

图 5.73　碳化硅预成形坯的氧化脱脂和预烧工艺路线

从形坯件脱脂后的扫描电镜照片可以看出,碳化硅颗粒间已经几乎没有高分子聚合物;同时对热降解后形坯件的成分进行分析,分析结果表明环氧树脂 E06 已经完全降解。此时形坯件的强度特别低,对上述氧化脱脂的试样进行三点抗弯测试,其弯曲强度只有 0.91 MPa。因此,如果降解和高温烧结不在一个炉中进行,在移动降解后的形坯件时须非常小心,而最好的办法则是脱脂和高温烧结在一个炉中完成,也就是在脱脂完成之后,继续升高温度,马上开始下一个后处理过程,即高温烧结,这样可以防止降解后的形坯件在取出时损坏。

降解后的形坯件由于环氧树脂 E06 的脱去,初步烧结时会产生收缩,尺寸会减小,表 5.33 所示为激光选区烧结的碳化硅圆柱体脱脂降解(按照图5.73所示的工艺)前后试样的尺寸对比。从表 5.33 中的数据可知:直径 D 和高度 H 方向都没有收缩,反而有微量的体积膨胀。这主要是因为黏结剂的含量比较少,碳化硅很难烧结;另外,碳化硅预烧时,在 800 ℃ 以上会发生氧化反应生成 SiO_2,此过程中存在很大的体积膨胀。因此,通过适量的控制,优化工艺参数,可以实现碳化硅脱脂预烧过程的零收缩,保持好形坯件的形状和精度,避免因形坯件收缩而发生变形。

表 5.33   降解前后圆柱试样尺寸对比

方向	D 方向	H 方向
降解前尺寸/mm	20.65	10.01
降解后尺寸/mm	20.88	10.05
尺寸收缩率/(%)	−1.1	−0.4

3)高温烧结

经过脱脂处理和预烧的 SLS 成形的碳化硅零件强度很低,需要高温烧结来提高其强度。常常需要加入低熔点的助烧剂,如 Al_2O_3 或金属物质。高温烧结常常跟脱脂工艺合在一起,以保证成形件的形状,即脱脂后接着进行高温烧结。对于利用 SLS 制造的形坯件,一般应用固相烧结,才能维持好其形状。烧结过程为:烧结颈开始长大,而后经历连通孔洞闭合、孔洞圆化、孔洞收缩和致密化、孔洞粗化、晶粒长大一系列过程后,成为多孔体,此时烧结体已经具有一定的强度和密度。

(1)高温烧结工艺参数研究。

粉末颗粒高温烧结主要有以下几项驱动力:本征 Laplace 应力、本征过剩表面能驱动力和化学位梯度驱动力。烧结过程中物质的迁移机制包括表面扩散、晶格扩散、晶界扩散、蒸发与凝聚、塑性流动及晶界滑移等。对于不同物性的粉末材料、烧结不同温度段及不同烧结环境,物质的迁移机制和动力学规律有所不同。烧结过程可以分为三个界线不十分明显的阶段:接触黏结阶段,烧结颈长大阶段和孔隙闭合、球化与缩小阶段。三个阶段的相对长短主要由烧结温度决定,其次才是烧结时间,同时烧结气氛也有很大的影响,因为烧结温度、烧结时间和烧结气氛三个工艺参数决定了烧结体性能,所以很有必要对这三个工艺参数进行分析。

从烧结的机理和过程可以知道,烧结温度、烧结时间和烧结气氛对烧结制品的性能有决定性的影响,因此,通过调整烧结参数,可以使烧结制品最终获得所需要的性能。萨拉克根据大量实验数据建立了烧结材料拉伸强度与孔隙度的经验方程:

$$\sigma_s = \sigma_0 \exp(-K\theta) \tag{5-31}$$

式中:σ_s 为烧结材料的抗拉强度;σ_0 为相应致密材料的抗拉强度;K 为常数;θ 为孔隙度。

对于 SLS 成形的碳化硅零件来说,只能采用高温无压烧结和反应烧结。由于碳化硅熔点很高,很难烧结,无压烧结时通常加入助烧剂。采用氧化脱脂可使碳化硅表面生成 SiO_2 膜来提高碳化硅的烧结性,但是加热到 1200 ℃ 保温 2 h,基本上没有出现烧结现象,脱脂预烧后的表观密度为 1.41 g/cm^3,孔隙率为 54.9%,开口孔隙率为 98.6％,弯曲强度为 0.91 MPa。考虑到后面将要对碳化硅形坯熔渗金属,因此可以在烧结粉末中加入一定量的助渗剂,既可以提高其烧结强度,也有利于后续的金属熔渗过程。考虑加入少量的低熔点金属,如铜、铁来提高烧结性能。当添加 2％(质量分数)的铜时,1000 ℃保温 1 h,其弯曲强度就达到26.7 MPa;加入 2％(质量分数)的铁时,1200 ℃保温 2 h,其弯曲强度能达到18.3 MPa。

(2)高温烧结过程中的精度控制研究。

SLS 成形的形坯件的致密度特别低,一般在 40％～50％,所以形坯件在高温烧结过程中通常伴随着体积的收缩,使得烧结后的尺寸比烧结前的尺寸小,同时由于温度场不均匀或工艺参数不恰当,各处收缩不一致,形坯件在烧结后有很大的内应力,而产生裂纹或翘曲变形。

影响形坯件烧结过程中尺寸收缩的因素很多。首先,烧结材料的特性对尺寸收缩有很大的影响,形坯件中的黏结剂含量越大,烧结后由于黏结剂的脱除,孔隙就越多,烧结过程中收缩量就越大,烧结前后尺寸变化就越大。同时,粉末材料的粒度与粒度分布能影响粉末堆积的密实程度,类似于影响松装烧结的粗坯密度,也能影响烧结过程中的收缩程度。一般来说,粉末粒度越细,粒度匹配越好,松装密度越大,烧结后尺寸收缩越小。其次,烧结的尺寸收缩和烧结工艺参数也密切相关,提高烧结温度和延长烧结时间,都能促使烧结进一步发生,使得烧结过程中的收缩加剧。在满足强度要求后,应该调节工艺参数使烧结收缩量尽量减小。碳化硅材料的熔点很高,烧结困难,在无压烧结情况下,一般只有很少的体积收缩;特别是采用氧化脱脂时,碳化硅会在高温下发生氧化反应生成 SiO_2,而产生的体积膨胀可以补偿因黏结剂的脱除而产生的体积收缩。

黏结剂的脱除产生的收缩和烧结带来的收缩都有一定的比例或规律,碳化硅氧化所产生的体积膨胀也是有具体的比例的。因此,通过工艺参数的优化和调整,可以实现碳化硅零件坯体的零收缩,保证高精度的烧结件。另外,还可以通过添加合金元素来改变零件的收缩率,比如:低熔点的金属,如 Al、Cu 等,可促进烧结的进行,同时加大零件的收缩率。

3.碳化硅陶瓷零件的入渗研究

通过激光选区烧结间接成形的碳化硅形坯经过清粉、脱脂和高温烧结处理后,得到多孔碳化硅零件。多孔碳化硅零件可应用于催化剂载体、熔融液体和高温气体的过滤器、热交换器、保温和隔音材料以及生物材料等。但是通过入渗高分子或金属,可以提高其强度、致密度或其他各方面的性能,从而能得到各种性能优异的复合材料零件,扩大激光选区烧结碳化硅的用途。实验就激光选区烧结制备的多孔碳化硅零件进行了浸渗树脂和氧化熔渗铝合金的研究。

1)入渗树脂研究

(1)多孔介质浸渗理论。

由于烧结陶瓷零件存在大量的孔隙,孔隙之间又相互连通,形成毛细管,因此

渗剂通过毛细管浸渗到零件中。渗剂在毛细管的作用下上升的高度为

$$h = \frac{2\sigma\cos\theta}{r\rho g} \tag{5-32}$$

式中:h 为液面上升高度;r 为毛细管半径;σ 为液体表面张力;θ 为润湿角;ρ 为液体的密度;g 为重力加速度。当温度升高不大时,液体表面张力 σ 随温度变化不大,可视为常量,而此时渗剂的黏度与温度的关系可以用 Andrade 公式表示,即

$$\eta = Ae^{\frac{E}{KT}} \tag{5-33}$$

式中:η 为液体的黏度;A 为常数;E 为黏流活化能;K 为玻耳兹曼常数;T 为温度。可见流体黏度随温度的升高而降低,故液体的密度减小。由于温度升高时,渗剂的活性增大,与陶瓷网架润湿增强,故润湿角 θ 减小。同时随着黏度的减小,渗入的速度也会增大,对于流体渗入多孔介质,其渗入速度可由 Darcy 理论计算,即

$$v = -\frac{k}{\eta p}\Delta\varphi \tag{5-34}$$

式中:v 为渗入速度;k 为渗透系数;η 为流体黏度;p 为流体压力;$\Delta\varphi$ 为压力落差。所以随温度的升高,零件逐渐放入渗剂中,渗剂就会沿毛细管上升,直至渗满整个零件。

(2)浸渗工艺。

要达到一定的力学要求或是功能要求,入渗材料的选择是非常关键的。通常入渗碳化硅零件的树脂主要用于模型或低温使用的某种功能件,所以对入渗树脂的一般要求如下:

①树脂材料应该能够完全地浸渗到形坯件的孔隙中,而且对孔隙结构具有良好的流动性和润湿性。

②在室温下是液态,但是在一定的条件下又能够转变为固态,且液态向固态的转变是不可逆的。

③由液态向固态转变时,树脂的体积变化要尽可能小,以免因收缩产生孔洞而影响整个零件的性能。

④固化后入渗树脂应具有可靠的强度、硬度和耐腐蚀等性能。

根据以上要求,选用成分为环氧树脂 E42、Novolac 型酚醛树脂、少量的固化剂甲基四氢邻苯二甲酸酐(MeTHPA)的入渗树脂。其中环氧树脂 E42 作为主要成分,其具有以下优点:

①环氧树脂 E42 黏结强度高,特别是对陶瓷具有良好的黏结性;

②环氧树脂 E42 的固化收缩率低,小于 1%(体积收缩率),是所有热固性树脂中固化收缩率最低的品种之一;

③环氧树脂 E42 的稳定性好,未固化时可以长时间放置;

④环氧树脂 E42 的耐化学品性好,固化的环氧树脂 E42 既耐酸又耐碱及多种介质;

⑤环氧树脂 E42 固化后力学强度高,固化操作简单方便,价格也相对较低,而且固化前的环氧树脂 E42 是热塑性的,加热就可以降低黏度,这对浸渗树脂是十分有利的。

但是环氧树脂 E42 也有一些缺点:耐候性差,在紫外线照射下会降解,性能下降,不能在户外长期使用;冲击强度低;耐高温性差。因此选用 Novolac 型酚醛树脂作为预聚体对环氧树脂 E42 进行改性处理,来提高其耐热性和抗老化能力。

通过实验优化,确定环氧树脂 E42 与 Novolac 型酚醛树脂的质量比为 2∶1,在此条件下入渗的高分子材料固化后,耐高温性能最好,能达到 200 ℃。图 5.74 所示的为入渗树脂固化后的热重分析图,从图中可知入渗树脂在 200 ℃以下基本不分解。

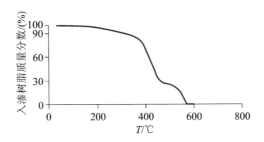

图 5.74　入渗树脂热重分析图

入渗树脂的入渗温度和固化温度也是影响入渗后零件性能的重要参数。入渗树脂的黏度低时,其润湿性和流动性好,有利于入渗,而入渗树脂的黏度一般会随温度的升高而降低。图 5.75 所示的是入渗树脂的黏度和对应温度的曲线。在升温至 100 ℃过程中,入渗树脂的黏度迅速降低,但是继续升温时,黏度降低程度小;到 130 ℃时,黏度基本不变,通过对固化产物进行 DSC 分析(见图 5.76),可知渗剂在 100 ℃左右有一个放热峰,表明在此时开始发生固化反应;继续升温至 140 ℃时,黏度反而增大,表明固化反应的程度已经大于黏度降低的程度了,故不宜再继续升温。因此,选择 100 ℃作为环氧树脂 E42 和酚醛树脂混合调制和入渗的温度。

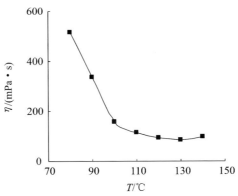

图 5.75　入渗树脂的黏度曲线

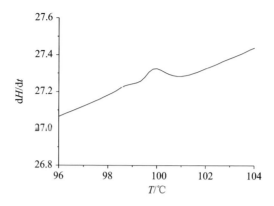

图 5.76　入渗树脂固化反应的 DSC 曲线

　　固化温度和时间决定入渗树脂的固化率,温度越高,时间越长,固化率越高,但是过高的固化温度会导致入渗树脂的挥发、分解,因此需选择合适的固化温度。通过研究选择固化温度为 160 ℃,固化时间为 6 h。在此工艺下,对脱脂、烧结后的碳化硅形坯入渗树脂后,其弯曲强度为 65.3 MPa。图 5.77 所示的为入渗前后的零件,左边的是入渗前的零件,右边的是入渗后的零件,从图中可看出入渗前后零件形状没有变化,但入渗后的零件表面粗糙度比入渗前的小。

图 5.77　碳化硅零件入渗前后比较

2)熔渗金属研究

　　碳化硅多孔零件通过熔渗金属可以得到各种碳化硅增强金属复合材料零件(MMC)或陶瓷基复合材料零件(CMC),比如 SiC-Al、SiC-Cu、SiC-Fe 等复合材料零件。目前,陶瓷基复合材料具有熔点高、强度高、硬度高、耐高温、耐磨和密度小等优异性能,广泛应用于国防军工、航空航天、医疗、汽车、电子、光学和机械制造等领域。但陶瓷基复合材料的制备技术(如反应烧结、热压烧结、泥浆浸渗或渗透、化学气相沉积或渗透、高温自蔓延反应、先驱体浸渗热分解等)都不同程度地存在工艺复杂、成本高、难以直接制备复杂形状零件的缺点,而且陶瓷基复合材料加工困难,导致其零件制造成本很高,周期长。而激光选区烧结技术是一种基于离散堆积成形思想的 3D 打印技术,可直接根据实体的 CAD 模型,并利用计算机控制激光逐层烧结、叠加成形复杂形状的原型或零件。其制造周期短、成本低、成形材料广泛,并已广泛用于机械、电子、航空、航海、生物医学、武器、汽车、医疗等领域。

金属直接氧化法(directed oxidation of metals,DIMOX)是美国 Lanxide 公司发明的一种全新的制备复合材料的工艺,也称 Lanxide 技术,其基本原理是熔融金属合金发生氧化反应,原位生成以固体产物骨架为基体并含有金属相的复合材料。该工艺过程简单,不需要昂贵的设备,成本较低,具有比固态法和传统的液态法更好的经济性,且材料的性能可控,所得制品具有良好的体积稳定性,并可以设计最终形成的复合材料的性能及界面结构。另外,合金还可以长入由颗粒、晶须及纤维构成的填充材料或预形体中,可制备新型的陶瓷基复合材料和金属基复合材料,特别是具有网络结构的陶瓷增强体的复合材料。这种具有网络结构的陶瓷增强体已成为复合材料增强相的新研究热点。

鉴于激光选区烧结能直接 3D 打印任意复杂程度的零件和金属直接氧化法能制备高性能陶瓷基复合材料的优点,以及陶瓷基复合材料难以加工的特点,利用激光选区烧结直接成形碳化硅零件坯体,并结合金属直接氧化法制备具有三维网络连通结构的 $SiC-Al_2O_3-Al$ 的陶瓷基复合材料零件。

(1)熔渗工艺。

对碳化硅多孔体熔渗金属的工艺的研究是目前熔渗研究方面的热点,主要的熔渗方法有:挤压熔渗、真空熔渗、反应熔渗和无压熔渗。其中无压熔渗由于不需要特殊的设备,工艺过程简单,制造过程成本相对比较低,是国内外目前的研究热点。但是无压熔渗要求金属与碳化硅的润湿性好,能依靠毛细管作用实现自发熔渗,因此,碳化硅陶瓷无压熔渗金属的研究主要是表面改性方面的研究。影响碳化硅陶瓷无压熔渗金属的主要因素有:熔渗气氛、熔渗温度、保温时间、金属的成分和碳化硅的表面性质。采用氧化熔渗方式,不需要特殊的熔渗设备,熔渗方便。

熔渗温度是影响熔渗的主要因素,实验表明:当氧化熔渗铝合金的温度低于900 ℃时,碳化硅坯体没有发生熔渗现象,主要是因为在 900 ℃以下碳化硅与铝合金的表面润湿角大于 90°;熔渗温度越高,保温时间越长,材料的生长厚度值越大,材料的致密度也随之增加。但是,当温度过高时,会导致大量铝合金挥发而浪费,通过实验探讨选择 1200 ℃为熔渗温度。

金属的成分和碳化硅的表面性质主要影响二者表面的润湿性,碳化硅表面改性主要通过表面覆膜、溶液浸润、表面氧化等方式,此处采用表面氧化生成 SiO_2 膜的工艺。铝合金采用含 Mg 合金,其成分如表 5.34 所示。

表 5.34　铝合金的成分

元素种类	Al	Mg	Cu	Mn
质量分数/(%)	93～95	1.2～1.8	3.8～4.9	0.3～0.9

(2)预氧化生成 SiO_2 膜对氧化熔渗的作用。

熔铝氧化熔渗碳化硅坯体会发生一系列的化学反应：

$$4Al+3SiC \rightarrow Al_4C_3+3Si \tag{5-35}$$

$$4Al+4SiC \rightarrow Al_4SiC_4+3Si \tag{5-36}$$

反应所生成的 Al_4C_3 和 Al_4SiC_4 是不稳定的化合物，易与空气中的水及氧气反应生成大量气体而产生粉化现象。氧化生成的 SiO_2 层可以与 Al 发生反应：

$$4Al+3SiO_2 \rightarrow 2Al_2O_3+3Si \tag{5-37}$$

可防止式(5-35)、式(5-36)的界面反应进一步发生。

SiC 预氧化生成的 SiO_2 膜有利于熔渗的进行，未经氧化处理的 SiC 坯体很难被铝合金渗入，孕育期长，而经预氧化处理的预制坯体容易被渗入，孕育期短。另外，SiO_2 参与界面反应生成了游离 Si，而游离 Si 能够改善润湿性，界面反应所放出的反应热使铝液局部温度急剧升高，促进了润湿角 θ 减小，改善了润湿性。而且 Si 元素的存在有助于扩大渗透所需的微观通道，合金熔液正是通过这些微观通道才源源不断供应到界面层；微观通道越大，合金熔液的供应越容易，渗透也越易于进行。此外，SiO_2 膜可避免材料的胞状生长，促进材料的光滑生长，从而增加材料的致密度。

(3)镁对氧化熔渗的影响。

合金中 Mg 的质量分数对系统的润湿及渗透均有着非常重要的影响，Mg 的主要作用表现在两方面：一是可以降低熔铝合金的表面张力；二是 Mg 的蒸气压较高，可破坏铝液表面形成的致密 Al_2O_3 保护膜。氧化熔渗时 Mg 会发生下列反应：

$$2Mg+O_2 \rightarrow 2MgO \tag{5-38}$$

$$MgO+Al_2O_3 \rightarrow MgAl_2O_4 \tag{5-39}$$

$$2SiO_2+2Al+Mg \rightarrow MgAl_2O_4+2Si \tag{5-40}$$

在熔体表面形成 $MgO/MgAl_2O_4$ 双层结构的表面膜，然后依靠 $MgAl_2O_4$ 在 Al 的侵蚀下不断反应溶解形成熔体传输通道，通过对氧化入渗的前沿进行 X 射线衍射分析(见图 5.78)，可知在氧化熔渗的前沿主要是 $MgAl_2O_4$ 和 SiC 的衍射峰，另外有少量的 Al_2O_3、Al、Si 的衍射峰，表明氧化入渗前沿 $MgAl_2O_4$ 薄层的存在。A. S. Nagelberg 认为 $MgAl_2O_4$ 薄层可以控制 Mg^{2+} 的扩散，保护熔融金属持续氧化，形成非保护性层而不至于使反应终止。此外，反应生成的 $MgAl_2O_4$ 能改善基体和陶瓷颗粒的结合强度，从而改善复合材料的力学性能；但是在一定范围内，随着 Mg 质量分数的增加，复合材料的气孔率也有所增加。

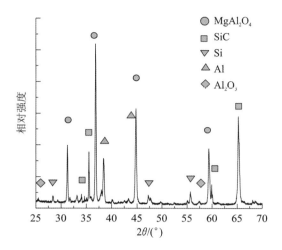

图 5.78　SiC-Al$_2$O$_3$-Al 材料的 XRD 分析

（4）显微组织及断口形貌。

如图 5.79 所示，X 射线衍射分析（设备为采用 x′Pert PRO 型 X 射线衍射仪）结果表明，熔铝氧化反应入渗合成的 SiC-Al$_2$O$_3$-Al 复合材料的主相有四种：SiC、Al$_2$O$_3$、Al 和 Si。

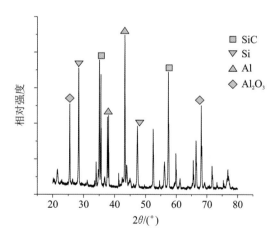

图 5.79　SiC-Al$_2$O$_3$-Al 材料的 XRD 分析

扫描电镜（Sirion200 型）观察结果如图 5.80 所示，其中深灰色、棱角分明的连续相为 SiC，浅灰色的连续相为反应生成的 Al$_2$O$_3$，白色连续相为反应后残余的金属相，黑色相为孔洞。氧化生长的 Al$_2$O$_3$ 及残余的铝硅合金呈三维连通的网状结构，另外复合材料中的 SiC 早在氧化熔渗前已预烧成三维连通的网状结构，这种多相三维连通的网状结构对材料的性能提高是非常有利的。通过 Image-pro plus 软件分析计算得出各相的体积分数：SiC 为 45.1%，Al$_2$O$_3$ 为 32.7%，残余金属相为 18.0%,孔隙率为 4.2%。只有少量的孔隙,表明氧化生长的致密度高,孔隙的产生原因主要是金属凝固收缩和氧化生长前形成的闭孔。

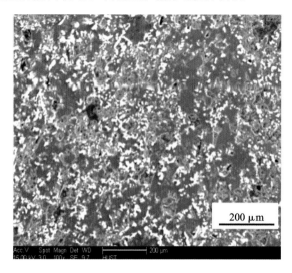

图 5.80　SiC-Al$_2$O$_3$-Al 复合材料的微观形貌

通过三点抗弯试验测得 SiC-Al$_2$O$_3$-Al 复合材料的弯曲强度为 361.2 MPa。图 5.81 所示的为复合材料的断口形貌,从图中可看到 SiC-Al$_2$O$_3$-Al 复合材料的断裂特征与纯陶瓷的脆性断裂不同,断口区域存在比较明显的韧性撕裂特征,这主要是因为 SiC-Al$_2$O$_3$-Al 复合材料中金属相的增韧作用,说明残留的金属相对复合材料起到了增韧的作用。但是,过多的金属相会影响复合材料的高温性能。SiC-Al$_2$O$_3$-Al 复合材料的显微维氏硬度 HV0.1 为 1946.3,HV0.2 为 2415.9。

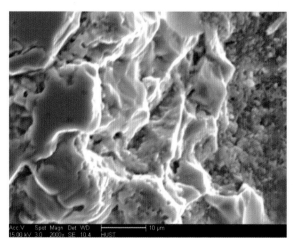

图 5.81　SiC-Al$_2$O$_3$-Al 复合材料的断口形貌

5.3　覆膜砂的 SLS 烧结机理与成形工艺研究

近年来用 SLS 技术制备熔模,再通过精密铸造方法获得金属件的方法已得到了广泛应用。这种方法对许多金属零件都十分有效,并且可以获得精度和表面光洁度都很高的制件。但对一些复杂金属零件,特别是内腔流道复杂的,则不能用此方法。

SLS 技术可以直接制备用于铸造的砂型(芯),从零件图样到铸型(芯)的工艺设计、铸型(芯)的三维实体造型等都是由计算机完成的,而无须过多考虑砂型(芯)的生产过程。特别是对于一些空间的曲面或流道,用传统方法制备十分困难,若用 SLS 技术,则这一过程就会变得十分简单。

5.3.1　覆膜砂的 SLS 烧结机理与特征研究

1. 覆膜砂激光烧结概述

用传统方法制备砂型(芯)时,常将砂型分成几块,然后分别制备,并且将砂芯分别拔出后进行组装,因而需要考虑装配定位和精度问题。而用 SLS 技术可实现砂型(芯)的整体制备,不仅简化了分离模块的过程,铸件的精度也得以提高。因此,用 SLS 技术制备覆膜砂型(芯)在铸造中有着广阔的前景。然而,目前仍然存在如下问题,有待进一步解决。

①与其他 3D 打印方法一样,由于分层叠加的原因,SLS 覆膜砂型(芯)在曲面或斜面上,呈明显的"阶梯形",因此覆膜砂型(芯)的精度和表面粗糙度不太理想。

②SLS 覆膜砂型(芯)的强度偏低,难以成形精细结构。

③SLS 覆膜砂型(芯)的表面,特别是底面的浮砂清理困难,严重影响其精度。

④固化收缩大,易翘曲变形,砂的摩擦大,易被铺粉辊所推动,成功率低。

⑤覆膜砂中的树脂含量高,浇注时砂型(芯)的发气量大,易使铸件产生气孔等缺陷。

由于以上问题,SLS 制备覆膜砂型(芯)的技术并没有得到广泛应用。为此,国内外的许多学者从覆膜砂的 SLS 成形工艺、后固化工艺以及砂型(芯)设计等方面进行了大量的研究,并得出以下结论。

①砂型(芯)的截面积不能太小。如果首层砂型(芯)的截面积太小,由于定位不稳固,铺粉时,容易被铺粉辊所推动,从而影响砂型(芯)的精度。

②不允许砂型(芯)中间突然出现"孤岛"。此时,"孤岛"部分由于没有"底部"固定,容易在铺粉过程中发生移动。但这种情况在砂型(芯)的整体制备过程中常会出现。如有此情况出现,应考虑砂型(芯)的其他设计方案。

③要避免"悬臂"式结构。由于悬臂处不稳固,除了在悬臂处易发生翘曲变形外,铺砂时还容易使砂型(芯)移动。

④砂型(芯)要尽量避免以"倒梯形"结构进行制备。

由上可知,用 SLS 制备复杂的砂型(芯)十分困难,应用以往的研究结果根本无法制备像液压阀这样的复杂砂型(芯)。因此,这里将从多个角度研究产生这些问题的原因及解决问题的办法。

覆膜砂所用的酚醛树脂为热塑性材料,其 SLS 成形特性与热塑性聚合物有着本质的区别。覆膜砂在 SLS 成形过程中会发生一系列复杂的物理化学变化,这些变化对覆膜砂的 SLS 成形有着深刻的影响。而以往的研究却没有涉及这方面的内容,因此本节将从热固性树脂性能的角度深入研究覆膜砂的 SLS 成形特性,为覆膜砂的 SLS 成形提供理论基础。

2. 实验材料及条件

实验所用覆膜砂及酚醛树脂均来自重庆长江造型材料(集团)有限公司,固化剂为六次甲基四胺,润滑剂为硬脂酸钙,均采用热法覆膜制备。

在未明确说明情况时默认:覆膜砂原砂为擦洗球形砂,粒度为 $100\sim200$ 目;酚醛树脂熔点为 $80\sim85\ ℃$,质量分数为 4%;固化剂质量分数为 10%;预热温度为 $50\ ℃$;扫描速度为 $1000\ mm/s$;扫描间距为 $0.1\ mm$;激光功率为 $24\ W$;层厚为 $0.25\ mm$。

3. 激光加热温度模型

在 SLS 成形过程中,激光的扫描速度很快。例如,以典型的激光扫描工艺(激光扫描速度 $v=1000\ mm/s$,激光光斑半径 $\omega=0.3\ mm$)进行计算,在激光扫描过程中,激光加热时间仅为 $0.3\ ms$,因此,在这么短的加热时间内,热量的传导可以忽略,从而计算粉末被激光照射后的温度。激光加热的热流密度 q 服从高斯分布,即

$$q=\frac{2\rho P}{\pi\omega^2}\exp\left(-\frac{2r^2}{\omega^2}\right) \tag{5-41}$$

式中:ρ 为粉末对激光束的吸收率;P 为激光功率;r 为粉床表面上一点到光斑中心的距离。

覆膜砂粉床可看作连续均匀介质,因此激光束以恒定的速度 v 沿直线方向运动时,粉床表面距光斑中心 r 处所吸收的能量密度为

$$E(r)=\left(\frac{2}{\pi}\right)^{\frac{1}{2}}\frac{a_p P}{\omega v}\exp\left(-\frac{2r^2}{\omega^2}\right) \tag{5-42}$$

SLS 成形时,激光扫描表面是由大量相互平行的扫描矢量组成的。当扫描间距小于激光光斑直径时,将会有部分激光能量输入到相邻的扫描矢量上。在扫描面上的任意一点处,光斑直径和扫描间距的大小关系确定了该处被激光照射的次数,即加热次数,如图 5.82 所示。

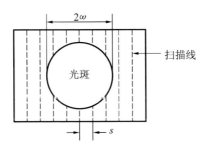

图 5.82 加热次数与光斑直径、扫描间距的关系示意图

在 SLS 成形过程中,输入粉床表面的能量取决于各工艺参数(如光斑直径、激光功率、扫描间距、扫描速度等)。图 5.82 说明了激光扫描加热次数与各工艺参数之间的关系。在粉床表面上某点处的总能量输入是多次扫描能量的叠加之和。

在激光扫描过程中,光斑对临近扫描线上某一点的能量输入,之前相当于对该点进行预热,之后相当于保温,离扫描光斑中心点最近时温度达到最高。

在 SLS 成形过程中,若扫描线很短,则在连续的几个扫描过程中,激光能量线性叠加(即不考虑热量向周围的散失)。设扫描间距为 s,假设某一起始扫描线的方程为 $y=0$,则在这之前的第 I 个扫描线的方程为 $y=-Is$。某一点 $A(x,y)$ 离第 I 个扫描线的距离为 $y+Is$,第 I 个扫描线对点 A 的影响为

$$E(y)=\sqrt{\frac{2}{\pi}}\frac{P}{\omega v}\exp\left[\frac{-2\,(y+Is)^2}{\omega^2}\right] \tag{5-43}$$

则多条扫描线的叠加能量为

$$E_s(y)=\sum_{I=0}^{n}\left\{\sqrt{\frac{2}{\pi}}\frac{P}{\omega v}\exp\left[\frac{-2\,(y+Is)^2}{\omega^2}\right]\right\} \tag{5-44}$$

因此,经激光加热后的温度为

$$T=T_{bed}+\frac{1}{\rho c_p}\sum_{I=0}^{n}\left\{\sqrt{\frac{2}{\pi}}\frac{P}{\omega v}\exp\left[\frac{-2\,(y+Is)^2}{\omega^2}\right]\right\} \tag{5-45}$$

式中:P 为激光功率;ω 为激光斑半径;v 为激光扫描速度;s 为扫描间距;ρ 为粉末对激光束的吸收率。

热塑性酚醛树脂的固化温度大于 150 ℃,为使酚醛树脂在激光加热的短时间内固化,实际烧结温度会更高,接近甚至超过酚醛树脂的分解温度,而烧结覆膜砂时粉床的预热温度较低,为 50～70 ℃。在这样的高温度梯度下,热量会很快通过热传导、热对流、热辐射等方式向周围散失,最极端的情况是扫描线特别长,在进行下一次扫描时,之前扫描的能量完全散失。更多的情况是在一个小的区域内温度很快达到平均,能量部分散失,因此,可将激光覆盖区域的温度视为一定值,则:

$$T=T_0+\frac{a_p}{c_p\rho}\left(\frac{2}{\pi}\right)^{\frac{1}{2}}\frac{P}{\omega v}\exp\left(-\frac{2r^2}{\omega^2}\right) \tag{5-46}$$

式中:T_0 为激光覆盖区域内覆膜砂的表面温度;r 为粉床表面上一点到光斑中心

的距离。覆膜砂增加的能量等于从激光加热过程中获得的能量（$E_{average} = \dfrac{I_0}{vs}$）与通过热辐射（$q_r$）、热对流（$q_e$）和热传导（$q_L$）散失的能量之差，即

$$\rho c_p (T_0 - T_{bed}) = E_{average} - (q_r + q_e + q_L)_t \tag{5-47}$$

可将式(5-47)变换为

$$T_0 = \frac{E_{average} - (q_r + q_e + q_L)_t}{\mu_p} + T_{bed} \tag{5-48}$$

式(5-48)中$(q_r + q_e + q_L)_t$为散失能量的总和，因能量的散失随时间的延长而增加，因此 T_0 是激光能量、扫描时间和粉床温度的函数。在等功率下，扫描线越长，扫描速度越慢，则扫描间隔时间越长，T_0 也就越低。

4. 覆膜砂的固化机理

用于覆膜砂的酚醛树脂为线型热塑性酚醛树脂。热塑性酚醛树脂是在酸性介质中，由三官能度的酚或二官能度的酚与醛类缩聚而成的。由于在酸性介质中，羟甲基彼此间的反应速度总小于羟甲基与苯酚邻位或对位氢原子的反应速度，因此酚醛树脂的结构一般为

n为缩聚度，一般为10～12

酸催化热塑性酚醛树脂的平均相对分子质量一般在 500 左右，相应分子中的酚环大约有 5 个。它是一个包括各种组分的分散性混合物（见表 5.35）。在聚合体中不存在未反应的羟甲基，因此加热时这种树脂只能熔融不能固化，未固化的树脂强度极低。只有当在这种树脂中加入六次甲基四胺，进一步缩聚为体型产物时，它才具有一定的强度。

表 5.35　不同相对分子质量的酚醛树脂

组分	1	2	3	4	5
质量分数/(%)	10.7	37.7	16.4	19.5	16.0
相对分子质量	210	414	648	870	1270
熔点/℃	50～70	71～106	96～125	110～140	119～150

六次甲基四胺固化酚醛树脂的反应十分复杂。关于六次甲基四胺固化酚醛树脂的详细机理仍不十分清楚，一般认为有两种反应使酚醛树脂缩聚成体型聚合物。

一种是六次甲基四胺和包含活性点、游离酚（约 5%）和少于 1% 水分的二阶树脂反应，此时在六次甲基四胺中任何一个氮原子上连接的 3 个化学键可依次打开，与 3 个二阶树脂的分子链反应，例如：

$$线型酚醛树脂 \cdots\cdots + (CH_2)_6N_4 \longrightarrow$$

另一种是六次甲基四胺在较低温度（130～140 ℃或更低的温度）下与只有一个邻位活性位置的酚反应生成二（羟基苄）胺，例如：

这一结构不稳定，在较高温度下分解放出甲醛和次甲基胺，若无游离酚则生成甲亚胺，如：

这一产物显黄色，因此可以利用这一性质判断覆膜砂的固化程度。

图 5.83 所示为覆膜砂的 DSC 曲线。由图 5.83 可知，在 81.6 ℃和 167.7 ℃处有放热峰，而在 150.5 ℃处有吸收。81.6 ℃处的放热峰为酚醛树脂的熔融峰，150.5 ℃处的吸收峰和 167.7 ℃处的放热峰均为酚醛树脂的固化峰。这证明覆膜砂的固化分为两步进行：①在较低温度（150.5 ℃）下酚醛树脂与六次甲基四胺反应生成二（羟基苯）胺和三（羟基苯）胺；②二（羟基苯）胺或三（羟基苯）胺不稳定，在较高温度（167.7 ℃）下进一步分解生成甲亚胺。

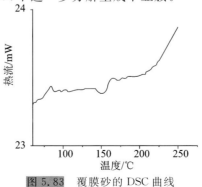

图 5.83　覆膜砂的 DSC 曲线

5. 覆膜砂的固化动力学

为了更好地了解覆膜砂酚醛树脂的固化反应,确定其 SLS 成形工艺参数及后固化工艺,要对其固化动力学进行研究,采用 Kissinger 公式进行计算:

$$\frac{d\left(\ln\dfrac{\phi}{T_p^2}\right)}{d\left(\dfrac{1}{T_p}\right)} = -\frac{E_a}{R} \tag{5-49}$$

式中:ϕ 为升温速度;T_p 为固化反应的峰顶温度;E_a 为表观活化能;R 为气体常数。以 $\ln(\phi/T_p^2)$ 和 $1/T_p$ 分别为纵、横坐标作图得一直线,由直线的斜率($-E_a/R$)可求出表观活化能 E_a。

图 5.84 所示为升温速度分别为 5 ℃/min、10 ℃/min、15 ℃/min 和 20 ℃/min 时覆膜砂酚醛树脂固化体系的非等温 DSC 曲线,由此可以得到不同升温速度下覆膜砂固化的特征温度,如表 5.36 所示。

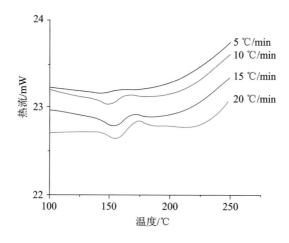

图 5.84　不同升温速度下的非等温 DSC 曲线

表 5.36　不同升温速度下覆膜砂固化的特征温度

$\phi/($℃$/$min$)$	第一固化反应			第二固化反应		
	$T_i/$℃	$T_p/$℃	$T_d/$℃	$T_i/$℃	$T_p/$℃	$T_d/$℃
5	133.8	144.1	152.7	155.9	159.8	166.5
10	141.7	150.5	158.7	159.2	166.7	171.4
15	144.0	153.8	161.5	162.5	170.5	178.0
20	145.3	156.0	164.3	167.0	174.7	181.3

根据图 5.84 及表 5.36 的数据,可以计算出覆膜砂固化时的活化能分别为:第

一固化反应,165.17 kJ/mol;第二固化反应,145.05 kJ/mol。随着升温速度的增加,两步固化反应的起始温度、峰顶温度和终止温度都有所提高,固化时间缩短,峰形变窄。当升温速度分别为 5 ℃/min、10 ℃/min、15 ℃/min、20 ℃/min 时,第一固化峰和第二固化峰的峰顶温度之差分别为 15.7 ℃、16.2 ℃、16.7 ℃ 和 18.7 ℃,即随着升温速度的增加,两峰之间的差值增加。

再由 Arrhenius 方程就可算出酚醛树脂在不同温度下的反应速度常数 k:

$$k = A\exp\left(-\frac{E_a}{RT}\right) \tag{5-50}$$

式中 A 为常数,其具体值不知,且具体的反应并不十分清楚,但可以用式(5-50)比较在不同温度下的固化速度大小。

6. 覆膜砂的激光烧结固化特性分析

覆膜砂在激光作用下受热固化与铸造生产中砂型(芯)的受热固化不同。当激光束扫描覆膜砂表面时,表面的覆膜砂吸收能量,由于热能的转换是瞬间发生的,在这个瞬间,热能仅仅局限于覆膜砂表面的激光照射区。通过随后的热传导,热能由高温区流向低温区,因此虽然激光加热的瞬间温度高,但时间以毫秒计,在这样短的时间内,覆膜砂表面的树脂要发生熔化-固化非常困难,仅有部分发生固化。因此覆膜砂在 SLS 成形过程中的固化机理不同于常规热固化。

1)激光烧结覆膜砂的红外(IR)分析

图 5.85 所示为覆膜砂烧结以及经 150 ℃和 180 ℃固化的红外谱图。由于覆膜砂中酚醛树脂的含量低,因此一些重要的特征峰变得不明显,六次甲基四胺的特征吸收峰在 1000 cm⁻¹处,由于受砂在 1083 cm⁻¹处大的吸收谱带的影响,强度很弱。1509 cm⁻¹、1453 cm⁻¹和 1232 cm⁻¹处分别为苯环的面外弯曲振动峰、酚羟基的变形振动峰以及苯环上 C—OH 的伸缩振动峰;2800~3050 cm⁻¹附近为与碳相连的氢峰;3370 cm⁻¹附近为酚羟基峰。经 150 ℃固化后,未见明显的峰型变化;而经 180 ℃固化后,1000 cm⁻¹处的六次甲基四胺特征吸收峰完全消失,说明其完全分解;1509 cm⁻¹、1453 cm⁻¹和 1232 cm⁻¹处的振动峰在经 180 ℃完全固化后均消失了。因此,1000 cm⁻¹处的峰可作为固化剂反应情况的特征峰,而 1509 cm⁻¹、1453 cm⁻¹和 1232 cm⁻¹处的可作为树脂固化的特征峰。

1000 cm⁻¹处为六次甲基四胺的特征吸收峰,虽然其受 1083 cm⁻¹处大的吸收谱带的影响,强度较弱,但仍能看出随着激光烧结功率的增加,此峰变弱,说明六次甲基四胺在激光烧结过程中部分分解。当激光功率为 40 W 时,此峰完全消失,说明其完全分解。值得注意的是,当激光功率为 40 W 时,覆膜砂在高波数(2800 ~3600 cm⁻¹)处的羟基吸收峰和碳氢吸收峰开始减弱,说明在此功率下树脂已经大量分解,但与 180 ℃完全固化的谱图相比,1509 cm⁻¹和 1453 cm⁻¹处树脂的固化特征峰仍然存在,说明固化并不完全;而 1000 cm⁻¹处六次甲基四胺的特征峰已完全消失,说明激光烧结时的瞬间温度极高,六次甲基四胺已完全分解。由此可

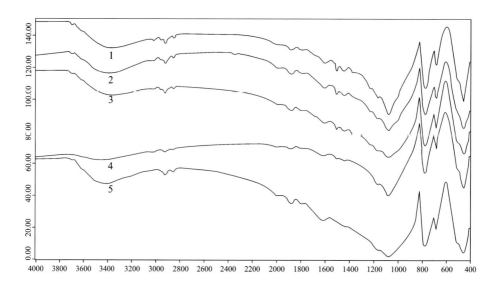

图 5.85 激光烧结及固化覆膜砂的红外谱图

1—覆膜砂原砂;2—覆膜砂激光烧结试样(激光功率 20 W,激光扫描速度 1000 mm/s);3—150 ℃固化的覆膜砂;4—覆膜砂激光烧结样(激光功率 40 W,激光扫描速度 1000 mm/s);5—180 ℃固化的覆膜砂

见在激光烧结过程中,固化剂的消耗大,酚醛树脂的固化和分解同时存在。

2)激光烧结覆膜砂的 DSC 分析

图 5.86 所示为覆膜砂在不同固化温度下的 DSC 曲线。经 150 ℃固化后的覆膜砂的熔融峰很小,第一固化峰几乎完全消失,而第二固化峰变化很小,说明在150 ℃主要发生第一固化反应;经 180 ℃固化的覆膜砂两峰都完全消失,说明固化完全。

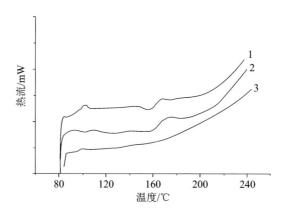

图 5.86 覆膜砂在不同固化温度下的 DSC 曲线

1—原砂;2—150 ℃固化;3—180 ℃固化

图 5.87 所示为不同激光功率下覆膜砂烧结试样的 DSC 曲线。当激光功率不高时,酚醛树脂熔融峰的位置未见显著变化,但随着激光功率增加,熔融峰的高度降低,热焓减少,说明部分酚醛树脂参与了固化。150.5 ℃处的放热峰和 167.7 ℃处的吸热峰也随着激光功率的增加而减小,但两峰减小的幅度不同,说明在激光的作用下,同时有两步固化反应,但其反应程度不同。当激光功率达到一定值后,酚醛树脂的熔融峰(81.6 ℃)完全消失,而 150.5 ℃处和 167.7 ℃处的固化峰仍然存在,说明所有酚醛树脂都参与了固化反应,从而失去了熔融特性,只是固化反应进行得不完全,固化程度低而交联度不高。当再次升温时,未反应完全的基团可继续反应,反应程度提高。当激光功率超过 40 W 时,酚醛树脂的熔融峰及固化峰全部消失,说明酚醛树脂不仅完全失去熔融流动性,而且升温后也再无固化反应发生。由红外测试的结果分析,当激光功率为 40 W 时,仍能见到未反应的基团信息,说明覆膜砂仍保留有可继续反应的活性点,但由于激光功率过高,固化剂已被全部消耗掉,导致加热时覆膜砂不能继续固化。

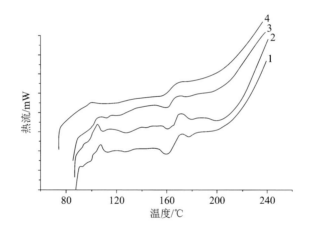

图 5.87　不同激光功率下覆膜砂激光烧结试样的 DSC 曲线
1—原砂;2—激光烧结试样(激光功率 10 W);
3—激光烧结试样(激光功率 20 W);4—激光烧结试样(激光功率 40 W)

3)激光烧结覆膜砂的 TG 分析

酚醛树脂覆膜砂的 TG 曲线如图 5.88 所示。由曲线 1 可知,覆膜砂在 90 ℃以前失重 0.2%,主要是覆膜砂中含有的水分及酚醛树脂中的低分子挥发物。而温度高于 95 ℃后,直到 160 ℃,失重达 0.43%,如果按酚醛树脂质量计算约失重10.7%,主要是第一固化反应放出的低分子挥发物,如 NH_3 等。继续升温直到250 ℃,这一过程失重占总重的 0.4%,即占酚醛树脂质量的 10%,这源于第二固化反应进一步缩合所放出的低分子挥发物。当温度高于 350 ℃后,覆膜砂中的酚醛树脂开始大量分解。

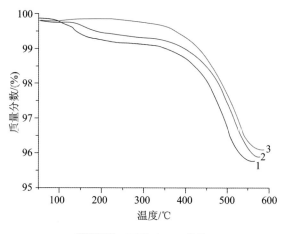

图 5.88　覆膜砂 TG 曲线

覆膜砂经 150 ℃ 固化后（曲线 2），在 130 ℃ 前几乎不失重；而后开始慢慢失重；直到 250 ℃ 时，失重达 0.4%，即占酚醛树脂重量的 10%。这正好与第二固化反应的失重一致，说明经 150 ℃ 固化后，第一固化反应基本结束，而未进行第二固化反应。经 180 ℃ 固化（曲线 3）的覆膜砂在 220 ℃ 前几乎不失重，说明其已完全固化。

7. 覆膜砂的激光烧结特征

覆膜砂的激光烧结特征是指覆膜砂在激光作用下发生的一系列物理化学反应。通过对覆膜砂的 SLS 物理模型和热化学性能的研究可知，覆膜砂的激光烧结比热塑性粉末的激光烧结要复杂得多。热塑性粉末在激光烧结时，只有固体熔融、凝固过程。而覆膜砂在激光烧结时，由于酚醛树脂吸热熔化的同时发生化学反应，性能也随之改变，从而对激光烧结工艺产生显著的影响，同时固化反应的发生也与激光烧结工艺密切相关，因此覆膜砂的激光烧结特征是酚醛树脂固化与激光烧结工艺相互作用的结果。

1）温度不均匀与固化程度不均匀

激光能量分布不均，呈现正态分布，因此激光加热中心处温度高，周围温度低。由式（5-46）可知，距离光斑（半径 0.3 mm）中心 0.05 mm、0.1 mm、0.15 mm 和 0.2 mm 处所获得的能量分别为中心能量的 95%、80%、60% 和 41%，若被激光加热后中心温度为 200 ℃，T_0 为 100 ℃，通过式（5-46）和式（5-50）可以计算出中心处的第一固化反应速度分别为其 1.6 倍、6.3 倍、45.3 倍和 393.7 倍，第二固化反应速度分别为其 1.5 倍、5.1 倍、28.5 倍和 190.1 倍。虽然经激光烧结后温度会很快达到均匀，但这种差异仍十分显著，因此 SLS 的激光扫描间距不能大于 0.1 mm。

由式（5-46）可知，激光烧结温度还与 T_0 有关，而由式（5-48）可知，T_0 随着时间的延长而下降。若要达到相同的温度，激光功率则要相应地增加。因此，当采用相同的激光扫描工艺时,零件的细窄部分往往由于温度高而过烧,粗宽部分则由于温度低而固化不完全,导致砂型(芯)的强度不够,如图 5.89 所示。因此激光烧结工艺参数应随结构变化而变化。

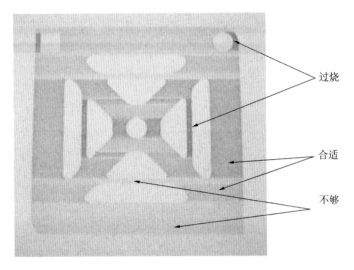

图 5.89　相同激光扫描工艺参数下的砂型(芯)扫描照片

2)高温瞬时特性

激光加热具有加热集中、速度快、冷却快等特点,加热时间以毫秒计,冷却时间也不会超过数秒(图 5.89 所示的激光烧结不均匀性可以证实)。因此在这么短的时间内要完成覆膜砂表面酚醛树脂的熔融-固化几乎不可能。但由于温度高,部分区域甚至已超过了酚醛树脂的降解温度及固化剂的升华温度,因此酚醛树脂的熔化、第一固化反应、第二固化反应及其降解反应几乎同时进行。其结果是酚醛树脂在未完全熔化的情况下开始固化,因此固化剂不能有效扩散而只与邻近的分子发生反应,造成交联度不均匀,部分交联度很高,而另一部分却因固化剂不足而交联不够。固化物不能再熔化,进一步阻止了分子的扩散,通过后固化也不能完全消除这种影响。激光加热中心区域温度高,已经超出了酚醛树脂中固化剂六次甲基四胺的升华温度,导致经激光烧结后固化剂不足,从而影响到砂型(芯)的最终性能。

3)固化对预热温度的影响

在 SLS 成形过程中,为减小烧结部分与周围粉体的温度差,都要对粉床进行预热,以达到减少变形的目的。对于结晶性材料,预热温度与其熔点有关;而对于无定形材料,预热温度接近材料的玻璃化温度。热塑性酚醛树脂在固化前为线型结构,为非晶态结构,但由于相对分子质量不大,在 DSC 曲线中看不见明显的玻璃化温度,而熔融峰却很明显。这说明热塑性酚醛树脂的烧结既不同于结晶材料,也不同于无定形材料,预热温度一般在熔点以下 20~30 ℃。

树脂的固化程度低时,在物理性能上表现为流动性降低;但若深度固化,则完全不能熔融,玻璃化温度则大幅上升(超过固化温度),所需要的预热温度也相应提高,因此激光功率高时极易发生翘曲变形。

为防止树脂固化时所引起的预热温度升高问题,需要控制 SLS 成形过程中的固化程度,使树脂处在浅层固化阶段。覆膜砂中部分酚醛树脂固化后,再次加热时焓变将降低,因此酚醛树脂经 SLS 后的固化程度可以通过覆膜砂的 DSC 曲线中两固化峰的焓变大小来确定。不同的 SLS 工艺对固化程度有着不同的影响,如表 5.37 所示:激光扫描速度越低,扫描间距越小,则第一固化反应越完全,第二固化反应程度相对越低,但所需功率密度增加。

表 5.37　激光烧结覆膜砂的 DSC 焓变

实验序号	扫描速度 /(mm/s)	扫描间距 /mm	激光功率 /W	第一固化反应 ΔH_1/(mW/g)	第二固化反应 ΔH_2/(mW/g)	$\Delta H_1 / \Delta H_2$
原砂	—	—		0.189	0.087	2.17
1	2000	0.15	40	0.126	0.055	2.29
2	2000	0.10	36	0.117	0.054	2.16
3	2000	0.05	20	0.105	0.055	1.50
4	1000	0.10	28	0.088	0.049	1.80
5	500	0.05	12	0.042	0.065	0.61

4)气体逸出

在 SLS 成形过程中产生的气体主要来自以下几方面:①覆膜砂中的水分蒸发;②六次甲基四胺分解所放出的 NH_3;③固化中间产物二(羟基苯)胺和三(羟基苯)胺进一步分解放出的 NH_3;④酚醛树脂的高温降解。由覆膜砂的 TG 曲线可知,水分等低挥发物约占 0.2%,第一固化反应失重约 0.43%,第二固化反应失重约 0.4%,若以砂中的酚醛树脂质量计算,则分别失重 5%、10.7% 和 10%。固体变成气体时体积会迅速增加,激光烧结表面的气体可以自由释放,不会对成形造成影响,但表面以下的气体逸出会造成激光烧结部分的体积膨胀,从而导致烧结体变形,特别是在激光功率较大的情况下,会引起表面以下较深处酚醛树脂的固化和降解,大量的气体逸出,烧结体下部膨胀,致使 SLS 成形失败。与膨胀相伴随的是酚醛树脂的深度固化所引起的制件严重翘曲变形,因此 SLS 成形时不能单方面地追求高的激光烧结强度。

5)砂间的摩擦

覆膜砂因酚醛树脂含量低,当激光功率不高时,激光烧结前后几乎无密度变化,收缩很小,SLS 成形中的失败在很大程度上是由砂间的摩擦所致。对于覆膜砂,特别是多角形的砂子,其流动性差,相互啮合产生的阻力大,因此摩擦力很大,而激光烧结体的强度又很低,所以很容易被铺粉辊所推动。

6）覆膜砂的激光烧结特征对精度的影响

在 SLS 成形覆膜砂过程中，砂与砂之间的黏结强度来源于酚醛树脂熔化黏结强度和固化强度，而酚醛树脂固化前强度很低，固化温度远高于熔化温度。激光烧结后覆膜砂温度的高低存在三种情况：①达到酚醛树脂的固化温度；②达到酚醛树脂的熔化温度；③低于酚醛树脂的熔化温度。若激光烧结后温度低，酚醛树脂的固化度不够，则激光烧结的砂型（芯）强度很低，细小部分极易损坏，因此需要较高的激光能量来达到覆膜砂的固化温度。但由于热传导，高的激光能量又会使烧结体周围区域的砂也被加热达到或超过酚醛树脂的熔点而相互黏结，特别是烧结体中间小孔内的浮砂很难清理，严重影响到砂型（芯）的精度和复杂砂型（芯）的制备。降低激光能量对周围区域影响的一个有效措施是降低覆膜砂粉床的预热温度，并使热量能够很快被带走，除改变激光扫描方式外，加强通风，通过热对流带走热量也是一种行之有效的办法。

5.3.2　覆膜砂的 SLS 成形工艺与性能研究

虽然 5.3.1 节对覆膜砂的激光烧结机理和特征的研究为覆膜砂的激光烧结提供了理论基础，但据此还不能确定覆膜砂的 SLS 成形工艺。虽然从理论上讲，SLS 成形覆膜砂可以制备形状十分复杂的砂型（芯），但前人的研究表明，SLS 砂型（芯）表面粗糙，强度偏低，精度较差，表面浮砂的清理十分困难，特别是细小结构的激光烧结成形十分困难。因此本节将围绕 SLS 制造复杂砂型（芯）的系列问题进行研究，并研究覆膜砂型（芯）的铸造浇注工艺。

1. 覆膜砂的激光烧结成形失败分析

以往的研究往往以激光烧结强度和后固化强度的大小来确定覆膜砂的 SLS 工艺参数。事实上，高的激光烧结强度并不是覆膜砂激光烧结追求的唯一目的，对于复杂的砂型（芯）尤为如此。因此，如何保证复杂砂型（芯）的成功制备并提高其精度才是首先要考虑的问题。

覆膜砂激光烧结成形的失败可分为以下几种类型：①预热温度低或固化程度深，导致激光烧结体发生收缩翘曲变形；②铺粉对砂的扰动造成激光烧结体被拖动，主要是激光烧结的独立细小部分；③层厚过小或激光烧结强度不够，铺粉时由于摩擦导致激光烧结体产生裂痕；④层厚过大，出现分层现象，或激光的烧结深度不够，层间黏结强度不够；⑤激光烧结强度不够，在用压缩空气吹去表面浮砂时激光烧结部分也被吹掉或细小部分被折断；⑥激光功率过大，烧结体出现碳化现象；⑦预热温度高或激光烧结能量大，烧结体周围的砂相互黏结，成形后无法清理。

2. 覆膜砂性能对激光烧结性能的影响

决定覆膜砂性能的主要参数有：覆膜砂的配制方法、粒度、熔点、流动性、热胀率、灼烧减量、发气量、砂型(芯)的后固化温度等。砂型的激光烧结强度与固化剂用量、树脂用量和树脂种类有密切关系,而其表面质量由砂的粒度及其分布决定。

1)树脂含量

由于 SLS 成形过程中激光的扫描速度很快,树脂来不及完全熔化流动,砂型(芯)的强度比用壳型覆膜方法制备的砂型(芯)的强度要低。同时由于 SLS 成形时的能量较高,部分树脂会分解,因此 SLS 成形所使用的覆膜砂的树脂含量可比传统成形方法的稍高些。

图 5.90 所示为树脂质量分数与 SLS 试样激光烧结强度之间的关系。由图 5.90可知,覆膜砂 SLS 试样的强度与树脂质量分数基本成线性关系,即随着树脂质量分数的增加,试样的强度增加。树脂质量分数为 3.5% 和 4% 的覆膜砂 SLS 试样的强度分别为 0.34 MPa 和 0.37 MPa。

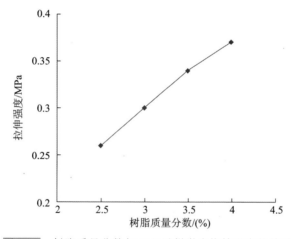

图 5.90 树脂质量分数与 SLS 试样激光烧结强度的关系

激光烧结覆膜砂的固化不完全,需要加热进一步固化,将上述激光烧结的试样放入 180 ℃烘箱中固化 10 min 后,其拉伸强度变化如图 5.91 所示。由此可见,当树脂质量分数小于 3.5% 时,SLS 试样的强度随树脂质量分数的增加而迅速提高;当树脂质量分数超过 3.5% 时,SLS 试样的强度上升缓慢。因此,覆膜砂的树脂质量分数以 3.5% 为宜,最大不应超过 4%。因为随着树脂质量分数的增加,发气量也相应增加,对砂型(芯)的浇注不利。

2)砂的粒度

为减小台阶效应,SLS 成形中应尽量选择较小的铺粉层厚,而砂的粒度越细,可允许的铺粉层厚越小,更有利于提高 SLS 试样的表面质量,同时较小的铺粉量也有利于降低摩擦,减小铺粉对粉床的扰动。SLS 成形是无压力成形,砂的堆积相对疏松,同样粒度的覆膜砂 SLS 试样的透气性要比用传统壳型覆膜砂成形的好。覆膜砂粒度对 SLS 试样性能的影响如表 5.38 所示。

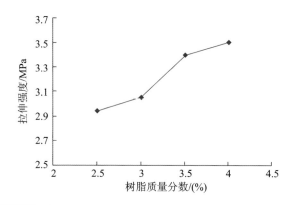

图 5.91　树脂质量分数与 SLS 试样后固化强度之间的关系

表 5.38　覆膜砂粒度对 SLS 试样性能的影响

粒度	50～100 目	70～140 目	100～200 目
最小铺粉层厚/mm	0.4	0.3	0.25
SLS 试样激光烧结强度/MPa	0.25	0.34	0.37
SLS 试样后固化强度/MPa	3.7	3.6	3.4
SLS 试样表面质量	粗糙	较光滑	光滑
SLS 试样透气率/(cm²/(Pa·s))	47.5	41.7	39.3

由表 5.38 可知,砂的粒度越细,允许铺粉的最小层厚越小,所制备的砂型(芯)的台阶效应越小,表面也越光滑,并且 SLS 试样的激光烧结强度也越高。铺粉层厚为 0.4 mm 的 SLS 试样断面可见明显的分层现象,说明铺粉层厚过大,层间黏结力不够;而铺粉层厚为 0.25 mm 的 SLS 试样断面则较为均匀,如图 5.92所示。在树脂质量分数相同的情况下,虽然细砂 SLS 试样的激光烧结强度较高,但后固化强度较低,这是因为粗砂比细砂的比表面积小,粗砂的砂粒表面覆盖的树脂较厚,所以经后固化后,粗砂黏结比细砂牢固。综合考虑以上因素,为获得好的 SLS 砂型(芯),还是应选择粒度较细的砂。

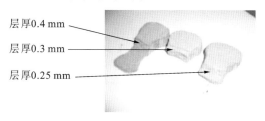

层厚0.4 mm

层厚0.3 mm

层厚0.25 mm

图 5.92　不同铺粉层厚的覆膜砂的 SLS 试样断面

3)原砂几何形貌对 SLS 试样性能的影响

覆膜砂的原砂分为水洗砂和擦洗砂。水洗砂只去掉了其中的泥,砂子的几何形貌不规则,也称为多角形砂;擦洗砂则通过砂间的相互摩擦磨掉了不规则的棱角,几何形貌较规则,也称为球形砂。铺粉时角形砂的摩擦力较大,对砂层的扰动较大,使激光烧结体产生位移或裂痕,造成 SLS 成形失败。球形砂在铺粉时砂子的流动性比较好,摩擦力较小,因而对砂层的干扰小于角形砂。如采用粒度相同的 100~200 目的覆膜砂,角形砂用 0.3 mm 的铺粉层厚,激光烧结体仍然会被推动,在激光烧结新平面时需要将温度升高到树脂的软化温度,使砂相互黏结将砂固定,激光烧结才能顺利进行;而对于球形砂,只要采取合适的 SLS 工艺,预热温度为 50 ℃、铺粉层厚为 0.25 mm 时就可顺利成形。因此,用于 SLS 成形的覆膜砂应选用几何形貌规则的擦洗砂。

4)树脂熔点

树脂的熔点不仅会影响激光烧结砂型(芯)的强度和精度,也会影响 SLS 成形过程,特别是对预热温度产生影响。表 5.39 所示为树脂熔点对 SLS 试样强度及预热温度的影响。

表 5.39　树脂熔点的影响

参数	值		
熔点/℃	85	90	95
预热温度/℃	50	60	70
SLS 试样激光烧结强度/MPa	0.37	0.40	0.45
SLS 试样后固化强度/MPa	3.4	3.5	3.8

由表 5.39 可知,随着树脂熔点的升高,SLS 成形过程的预热温度也相应升高,但预热温度的升高与树脂熔点的升高并不一致,预热温度升高的幅度要大于树脂熔点的升高幅度,即高熔点树脂的预热温度更接近于树脂的熔点。这可能是由于树脂的熔点越高,相对分子质量越大,分子链的运动越困难。SLS 成形覆膜砂的激光能量高,激光扫描后的覆膜砂温度很高,超过了树脂的固化温度(150 ℃),甚至会超过树脂的分解温度(300 ℃),这些热量随后通过热传导传递给烧结体周围的覆膜砂。因此,预热温度越高,树脂越容易被这些热量加热到软化温度,造成周围未烧结覆膜砂的黏结。未烧结覆膜砂的黏结是影响 SLS 砂型(芯)精度甚至导致成形失败的主要原因之一,所以虽然高熔点树脂覆膜砂的激光烧结强度和后固化强度较高,但从 SLS 成形的角度考虑仍应采用低熔点树脂的覆膜砂。

3. 覆膜砂的 SLS 成形工艺

1)SLS 成形工艺与 SLS 试样强度之间的关系

为确定合适的 SLS 成形工艺参数,将 SLS 试样做成标准的"8"字形试样,测试不同激光功率、扫描速度、扫描间距和铺粉层厚对 SLS 试样拉伸强度的影响,结果如图 5.93 至图 5.96 所示。

由图 5.93 可知,在激光能量较低时,SLS 试样激光烧结强度随激光能量的增加而升高,但不成线性关系,在较低激光功率下的斜率较大,而随着激光功率的增加,斜率减小,说明在较低功率下激光功率对烧结强度的影响更加显著。当激光能量达到 32 W 时,其 SLS 试样激光烧结强度达到最大值 0.42 MPa。若激光能量继续增加,则 SLS 试样发生翘曲变形,此时 SLS 试样表面的颜色也由浅黄色变成褐色,说明覆膜砂表面的树脂已经部分碳化分解。

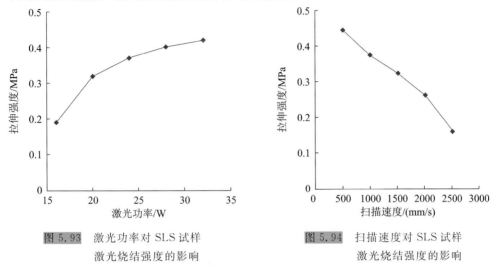

图 5.93　激光功率对 SLS 试样
激光烧结强度的影响

图 5.94　扫描速度对 SLS 试样
激光烧结强度的影响

SLS 试样激光烧结强度随激光扫描速度和扫描间距的增加而降低(见图 5.94 和图 5.95),但过低的扫描速度和过小的扫描间距会使覆膜砂表面发生碳化。而当激光扫描速度高于 2000 mm/s 后,SLS 试样激光烧结强度迅速降低,激光烧结部分的颜色与未烧结的砂一样,说明激光烧结温度低于树脂的固化温度。当激光扫描间距为 0.2 mm 时,可见明显的扫描线痕迹,说明激光扫描间距过大,激光烧结温度不均匀。

SLS 试样的拉伸强度随铺粉层厚的增加而加速下降(见图 5.96),当铺粉层厚超过 0.3 mm 后,可见明显的分层现象。

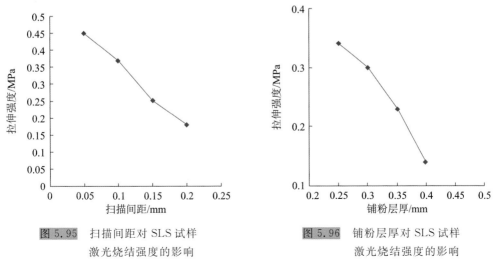

图 5.95　扫描间距对 SLS 试样
激光烧结强度的影响

图 5.96　铺粉层厚对 SLS 试样
激光烧结强度的影响

2）固化与翘曲

为了获得高的 SLS 试样激光烧结强度,需要高的激光烧结温度和树脂固化程度,但高的固化程度易使激光烧结体发生翘曲变形。同时,树脂的固化使玻璃化温度升高,需要提高粉床的预热温度,这给浮砂的清理和砂型（芯）的精度都会带来不利影响。

覆膜砂激光烧结的翘曲变形主要由固化收缩引起,覆膜砂的固化分两步进行,两步固化反应对覆膜砂激光烧结的翘曲变形有着不同的影响,因此这里将讨论 SLS 成形工艺与树脂的固化程度、试样翘曲变形之间的关系,如表 5.40 所示。

表 5.40　SLS 成形工艺参数与试样拉伸强度、固化比、翘曲变形之间的关系

SLS 成形工艺参数			固化比 $\Delta H_1 / \Delta H_2$	翘曲变形情况
扫描速度/(mm/s)	扫描间距/mm	激光功率/W		
2000	0.1	40	0.102/0.039	翘曲
2000	0.1	36	0.117/0.054	无
2000	0.05	24	0.085/0.044	翘曲
2000	0.05	20	0.105/0.055	无
1000	0.15	40	0.081/0.042	翘曲
1000	0.15	36	0.095/0.048	无
1000	0.1	32	0.069/0.046	翘曲
1000	0.1	28	0.088/0.049	无
500	0.05	12	0.042/0.065	无

由表 5.40 可知,覆膜砂激光烧结的翘曲变形与第二固化反应程度相关（ΔH_2 越低表示再度加热固化时的焓变越低,即样品的固化程度越深）,而与第一固化反应程度无关。这是因为第二固化反应产生的收缩大,玻璃化温度显著上升。

由 5.3.1 节的研究可知,激光扫描线越长,T_0 越低,为达到相同的效果就需要增加激光能量。为使砂型（芯）的细小部分不会产生过烧,实际的激光功率要低于翘曲变形的功率。而对于大平面,稍低的激光烧结强度也不会影响到 SLS 成形的正常进行。

3）固化深度与黏砂深度

覆膜砂受热分为以下几种情况:①温度低于树脂的熔化温度,砂呈散砂状,SLS 成形后可直接倒掉或用压缩空气吹掉;②温度高于树脂的熔化温度而低于树脂的固化温度,树脂呈熔化或半熔化状,砂子间相互黏结,但强度较低,SLS 成形后需要人工清理,如用毛刷清理或用软木片清理;③温度高于树脂的固化温度,树脂熔化并发生固化,并将砂子牢牢地黏结到一起,表面坚硬,颜色也由原色变为黄色,无法清理。

覆膜砂吸收激光能量后表面温度高,离表面越远的地方温度越低,因此在高度方向上存在着温度梯度,自上而下出现覆膜砂受热的三种情况:固化、熔化、散砂。将出现第一种情况的厚度定义为固化深度,第二种情况的厚度定义为黏砂深度。

铺砂时会对粉床平面产生扰动,而这种扰动可能会对激光烧结部分产生破坏作用,即激光烧结部分会被推动。为减少这种扰动带来的破坏作用,除了尽量减小砂的摩擦外,激光烧结部分的抗扰动能力也十分重要。实际上要推动激光烧结部分,则必须连同其下黏结的砂一起移动,因此黏结的砂对激光烧结体起着固定的作用。为此,需研究不同 SLS 成形工艺参数对固化深度和黏砂深度(单层扫描)的影响规律。

由表 5.41 和表 5.42 可知,固化深度和黏砂深度均随着激光功率的降低而降低,而随着扫描速度的降低而增加。但在 SLS 试样无翘曲变形的前提下,采用小的激光扫描间距和扫描速度可获得更高的黏砂深度。在激光的烧结能量不太高时,SLS 成形工艺参数对固化深度的影响不大,当固化深度小于 0.5 mm 时,SLS 试样的强度过低,无法测量。而黏砂深度则对激光功率、扫描速度和扫描间距十分敏感,这可能是因为固化深度主要受激光穿透深度的影响,而黏砂深度主要受热量传导影响。如图 5.97 至图 5.99 所示分别为扫描间距、激光功率和扫描速度对黏砂深度的影响。

表 5.41　预热温度对黏砂深度和固化深度的影响

SLS 成形工艺参数				黏砂深度 /mm	固化深度 /mm
扫描速度/(mm/s)	扫描间距/mm	CO_2 激光功率/W	预热温度/℃		
2000	0.1	40	50	1.3	0.7
			60	1.9	0.7
			70	2.8	0.7
1000	0.1	28	50	2.7	0.7
			60	3.6	0.7
			70	5.3	0.8

表 5.42　SLS 成形工艺参数对固化深度和黏砂深度的影响

SLS 成形工艺参数			黏砂深度/mm	固化深度/mm	备注
扫描速度/(mm/s)	扫描间距/mm	CO_2 激光功率/W			
2000	0.05	40	3.9	1.1	翘曲
2000	0.05	36	3.2	0.9	翘曲
2000	0.05	32	2.8	0.8	翘曲
2000	0.05	28	2.3	0.7	翘曲
2000	0.05	24	1.9	0.6	翘曲

SLS 成形工艺参数			黏砂深度/mm	固化深度/mm	备注
扫描速度/(mm/s)	扫描间距/mm	CO_2 激光功率/W			
2000	0.05	20	1.3	0.6	
2000	0.05	16	1.1	0.5	
2000	0.05	12	温度过低无法测量		
2000	0.1	40	1.3	0.7	
2000	0.1	36	1.1	0.6	
2000	0.1	32	1.0	0.5	
2000	0.1	28	强度过低无法测量		
2000	0.15	40	1.2	0.7	
2000	0.15	36	0.8	0.5	
2000	0.15	32	强度过低无法测量		
1000	0.05	20	3.8	0.9	翘曲
1000	0.05	16	3.1	0.6	
1000	0.05	12	强度过低无法测量		
1000	0.1	32	3.6	1.1	翘曲
1000	0.1	28	2.7	0.7	
1000	0.1	24	2.4	0.6	
1000	0.1	20	强度过低无法测量		
1000	0.15	40	2.6	1.1	翘曲
1000	0.15	36	1.9	0.9	
1000	0.15	32	1.6	0.6	
1000	0.15	28	0.05		
500	0.05	16	4.5	1.0	翘曲
500	0.05	12	3.4	0.8	
500	0.05	8	强度过低无法测量		
500	0.1	20	3.3	0.9	翘曲
500	0.1	16	2.7	0.8	
500	0.1	12	强度过低无法测量		
500	0.15	28	3.0	1.1	翘曲
500	0.15	24	2.4	0.9	
500	0.15	20	强度过低无法测量		

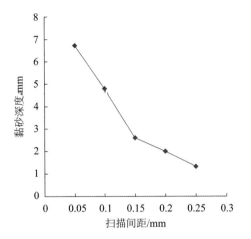

图 5.97　扫描间距对黏砂深度的影响
（扫描速度 1000 mm/s,激光功率 40 W）

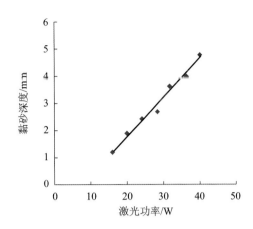

图 5.98　激光功率对黏砂深度的影响
（扫描速度 1000 mm/s,扫描间距 0.1 mm）

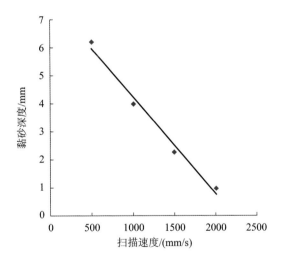

图 5.99　扫描速度对黏砂深度的影响
（扫描间距 0.1 mm,激光功率 40 W）

由图 5.97 至图 5.99 可知,激光功率和扫描速度与黏砂深度成线性关系,而扫描间距对黏砂深度的影响在小于 0.15 mm 时成线性关系,而扫描间距大于0.15 mm后斜率减小,这可能是由于激光烧结温度不均匀。

由于受铺粉扰动影响最大的是激光烧结的第一层,因此,第一层的激光烧结工艺参数应选择小的扫描间距和扫描速度,配以较高的激光功率,以期获得较大的黏砂深度,从而减小铺粉时扰动的影响。

4)能量叠加

较大的黏砂深度可以减少铺粉对砂的扰动,然而过大的黏砂深度也会给砂型

(芯)带来不利影响。由表 5.43 可知,即便是最小的黏砂深度也超过 1 mm,而铺粉的层厚只有 0.25 mm,因此连续 SLS 成形时,这种影响还会相互叠加,成形后的底面很难清理,为确定能量叠加的影响,测定经两次激光扫描后的固化深度与黏砂深度,如表 5.43 所示。

表 5.43　能量叠加对固化深度和黏砂深度的影响

SLS 成形工艺参数			单次扫描		两次扫描	
扫描速度 /(mm/s)	扫描间距 /mm	激光功率 /W	固化深度 /mm	黏砂深度 /mm	固化深度 /mm	黏砂深度 /mm
2000	0.15	40	0.7	1.2	0.8	2.5
2000	0.05	20	0.6	1.3	0.8	3.2
1000	0.1	24	0.7	2.4	0.9	4.6
500	0.05	12	0.8	3.4	1.4	6.1

由表 5.43 可知,激光连续扫描时能量的叠加效应十分显著,经两次扫描后,固化深度增加,但不同 SLS 成形工艺参数对固化深度增加的影响不同。在高速和高间距扫描条件下,两次扫描对固化深度的影响较小,固化深度只有轻微的增加;而在低速和低间距扫描条件下,两次扫描对固化深度的影响则显著增加。两次扫描对黏砂深度的影响明显,均为单次扫描的 2 倍左右,说明两次扫描对黏砂深度的影响是遵循能量叠加原理的。以上实验进一步验证了式(5-46)的假设,即激光扫描后能量很快通过热传导达到均匀,激光扫描时 T_0 为常数。

因此,为加快热散失,减小能量的叠加效应,应加强通风,通过强制对流带走多余的能量;对于较大面积的激光烧结,还应设定激光扫描延时,通过时间的延长来降低扫描区域的温度。

5)等能量密度激光烧结覆膜砂型(芯)的强度

连续的 SLS 成形过程中,层间的能量叠加效应十分明显,黏砂深度甚至会超过 1 cm,严重影响砂型(芯)的精度,还有可能使砂型(芯)因浮砂无法清理而报废。为减小黏砂深度,仅通过加强通风还远远不够,最根本的应是减小激光烧结时所输入的能量,即除第一层外,在保证强度的前提下应尽量采用最小的激光能量密度。为此这里研究了在等能量密度下(80 kW/m²),SLS 成形工艺参数与 SLS 试样强度的关系,如图 5.100 和图 5.101 所示。

由图 5.100 可知,在等能量密度条件下,激光扫描速度越低,覆膜砂 SLS 试样的拉伸强度越低。而扫描间距对 SLS 试样的拉伸强度的影响复杂,其拉伸强度先随着激光扫描间距的增加而增大,当激光扫描间距为 0.1 mm 时,拉伸强度达到最大值,而后随着扫描间距的增加,拉伸强度下降。

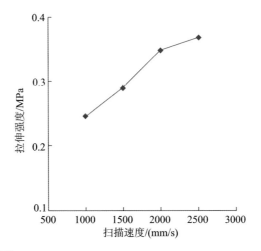

图 5.100   扫描速度对 SLS 试样强度的影响（扫描间距 0.2 mm）

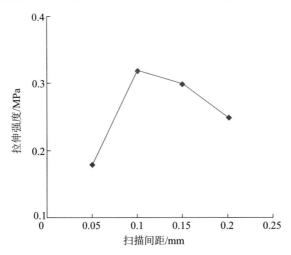

图 5.101   扫描间距对 SLS 试样强度的影响（扫描速度 1000 mm/s）

以上现象可以由式(5-46)解释，覆膜砂在接受激光扫描加热后的温度主要由获得的激光能量、初始温度 T_0 等许多因素决定。而覆膜砂受激光加热后温度的高低决定了 SLS 试样强度的大小。在等能量密度、相同扫描间距下，覆膜砂从激光扫描所获得的能量是相等的，激光加热后的温度由 T_0 所决定，因此激光扫描速度越快，能量叠加效应越明显，已扫描区域的能量来不及散失就被平行的激光扫描线再次加热，即 T_0 较高。而 T_0 随着时间的延长而降低，因此低速扫描时，由于上一次平行扫描的激光能量已经散失，即 T_0 降低，则 SLS 试样的拉伸强度下降。

SLS 试样的拉伸强度随着激光扫描间距的增大先增加后降低的现象（见图 5.101）可解释为：激光扫描线的叠加重合，有利于覆膜砂 SLS 试样拉伸强度的提高，小的扫描间距有利于扫描区域的叠加，但在等能量密度下，间距越小，单次扫描激光能量越低,实际的激光烧结温度越低,将导致 SLS 试样的拉伸强度不高。当扫描间距大于 0.15 mm 后,虽然单次扫描有较高的激光能量,激光烧结的温度也较高,但烧结面不均匀,因此 SLS 试样的拉伸强度随着扫描间距的增加先增加后减小。

4. SLS 覆膜砂型(芯)的后固化

经 SLS 成形的覆膜砂型(芯)的强度较低,不能满足浇注铸件的要求,因此需要再次加温后固化以提高其强度。

为研究不同后固化温度对 SLS 试样拉伸强度的影响,将 SLS 试样放入烘箱中开始升温,当温度达到预定温度 10 min 后停止加热,进行自然冷却,表 5.44 所示为不同后固化温度对 SLS 试样拉伸强度的影响。由表 5.44 可知,SLS 试样拉伸强度先随着温度的增加而增加,当温度达到 170 ℃ 时,其拉伸强度达到最大值 3.2 MPa,而后随着温度的升高,拉伸强度逐渐下降,而当温度达到 280 ℃ 时其拉伸强度已下降到 0.47 MPa。以上数据说明,SLS 试样在 150 ℃ 以下固化度极低,而到 170 ℃ 时达完全固化,这与热分析的结果(见图 5.86)一致。当温度高于 170 ℃ 后,SLS 试样的拉伸强度下降。SLS 试样的颜色也随着后固化温度的升高而发生变化,由黄色、深黄色到褐色再到最终的深褐色,深黄色时强度最佳,因此从颜色上也可判断固化的情况。

表 5.44　后固化温度对 SLS 试样拉伸强度的影响

后固化温度/℃	150	170	190	210	280
拉伸强度/MPa	2.1	3.2	2.8	2.2	0.47

5. 发气量与透气率

SLS 覆膜砂型(芯)的发气量随树脂质量分数的增加而增加,如图 5.102 所示,因此树脂质量分数太大对后面的铸造浇注工艺不利。但为了便于 SLS 成形,仍选择比普通壳法所用树脂质量分数更高的覆膜砂。

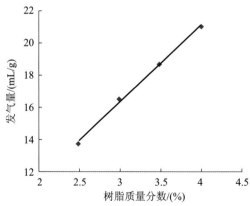

图 5.102　SLS 砂型(芯)的树脂质量分数与发气量的关系

发气量随着后固化温度的升高而降低,如图 5.103 所示,当后固化温度低于 170 ℃时,随着后固化温度的升高,固化程度增加,固化会放出部分小分子,因此发气量降低。当固化完全后,再升高温度,发气量随温度的变化趋缓,直到后固化温度达到 280 ℃树脂开始大量分解为止。在 170 ℃时 SLS 覆膜砂型(芯)的发气量为 21.1 mL/g,而同样的覆膜砂用模板加热,其发气量为 23.1 mL/g,这说明覆膜砂的树脂在激光加热过程中已发生分解。

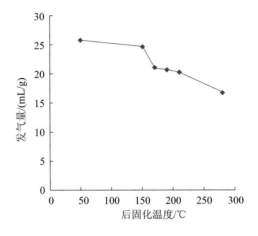

图 5.103　后固化温度与发气量的关系

覆膜砂 SLS 试样后固化温度与透气率的关系如图 5.104 所示,透气率先随后固化温度的升高而增大,到 190 ℃达到最大,而后有所降低。这与树脂的固化和碳化分解有关,即树脂固化收缩有利于提高透气性,而树脂的碳化分解使部分孔隙堵塞,透气性降低。

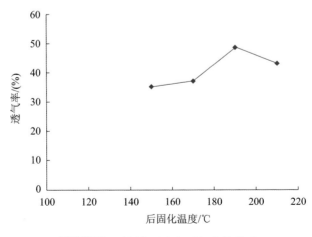

图 5.104　后固化温度与透气率的关系

本章参考文献

［1］ 刘凯. 陶瓷粉末激光烧结/冷等静压复合成形技术研究［D］.武汉：华中科技大学，2014.

［2］ 徐文武. 碳化硅陶瓷的 SLS 成形及后处理研究［D］.武汉：华中科技大学，2007.

［3］ 程迪. Al_2O_3 陶瓷零件的 SLS 成形及后处理工艺研究［D］.武汉：华中科技大学，2007.

［4］ BERRETTA S. Poly ether ether ketone（PEEK）polymers for high temperature laser sintering（HT-LS）［D］. Devonshire：University of Exeter Doctoral Theses,2015.

［5］ BERRETTA S, EVANS K E, GHITA O R. Predicting processing parameters in high temperature laser sintering（HT-LS）from powder properties［J］. Materials & Design, 2016, 105：301-314.

［6］ DIAMOND PLASTICS. Laser PP CP 50 grey［EB/OL］.［2018-10-20］. http://www. diamond-plastics. de/en/products/laser-pp-cp-50. html.

［7］ YUAN S, SHEN F, BAI J, et al. 3D soft auxetic lattice structures fabricated by selective laser sintering：TPU powder evaluation and process optimization［J］. Materials & Design，2017，120：317-327.

［8］ DADBAKHSH S, VERBELEN L, VANDEPUTTE T, et al. Effect of powder size and shape on the SLS processability and mechanical properties of a TPU elastomer［J］. Physics Procedia,2016，83：971-980.

［9］ YUAN S, BAI J, CHUA C K, et al. Characterization of creeping and shape memory effect in laser sintered thermoplastic polyurethane［J］. Journal of Computing & Information Science in Engineering,2016，16（4）：041007.

［10］ 张坚，许勤，徐志锋. 选区激光烧结聚丙烯试件翘曲变形研究［J］. 塑料，2006,35（2）：53-56.

［11］ FIELDER L,CORREA L O G,RADUSCH H J,et al. Evaluation of polypropylene powder grades in consideration of the laser sintering processability［J］. Journal of Plastics Technology，2007，3（4）：34-39.

［12］ GAO W , ZHANG Y , RAMANUJAN D , et al. The status, challenges, and future of additive manufacturing in engineering［J］. Computer-Aided Design，2015,69（C）：65-89.

［13］ CHIA H N ,WU B M. Recent advances in 3D printing of biomaterials［J］. Journal of Biological Engineering,2015,9（1）：4.

［14］ KROLL E，ARTZI D. Enhancing aerospace engineering students' learning with 3D printing wind-tunnel models［J］. Rapid Prototyping Journal，2011,17(5):393-402.

［15］ LEE J Y，JIA A，CHUA C K. Fundamentals and applications of 3D printing for novel materials［J］. Applied Materials Today，2017,7:120-133.

［16］ HOFMANN M. 3D printing gets a boost and opportunities with polymer materials［J］. ACS Macro Letters,2014,3(4): 382-386.

［17］ ZHOU J，HUANG Q，ZHANG J. The research on integrating 3D printing technique into the polymer material and engineering teaching［J］. Guangdong Chemical Industry，2016.

［18］ CANTRELL J，ROHDE S，DAMIANI D,et al. Experimental characterization of the mechanical properties of 3D printed ABS and polycarbonate parts［J］. Rapid Prototyping Journal，2016,23.

［19］ MILLER A T，SAFRANSKI D L，SMITH K E，et al. Fatigue of injection molded and 3D printed polycarbonate urethane in solution［J］. Polymer，2017,108: 121-134.

［20］ WANG Y，SHI Y，HUANG S. Selective laser sintering of polycarbonate powder［J］. Engineering Plastics Application，2006.

［21］ 宋彬，及晓阳，任瑞，等. 3D 打印蜡粉成形工艺研究和应用验证［J］. 金属加工(热加工)，2018(1):23-26.

［22］ SHI Y,LI Z,SUN H,et al. Development of a polymer alloy of polystyrene (PS) and polyamide (PA) for building functional part based on selective laser sintering (SLS)［J］. Proceedings of the Institution of Mechanical Engineers Part L Journal of Materials Design & Applications，2004，218(4): 299-306.

［23］ 杨劲松. 塑料功能件与复杂铸件用选择性激光烧结材料的研究［D］. 武汉：华中科技大学，2008.

［24］ YAN C，SHI Y，YANG J，et al. Investigation into the selective laser sintering of styrene-acrylonitrile copolymer and postprocessing［J］. The International Journal of Advanced Manufacturing Technology ,2010,51:973-982.

［25］ RAHIM T，ABDULLAH A M，AKIL H M，et al. The improvement of mechanical and thermal properties of polyamide 12 3D printed parts by fused deposition modelling［J］. Express Polymer Letters，2017,11 (12): 963-982.

［26］ WU W，GENG P，LI G，et al. Influence of layer thickness and raster angle on the mechanical properties of 3D-printed PEEK and a comparative mechanical study between PEEK and ABS[J]. Materials，2015，8（9）：5834-5846.

[27] JIA Y，HE H，PENG X，et al. Preparation of a new filament based on polyamide-6 for three-dimensional printing[J]. Polymer Engineering & Science，2017，57（12）.

[28] GIBSON I ，SHI D. Material properties and fabrication parameters in selective laser sintering process[J]. Rapid Prototyping Journal，1997，3（4）：129-136.

[29] CHILDS T H C，TONTOWI A E. Selective laser sintering of a crystalline and a glass-filled crystalline polymer：experiments and simulations[J]. Proceedings of the Institution of Mechanical Engineers Part B Journal of Engineering Manufacture，2011，215（11）：1481-1495.

[30] TONTOWI A E，CHILDS T H C. Density prediction of crystalline polymer sintered parts at various powder bed temperatures[J]. Rapid Prototyping Journal，2011，7（3）：180-184.

[31] DAS S，HOLLISTER S J，FLANAGAN C ，et al. Freeform fabrication of nylon-6 tissue engineering scaffolds[J]. Rapid Prototyping Journal，2003，9（1）：43-49.

[32] LIN L L，SHI Y S，ZENG F D，et al. Microstructure of selective laser sintered polyamide[J]. Journal of Wuhan University of Technology-Materials Science Edition，2003，18（3）：60-63.

[33] BADROSSAMAY M ，CHILDS T H C. Further studies in selective laser melting of stainless and tool steel powders[J]. International Journal of Machine Tools & Manufacture，2007，47（5）：779-784.

[34] 王小艳，陈静，林鑫，等.AlSi12 粉激光成形修复 7050 铝合金组织[J]. 中国激光，2009，36（6）：1585-1590.

[35] THIJS L，KEMPEN K，KRUTH J P ，et al. Fine-structured aluminium products with controllable texture by selective laser melting of pre-alloyed AlSi10Mg powder[J]. Acta Materialia，2013，61（5）：1809-1819.

[36] LOH L E ，CHUA C K，YEONG W Y ，et al. Numerical investigation and an effective modelling on the Selective Laser Melting（SLM）process with aluminium alloy 6061[J]. International Journal of Heat & Mass Transfer，2015，80：288-300.

[37] 张凌云，汤海波，王向明，等.大型复杂梯度材料高性能钛合金构件激光近净基础研究报告[J].科技创新导报，2016（13）：177.

[38] 张霜银，林鑫，陈静，等.工艺参数对激光快速成形 TC4 钛合金组织及成形质量的影响[J].稀有金属材料与工程，2007，36（10）：1839-1843.

[39] 杨健，黄卫东，陈静，等. TC4 钛合金激光快速成形力学性能[J]. 航空制造技术，2007(5)：73-76.

[40] BENDER B A，RAYNE R J，JESSEN T L. Laminated object manufacturing of functional ceramics[M]. New Jersey：Wiley，2008.

[41] 周攀，李淑娟，刘杏. 粘结剂含量对二维打印 Al_2O_3 基陶瓷材料性能的影响[C]// 陕西省机械工程学会第十次代表大会暨学术年会论文集. 西安，2014.

[42] FIELDING G A，BANDYOPADHYAY A，BOSE S. Effects of silica and zinc oxide doping on mechanical and biological properties of 3D printed tricalcium phosphate tissue engineering scaffolds[J]. Dental Materials，2012，28（2）：113-122.

[43] YUE B，ZHANG L，WEI S，et al. Improved forming performance of β-TCP powders by doping silica for 3D ceramic printing[J]. Journal of Materials Science Materials in Electronics，2016，28（7）：1-7.

[44] ECKEL Z C，ZHOU C，MARTIN J H，et al. Additive manufacturing of polymer-derived ceramics[J]. Science，2016，351（6268）：58-62.

[45] 肖路军，黄小忠，杜作娟，等. 三维网状碳纤维增强碳化硅复合材料的制备[J]. 功能材料，2018，49（01）.

第6章 SLS成形精度的控制

烧结件的质量评价问题涉及成形件的使用要求,如果要求成形件是一个多空体,那么成形件中的空洞数量和空洞的大小分布等就是该成形件的质量指标之一。但是对于一般的制造业中的成形件而言,力学性能和尺寸形状精度是成形件的两大重要质量指标。在实际成形过程中,总是由加工条件和材料确定零件的加工精度和力学性能,直观地评价一个加工件的性能和精度总是所有制造工程师所喜欢的内容。

6.1 尺 寸 精 度

在一般的成形方法中,成形件的精度主要由三个方面来体现:①成形件的尺寸精度;②成形件的形状精度;③成形件的表面粗糙度。同样地,在SLS成形中,成形件的精度也主要是由这三个方面来体现的,但是由于引起成形件误差的原因和机制有根本的不同,所以在3D打印中控制成形件精度的方法也与一般成形方法中的有着根本的区别。这里先就SLS过程中产生误差的原因和一般原理进行初步分析。

在SLS过程中,成形件的尺寸和形状误差主要由三大部分组成。

(1)CAD模型误差。这主要是用CAD模型表达设计零件的模型时存在的误差。CAD模型根据所使用软件的不同,表达实体的数学模型的方法也不同,例如STL软件只用平面表示空间实体,而PowerShape软件则用二次曲面表示空间实体等。这些表示方法实际上只能是对空间实体的一种逼近,而不能完全真实地表达变化多样的空间实体和空间曲面。而且在制造过程中,还经常遇到两种软件产生的CAD模型之间的转换,转换的误差也是显而易见的。这两部分就组成了计算机集成制造过程中的CAD模型误差。

(2)设备误差。设备误差主要是指制造设备的运动部件的误差和设备工作部分的变形等原因引起的误差。

(3)工艺误差。工艺误差是指在实际加工零件的过程中,由材料的一些特性、一些加工方法的特殊性、工艺流程处理的特殊性、各种加工参数的作用,以及工艺条件的波动和限制等造成的误差。

在3D打印技术中,根据误差形成原因的不同,可以将尺寸误差分为平面尺寸误差和高度尺寸误差。下面分别讨论这两种尺寸误差。

6.1.1　平面尺寸误差

1. 设备误差

对于平面精度而言,设备误差主要是激光扫描的误差(δ_{pj1})。如图 6.1(a)所示的是扫描器在 45 mm×45 mm 范围内的扫描结果,通过测量可知平面误差为:在竖直(Y)方向的扫描误差为 0.5 mm,在水平(X)方向的误差为 0.0 mm。

另一种扫描误差是激光开关的动作与扫描器的位置不匹配引起的误差(δ_{pj2}),如图 6.1(b)所示,由于有些地方的激光开延迟时间过长,造成扫描滞后等。

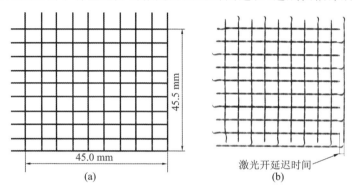

激光开延迟时间

(a)　　　(b)

图 6.1　一种振镜扫描系统的平面扫描误差(扫描速度 1500 mm/s)

(a)X、Y 两方向的扫描误差;(b)激光开延迟引起的误差

对于振镜扫描系统,由于在大角度扫描时,光束与成形平面不垂直,将会使得光斑成为一个椭圆,从而使得成形边界向外扩大,引起平面误差。

2. CAD 模型误差

STL 格式的模型是一种 CAD 模型,它是用平面三角形面片构成一个物体的。

用三角形面片去逼近空间曲面总是存在一定的误差,但可以通过增加三角形面片的数量减小这个误差。在一般的 CAD 软件中,都是按误差转换模型的,所以可以根据需要控制 STL 模型的误差(δ_{pj3})大小。如果用二次曲面和更高次曲面模型去表示实体,精度肯定能得到提高,但是,这种精度提高量是否有意义,要看 STL 模型和二次模型表达实体时所产生的误差到底有多大的差别。

3. 工艺误差

工艺误差对 SLS 成形件的精度具有最重要的影响。其影响因素也最复杂,主要包括成形收缩引起的误差、切片引起的误差等。

1)收缩引起的误差

收缩是塑料材料的一种本质属性,只是不同的材料收缩率不同(见表 6.1),但总的来说,塑料的收缩比金属和无机材料的收缩要大一些。收缩是 3D 打印误差的重要来源,也是 SLS 成形误差的重要来源,它不仅引起尺寸的减小,还会引起翘曲变形。实际上收缩量的大小不仅与材料的收缩性能有关,与加工条件有关,还与成形件温度变化的历史有关。假设平面收缩率为 λ,这个参数在不同的温度段、不同的方向上也有所不同,在较高的温度段由高分子材料的黏弹性引起的蠕变松弛有明显的影响,所以,收缩率较小,但在低温段收缩率要大一些。

表 6.1 一些材料的热膨胀系数和线收缩率

材料	热膨胀系数/$(m^3/(m^3 \cdot K))$	线收缩率/(%)	材料	热膨胀系数/$(m^3/(m^3 \cdot K))$	线收缩率/(%)
ABS	2.85~3.90	0.4~0.5	PMMA	1.50~2.70	0.5~0.8
尼龙 66	2.40	2~3	POM	2.43	3.5
PC	2.00	0.6~0.8	PIFE	3.00	—
聚酯	1.80	—	聚氨基甲酸酯	3.00~5.00	—
LDPE	3.00~5.00	1~3.6	PVC	2.5~5.55	—
HDPE	3.3~3.9	1.5~3.6			

但是粉末烧结时的收缩还包括了烧结收缩,一般来说这种收缩比温度引起的收缩更大一些。这些问题在后面要进一步讨论。

由于成形件的温度也有一个变化的历史,在不同的设备、不同的环境和不同的加工条件下,温度变化历史曲线不一样。如果严格控制材料的加工条件,冷却条件就可达到相对的稳定。

假设温度变化历史曲线为

$$f_1 = T(x,y,z,t) - T_0 \qquad (6-1)$$

式中:$T(x,y,z,t)$ 表示在坐标 (x,y,z) 处 t 时刻的温度;T_0 表示初始温度。

而收缩与温度的曲线可以表达为

$$f_2 = \lambda(\Delta T) \qquad (6-2)$$

那么收缩的时间历史可以表达为

$$f_3 = \lambda(x,y,z,t) \qquad (6-3)$$

这样就可以根据连续介质力学的方法求解整个物体的变形和残余应力。这里还必须考虑由每层切向力的作用引起的高温时的应力松弛问题,所以在高温时实际收缩有所减小。

这里可以做出一些简化处理,首先假设每一层都是实心的。假设在一层中的温度是相同的,即温度变化只与 Z 坐标有关,而与其他两坐标无关。

在 t' 时刻,高度为 z 的某一层的收缩为

$$f_4 = \lambda(z,t') \qquad (6-4)$$

收缩主要引起平面尺寸误差,在高度方向会引起翘曲。平面收缩引起的平面

尺寸误差可以简单地计算：

$$\delta_{pg1} = \int_{\Delta t} l_0 \lambda(T) dT \tag{6-5}$$

式中：l_0 是成形件的平面长度。

2）切片引起的误差

切片本身本来不会带来误差，只是根据 SLS 技术中的层制造的特点，切片方法有所差别，从而引起误差，所以切片也可能造成成形件的尺寸和形状误差（δ_{31}）。X-Y 平面的尺寸误差主要是斜面和曲面引起的，如图 6.2 和图 6.3 所示。

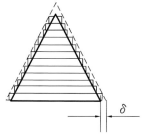

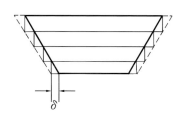

图 6.2　一类斜面切片引起的误差　　图 6.3　二类斜面切片引起的误差

如果以 $Z=0$ 面为初始切片层，那么图 6.2 所示的零件成形平面尺寸误差为 $h\cos\alpha$，而加工图 6.3 所示的零件时不会出现平面加工误差。如果以 $Z=h$ 面为初始切片层，那么图 6.3 所示的零件平面尺寸误差为 $h\cos\alpha$，而加工图 6.2 所示的零件时不会出现加工误差。如果以 $Z=xh$ 高度处为初始切片层，那么可以减小这些误差，误差量为 $(1-x)h\cos\alpha$，但是对于用上述方法不会引起误差的成形斜面，用这种方法也会出现误差，误差量为 $xh\cos\alpha$。

如果采取斜面加工技术，将大大地提高切片的精度，如图 6.4 所示。Hope 对斜面切片引起的误差做了估计：

$$\delta_{32} = \left[\left(\frac{t}{2\cos\alpha}\right)^2 + R_c^2\right]^{\frac{1}{2}} - R_c \tag{6-6}$$

$$\varepsilon = (\delta + R_c)\cos\varphi - \left[((\delta + R_c)\cos\varphi)^2 - \left(\frac{t}{2\cos\alpha}\right)\right]^{\frac{1}{2}} \tag{6-7}$$

式中：$\varphi = \alpha \pm \arctan\left(\dfrac{t}{2R_c\cos\alpha}\right)$

对于非斜面切片：

$$\delta_{32} = R_c - \sqrt{R_c - t^2 - 2tR_c\sin\alpha} \text{ 或 } \sqrt{R_c + t^2 + 2tR_c\sin\alpha} - R_c \tag{6-8}$$

$$\varepsilon = R_c\cos\alpha - \sqrt{R_c - (t + R_c\sin\alpha)^2} \tag{6-9}$$

所以总的平面尺寸误差为

$$\delta_p = \delta_{pj1} + \delta_{pj2} + \delta_{pj3} + \delta_{pg1} + \delta_{31} + \delta_{32} \tag{6-10}$$

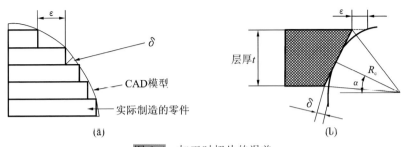

图 6.4 加工时切片的误差

(a)平面加工的误差;(b)斜面加工的误差

6.1.2 高度尺寸误差

1. 设备误差

对于 Z 向精度而言,设备误差主要是活塞传动系统的误差。现在假设传动系统每次运动的系统误差为 e_1,成形件的厚度为 H,成形层厚为 h,那么成形层数为

$$n=\begin{cases} \mathrm{Int}\left(\dfrac{H}{h}\right) & \dfrac{H}{h}-\mathrm{Int}\left(\dfrac{H}{h}\right)<0.5 \\ \mathrm{Int}\left(\dfrac{H}{h}\right)+1 & \dfrac{H}{h}-\mathrm{Int}\left(\dfrac{H}{h}\right)\geqslant 0.5 \end{cases} \tag{6-11}$$

成形后 Z 向累积设备误差为

$$\delta_{Z1}=ne_1 \tag{6-12}$$

例如:如果 $e_1=0.0001\text{ mm}$,$H=100\text{ mm}$,$h=0.1\text{ mm}$,那么 $n=1000$,这样一来 Z 向累积设备误差为 0.1 mm。从这里可以看出,Z 向累积误差与传动精度和烧结的层数有关。但是相对于工艺误差来说,这个误差往往可以忽略。

2. CAD 模型误差

这一项与平面尺寸误差的相同。

3. 工艺误差

引起高度尺寸误差的工艺因素包括单层厚度超厚、粉层下移、收缩、切片和翘曲等。

1)粉末烧结的单层厚度引起的误差

由于扫描功率不同,烧结的单层厚度也有所变化,如表 6.2 所示。研究烧结的单层厚度不仅对厚度误差的研究有意义,而且也为选择合适的扫描参数提供了依据。

表 6.2 扫描功率对单层厚度的影响(材料:HB1)

功率/W	7.5	10	15	20	25	30	35
单层厚度/mm	0.4	0.48	0.52	0.56	0.61	0.68	0.76

为了保证烧结能量能穿过铺粉层,从而实现层与层之间的黏结,单层的烧结厚度应该大于铺粉厚度 h,当烧结的单层厚度为 h_s 时,误差为

$$\delta_{Z2} = h_s - h \tag{6-13}$$

2)翘曲引起的误差

假如在 t_n 时刻,成形 $n-1$ 层(即高度为 $(n-1)h \sim nh$)后的高度方向的翘曲量为 d_n,那么第 i 层的收缩率为 $\lambda(ih, t_n - i\Delta t)$,第 $i-1$ 层的收缩为 $\lambda((i-1)h, t_n - i\Delta t)$,第 $i+1$ 层的收缩为 $\lambda((i+1)h, t_n - i\Delta t)$,其中 Δt 是每层的平均成形时间。

这些层的收缩是指层中心线的收缩,而在交界处可以假设收缩是不连续的,如图 6.5 所示。那么上、下层的收缩差别就会引起翘曲,如图 6.6 所示。

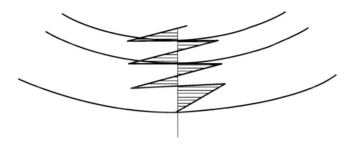

图 6.5　层交界处收缩不连续示意图

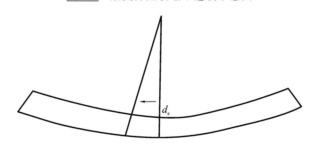

图 6.6　某层由于其上、下层之间的收缩差而引起的翘曲

第 i 层与第 $(i-1)$ 层交界处的收缩量只有上、下层之差的一半,那么另一半就成了变形。第 i 层与第 $(i+1)$ 层交界处的收缩量却增加了,增加的量也等于上、下层收缩的一半。

$$d_n(\Delta L) = \frac{1}{2}\left[\lambda(ih, t_n - i\Delta t) - \lambda((i-1)h, t_n - i\Delta t)\right]d_s \tag{6-14}$$

如果假设原来的变形为 $\mathrm{d}\theta$,曲率半径为 R_i,在进一步变形后,角度变为 $\mathrm{d}\theta'$,曲率半径变为 R_i',那么有:

$$R_i' = \frac{t(2 + \lambda_i - \lambda_{i-1})}{\lambda_{i+1} - \lambda_{i-1} + \dfrac{t}{R_i}(2 - \lambda_{i+1} + \lambda_i)} \tag{6-15}$$

$$\mathrm{d}\theta' = \frac{R_i \mathrm{d}\theta}{2t} \left[\lambda_{i+1} - \lambda_{i-1} + \frac{t}{R_i} (2 + \lambda_i - \lambda_{i+1}) \right] \tag{6-16}$$

如果 R_i' 发生了变化,由于成形件已经成为一个整体,那么其他层的曲率半径的变化必须满足一定的条件。这就是收缩的连续性条件,即每层的收缩率必须满足一定的协调性。如果已经知道 λ_{i-1}、λ_i、λ_{i+1},那么对第 $i+1$ 层,有

$$R_{i+1}' = R' - t = \frac{t(2 + \lambda_{i+1} - \lambda_i)}{\lambda_{i+2} - \lambda_i + \dfrac{t}{R_i - t}(2 - \lambda_{i+2} + \lambda_{i+1})} \tag{6-17}$$

式(6-15)减去式(6-17)得

$$t = \frac{t(2 + \lambda_i - \lambda_{i-1})}{\lambda_{i+1} - \lambda_{i-1} + \dfrac{t}{R_i}(2 - \lambda_{i+1} + \lambda_i)} - \frac{t(2 + \lambda_{i+1} - \lambda_i)}{\lambda_{i+2} - \lambda_i + \dfrac{t}{R_i - t}(2 - \lambda_{i+2} + \lambda_{i+1})} \tag{6-18}$$

这就是所谓的收缩连续性协调条件。所以不仅层间的收缩差别会造成内部的残余应力,而且收缩的协调条件也会使得内部的残余应力更加复杂。

3)收缩引起的误差

烧结的高度方向收缩在每次铺粉后都得到了补偿,但烧结的最后一层的收缩无法得到补偿,这个收缩量与烧结程度有关。

假设每层高度方向上的收缩率为 λ_z,那么

烧结第 1 层以后,收缩量为 $h\lambda_z$;

烧结第 2 层以后,收缩量为 $h(1 + \lambda_z)\lambda_z$;

$\vdots$

烧结第 n 层以后,收缩量为 $h(1 + \lambda_z + \cdots + \lambda_z^{n-1})\lambda_z$。

烧结第 $(n+1)$ 层时的铺粉厚度为 $h_{n+1} = h + h\dfrac{1 - \lambda_z^n}{1 - \lambda_z}\lambda_z$。由于 λ_z 小于 1,因此当 n 足够大时,第 $(n+1)$ 层的厚度近似为

$$h_{n+1} = h + \frac{h}{1 - \lambda_z}\lambda_z \tag{6-19}$$

那么最后一层的收缩量为

$$\delta_{Z3} = \Delta h_{n+1} = h\left(1 + \frac{\lambda_z}{1 - \lambda_z}\right)\lambda_z \tag{6-20}$$

如果烧结层数比较少,这个误差可以忽略。

4)粉末的向下移动引起的误差

成形件在 Z 方向向下移动会引起高度方向的另一个误差。在每次烧结循环中,各种振动都会使得底层的粉末不断压实,从而使成形件不断向下移动,引起厚度的误差(δ_{Z4})。

图 6.7 所示的测试件可以用来测量粉末向下移动引起的误差。每层的设计高度为 10 mm,为了克服单层烧结厚度的影响,一定要按图中所示的方向烧结。烧结后测量成形件的高度尺寸误差,如图 6.8 所示。从图 6.8 可以看出,粉末向下

移动引起的误差主要在开始成形的一定高度范围内。对于后续成形的层,粉末向下移动的量显著减小。

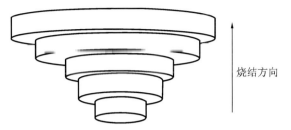

图 6.7　测量粉末向下移动引起的误差的测试件

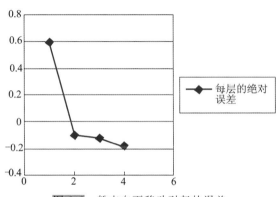

图 6.8　粉末向下移动引起的误差

5)切片引起的误差

切片也会引起高度方向的误差(δ_{Z5})。当切片厚度为 h、模型的总高度为 H,那么切片层数为

$$n = \mathrm{Int}\left(\frac{H}{h}\right) \tag{6-21}$$

如果 $Z=0$ 面是初始切片层,误差如图 6.9(a)所示,为 ΔZ。

如果 $Z=h$ 面是初始切片层,那么误差如图 6.9(b)所示,最大误差是 $-h$。

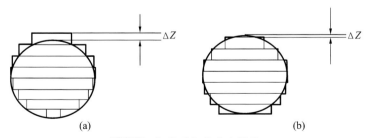

图 6.9　切片引起的高度误差

(a)$Z=0$ 开始切片;(b)$Z=h$ 开始切片

如果是在 $Z=xh$ 处开始切片,那么由切片引起的高度误差依然是在 $-h \sim h$ 的范围内。

所以总的高度尺寸误差应为

$$\Delta H = \delta_{Z1} + \delta_{pj3} + \delta_{Z2} + \delta_{Z3} + \delta_{Z4} + \delta_{Z5} \tag{6-22}$$

式中：δ_{Z1} 为设备误差；δ_{pj3} 为 CAD 模型的误差；δ_{Z2} 为 Z 向收缩引起的误差；δ_{Z3} 为第一层成形厚度超过铺粉厚度造成的误差；δ_{Z4} 为粉末向下移动造成的误差；δ_{Z5} 为切片引起的误差。表 6.3 所示的是一些成形件的高度尺寸误差。

表 6.3　用 HB1 材料烧结的一些零件的高度尺寸误差

编号	1	2	3	4	5	6
设计高度/mm	5	10	16	17.5	25	66
SLS 成形高度/mm	5.4386	10.52	16.75	18.21	25.76	66.3
绝对误差/mm	0.4386	0.52	0.75	0.71	0.76	0.3
相对误差/(%)	8.77	5.2	4.69	4.06	3.04	0.45

从表 6.3 可以看出，当成形高度较小时，相对误差较大，这主要是单层烧结厚度引起的。而当成形件的高度较大时，由于粉末的向下移动影响更大，因此绝对误差量是增加的。

6.2　形状精度

SLS 烧结成形件的形状误差主要由两个方面组成，一个是平面形状翘曲成空间曲面，另一个是平面内平面形状的变化，如尖角变成了圆角，圆形变成了方形等。

6.2.1　一维翘曲

关于翘曲问题，其根本的原因是烧结层收缩的时间次序不同而造成非均匀收缩。下面的分析初步讨论了非均匀收缩如何引起翘曲。

假设在激光扫描粉末层的过程中，每层的收缩是均匀的，那么前、后层的收缩时间次序不同一定会引起成形翘曲。下面首先分析由于前、后层收缩时间不同所引起的翘曲与收缩量的关系。

1. 两层烧结的情况

如图 6.10 所示，设层厚分别为 t_1、t_2，悬臂部分的长度为 L（假设在 X 方向上），翘曲的角度为 φ（单位为弧度），相应的曲率半径为 R，平面收缩率为 λ，根据几何关系有：

$$\begin{cases} R_0 \varphi = L \\ R_1 \varphi = L(1 - \lambda') \\ R_2 \varphi = L(1 - \lambda) \end{cases} \tag{6-23}$$

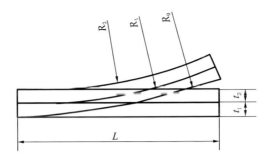

图 6.10　两层烧结的翘曲模型

根据力的平衡原理：

$$\lambda' = \frac{t_2}{t_1+t_2}\lambda$$

可求得：

$$\begin{cases} R_0 - \dfrac{t_1+t_2}{\lambda} \\ \varphi = \dfrac{L\lambda}{t_1+t_2} \end{cases} \tag{6-24}$$

翘曲量为

$$D = R_0(1-\cos\varphi) = \frac{t_1+t_2}{\lambda}\left(1-\cos\frac{L\lambda}{t_1+t_2}\right) \tag{6-25}$$

从式(6-24)、式(6-25)可以看出层厚和收缩率对翘曲的影响。

如果 $\dfrac{L\lambda}{t_1+t_2}$ 比较小，那么式(6-25)可以简化为

$$D = \frac{L^2\lambda}{2(t_1+t_2)} \tag{6-26}$$

从式(6-26)可知，翘曲量与悬臂长度的平方成正比，与收缩率成正比，与两层厚度的和成反比。

2. 三层或三层以上的烧结收缩翘曲模型

如果收缩过程是在下一层烧结之前完成的，每一次翘曲量不超过层厚，这里用 $\rho_m^{(n)}$ 表示第 n 层烧结完后第 m 层下沿的曲率半径，$\varphi^{(n)}$ 表示第 n 层烧结完后长度为 L 的翘曲线的弧度。那么对于三层烧结情况：

$$\begin{cases} \rho_1^{(3)}\varphi^{(3)} = L \\ \rho_2^{(3)}\varphi^{(3)} = L(1-\lambda) \\ \rho_3^{(3)}\varphi^{(3)} = L(1-\lambda)^2 \end{cases} \tag{6-27}$$

所以有

$$\rho_3^{(3)} = \rho_1^{(3)}(1-\lambda)^2 \tag{6-28}$$

同时，假设厚度相同，则有

$$\rho_3^{(3)} = \rho_1^{(3)} - t_1 - t_2 - t_3 = \rho_1^{(3)} - 3t \tag{6-29}$$

比较式(6-28)与式(6-29)两式可知:

$$\rho_1^{(3)} = \frac{3t}{2\lambda\left(1-\frac{\lambda}{2}\right)} \approx \frac{3t}{2\lambda}(若平面收缩率 \lambda 较小) \tag{6-30}$$

如此类推:

$$\rho_1^{(n+1)} = \frac{(n+1)t}{n\lambda}(若平面收缩率 \lambda 较小) \tag{6-31}$$

从式(6-25)可知这样的事实,存在一个最大翘曲量,当 $\rho_{1min} = \frac{t}{\lambda}$ 时,有

$$D_{max} = \frac{t}{\lambda}\left(1-\cos\frac{L\lambda}{t}\right) \tag{6-32}$$

6.2.2　二维翘曲

上述分析是关于成形层在一个方向的一维翘曲变形问题,实际上,烧结时并不只是在一个方向存在翘曲变形,两个方向的翘曲变形就形成一个二维翘曲变形问题。二维翘曲的根本原因还是非均匀收缩,实际上处理二维翘曲问题可以在一维翘曲的基础上进行简单叠加,如图 6.11 所示。

(a)　　　　　　　　　　　　　　　(b)

图 6.11　二维翘曲的问题

(a)一维翘曲;(b)二维翘曲

为了说明问题,首先必须做这样的一个假设:在烧结平面的所有方向上,收缩是各向相同的。

如果一个平面的一维翘曲表达式是

$$\begin{cases} z_1 = f(x) \\ z_2 = f(y) \end{cases}$$

那么在翘曲量很小的条件下,可以将二维翘曲近似为两个方向的叠加:

$$z = f(x) + f(y) = g(x,y) \tag{6-33}$$

根据这个原理就可预测各种平面形状的翘曲量。例如对平面形状,设翘曲的曲率半径为 R,则有

$$\begin{cases} f(x) = R - \sqrt{R^2 - x^2} \\ f(y) = R - \sqrt{R^2 - y^2} \end{cases} \tag{6-34}$$

翘曲量为

$$z = g(x, y) = 2R - \sqrt{R^2 - x^2} - \sqrt{R^2 - y^2} \tag{6-35}$$

一个相邻边长分别为 $2a$、$2b$ 的长方形,翘曲后,四个角的翘曲量为

$$z = 2R - \sqrt{R^2 - a^2} - \sqrt{R^2 - b^2} \tag{6-36}$$

长与宽的中点的翘曲量为

$$\begin{cases} z_b = R - \sqrt{R^2 - a^2} \\ z_a = R - \sqrt{R^2 - b^2} \end{cases} \tag{6-37}$$

从上面几式可以看出,长与宽的中点的翘曲量比四个角的翘曲量要小。这与实际的测量情况相符。图 6.12 所示的零件在加工后出现的翘曲量如表 6.4 所示,表 6.4 中的数据说明式(6-33)所表示的翘曲量是正确的。

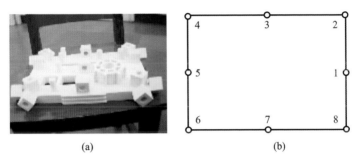

图 6.12　二维翘曲的烧结零件及测量点

(a)实际零件;(b)测量点布置

表 6.4　零件的翘曲量

点号	1	3	5	7	2	4	6	8
翘曲量/mm	1.40	0.52	1.40	0.32	1.86	1.88	1.80	1.80

6.2.3　圆形变方问题

圆形变方问题的主要原因是扫描系统的激光开关延迟时间不当,如果延迟时间过长,则会有如图 6.13 所示的问题。

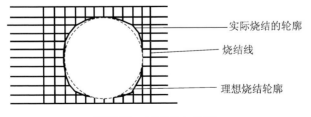

图 6.13　圆形变方问题

图 6.14 所示的是实际烧结的具有圆形变方问题的零件。

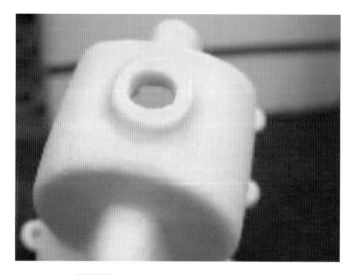

图 6.14　具有圆形变方问题的烧结零件

　　所以在确定烧结工艺时，激光开关延迟时间也是一个重要的参数。只有确定了合适的激光开关延迟时间，才能避免烧结时出现这类问题，才能使所烧结的圆形保持精确的形状。

6.3　成　形　收　缩

　　成形收缩是影响 3D 打印过程和成形件质量的一个重要因素，不只在 SLS 技术中是这样，在其他的 3D 打印技术中也是这样，所以研究成形收缩问题对提高成形质量有重要的作用。一方面，当出现了严重的收缩，就会产生翘曲，在成形起始几层时，就容易在铺粉时发生成形层的移动问题。这有两种情况。一种是在成形第一层时就存在翘曲（扫描线的移动方向与铺粉方向相同），那么当铺第二层粉时，粉末就会进入翘曲层与底层粉末之间，移动的粉末就会对成形层形成推力作用，从而造成成形层的移动，如图 6.15 所示。

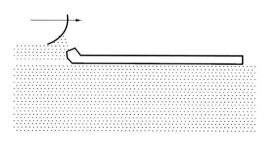

图 6.15　成形层移动示意图

　　如果扫描线的移动方向与铺粉方向相反，那么将会出现另一种情况，如图

6.16 所示。由于靠近铺粉辊一端的粉末最后烧结,所以在铺粉时还不会发生翘曲,但是另一端却发生了翘曲,那么当所铺粉末到达翘曲端时,将会使成形层倾斜,这样反复倾斜,就使得成形过程无法再继续下去。

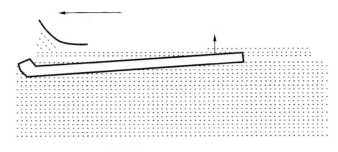

图 6.16　成形层上翘示意图

另一方面,如果各层烧结完成后没有马上出现翘曲,对成形过程不会有严重的影响,但是随后的收缩也会引起翘曲,从而导致成形件精度的丧失。所以控制收缩对成形过程和成形精度都是极其重要的。

6.3.1　成形收缩的组成

对于非晶态聚合物,成形收缩一般是由两部分组成的,一部分是烧结收缩,另一部分是温度下降引起的收缩。对于晶态聚合物,成形收缩由三部分组成,分别是烧结收缩、结晶收缩和温度下降引起的收缩。

温度下降引起的收缩是显然的,几乎所有的物质,在温度下降时都会有收缩现象,而高分子物质由温度引起的收缩率一般较大。

表 6.1 所示的一些聚合物的热膨胀系数是体膨胀系数,一般来说近似是线膨胀系数的三倍。从该表可以看出,聚合物的热膨胀系数相互之间的差别不是很大,但是实际导致的成形收缩则有较大的差别,而且温致收缩量也没有实际的收缩量大(>2%),这也说明成形收缩还包括其他的内容。

烧结收缩是粉末烧结加工中普遍存在的一种收缩。在烧结过程中,因为粉末的空隙在不断减小,所以烧结过程必然引起较大的收缩。对于金属和陶瓷粉末的烧结,由于烧结速度很慢,因此烧结收缩也是缓慢进行的。但对于在 SLS 加工过程中高分子聚合物的烧结,由于烧结温度常常超过材料的熔融温度,烧结都是在很短的时间内完成的,因此烧结收缩也是在短时间内完成的。对于 SLS 加工中的聚合物材料的烧结,还有另一个问题需要注意,那就是由于烧结颗粒在烧结温度下的弹性模量很小,颗粒本身会在重力作用下发生变形。这样一来在水平方向上的烧结收缩会有所减小,而垂直方向的烧结收缩可以在随后的铺粉中得到补偿。这对于尼龙之类的材料的烧结具有重要的意义,因为这类材料在烧结温度下的黏性很小,材料的流动性很好,所以平面的烧结收缩比较小。但是晶态材料的收缩主要是由结晶转变引起的。

结晶收缩主要是由材料中的分子链的结构发生变化而引起的收缩,这种收缩主要与材料的结晶程度及晶体与非晶体的密度差别有关。材料的结晶程度越高,烧结时结晶收缩就越严重。

6.3.2 成形收缩的计算

下面讨论各种成形收缩的计算方法和计算模型。

1. 温致收缩

对于温致收缩,主要考虑在固体阶段的收缩,其他阶段的温致收缩相对于其他收缩而言很小。如果设材料的线膨胀率为 ξ,那么当固体的温度从结晶温度(对晶态材料)或者玻璃化温度(对无定形材料)降到室温时,总的收缩量为

$$\delta_T = \xi \cdot \Delta T \tag{6-38}$$

式中: $\Delta T = T_t - T_s$, T_t 是转变温度, T_s 是室温。

从式(6-38)可以看出,影响温致收缩的主要因素有材料的线膨胀率和材料的转变温度,这些都是材料的属性,从工艺上无法调整。所以在成形过程中温致收缩是不能从工艺上控制的,但可以通过材料改性等措施来控制。

温致收缩对尺寸的影响是显然的,而且温致收缩基本上是均匀的。在注射成形时,由于模具的限制作用,实际上的温致收缩只发生在开模温度以下,开模后,制件在蠕变和温度冷却的作用下发生收缩,所以温致收缩一般不是很大。然而对于 SLS 成形,温致收缩是从开始成形时就存在的,只是在转变温度以上时,由于松弛的影响,温致收缩所带来的影响可以很小。所以对于 SLS 成形,温致收缩量的计算应该从转变温度开始计算,温致收缩的大小主要与材料的线膨胀率和温度差有关。比如 PC(聚碳酸酯)的转变温度要比 HB1(聚苯乙烯复合粉末材料)的转变温度高,所以其温致收缩量就比 HB1 的大一些。所以 SLS 成形中,温致收缩的影响也是不能忽视的。

烧结收缩和结晶收缩对尺寸精度也有重要的影响,但是这两种收缩是在转变温度以上或者在转变温度附近完成的,而且由于这两种收缩是一层一层地完成的,所以后一层的收缩必然受到前一层的影响。这样一来必然造成层与层间的内部应力,如果温度或者时间容许,层间可以发生完全的蠕变和松弛,其结果应该是最后收缩只有平衡收缩的一半大小。然而实际的松弛时间是比较短的,无法达到完全松弛,所以实际的收缩量会更小。所以要精确地预测烧结收缩和结晶收缩对尺寸精度的影响,还必须用黏弹性力学原理来考虑这些问题。

在 SLS 成形过程中,每一层的温度是不断变化的,而材料的黏弹性能与温度又是密切相关的,所以在 SLS 成形中的蠕变和松弛问题是一个相当复杂的问题。这里可以采取近似的方法解决。

首先可以利用传热学方法或者实验方法得到在 SLS 加工中，某一层从烧结到完全冷却的温度随时间的变化历程，设某一层烧结完成的时间是 t_n，则

$$T = T(t \sim t_n) \tag{6-39}$$

如果每一层的烧结时间没有太大的差别，那么式(6-39)在形式上对所有烧结层都是相同的。只是温度变化的开始时间不同。而材料的黏性 η 和弹性 E 随温度的变化也可以用函数描述：

$$\begin{cases} E = E(T) \\ \eta = \eta(T) \end{cases} \tag{6-40}$$

将温度随时间的变化函数代入式(6-40)就可得到某一烧结层的黏性和弹性随时间的变化函数。那么可以将时间分为很多小的区间，每一时间区间就可以近似地看作常模量的蠕变和松弛过程，再根据叠加原理计算总的松弛和蠕变结果。

松弛模量为

$$E_s(t) = E(0) e^{-\int \frac{E(t)}{\eta(t)} dt} \tag{6-41}$$

这里说明的是恒应力作用下的松弛问题，在烧结层中的实际情况应该是松弛和蠕变同时进行。

Maxwell 模型的恒应力作用下的蠕变为

$$\varepsilon(t) = \frac{\sigma_0}{E(0)} + \int_0^t \frac{\sigma_0}{\eta(t)} dt \tag{6-42}$$

同样地，松弛和蠕变是同时进行的。那么可以对松弛应力和蠕变量交叉计算，以确定某时刻的蠕变量和松弛残余应力。

这里以 HB1 材料为例说明上述方法的应用。如图 6.17 所示为聚合物材料的弹性模量随温度的变化曲线。对于 HB1 材料，$E' = 2000$ MPa，$E'' = 0.5$ MPa，T_i(100 MPa)$= 101$ ℃，$s = 0.2$ Pa/℃。实际上对于 HB1 材料，其 SLS 成形(一般不存在流动态)曲线可以近似为三段直线，如图 6.18 所示。

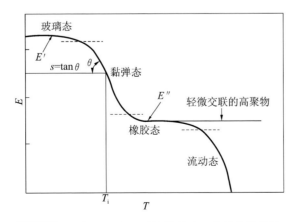

图 6.17　聚合物材料的弹性模量随温度的变化曲线

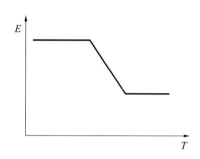

图 6.18　HB1 弹性模量与温度的关系示意

那么三段直线的方程为：

$$E=\begin{cases} E' \\ 100\times10^{-s(T-T_i)} \\ E'' \end{cases} \tag{6-43}$$

具体为

$$E=\begin{cases} 2000 & T<94.5 \\ 100\times10^{-0.2(T-101)} & 94.5<T<114.5 \\ 0.5 & T>114.5 \end{cases} \tag{6-44}$$

从而可以确定某一层弹性和黏性与时间的关系曲线,这样就可以按上述方法确定最后的蠕变量和松弛残余应力,也就能确定最后的收缩量大小。

2.烧结收缩

从一般意义上来说,烧结收缩量与粉末在烧结前后的密度变化有紧密的联系。如果粉末颗粒都是球形的,那么在固态未压实时,其最大密度只有全密度的74%,一般来说粉末的密度是全密度的50%左右,烧结成形后制件的密度有些可达全密度的98%以上。所以,烧结成形过程中密度的变化必然引起制件的收缩。设粉末的密度为 ρ_1,烧结制件的密度为 ρ_2,ρ_1 与 ρ_2 的比为 γ,同时设某个粉末微元的体积收缩率为 λ,X、Y、Z 三个方向的收缩率分别为 λ_x、λ_y、λ_z。

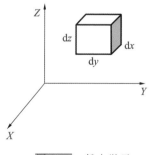

图 6.19　粉末微元

那么对于某一个粉末微元,如图 6.19 所示(图中的尺寸是成形前粉末的尺寸),成形前粉末微元质量为 $\rho_1 \mathrm{d}x\mathrm{d}y\mathrm{d}z$,成形后粉末微元质量为 $\rho_2(1-\lambda_x)(1-\lambda_y)(1-\lambda_z)\mathrm{d}x\mathrm{d}y\mathrm{d}z$,忽略成形分解的材料质量,这两者应该相等,所以

$$\gamma=(1-\lambda_x)(1-\lambda_y)(1-\lambda_z) \tag{6-45}$$

另一方面,微元的体积收缩率 λ_V 与可表达为：

$$\lambda_V=1-1/\gamma \tag{6-46}$$

所以有：

$$1-\lambda_V=1/(1-\lambda_x)(1-\lambda_y)(1-\lambda_z) \tag{6-47}$$

如果三个方向的收缩是相等的,则有:

$$\gamma = (1 - \lambda_x)^3 \tag{6-48}$$

按照式(6-48)可以根据密度的变化测出收缩率。由此可以看出烧结收缩主要取决于装粉密度与制件密度的比,当制件的相对密度接近于 1 时,烧结收缩的大小可以由装粉密度推算。

从物理本质上来说,烧结收缩是由烧结过程中颗粒之间的收缩力引起的。从对烧结机理的分析可以了解到,烧结过程中,颗粒首先发生变形,由于粉末颗粒在烧结之前可能是通过挤出等工艺过程而完成的,所以可能存在分子链的拉伸等现象,那么当温度达到一定的程度,分子链就可以恢复到低能状态,从而出现颗粒的

变形。变形的颗粒之间如果从接触到形成烧结颈,那么烧结颈的曲率效应将使得颗粒的中心发生相对移动,中心的距离逐步变小,如图 6.20 所示。

这种由于烧结颗粒的接触,在接触面上形成凹曲率,凹曲率半径形成的一种称为本征 Laplace 应力,就是烧结收缩的物理力,这种物理力是烧结过程中颗粒系统

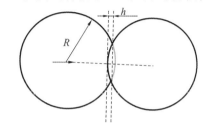

图 6.20　烧结时颗粒中心的相对移动

从较大空隙度转变为小空隙度的一种驱动力。这个驱动力对于烧结过程的顺利进行具有重要的积极意义。另一方面,这种驱动力也造成了一种收缩,这种收缩是 SLS 成形过程中收缩的一个重要方面。

实际上可以方便地从烧结体的密度变化来测定烧结收缩,要注意的是,这里包括了水平方向的收缩和垂直方向的收缩,必须首先确定垂直方向的烧结收缩量,才能确定水平方向的烧结收缩量。分开这两个方向的收缩也不是一个简单的问题。

对于 HB1 材料,如果烧结能量密度很小,可以假设三个方向的收缩是均匀的,那么就可以方便地估计收缩率的大小。

也可以直接通过实验方法测定收缩量的大小,从实验结果来看,烧结收缩量主要与烧结程度有关,而烧结程度主要与烧结工艺有关,所以也可以通过烧结工艺参数确定烧结收缩量的大小。通过实验发现烧结收缩量与工艺参数的关系如图 6.21 至图 6.25 所示。

从图 6.21 可以看出绝对收缩量与成形长度的关系具有一定的规律,一般来说随着成形长度的增加,绝对收缩量是增加的,但是由于收缩还与其他的成形条件有关,当其他的成形条件发生波动时,绝对收缩量将会出现较大的波动。

图 6.22 所示的是相对收缩与成形长度的关系(三个试样)。从该图可以看出,相对收缩随着成形长度的增加而下降。这主要是因为当成形长度减小时,激光扫描的向量长度减小,烧结能量的散失更小。所以成形件的烧结程度就更大,收缩也就更大一些。

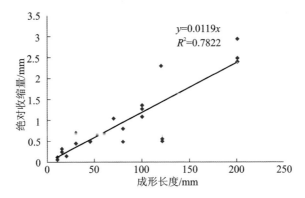

图 6.21　绝对收缩量与成形长度的关系

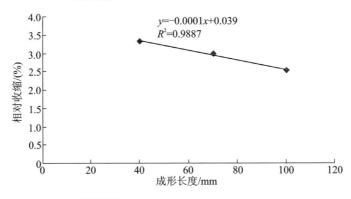

图 6.22　相对收缩与成形长度的关系

扫描功率对相对收缩的影响也是显著的,如图 6.23 所示。当扫描功率增加时,粉末之间的烧结程度也增加,收缩也会增加。

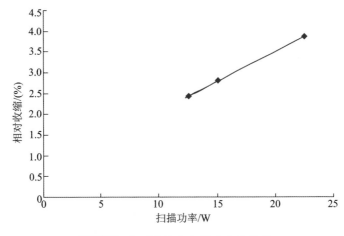

图 6.23　相对收缩与扫描功率的关系

扫描速度对相对收缩的影响如图 6.24 所示。当扫描速度增加时,粉末实际接收的功率密度减小,那么烧结程度降低,收缩就可能降低。

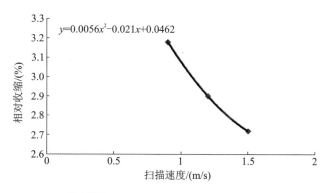

图 6.24　相对收缩与扫描速度的关系

当扫描间距减小时,功率密度就会增大,但是图 6.25 所示的结果说明了扫描间距对相对收缩的影响实际上与上面两个参数的影响有些不同。图 6.25 说明当扫描间距增加时,相对收缩先增大后减小,而扫描间距减小到一定的程度时,相对收缩也较小。因为当扫描间距减小时,实际的扫描光斑的边缘效应就增大,那么体现出的最后的相对收缩就减小。

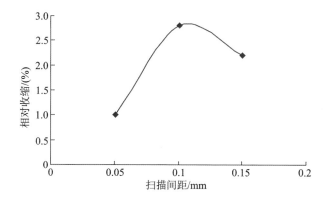

图 6.25　相对收缩与扫描间距的关系

实验同时还研究了烧结收缩与扫描方向的关系,发现相对收缩受扫描方向的影响很小(见表 6.5)。

表 6.5　扫描方向对相对收缩的影响

扫描方向	沿长方向	沿短方向
相对收缩	1.3%	1.31%

3. 结晶收缩

结晶收缩不仅存在于结晶型材料的 SLS 成形中,而且存在于结晶型材料的其他加工方法中,结晶收缩实际上是属于材料结构改变引起的密度变化而导致的收缩。结晶型材料中,并不是全部都是晶体,一般来说只有 50% 以下的晶体,结晶收缩实际也只有晶体部分收缩。例如在尼龙材料中,晶体的密度比非晶体的密度要大一些,表 6.6 所示的是一些尼龙材料中晶体和非晶体的密度值。

表 6.6　尼龙材料中晶体和非晶体的密度值

材料	晶体密度/(g/cm³)	非晶体密度/(g/cm³)
尼龙 66	1.24	1.09
尼龙 6	1.23	1.10
尼龙 610	1.17	1.04
尼龙 11	1.12	1.01
尼龙 12	1.11	0.99

从统计意义上来分析,可以将结晶收缩假设为各向均匀的,那么就可以方便地计算结晶平面收缩量。设晶体比例为 r,晶体和非晶体的密度分别为 ρ_1 和 ρ_2,那么结晶的体积收缩率为

$$\delta_{jv} = \frac{r(\rho_1 - \rho_2)}{\rho_1} \tag{6-49}$$

例如,如果晶体的比例为 50%,晶体的密度为 1.24g/cm^3,非晶体的密度为 1.09g/cm^3,那么有:

$$\delta_{jv} = \frac{r(\rho_1 - \rho_2)}{\rho_1} \approx 0.0605 \tag{6-50}$$

那么体收缩达到 6%,线收缩大约为 2%。这个预测结果与尼龙注射成形时实际测量的收缩率相同。这说明尼龙的收缩主要是结晶收缩。

结晶收缩与晶体的体积分数关系非常密切。然而聚合物中最后晶体的含量与聚合物的材料及加工条件紧密相关。上述关系也为 SLS 成形中减少收缩提供了一种方法。

在烧结成形过程中,总的收缩就应该是:

$$\delta = \delta_j + \delta_s + \delta_T \tag{6-51}$$

式中:δ_j 为结晶收缩;δ_s 为烧结收缩;δ_T 为温致收缩。

虽然式(6-51)可以帮助了解一个成形件的收缩大小,但是,由于每一种收缩对制件的精度影响和发生的时间不一样,所以必须分别讨论。

6.3.3　减小成形收缩的措施

从对翘曲的分析中可以看出,翘曲主要是由层与层之间收缩不均匀和收缩时间次序不同造成的,那么就可清楚地了解到,温致收缩在层间造成的收缩差别很小,它对翘曲的影响很小,在计算中可以忽略不计。所以实际的翘曲主要由烧结收缩和结晶收缩引起。

从分析中可以知道,翘曲量的大小与烧结收缩和结晶收缩的大小有关,还与

蠕变和松弛有关,很显然,收缩率大,翘曲就大。

从以上分析可以知道,收缩对加工精度有重要的影响,所以在加工过程中,必须严格控制收缩的大小。在工艺上控制收缩的方法有:①采用收缩率小的材料;②采用复合填料;③控制烧结程度;④控制冷却速度;⑤提高加工速度。

6.4　次 级 烧 结

6.4.1　次级烧结的原因

在烧结过程中,由于已烧结部分的温度较高,因而热量由烧结体的上表面以热辐射和热对流的方式散失到其上方环境中(见图 6.26(a)中 Q_{sg}),而埋在粉末中的侧表面及底面的热量大部分通过热传导的方式传向其周围的松散粉末(见图 6.26(a)中 Q_{ss}),使得这些粉末温度升高;当其温度达到结块温度(非晶态高分子为玻璃化温度,半晶态高分子为熔融温度)时,粉末颗粒间就会发生黏结、结块,从而在烧结件表面黏结一层非理想烧结层,这种现象称为次级烧结,非理想烧结层称为次级烧结层,如图 6.26(b)所示。因此,SLS 烧结件通常需要后处理,将多余的次级烧结层清除。如果次级烧结层的致密度较小,通过刷子及高压空气处理就基本上能将其去掉,不会影响烧结件的精度;而当次级烧结层致密度及厚度较大时,就很难用上述后处理方法将其清除,从而造成烧结件轮廓不清晰,尺寸变大。尤其在一些细小部位如狭缝、小孔等处,次级烧结更加严重,使得这些细小部位很难分辨出来,严重影响了烧结件的精度,使得 SLS 技术在制造某些结构精细复杂的零件时受到限制。

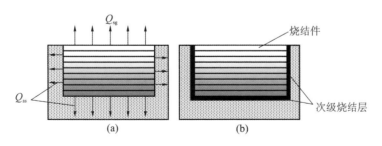

图 6.26　次级烧结示意图

由以上分析可知,次级烧结层是由于已烧结部分向其周围的松散粉末传热,使其达到结块温度而形成的,主要表现在烧结件轮廓模糊、尺寸变大,烧结件尺寸呈现正偏差。而激光烧结成形会产生体积收缩,在尺寸上表现为负偏差。在其他误差(如设备误差、模型误差等)一定的情况下,烧结件的尺寸精度实际上是由成形收缩产生的负偏差和次级烧结产生的正偏差共同作用的结果。

6.4.2 实验验证

1.主要原料

PS(聚苯乙烯)粒料(PS-3),玻璃化温度(T_g)为 95.2 ℃(由示差扫描量热法测得),镇江奇美实业股份有限公司产品,由深冷冲击粉碎法制成平均粒径约为 200 目的粉末材料。尼龙 12(PA12)粒料,熔融温度(T_m)为 178 ℃(由示差扫描量热法测得),德国 Degussa 公司产品,由深冷冲击粉碎法制成平均粒径约为 200 目的粉末材料。玻璃微珠采用永清兴华玻璃珠有限公司的产品,粒度为 200~250 目,采用机械混合方法将其与尼龙 12 粉末混合均匀(玻璃微珠质量分数为 50%),制得尼龙 12-玻璃微珠复合粉末(GFPA12)。

2.SLS 成形

使用华中科技大学快速制造中心研制的 HRPS-Ⅲ型激光烧结系统对两种聚合物粉末进行烧结成形。烧结参数如下:扫描速度设为 2000 mm/s;扫描间距设为 0.1 mm;激光功率范围设为 4~20 W(相应的激光能量密度的变化范围为0.02~0.10 J/mm²);切片厚度设为 0.1 mm。

3.尺寸精度测量

烧结件的尺寸精度由尺寸偏差来表征,尺寸偏差测试件模型设计为 80 mm× 10 mm×10 mm。首先成形尺寸偏差测试件,再用游标卡尺测量其尺寸,并按下式计算尺寸偏差:

$$A = \frac{D_1 - D_0}{D_0} \times 100\% \tag{6-52}$$

式中:A 为尺寸偏差;D_0 为设计尺寸;D_1 为 SLS 成形的尺寸偏差测试件的实际尺寸(测量前经过适当的后处理)。

4.烧结件致密度的测量

ρ_0 采用产品性能表给出的值,PS 的本体密度为 1.05 g/cm³,PA12 的本体密度为 1.01 g/cm³,GFPA12 的本体密度为 1.47 g/cm³。

6.4.3 实验结果分析

1.预热温度对次级烧结的影响

在 SLS 过程中,工作缸中的粉末被加热到一定温度以使烧结产生的收缩应力尽快松弛,从而减小烧结件的翘曲变形,这个温度称为预热温度。而当预热温度达到结块温度时,粉末颗粒会发生黏结、结块而失去流动性,造成铺粉困难,因此,非晶态高分子的预热温度应接近 T_g 但低于 T_g,而晶态高分子的预热温度应接近熔融开

始温度 T_{ms} 但低于 T_{ms}。一般来说,烧结件的翘曲变形随预热温度的升高而降低。

图 6.27 所示为 PA12 和 GFPA12 烧结件在 X 方向上的尺寸偏差随预热温度的变化曲线,图 6.28 所示为 PS 烧结件在 X 方向上的尺寸偏差随预热温度的变化曲线。从图 6.27、图 6.28 可以看出,这三种材料烧结件的尺寸偏差随预热温度变化的过程大致可以分为三个阶段。首先,当预热温度较低时,烧结件尺寸偏差均为负偏差,且负偏差会随预热温度升高而增大。这是由于这一阶段次级烧结不发生或程度很低,不会对烧结件的尺寸精度产生影响,成形收缩使得烧结件尺寸偏差为负偏差,而增大预热温度也会促进激光烧结过程。之后,随着预热温度的增大,负偏差缓慢减小并逐渐转为正偏差。在这一阶段中,次级烧结程度逐渐增大,正偏差增长速度高于负偏差的增长速度,使得烧结件的尺寸偏差从负偏差逐渐转为正偏差。最后,当预热温度接近粉末材料的结块温度时,次级烧结程度迅速增大,使得正偏差迅速增大。

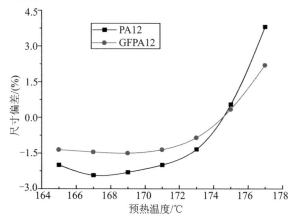

图 6.27　PA12 和 GFPA12 烧结件在 X 方向上的尺寸偏差随预热温度的变化曲线
（激光功率 $P = 10$ W）

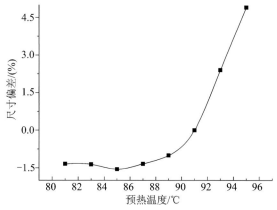

图 6.28　PS 烧结件在 X 方向上的尺寸偏差随预热温度的变化曲线
（激光功率 $P = 10$ W）

综上所述,提高预热温度虽然可以减小成形件的翘曲变形,但也增加了次级烧结,严重影响了烧结件的尺寸精度。

2. 激光能量密度对次级烧结的影响

图 6.29 所示为 PA12、GFPA12 及 PS 烧结件的致密度随激光能量密度的变化曲线。从图中可以看出,这三种材料烧结件的致密度都随激光能量密度增大而增大,因而烧结件的成形收缩也随激光能量密度增大而增大。同时,已烧结部分的温度也得到提高,增加其与周围粉末的温度梯度,因而也增大了次级烧结程度。因此,提高激光能量密度同样可以同时增加成形收缩产生的负偏差及次级烧结产生的正偏差,最终的烧结件尺寸精度是由正负偏差的大小及它们的增长速度决定的。

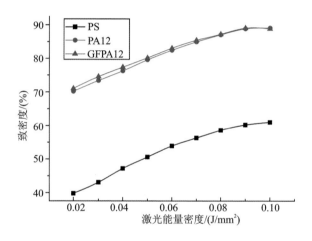

图 6.29 PA12、GFPA12 及 PS 烧结件的致密度随激光能量密度的变化曲线

图 6.30 所示为 PA12、GFPA12 及 PS 烧结件在 X 方向上的尺寸精度随激光能量密度的变化曲线。从图 6.30 可以看出,三种材料烧结件的尺寸偏差随激光能量密度变化趋势基本相同。当激光能量密度在 $0.02 \sim 0.05$ J/mm^2 时,烧结件的尺寸偏差为负偏差,且随激光能量密度的增大而缓慢减小。这一阶段负偏差大于正偏差,但正偏差的增长速度要略高于负偏差的增长速度,因而尺寸偏差表现为负偏差缓慢减小。当激光能量密度大于 0.05 J/mm^2 时,尺寸偏差由负偏差转变为正偏差,且正偏差迅速增大。这一阶段中,较大的激光能量密度使得次级烧结程度迅速增大,而成形收缩趋于平缓(由图 6.29 可以看出),使得烧结件尺寸的正偏差迅速增大。

综上所述,提高激光能量密度可以提高激光烧结程度,增大烧结件的致密度,但也增加了次级烧结程度,当激光能量密度较高时,次级烧结程度迅速增大,严重影响了烧结件的尺寸精度。

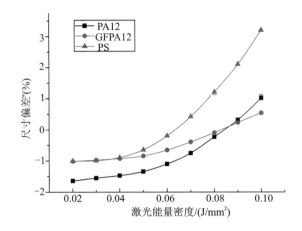

图 6.30　PA12、GFPA12 及 PS 烧结件在 X 方向上的尺寸
偏差随激光能量密度的变化曲线

3. 无机填料对次级烧结的影响

由图 6.27、图 6.30 可以看出,GFPA12 烧结件的正偏差明显小于 PA12 烧结件的正偏差,说明添加无机填料可以减小次级烧结程度,提高烧结件的尺寸精度。这主要是由于添加无机高熔点填料可以减小某一温度下可熔融或软化烧结粉末的比例,使得次级烧结层致密度及厚度减小。

4. 熔融潜热对次级烧结的影响

晶态聚合物具有熔融潜热,在激光烧结时,粉末吸收激光能量而其温度会维持在一定范围内不再升高,因而在一定程度上减小了次级烧结程度,并且熔融潜热越大越有利于减小次级烧结程度。而非晶态聚合物无熔融潜热可言,吸收的激光能量就会引起材料温度的升高。因而在相同的烧结参数下,非晶态高分子的次级烧结程度要大于晶态高分子。由图 6.30 可知,PS 烧结件在较高的激光能量密度下的正偏差及其增长速度远大于 PA12 及 GFPA12 烧结件,说明 PS 材料更易于发生次级烧结。

6.4.4　小结

由于次级烧结在 SLS 成形过程中是不可避免的,因而只能通过优化烧结工艺参数、对材料进行改性等方法降低其对烧结件精度的影响。

(1)提高预热温度可以降低翘曲变形,但会增大次级烧结程度,尤其当预热温度接近粉末材料的结块温度时,次级烧结程度迅速增大,严重影响烧结件的尺寸精度。因此,在选择预热温度时,应该同时考虑翘曲变形和次级烧结对精度的双重影响,在二者间追求一个平衡点是非常重要的。

（2）提高激光能量密度可以增大烧结件的致密度，提高烧结件性能，但当激光能量密度较高时，次级烧结程度迅速增大，对烧结件的尺寸精度产生严重影响。因此，在通过提高激光能量密度来提升烧结件性能时，应考虑次级烧结对精度的影响。

（3）添加无机高熔点填料可以减小某一温度下可熔融或软化烧结粉末的比例，从而减小松散粉末的黏结和结块程度，使次级烧结程度降低。

（4）晶态聚合物由于存在熔融潜热，次级烧结程度明显低于非晶态聚合物。

6.5 Z 轴 盈 余

6.5.1 Z 轴盈余产生的原因

激光烧结深度为激光穿透并熔融烧结的粉末层厚度，记为 h_s；切片厚度指粉体工作腔每一次下降的高度，也就是成形件每一层的铺粉厚度，记为 d_T。在 SLS 成形过程中，当 $d_T > h_s$ 时，层与层间无黏结，烧结后在 Z 向得到离散的烧结片层；当 $d_T = h_s$ 时，层与层之间虽然有黏结，但黏结强度不够，容易形成片层间的剥离。因此，使层与层之间能够较好地黏结成一体的条件是 $d_T < h_s$。这样激光会使前一已烧结层上表面的材料重新熔融或软化，与随后的扫描层粉末黏结成一整体，这层重新熔融或软化的区域称为层间交织层，其厚度 h_i 可用下式计算：

$$h_i = h_s - d_T \qquad (6-53)$$

h_i 越大，层与层之间的黏结越好，烧结件的强度越高。然而，当在烧结第一层粉末材料时由于 $h_s > d_T$，会使烧结件在 Z 方向上的尺寸增大 $h_s - d_T$，这个在 Z 方向上增加的尺寸称为 Z 轴盈余，如图 6.31 所示。由以上分析可知，增大 h_i 可以增大烧结件的强度，但是相应地也会增大 Z 轴盈余，使得烧结件在 Z 方向上的正偏差增大。

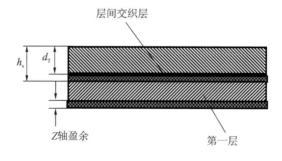

图 6.31 Z 轴盈余示意图

6.5.2 实验验证

1. 原料

尼龙 12 粒料,熔融温度(T_m)为 178 ℃(由示差扫描量热法测得),德国 Degussa 公司产品,由溶液沉淀法制成平均粒径约为 45 μm 的粉末材料。

2. SLS 成形

使用华中科技大学快速制造中心研制的 HRPS-Ⅲ型激光烧结系统对两种聚合物粉末进行烧结成形。烧结参数如下:扫描速度设为 2000 mm/s;扫描间距设为0.1 mm;激光功率范围设为 4～20 W(相应的激光能量密度的变化范围为 0.02～0.10 J/mm²);切片厚度设为 0.1 mm。

3. 尺寸精度的测量

尺寸精度用尺寸偏差来表征,测试件设计为 50 mm×50 mm×10 mm,尺寸偏差的计算方法见 6.4.2 节。

6.5.3 实验结果分析

1. 激光能量密度对 Z 轴盈余的影响

将切片厚度 d_T 设为 0.1 mm 不变,激光烧结深度 h_s 的测定方法为:烧结切片激光烧结深度测试件,用螺旋测微器测定其厚度,即为 h_s。表 6.7 所示为不同激光能量密度下的激光烧结深度及 Z 轴盈余。从表 6.7 中的数据可以看出,随着激光能量密度的增大,激光烧结深度也逐渐增大。当激光能量密度小于或等于 0.04 J/mm² 时,由于激光烧结深度小于切片厚度,不存在层间交织层,因此层与层之间无法黏结,烧结件无法成形,当然也不存在 Z 轴盈余;当激光能量密度大于或等于0.06 J/mm时,由于激光烧结深度大于切片厚度,层间交织层逐渐增大,Z 轴盈余也随之增大。以上结果说明增大激光能量密度可以增大烧结件的强度,但会使烧结件在 Z 方向上的正偏差增大。

表 6.7 不同激光能量密度下的激光烧结深度及 Z 轴盈余

$e/(\text{J/mm}^2)$	h_s/mm	d_T/mm	Z 轴盈余/mm
0.02	0.065	0.1	—
0.04	0.082	0.1	—
0.06	0.115	0.1	0.005
0.08	0.142	0.1	0.042
0.1	0.187	0.1	0.087

注:各组实验采用相同的预热温度,为 170 ℃。

图 6.32 所示为 PA12 烧结件在 X、Y 及 Z 方向上的尺寸偏差随激光能量密度的变化曲线，从图中可以看出，提高激光能量密度可以使烧结件在这三个方向上的尺寸偏差从负偏差逐渐转变为正偏差，这是由于激光能量密度增大时，在 X、Y 及 Z 方向上产生次级烧结，以及在 Z 方向上的 Z 轴盈余逐渐增大，产生的正偏差逐渐抵消了成形收缩产生的负偏差。

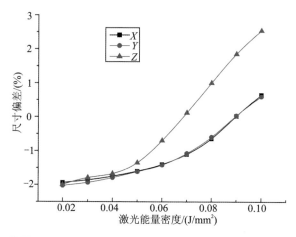

图 6.32　PA12 烧结件在 X、Y 及 Z 方向上的尺寸偏差
随激光能量密度的变化曲线

在 X、Y 方向上尺寸偏差相差很小。这是由于本实验采用 X、Y 逐层交替扫描的方式，两者的成形收缩在理论上是一致的。当激光能量密度增大时，X、Y 方向又同时受到次级烧结的影响，因而其尺寸偏差相差不大。

在激光能量密度小于 0.05 J/mm² 时，Z 方向上的尺寸偏差与 X、Y 方向上的尺寸偏差相差不大；当激光能量密度大于 0.05 J/mm² 时，Z 方向上的正偏差明显大于 X 或 Y 方向上的正偏差。这是由于在激光能量密度小于 0.05 J/mm² 时，Z 方向上的尺寸偏差与 X、Y 方向上的尺寸偏差一样受到次级烧结的影响，此时 Z 轴盈余没有或很小，对 Z 方向的尺寸偏差影响很小；当激光能量密度大于 0.05 J/mm² 时，Z 方向上的尺寸偏差除受到次级烧结的影响外，Z 轴盈余也使其正偏差迅速增大。

2. 切片厚度对 Z 轴盈余的影响

表 6.8 列出了不同切片厚度下的激光烧结深度及 Z 轴盈余，可以看出，激光烧结深度在激光能量密度相同的情况下变化不大。当切片厚度大于或等于 0.12 mm 时，由于激光烧结深度小于切片厚度，因此层与层之间无法黏结，烧结件无法成形，也不存在 Z 轴盈余；当切片厚度小于或等于 0.1 mm 时，由于激光烧结深度大于切片厚度，层间交织层厚度增大，Z 轴盈余也随之增大。由此说明，减小切片厚度可以增大烧结件的强度，却会使烧结件在 Z 方向上的正偏差增大。同时，切片厚度一般也不能小到低于粉末的平均粒径，否则将无法铺粉。

表 6.8 不同切片厚度下的激光烧结深度及 Z 轴盈余

$e/(J/mm^2)$	h_s/mm	d_T/mm	Z 轴盈余/mm
0.06	0.112	0.06	0.052
0.06	0.110	0.08	0.030
0.06	0.115	0.10	0.015
0.06	0.114	0.12	—
0.06	0.116	0.14	—

注:各组实验采用相同的预热温度,为 170 ℃。

3. 预热温度对次级烧结的影响

表 6.9 列出了不同预热温度下的激光烧结深度及 Z 轴盈余,可以看出,在激光能量密度一定的条件下,提高预热温度可以增大激光烧结深度。这是由于粉末温度较高,吸收较少的激光能量就可以达到其烧结温度,因此其激光烧结深度提高,烧结件的强度提高。当预热温度小于 168 ℃时,由于激光烧结深度小于切片厚度,因此层与层之间无法黏结,烧结件无法成形,也不存在 Z 轴盈余;而当预热温度大于或等于 168 ℃时,激光烧结深度大于切片厚度,Z 轴盈余产生了,并随预热温度的增大而增大,烧结件在 Z 方向上的正偏差也逐渐增大。

表 6.9 不同预热温度下的激光烧结深度及 Z 轴盈余

预热温度/℃	$e/(J/mm^2)$	h_s/mm	d_T/mm	Z 轴盈余/mm
160	0.06	0.085	0.1	—
164	0.06	0.096	0.1	—
168	0.06	0.105	0.1	0.005
170	0.06	0.114	0.1	0.014
172	0.06	0.120	0.1	0.020

6.5.4 小结

Z 轴盈余是由于烧结第一层粉末材料时,激光烧结深度大于切片厚度而产生的,表现为烧结件在 Z 方向上轮廓模糊、尺寸变大。由于要使层间实现较好的黏结,激光烧结深度必须大于切片厚度,因此 Z 轴盈余在 SLS 成形过程中是不可避免的,只能通过优化烧结工艺参数等方法降低其对烧结件精度的影响。

(1)提高激光能量密度可以增大激光烧结深度,从而使得层间交织层厚度增大,烧结件强度提高,但同时也增大了 Z 轴盈余,对烧结件 Z 方向上的精度产生不利影响。因此,要通过提高激光能量密度来提升烧结件性能时,应考虑 Z 轴盈余对精度影响。

（2）降低切片厚度可以增加层间交织层的厚度，从而提高烧结件的强度，但也使得 Z 轴盈余增大，影响到烧结件在 Z 方向上的精度。同时，切片厚度也不能太小，要受到粉末粒径大小的影响。

（3）提高预热温度可以减小烧结件的翘曲变形及提高烧结件的强度，但会使 Z 轴盈余增大，对烧结件 Z 方向上的精度产生不利影响。

6.6 铺粉过程中烧结件的移动

6.6.1 铺粉过程中烧结件的移动现象及其对烧结过程的影响

烧结件的移动是激光选区烧结中的另一个重要的普遍工艺问题，它可能伴随翘曲现象一起发生，也可能在翘曲较小的时候独自发生。烧结件移动之后，扫描区域和制件表面轮廓不再对应，烧结件的后面形成一道铺粉孔隙，如图 6.33 所示。

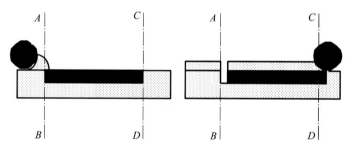

图 6.33 移动使烧结件后部形成铺粉孔隙

烧结件的移动会导致烧结件的一系列缺陷，如正方体变为斜柱体、层间错位等。有时，虽然移动不严重，制造过程能进行下去，但制造出来的是废品。烧结件的移动比翘曲更容易在激光选区烧结中出现，翘曲和移动之间不存在必然的因果关系，搞清了翘曲的原因不等于搞清了移动的原因。另外，掌握减小移动的方法，对于开发新的材料有指导作用，对于提高现今材料的制造质量也有重要的作用。

6.6.2 铺粉过程中烧结件移动的原因

如图 6.34 所示，铺粉辊推动粉末移动时，在辊子前的粉末可分为两个区域：一个是自由区，自由区的粉末对于烧结件的影响较小；另一个是变形区，变形区的粉末受到铺粉辊的挤压剪切作用，会发生变形。

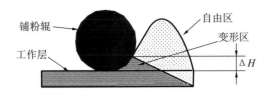

图 6.34　铺粉过程中粉末区的结构状况

辊子推动粉堆移到烧结件的前端时,自由区的粉末具有流动性。在辊子逆时针自转所引起的剪切力的作用下,自由区的粉末从与辊子接触处先被扬到粉堆顶部,然后从顶部沿着斜坡滑下,因此其对烧结件的作用较小,较容易被转移到烧结件的表面,如图 6.35 所示。

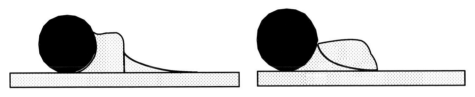

图 6.35　铺粉时自由区的粉末自由地滑到制件表面

辊子本身做两种运动,一种是自转运动,另一种是平移运动。当辊子前端接触到烧结件边缘时,烧结件前端的受力情况分析如图 6.36 所示。烧结件受到切向的上扬力 H 和径向上的顶力 P,将这两种力进行分解,上扬力分解为推翻力 H_2 和推动力 H_1,顶力分解为轧过力 P_2 和推动力 P_1。在推动力 H_1 和 P_1 的作用下,烧结件必然发生平移。在推翻力 H_2 的作用下,烧结件似乎可能发生翻转,但这种情况基本上不会出现,因为推翻的过程服从杠杆作用原理。杠杆的支点固定才会发生推翻现象,而实际上,粉末并不能固定住烧结件的远端,推翻力的作用仅仅是维持烧结件被推出的过程。另外,烧结件

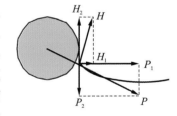

图 6.36　烧结件顶端受力分析

上面的松粉的重力也对烧结件有一个压力,使得它不被推翻。在轧过力 P_2 的作用下,烧结件的翘曲前端与辊子的接触位置下移;随着接触位置的下移,P_2 逐渐增大,又使接触位置下移加快,辊子有可能轧过烧结件。这种现象在铺粉过程中较常见,说明上述分析是正确的。

当翘曲较小时,烧结件的移动与铺粉中的剪切作用有关。在辊子的最低位置处,辊子平移速度和自转速度具有相同的方向,辊子对粉平面有最大的剪切速度,同时在最低位置处的变形区受到最大的顶入力。因此,与铺粉辊接触的表层粉末有较大的剪切速度,发生类似于液体的剪切流动,这种剪切流动在层厚足够小时,可以传递到底部。在激光选区烧结中,粉末粒径远大于液体分子直径,层厚往往只有少数几个粒径的高度,因此剪切流动很容易传到烧结件上表面,使烧结件发生剪切移动,如图 6.37 所示。层厚越小、粒径越大,传到烧结件上表面的剪切速

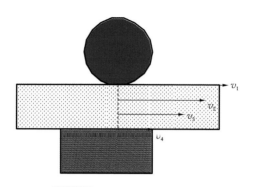

图 6.37　铺粉时的剪切流动

度越大,在相同的时间内烧结件移动的距离越大。

6.6.3　铺粉过程中烧结件移动现象的表征及实验研究

实验中用移动距离来表征铺粉时烧结件的移动现象。先在一定的烧结参数下,烧结一个矩形片层,然后铺一定量的粉末,片层移动后,在其后面显现出一道孔隙,测量孔隙的宽度,就得到移动的距离。移动是铺粉时粉末和层厚的一种特性,但移动的距离与加粉量、层厚变化等因素有关,因此表征移动距离时,需要做一些特殊的规定。

1. 移动距离与层厚的关系

烧结材料:聚苯乙烯。

试样规格:45 mm×45 mm。

烧结参数:扫描速度 2000 mm/s,扫描间距 0.1 mm,功率分数 40%,预热温度10 ℃。

烧结完后冷却 3 min,再铺 10 mL 粉末。

测量移动距离与层厚的关系,如图 6.38 所示。

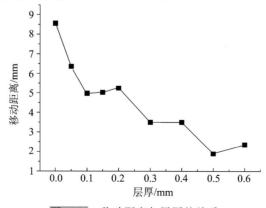

图 6.38　移动距离与层厚的关系

2. 移动距离与加粉量的关系

烧结材料:聚苯乙烯。

试样规格:70 mm×70 mm。

烧结参数:扫描速度 2000 mm/s,扫描间距 0.1 mm,功率分数 40%,预热温度 10 ℃。

烧结完后冷却 3 min,下降 0.6 mm,然后添加一定量的粉末。

测量移动距离与加粉量的关系,如图 6.39 所示。

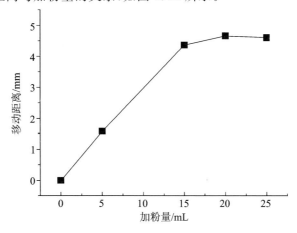

图 6.39　移动距离与加粉量的关系

3. 实验结论

由上述实验可以发现,层厚越大,烧结件移动的距离越小,因为剪切速度随层厚的增加,衰减程度增大,在相同的剪切时间内,移动距离也就越小。加粉量越大,移动距离越大,说明粉末加得越多,变形区的内压力也就越大,剪切速度相应增大。这一实验结果印证了前面关于粉末流动性不好导致烧结件移动的分析。另外,实验过程中发现,当铺粉辊推粉量很大的时候,粉平面往往被剪切出许多与辊子大体平行的裂纹,这说明粉末流动性不好会降低粉床的平整性。

本章参考文献

[1] 李湘生.激光选区烧结的若干关键技术研究[D].武汉:华中科技大学,2001.

[2] 闫春泽.聚合物及其复合粉末的制备与选择性激光烧结成形研究[D].武汉:华中科技大学,2009.

[3] NELSON J C,XUE S,BARLOW J W,et al. Model of the selective laser sintering of bisphenol-A polycarbonate[J]. Industrial and Engineering Chemistry Research,1993,32(10):2305-2317.

[4] CERVERA G B M,LOMBERA G,Numerical prediction of temperature and

density distributions in selective laser sintering processes［J］. Rapid Prototyping Journal,1999,5(1):21-26.

［5］ HO H C H, CHEUNG W L, GIBSON I. Morphology and properties of selective laser sintered bisphenol-A polycarbonate［J］. Industrial and Engineering Chemistry Research,2003(9):1850-1862.

［6］王从军,李湘生,黄树槐.SLS 成型件的精度分析[J].华中科技大学学报（自然科学版）,2001,29(6):77-79.

［7］樊自田,黄乃瑜,肖跃加,等.基于选择性烧结制件的精度分析[J].南昌大学学报（工科版）,2000,22(2):6-10.

［8］严仁军,刘子建.SLS 成型精度的分析和控制[J].机械研究与应用,2003,16(1):28-30.

［9］李湘生,韩明,史玉升,等.SLS 成形件的收缩模型和翘曲模型[J].中国机械工程,2001,12(8):887-889.

［10］傅蔡安,陈佩胡.SLS 翘曲变形计算与扫描方式优化[J].机械科学与技术,2008,27(10):1248-1252.

［11］王素琴,曹瑞军,段玉岗.激光快速成型工件翘曲变形与成型材料的研究[J].材料科学与工程学报,1999,17(4):64-67.

［12］吴传保,刘承美,史玉升,等.高分子材料选区激光烧结翘曲的研究[J].华中科技大学学报（自然科学版）,2002,30(8):107-109.

［13］段玉岗,王素琴,曹瑞军,等.激光快速成形中材料线收缩对翘曲性的影响[J].中国机械工程,2002,13(13):1144-1146.

［14］黄卫东,江开勇.SLS 快速成型技术中激光加工参数对制件翘曲变形的影响[J].福建工程学院学报,2005,3(4):319-322.

［15］张坚,许勤,徐志锋.选区激光烧结聚丙烯试件翘曲变形研究[J].塑料,2006,35(2):53-55.

［16］于千,白培康.选择性激光烧结尼龙制件翘曲研究[J].工程塑料应用,2006,34(2):34-35.

［17］于平,尤波.选择性激光烧结精度的几个影响因素分析[J].黑龙江水专学报,2006,33(3):122-124.

［18］白俊生,唐亚新,余承业.激光烧结粉末快速成形铺粉辊筒运动参数的分析研究[J].航空精密制造技术,1997,33(4):15-17.

［19］白培康,程军.覆膜金属粉末变长线扫描激光烧结成型特性[J].吉林工业大学自然科学学报,1999,29(1):25-29.

［20］邓琦林,方建成.选择激光烧结粉末的参数分析[J].制造技术与机床,1997,(10):26-29.

第 7 章　SLS 关键技术数值分析

7.1　预热温度场的数值模拟

尼龙作为 SLS 功能材料的主流,其预热控温的要求非常严格。大量实验表明,常用的尼龙 12 粉末烧结时为了减少翘曲变形,预热温度应尽可能地接近其熔融温度,但必须严格控制在熔点以下 3~5 ℃的范围。因为在预热温度高于170 ℃时,尼龙 12 粉末材料结块现象十分严重;而在烧结第一层时,如果预热温度低于 167 ℃,就会产生明显的翘曲,导致后续层无法正常铺粉。因此,起始层烧结时尼龙 12 粉末的预热温度必须严格控制在 167~169 ℃的范围内。这就要求工作场上各点的温度偏差在 3 ℃以内,即要求预热温度场的各处温差控制在 3 ℃以内,否则烧结时温度低的区域会发生翘曲,而温度高的区域会发生局部的熔融,导致下一层铺粉困难,难以连续自动进行多层制造。目前我们的设备如果快速加热升温,工作腔四周的温度与中心温度差一般要超过 10 ℃,如果缓慢升温,工作腔内最大温差也有 5 ℃左右,所以很难满足烧结尼龙类功能材料的要求,这严重制约了 SLS 功能件材料的实验研究与推广应用。

为了分析温度场分布不均的具体原因及影响温度场分布的因素,本节将对实验室开发的 SLS 烧结系统采用的管式辐射加热方式进行数学建模、数值计算和结果分析。

7.1.1　SLS 预热温度场的传热分析

温度在时间域和空间域中的分布,称为温度场,它可以表示为 $T=F(x,y,z,t)$。若温度不随时间变化,即 $\frac{\partial T}{\partial t}=0$,则 $T=F(x,y,z)$,称为稳定温度场;若温度场沿 Z 方向不变,即 $\frac{\partial T}{\partial z}=0$,则 $T=F(x,y)$,称为平面温度场。通常称工作缸矩形区域内粉末的扫描平面为工作平面,本节旨在研究预热时工作平面上各点的预热温度分布,即温度场为平面温度场。

热量传递的基本方式有三种:热传导、热对流和热辐射。热传导是通过材料中的分子运动产生动能交换,或者通过自由电子的漂移,使得一物体同另一物体或物体的一部分同另一部分之间发生内能交换。热传导的显著特征是其发生在物体的边界以内或穿过物体的接触边界进入另一物体内部,热传导的同时不发生物质的转移或者移动。热对流是指物质发生流动时,由于物质粒子发生宏观移动伴随物体质量迁移发生的热量转移。由外部作用引起的流体流动,称为强制对流;由流体物质温度差造成的密度差引起的流体流动,则称为自然对流。热对流过程的基本定律由热传导基本定律和流体流动的基本定律组成。一般来说,对流传热的热量与温度差成正比,还与流动的速度密切相关。热辐射是电磁辐射的一种,一定范围($10^{-1} \sim 10^2$ μm)波长的电磁波在辐射到物体后,其能量一部分被反射,一部分被透射,一部分由物体吸收后转化为热量。一般来说,红外辐射能更多地被转化为物体的热量,使物体温度升高。另外,辐射传热不需要传递介质。

从上述三种传热方式的特点可以看到:对流传热需要流体的强烈对流才能提高传热速度,这在粉末烧结中是不容许的,所以对流传热对温度场的分布的影响是非常有限的。常用的高分子粉末都是热的不良导体,热传导对温度场均匀性的影响需要较长的时间。辐射传热不受空间和介质的限制,由于高分子粉末材料的辐射吸收率一般都大于 0.9,所以辐射加热时,能量利用率高,表面升温迅速,辐射传热的这种特点是采用辐射加热方式对粉末烧结前的粉层表面进行预热的直接原因。

根据传热学的基本规律,热量总是从高温物体向低温物体传递,所以工作缸内的热对流和热传导都是有利于工作平面温度场分布趋向均匀的,所以导致工作平面温度场分布不均匀的最直接的原因是辐射热源加热时对工作平面上各点的粉末的辐射强度不同。在边界条件相同的情况下,工作缸内一点获得的辐射能量越大,其温度就越高,因而辐射热源对工作平面上各点的辐射强度的均匀性对工作平面温度场分布的均匀性有决定性的影响。

7.1.2 辐射加热建模与求解

1. 辐射加热建模

根据辐射传热理论的相关定义,用辐射力来描述辐射热源向其辐射方向所覆盖的半球空间的辐射能量,它表示单位时间内物体表面积在全波长范围内($0 < \lambda < \infty$)向整个半球空间所发射的辐射能量,它的符号为 E,单位为 W/m^2。黑体在一定温度下全波长的辐射力可以根据斯忒藩-玻耳兹曼(Stefan-Boltzmann)定律得到:

$$E_b(T) = \int_0^\infty \frac{C_1}{\lambda^5 [\exp(C_2/\lambda T) - 1]} d\lambda = \sigma T^4 \qquad (7\text{-}1)$$

式中:E_b 为黑体的全波长辐射力,W/m^2;λ 为波长,m;T 为热力学温度,K;C_1 为第一辐射常数,$C_1 = 3.742 \times 10^{-16}$ $W \cdot m^2$;C_2 为第二辐射常数,$C_2 = 1.439 \times 10^{-2}$ $m \cdot K$;

σ 为斯忒藩-玻耳兹曼常数，$\sigma = 5.67 \times 10^{-8}$ W/(m$^2 \cdot$ K^4)。

根据辐射传热理论，任何实用的辐射换热计算都必定会涉及表面空间相对位置，这个因素可以用一个无量纲参数角系数来描述。角系数 $X_{i,j}$ 表示离开表面 i 的所有辐射能中到达表面 j 或者说被表面 j 拦截的百分数，数学表达式为

$$X_{i,j} = \Phi_{i \to j}/(A_i J_i) \tag{7-2}$$

式中：$\Phi_{i \to j}$ 表示表面 i 到表面 j 的辐射能；$A_i J_i$ 表示表面 i 的总辐射能。

空间任意相对位置的两个表面间的辐射角系数表示为

$$X_{i,j} = \frac{1}{A_i} \int_{A_j} \int_{A_i} \frac{\cos\theta_i \cos\theta_j}{\pi r^2} \mathrm{d}A_i \mathrm{d}A_j \tag{7-3}$$

式中：$\mathrm{d}A_i$、$\mathrm{d}A_j$ 分别表示表面 A_i、A_j 上的微元表面；r 为两微元表面的距离；θ_i、θ_j 分别表示两个微元面法向与两微元面连线的夹角。

根据角系数的定义，表面 i 发射并被表面 j 吸收的辐射能可以表示为

$$\Phi_{i \to j} = E_{bi} A_i X_{i,j} \tag{7-4}$$

物体吸收或释放的热量与物体温度升高或降低的关系式为

$$\mathrm{d}Q = m C_p \mathrm{d}T \tag{7-5}$$

式中：$\mathrm{d}Q$ 表示物体吸收或释放的热量，J；m 表示物体的质量，kg；C_p 表示单位质量的热容，即物体的比热容，J/(kg $\cdot$ K)。

取每根辐射加热管的辐射表面为辐射源表面 i($i = 1, 2, 3, 4$)，工作平面上某一微元平面为平面 j，考虑 4 根加热管对该微元面的辐射能的总和，联立式(7-4)和式(7-5)可得：

$$\sum_{i=1}^{4} E_{bi} A_i X_{i,j} = m_j C_p \mathrm{d}T \tag{7-6}$$

故

$$\mathrm{d}T = \sum_{i=1}^{4} E_{bi} A_i X_{i,j}/(m_j C_p) \tag{7-7}$$

假设 4 根加热管的形状尺寸和辐射强度相同，即对于工作平面上的每一个微元面来说，式(7-7)中的 E_{bi} 和 A_i 完全相同，因为每一个微元的质量 m_j 和比热容 C_p 完全相同，所以式(7-7)可以变换为

$$\mathrm{d}T = \frac{E_{b1} A_1}{m_j C_p} \sum_{i=1}^{4} X_{i,j} \tag{7-8}$$

所以对于工作平面上位置不同的微元来说，4 根加热管与该微元的角系数的和($\sum_{i=1}^{4} X_{i,j}$)决定了该微元温度升高的大小($\mathrm{d}T$)。把工作平面上各点看作一个平面微元，工作平面上 $\sum_{i=1}^{4} X_{i,j}$ 的分布直接决定着预热温度场的分布。因此，通过考察角系数 $\sum_{i=1}^{4} X_{i,j}$ 的分布即可得到预热温度场的分布情况。

2. 辐射加热模型求解

如图 7.1 所示,4 根加热管组成正方形,安装于工作平面场的正上方,成中心对称布置,设工作平面的中心点为 O。每根加热管的长均为 $2L$,加热管的安装高度为 H,$P(a,b)$ 为工作场内任意一点。

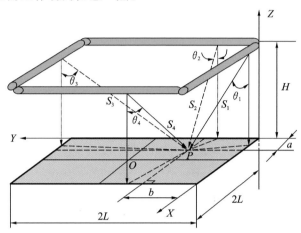

图 7.1 SLS辐射加热角系数计算示意图

假设加热管在半圆柱空间内各个方向上的辐射强度相等,辐射表面的温度均匀,各个方向的有效辐射均匀,由于加热管的直径相对于长度来说非常小,将加热管等效假设为宽等于加热管直径 D、长度为 $2L$ 的具有黑体性质的漫射平面辐射源,根据角系数的定义和计算方法可以得到,第 1 根管对 P 点所在微元的角系数 $X_{1,P}$ 为

$$X_{1,P} = \int_{A_1} \frac{\cos^2\theta_1}{\pi S_1^2} \mathrm{d}A_1 \tag{7-9}$$

4 根管对 P 点所在微元的角系数之和 X_P 可以表示为

$$X_P = \sum_{i=1}^{4} X_{i,P} = \sum_{i=1}^{4} \left(\int_{A_i} \frac{\cos^2\theta_i}{\pi S_i^2} \mathrm{d}A_i \right) \tag{7-10}$$

式中:$X_{i,P}$ 表示第 i 根管对 P 点所在微元的角系数;$\mathrm{d}A_i$ 为一根加热管上的微元面积;S_i 为加热管上的微元到 P 点的距离。

其中:

$$\cos\theta_1 = \frac{H}{\sqrt{H^2+b^2+(a-l)^2}}, \quad \cos\theta_2 = \frac{H}{\sqrt{H^2+a^2+(b-l)^2}}$$

$$\cos\theta_3 = \frac{H}{\sqrt{H^2+(2L-b)^2+(a-l)^2}}, \quad \cos\theta_4 = \frac{H}{\sqrt{H^2+(2L-a)^2+(b-l)^2}}$$

所以

$$X_{1,P} = \int_{A_1} \frac{\cos^2\theta_1}{\pi S_1^2} \mathrm{d}A_1 = \int_{A_1} \frac{H^2}{\pi[H^2+b^2+(a-l)^2]^2} \mathrm{d}A_1 \tag{7-11}$$

式中：l 为微元离加热管起始端的距离。因为将加热管等效假设为宽等于加热管直径 D、长度为 $2L$ 的窄条形，取加热管上长度为 $\mathrm{d}l$ 的一截作为微元面，即 $\mathrm{d}A_1 = D\mathrm{d}l$，所以：

$$X_{1,P} = \int_0^{2L} \frac{DH^2}{\pi[H^2 + b^2 + (a-l)^2]^2}\mathrm{d}l \tag{7-12}$$

令 $l=Lt,a=Lt_1,b=Lt_2,H=Lt_3$，其中 $t,t_1,t_2 \in [0,2]$，则

$$X_{1,P} = \frac{D}{\pi L}\int_0^2 \frac{t_3^2}{[t_3^2 + t_2^2 + (t_1-t)^2]^2}\mathrm{d}t \tag{7-13}$$

同理：

$$X_{2,P} = \frac{D}{\pi L}\int_0^2 \frac{t_3^2}{[t_3^2 + t_1^2 + (t_2-t)^2]^2}\mathrm{d}t \tag{7-14}$$

$$X_{3,P} = \frac{D}{\pi L}\int_0^2 \frac{t_3^2}{[t_3^2 + (2-t_2)^2 + (t_1-t)^2]^2}\mathrm{d}t \tag{7-15}$$

$$X_{4,P} = \frac{D}{\pi L}\int_0^2 \frac{t_3^2}{[t_3^2 + (2-t_1)^2 + (t_2-t)^2]^2}\mathrm{d}t \tag{7-16}$$

由于 $\dfrac{D}{\pi L}$ 为定值，令 $X_P = \dfrac{D}{\pi L}X_P'$，这样通过考察 X_P'，即只关心公式中的积分部分数值的相对大小，就能考察温度场的分布。

$$X_P' = \int_0^2 \left(\frac{t_3^2}{[t_3^2 + t_2^2 + (t_1-t)^2]^2} + \frac{t_3^2}{[t_3^2 + t_1^2 + (t_2-t)^2]^2} + \right.$$
$$\left. \frac{t_3^2}{[t_3^2 + (2-t_2)^2 + (t_1-t)^2]^2} + \frac{t_3^2}{[t_3^2 + (2-t_1)^2 + (t_2-t)^2]^2} \right)\mathrm{d}t$$
$$\tag{7-17}$$

7.1.3　数值计算与结果分析

在某一个安装高度，即 t_3 保持不变的情况下，对于工作场内的某一点，即 t_1、t_2 已知，取步长 $\Delta t = 0.001$，在 $[0,2]$ 的范围内利用数值积分法计算即可得到该点对应的 X_P' 的数值。

为了考察整个工作场内角系数的分布，在 $[0,2]$ 的范围内，取步长 $\Delta t_1 = 0.1$，$\Delta t_2 = 0.1$，即可得到工作场内 441 个特征点的角系数分布情况。

为了考察安装高度不同时工作场内角系数的分布，可以在 $t_3 \in [0.1,2.0]$ 时，取步长 $\Delta t_3 = 0.1$，从而得到不同高度下工作场内的角系数的分布变化情况。实际安装时，加热管的安装高度应该高于铺粉辊的高度，所以 H 值应大于 100 mm，对于边长为 500 mm 的工作缸而言，$L=250$，$t_3 > 0.4$，$t_3 \in [0.5,2.0]$。

在 VC++6.0 的环境下编程计算 X_P'，考虑到能量分布的中心对称性，使 t_1、t_2 在 $[0,1]$ 变化即可得到右上四分之一区域的辐射能量分布图。下面给出了高度系数 t_3 分别为 0.6、1.2、1.8 时，工作平面上右上角四分之一区域的系数 X_P' 的数值

和整个区间的温度分布图示,分别如表 7.1 至表 7.3 和图 7.2 至图 7.4 所示。

表 7.1　高度系数 $t_3=0.6$ 时,角系数的数值

t_2 \ t_1	0	0.1	0.2	0.3	0.4	0.5	0.6	0.7	0.8	0.9	1.0
0	2.64	2.87	2.98	3.00	2.98	2.94	2.90	2.86	2.84	2.83	2.82
0.1	2.87	3.06	3.12	3.09	3.02	2.94	2.88	2.82	2.79	2.77	2.76
0.2	2.98	3.12	3.12	3.03	2.91	2.78	2.69	2.61	2.57	2.54	2.53
0.3	3.00	3.09	3.03	2.88	2.70	2.54	2.41	2.32	2.26	2.23	2.22
0.4	2.98	3.02	2.91	2.70	2.48	2.28	2.13	2.02	1.95	1.91	1.90
0.5	2.94	2.94	2.78	2.54	2.28	2.06	1.89	1.77	1.69	1.64	1.63
0.6	2.90	2.88	2.69	2.41	2.13	1.89	1.71	1.57	1.48	1.43	1.42
0.7	2.86	2.82	2.61	2.32	2.02	1.77	1.57	1.43	1.34	1.28	1.27
0.8	2.84	2.79	2.57	2.26	1.95	1.69	1.48	1.34	1.24	1.18	1.17
0.9	2.83	2.77	2.54	2.23	1.91	1.64	1.43	1.28	1.18	1.13	1.11
1.0	2.82	2.76	2.53	2.22	1.90	1.63	1.42	1.27	1.17	1.11	1.09

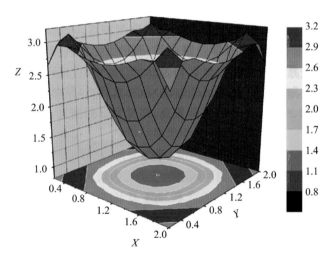

图 7.2　高度系数 $t_3=0.6$ 时温度场的分布图

表 7.2　高度系数 $t_3=1.2$ 时,角系数的数值

t_2 \ t_1	0	0.1	0.2	0.3	0.4	0.5	0.6	0.7	0.8	0.9	1.0
0	1.36	1.43	1.49	1.53	1.56	1.58	1.59	1.60	1.60	1.60	1.60
0.1	1.43	1.50	1.56	1.59	1.62	1.63	1.64	1.64	1.65	1.64	1.64
0.2	1.49	1.56	1.61	1.64	1.66	1.67	1.67	1.67	1.67	1.67	1.66
0.3	1.53	1.59	1.64	1.67	1.68	1.69	1.68	1.68	1.67	1.67	1.67
0.4	1.56	1.62	1.66	1.68	1.69	1.69	1.68	1.67	1.66	1.66	1.65

续表

t_2 / t_1	0	0.1	0.2	0.3	0.4	0.5	0.6	0.7	0.8	0.9	1.0
0.5	1.58	1.63	1.67	1.69	1.69	1.68	1.67	1.65	1.64	1.63	1.63
0.6	1.60	1.64	1.67	1.68	1.68	1.67	1.65	1.63	1.62	1.61	1.61
0.7	1.60	1.64	1.67	1.68	1.67	1.65	1.63	1.61	1.60	1.59	1.58
0.8	1.60	1.65	1.67	1.67	1.66	1.64	1.62	1.60	1.58	1.57	1.56
0.9	1.60	1.64	1.67	1.67	1.66	1.63	1.61	1.59	1.57	1.56	1.55
1.0	1.60	1.64	1.66	1.67	1.65	1.63	1.61	1.58	1.56	1.55	1.55

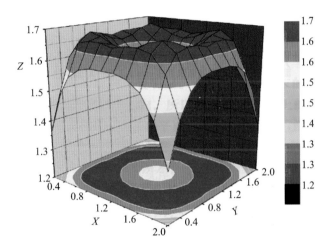

图 7.3　高度系数 $t_3 = 1.2$ 时温度场的分布图

表 7.3　高度系数 $t_3 = 1.8$ 时，角系数的数值

t_2 / t_1	0	0.1	0.2	0.3	0.4	0.5	0.6	0.7	0.8	0.9	1.0
0	0.93	0.60	0.99	1.02	1.04	1.06	1.08	1.09	1.10	1.1	1.10
0.1	0.96	1.00	1.03	1.06	1.08	1.10	1.11	1.13	1.13	1.14	1.14
0.2	0.99	1.03	1.06	1.09	1.11	1.13	1.15	1.16	1.16	1.17	1.17
0.3	1.02	1.06	1.09	1.12	1.14	1.16	1.17	1.18	1.19	1.19	1.19
0.4	1.04	1.08	1.11	1.14	1.16	1.18	1.19	1.20	1.20z1	1.21	1.21
0.5	1.06	1.10	1.13	1.16	1.18	1.20	1.21	1.22	1.22	1.23	1.23
0.6	1.08	1.11	1.15	1.17	1.19	1.21	1.21	1.23	1.23	1.24	1.24
0.7	1.09	1.13	1.16	1.18	1.20	1.22	1.23	1.24	1.24	1.24	1.25
0.8	1.10	1.13	1.16	1.19	1.21	1.22	1.23	1.24	1.25	1.25	1.25
0.9	1.10	1.14	1.17	1.19	1.21	1.23	1.24	1.24	1.25	1.25	1.25
1.0	1.10	1.14	1.17	1.19	1.21	1.23	1.24	1.25	1.25	1.25	1.25

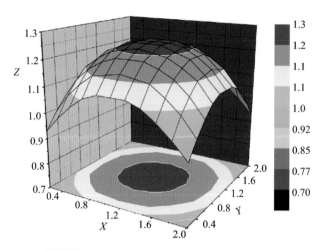

图 7.4　高度系数 $t_3 = 1.8$ 时温度场的分布图

对比各个高度的具体数据和分布图可以得到如下结论：

（1）随着加热管安装高度的增加，温度场高温区域逐步向中间移动，即由安装高度较低时的四周高中间低，逐步向安装高度较高时的四周低中间高的方向发展。

（2）随着高度的增加，角系数的值逐步减小，即在加热管功率不变的情况下，工作场上各点的受热强度随着高度的升高而减小，升温的速度会减缓。

1. 温度场的均匀度评价

引入均匀度系数 TU 来评价温度场的均匀性，计算公式如下：

$$\text{TU} = \frac{\sum_{i=0}^{n} |X_{P_i} - \overline{X_P}|}{\sum_{i=0}^{n} X_{P_i}} \times 100\% \tag{7-18}$$

式中：X_{P_i} 表示第 i 点的角系数；$\overline{X_P}$ 表示所有点角系数的平均值。TU 的值越大，说明温度场的均匀性越差。

实际加工中，工作场的四周区域由于与金属的工作缸壁相邻，离缸壁 $15 \sim 20$ mm 的窄条区域内由于导热而升温缓慢，所以这个区域与中心区域有较大的温差。经过测量，在起始加工的 1 h 左右，中心区域为 100 ℃ 时，这个区域只有 85 ℃，随着加工时间的延长，工作缸体整体温度会逐步上升，周边区域与中心区域的温度差会逐步减小。零件大都摆放在工作场的中心区域，大多数零件也只利用了工作场中心有限的区域，所以对加工精度影响最大的区域是中心位置，所以对中心区域的温度场均匀性的研究更加必要。当然，在满足一定均匀性要求的前提下，应该尽可能地增大中心区域的范围。

如图 7.5 所示，为了表示中心区域的大小，引入边界距离系数 C_t，C_t 表示中心区域边界离工作缸壁的距离与工作缸边长的一半的比值。设中心区域的边界离

工作缸壁距离为 d，则 $C_t = \dfrac{d}{L}$。

为了计算各个高度下，C_t 不同的各个中心区域的均匀度，在 t_1、$t_2 \in [C_t, 2 - C_t]$ 时，取步长 $\Delta t_1 = 0.1$，$\Delta t_L = 0.1$，即可得到工作场中心区域内各点的角系数分布情况。设工作缸大小为 500 mm×500 mm，表 7.4 所示为 C_t 分别为 0、0.1、0.3、0.5（即中心区域分别为 500 mm×500 mm、450 mm×450 mm、350 mm×350 mm、250 mm×250

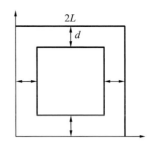

图 7.5　工作场中心区域示意图

mm）时各个高度的均匀度系数。图 7.6 所示为随着安装高度逐步升高，不同中心区域的均匀度系数变化曲线。

表 7.4　不同高度下不同中心区域的均匀度系数

C_t \ t_3	0.5	0.6	0.7	0.8	0.9	1.0	1.1	1.2	1.3	1.4	1.5	1.6	1.7	1.8	1.9
0	33.50	24.40	17.40	12.10	8.08	5.20	3.41	2.73	2.83	3.60	4.27	4.79	5.16	5.41	5.56
0.1	34.40	25.50	18.50	13.10	8.93	5.69	3.39	2.00	1.66	2.14	2.84	3.41	3.83	4.12	4.32
0.3	29.50	22.50	16.80	12.30	8.81	6.05	3.89	2.23	1.04	0.54	0.97	1.47	1.87	2.17	2.38
0.5	18.60	14.60	11.20	8.46	6.22	4.44	3.04	1.94	1.09	0.45	0.15	0.48	0.78	0.98	1.13

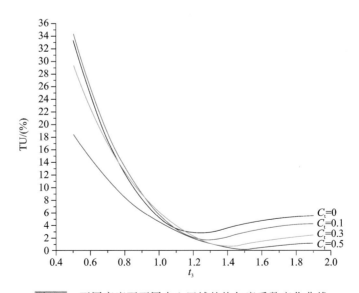

图 7.6　不同高度下不同中心区域的均匀度系数变化曲线

分析表 7.4 的数据和图 7.6，可以得到如下结论：当安装高度系数大于 1.1（对于工作缸 500 mm×500 mm，安装高度大于 275 mm）时，系统的均匀度系数小于

4%,工作场整个工作区间基本适合 PS 材料的烧结。当安装高度系数达到 1.3(即安装高度大于 325 mm)时,中心区域 350 mm×350 mm 的范围内均匀度小于 1.1%,满足烧结尼龙材料的控温要求。

2. 测温点的最大偏差评价

出于测温技术和成本上的考虑,加热时工作缸内实际温度的反馈是通过红外测温仪测量工作缸内的一点来确定的,选择的测量点位于纵向加热管的下方离工作缸壁 25 mm 的中心处(即 $t_1=1.0$,$t_2=0.1$)。温控系统是根据测量点的温度值来调节加热功率,实现系统控温的。由于测量点并不是工作场内温度最高的点,而实际加工时,温度最高点是最容易发生粉末因预热温度过高而熔融的点,特别是烧结尼龙材料时,局部熔融将直接导致铺粉无法进行,所以通过建模预测温度最高点与温度测量点的偏差的大小来防止这种现象的发生是非常必要的。设测量点的角系数为 X_{PT},温度最高处的角系数为 $X_{P\max}$,引入最大偏差率 TM 来衡量这种偏差的程度:

$$TM = \frac{X_{P\max}-X_{PT}}{X_{PT}} \times 100\% \tag{7-19}$$

通过计算,各个高度下的 $X_{P\max}$、X_{PT}、TM 的值及 TM 的曲线分别如表 7.5 和图 7.7 所示。

表 7.5　不同高度下 $X_{P\max}$、X_{PT}、TM 的值

t_3	0.5	0.6	0.7	0.8	0.9	1.0	1.1	1.2	1.3	1.4	1.5	1.6	1.7	1.8	1.9
$X_{P\max}$	3.73	3.12	2.71	2.39	2.15	1.96	1.87	1.69	1.59	1.50	1.43	1.37	1.31	1.25	1.19
X_{PT}	3.16	2.76	2.46	2.23	2.05	1.90	1.76	1.64	1.54	1.44	1.36	1.28	1.21	1.14	1.08
TM	18.00	13.20	10.10	6.90	4.80	3.60	2.80	2.80	3.20	4.20	5.60	7.40	9.00	10.20	11.00

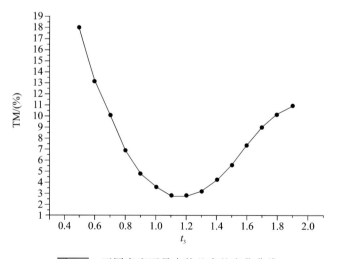

图 7.7　不同高度下最大偏差率的变化曲线

从表 7.5 和图 7.7 可以看出,测量点在高度系数为 1.1~1.2 时与温度场最高点的最大偏差率在 3% 以内。也就是说,如果不考虑热传导和散热对温度场均匀性的正面影响,在尼龙预热测量点温度为 160 ℃ 时,工作场内最高温度为 165 ℃,温差为 5 ℃。这个温差不能满足烧结尼龙的控温要求,应当将测温点向接近最高点的区域做偏移,从而防止预热时局部熔融的发生。

7.1.4　改进措施

目前我们的 SLS 设备采用的安装高度为 140~160 mm,工作缸大小为 400 mm×400 mm 或 500 mm×500 mm,即高度系数 $t_3 \in [0.7, 0.8]$。从烧结 PS 材料的大量实验和加工实践中我们早已发现,预热时,工作平面上温度场的分布为四周高中间低,在保持一定加热强度快速升温到 100 ℃ 时,工作平面内温度最高点与最低点的温差一般为 10 ℃ 左右,这与以上建模计算的结果基本一致。

根据建模计算的结果,为了提高目前设备的预热温度场均匀性,针对目前采用的管式预热装置,提出如下的改进措施。

(1)升高加热管的安装高度,使高度系数 t_3 达到 1.1 以上,即对于工作场 400 mm×400 mm 和 500 mm×500 mm,对应的安装高度分别为 220 mm 和 275 mm。

(2)在不同高度处安装几组尺寸不同的加热管,使上下层的加热管成棱台式布置。这样可以利用不同高度加热的高温区域不同使工作平面上出现多个高温区域,利用区域之间的热传导来使整个平面上各个区域的温度分布趋向均匀。

(3)将红外测温的测量点尽可能靠近对应高度下的温度最高点。测量点的温度是温控单元的控制目标,如果该点温度达到设定值,温控单元就会自动调节加热强度进行保温。但保温只是相对测量点而言的,对于工作平面上的其他点,可能由辐射加热强度大于该点的散热强度导致该点温度升高而超过设定值,这是尼龙烧结时发生局部熔融的直接原因。如果把测量点靠近辐射加热的高温点,这样保温时就可以保证平面上其他点的温度不会超过设定值,这样就可以通过延长各个温度点的保温时间,使工作平面的温度分布趋向均匀。

7.1.5　小结

本节分析了预热温度场内各种热量传输方式对预热温度场均匀性的影响,认为辐射加热装置加热时,对工作平面上各点辐射能量强度的大小不同是导致预热温度场不均匀的主要原因。依据辐射传热理论,建立了 SLS 设备采用的管式辐射加热系统的数学模型。根据该模型可知,工作平面上某一点辐射加热能量的相对强度最终由 4 根加热管对该点的角系数的和直接决定。利用数值计算方法对建立的数学模型进行了具体的求解,对计算结果从均匀度和最大偏差率两个方面进行了具体计算和分析。最后根据计算结果,提出了具体明确的改善预热温度场均匀性的措施。

7.2　SLS 成形致密化过程数值模拟

7.2.1　SLS 成形致密化过程材料模型研究

1. 多孔材料的变形特性

3D 打印件为多孔结构,它是由各种粒径的固体颗粒组成的。3D 打印件的等静压是使成形件在等静压力作用下密实成具有一定形状、尺寸和致密度的制件的过程。对成形件作用的外力通过颗粒的接触点传递到另外的颗粒上,影响这一过程的因素有很多,如压力、温度、压制的时间、材料的性能等。材料的性能包括材料基本的物理性能,化学性能,孔隙的大小、分布、形状等,并且这些性能会随着制件的密度变化而不断发生改变。为了方便研究问题,通常将粉体定义为"可压缩的连续体",因为有限元分析要求的位移函数、应力变化都必须是连续的。迄今为止,将粉末压制成形的计算机模拟应用到粉末冶金工业中仍然受到极大限制,其主要原因在于,粉末压制过程是一个复杂的非线性过程。

粉末材料是由颗粒材料与孔隙组成的多相材料,有其特殊性。在松散状态下,粉末颗粒之间相互离散,粉体受轻微外力作用就能够流动,不能保持一种固定形状。但其力学性质又与普通流体有着本质区别,如粉末从容器中流到平面时,有一个堆积角,如图 7.8 所示。当提起盛满粉体的容器时,与液体不同,粉体保持静止不动,直到容器与平面成倾角 α(安息角),如图 7.9 所示。因此粉末材料的屈服强度比较低,可以在较小的外力作用下发生塑性变形。

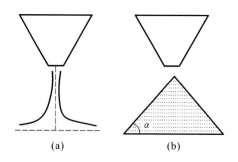

图 7.8　粉末和普通流体从容器流到平面时流动行为示意图
(a)普通流体;(b)粉末

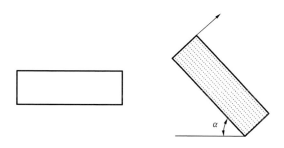

图 7.9　粉体在提升容器内流动行为示意图

随着压制过程的进行,粉体逐渐在整体上表现出类似致密材料的力学性质。粉末材料也不同于致密材料。在致密材料中,一般认为静水压力产生体积应变,并且在很大的应力范围内,体积应变都是弹性的,对材料的屈服极限没有影响,材料的变形只与剪应力有关,因而变形前后体积不变。而粉末材料在静水压力下产生的体积应变是塑性的,对材料屈服有影响,变形前后体积变化而质量不变。致密材料的剪应力只改变制件的形状,而不改变其体积,致密材料的抗剪强度与压应力无关。粉末材料即使在纯剪应力作用下也会产生塑性的体积改变(剪胀或剪缩)。粉末材料在卸载时也可认为是弹性的,但卸载模量与初始阶段的弹性模量可能不相等。粉末材料的拉伸、压缩性能不同。因此,粉末材料的力学性质与流体、致密体都不完全相同。

与致密材料不同,粉末材料的泊松比在致密化过程中是不断变化的,随着致密度的增大,其泊松比会接近致密材料。泊松比是圆柱形制件轴向变形与横向变形之比。致密材料轴向长度的缩小会引起横向面积的增大,因此变形前后体积是不变的。粉末材料在塑性变形过程中,变形和致密化过程是同时发生的,其体积不断减小,与致密体相比具有较小的横向流动,这是粉末材料塑性加工中最显著的变形特征之一。

描述材料塑性的模型需要考虑下面几个方面。

①屈服准则:定义弹性变形的极限。

②流动法则:定义塑性应变增量的方向。

③硬化规律:定义塑性变形的大小和屈服面大小的变化。

对 3D 打印件的等静压过程进行数值模拟,首先要建立合适的粉末材料的屈服准则。虽然目前提出的屈服准则很多,如 Kuhn 模型、Shima 模型、Cam-Clay 模型等,这些模型都具有一定的理论基础和实验验证,但是现有的有限元软件中所能提供的关于多孔材料的模型很少,并且还要考虑获得模型参数的实验是否容易实现。目前常用的有限元软件有 ABAQUS 和 MARC,ABAQUS 是功能强大的有限元软件,能够处理非常庞大复杂的模型以及高度非线性问题。在粉末压力成形方面使用 ABAQUS 软件的文献报道比较多,为了能与已有文献的结果进行比较,这里选择 ABAQUS 软件以及它所提供的 Cam-Clay 模型和 Drucker-Prager-Cap 模型。

2. 修正的 Cam-Clay 模型

英国剑桥大学 Roscoe 和他的同事于 1958—1963 年在正常固结黏土和超固结黏土制件的排水和不排水三轴试验的基础上,发展了 Rendulic 于 1937 年提出的饱和黏土有效应力和孔隙率之间关系的概念,提出完全状态边界面的思想。他们假定土体是加工硬化材料,服从相关流动规则,根据能量方程,建立剑桥模型(Cam-Clay Model)。剑桥模型又称为临界状态模型。这个模型从理论上阐明了土体弹塑性变形特性,标志着土的本构理论发展新阶段的开始。

原始的 Cam-Clay 模型有一些明显的问题:在 $(p_0,0)$ 的屈服点不能微分,塑性偏应变是不连续的(符号会突然改变),如图 7.10 所示,其中 M 是常数,定义了临界状态线的斜率。

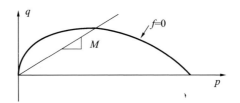

图 7.10　原始的 Cam-Clay 模型

修正的 Cam-Clay 模型由 Roscoe 和 Burland 在 1968 年提出,现在也通常被称作 Cam-Clay 模型。该模型修改了屈服函数,引入了弹性偏应变,被扩展用于一般的应力-应变空间。Cam-Clay 模型最初用于描述岩土材料的屈服面,由于岩土材料与金属粉末材料类似,都是多孔性材料,在静水压力作用下发生体积收缩,所以该模型被扩展用来描述金属粉末材料的屈服面。这个模型的屈服面在子午面(应力第一不变量和偏应力第二不变量平面)内是一个椭圆形(修正的 Cam-Clay 模型与原始的 Cam-Clay 模型的比较如图 7.11 所示),在屈服面内粉末是弹性的,当应力状态达到屈服面上时,粉末发生塑性变形。在 CIP 条件下,粉末处于等静压状态,所以应力状态位于应力第一不变量轴的附近。

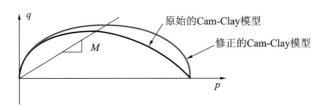

图 7.11　修正的 Cam-Clay 模型与原始的 Cam-Clay 模型的比较

修正的 Cam-Clay 模型仍然使用能量方程进行推导。在三维空间内单位体积所做的功为

$$dW = pd\varepsilon_V + qd\varepsilon_q \tag{7-20}$$

式中:p 是静水压力;q 是 Mises 应力;$d\varepsilon_V$、$d\varepsilon_q$ 分别为应变张量的体积部分的增量

和偏量部分的增量。dW 可以分解为弹性部分和塑性部分。

$$dW = dW^e + dW^p \qquad (7\text{-}21)$$

这里 dW^e 是弹性能增量，dW^p 是塑性能增量。

$$dW^e = p d\varepsilon_V^e + q d\varepsilon_q^e \qquad (7\text{-}22)$$

式中：$d\varepsilon_q^e$ 是弹性剪切应变的增量；$d\varepsilon_V^e$ 是弹性体积应变的增量。因为假设 $d\varepsilon_q^e = 0$，所以 $dW^e = p d\varepsilon_V^e$。

$$dW^p = p d\varepsilon_V^p + q d\varepsilon_q^p \qquad (7\text{-}23)$$

式中：$d\varepsilon_V^p$、$d\varepsilon_q^p$ 分别是塑性体积应变和塑性剪切应变。

假设：

① 当 $q = 0$ 时，$d\varepsilon_q^p = 0$，$dW^p = p d\varepsilon_V^p$，满足 $q = 0$ 时，不产生剪切应变。

② 当 $q = Mp$ 时，$d\varepsilon_V^p = 0$，$dW^p = q d\varepsilon_q^p = Mp d\varepsilon_q^p$，在临界状态时，无体积应变，达到所谓稳定状态，即理想塑性状态，其中 M 是常数，定义了临界状态线的斜率。

一般情况下，塑性能为这两种极限状态的向量和：

$$dW^p = p \sqrt{(d\varepsilon_V^p)^2 + (M d\varepsilon_q^p)^2} \qquad (7\text{-}24)$$

相关流动法则为：

$$\frac{d\varepsilon_V^p}{d\varepsilon_q^p} = -\frac{dq}{dp} = -\frac{d(\eta p)}{dp} = -\eta - p\frac{d\eta}{dp} \qquad (7\text{-}25)$$

式中：$\eta = \dfrac{q}{p}$。

可得

$$2p\eta d\eta + (\eta^2 + M^2) dp = 0 \qquad (7\text{-}26)$$

对式(7-26)积分，并令 $q = 0$ 时，$p = p_0$，可以得到修正的 Cam-Clay 模型的表达式：

$$\left(\frac{q}{Mp_0/2}\right)^2 + \left(\frac{0 - p_0/2}{p_0/2}\right)^2 - 1 = 0 \qquad (7\text{-}27)$$

式中：$p_0/2$ 是常数，有硬化的含义。在 ABAQUS 软件中 Cam-Clay 模型得到进一步丰富和扩充，它的表达式由偏应力项 t 和静水压力项 p 组成：

$$\frac{1}{\beta^2}\left(\frac{p}{a} - 1\right)^2 + \left(\frac{t}{Ma}\right)^2 - 1 = 0 \qquad (7\text{-}28)$$

式中：p 是静水压力；M 是临界状态线的斜率，描述了椭圆屈服面的形状，即椭圆的长轴与短轴之比；t 是应力偏量第二不变量 q 和应力偏量第三不变量 J_3 的函数，代表偏应力项。

$$t = q[1 + 1/K - (1 - 1/K)(J_3/q)^3]/2 \qquad (7\text{-}29)$$

其中：q 是 Mises 应力；J_3 是应力偏量第三不变量；K 是一个常数，决定了 π 平面上屈服面的形状，为了保证屈服面在 π 平面上是外凸曲线，要求 $0.778 \leqslant K \leqslant 1.0$，如图 7.12 所示。

β 是常数，它的不同取值，决定了 $p\text{-}t$ 平面上屈服面的形状不同，β 为 1.0 时，

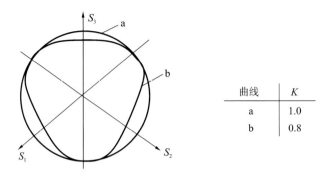

曲线	K
a	1.0
b	0.8

图 7.12　K 取不同的值，π 平面上屈服面的形状不同

$p\text{-}t$ 平面上屈服面的形状为椭圆，β 不等于 1.0 时为非椭圆，如图 7.13 所示。它使式(7-28)更具有灵活性，能够描述不同形状的屈服面。

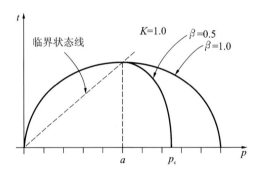

图 7.13　β 取不同的值，$p\text{-}t$ 平面上屈服面的形状不同

假设忽略偏应力第三不变量的影响，当 $K=1.0$ 时，$t=q$，即 Mises 应力，在 π 平面上的屈服面为圆形。当考虑偏应力张量第三不变量的影响时，需要使用真三轴仪获得材料参数，对仪器的要求比较高，目前关于第三不变量影响的实验很少，而且第三不变量对结果的影响比较小，数值计算和材料参数的误差可能超过并掩盖了第三不变量的影响。

a 是常数，表示椭圆长轴的半径，该参数具有硬化的意义，当材料发生硬化时，屈服面扩大，因此 a 也随之变大，所以它是依赖于体积塑性应变或密度的变量，如图 7.14 所示。

3. Drucker-Prager-Cap 模型

Drucker-Prager-Cap 模型是一种弹塑性、体积硬化的塑性模型，用于模拟摩擦材料，典型的有粒状的岩土，以及模拟压缩屈服强度比拉伸屈服强度大的材料，允许材料各向同性硬化或软化以及允许同时发生塑性体积变化和塑性剪切变化。该模型包含两个部分，即 Drucker-Prager 模型和 Cap 模型。Drucker-Prager 模型是一个失效面，其表达式为

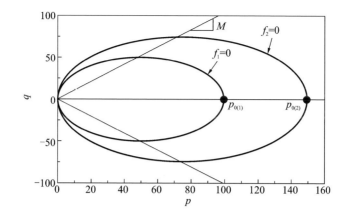

图 7.14　在 p-q 平面上修正的 Cam-Clay 模型的硬化示意图

$$F_s = q - p\tan\beta - d = 0 \tag{7-30}$$

式中：β 和 d 分别表示材料的摩擦角和黏性。

Drucker-Prager 模型表面是一个理想塑性屈服表面。在 Cap 模型表面，塑性变形将会导致材料体积收缩。Cap 模型的表达式如下：

$$F_c = \sqrt{(p - p_a)^2 + (Rq/(1 + a - a/\cos\beta))^2} - R(d + p_a\tan\beta) = 0 \tag{7-31}$$

式中：p 是等静压力；p_a 代表体积塑性应变表示的硬化参数；R 是控制 Cap 模型形状的参数；a 通常在 $0.01 \sim 0.05$ 取值，用来定义一个过渡屈服面，使这两个模型之间有一个平滑的过渡区域。过渡面定义为

$$F_t = \sqrt{(p - p_a)^2 + \left[q - (1 - a/\cos\beta)(d + p_a\tan\beta)\right]^2} - a(d + p_a\tan\beta) = 0$$

这三个函数以及它们参数的物理意义如图 7.15 所示。硬化参数代表静水压力 p_b 和对应的体积塑性应变之间的关系。p_a 与 p_b 之间的关系为

$$p_a = (p_b + Rd)/(1 + R\tan\beta)$$

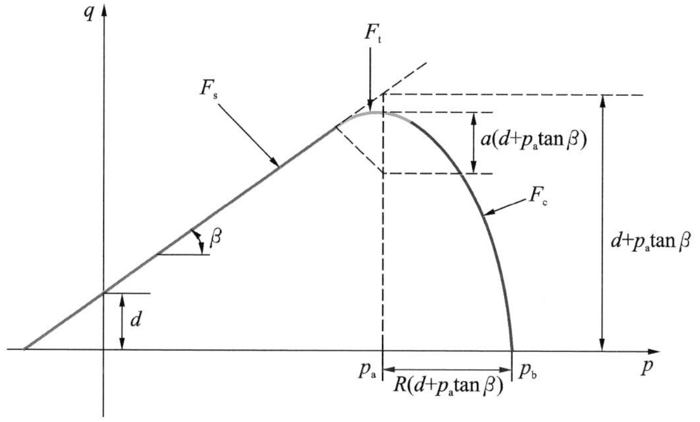

图 7.15　Drucker-Prager-Cap 模型在 p-q 平面上的屈服面

塑性流动是通过流动潜能来定义的,流动潜能与 Cap 模型是相关联的,与失效模型和过渡模型是非相关联的,这些面的非相关性与流动潜能的形状有关。Cap 模型的流动潜能是由 Cap 模型的椭圆部分构成的,它与 Cap 屈服面函数完全相同,即

$$\Omega_{\mathrm{c}} = \sqrt{(p - p_{\mathrm{a}})^2 + [Rq/(1 + a - a/\cos\beta)]^2} \tag{7-32}$$

失效和过渡区域的椭圆部分构成了模型的非相关流动部分,即

$$\Omega_{\mathrm{s}} = \sqrt{[(p - p_{\mathrm{a}})\tan\beta]^2 + \left(\frac{q}{1 + a - a/\cos\beta}\right)^2} \tag{7-33}$$

这两个椭圆部分 Ω_{c} 和 Ω_{s} 形成了连续的、光滑的潜能表面,如图 7.16 所示。

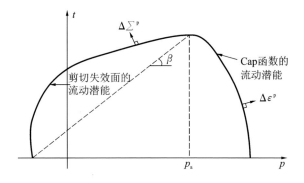

图 7.16　Drucker-Prager-Cap 模型流动潜能

4. 非线性有限元软件的发展和 ABAQUS 软件介绍

数值模型包括一套描述使用者选择的独立变量关系的方程(例如材料和过程参数)。因为大多数模型的数学表达很复杂,没有解析解,所以使用计算机模拟来获得在特定材料和成形过程下的模型响应。20 世纪 50 年代中期,Turner 和 Clough 等人基于离散数值计算的基本思想,首先运用有限元来求解结构力学中的实际问题。20 世纪 70 年代初,人们开始采用有限元法解决金属成形中的弹塑性问题。模型和模拟在 20 世纪 80 年代曾面临过很多挑战和批评,现在它已经作为一个实验的补充工具为人们所接受。到 20 世纪 90 年代的时候,模型在工业中的应用明显加速,主要是因为个人计算机和存储能力的发展、商业软件质量的提高、用户界面的改善。通过过程模型和模拟可以深入了解多个相互作用机理的复杂物理问题(这些问题在实验中很难解耦),并且可以在实验之前设置不同的条件,观察可能出现的结果,对敏感性进行分析。所以数值模拟技术是一种快速的、成本很低的优化技术,最小化实验次数而达到优化的目的。它能够减少产品商业化的时间并且提升产品质量。

非线性有限元在线性有限元之后不久就出现了。非线性有限元有多种溯源。通过波音研究组的工作和 Turner、Clough、Martin 和 Topp 的著名文章,线性有限元分析得以闻名。不久之后,在许多大学和研究所里,工程师们开始将该方法扩

展到非线性、小位移的静态问题。在 20 世纪 60 年代,由于 Ed Wilson 发布了他的第一个程序,非线性有限元得到迅速发展,这些程序的第一代没有名字,在遍布世界的许多实验室里,通过改进和扩展这些早期在 Berkeley 开发的软件,工程师们扩展了新的用途,带来了对工程分析的巨大冲击和有限元软件的发展。在 Berkeley 开发的第二代线性程序被称为 SAP(structural analysis program),由此发展起来的第一个非线性程序是 NONSAP,它具有隐式积分进行平衡求解和瞬时问题求解的功能。关于非线性有限元方法的最初的几篇文章的代表作者有 Argyris、Marcal 和 King。在 Brown 大学教书的 Pedro Marcal,为了使第一个商业有限元软件进入市场,于 1969 年成立了自己的公司,这个软件叫作 MARC,现在它仍然是一个重要的商业软件。几乎同时,John Swanson 在 Westinghouse 开发一种非线性有限元程序用于核工业,后来他将该程序商业化,这就是后来的 ANSYS 软件。ANSYS 软件主要关注非线性材料,求解完全的非线性问题,于 1980—1990 年在商业非线性有限元软件中占主导位置。早期非线性有限元软件的其他开发者有 David Hibbitt 和 Klaus-Jurgen Bathe。David 与 Marcal 一起工作直到 1972 年,后来与其他人合作建立了 KHS 公司,使 ABAQUS 商业有限元软件进入市场,因为它是能够引导研究人员增加用户单元和材料模型的早期有限元软件之一,所以它对软件行业带来了实质性的冲击。Klaus-Jurgen Bathe 在 Ed Wilson 的指导下在 Berkeley 获得博士学位之后不久发布了他的程序 ADIAN,它是 NONSAP 软件的派生。

一些内部的有限元代码可以提供最大的灵活性,但是为了保证软件的高质量,需要付出的努力是巨大的。可以认为最有效的方式是使用商业有限元软件包,它有一个使用者自定义本构模型的接口。在这种情况下,软件质量和有限元程序的使用界面都是没有问题的,重点将放在模型的材料方面和应用者对软件的应用上面。使用者定义的本构模型要求使用者在编程和模型的物理方面都非常了解和熟练。

ABAQUS 是功能强大的有限元软件,可以分析复杂的固体力学和结构力学系统,模拟非常庞大复杂的模型,处理高度非线性问题。在非线性分析中,ABAQUS 能自动选择合适的载荷增量和收敛准则,并在分析过程中不断地调整这些参数值,确保获得精确的解答,用户几乎不必去定义任何参数就能控制问题的数值求解过程。ABAQUS 有十分丰富的材料模型库,可以模拟大多数典型工程材料的性能,包括金属、橡胶、复合材料、钢筋混凝土、可压缩的弹性泡沫以及地质材料(如土壤、岩石)等。作为一种通用的模拟工具,ABAQUS 不仅能够解决结构分析(静态应力/位移、动态应力/位移)问题,而且能够解决热传导、质量扩散、黏弹性/黏塑性响应分析、退火成形过程分析、土壤力学(渗流/应力耦合分析)、瞬态温度/位移耦合分析、疲劳分析和压电分析等广泛领域中的问题。ABAQUS 包括一个全面支持求解器的前后处理模块——ABAQUS/CAE,以及两个主求解器模块——ABAQUS/Standard 和 ABAQUS/Explicit。现代 CAD 系统普遍采用"特征"的参数化建模方法,ABAQUS/CAE 是目前为止唯一提供这种几何建模方法的有限元前处理模块。

　　ABAQUS/Standard 是一个通用分析模块,它能够求解广泛领域的线性和非线性问题,包括静态分析、动态分析以及复杂的非线性耦合物理分析等。在每一个求解增量步中,ABAQUS/Standard"隐式"地求解方程组。ABAQUS/Explicit 可以进行"显式"动态分析,它适合于求解复杂非线性动力学问题和准静态问题,特别是用于模拟短暂、瞬时的动态事件,如冲击和爆炸问题。此外,它对处理接触条件的高度非线性问题也非常有效,例如模拟成形问题。它的求解方法是以很小的时间增量步向前推出结果,而无须在每一个增量步求解系统方程,或者生成总体刚度矩阵。ABAQUS/Explicit 不但支持应力/位移分析,而且还支持完全耦合的瞬态温度/位移分析、声固耦合分析。ABAQUS 软件非线性程度较高,二次开发能力、界面友好性都较好,它的动态显式算法可以有大的单元扭曲,对接触算法和复杂的大量网格的制件计算较快。MARC 软件中关于粉末的模型较多。这两个软件是在粉末成形模拟中用得较多的。对于接触问题来说,选择软件的顺序为 ABAQUS、MARC 和 ANSYS。接触问题本身就是一个高度非线性问题,这三者本身就是基于高度非线性问题而开发的,从建立接触对(接触对按材料硬度可分为硬-硬、硬-软、软-软接触对,如果硬度相同,那么按接触体的大小、凸面或凹面等来确定接触面、目标面等)的方便程度和收敛程度考虑,应为以上顺序。如果对结构要做结构优化设计或拓扑优化设计,那么 ANSYS 最强,ANSYS 软件中直接有优化设计模块,是单目标优化设计,设计变量有结构尺寸变量和状态变量(如某些地方的某种应力不能超过某一值,或某一变形不能超过某一值)。优化结构变量写入 APDL 程序中,如果对 APDL 程序不是很熟悉,那么可以通过 ANSYS 软件界面菜单完成建模、目标变量和设计变量设置,然后把所有操作过程写入 ∗.log 或 ∗.lgw 文件中,它们是文本文件,以 APDL 程序保存,用记事本等调出,在菜单中执行优化模块时,直接调用文件,一次性优化出结果。其他几个软件中没有结构优化设计模块,但也可以自己编写小程序。用 MARC 和 ABAQUS 对结构进行优化设计时,首先要熟悉如何取某节点或某单元的结果数据,使其在设计范围内寻求最优。如果从界面菜单上的建模方面来讲,目前 ABAQUS 与 ANSYS 旗鼓相当,MARC 最弱,ABAQUS/CAE 的建模方式基于现代 CAD 的建模方式,类似 Pro/E、UG、SolidWorks 等,其蒙皮技术、复杂曲面扫描技术远强于 ANSYS。如果从结构网格划分(这里不包括自由网格划分)的方便程度来讲,设置网格线、面、体的分段数和质量较好的映射网格,这几个软件的排序是 ABAQUS、ANSYS 和 MARC。MARC、ABAQUS 和 ANSYS 软件的比较如表 7.6 所示。

表 7.6　MARC、ABAQUS 和 ANSYS 软件的比较

比较项目	MARC	ABAQUS	ANSYS
非线性程度	高	高	低
处理接触问题	较强	强	低
网格划分便利度	较强	强	较强
结构优化设计	较强	较强	强
耦合性	较强	较强	强
二次开发	较强	较强	强
压制分析能力	强	较强	弱
接触问题	较强	强	强
界面菜单	弱	强	强

5. 小结

多孔材料与流体和致密材料都不完全相同,有其特殊性,所以多孔材料的力学行为比较复杂。随着密度的提高,多孔材料的行为接近致密材料。本小节分别介绍了模拟中所使用的基本材料模型,即 Cam-Clay 模型与 Drucker-Prager-Cap 模型,并对目前常用的商业有限元软件做了介绍,重点介绍了 ABAQUS 软件的特点。

7.2.2　基于 Cam-Clay 模型的 SLS 致密化过程模拟

1. 材料与实验

SLS 成形材料的选择需要考虑两个方面的因素,一个是制件的用途,另一个是制造过程。显然,特定装备的使用和设计会对材料的选择提出要求。所有材料对一定的制造技术来说都有缺点和优点,通过考虑关键的材料要求,可以对 3D 打印/等静压的适合性进行评估。选择的标准主要考虑 3D 打印过程,因为等静压过程对大部分金属和合金都起作用。等静压过程的主要特点是有足够的延展性,包套在致密化过程中不会断裂。粉末的尺寸和形态是唯一不属于材料本质特性的标准,但它是很重要的。快速成形和等静压加工的材料都是以粉末或多孔形式出现的,粉末粒子的形状是由制造方法决定的,如碾磨、化学制造、雾化等,如图 7.17 所示。

一般来说,球形粉末更适用于 SLS 成形,因为它具有较好的流动性和加工性。光滑的流动和均匀粒子分布是 3D 打印过程产生一个好的粉末层很重要的因素。粉末流动性差,容易团聚,在铺粉过程中会产生缺陷,导致制件中产生缺陷。另外,除了粒子形状以外,粒子尺寸分布对流动性也起了很重要的作用。非常小的粒子尺寸对 3D 打印/等静压过程是有利的,因为小尺寸粒子在等静压中可以加速致密化,并且可以减小 SLS 过程中制件的表面粗糙度。但是,有几个因素却阻止

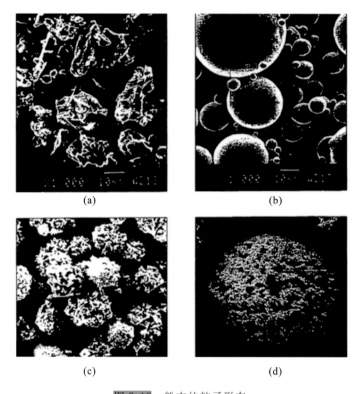

图 7.17　粉末的粒子形态

(a)块状；(b)球形；(c)多孔；(d)聚集球形

了超细粉末的使用。首要的问题是细粉容易团聚。团聚会降低装料密度,导致铺粉过程中粉末层的断裂。可用标准的试验来检测粉末的流动性和粒子间的摩擦,如 ASTM B213、B527、B855、C1444。到目前为止还没有适用于 SLS 的定量流动性质的试验。将标准的流动性试验与 SLS 相联系,对选择新的粉末是有用的。另外一个问题是热生长。在烧结某个区域的粉末时,由于热传导和热辐射,其周围的粉末也会烧结。对于细粉末来说,热影响区烧结的范围和粉末量是很大的。这些热生长区域会降低几何精度,增加清理的困难。最后一个问题是细粉末的表面积很大,一些污染物会吸附在粉末粒子表面,对加工和制件性质产生负面影响。平衡以上因素,球形粉末尺寸最好在 74 μm 左右。

AISI304 不锈钢粉末(北京沃德莱泰科技发展有限责任公司)的化学组成如表7.7 所示,平均颗粒尺寸为 75 μm,粒径分布如图 7.18 所示。

表 7.7　AISI304 不锈钢粉末的成分

AISI304 不锈钢粉末	C	Si	Mn	Cr	Ni	O	P	S	Fe
质量分数/(%)	0.08	1.0	2.0	18.0～20.0	8.0～10.5	<0.2	<0.03	<0.02	余量

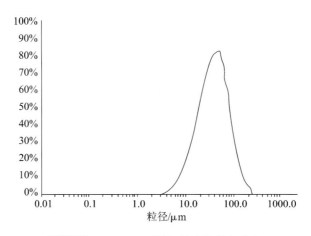

图 7.18　AISI304 不锈钢粉末的粒径分布

激光选区烧结是 3D 打印制造技术中的一种。3D 打印技术已经商业化十几年,直到现在,这些技术主要用于生产低熔点的聚合物制件,如聚苯乙烯(PS)制件、尼龙(PA)制件等。这些制件可以用于三维可视化的样件,检查机械装配等。3D 打印技术最适用于小批量、高价值的复杂制件的生产。3D 打印机于 1986 年首先由美国德克萨斯大学奥斯汀分校研究开发成功,并于 1992 年由美国 DTM 公司商业化。SLS 是一种层层累加的粉末冶金方法,其成形过程是将三维设计的制件实体模型沿 Z 向分层切片,生成 STL 文件,辊筒铺一薄层粉末到成形台上,激光根据文件中制件的截面信息进行扫描,扫描过的区域由于高温熔化而固结,一层扫描完成后再铺一薄层粉末,如此反复直到成形整个制件。SLS 将计算机辅助设计和激光成形技术结合起来,具有可成形任意复杂形状的产品、成形周期短、不需要模具、成形效率高等优点,但同时它也有制件的孔隙率比较高、密度低、强度差等缺点。将 SLS 与等静压方法相结合,可以提高制件的致密度,生产出接近完全致密的金属制件。通过 SLS 方法成形金属制件时,高分子材料作为黏结剂将金属黏结在一起而成形,在后面的后处理中,需要将高分子材料除去。通过复合的 SLS/CIP/HIP 方法制造金属制件的过程如下。

(1)采用 SLS 成形。将 CAD 模型输入 SLS 机器中,这里采用华中科技大学快速制造中心开发的 SLS 系统,如图 7.19 所示,生坯件使用覆膜的金属粉末制造。因为金属材料熔点较高,不能直接使用金属粉末进行成形,所以使用不锈钢粉末与环氧树脂的复合粉末,环氧树脂为黏结剂,质量分数约 4%。优化的成形条件为:激光功率 48 W,扫描速率 2000 mm/s,扫描间距0.1 mm,切片厚度0.2 mm。图 7.20 所示为制件成形过程中激光的扫描路径。X-Y 平面是粉床面,Z 方向与 X-Y 平面垂直,是粉末累积的方向。制件的初始相对密度约为 39%(致密 AISI304 不锈钢密度为 8.0 g/cm^3)。SLS 成形后的制件如图 7.21 所示。

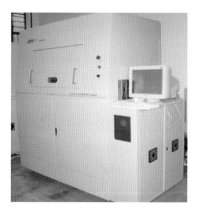

图 7.19　SLS 快速成形系统

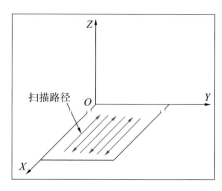

图 7.20　激光扫描路径

图 7.21　SLS 成形后的制件

（2）真空脱脂和预烧结。SLS 制件是基体粉末通过低熔点的高分子黏结剂成形的，成形后需要将高分子材料除去，对最终制件形坯性能不构成影响。将高分子材料在充满 H_2 的粉末冶金炉中于 900 ℃下脱脂 2 h。脱脂时，制件的相对密度比较小，孔隙仍然是连通的，所以高分子材料能够从制件中除去。脱脂后，金属颗粒的表面将没有高分子材料覆盖，彼此充分接触，在此温度下金属颗粒之间的烧结颈形成。

（3）CIP 过程。为了避免 CIP 的液体介质渗透到制件内部，需要在制件的外表面制作一个高弹性的橡胶包套。首先将制件浸入天然橡胶和凝固剂 $CaCl_2$ 组成的胶乳中，然后加热到 90 ℃，保温 1 h 左右，使橡胶完全固化、交联。橡胶包套的厚度大约为 1.2 mm。图 7.22 所示的是表面加橡胶包套后的制件。然后再进行 CIP 过程以提高制件的致密度。冷等静压设备由包头科发高压科技有限责任公司提供，如图 7.23 所示。

（4）真空高温烧结。CIP 过程后制件的相对密度可以提高到 70%～80%，具有一定的力学强度，由于 CIP 成形条件的限制，还不能得到完全致密的制件。为了进行后面的 HIP 处理，还需要真空高温（1250～1350 ℃）烧结，进一步提高制件的致密度，于真空下烧结以免残留气体。经过真空高温烧结后，制件的相对密度可以达到 90%以上。

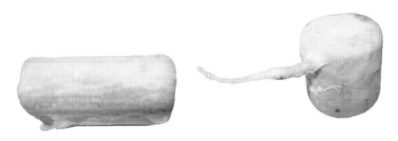

图 7.22　表面加橡胶包套后的制件

图 7.23　冷等静压设备

（5）HIP 过程。最后将制件放入热等静压炉中，在高温、高压的环境下使其接近完全致密。

SLS/CIP/HIP 成形方法的优点是能够成形任意复杂形状的制件，包套的制作比较简单，缺点是成形的过程比较复杂、烦琐。

SLS 制件是靠黏结剂将金属颗粒黏结在一起的，经过脱脂后，由于黏结剂裂解，从材料中脱除，制件的金属颗粒之间形成烧结颈，从而保持一定的强度，但这种强度非常弱（SLS 后制件的拉伸强度为 7.8 MPa）。薄壁制件在脱脂后可能出现坍塌现象。随着 CIP 压力的增大，制件的致密度逐渐增大。已有文献报道，400 MPa 与 500 MPa 压制制件的致密度较高，再经过高温（1350 ℃）烧结与 HIP 高温和高压（1200 ℃与 120 MPa）压制，制件的相对密度可以达到 95％以上。小于 400 MPa 时，由于制件致密度较低，内部孔隙多为连通孔隙，尽管经过 HIP 高温高压处理，但是致密度增加较小，所以对于 AISI304 不锈钢粉末来说，400 MPa 的 CIP 压力被称为阈值，即能够进行进一步 HIP 处理的最低压力值。

制件经过脱脂后，密度仍然比较低，孔隙较大，类似粉末冶金中烧结的多孔制件。对于 AISI304 脱脂制件来说，其初始相对密度为 39％，压力为 200 MPa 时，其相对密度可以增加到 68％；压力为 400 MPa 时，其相对密度增加到 72.5％；压力为630 MPa时,其相对密度增加到 76%。不同压力下,AISI304 SLS/CIP 制件的微观形貌如所图 7.24 至图 7.26 所示。图 7.24 所示的是压力为 200 MPa 时制件的微观形貌,内部孔隙仍然很多,大孔隙数量较多,而且形状不规则,并且相互连通。在压力作用下,金属颗粒发生位移、滑动与转动的致密化重排现象,较小的颗粒充填较大孔隙,因此其体积主要通过颗粒重排和几何变形而减小,致密度上升比较明显。当压力进一步提高时,图 7.25 所示的是压力为 400 MPa 时制件的微观形貌,孔隙的面积明显减小,但是仍然存在一些疏松区域,这些区域的孔隙比较大。由于致密 AISI304 不锈钢材料的屈服强度为 200 MPa 左右,在密度较大的区域,颗粒的接触面积增大,要使孔隙继续减小,需要使颗粒发生塑性变形,使接触面积进一步增大,这一阶段致密化速率变得缓慢。因此这一阶段主要是物理变形与几何变形共同作用的结果。当压力增大到 650 MPa 时,制件内部的大孔隙已经很小了(见图 7.26),致密化会变得更加困难和缓慢,因此在此阶段,致密度的提高主要通过金属颗粒的塑性变形实现,大部分颗粒的接触已经由点接触变为面接触,但颗粒之间的边界仍然是可区分的。

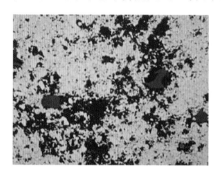

图 7.24　制件的微观形貌(200 MPa)

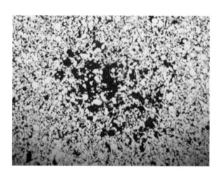

图 7.25　制件的微观形貌(400 MPa)

图 7.26　制件的微观形貌(650 MPa)

图 7.27 所示的是 SLS/CIP 制件(致密度为 84.5%)经过 1350 ℃高温烧结后的微观形貌,烧结后制件的致密度提高 4% 左右,其中有少量的不规则大孔隙,大部分小孔隙形状接近球形。在 1200 ℃与 120 MPa 成形条件下,HIP 制件的微观

形貌如图 7.28 所示,由图可知制件内部的孔隙比较小,大的孔隙也已经在表面张力作用下变成圆球形状。

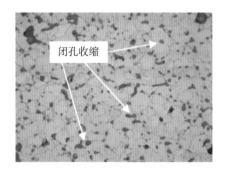

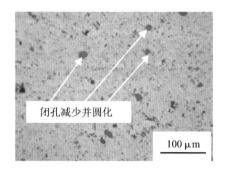

图 7.27　高温烧结后制件的微观形貌　　　图 7.28　HIP 制件的微观形貌

产品成功制造要考虑许多因素,首先要了解预成形材料的行为。致密材料的塑性研究中,基本变形特性(模型参数)是通过简单的拉伸和压缩实验获得的,多孔材料的研究方法是类似的。由于金属粉末材料在压力作用下致密度提高,为了对冷等静压过程进行模拟,需要获得材料的屈服应力和密度的关系或者屈服应力和体积塑性应变的关系,即硬化参数。粉末材料,特别是金属粉末材料,在加工过程中会产生硬化现象。硬化曲线是表征材料硬化性质的曲线,是许多粉末材料本构模型不可缺少的参数,如 Cam-Clay 模型、Drucker-Prager-Cap 模型等。硬化曲线不仅为冷等静压的工艺制订提供了有益的指导,而且也为数值模拟提供了重要参考。有文献给出了铜粉和铁粉的体积硬化曲线、陶瓷粉末的体积硬化曲线,但还没有关于不锈钢粉末的体积硬化曲线。成形件的应力与应变的关系是通过冷等静压实验(见图 7.29)获得的。制件为圆柱体,因为形状很简单,可以通过金属粉末加包套的方法来制作,并且通过这种方法可以获得初始相对密度较高的制件,用于研究初始相对密度对压力-密度曲线的影响。将粉末装入纸制的包套中,振动、摇实后密封。制件的摇实密度为 3.9 g/cm³ 左右(初始相对密度 49%),分别施加 100 MPa、200 MPa、

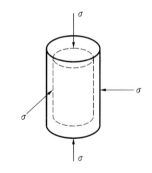

图 7.29　冷等静压实验示意图

300 MPa、400 MPa、450MPa、630 MPa 六种不同的压力,使制件致密化,并且测量加压前后制件的尺寸和质量,得到不同压力下制件加压前后的密度和塑性体积应变。塑性体积应变的定义为 $\varepsilon_V^P = \varepsilon_{V1}^P + \varepsilon_{V2}^P + \varepsilon_{V3}^P$,其中 ε_{V1}^P、ε_{V2}^P、ε_{V3}^P 为主塑性应变量。在实际测量时,制件是在卸压后经过弹性回复测量的,因此得到的是塑性应变。CIP 前后的制件如图 7.30 和图 7.31 所示,可以看出圆柱体压缩后形状保持得较好。

图 7.30 CIP 前的圆柱体制件   图 7.31 CIP 后的圆柱体制件

实验得到的压力与塑性体积应变的关系曲线如图 7.32 所示,图中实线为一条拟合的曲线。拟合的曲线必须满足一定的初始条件,$p|_{\varepsilon_V^p=0}>0$,即当塑性体积应变 $\varepsilon_V^p=0$ 时,静水压力 $p>0$(假设压缩方向为正)。这是因为材料在发生塑性变形前首先发生弹性变形,并且在塑性变形发生过程中也存在着弹性变形,所以在塑性体积变形即将发生的时候,静水压力应该大于零。而且压力越大,材料的变形越大,体积塑性应变也越大。多项式拟合很难同时满足上述条件,即曲线是单调增加的,并且在压力轴上的截距大于零。由指数方程的性质可知,使用指数方程能很容易满足上述条件。根据最小二乘法拟合后得到的体积硬化曲线为

$$p=18.86\exp(6.41\varepsilon_V^p)$$

式中:p 表示压力;ε_V^p 表示塑性体积应变。

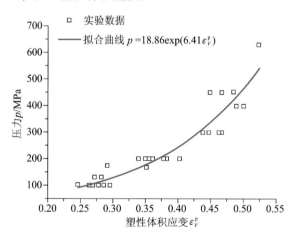

图 7.32 摇实密度下的压力-塑性体积应变关系曲线

图 7.32 表明随着塑性体积应变的增大,压力呈指数关系递增。塑性体积应变越大,增加单位体积的塑性应变所需要的压力也越大,材料变形越困难,即出现了硬化。该曲线可以用来表征材料的硬化性质。虽然冷等静压可以提高致密度,但不能无限制地提高,现有的压力机压力是有限的,随压力的升高,致密化速率越来越慢。

实验得到的压力与相对密度的关系曲线如图 7.33 所示,图中实线为拟合的曲线。从图上可以看出,在一定温度下,压力越大,越有利于得到高相对密度的制

件,随着压力的增加,曲线的斜率变得平缓,说明相对密度随压力的变化率越来越小。达到 400 MPa 以后,如果再增加压力,相对密度的变化会很小,例如,压力由 400 MPa 增加到 630 MPa,相对密度只增加了 2%。

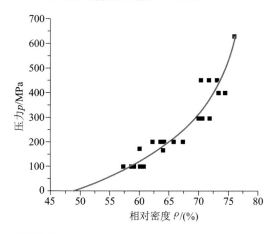

图 7.33　摇实密度下的压力-相对密度关系曲线

　　另外,初始相对密度对相对密度-压力曲线的影响可以从图 7.34 中看出。"◆"形标记来自所参考的文献,而"×"形标记是当前的工作,这两套数据对应不同的初始相对密度。SLS 成形的制件,孔隙度比较高,相对密度比较低(39%)。在本实验中,粉末被敲打、摇实,所以初始相对密度较高(49%)。从图中可以看出,相对密度随压力变化与图 7.33 所示基本是相同的,但在压力大于 600 MPa 时差别较大,这可能是由于该压力下测量的数据较少,误差较大。所以可以假设初始密度对相对密度和压力的关系影响很小。在 ABAQUS 软件中硬化方程有两种表示方式:一种是列表式,即将实验数据以列表的方式输入;另一种是指数硬化公

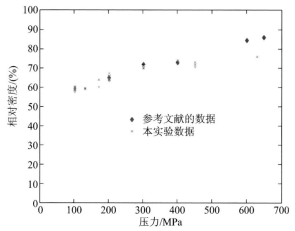

图 7.34　不同初始密度下的相对密度-压力曲线

(参考文献的初始相对密度为 39%,本实验结果为 49%)

式。本实验采用第一种方式。

2. 多孔材料弹塑性力学问题基本方程

在有限元求解过程中，弹塑性力学的基本方程包括：质量守恒方程；力的平衡方程；应变和位移之间的几何方程；应力与应变之间的本构方程；边界条件和初始条件以及相容性条件等。显然，静力（动力）和运动（或几何）条件都与物体的材料特性无关。它们对于弹性以及非弹性或塑性材料都是有效的。各种材料的不同特性都体现在材料的本构关系中，这些本构关系给出了物体上任意一点的应力分量与应变分量间的关系，它们可能很简单，也可能非常复杂，这要依赖于物体的材料以及它的受力条件。一旦材料的本构关系建立起来，则用于求解固体力学问题的一般方程就建立了。

1）质量守恒方程

质量守恒要求材料域 M 内的质量为常数，因此没有材料从材料域的边界上穿过，也不考虑质量到能量的转化。根据质量守恒原理，材料质量对时间的导数为零，有

$$\frac{\mathrm{d}m}{\mathrm{d}t} = \frac{\mathrm{d}}{\mathrm{d}t}\int_M \rho \mathrm{d}M = 0 \tag{7-34}$$

对式（7-34）应用 Reynold 转化定理，得到

$$\int_M \left(\frac{\mathrm{d}\rho}{\mathrm{d}t} + \rho \mathrm{div}(\boldsymbol{v})\right)\mathrm{d}M = 0 \tag{7-35}$$

式中：$\mathrm{div}(\boldsymbol{v})$ 为速度矢量的散度。由于式（7-35）对任意的子域 M 都成立，可以得到

$$\frac{\mathrm{d}\rho}{\mathrm{d}t} + \rho \mathrm{div}(\boldsymbol{v}) = 0 \tag{7-36}$$

方程（7-36）就是质量守恒方程，也称为连续性方程，它是一个一阶偏微分方程。在多孔材料变形过程中，其体积（密度）会不断变化，此时体积不变条件已不再适用，但是它仍然遵循质量守恒定律，$m = \rho V$，其中 m 为质量，V 为体积。

$$\mathrm{d}m = \mathrm{d}(\rho V) = \rho \mathrm{d}V = 0 \tag{7-37}$$

$$\mathrm{d}\rho/\rho + \mathrm{d}V/V = 0 \Rightarrow \mathrm{d}\rho/\rho + \mathrm{d}\varepsilon_v^p = 0 \tag{7-38}$$

塑性体积应变是相对密度的函数，将式（7-38）积分后得到 $\rho = \rho_0 \exp(\varepsilon_v^p)$，其中 ρ、ρ_0 分别是制件的相对密度和初始相对密度，ε_v^p 为塑性体积应变，这个公式用于计算 CIP 过程中相对密度的变化。因此质量守恒方程是多孔材料变形的基本方程之一。

2）动量守恒方程

动量守恒方程主要指的是线动量守恒方程，它是非线性有限元方程中的一个重要方程，线动量守恒方程等价于牛顿第二运动定律，它将作用在物体上的力与它的加速度联系起来。它的表达式为

$$\text{div}(\boldsymbol{\sigma}) + \rho\boldsymbol{b} = \rho\dot{\boldsymbol{v}} \tag{7-39}$$

式中:等号右边的项代表动量的变化,它是速度和密度的乘积,也称为惯性或运动项;等号左边的第一项是单位体积的纯合内力,左边的第二项代表体积力,其中 $\boldsymbol{b}$ 是单位质量上的力。

在许多问题中载荷是缓慢施加的,惯性力非常之小甚至可以忽略。在这种情况下,可以略去动量方程中的加速度,因此惯性项为 $\rho\dot{\boldsymbol{v}} = 0$,并且忽略重力的影响,对应的平衡方程为

$$\text{div}(\boldsymbol{\sigma}) = 0 \tag{7-40}$$

方程(7-40)称作平衡方程,平衡方程所适用的问题通常称为静力学问题。

3)应变和位移之间的几何方程

平移和转动被称为刚体位移。应变分析涉及连续体变形研究,这是几何问题,与物体材料的性质无关。因而不论是弹性还是塑性变形的物体,对点的应变的描述都是同样的。变形度量,也常称为变形-位移方程或应变和位移之间的几何方程。这里考虑有限转动和有限位移的影响,所以使用变形率来度量应变的大小。

变形率的定义为

$$D_{ij} = \frac{1}{2}\left(\frac{\partial v_i}{\partial x_j} + \frac{\partial v_j}{\partial x_i}\right) \tag{7-41}$$

4)边界条件

静态分析中,需要施加足够的边界条件以防止模型的刚体位移,否则,没有约束的刚体位移将会导致刚度矩阵产生奇异。边界条件包括位移边界和力边界。

其中,位移边界主要限制模型的刚体位移,力边界代表对模型施加的载荷、面力等的边界条件。

5)相容性条件

一个塑性状态下的载荷会导致另一个塑性状态。相容性条件要求屈服准则在任何塑性状态下都要满足。换句话说,屈服准则 $f = 0$ 的变化必须使新的应力状态满足 $f = 0$。对于加工硬化材料,相容性条件为

$$f(\sigma_{ij} + \text{d}\sigma_{ij}, W^{\text{p}} + \text{d}W^{\text{p}}) = 0 \tag{7-42}$$

式中: σ_{ij} 是已存在的应力状态,它位于已存在的屈服面上, $f(\sigma_{ij}, W^{\text{p}}) = 0$; $\text{d}\sigma_{ij}$ 是 σ_{ij} 的应力增量; W^{p} 是已存在状态的塑性功; $\text{d}W^{\text{p}}$ 是塑性功在应力增量过程中的变化量。很明显

$$f(\sigma_{ij} + \text{d}\sigma_{ij}, W^{\text{p}} + \text{d}W^{\text{p}}) = f(\sigma_{ij}, W^{\text{p}}) + \partial f \cdot \text{d}\sigma_{ij}/\partial\sigma_{ij} + \partial f \cdot \text{d}W^{\text{p}}/\partial W^{\text{p}} = 0$$

因为 $f(\sigma_{ij}, W^{\text{p}}) = 0$,可以得到

$$\text{d}f = \partial f \cdot \text{d}\sigma_{ij}/\partial\sigma_{ij} + \partial f \cdot \text{d}W^{\text{p}}/\partial W^{\text{p}} = 0 \tag{7-43}$$

近似地,如果是应变硬化假设,相容性条件可以表达为

$$\partial f \cdot \text{d}\sigma_{ij}/\partial\sigma_{ij} + \partial f \cdot \text{d}\varepsilon_{ij}^{\text{p}}/\partial\varepsilon_{ij}^{\text{p}} = 0 \tag{7-44}$$

相容性条件可以提供关于屈服面如何变化的约束性条件。

图 7.35 所示为固体力学问题解法中各变量的相互关系,可以看出,材料的本构关系是位移和力之间的桥梁,在有限元方程中起着核心作用。

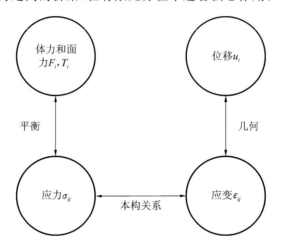

图 7.35　固体力学问题解法中各变量的相互关系

在塑性理论中本构方程通过两个重要的理论来定义:屈服准则和流动法则。屈服准则定义在应力场中弹性与塑性区域的边界,流动法则定义应力(率)和应变(率)增量之间的关系。

当应力状态达到屈服面 f 时,材料会发生塑性变形,也称塑性流动。在塑性理论中,塑性应变的方向通过流动法则来定义。流动法则假设存在塑性潜能函数或塑性潜能平面。塑性应变增量与塑性潜能函数是正交的,因此塑性应变增量可以表达为

$$\mathrm{d}\varepsilon_{ij}^{\mathrm{p}} = \mathrm{d}\lambda \cdot (\mathrm{grad}\boldsymbol{\Omega}) = \mathrm{d}\lambda\,\partial\boldsymbol{\Omega}/\partial\sigma_{ij} \tag{7-45}$$

式中:$\boldsymbol{\Omega}$ 是塑性潜能函数;$\mathrm{d}\lambda$ 是一个正的比例因子。流动法则只是定义了塑性应变的增量的方向,没有定义它的大小(与流动问题类似,$\boldsymbol{\Omega}$ 代表等势面,并且流动方向与等势面是垂直的)。对于一些材料来说,假设塑性潜能函数 $\boldsymbol{\Omega}$ 和屈服函数 f 是相同的,例如塑性应变增量通常与屈服面垂直,这样的材料被认为遵守相关流动法则。相反,塑性潜能函数 $\boldsymbol{\Omega}$ 和屈服函数 f 不相同,这样的材料被认为遵守非相关流动法则。为了简化,许多模型仍然使用相关流动法则来定义塑性应变增量的方向。相关流动法则为

$$\mathrm{d}\varepsilon_{ij}^{\mathrm{p}} = \mathrm{d}\lambda \cdot (\mathrm{grad}f) = \mathrm{d}\lambda \cdot \partial f/\partial\sigma_{ij} \tag{7-46}$$

式中:$\mathrm{d}\varepsilon_{ij}^{\mathrm{p}}$ 是塑性应变的增量;f 是屈服准则。因为使用相关流动法则,所以塑性应变增量与屈服点在任意点正交(见图 7.36)。在三维空间中,这意味着:

$$\{\mathrm{d}p \quad \mathrm{d}q\}_y \cdot \begin{Bmatrix} \mathrm{d}\varepsilon_V^{\mathrm{p}} \\ \mathrm{d}\varepsilon_q^{\mathrm{p}} \end{Bmatrix} = 0 \tag{7-47}$$

式中:$\{\mathrm{d}p \quad \mathrm{d}q\}_y$ 代表在当前应力点沿着屈服位置无限小的应力增量。

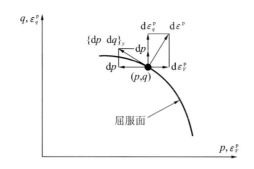

图 7.36　塑性应变增量与屈服点在任意点正交

将 Cam-Clay 模型代入相关流动法则,得

$$\frac{\partial \boldsymbol{\Omega}}{\partial \sigma_{ij}} = \frac{3S_{ij}}{(Mp_0/2)^2} + \frac{2(p - p_0/2)}{3(p_0/2)^2}\delta_{ij} \tag{7-48}$$

式中:δ_{ij} 为 Kronecker 符号。可以得到塑性应变增量和应力之间的关系为

$$\mathrm{d}\varepsilon_{ij}^{\mathrm{p}} = \mathrm{d}\lambda \left[3S_{ij} \Big/ \left(M\frac{p_0}{2} \right)^2 + 2\left(p - \frac{p_0}{2} \right)\delta_{ij} \Big/ \left(3\left(\frac{p_0}{2} \right)^2 \right) \right] \tag{7-49}$$

式中:括号中的第一项代表塑性应变增量的偏量部分,第二项代表塑性应变增量的体积部分。将它们分别表示为

$$\mathrm{d}e_{ij}^{\mathrm{p}} = 3\mathrm{d}\lambda \cdot S_{ij}/(Mp_0/2)^2$$

其中:$\mathrm{d}e_{ij}^{\mathrm{p}}$ 是偏塑性应变的增量。

$$\mathrm{d}\varepsilon_V^{\mathrm{p}} = \frac{2}{3}\mathrm{d}\lambda(p - p_0/2)(p_0/2)^2$$

其中:$\mathrm{d}\varepsilon_V^{\mathrm{p}}$ 是塑性应变增量的体积部分。

将式(7-48)、式(7-49)代入 Cam-Clay 模型方程中,经过整理后可以得到 $\mathrm{d}\lambda$ 的表达式:

$$\mathrm{d}\lambda = p_0 \sqrt{M^2 \mathrm{d}e_{ij}^{\mathrm{p}}/6 + (\mathrm{d}\varepsilon_V^{\mathrm{p}})^2/4} \Big/ 2 \tag{7-50}$$

虽然 Cam-Clay 模型推导过程中忽略了弹性剪切变形的影响,不能很好地反映剪切变形,但是由后面的结果可以看出,冷等静压过程中由于各个方向的压力相等,剪切变形量非常小,可以忽略不计。

3. 冷等静压实验过程的模拟

本实验使用 ABAQUS/Standard 求解器进行数值模拟分析。ABAQUS/Standard 求解器通常使用 Newton-Raphson 算法来解弹塑变形方面的非线性问题,它把分析过程划分成一系列载荷增量步,在每个增量步内进行若干次迭代(iteration),得到可以接受的解后,再求解下一个增量步,所有增量响应的总和就是非线性分析的近似解。首先以 CIP 实验过程中的一个圆柱体制件为研究对象,对粉末材料的 CIP 实验过程进行模拟。因为塑性材料的数据是由 CIP 实验得到的,在应用这些数据分析实际的工程问题之前,首先应该使用这些数据在

ABAQUS 中模拟一下相应的 CIP 实验过程,将分析结果和实验结果相比较,从而验证 ABAQUS 模型中的各项参数的设置是否正确和具有可用性,然后再对其他形状的模型或复杂模型进行分析。

圆柱体尺寸为 $\phi 40.35$ mm×45.96 mm(见图 7.37),由于圆柱体为轴对称结构,因此使用二维的轴对称单元进行分析,可以减小计算量。使用四节点双线性轴对称四边形缩减积分单元 CAX4R 对实体进行网格化。圆柱体初始密度为 3.9 g/cm³。孔隙率为 $\theta = V_{void}/V_{particle} = (V - V_{particle})/V_{particle} = V/V_{particle} - 1 = 1/\rho - 1$,其中 V_{void}、$V_{particle}$、V 分别为颗粒的体积、孔隙的体积和总体积,ρ 为相对密度。所以制件的孔隙率为 1.04。

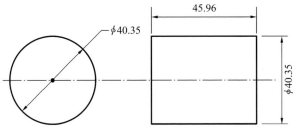

图 7.37 模拟 CIP 实验用的圆柱体尺寸

使用实验获得的应力-应变曲线作为材料参数,临界状态线的斜率 $M = 6.7$,$\beta = 1$,假设在成形过程中弹性模量 E 为常数,取弹性模量为 200 GPa,泊松比 ν 为 0.3。对制件施加的压力为 630 MPa,然后卸载至 0,压力直接施加在圆柱体的外表面,并设置轴对称边界条件。假设忽略包套的影响(包套对结果的影响将在后面讨论),得到的 CIP 前后的形状如图 7.38 和图 7.39 所示,图中实线为变形前尺寸。可以看出圆柱体尺寸均匀地减小,只发生体积收缩,没有形状的变化。这与实验的结果也是符合的。

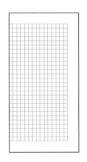

图 7.38 圆柱体制件 CIP 前后的形状(实线为 CIP 前的形状,网格为 CIP 后形状)

图 7.39 圆柱体 CIP 变形前后的形状(内部的实体为变形后的结果)

模拟结果与实验结果的相对误差小于 3.1%(见表 7.8)。产生误差的主要原因是尺寸测量的误差以及获得材料参数的实验误差等,而且在模拟中没有考虑包套的影响,考虑到模拟计算过程中也存在的误差,3.1% 的误差是合理的,可以接受的。根据模拟的结果,由于在冷等静压状态下,材料各个方向受到的压力相同,因此圆柱体收缩基本相同,但实际上如表 7.8 所示,圆柱的轴向收缩与径向收缩不一致,轴向收缩(−10.20%)小于径向收缩(−14.08%),这与所参考的文献的结果是一致的。

表 7.8　圆柱体实验结果与模拟结果

圆柱体制件	压缩前	实验结果	模拟结果	收缩率[①]	相对误差[②]
高/mm	45.96	41.27	40.00	−10.20%	−3.08%
直径/mm	40.35	34.67	35.11	−14.08%	1.27%

注:①收缩率=[(实验结果−压缩前的尺寸)/压缩前的尺寸]×100%。

②相对误差=[(模拟结果−实验结果)/实验结果]×100%。

因为冷等静压在常温下进行,不存在温度梯度,并且制件各个方向受到的压力相等,所以各个点的主应力相同,而剪切应变是主应力的差值的函数,因此制件的剪切应变非常小,而剪切应变是产生变形的原因,因此制件的变形也很小,图 7.40 中剪切应变的数量级为 10^{-7}。Mises 应力云图如图 7.41 所示,Mises 应力也比较小,说明偏应力对结果的影响很小。

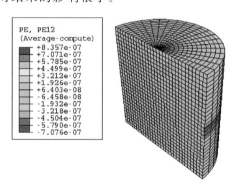

图 7.40　冷等静压后圆柱体的剪切应变云图

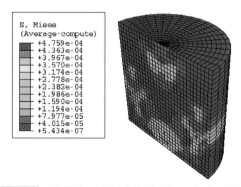

图 7.41　冷等静压后圆柱体的 Mises 应力云图

模拟得到的压力与相对密度的关系与实验结果的比较如图 7.42 所示。实验和模拟的数据点趋势基本相同,说明模拟和实验的结果比较相符,在 ABAQUS 中设置的参数比较合理,能够反映不锈钢粉末的 CIP 压缩过程。

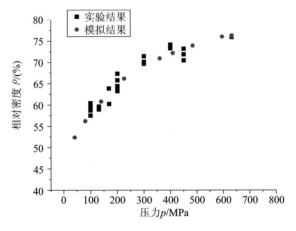

图 7.42   模拟结果与实验结果的比较

4. SLS 制件 CIP 模拟

前面已经验证了 ABAQUS 中材料参数设置是合理的,下面将使用这些参数用于 SLS 制件的 CIP 过程的模拟。成形的制件为球体、圆柱体、长方体。经过激光选区烧结和高温脱脂处理后得到的形状和尺寸如图 7.43 所示,其相对密度为45%左右,孔隙率为 1.22。长方体使用六面体单元,球体和圆柱体使用四边形的轴对称单元,在有限元中网格划分后的结果如图 7.44 至图 7.46 所示。其中由于长方体的对称性,只取其 1/4 部分进行模拟,图 7.46 中的红色网格面和下表面是对称面。压力加载的过程如图 7.47 所示,制件受到 650 MPa 的静水压力,然后卸载至 0,边界条件、模型参数的设置与 CIP 实验模拟中圆柱体的相同。

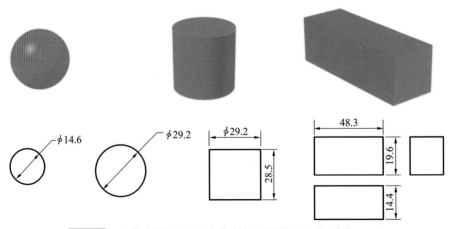

图 7.43   球体、圆柱体和长方体制件的形状和尺寸(单位:mm)

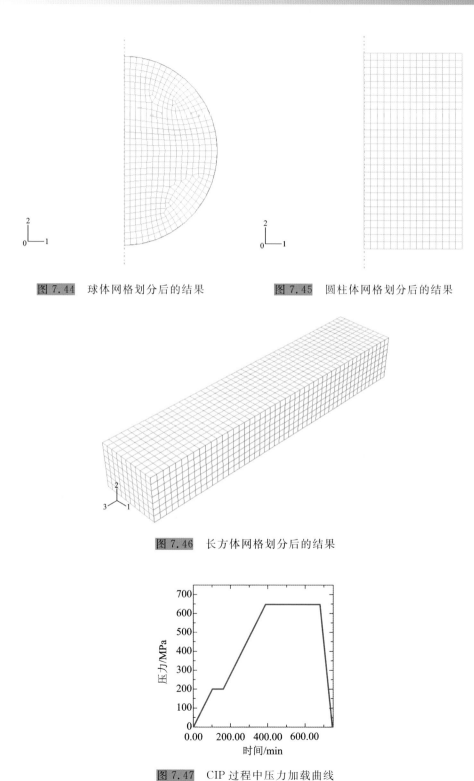

图 7.44　球体网格划分后的结果　　　图 7.45　圆柱体网格划分后的结果

图 7.46　长方体网格划分后的结果

图 7.47　CIP 过程中压力加载曲线

图 7.48 至图 7.50 所示为 CIP 前后制件的形状比较,其中实线表示 CIP 前的形状,虚线表示 CIP 后的形状。可以看出三种制件的尺寸都均匀地减小,只发生体积的收缩,没有形状变化。

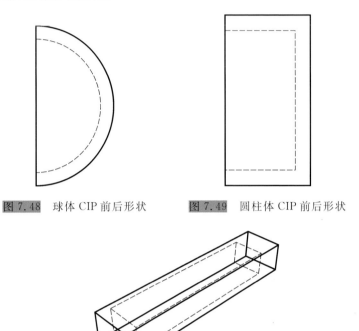

图 7.48 球体 CIP 前后形状   图 7.49 圆柱体 CIP 前后形状

图 7.50 长方体 CIP 前后的形状

三种制件压缩前后模拟结果与实验结果的比较如表 7.9 所示。由表可知,实验结果和模拟结果的误差在 4% 以内。误差的原因可能是材料参数和制件最终尺寸的测量误差。有限元作为一种数值计算方法,本身就是不精确的(例如模型的抽象化、实验数据的误差、计算的近似解法以及舍入误差等),绝对的精确只是一种理论上的概念,工程实际中只能得到相对精确的结果。这里 4% 的结果是可以接受的。

表 7.9   球体、圆柱体和长方体压缩前后模拟结果与实验结果的比较

制 件	压缩前	压缩后		
		模拟结果	实验结果	相对误差[①]
球直径/mm	14.6	12.2	12.5	−2.4%
圆柱高/mm	28.5	23.9	23.8	0.4%
圆柱直径/mm	29.2	24.4	23.8	2.5%
长方体长/mm	48.3	40.4	40.8	−1.0%
长方体宽/mm	19.6	16.4	16.6	−1.2%
长方体高/mm	14.4	12.0	12.5	−4.0%

注:①相对误差=((模拟结果−实验结果)/实验结果)×100%。

　　圆柱体和长方体制件在静水压力条件下测量得到的各个方向的收缩率的结果如表 7.10 所示,各个方向的收缩率基本上是相同的,所以材料可以看成是各向同性的。这个结果与本章参考文献[31]的不同,文献[31]中 Z 方向误差较大(Z 方向是粉末累积的方向,见图 7.51),其他两个方向较小,结果的差异主要是由 SLS 过程的特点和材料的性质引起的。由于 SLS 成形过程中层与层之间的黏结主要靠热传导,强度较低,而粉床平面上粉末的黏结靠激光直接照射,吸收更多的能量,因此粉床颗粒之间的黏结强度较高,成形后的制件具有不明显的各向异性特性,而模拟用的材料模型都是在各向同性基础上建立的。并且如果不锈钢粉末为不规则形状,辊筒的压力也会使粉末的聚集体产生取向,使这种各向异性更加明显。SLS 后的电镜分析如图 7.51 至图 7.54 所示。其中图 7.51 和图 7.52 所示为不规则粉末的微观图,图 7.53 和图 7.54 所示为球形粉末的微观图。从图 7.51 中可以看出浅色区域是粉末,黑色区域是孔隙。在纵向平面(与粉床平面垂直的平面,即 OXZ 平面),粉末的取向比较明显。水平方向是粉末的聚集体产生取向的方向,而垂直方向是粉末堆积的方向。所以粉末在 Z 方向上的力学性能与其他两个方向不同。在图 7.52 所示的横向平面(即粉床平面)上,没有观察到明显的取向,并且晶体颗粒较大,相互黏结得较紧密。在图 7.53 中,由于是球形粉末,没有观察到粉末明显的取向。图 7.54 所示的横向平面直接受激光照射,它的尺寸比图 7.53 中的大一些。所以对球形粉末来说材料的力学强度在各个方向是近似的。在 CIP 后,制件的变形更加均匀。Cam-Clay 材料模型是基于各向同性的,所以参考文献[31]中 Z 方向的误差较大,而当前实验中在各个方向有一个均匀的较低误差。

表 7.10　圆柱体和长方体制件各个方向的收缩率的结果

		初始尺寸/mm	CIP 后/mm	收缩/mm	收缩率[1]	收缩率差异
圆柱体	高	28.5	23.8	4.7	16.5%	2%
	直径	29.2	23.8	5.4	18.5%	
长方体	长	48.3	40.8	7.5	15.5%	2.3%
	宽	19.6	16.6	3.0	15.3%	
	高	14.4	12.5	1.9	13.2%	
长方体[2]	长	92.04	79.84	12.20	13.3%	9.7%
	宽	26.64	23.92	2.72	10.2%	
	高	19.34	15.50	3.84	19.9%	

　　注:①收缩率=[(初始尺寸-实验结果)/初始尺寸]×100%。

　　②参考文献中的结果。

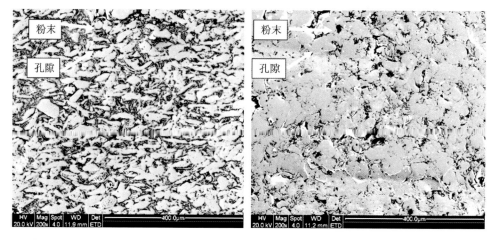

图 7.51　不规则粉末制件的纵向平面　　　　图 7.52　不规则粉末制件的横向平面

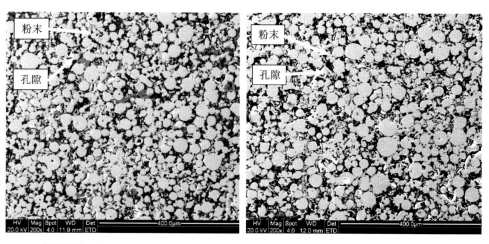

图 7.53　球形粉末的纵向平面　　　　图 7.54　球形粉末的横向平面

　　球体在 CIP 过程结束时 X 方向的塑性应变云图(见图 7.55)和位移云图(见图 7.56)说明整个模型上塑性变形比较均匀。在 Mises 应力云图(见图 7.57)中，Mises 应力不均匀，但它的绝对值非常小，数量级只有 10^{-5}。Mises 应力是表征偏应力大小的量，而偏应力又是引起制件扭曲变形的原因，Mises 应力很小，说明制件是均匀收缩的，没有形状的扭曲。球体初始平均密度为 3.6 g/cm³(相对密度为45%)，CIP 实验后的密度为 6.16 g/cm³，模拟得到的密度为 6.141 g/cm³，与实验结果较为相符。在不考虑包套的情况下，制件处于完全的等静压状态，密度分布也是均匀的，CIP 后的相对密度云图如图7.58所示。使用该结果可以估计制件的平均密度，为选择适当的压力和成形工艺提供参考。球体 CIP 后的压力云图如图7.59 所示，可以看出压力在整个模型上的传递也是均匀的，都为 650 MPa，它也是导致变形均匀的原因。

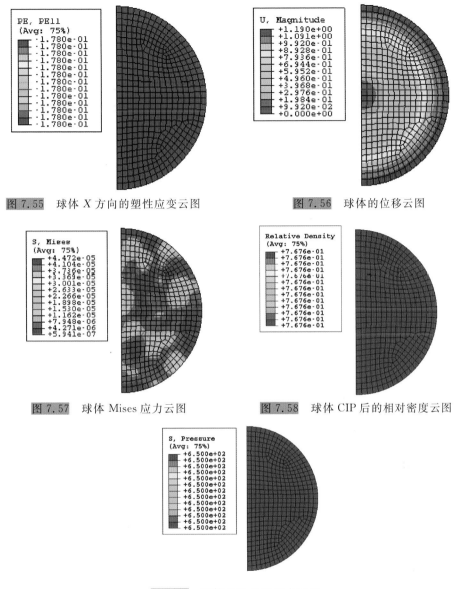

图 7.55　球体 X 方向的塑性应变云图　　　图 7.56　球体的位移云图

图 7.57　球体 Mises 应力云图　　　图 7.58　球体 CIP 后的相对密度云图

图 7.59　球体 CIP 后的压力云图

　　圆柱体 X 方向(即水平方向)塑性应变的结果如图 7.60 所示,在整个模型上都是 -0.178,说明模型的收缩很均匀。剪切塑性应变的结果如图 7.61 所示,它的绝对值非常小,数量级只有 10^{-7}。由于 Mises 应力与剪切应力有关,所以它的值也非常小,如图 7.62 所示,数量级大约在 10^{-4}。相对密度云图如图 7.63 所示,在整个模型上均为 76.77%。圆柱体右上角单元的相对密度-时间曲线如图 7.64 所示。制件的初始相对密度为 45%,当达到最大值 80% 左右时,会逐渐下降,这是压力卸载后的弹性回复造成的,最终的相对密度为 76.77%。

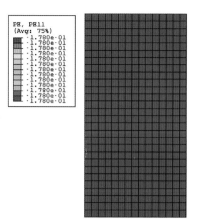

图 7.60 圆柱体 X 方向塑性应变的结果

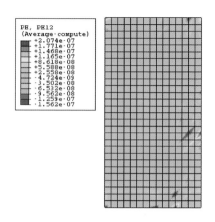

图 7.61 圆柱体剪切塑性应变的结果

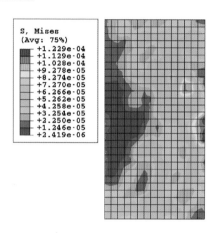

图 7.62 圆柱体 Mises 应力结果

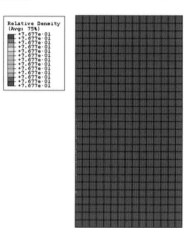

图 7.63 圆柱体相对密度云图

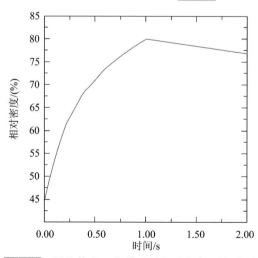

图 7.64 圆柱体右上角单元的相对密度-时间曲线

取圆柱体上两点，一点在圆柱体圆周面的上部，一点在圆柱体圆周面的中部，其 X 方向位移随时间变化的曲线如图 7.65 所示。两条曲线完全重合，也说明圆柱体的变形非常均匀。因为尺寸减小，所以位移为负值，可以看出随着冷等静压的进行，圆柱体的尺寸不断减小，当减小到一定值时，反而增大，这是因为外压卸载后，材料有一定的弹性回复。

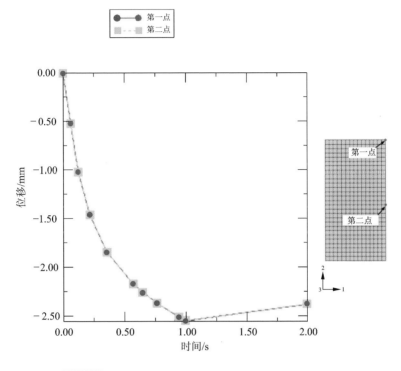

图 7.65　圆柱体上两点 X 方向位移随时间变化的曲线

长方体在 X 方向（水平方向）的塑性应变云图（见图 7.66）、剪切塑性应变云图（见图 7.67）、Mises 应力云图（见图 7.68）和相对密度云图（见图 7.69）与球体和圆柱体的结果类似。

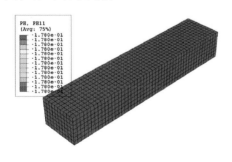

图 7.66　长方体在 X 方向的塑性应变云图

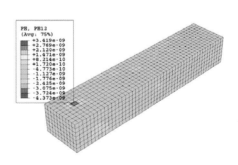

图 7.67　长方体剪切塑性应变云图

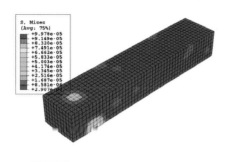

图 7.68 长方体 Mises 应力云图

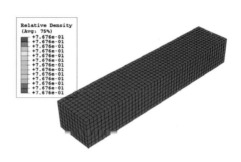

图 7.69 长方体相对密度云图

由模拟的结果也可以看出,Cam-Clay 模型能够描述不锈钢多孔材料在冷等静压过程中的致密化机理。实验结果与模拟结果吻合得较好,说明冷等静压过程中变形是均匀的和各向同性的。

5.模拟结果对模型参数的敏感性研究

通过正交试验方法对模型参数进行敏感性分析。四个参数为临界状态线斜率 M、弹性模量 E、泊松比 ν 和硬化参数 p,它们都将在原值的基础上变化 $\pm 5\%$。所以每一个变量都有三个水平。第二水平与上述模拟参数值相同($M=6.36,E=200\ \text{GPa},\nu=0.3,p$ 是实验得到的硬化规律),第一水平是在第二水平基础上减少 5%,第三水平是在第二水平基础上增加 5%,因此总共有 9 个水平,如表 7.11 所示。因为硬化规律很难使用一个数值输入到表格中,所以用 p_1 表示第一个水平,p_2 表示第二个水平,p_3 表示第三个水平。取 CIP 后圆柱的高度作为结果进行讨论。

表 7.11 材料参数的正交试验及极差分析表

试验号	M	E/GPa	ν	p③	圆柱体高度 y_i/mm
1	6.36	190	0.285	p_1	48.1362
2	6.36	200	0.3	p_2	46.703
3	6.36	210	0.315	p_3	46.2756
4	6.678	190	0.3	p_3	46.2816
5	6.678	200	0.315	p_1	48.1362
6	6.678	210	0.285	p_2	46.7038
7	6.042	190	0.315	p_2	46.7042
8	6.042	200	0.285	p_3	46.2756
9	6.042	210	0.3	p_1	48.1362

续表

$X_1^{①}$/mm	47.03827	47.04067	47.03853	48.13620	
X_2/mm	47.04053	47.03827	47.04267	46.70367	
X_3/mm	47.03867	47.03853	47.03867	46.27760	$\dfrac{1}{9}\sum\limits_{i=1}^{9}y_i=$
$R^{②}$/mm	0.00226	0.00240	0.00414	1.85860	47.03916
参数重要性		$p > M > E > \nu$			

注：①X 是 M、E、ν 或 p，X_1 是第一个水平的平均值，X_2 是第二个水平的平均值，X_3 是第三个水平的平均值。

②R 是各个变量的极差。

③p_1 表示硬化规律的第一个水平，p_2 表示硬化规律的第二个水平，p_3 表示硬化规律的第三个水平。

从正交试验的结果和极差分析图（见图 7.70）可以看出，在四个参数中，硬化规律是最重要的变量。当参数变化的百分比相同时，模拟的结果随硬化规律的变化是最大的。这是由于制件在冷等静压过程中各个方向受到的压力相同，所以在等静压条件下偏应力对结果影响很小而静水压力对结果有明显的影响。

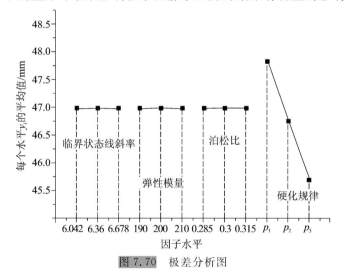

图 7.70　极差分析图

6. 小结

本小节介绍了一种复合的 SLS/CIP/HIP 方法，应用于制造金属制件。结果显示该方法是可行和有效的。通过 CIP 实验获得了摇实密度下不锈钢粉末的压力-密度曲线，以及压力-塑性体积应变曲线，为不锈钢粉末 CIP 数值模拟提供了重要的材料参数。对不同初始密度制件的压力-相对密度曲线进行比较，结果说明初始密度不同对压力-相对密度曲线影响不大。实验以激光选区烧结的球体、圆柱体、长方体制件为研究对象，使用 Cam-Clay 模型对 CIP 过程进行模拟，使用与 CIP 实验模拟相同的材料参数和类似的边界条件，实验结果与模拟结果也吻合得较好(误差小于 4.0%)。这说明 Cam-Clay 模型能够反映不锈钢材料的 CIP 致密化特性,实验得到的体积硬化曲线可以反映不锈钢粉末的硬化性质。粉末的微观形态对材料的性质有重要的影响,激光选区烧结后的微观图表明,使用球形粉末 SLS 后的产品各个方向的性质差别不大,可以认为材料为各向同性。因此冷等静压后制件各个方向收缩均匀,而不规则粉末制件存在粒子取向,所以与粉床垂直方向的收缩与其他两个方向不同。通过正交试验可以看出,在 CIP 过程中硬化规律是影响模拟结果最重要的因素。它对制件最终尺寸有很大的影响。所以由实验获得准确的硬化规律是获得正确模拟结果的关键因素。

7.2.3　基于 DPC 模型的 SLS 致密化过程模拟

1. 存在接触关系的模型分析

由于制件与包套之间存在着接触关系,属于高度非线性,使用 ABAQUS/Standard 不容易收敛,而 ABAQUS/Explicit 有限元代码适合求解复杂的非线性动力学问题和准静态问题,它对处理接触条件的高度非线性问题也非常有效。然而 Cam-Clay 模型不能使用 ABAQUS/Explicit 求解器模块进行分析,为了研究包套对 CIP 模拟结果的影响,并且对不同模型得到的结果进行比较分析,从而得到模型的选择以及参数设置等方面的结论,这里将使用 Drucker-Prager-Cap 模型进行分析。

接触问题引起分析过程的非线性,属于边界条件非线性,即边界条件在分析过程中发生变化。其特点是边界条件不是在计算的开始就可以全部给出,而是在计算过程中确定的,接触体之间的接触面积和压力分布随外载荷变化,同时还可能需要考虑接触面间的摩擦行为和接触传热。ABAQUS/Explicit 在求解非线性问题时不需要进行迭代,而是显式地从上一个增量步的静力学状态来推出动力学平衡方程的解。ABAQUS/Explicit 的求解过程需要大量的增量步,但由于不进行迭代,也不需要求解全体方程组,其每个增量步的计算成本很小,因此可以很高效地求解复杂的非线性问题。

一对相互接触的面称为“接触对”。ABAQUS 的接触对由主面和从面构成。在模拟过程中,接触方向总是主面的法线方向。如果不做特别的设置,通常是根据模型的尺寸位置来判断从面和主面的距离,从而确定二者的接触状态。接触属性包括两部分:接触面之间的法向作用和切向作用。对于法向作用,接触压力和间隙的默认关系是“硬接触”,其含义为:接触面之间能够传递的接触压力的大小不受限制;当接触压力变为零或负值时,两个接触面分离,并且去掉相应节点上的接触约束(见图 7.71)。另外,还有多种“软接触”,包括指数模型、表格模型、线性模型等,它们表示接触压力的大小随间隙的变化规律。在分析中我们将使用默认的硬接触。

对于切向作用,常用的摩擦模型为经典的库仑摩擦模型,即使用摩擦因数来表示接触面之间的摩擦特性。在 ABAQUS 中库仑摩擦模型被延伸,增加了对剪切应力的限制、各向异性和切线摩擦因数的定义。经典的库仑摩擦模型假设如果等效应力小于临界切应力,就不会产生运动,等效应力 τ_{eq} 为

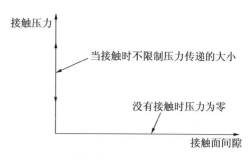

$$\tau_{eq} = \sqrt{\tau_1^2 + \tau_2^2} \qquad (7\text{-}51)$$

图 7.71　硬接触关系

临界切应力 τ_{crit} 正比于法向接触压力 p:

$$\tau_{crit} = \mu p \qquad (7\text{-}52)$$

式中:τ_{crit} 是临界切应力;μ 是摩擦因数,可以定义为接触压力、滑动速度和接触点的平均表面温度的函数。可以给出临界切应力的限度:

$$\tau_{crit} = \min(\mu p, \tau_{max}) \qquad (7\text{-}53)$$

式中:τ_{max} 是使用者给定的值。在等效应力达到临界切应力之前,摩擦面之间不会发生相对滑动,否则就会发生相对滑动,如果摩擦是各向同性的,滑动方向和摩擦力的方向一致,它的表达式为

$$\frac{\gamma_i}{\gamma_{eq}} = \frac{\dot{\gamma}_i}{\dot{\gamma}_{eq}} \qquad (7\text{-}54)$$

式中:$\dot{\gamma}_i$ 是沿 i 方向的滑动速度,$\dot{\gamma}_{eq}$ 是滑动速度的大小。

$$\dot{\gamma}_{eq} = \sqrt{\dot{\gamma}_1^2 + \dot{\gamma}_2^2} \qquad (7\text{-}55)$$

关于摩擦的模型还有 Lagrange 摩擦模型、粗糙摩擦模型和动力学摩擦模型等。对摩擦的计算会增大收敛的难度,摩擦因数越大,就越不容易达到收敛。因此如果摩擦对分析结果影响不大(如接触面之间没有大的滑动),可以令摩擦因数为 0。

为了表明在 CIP 过程中包套对制件变形的影响,有必要为弹性包套建立适当的本构模型。橡胶是近似不可压缩的材料,即它的泊松比达到了 0.5,在显式分析中会产生数值困难,但是使用 ABAQUS 的高弹材料模型可以解决这个困难。因为包套的变形相对较大,所以选择有限变形的高弹性橡胶类材料模型,如 Neo-Hookean模型作为橡胶包套的模型。Neo-Hookean 应变潜能公式为

$$U = C_{10}(\bar{I}_1 - 3) + (J^{el} - 1)/D_1 \qquad (7\text{-}56)$$

式中:U 是单位体积的应变能;C_{10} 和 D_1 是材料参数;$\bar{I}_1$ 是偏应变第一不变量,$\bar{I}_1 = \bar{\lambda}_1^2 + \bar{\lambda}_2^2 + \bar{\lambda}_3^2$,这里 $\bar{\lambda}_i (i=1,2,3)$ 是偏伸长张量,$\bar{\lambda}_i = J^{-1/3}\lambda_i$($\lambda_i$ 为主伸长张量,$\lambda_i = L_i/L_{i0}$,L 代表长度,J 是总体积率);J^{el} 是弹性体积率。

2. 无包套的圆柱体制件的 CIP 过程模拟

与 Cam-Clay 模型类似,首先对 CIP 实验过程进行模拟,圆柱体的初始高度为

46.26 mm,初始直径为 39.81 mm。由于圆柱体的对称性,使用二维的轴对称单元和高度的一半进行分析。模型的左边为对称轴,设置为轴对称边界条件。四节点双线性轴对称单元用来离散化模型。制件的初始相对密度为 49%,压力为 400 MPa,直接施加于制件的外表面。首先没有考虑包套的影响,金属粉末的硬化参数来自 CIP 实验,并且以表格的形式输入 ABAQUS 软件中。其他参数根据参考文献确定,如图 7.72 所示。当不考虑 Drucker-Prager 屈服面和 Cap 屈服面的过渡面时,$a=0$。因为 CIP 过程是在室温下进行的,所以时间对变形的影响将被忽略。

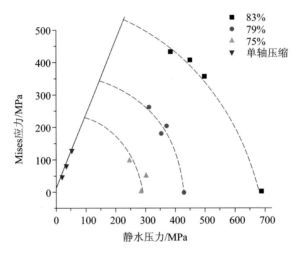

图 7.72　不锈钢材料的屈服曲线

CIP 前后的模型如图 7.73 所示,灰线表示未变形的网格,蓝线表示变形后的网格。可以看出,圆柱外表面的中部有一些凹陷,但不是很明显。模型的收缩不均匀,可以从图 7.74 和图 7.75 中看出(为了更清楚地看到变形结果,将变形量放大了 3 倍)。模型右边的中间部分有些凹陷,这里 X 方向(水平方向)应变的绝对值是最大的。与图 7.74 类似,图 7.75 中上边中间部分 Y 方向(垂直方向)应变的绝对值是最大的。实验结果与模拟结果的比较列于表 7.12 中。因为模型中部与端面的尺寸有些差异,而且为了以后与带包套模型的实验结果进行比较,这里使用模型中间两点的尺寸作为度量(见图 7.73 中的 ab 和 cd)。模拟结果和实验结果在高度方向的相对误差为 -5.6%,直径方向为 -2.2%。

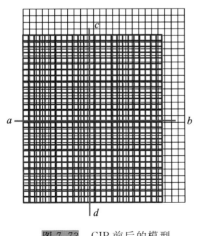

图 7.73　CIP 前后的模型

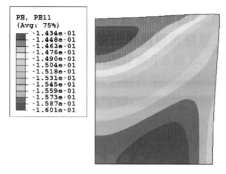

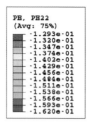

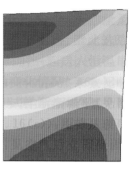

图 7.74　在 X 方向的塑性应变云图　　　　图 7.75　在 Y 方向的塑性应变云图

表 7.12　CIP 前后圆柱体关键尺寸

圆柱体制件	初始尺寸/mm	实验结果/mm	模拟结果/mm	收缩率[①]	相对误差[②]
高度	46.26	42.43	40.07	8.28%	−5.6%
直径	39.81	34.89	34.12	12.36%	−2.2%

注:①收缩率＝[(初始尺寸−实验结果)/初始尺寸]×100%。

　　②相对误差＝[(模拟结果−实验结果)/实验结果]×100%。

图 7.76 所示为 Mises 应力云图,最大的 Mises 应力位于模型圆周面的中部和对称轴的中心部分。等效塑性应变云图如图 7.77 所示,最大值在对称轴的中部和圆周面的顶部,整个模型的等效塑性应变的差值很小。相对密度云图如图 7.78 所示,与等效塑性应变云图相似,整个模型的相对密度的差值不大,只有 0.7672−0.7677＝−0.0005,即−0.05%。相对密度的模拟结果与实验结果 74% 比较接近。CIP 过程中圆柱体的压力分布云图如图 7.79 所示,它与相对密度云图相似,压力大的地方,制件的相对密度也比较高,但总体上还是比较均匀的。

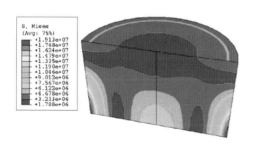

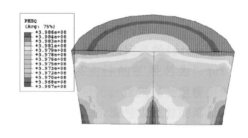

图 7.76　CIP 后圆柱体 Mises 应力云图　　　图 7.77　CIP 后圆柱体等效塑性应变云图

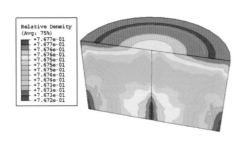

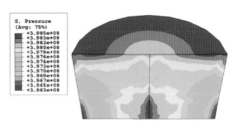

图 7.78　CIP 后圆柱体的相对密度云图　　　图 7.79　CIP 过程中圆柱体的压力分布云图

3. 有包套的圆柱体制件的 CIP 过程模拟

为了表明弹性包套的作用,使用带包套的模型对 CIP 过程进行模拟,并且为了与前面的结果进行比较,使用的圆柱体制件尺寸与无包套的圆柱体制件尺寸相同。橡胶包套覆盖在制件的外表面,使用高弹性材料模型。包套的厚度为 1.2 mm。模型的材料参数和边界条件都不改变,施加的压力仍是 400 MPa,但压力施加在包套的外表面,而不是制件的外表面。假设圆柱体制件和包套之间没有摩擦力(摩擦因数的影响将在后面的章节进行讨论)。CIP 前制件的网格模型如图 7.80 所示,CIP 后的网格模型如图 7.81 所示,由于边角效应,右上角绿色包套的变形比较明显,但是黄色的制件区域的扭曲变形很小,仅限于右上角区域,这个局部变形的影响区域是很小的、有限的,模型其他部分的扭曲并不严重。制件的外表面有一些凹陷,但不明显。

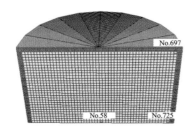

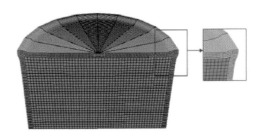

图 7.80　CIP 前有包套圆柱体的网格模型　　　图 7.81　CIP 后有包套圆柱体的网格模型

AB 路径在 Y 方向的位移和 AC 路径在 X 方向的位移(路径的方向见图 7.82),分别如图 7.83、图 7.84 所示,从中可进一步看出制件的变形。对于无包套的模型,AC 路径位移的最大差值是 $-2.75-(-2.95)=0.2(\mathrm{mm})$,$AB$ 路径位移的最大差值是 $-3.0-(-3.2)=0.2(\mathrm{mm})$(因为制件的尺寸减小,所以位移为负值),并且 AB 路径的位移比 AC 路径的位移大。从图 7.83 中可以看出 AB 路径的位移都位于 AC 路径的下方,所以上表面的变形要比圆周面的变形大些。从以上结果可以看出模型的变形不是很明显,因为材料在静水压力作用下经历永久性的体积收缩,剪切应力非常小。有包套模型的结果与无包套的类似,如图 7.84 所示,但是在有包套的结果图中,结果的趋势是不同的,路径起点的位移比其他点要大得多,除了右上角的节点以外,其他点的位移差别很小。结果表明包套对变形的影响很小。这是因为 SLS 制件比橡胶包套更加坚硬,所以包套的形状随着 SLS 制件的形状的变化而变化。这与金属包套不同,因为金属比较坚硬,弹性有限,所以它的边角很难变形,金属包套最终的变形结果将决定制件的最终形状。所以正是多孔材料和包套材料强度的比例控制了压实过程中的变形。

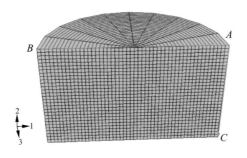

图 7.82　两条路径的方向(起始点位于制件的右上角)

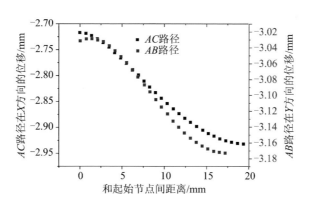

图 7.83　无包套模型中 AC 路径在 X 方向的位移以及 AB 路径在 Y 方向的位移

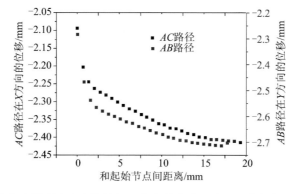

图 7.84　有包套模型中 AC 路径在 X 方向的位移以及 AB 路径在 Y 方向的位移

包套对结果的影响可以进一步在图 7.85 和图 7.86 中分析,图中的三个单元, No.58(位于制件的中部)、No.725 和 No.697(接近制件的圆周面)用来显示等效塑性应变在致密化过程中的变化,三个单元的位置可见图 7.80。图 7.85 所示为无包套的模拟结果,三个单元的变化几乎是相同的。这表明在不考虑包套时,整个制件上等效塑性应变是相同的,变形很均匀。对于有包套的模拟结果,图 7.86 中单元 No.725 和 No.58 的变化几乎是相同的,因为右上角的大变形,所以单元 No.697 的等效塑性应变比其他两个单元的小一些,但它的影响是有限的,除了右上角的小区域外,整个制件的等效塑性应变基本上是均匀的。

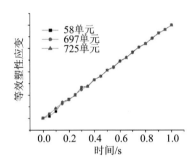 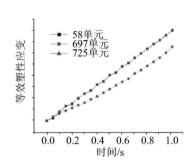

图 7.85　无包套时三个单元的等效塑性应变　　图 7.86　有包套时三个单元的等效塑性应变

实验结果与模拟结果的比较如表 7.13 所示,模拟的相对误差在高度方向为 −5.56%,在直径方向为 −2.21%。局部变形对圆柱体变形的尺寸影响不大,包套引起的圆柱体高度和直径的误差不超过 2.8%。图 7.87 所示为 Mises 应力云图,结果显示除了在尖锐的边缘,Mises 应力非常小,这些尖锐边缘的 Mises 应力与静水压力比较仍然是很小的,其他区域 Mises 应力都比较均匀。等效塑性应变云图如图 7.88 所示,在模型的边角处有一个较低的值,导致了类似的相对密度云图,如图 7.90 所示。在模型的边角处有一个低密度区,对应的模型中心出现了高密度区,但低密度区的范围很小,这也说明包套对结果的影响是很小的。由于包套材料是橡胶类软材料,制件在边角处压力有所降低,如图 7.89 所示,使这部分区域偏离等静压状态,但边角处的压力降比较小。由压力分布云图可以看出在包套的边角附近这个偏离并不大,它与模型主体部分的压力在同一个数量级(10^8)上。它的影响范围也比较小,对整个制件的影响不大。

表 7.13　CIP 前后圆柱体的关键尺寸　　　　　　　　单位:mm

圆柱体制件	初始尺寸	实验结果	有包套模拟结果	无包套模拟结果	模拟误差[1]	包套误差[2]
高度	46.26	42.43	40.07	40.95	−5.56%	−2.15%
直径	39.81	34.89	34.12	35.09	−2.21%	−2.76%

注:①模拟误差=[(有包套模拟结果−实验结果)/实验结果]×100%。
　②包套误差=[(有包套模拟结果−无包套模拟结果)/无包套模拟结果]×100%。

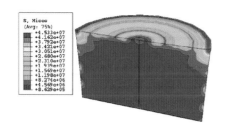

图 7.87　CIP 后圆柱体的 Mises 应力云图
（包套没有显示）

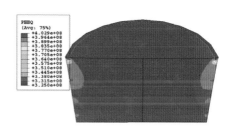

图 7.88　CIP 后圆柱体的等效塑性应变云图
（包套没有显示）

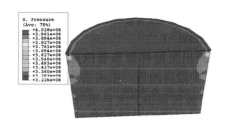

图 7.89　CIP 后圆柱体的压力分布云图
（包套没有显示）

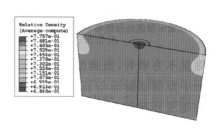

图 7.90　CIP 后圆柱体的相对密度云图
（包套没有显示）

4. 制件和包套之间摩擦因数的影响

在实际中,任何两个接触的物体之间在剪切力的作用下会产生摩擦。通常两个固体之间的摩擦因数既不是零也不是无穷大,它的值在一个很小的范围内。所以为了研究摩擦因数对模拟结果的影响,设置圆柱体和包套之间的摩擦因数为 $0.1\sim0.8$。模型的尺寸和其他参数都不改变。由图 7.91 可以看出,当摩擦因数从 0 增加到 0.1 时,圆柱体的高度增加 0.035 mm,当摩擦因数进一步增加时,高

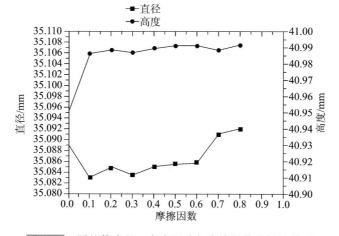

图 7.91　圆柱体直径和高度尺寸与摩擦因数之间的关系

度会在一个很小的范围内波动。所以当摩擦因数不为零时,它对高度的影响很小,这个很小的波动也可能是由数值计算的误差引起的。另一方面,当摩擦因数从 0 增加到 0.1 时,圆柱体的直径减小 0.006 mm;摩擦因数在 0.1~0.6 之间变化时,直径的变化很小;但是当摩擦因数增加到 0.8 左右时,直径会变大。但直径总的波动小于 0.01 mm,这个结果表明摩擦因数对直径的影响是很小的。所以对弹性包套来说,摩擦因数对尺寸的影响很小,因为包套相对于 SLS 制件来说很软,它会随着制件的压缩而产生凹陷。在等静压条件下,剪切应力非常小,很难使包套和制件的界面处产生滑移。所以假设包套和制件紧紧贴在一起,在包套与制件之间的界面没有滑动是合理的。由于粉末材料与包套之间的摩擦因数比较难以测量,而且摩擦因数可能还会随着粉末材料密度的增加而有所变化,摩擦对结果的影响很小,因此摩擦因数可以假设为零。

当摩擦因数是 0.1、0.4、0.8 时,制件的变形分别如图 7.92、图 7.93 和图 7.94 所示。当摩擦因数增大时,右上角的变形变得不明显。当摩擦因数为 0.8 时,右上角几乎没有变形。

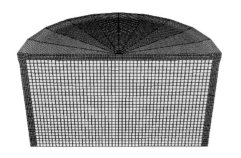

图 7.92　摩擦因数为 0.1 时的变形

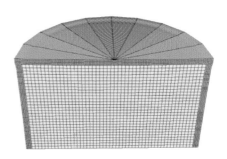

图 7.93　摩擦因数为 0.4 时的变形

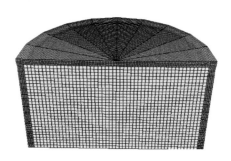

图 7.94　摩擦因数为 0.8 时的变形

图 7.95 所示为包套与制件间接触面的接触压力云图,除了右上角有一个较小的值外,接触压力在整个制件表面基本上是均匀的。接触面上的剪切应力是零,如图 7.96 所示,所以制件和包套之间没有滑移,假设无摩擦是合理的,因为制件制造完后弹性体基本上没有磨损,甚至有黏结。

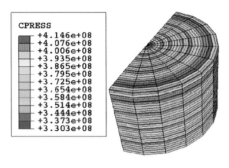

图 7.95　CIP 中的接触压力云图

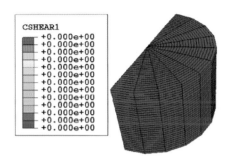

图 7.96　CIP 中的接触剪切应力

5. 模拟结果对模型参数的敏感性研究

通过正交试验方法对 Drucker-Prager-Cap 模型的主要参数进行敏感性分析。参数包括材料的黏性 d、材料的摩擦角 β、控制模型形状的参数 R 和硬化规律 p，这些参数都分别变化 $\pm5\%$，所以每一个变量都有三个水平。第二水平与上述模拟参数值相同（$d=0.1,\beta=15.64,R=0.23,p$ 是实验得到的硬化规律），第一水平在第二水平基础上减少 5%，第三水平在第二水平基础上增加 5%，因此总共有 9 个水平，如表 7.14 所示。因为硬化规律很难使用一个数值输入到表格中，因此 p_1 表示第一个水平，p_2 表示第二个水平，p_3 表示第三个水平。取 CIP 后圆柱体的高度作为结果进行讨论。

表 7.14　材料参数的正交试验及极差分析表

试验号	d	β	R	p[①]	圆柱体高度 y_i/mm
1	0.095	14.858	0.218	p_1	41.273
2	0.095	15.640	0.230	p_2	41.017
3	0.095	16.422	0.242	p_3	40.758
4	0.100	14.858	0.230	p_3	40.762
5	0.100	15.640	0.242	p_1	41.275
6	0.100	16.422	0.218	p_2	41.010
7	0.105	14.858	0.242	p_2	41.023
8	0.105	15.640	0.218	p_3	40.755
9	0.105	16.422	0.230	p_1	41.269
X_1[②]/mm	41.016	41.019	41.013	41.272	
X_2/mm	41.016	41.016	41.016	41.017	$\frac{1}{9}\sum_{i=1}^{9}y_i=$
X_3/mm	41.016	41.012	41.019	40.758	
D[③]/mm	0	0.007	0.006	0.514	41.016
参数重要性		$p>\beta>R>d$			

注：①p_1 表示硬化规律的第一个水平，p_2 表示硬化规律的第二个水平，p_3 表示硬化规律的第三个水平。

②X 是 d、β、R 或 p，X_1 是第一个水平平均值，X_2 是第二个水平平均值，X_3 是第三个水平平均值。

③D 是各个变量的极差。

从正交试验的结果可以看出，与 Cam-Clay 模型类似，对 CIP 过程来说硬化参数也是四个参数中最重要的因素。当参数变化的百分比相同时，模拟结果随硬化规律的变化是最大的。

6. 小结

本小节使用 Drucker-Prager-Cap 模型在 ABAQUS/Explicit 中对 CIP 实验的圆柱体制件进行数值模拟。模拟的结果与实验结果基本吻合（Drucker-Prager-Cap 模型有包套的误差小于 3.6%），各个方向的误差比较小，说明 Drucker-Prager-Cap 模型能够反映多孔不锈钢材料的 CIP 致密化特性，实验得到的体积硬化曲线可以反映不锈钢粉末的硬化性质。SLS/CIP 成形制件与使用传统的粉末加包套的直接成形方法是不同的，在后者中，橡胶包套与最终产品的大小和形状一般是不同的。SLS/CIP 成形的制件只有体积收缩，CIP 前后形状没有明显的变化，这也是复合 SLS/CIP 成形方法的优点。因为 CIP 是在等静压条件下进行的，所以力被均匀地施加在制件的各个方向，剪切应力非常小，扭曲变形通常也非常小，只有制件的边角有一些变形。本节还讨论了包套和摩擦因数的影响，结果表明包套对模拟结果影响很小。制件和包套强度的比例控制着压缩过程中的变形，SLS 制件比橡胶包套要硬，所以包套的形状随着 SLS 制件变化。虽然制件和包套之间摩擦因数的增加会导致制件直径和高度的变化，但是这个变化非常小，当摩擦因数不为零时，它对结果的影响并不明显。通过正交试验可以看出，在 CIP 过程中硬化规律是影响模拟结果最重要的因素，它对制件最终尺寸有很大的影响，所以由实验获得准确的硬化规律是获得准确模拟结果的关键因素。

7.2.4　间接 SLS 成形金属制件 CIP 过程数值模拟实例

本小节将对通过间接 SLS 成形方法制造的复杂金属齿轮制件以及轴对称涡轮制件的 CIP 过程进行模拟。制件模型的材料参数与制作简单形状时的相同。由于包套在 CIP 过程中对模拟结果影响很小，因此在这个例子中将不考虑包套的影响。然后将以涡轮制件尺寸为例，阐明制件尺寸设计的过程，通过不断的迭代设计可以得到一个合理的初始尺寸，从而提高制件的尺寸精度，减少实验次数。最后还将讨论硬化参数的重要性以及多孔材料模型的选择问题。

1. 齿轮制件的 CIP 模拟

使用 Cam-Clay 模型对复杂的齿轮模型的 CIP 过程进行模拟。使用的制件与本章参考文献[2]相同，并与文献[2]中的结果进行比较。图 7.97 和图 7.98 所示分别为 SLS 成形后的齿轮制件和 CIP 前加橡胶包套的齿轮制件。CIP 前齿轮的形状和尺寸如图 7.99 和表 7.15 所示。施加的压力为 200 MPa。

图 7.97   SLS 成形后的齿轮制件   图 7.98   CIP 前加橡胶包套的齿轮制件

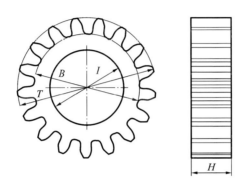

图 7.99   齿轮制件尺寸示意图

表 7.15   齿轮制件初始尺寸

关键参数	T	B	I	H
初始尺寸/mm	52.16	40.00	28.24	15.20

由于齿轮不是简单的旋转体,因此不能使用轴对称模型,但模型的几何形状、边界条件和载荷都符合旋转周期结构的要求,即模型的位移关于中心轴呈周期性对称,因此可以只取齿轮的一个齿和高度的 1/2 进行分析,并设置周期对称边界条件。图 7.100 中,紫色的箭头表示施加的压力载荷,压力施加在模型的外表面,左右两个侧面限制模型周向位移,由于只对高度的一半进行分析,所以设置截面为对称边界条件。使用六面体非协调模式单元 C3D8I 进行网格划分,齿轮 CIP 前后的网格划分如图 7.101 所示,透明网格为 CIP 前的模型,绿色网格为 CIP 后的模型。可以看到,模型不仅发生了体积收缩,而且产生了移动。由于是周期对称的结构,在外表面压力的作用下,齿轮制件体积会缩小,因此有向中心点移动的趋势,但模型形状的扭曲并不大。

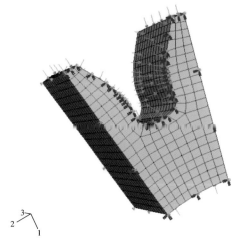

图 7.100　齿轮模型的载荷与边界条件

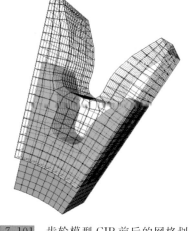

图 7.101　齿轮模型 CIP 前后的网格划分

　　为了与文献[2]中的结果进行比较,以 CIP 后得到的齿轮高度为例,模拟 CIP 后得到的尺寸为 12.50 mm,齿轮高度的实验尺寸为 12.64 mm,误差为 0.14 mm。而文献[2]中齿轮高度的模拟尺寸为 13.51 mm,误差为 0.87 mm。当前研究误差较小的原因是,在模拟中材料参数通过实验获得,而文献[2]使用的是其他文献的数据(铁粉的致密化曲线),误差较大。与致密材料不同,粉末材料的颗粒形态、尺寸、粒径分布以及杂质的含量都会影响材料致密化过程中的力学性能,所以材料性能最好能通过实验来确定。图 7.102 所示的是实验得到的材料硬化参数与文献[2]使用的数据的比较,可以看到它们的差别比较大,压力越大,差别越显著,所以材料的硬化参数对模拟结果的准确性有重要的影响。

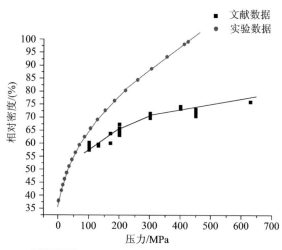

图 7.102　实验硬化参数与文献数据的比较

　　粉末的压制性表示其被压紧的能力。粉末的压制性愈高,则其压实过程愈容易进行。压制性主要取决于颗粒的塑性,并且在很大程度上与颗粒的大小和形状

有关。通常粉末愈粗大,颗粒形状愈简单,则其压制性愈高。使用 CIP 实验来测量压制性时,可用下列方程来表示:

$$\begin{cases} V_1 \rho_0 = V_2 \rho \\ a = \dfrac{V_1}{V_2} = \dfrac{\rho}{\rho_0} \end{cases} \tag{7-57}$$

式中:ρ_0 是粉末的初始密度;ρ 是压制后粉末的密度;V_1、V_2 分别是制件压制前后的体积;a 是压实程度。对于 200 MPa 压力来说,实验测得制件的压实程度为 1.3,而文献[2]的压实程度为 2.05。

在等静压条件下,CIP 整个过程中得到的 Mises 应力都很小,图 7.103 所示为压力增加到 200 MPa 时的 Mises 应力云图。而文献[2]得到的 Mises 应力比较大,如图 7.104 所示,可能是没有考虑卸载的缘故。相对密度云图的比较如图 7.105 和图 7.106 所示。当前研究得到的模拟结果与简单模型类似,整个制件上的相对密度都是均匀的,为 70.51%(0.7051),比文献得到的结果(0.611～0.612)大,文献相对密度的结果虽然不均匀,但差别也很小(密度差只有 0.001)。

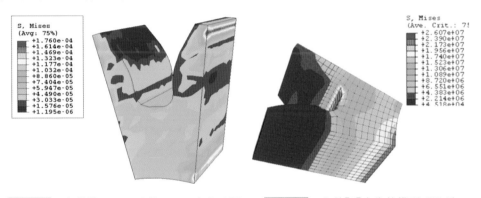

图 7.103　齿轮模型 CIP 后的 Mises 应力云图　　图 7.104　文献[2]中齿轮模型 CIP 后的 Mises 应力云图

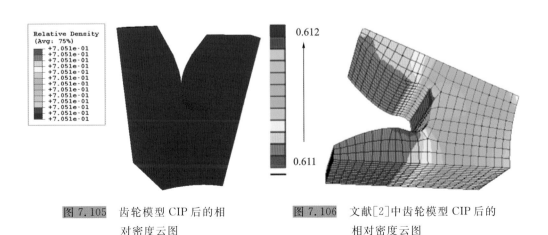

图 7.105　齿轮模型 CIP 后的相对密度云图　　图 7.106　文献[2]中齿轮模型 CIP 后的相对密度云图

2. 轴对称涡轮制件的 CIP 模拟

作为例子,使用 DPC 模型模拟一个复杂的涡轮制件的 CIP 过程。因为涡轮是关于 1-3 平面对称的,如图 7.107 所示,因此只使用制件高度的 1/2 进行分析。模型是轴对称结构,使用二维的轴对称模型。涡轮制件的截面尺寸如图 7.108 所示。图 7.109 所示为 SLS 成形后的涡轮制件,制件的初始相对密度为 38%。仍然使用四节点双线性轴对称四边形缩减积分单元。630 MPa 的压力施加于涡轮的外表面,模型的底线被设置为关于 Y 轴的对称边界条件。

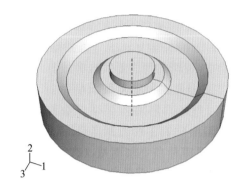

图 7.107 涡轮制件的 3D 模型

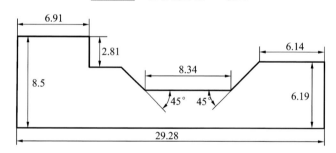

图 7.108 涡轮制件的截面尺寸(单位:mm)

图 7.109 SLS 成形后的涡轮制件

　　CIP 前后的网格划分如图 7.110 所示，制件几乎没有变形，只有一个大的体积压缩。变形后制件的形状可以看作 SLS 预成形件的准确复制。这一点可以从图 7.111 中进一步看出，X 坐标相同的点，它们在 X 方向的位移几乎是相同的，Y 方向的位移也具有类似的结果（见图 7.112）。X 方向的塑性应变比 Y 方向的小一些（见图 7.113 和图 7.114），所以轴向方向的收缩要比径向方向的大一些。因为 Drucker-Prager-Cap 模型为各向同性模型，这个差异可能是由涡轮的复杂结构引起的。模型的凹角处有较大的剪切应变（见图 7.115）。因为剪切应变是导致模型变形扭曲的原因，所以模型的凹角处相对于其他地方有较大的塑性变形，但是整个模型的剪切应变的绝对值仍然是比较小的，数量级只有 10^{-2}。涡轮制件在整个模型上的等效塑性应变云图（见图 7.116）基本均匀，说明整个模型的塑性变形是均匀的。

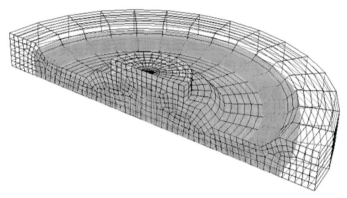

图 7.110　CIP 前后涡轮模型的网格划分

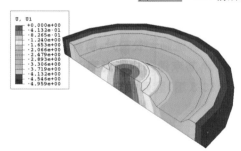

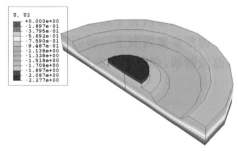

图 7.111　CIP 后涡轮制件在 X 方向
　　　　　的位移云图

图 7.112　CIP 后涡轮制件在 Y 方向
　　　　　的位移云图

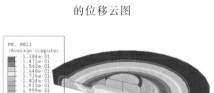

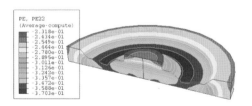

图 7.113　CIP 后涡轮制件在 X 方向
　　　　　的塑性应变云图

图 7.114　CIP 后涡轮制件在 Y 方向
　　　　　的塑性应变云图

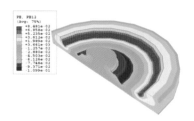

图 7.115　CIP 后涡轮制件的
剪切应变云图

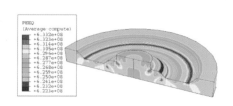

图 7.116　CIP 后涡轮制件的
等效塑性应变云图

涡轮制件关键尺寸的模拟结果和实验结果的比较如表 7.16 所示。模拟结果和实验结果基本上是吻合的,最大误差是-7.27%,这可能是因为小圆的尺寸比较小,测量的误差比较大,并且小圆的底面还有一些变形和扭曲。

表 7.16　CIP 前后涡轮的关键尺寸

涡轮制件	初始尺寸/mm	实验结果/mm	模拟结果/mm	收缩率[①]	相对误差[②]
大圆的高(h_1)	12.38	9.97	9.46	19.47%	-5.12%
大圆的直径(D)	58.56	50.41	48.67	13.92%	-3.45%
小圆的高(h_2)	2.81	2.08	2.16	25.98%	3.85%
小圆的直径(r)	13.82	12.11	11.23	12.37%	-7.27%

注:①收缩率=[(初始尺寸−实验结果)/初始尺寸]×100%。

②相对误差=[(模拟结果−实验结果)/实验结果]×100%。

3. 制件的初始尺寸设计

CIP 模拟可以为制件的尺寸设计提供有益的指导。首先根据材料的硬化曲线,得到某个压力下的体积塑性应变 ε_V^p,假设模型各个方向的线应变是相同的,即 $\varepsilon_1=\varepsilon_2=\varepsilon_3$,根据体积塑性应变求出线应变(即线收缩率)$\varepsilon_1=\varepsilon_2=\varepsilon_3=\varepsilon_V^p/3$,欲得到某一线尺寸为 l 的制件,由线应变的定义 $\varepsilon_1=\ln(l_0/l)$,可以得到激光选区绕结的制件尺寸为 $l_0=l\cdot\exp(\varepsilon_V^p/3)$。根据反推得到的原型件尺寸进行模拟,以验证制件尺寸的准确性,如果模拟的结果不理想,还可以继续修正尺寸,再进行模拟,这个过程可能需要反复几次,才能获得满意的结果。例如,根据材料的压力-相对密度曲线(见图 7.117),欲得到相对密度为 76% 的制件,需要施加的压力为 630 MPa,对应的塑性体积应变为 69%(见图 7.118)。

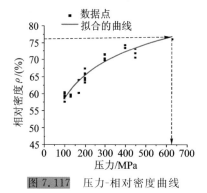

图 7.117　压力-相对密度曲线

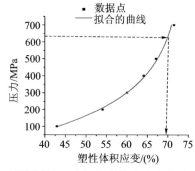

图 7.118　压力-塑性体积应变曲线

欲得到大圆直径 D 为 50.4 mm 的制件，设计初始制件的大圆直径为 $D_0 = D\exp(\varepsilon_V^p/3) = 50.4 \times \exp(0.69/3)$ mm $= 63.43$ mm。由于 CIP 过程中制件的变形是均匀的，因此按大圆直径为 63.43 mm 对制件进行缩放，缩放后得到的制件尺寸如图 7.119 所示。

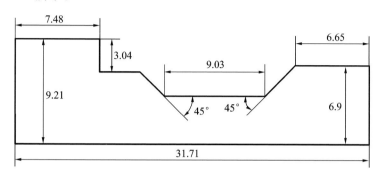

图 7.119　设计的初始尺寸（单位：mm）

模拟得到的大圆尺寸为 53.0 mm，结果比要求的尺寸 50.4 mm 偏大 2.6 mm。初始设计得到的制件与要求得到的目标制件的比较如图 7.120 所示，其中实线代表目标制件，虚线代表计算得到的结果。

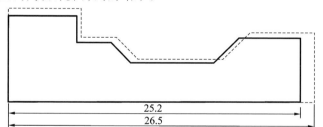

图 7.120　初始设计制件与目标制件的比较（单位：mm）

从 X 方向的塑性应变云图（见图 7.121）可以看出，模型的塑性应变并不均匀，只有蓝色区域的线收缩接近设计的线收缩率 23%，而红色和黄色区域的收缩偏小，所以使得到的结果偏大。

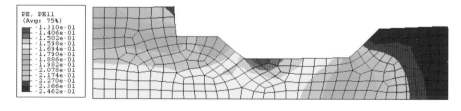

图 7.121　初始设计制件在 X 方向（水平方向）的塑性应变云图

在初始设计尺寸的基础上进行修改，根据偏大的尺寸计算初始设计应该减小的量为 $2.6 \times \exp(0.23)$ mm $= 3.27$ mm，因此修改后得到的尺寸为 $R_0^1 = (63.43 - 3.27)$ mm $= 60.16$ mm，将制件的尺寸按等比例减小后，得到的修改后变形前尺寸如图 7.122 所示。

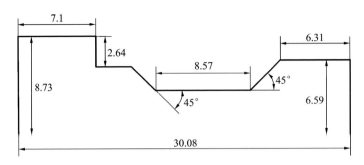

图 7.122　修改后变形前尺寸(单位:mm)

经过 CIP 模拟后,得到的尺寸为 49.95 mm,比要求的尺寸偏小 0.45 mm。图 7.123 所示为第二次模拟后得到的制件尺寸与要求得到的目标制件尺寸的比较,其中实线代表目标制件,虚线代表计算得到的结果,可以看到,制件与要求的尺寸已经比较接近,说明修改后的尺寸比较合适,可以作为制件加工的初始尺寸。在冷等静压条件下,制件各个方向的收缩比较均匀,因此根据一个方向的变形就可以设计制件的初始尺寸。如果制件各个方向的收缩不均匀,就需要对各个方向的变形分别进行预测。

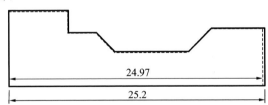

图 7.123　第二次模拟后的制件与目标制件的比较(单位:mm)

考虑实验误差以及要使制件具有充足的加工余量,可以将计算得出的成形件尺寸再放大一定比例(2%)。由于模拟过程中考虑了卸载,所以在尺寸设计中并没有考虑回弹效应引起的尺寸胀大值。制件初始尺寸设计的流程如图 7.124 所示。

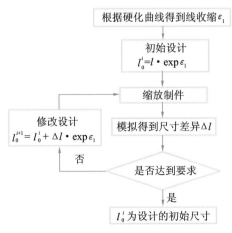

图 7.124　制件初始尺寸设计的流程示意图

Cam-Clay 模型和 Drucker-Prager-Cap 模型即使在形状比较复杂的制件的模拟中也具有一定的预测能力,特别是在冷等静压条件下,不同的模型都能给出相似的预测。与实验结果的比较显示,即使在结构相对复杂的制件中,这些模型也可以提供合理、准确的结果。因为在冷等静压下,压力、温度以及摩擦条件都相对简单,所以材料的行为相对简单。材料参数的准确性,特别是硬化参数的准确性对模拟结果的影响非常大。如图 7.125 所示,黑色的实线代表对称的椭圆模型,红色的虚线代表 Cam-Clay 模型,而蓝色的点画线代表 Drucker-Prager-Cap 模型,虽然三种模型的形状和位置差异较大,但是如果在实验点附近获得的材料参数比较准确,那么在实验点附近的成形条件下都能得到比较好的结果。例如对称的椭圆模型(Kuhn 类模型)、Cam-Clay 模型(不对称的椭圆模型)以及 Drucker-Prager-Cap 模型(帽子和圆锥面模型)通过圆柱制件的单轴压缩实验和静水压力实验获得材料参数,那么在单轴压缩和冷等静压模拟中它们都会有较好的结果。相反,如果在复杂应力状态下,与实验条件偏差得太大,那么这些模型的预测能力就会大大降低。如果模型包含了主要的物理现象,那么它的预测在很大的条件范围内都是可以接受的。相反,一个小的偏差都会导致较大的预测误差。例如,如果多孔材料关于拉伸和压缩行为是近似的,那么对称的椭圆模型是有效的,这有可能只在金属材料或烧结得到的有相对高的密度和强度的多孔材料中适用。而对于粉末或 SLS 成形的多孔材料来说,屈服面的压缩是无边界的,只能承受很小的拉伸或不能承受拉伸,所以对称的椭圆模型不太准确,而岩土类模型就比较合适。因此,当一个对称的椭圆模型在等静压条件下可以接受时,在非等静压条件下,若成形条件与获得参数的实验条件相差较大,如存在大的摩擦或拉伸时,这些区域的预测可能就不准确了。这个事实促使了非对称模型,如 Cam-Clay 模型和 Drucker-Prager-Cap 模型的发展。但经验模型适用范围的扩大会以模型的复杂化和获得材料参数实验的增加为代价。在高温条件下,因为多个物理现象的叠加,材料的行为比较复杂,所以模型也比较复杂,获得材料参数的实验也比较多。

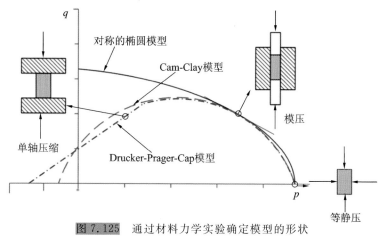

图 7.125　通过材料力学实验确定模型的形状

虽然制件是使用不锈钢粉末来制造的,但是其他材料,例如难熔合金、硬质合金、陶瓷材料、聚四氟乙烯、石墨等难于加工成形材料也可以通过这种方法成形。制件在成形过程中是通过高分子黏结剂成形出一定形状的,对粉末基材的物理性质,如熔点等并没有要求。虽然这种方法还没有被应用到实际产品中,但它的潜在应用与传统 CIP 是类似的,例如,它可以用于制造耐火材料喷管、金属过滤器、各向同性的石墨、塑料模具、坩埚、陶瓷绝缘器等。因此它可以用于半导体、金属熔炼、化工、航天、各种材料的预成形和其他工业中。模拟可以为制件的尺寸设计和制定合理的工艺参数提供参考,如可以为冷等静压过程选择合适的压力并预测最终的尺寸和密度,为初始的 SLS 制件尺寸和设计提供有益的建议,同时为更加复杂制件的 CIP 过程或者其他多孔材料的压力加工过程模拟奠定基础。

7.2.5　间接 SLS 成形金属制件 HIP 过程数值模拟实例

1. SLS/HIP 工艺

尽管使用 SLS/CIP/HIP 方法能够成形致密度较高的制件,但这一过程的成形步骤比较多,过程比较复杂,因此有人提出了激光选区烧结制件与热等静压复合成形的工艺。这种方法同样结合了 3D 打印技术与热等静压的优点,并且使成形过程大大简化,是制造复杂金属制件的一个新的有效方法。

热等静压成形有时也称为气体热等静压,是一种在高温和高压同时作用下使物料经受等静压制的工艺技术。它不但用于粉体的固结,使传统粉末冶金工艺的成形与烧结两步作业并成一步作业,而且还用于制件的扩散黏结、铸件缺陷的消

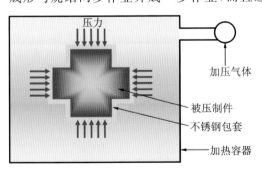

图 7.126　HIP 的工艺过程

除和复杂形状制件的制作等。其操作原理如图 7.126 所示,将粉末装入包套(通常为金属、玻璃和陶瓷材料)内,放入带有加热炉的密闭高压缸中,并且抽真空、密封,然后压入惰性气体(如氩气),通过加热使粉末坯料达到烧结温度,此时,由于气体的热膨胀,高压缸内的压力达到 100 MPa 左右,高温和各向均等的高压使粉末坯料固结成全致密的材料。当坯料被完全压实时,它比原始尺寸有 30%～35% 的体积收缩。热等静压成形是在冷等静压成形和热压技术的基础上发展起来的粉末成形的综合工艺方法,在高温和高压同时作用下使粉体达到完全固结,从而使制件内部缺陷得到消除,或使制件扩散黏结。

自从 1955 年美国为了研制核反应堆的材料而开发了 HIP 技术以来,无论是在设备的开发,还是在应用工艺方面,HIP 技术都有了很大的发展,并得到了广泛

的应用,其应用领域已涉及航空航天工业中高质量和高性能材料的制备、高温合金和钛合金等铸件内部缺陷的消除、硬质合金的生产、实现各类陶瓷和金属粉末的全致密化等。我国 HIP 技术的研究与开发开始于 20 世纪 60 年代。1966 年,第一台热壁式螺旋压紧的 HIP 试验装置安装在沈阳金属研究所,内部工作空间的直径为 $\phi65$ mm,操作温度为 850 ℃,压力为 98 MPa,主要用于核材料的热扩散黏结和开发新的稀有金属材料。随着近净成形工艺的迅速发展,通过近净成形得到的大型产品有蒸汽柜、近海石油阀体、核反应堆冷却盘等。

　　HIP 可使粉末材料的相对密度接近于 100%,并且能获得均匀的结构和较好的物理力学性能,所得到的粉末制件晶粒细小、均匀,具有较好的力学性能。但是传统 HIP 技术存在包套制作困难以及封装操作技术要求较高的缺点,而且制件尺寸难以控制,难以制造高复杂度的零部件,经热等静压处理的金属制件要利用适当的后处理(酸洗)方法去掉模具包套。

　　因此将 SLS 与 HIP 技术相结合,有望克服两种成形方法的缺点,取长补短,从而获得复杂结构的近致密金属制件。华中科技大学的刘锦辉通过 SLS/HIP 方法制造了不锈钢制件,采用圆柱形的不锈钢板作为包套材料,内部充填氮化硼粉末,平均粒度为 15 μm,制件放入氮化硼粉末中,然后将包套抽真空、密封(见图7.127)。HIP 工艺条件为温度 1100 ℃、压力 150 MPa。等静压制后包套的变形很大,内部的氮化硼粉末被烧结成一体,成岩石状(见图 7.128),制件变形也不均匀。分析认为主要原因是氮化硼充填密度过低(只有 50% 左右),并且包套内制件摆放不对称,制件的某一部分 HIP 后裸露在氮化硼材料的外部。国内外的研究现状表明,SLS/HIP 成形过程有着广阔的研究前景,但目前尚处于研究的初级阶段。

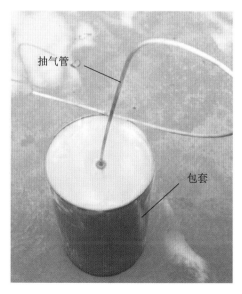

图 7.127　充填氮化硼粉末的不锈钢包套

图 7.128　氮化硼粉末固化成整体

2. SLS/HIP 实验

SLS 与 HIP 复合成形方法可以不经过冷等静压过程,直接将 SLS 制件进行热等静压处理,在成形过程中只需要使用简单的圆柱形金属包套。由于氮化硼粉末在高温、高压下会烧结固化,不利于等静压力的传递,因此将充填介质改为玻璃粉末,在 HIP 的高温、高压作用下,玻璃粉末将熔融成黏稠的液态,作为传递压力的介质,将复杂形状的制件致密化。SLS/HIP 复合成形方法首先通过 SLS 技术制造出具有一定形状和尺寸的制件,与 SLS/CIP/HIP 方法类似,由于材料使用的是少量高分子材料覆膜的金属粉末,在 HIP 前需要通过真空高温脱脂,去掉高分子黏结剂。然后将制件放入充填玻璃粉末的圆柱形金属包套中,抽真空、密封后再进行 HIP 处理,提高其致密度。图 7.129 所示为 SLS 制件加简单金属包套的结构。使用玻璃粉末作为充填介质时,由于存在金属包套,外部的气体无法进入制件内部,而且包套内的玻璃粉末也已经熔化成比较黏稠的液态,不会通过表面的微小孔洞进入制件的内部,液态的玻璃成为传递等静压力的介质,从而使制件可以获得净压力,使内部的孔隙闭合而实现致密化。实验使用的制件材料仍然是 304 不锈钢粉末,玻璃粉末粒度为 300 目。图 7.130 所示为热等静压前的锥齿轮制件,使用排水法测量,得到其压前密度为 2.97 g/cm³(相对密度为 37%)。

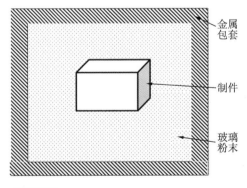

图 7.129 SLS 制件加简单金属包套的结构

图 7.130 热等静压前的锥齿轮制件

热等静压温度通常为材料熔点的 2/3 左右,根据 Fe-Cr 合金相图(见图 7.131),304 不锈钢的熔点在 1627 ℃(1900 K)左右,因此 HIP 温度应该设为 1000 ℃ 左右。将热等静压实验的温度设为 1050 ℃,压力设为 100 MPa。表 7.17 所示的是 304 不锈钢材料的屈服强度随温度的变化,可以看出在 1000 ℃ 左右,不锈钢的屈服强度只有 40 MPa 左右,所以 100 MPa 的压力已经足够使材料屈服。图 7.132 所示的是 HIP 过程中的温度-时间曲线,制件温度在 2 h 内缓慢升高至 1050 ℃,在该温度下保温 2.5 h,然后在 1.5 h 内降到室温。压力在温度升高的同时升高,即 2 h 内升高到 100 MPa,并在该压力下保持 2.5 h,最后在 1.5 h 内缓慢降至常压(见图 7.133)。热等静压实验使用的是由美国 ABB 公司研发的热等静压机,型号为 QIH-15(见图 7.134)。图 7.135 所示为经 SLS/HIP 后的制件,可以看出 HIP 后制件体积明显收缩,致密度有显著提高,在宏观上看不到孔隙的存在。HIP 后制件密度为 6.14 g/cm³(相对密度达 89%)。

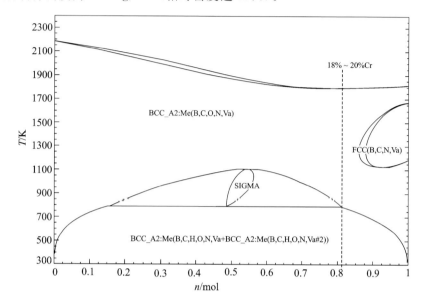

图 7.131　Fe-Cr 合金相图

表 7.17　致密 304 不锈钢材料屈服强度随温度的变化

温度/℃	20	400	600	1000
屈服强度/MPa	180	100	80	40

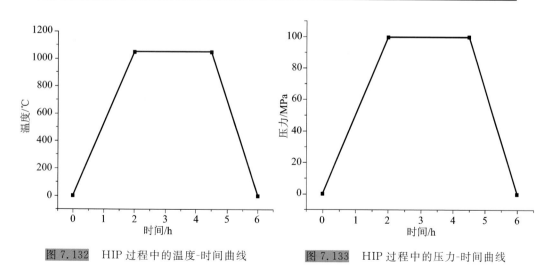

图 7.132　HIP 过程中的温度-时间曲线　　　图 7.133　HIP 过程中的压力-时间曲线

图 7.134 QIH-15 型热等静压机外观   图 7.135 经 SLS/HIP 后的制件

SLS 制件经过 HIP 处理后致密度的显著提高,也可以从 HIP 前后的微观图看出,如图 7.136 和图 7.137 所示。HIP 前制件的孔隙率比较高(图中黑色区域为孔隙),孔隙形状不规则,并且相互连通,制件的相对密度比较低。HIP 后制件孔隙区域减少,大部分呈圆形的不再相互连通的闭孔,但是仍有少量的不规则孔隙,还没有达到 100% 致密,这可能是因为在包套内部,特别是在 SLS 制件内部仍然残留少量的气体、水分或者杂质,在 HIP 过程中,这些残留物被封闭在孔隙内部,气体和水分形成内压力,阻止致密化的进一步进行。改善成形条件,提高制件内部的真空度,减少水分并且提高 HIP 的温度和压力,有望进一步提高制件的致密度。

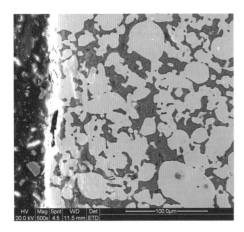

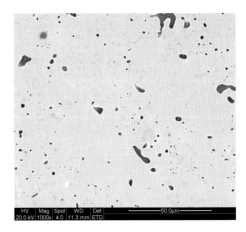

图 7.136 SLS 制件 HIP 前的微观图   图 7.137 SLS 制件 HIP 后的微观图

在相对密度小于 90% 的阶段,当不考虑粒子的靠近重排机制(靠近重排机制只在初始致密度很低的制件的致密化初期阶段起作用)时,随着压力的上升,初始形状为球形的颗粒(半径为 R,见图 7.138)之间的接触在接触面积和数量上都在增加,孔隙呈多边形形状,颗粒之间形成烧结颈,单个颗粒彼此是可区分的,致密化变形主要在接触面上进行。假设粉末是由均匀尺寸的球形粒子组成的,那么粒子中心的排列可以使用半径分布的函数来表示。选择相同尺寸球体的无序紧密堆积模型,在致密化过程中,允许两个粒子沿着固定的中心增加半径,那么新的粒子半径为

$$R' = (D/D_0)^{1/3} R \tag{7-58}$$

式中:D 是相对密度;D_0 是初始相对密度(对无序紧密堆积粉末来说是 64%)。

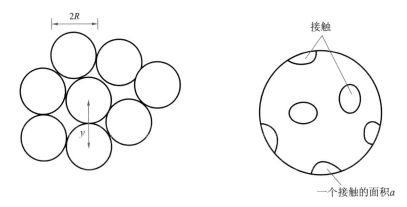

图 7.138 无序紧密堆积模型

致密化速率 $\dot{D}$ 和线性收缩率 $\dot{y}$ 是相关的:

$$\dot{D} = 3(D^2 D_0)^{1/3} \dot{y}/R \tag{7-59}$$

随着粒子的增长,新的粒子接触会形成,所以它们的配位数 Z 为

$$Z = Z_0 + C\left(\frac{R'}{R} - 1\right) \tag{7-60}$$

式中:Z_0 是每个粒子的初始配位数,$Z_0 = 6.3$;$C = 15.5$。

因为相邻的球体有重叠,所以必须从接触区域中移除:

$$V = \frac{\pi}{R'^3}\left[\frac{1}{3}Z_0(R'-R)^2(2R'+R) + \frac{C}{12R}(R'-R)^3(3R') + R\right] \tag{7-61}$$

那么一个粒子表面总的接触面积为

$$a \cdot Z = R^2 \frac{D-D_0}{D}\left[160(D-D_0) + 16\right] \tag{7-62}$$

那么烧结颈的半径就是

$$x = (D-D_0)^{1/2} R \tag{7-63}$$

在无序堆积的粒子中,外力 P 可以产生一个平均接触压力 f:

$$f = \frac{4\pi R^2}{ZD} P \tag{7-64}$$

如果考虑表面张力引起的额外的驱动力以及陷在孔隙中的气体的效应,则

$$P_i^* = \frac{4\pi R^2 P}{aZD} + P_s - P_i \tag{7-65}$$

式中：$P_s = \gamma \left(\dfrac{1}{\rho} - \dfrac{1}{x} \right)$ 是表面张力引起的驱动力，其中 $\rho = \dfrac{x^2}{2(R-x)}$；$P_i = P_0 \dfrac{(1-D_c)D}{(1-D)D_c}$，是陷在孔隙中气体产生的压力，其中 P_0 是外部气体压力，D_c 是孔隙闭合时的密度。

3. 考虑温度时的有限元方法与蠕变子程序

1）考虑温度时的有限元方法

HIP 与 CIP 相比较来说，主要增加了与温度有关的参数和热传导方面的分析。ABAQUS 中热传导分析分为三种，即非耦合的热传导分析（uncoupled heat transfer analysis），顺序耦合的热-应力分析（sequentially coupled thermal-stress analysis）以及完全耦合的热-应力分析（fully coupled thermal-stress analysis）。非耦合的热传导分析可以分析热传导、强制对流和边界辐射。如果应力的解依赖于温度场，而温度的解却不依赖于应力场，那么这时可以使用顺序耦合的热-应力分析。它的计算过程是首先得到一个纯的热传导问题的解，然后将温度解作为预定义场读入应力分析中。在应力分析中，温度可以随时间和位置变化，但是不随应力分析的解而变化。完全耦合的热-应力分析是同时求解应力场和温度场。当热结果和力学分析结果强烈地相互影响时，一般使用这种分析。例如快速金属加工问题中材料的塑性变形导致温度升高，以及接触问题中孔隙的热传导可能强烈地依赖于孔隙大小或压力。在 3D 打印件的 HIP 过程中，由于不使用包套，没有强烈的摩擦生热，因此为了简化分析过程，使用顺序耦合的热-应力分析。

在热传导分析中，基本的能量平衡关系为

$$\int_V \rho \dot{U} \mathrm{d}V = \int_S q \mathrm{d}S + \int_V r \mathrm{d}V \tag{7-66}$$

式中：V 是材料的体积；S 为材料的表面积；ρ 是材料的密度；$\dot{U}$ 是内能对时间的导数；q 是单位面积的热流密度；r 是单位体积内由外部流入物体的热量。因为热学和力学问题是非耦合的，所以内能只是材料温度的函数，并且 q、r 也不依赖于应变或位移。在不考虑相变引起的潜热时，内能是通过比热容定义的。

$$c(T) = \frac{\mathrm{d}U}{\mathrm{d}T} \tag{7-67}$$

式中：c 代表比热容；T 代表温度。热传导通过 Fourier 定律来控制：

$$q = -\boldsymbol{k} \frac{\partial T}{\partial \boldsymbol{x}} \tag{7-68}$$

式中：$\boldsymbol{k}$ 是热传导矩阵，它是温度的函数；q 是热流密度；$\boldsymbol{x}$ 是坐标矩阵。

边界条件可以设置为温度 T、单位面积的热流密度或单位体积的热流密度 q、表面对流以及辐射等。根据能量平衡公式以及 Fourier 定律，可以得到

$$\int_V \rho \dot{U} \delta T \mathrm{d}V + \int_V \frac{\partial \delta T}{\partial \boldsymbol{x}} \cdot \boldsymbol{k} \cdot \frac{\partial T}{\partial \boldsymbol{x}} \mathrm{d}V = \int_V \delta T r \mathrm{d}V + \int_{S_q} \delta T q \mathrm{d}S \tag{7-69}$$

与有限元方法类似,物体可以被近似地几何离散,所以温度被插值为

$$T = N^N(\boldsymbol{x}) T^N, N = 1, 2, \cdots, M \tag{7-70}$$

式中: T^N 是节点温度; $N(x)$ 是插值函数。因而可以得到一个离散化的方程:

$$\delta T^N \left(\int_V N^N \rho \dot{U} \mathrm{d}V + \int_V \frac{\partial N^N}{\partial \boldsymbol{x}} \cdot \boldsymbol{k} \cdot \frac{\partial T}{\partial \boldsymbol{x}} \mathrm{d}V \right) = \delta T^N \left(\int_V N^N r \mathrm{d}V + \int_{S_q} N^N q \mathrm{d}S \right)$$

$$\tag{7-71}$$

因为 δT^N 是任意的量,所以得到

$$\int_V N^N \rho \dot{U} \mathrm{d}V + \int_V \frac{\partial N^N}{\partial \boldsymbol{x}} \cdot \boldsymbol{k} \cdot \frac{\partial T}{\partial \boldsymbol{x}} \mathrm{d}V = \int_V N^N r \mathrm{d}V + \int_{S_q} N^N q \mathrm{d}S \tag{7-72}$$

式(7-72)在空间上是离散的,在时间上仍然是连续的,ABAQUS 使用向后差分的方法对时间进行积分,即

$$\dot{U}_{t+\Delta t} = (U_{t+\Delta t} - U_t)(1/\Delta t) \tag{7-73}$$

将差分算子代入能量公式,可以得到

$$\frac{1}{\Delta t} \int_V N^N \rho (U_{t+\Delta t} - U_t) \mathrm{d}V + \int_V \frac{\partial N^N}{\partial \boldsymbol{x}} \cdot \boldsymbol{k} \cdot \frac{\partial T}{\partial \boldsymbol{x}} \mathrm{d}V - \int_V N^N r \mathrm{d}V - \int_{S_q} N^N q \mathrm{d}S = 0$$

$$\tag{7-74}$$

从方程(7-74)可以得到切向矩阵(即 Jacobian 矩阵)。

内能项对 Jacobian 矩阵的贡献为

$$\frac{1}{\Delta t} \int_V N^N \rho \frac{\mathrm{d}U}{\mathrm{d}T} \bigg|_{t+\Delta t} N^M \mathrm{d}V \tag{7-75}$$

其中: $\dfrac{\mathrm{d}U}{\mathrm{d}T}\bigg|_{t+\Delta t}$ 是不考虑潜热变化时的比热容 $c(T)$ 。

导热项对 Jacobian 矩阵的贡献为

$$\int_V \frac{\partial N^N}{\partial \boldsymbol{x}} \cdot \boldsymbol{k} \bigg|_{t+\Delta t} \cdot \frac{\partial N^M}{\partial \boldsymbol{x}} \mathrm{d}V + \int_V \frac{\partial N^N}{\partial \boldsymbol{x}} \cdot \frac{\partial \boldsymbol{k}}{\partial T} \bigg|_{t+\Delta t} \cdot \frac{\partial T}{\partial \boldsymbol{x}} \bigg|_{t+\Delta t} N^M \mathrm{d}V \tag{7-76}$$

导热项通常很小,因为导热系数随温度变化得很缓慢,而且这一项会导致矩阵的不对称,因此通常可以忽略它。但是如果选择不对称的求解方法时,就不会忽略这一项。预设的单位面积热流密度和单位体积热流密度也可以与温度有关,对 Jacobian 矩阵有贡献。边界层条件和辐射条件的表面热流项对 Jacobian 矩阵的贡献为

$$\int_S N^N \frac{\partial q}{\partial T} \bigg|_{t+\Delta t} N^M \mathrm{d}S \tag{7-77}$$

对边界层条件来说:

$$q = h(T)(T - T^0)$$

$$\frac{\partial q}{\partial T} = \frac{\partial h}{\partial T}(T - T^0) + h \tag{7-78}$$

对辐射条件来说:

$$q = A(T^4 - T^0)$$

$$\frac{\partial q}{\partial T} = 4AT^3 \tag{7-79}$$

将这些项包含在 Jacobian 矩阵中,可以得到

$$\left[\frac{1}{\Delta t} \int_V N^N \rho \left. \frac{\mathrm{d}U}{\mathrm{d}T} \right|_{t+\Delta t} N^M \mathrm{d}V + \int_V \left. \frac{\partial N^N}{\partial \boldsymbol{x}} \cdot \boldsymbol{k} \right|_{t+\Delta t} \cdot \frac{\partial N^M}{\partial \boldsymbol{x}} \mathrm{d}V \right.$$

$$\left. + \int_S N^N \left(\frac{\partial h}{\partial T}(T - T^0) + h + 4AT^3 \right) N^M \mathrm{d}S \right] c^M = \int_V N^N r \mathrm{d}V + \int_{S_q} N^N q \mathrm{d}S$$

$$- \frac{1}{\Delta t} \int_V N^N \rho (U_{t+\Delta t} - U_t) \mathrm{d}V - \int_V \frac{\partial N^N}{\partial \boldsymbol{x}} \cdot \boldsymbol{k} \cdot \frac{\partial T}{\partial \boldsymbol{x}} \mathrm{d}V \tag{7-80}$$

且有 $T^N_{t+\Delta t, i+1} = T^N_{t+\Delta t, i} + \bar{c}^N$, i 为迭代次数。

将式(7-80)应用到有限元中可以求解有限应变和任意大的旋转等非线性问题。材料当前的位置记为 x,那么在初始状态 $t=0$ 时的位置记为 X,连续体的变形可以描述为 $x = \Phi(X, t)$,位移为 $u = \Phi(X, t) - X$,在一个时间步中的位移增量为 $\Delta u = {}^{n+1}x - {}^n x$,在 ${}^{n+1}t$ 时刻的应力可以通过 ${}^n t$ 时刻的应力得到。以率形式定义的本构方程为

$$\tau^\triangledown = f(\sigma, D, T, \rho) \tag{7-81}$$

式中:D 是变形率张量;$\tau^\triangledown$ 代表任意 Cauchy 应力变化率的度量,当材料做刚体运动时,它是不变的;T 为温度;ρ 为密度;σ 为 Cauchy 应力。

位移梯度的增量 G 与变形率张量 D 有关:

$$G = \Delta t D \tag{7-82}$$

式中:Δt 是时间步的大小。

应变增量是通过中间构型进行计算的,在 ${}^n t + (1/2)\Delta t$ 时刻的坐标记为 ${}^{n+1/2}x$,位移梯度的增量与中间构型相关,定义为

$$G = \frac{\partial}{\partial \, {}^{n+1/2}x} \Delta u \tag{7-83}$$

那么中间点的应变增量 $\Delta \varepsilon$ 可以写为

$$\Delta \varepsilon = (G + G^{\mathrm{T}})/2 \tag{7-84}$$

式(7-84)的优点是它是二阶精度,但是没有通常考虑大应变方程中的二次项。可以通过将应力增加到没有旋转的 Cauchy 应力 ${}^n \sigma$ 中,使应力得到更新。为了做到这一点,必须将当前应力状态 ${}^n \tau$ 旋转到未转动的参考构型中:

$$ {}^n \sigma = ({}^n R)^{\mathrm{T}} {}^n \tau (n) R \tag{7-85}$$

在未转动的参考构型中的中间点的应变增量定义为

$$ {}^{n+1/2}\Delta \varepsilon = ({}^{n+1/2}R)^{\mathrm{T}} {}^n \Delta \varepsilon ({}^{n+1/2}R) \tag{7-86}$$

未发生转动的应力增量描述了在时间增量 Δt 内的应力变化,它是通过适当的本构关系计算出来的,即

$$ {}^{n+1/2}\Delta \sigma = C \, {}^{n+1/2}\Delta \varepsilon \tag{7-87}$$

式中：C 是本构张量。

在未发生转动的几何体中的应力算法与小变形算法相同，在 ^{n+1}t 时未发生转动的应力为

$$^{n+1}\sigma = {}^{n}\sigma + {}^{n+1/2}\Delta\sigma \tag{7-88}$$

最后再将 Cauchy 应力 $^{n+1}\sigma$ 旋转到 ^{n+1}t 时的几何构型中：

$$^{n+1}\tau = {}^{n+1}R \; {}^{n+1}\sigma \; {}^{n+1}R^{T} \tag{7-89}$$

变形梯度 $F = \dfrac{\partial x}{\partial X}$ 的极分解用于计算在增量步开始时、中间构型时以及增量步结束时的转动张量，它们记为 ^{n}R、$^{n+1/2}R$、^{n+1}R，分别得到

$$^{n}F = \frac{\partial \,^{n}x}{\partial X} = {}^{n}R \; {}^{n}U \tag{7-90}$$

$$^{n+1/2}F = \frac{\partial \,^{n+1/2}x}{\partial X} = ({}^{n}F + {}^{n+1}F)/2 = {}^{n+1/2}R \; {}^{n+1/2}U \tag{7-91}$$

$$^{n+1}F = \frac{\partial \,^{n+1}x}{\partial X} = {}^{n+1}R \; {}^{n+1}U \tag{7-92}$$

式中：U 是伸长张量。应力状态可以被分解为偏量部分（与剪切模量 G 相关的项）和平均应力部分（与体积模量 K 相关的项）。总应变率 $\dot{\varepsilon}_{ij}$ 等于弹性应变率 $\dot{\varepsilon}_{ij}^{e}$、黏塑性应变率 $\dot{\varepsilon}_{ij}^{Vp}$ 和热膨胀引起的应变率 $\dot{\varepsilon}^{T}$ 之和。

$$\dot{\sigma}_{ij} = 2G(\dot{\varepsilon}_{ij} - \dot{\varepsilon}_{ij}^{Vp}) + K(\dot{\varepsilon}_{kk} - \dot{\varepsilon}_{kk}^{Vp} - 3\dot{\varepsilon}^{T})\delta_{ij} \tag{7-93}$$

式中：$\dot{\varepsilon}_{ij}$ 代表偏应变项；$\dot{\sigma}_{ij}$ 是没有发生转动时的 Cauchy 应力率；δ_{ij} 是 Kronecker 符号。将式（7-93）微分后，可以得到增量形式的本构方程，用于描述应力增量 $\Delta\sigma_{ij}$，为了使公式比较清晰，在应力、应变增量中，略去上标 $n+1/2$，得到

$$\Delta\sigma_{ij} = 2 \,^{n+1}G(\Delta\varepsilon_{ij} - \Delta\varepsilon_{ij}^{Vp}) + \frac{\Delta G}{^{n}G}S_{ij} + \Delta P\delta_{ij} \tag{7-94}$$

$$\Delta P = {}^{n+1}K(\Delta\varepsilon_{kk} - \Delta\varepsilon_{kk}^{Vp} - 3\Delta\varepsilon^{T}) + \frac{\Delta K}{^{n}K}\frac{\sigma_{kk}}{3} \tag{7-95}$$

式中：上标 n 代表 ^{n}t 时刻的量；ΔG 和 ΔK 代表剪切模量和体积模量在 Δt 时间内随温度的变化量。

2）蠕变子程序

金属材料在高温时具有蠕变现象，即在外力不变的时候，应变会随着时间的增加而增加。通常情况下，与实验数据拟合的蠕变规律的形式比较复杂，因此蠕变规律可以通过 CREEP 子程序来定义。ABAQUS 提供了两种蠕变模型，即幂率蠕变和双曲正弦蠕变。幂率蠕变的模型比较简单，然而它使用的范围是有限的。时间硬化形式的幂率蠕变最适用于当应力状态为常量时的情况，而应变硬化形式的幂率蠕变应当用于当应力状态变化时的情况。不管是哪种形式，都要求应力相对比较小。在高应力区域，例如在孔洞或裂缝周围，蠕变应变率通常显示为关于应力的指数变化关系。双曲正弦蠕变可以表示出在高应力水平下（$\sigma/\sigma^{0} \gg 1$，σ^{0} 是

屈服应力),蠕变对应力的指数依赖关系。在低应力状态,双曲正弦蠕变可以简化为幂率蠕变。因为 3D 打印件为多孔材料,所以使用双曲正弦蠕变方程。如果蠕变和塑性变形同时发生,ABAQUS 将使用隐式的蠕变积分方法,蠕变和塑性变形这两种行为会相互作用,形成一个耦合的本构方程。双曲正弦蠕变的形式为

$$\dot{\bar{\varepsilon}}^{cr} = A\sinh(B\,\bar{\sigma}^{cr})^n \exp\left(-\frac{\Delta H}{R(T - T^z)}\right) \tag{7-96}$$

式中:$\dot{\bar{\varepsilon}}^{cr}$ 是单轴等效蠕变应变率,即 $\sqrt{2\dot{\varepsilon}^{cr}:\dot{\varepsilon}^{cr}}$;$\bar{\sigma}^{cr}$ 是单轴等效偏应力;T 是温度;T^z 是绝对零度;ΔH 是活化能;R 是气体常数;A、B、n 都是材料参数。对于 Drucker-Prager-Cap 模型来说,ABAQUS 只提供了幂率蠕变公式,因此需要使用 CREEP 子程序来编写关于双曲正弦蠕变的方程。CREEP 子程序能够建立使用者自定义的黏塑性模型,例如蠕变和膨胀(swell),这些公式中应变率可以是等效压应力 p、Mises 等效偏应力 q 的函数。与 DPC 模型对应,在不同的载荷区域材料的蠕变也有两种不同机理,一种是剪切失效塑性区域的机理,另一种是帽子塑性区域的致密化机理。图 7.139 显示了在 p-q 平面蠕变机理的应用区域。剪切蠕变性质是通过单轴压缩试验测量的,当材料点没有达到屈服状态时,等效蠕变应力点在与剪切失效屈服函数平行的直线上,该平行的直线与单轴压缩线的交点就是等效蠕变应力。当材料达到屈服状态时,等效蠕变应力点就在剪切失效屈服线上,等效蠕变面与屈服面是平行的。等效蠕变应力的定义为

$$\bar{\sigma}^{cr} = \frac{(q - p\tan\beta)}{(1 - \tan\beta/3)} \tag{7-97}$$

ABAQUS 要求 $\bar{\sigma}^{cr}$ 是正值,因此在 p-q 平面内有一个锥形区域的蠕变为零。

考虑致密化蠕变机理时,要使蠕变与静水压力 p_a 相关。定义等效蠕变面为常静水压力面(在 p-q 平面上的一条垂直线),因此等效蠕变压力 $\bar{p}^{cr}$ 是在 p 轴上的点,$\bar{p}^{cr} = p - p_a$。

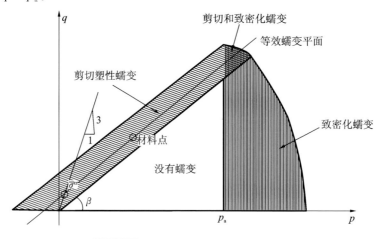

图 7.139　蠕变的不同机理的应用区域

剪切机理的蠕变应变率潜能是双曲函数：

$$G_s^{cr} = \sqrt{\left(0.1 \frac{d}{(1-\tan\beta/3)}\tan\beta\right)^2 + q^2} - p\tan\beta \qquad (7\text{-}98)$$

这个双曲函数是连续和光滑的，确保流动方向总是可以唯一地被确定。在高应力下，函数与剪切失效面平行；在低应力下，函数与静水压力轴相交处成直角（见图 7.140）。

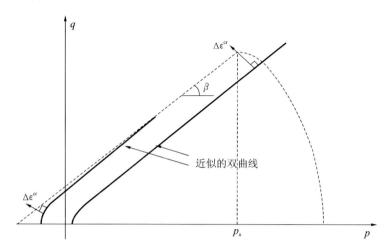

图 7.140　双曲函数的剪切机理的蠕变应变率潜能

致密化机理的蠕变应变率潜能与帽子屈服面的塑性应变率相似：

$$G_c^{cr} = \sqrt{(P-P_a)^2 + (Rq)^2} \qquad (7\text{-}99)$$

在蠕变子程序中，当蠕变与 Drucker-Prager-Cap 塑性材料模型一起使用时，等效剪切蠕变应力 $\bar{\sigma}^{cr}$ 和有效蠕变压力 $\bar{p}^{cr}$ 是给定的。ABAQUS 会在包含 Drucker-Prager-Cap 蠕变行为单元的所有积分点调用子程序 CREEP。在子程序中必须定义单轴等效剪切蠕变应变增量 $\Delta\bar{\varepsilon}_s^{cr}$（存储在矩阵 DECRA(1) 中）与体积收缩蠕变应变增量 $\Delta\bar{\varepsilon}^{sw}$（存储在矩阵 DESWA(1) 中）。ABAQUS 计算蠕变应变分量的增量公式为

$$\Delta\varepsilon_s^{cr} = \frac{\Delta\bar{\varepsilon}_s^{cr}}{f^{cr}}\left[\frac{q\boldsymbol{n}}{\sqrt{\left(0.1\frac{d}{1-\tan\beta/3}\tan\beta\right)^2 + q^2}} + \frac{1}{3}\tan\beta\boldsymbol{I}\right] \qquad (7\text{-}100)$$

式中：$\boldsymbol{n}$ 是偏应力潜能梯度，定义为 $\boldsymbol{n} = \dfrac{\partial q}{\partial\boldsymbol{\sigma}}$；变量 f^{cr} 的定义为 $f^{cr} = \dfrac{1}{\bar{\sigma}^{cr}}\boldsymbol{\sigma}:\dfrac{\partial G_s^{cr}}{\partial\boldsymbol{\sigma}}$；$G_s^{cr}$ 是剪切蠕变潜能；$\boldsymbol{I}$ 为单位矩阵。

致密化机理的蠕变应变分量为

$$\Delta\varepsilon_c^{cr} = \frac{\Delta\bar{\varepsilon}_c^{cr}}{G_c^{cr}}\left(R^2 q\boldsymbol{n} - \frac{1}{3}(p-p_a)\boldsymbol{I}\right) \qquad (7\text{-}101)$$

对于 Drucker-Prager-Cap 模型来说，在子程序中还需要定义等效剪切蠕变应

变增量关于等效蠕变应力的导数 $\dfrac{\partial \Delta \bar{\varepsilon}_s^{cr}}{\partial \bar{\sigma}^{cr}}$（存储在矩阵 DECRA(5)中）以及体积收缩蠕变应变增量关于等效蠕变压力的导数 $\dfrac{\partial \Delta \bar{\varepsilon}_c^{cr}}{\partial p^{cr}}$（存储在矩阵 DESWA(4)中）。剪切蠕变方程和致密化蠕变方程都采用了双曲正弦方程的形式,它们的定义分别为

$$\Delta \bar{\varepsilon}_s^{cr} = A \left[\sinh(B\bar{\sigma}^{cr}) \right]^n \exp\left(-\frac{\Delta H}{R(T-T^Z)} \right) \Delta t \tag{7-102}$$

$$\Delta \bar{\varepsilon}_c^{cr} = A \left[\sinh(Bp^{cr}) \right]^n \exp\left(-\frac{\Delta H}{R(T-T^Z)} \right) \Delta t \tag{7-103}$$

假设 $T^Z = 0$,对于剪切蠕变来说,等效蠕变应力为 $\bar{\sigma}^{cr} = \dfrac{(q-p\tan\beta)}{(1-\tan\beta/3)}$（对应的参数为 QTILD）,对于致密化蠕变来说 $\bar{\sigma}^{cr} = \bar{p}^{cr} = p - p_a$（对应的参数为 p）。可以得到:

$$\frac{\partial(\Delta \bar{\varepsilon}_s^{cr})}{\partial(\bar{\sigma}^{cr})} = A \cdot n \left[\sinh(B\bar{\sigma}^{cr}) \right]^{n-1} \cdot \frac{e^x + e^{-x}}{2} \exp\left(-\frac{\Delta H}{R(T-Z^Z)} \right) \Delta t \tag{7-104}$$

$$\frac{\partial(\Delta \bar{\varepsilon}_c^{cr})}{\partial(p^{cr})} = A \cdot n \left[\sinh(Bp^{cr}) \right]^{n-1} \cdot \frac{e^x + e^{-x}}{2} \exp\left(-\frac{\Delta H}{R(T-T^Z)} \right) \Delta t \tag{7-105}$$

4. SLS 制件的 HIP 模拟

对激光选区烧结制件的热等静压模拟是在 ABAQUS/Standard 求解器中进行的,采用顺序耦合的热-应力分析,在 Drucker-Prager-Cap 模型的基础上考虑了温度的影响。首先进行热传导分析,使用四节点线性热传导四面体单元 DC3D4 进行网格划分。温度边界条件施加于制件模型的外表面,温度变化与实验相同,保温温度为 1323 K。斜齿轮的形状和主要尺寸如图 7.141 所示。

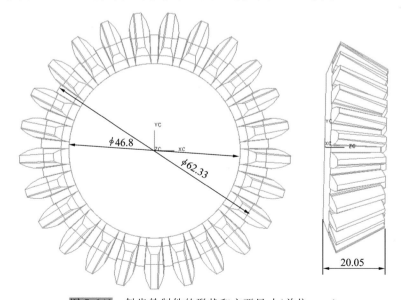

图 7.141 斜齿轮制件的形状和主要尺寸(单位:mm)

　　不锈钢粉末在不同温度下的硬化曲线如图 7.142 所示,300 K 的数据是通过冷等静压实验得到的,1398 K 的数据来自已发表的文献。可以看到粉末在高温下初期阶段相对密度增加得非常快,相对密度增加到 90% 以上后,致密化速率会变得缓慢。

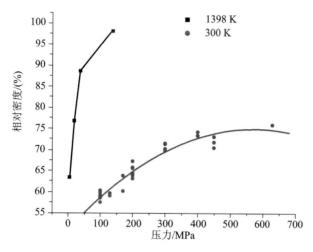

图 7.142　不锈钢粉末在不同温度下的硬化曲线

　　不锈钢粉末导热系数随温度和密度变化的关系为

$$k_p = k \left(\frac{\rho - \rho_0}{1 - \rho_0} \right)^{1.46(1-\rho_0)}$$　　　　(7-106)

式中:$k = 13.561 + 0.01434T$;$\rho_0 = 69\%$。　　　　(7-107)

　　从图 7.143 可以看出,导热系数随着相对密度的增大而增大,相对密度越小,导热性能越差;并且导热系数随着温度的升高而增大,相对密度越大,导热系数随温度的变化越明显。

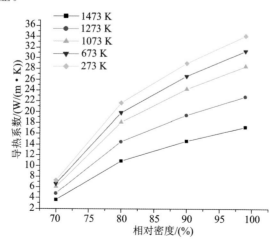

图 7.143　不锈钢粉末导热系数随温度和相对密度变化的关系曲线

不锈钢粉末热膨胀系数随温度的升高而增大,如图 7.144 所示,但是其变化量不是很大。当温度从室温增加到 1473 K 时,热膨胀系数从 $1.7 \times 10^{-5} K^{-1}$ 增加到了 $2.0 \times 10^{-5} K^{-1}$。不锈钢粉末的比热容也随温度升高而增大,如图 7.145 所示,与致密不锈钢相差不大(致密不锈钢材料的比热容在 $500 \sim 700 J/(kg \cdot K)$)。

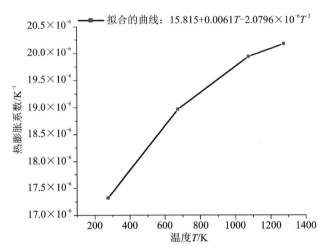

图 7.144　不锈钢粉末热膨胀系数随温度的变化曲线

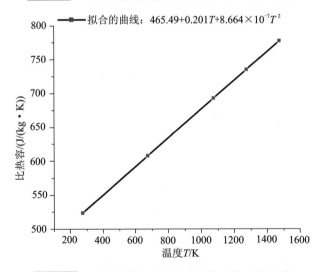

图 7.145　不锈钢粉末的比热容随温度的变化曲线

双曲正弦蠕变方程 $\bar{\varepsilon}^{cr} = A(\sinh(B \bar{\sigma}^{cr}))^n \exp\left(-\dfrac{\Delta H}{R(T - T^z)}\right)$ 中的参数为:$A = 3.331 \times 10^{18}$,$B = 8.638 \times 10^{-9}$,$n = 2.136$,$\Delta H/R = 67608$。

图 7.146 至图 7.149 是通过热分析得到的不同时刻的温度分布云图。为了看到模型内部的温度分布,显示了模型的一部分截面。升温过程中的温度分布云图如图7.146所示,外表面温度为 732.5 K,内部温度为 730 K,温差为 2.5 K。达到

保温状态时(7776 s 时,见图 7.147),整个模型的温度是均匀的,没有温差。在降温过程中(见图 7.148),外表面的温度比较低,为 793.2 K,中心的温度较高,为796.0 K,温差也只有 2.8 K。HIP 结束时(见图 7.149),外表面温度为 304.3 K,中心的温度为 306.5,温差为 2.2 K。在整个 HIP 过程,制件的热传导比较快,即使在升温和降温的过程中,温差也在 3 K 以内。虽然多孔材料的导热系数比较低,但是制件的尺寸比较小,HIP 升温和降温的速度比较缓慢,因此制件在整个过程中的温度分布都比较均匀。

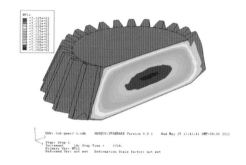

图 7.146　时间为 3024 s 时的温度分布云图

图 7.147　时间为 7776 s 时的温度分布云图

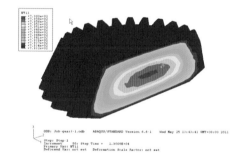

图 7.148　时间为 19008 s 时的温度分布云图

图 7.149　HIP 结束时的温度分布云图

取模型截面上不同位置的节点,得到节点的温度变化过程,如图 7.150、图7.151 所示,可以看出不同位置节点的温度变化过程基本上是相同的,与设定的温度变化过程一致,也说明在整个 HIP 过程中温度分布是比较均匀的。

得到模型节点的温度结果后,可以进行应力分析。使用预定义场(predefined field)来定义读入热分析结果文件中的温度场。结果文件的扩展名为". prt"". odb"或". fil"。应力分析和热分析模型中实体名称要相同。首先要设定模型的初始温度场,需要输入热分析结果文件的名称、分析步(step)编号以及时间增量步(increment)编号,用来指定从哪个分析步和哪个时间增量步开始读入和结束结果文件,一般使用默认的第一个分析步和第一个时间增量步。

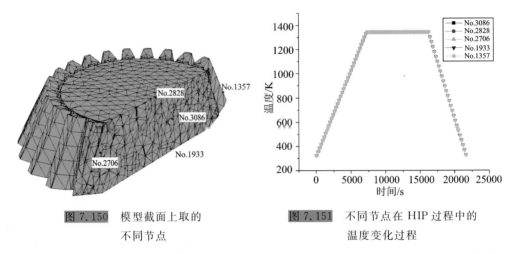

图 7.150　模型截面上取的
不同节点

图 7.151　不同节点在 HIP 过程中的
温度变化过程

使用四节点线性四面体单元 C3D4 进行网格划分。固定模型上的一点,使其不产生刚体移动,并且限制模型底面垂直方向的位移。压力施加在模型的外表面,它随时间的变化过程与实验的条件是相同的。变形前后的结果如图 7.152 所示,图中黑色实线为变形前的形状,绿色的模型为变形后的结果。可以看出模型有明显的体积收缩,变形比较均匀。

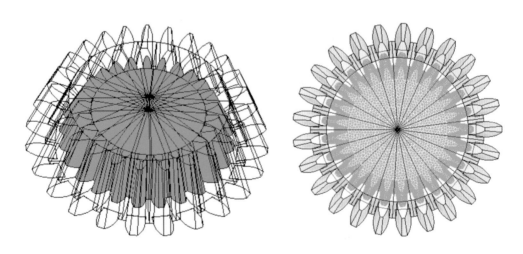

图 7.152　斜齿轮制件变形前后的比较

表 7.18 所示的是斜齿轮制件主要尺寸的模拟结果与实验结果的比较。模拟结果比实验结果偏小,最大误差为 -6%。产生误差的主要原因是高温下的粉末致密化性质来自已有文献的数据,与实际粉末的性能会有一些差异。斜齿轮制件的等效塑性应变在整个模型上非常均匀(见图 7.153),说明变形也是很均匀的。从 Mises 应力云图(见图 7.154)可以看出,HIP 后的残余应力非常小。

表 7.18　模拟结果与实验结果的比较

斜齿轮制件	实验结果/mm	模拟结果/mm	相对误差[①]
直径 D_1	48.50	45.60	-6.0%
内圆直径 D_2	35.90	34.12	-5.0%
高度 h	14.20	14.10	-0.7%

注:①相对误差＝[(模拟结果－实验结果)/实验结果]×100%。

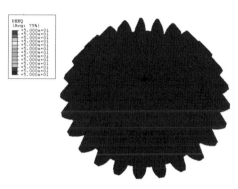

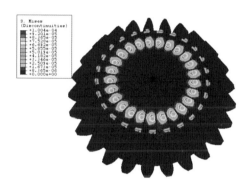

图 7.153　斜齿轮制件的等效塑性应变云图　　　图 7.154　斜齿轮制件的 Mises 应力云图

斜齿轮制件的相对密度随时间的变化过程如图 7.155 所示。可以看出,相对密度在开始阶段变化非常快,在 360 s 内由初始相对密度 37% 增加到 70%,这是因为制件初始孔隙比较大,致密化过程主要以颗粒的靠近及重排机制为主,致密化效果显著。在 2800 s 时,相对密度达到 89%,随着致密度的提高,压力增大,粉体基材也会发生塑性变形,这是靠近重排以及塑性变形机制共同作用的结果。时间继续增加时,致密化变得更加缓慢。在 7400 s 时,相对密度达到 95%,以后就不再增加。在相对密度达到 90% 后,孔隙比较小,并且呈孤立的球形,这时致密化过程主要以塑性变形和蠕变机制为主。在 2800 s 之前,相对密度的变化与硬化曲线是类似的,2800 s 后相对密度仍然有增加,这是由蠕变变形的结果引起的,说明 HIP 过程能够反映黏性蠕变的性质。

SLS 制件初始密度比较低,在 HIP 过程中的成形机理与传统 HIP 的类似,粉末颗粒之间的接触面积增加。以粉末颗粒为基准来确定孔隙度,将整个过程分成 3 个阶段,如图 7.156 所示。

阶段 0:初始状态,制件由于在高温下脱脂使颗粒之间形成少量烧结颈。

阶段 1:孔隙仍然连通时致密化的初期阶段(相对密度小于 90%)。

阶段 2:残留孔隙呈小孔洞状时的最终致密化阶段(相对密度大于 90%)。

HIP 前制件的致密度仍然比较低,孔隙比较大,与传统 HIP 过程类似,成形过程中的成形机理主要包括以下几种。

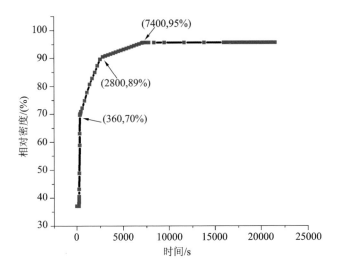

图 7.155 斜齿轮制件的相对密度随时间的变化过程

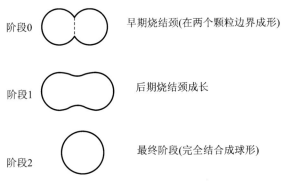

图 7.156 成形阶段示意图

（1）粒子靠近及重排机制。在加温加压开始之前，松散粉末粒子之间存在大量孔隙，同时粉末粒子形状不规则及表面凸凹不平（对不规则形状粉末），它们之间多呈点状接触，所以与一个粒子直接接触的其他粒子（粒子配位数）很少。当对粉体施加外力时，在压应力作用下，粉末粒子可能发生下列各种情况：随机堆积的粒子将产生平移或转动而相互靠近；某些粉末粒子被挤入邻近孔隙之中；一些较大的搭桥孔洞将发生崩塌等。因此，粒子的邻接配位数明显增大，从而使粉体的孔隙大大减少，如图 7.157 所示。正是由于开始阶段粒子间的有效接触面很小，变形阻力很低，相对密度才迅速提高。当粉体的相对密度增大到某一定值后，每个粒子的邻接配位数达到饱和，粒子间的点接触部分变成了面接触。这一致密化机制显然只适用于 HIP 过程刚开始的阶段。

（2）塑性变形机制。第一阶段的致密化使粉体的相对密度有了很大的提高，粒子之间的接触面积急剧增大，粒子之间相互抵触或相互楔住。这时要使粉体继续致密化，可以提高外压力以增加粒子接触面上的压应力，也可以升高温度以降

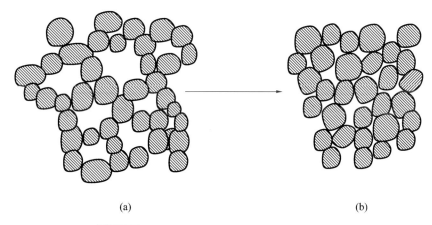

(a)　　　　　　　　　　　　　　　　(b)

图 7.157　粉末粒子靠近及重排而引起的致密化

(a)加温加压前；(b)加温加压后

低不利于粉末发生塑性流动的临界切应力。如果同时提高压力和温度，对继续致密化将更加有效。当粉体承受的压应力超过其屈服切应力时，粒子将以滑移方式产生塑性变形，在这种切变塑性变形中，一部分粉末原子团被挤入邻近的孔隙之中，使得孔隙不断被挤入物质所充填，孔隙体积逐渐变小，孔隙总数也大量减少，粉体的相对密度显著增大。

(3)扩散蠕变机制。粉末粒子发生大量塑性流动后，粉体的密度迅速接近理论密度值。这时，粉末粒子基本上连成了一片整体，残留的气孔已不再相互连通，而是弥散地分布在粉末基体之中，好像悬浮在固体介质内的气泡。这些气孔开始以不规则的狭长形态存在，但在表面张力的作用下，将球化而成球形，残存气孔在球化过程中，其所占体积也将不断减小。粒子间的接触面积增大到如此程度，使得粉体承受的有效压应力不再超过其临界切应力，这时以大量原子团滑移而产生塑性变形的机制将不再起主要作用，致密化过程主要依靠单个原子或空穴的扩散蠕变来完成，因此整个粉体的致密化过程缓慢下来，最后粉体密度趋近一最大终端密度值。

致密化过程的上述三种微观机制实际上并不能按阶段截然分开，在热压或热等静压过程中它们往往同时起作用，促进粉体的致密化，只是当粉体在不同收缩阶段时，不同的致密化机制占主导地位。但就这三种机制比较而言，塑性变形机制是高温高压下粉体致密化最主要的机制，而粒子靠近及重排机制在致密化过程的前期起作用，扩散蠕变机制只在致密化过程的后期起显著的作用。

5. 小结

本小节针对 SLS/CIP/HIP 成形致密金属制件比较复杂的缺点，改进了 SLS 制件直接进行 HIP 的方法和工艺过程，并通过该方法制造出相对密度达 90% 的齿轮制件。通过 ABAQUS 的 CREEP 子程序，编写了适合多孔材料蠕变行为的双曲正弦蠕变方程,用于 SLS 制件的 HIP 过程模拟。对 SLS 制件的 HIP 过程模拟结果显示,由于制件体积比较小,HIP 过程升温、降温速度比较缓慢,整个制件在成形过程的温差比较小,制件收缩比较均匀。由于高温材料性质来自已有文献数据,所以相对误差比较大(为-6%)。

7.3 SLS 成形陶瓷件致密化过程数值模拟研究

陶瓷粉末 SLS/CIP/FS 复合成形技术,可以满足高密度高性能复杂陶瓷件的制造,将加快陶瓷件 SLS 成形的发展,但是 CIP 和 FS 等环节的加入会使陶瓷件在成形制造过程中的尺寸发生较大的变化,要想控制陶瓷件的精度,需要考虑 SLS/CIP/FS 各环节对陶瓷件精度的影响,实现对整个工艺流程误差的控制,然后按各个工艺环节累计误差修正初始 CAD 图形,从而确定 SLS 原型输入文件,制造出高精度的陶瓷件。目前,人们对 SLS 相对偏差还没有制定统一的标准,而传统压制(或注浆成形)受到模具的控形,工艺尺寸偏差较小,而机加工则可以达到更小的偏差,达±0.5 mm。然而,SLS/CIP/FS 复合成形过程影响产品尺寸精度的步骤要比机加工和传统干压/烧结工艺多,其工艺路线比较如图 7.158 所示。

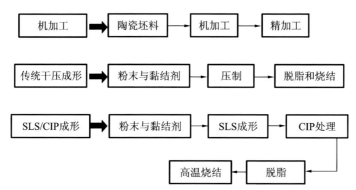

图 7.158 SLS/CIP/FS 与机加工、传统干压成形方法的工艺路线比较

与机加工不同,干压/烧结与 SLS/CIP/FS 技术的后续步骤不能消除之前步骤造成的偏差,因而尺寸精度的提高需要通过减小各步骤形成的偏差来实现。SLS/CIP/FS 复合成形技术的工艺流程更长,任一环节控制不当都将对最终产品尺寸精度产生较大影响。在 SLS 和脱脂环节,试样尺寸变化相对较小,在材料和工艺合理的情况下,主要通过经验来进行控制;而在 CIP 和 FS 致密化环节,制件会产生较大的收缩,尺寸精度依靠经验较难控制,而且不同的制件成形时尺寸变化规律会有所不同,反复的经验摸索不仅很难提高成形的精度,而且由于 SLS/CIP/FS 成形工艺流程长,会大大增加材料的浪费、各环节设备及能源损耗、时间成本等。

因此,本小节提出采用有限元模拟的方法,对陶瓷 SLS 制件的 CIP 和 FS 过程的尺寸、密度等变化进行数值模拟,并将模拟结果与实验结果进行对比,从而不断提高模拟过程的精度。

7.3.1　氧化铝陶瓷件 SLS/CIP/FS 复合成形数值模拟技术路线

利用有限元方法模拟并预测陶瓷 SLS 制件在 CIP 和 FS 过程中的变形、尺寸收缩及致密化行为的演变规律可以大大提高效率。相比于传统的试错法,这种方法可以大大降低成本,也可以更加系统地研究各因素的相互作用。SLS/CIP/FS 复合成形工艺在 ABAQUS 软件中的数值模拟技术路线如图 7.159 所示。首先测量 SLS 成形的 Al_2O_3 零件的几何尺寸以及相对密度,根据 SLS 制件的几何数据在 ABAQUS/CAE 中建立 CIP 模拟所需的模型,并设置相应的材料参数、CIP 载荷条件、截面参数、边界条件、温度及相对密度等初始条件。部分材料参数需要通过实验获得,如试样的 CIP 静水压应力-体积塑性应变特性曲线需要通过冷等静压实验获得。然后根据 CIP 模拟的结果,分析制件的变形、收缩及致密化过程,并与实际的 CIP 实验结果对比,不断修正模拟的各项参数,使模拟变得更加准确。CIP 模拟得到的应力应变、网格数据等输出结果将作为下一步 FS 加热过程中模拟的初始条件,通过烧结过程的温度场模拟得到制件温度场的历史数据,并将模拟结果与加热的实际结果对比,修正并优化温度场模拟各项参数,减小误差。接着将制件应力应变数据、加热模拟的温度场数据、网格信息作为下一阶段烧结致密化模拟的初始条件,通过模拟结果与实验结果的对比进行修正,最终确定最合适的烧结材料参数,进行 SLS/CIP 制件的 FS 模拟。最终,得到经 CIP 和 FS 后 Al_2O_3 的 SLS 制件的应力应变的改变、网格形变、致密化演变规律,为 SLS/CIP/FS 复合成形复杂陶瓷件提供指导,提高制件的整体成形精度。

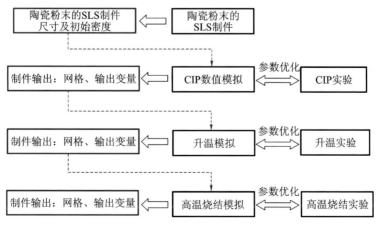

图 7.159　陶瓷粉末的 SLS/CIP/FS 复合成形数值模拟研究路线

7.3.2　氧化铝陶瓷 SLS 试样冷等静压致密化数值模拟研究

为了分析 SLS 试样在 CIP 成形过程中的变形、尺寸收缩及致密化行为,在有限元分析软件 ABAQUS 上,分别利用修正的 Cam-Clay 模型和 Drucker-Prager-Cap 模型预测试样的收缩,研究材料和工艺参数对试样成形精度等的影响,从而指导 SLS 制件的初始设计,并提高复合工艺的成形精度和制件性能,为 SLS/CIP/FS 复合成形复杂陶瓷制件奠定基础。

1. 氧化铝 SLS 试样的 CIP 压力-塑性体积应变关系

为了实现 SLS 制件 CIP 过程的数值模拟研究,需要对 SLS 试样进行 CIP 实验,获得材料的压力-塑性体积应变关系,分别测量在 50 MPa、92 MPa、150 MPa、191 MPa、255 MPa、305 MPa 和 335 MPa 的压力下试样的塑性体积应变,若 ε_{11}、ε_{22}、ε_{33} 为主方向应变,塑性体积应变的定义是 $\varepsilon_v^p = \varepsilon_{11} + \varepsilon_{22} + \varepsilon_{33}$。最后通过最小二乘法拟合出 PVA-Al$_2O_3$-环氧树脂 E06 复合粉末 SLS 试样的体积硬化曲线,如图 7.160 所示,拟合曲线为

$$p = 7.03\exp(6.46\varepsilon_v^p) \tag{7-108}$$

另外,图 7.160 所示的实验数据可以反映该 SLS 试样在不同 CIP 压力下的致密化过程和特性。

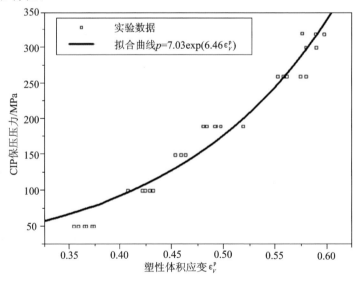

图 7.160　SLS 试样的塑性体积应变与压力曲线

2. 修正的 Cam-Clay 模型模拟 SLS 试样的冷等静压过程

1)冷等静压致密化过程可视化分析

这里主要利用 ABAQUS/Standard 模拟在 335 MPa 的静水压力下长方体试

样的 CIP 过程。要实现 SLS 试样的 CIP 过程的模拟,首先必须获取相关的材料参数。由于 ABAQUS/Standard 模块利用隐式计算方式求解每个增量步的应力应变状态,在模拟橡胶包套这种超弹性材料的非线性接触问题时,易出现积分不能收敛的问题,并且包套较薄时,对 CIP 致密化过程影响很小,实验中制作的包套厚度在 1 mm 以下,因此在这里忽略包套的影响。在 CIP 的卸压过程中,试样会发生弹性回复,因此在模拟过程中将泊松比和弹性模量视为常量并不影响数值模拟的精度,取泊松比 ν 为 0.27,弹性模量 E 为 375 GPa。经计算,PVA-Al$_2$O$_3$-环氧树脂 E06 复合粉末的理论密度为 3.09 g/cm^3,SLS 试样的平均初始相对密度为 34.5%。为了简化模型,取 $\beta=1$,$K=1$。这里取长方体的 1/8 进行有限元模拟,采用 C3D8R 六面体单元对模型进行网格划分,如图 7.161 所示,试样在各方向均匀收缩,基本无变形。

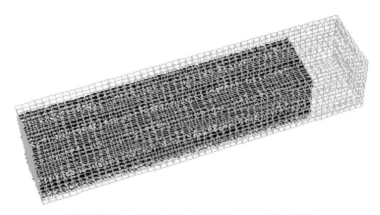

图 7.161　长方体零件网格划分及 CIP 前后变形

图 7.162(a)(b)(c)分别为 SLS 试样 CIP 后的 Mises 应力、剪切应变、总位移分布云图。图 7.162(a)表明在 CIP 各向均匀压力下,试样 Mises 应力均值较小,应力分布也较均匀;如图 7.162(b)所示,长方体试样的剪切应变数量级为 10^{-7},这是由于 CIP 致密化过程主要是由 CIP 静水压力促进的,该过程剪切应力很小,剪切应变也较小。图 7.162(c)所示为试样的总位移分布,且位移等值面是一组以对称中心 O 为原点的同心球面,从外侧到试样的对称中心总位移逐渐减小为 0,箭头 R 所指的方向为等值面梯度方向。根据粉末材料空间上的连续性和位移矢量的叠加原理,图 7.162 表明零件各部位发生了均匀的塑性变形。同时,在 CIP 条件下可忽略切应力,根据质量守恒推导出:

$$\rho_r = \frac{\rho_0}{(1+\varepsilon_{11}) \times (1+\varepsilon_{22}) \times (1+\varepsilon_{33})} \tag{7-109}$$

式中:ρ_0 和 ρ_r 为 SLS 试样 CIP 前后的致密度。式(7-109)表明塑性应变与致密度的变化保持一致。

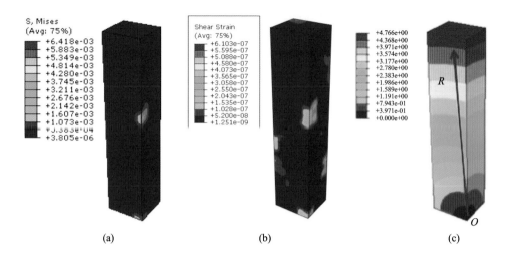

(a) (b) (c)

图 7.162 长方体试样

(a)Mises 应力分布云图;(b)剪切应变分布云图;(c)总位移分布云图

2)数值模拟尺寸误差分析

表 7.19 列出了 SLS 试样关键尺寸的初始值 D_{ini}、CIP 后的实验值 D_{exp} 及其收缩率 C_{exp}、模拟值 D_{sim} 及其收缩率 C_{sim} 和相对误差 E_{rel}。

$$C_{exp} = \frac{|D_{exp} - D_{ini}|}{D_{ini}} \times 100\% \qquad (7\text{-}110)$$

$$C_{sim} = \frac{|D_{sim} - D_{ini}|}{D_{ini}} \times 100\% \qquad (7\text{-}111)$$

$$E_{rel} = \frac{|D_{sim} - D_{exp}|}{D_{exp}} \times 100\% \qquad (7\text{-}112)$$

模拟结果表明:长方体试样在 X、Y、Z 方向的收缩率均约为 18%,实际测得在激光扫描成形面内 X、Y 方向的收缩率与模拟结果相吻合,相对误差均低于 1.5%;但 Z 方向的实际收缩率略大,相对误差达到 7.14%。

表 7.19 CIP 前后 SLS 试样关键尺寸的模拟结果与实验结果

SLS 试样	初始尺寸 /mm	模拟结果 /mm	实验结果 /mm	模拟收缩率/%	实验收缩率/%	相对误差/%
$X(L)$	49.94	41.01	41.54	17.88	16.82	1.28
$Y(W)$	9.96	8.17	8.14	17.97	18.27	0.37
$Z(H)$	4.94	4.05	3.78	18.02	23.48	7.14

模拟结果表明,试样在所有方向的收缩率近似相同,而实验结果表明各方向的收缩率并不同,厚度方向尤其明显。这与激光扫描方式有关,第 3 章中阐述了激光逐层扫描方式对 SLS 制件各向异性的影响。以图 7.163 所示的激光扫描长方体制件为例,扫描第 N 层粉末时,在激光的作用下,Al_2O_3 颗粒间

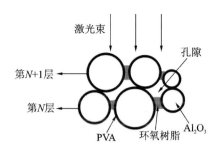

图 7.163　SLS 工艺中激光扫描烧结机理

的环氧树脂熔化并形成一定强度的黏结颈,颗粒之间孔隙较小;而相邻两层间主要靠热传递机制相互黏结,层间有较大孔隙,在 CIP 工艺中这些大的孔隙会被迅速去除,因此导致 SLS 制件在厚度方向的收缩率明显偏大。

3)Al_2O_3 激光烧结件在冷等静压过程的致密化行为

图 7.164 表明模拟和实验测得的长方体试样的相对密度随 CIP 压力变化的趋势基本相同,相对误差较小。实验结果表明,该 SLS 试样具有低压区致密化迅速、高压区致密化减缓的特征。致密化机制可根据压力分为两个阶段:在第一阶段,CIP 压力从 0 升高到 200 MPa 左右,试样的相对密度呈迅速上升趋势。由于 SLS 试样内有大量相互连接的孔隙,颗粒通过重排机制填充较大孔隙,使孔隙体积迅速减小,试样密度迅速增大。在第二阶段,压力由 200 MPa 提高到 335 MPa,致密化速度有所降低。一方面是由于颗粒重排使孔隙减小,致使表面覆有 PVA 的 Al_2O_3 颗粒间的接触面增大,变形抗力增大,阻碍了致密化的进行;另一方面,复合粉末中的环氧树脂和 PVA 的塑性流动促进了致密化的进行,尤其是 Al_2O_3 颗粒表面的 PVA 可在切应力作用下与 Al_2O_3 颗粒分离,进而填充到残留的孔隙中,促进致密化。当压力增加到 300 MPa 时,试样密度无明显变化;随着颗粒间的变形抗力增大,粉末硬化更加明显。然而在数值模拟过程中无法考虑到含量较少的环氧树脂和 PVA 的塑性流动对致密化过程的促进作用,因此当压力大于 150 MPa 时,实验测得的长方体试样的相对密度比模拟结果略高。

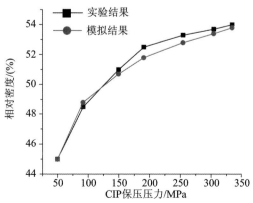

图 7.164　Al_2O_3 长方体 SLS 试样在不同 CIP 压力下的相对密度

3. 修正的 Drucker-Prager-Cap 模型模拟激光烧结件的冷等静压过程

这里利用修正的 Drucker-Prager-Cap 模型模拟 SLS 试样的 CIP 过程,并考虑橡胶包套的超弹性瞬时响应。

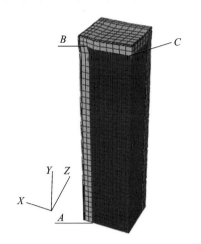

图 7.165　长方体试样和包套的网格划分

1)材料及模型参数

仍以 Al$_2$O$_3$ 长方体 SLS 试样作为对象进行数值模拟,试样与包套的 3D 模型及网格划分如图 7.165 所示,其中 X-Y 平面为 SLS 成形面,Z 轴垂直于成形面。长方体 SLS 试样的几何尺寸如表 7.20 所示。为了充分研究 3D 空间内包套对 CIP 过程的作用,取试样和包套的 1/8 进行有限元模拟,采用六面体单元 C3D8R 分别对试样和包套模型进行网格划分。这里利用 Neo-Hookean 模型描述橡胶包套的超弹性响应,假设包套的平均厚度为 1 mm。为了实现试样的 CIP 模拟,除需要获取 SLS 试样的静水压应力-塑性体积应变特性曲线,还需获得其他的材料、接触条件参数,根据 Canto 等人的研究基础,将关键的模型及材料参数列于表 7.21 中。

表 7.20　长方体试样 CIP 前后关键几何尺寸

SLS 试样	初始尺寸 /mm	实验结果 /mm	模拟结果 /mm	实验收缩率 /%	模拟收缩率 /%	相对误差 /(%)
长	49.92	41.52	41.72	16.83	16.43	0.5
宽	9.98	9.80	8.04	18.04	19.44	1.8
高	4.94	3.78	3.99	23.48	19.23	5.6

表 7.21　PVA-Al$_2$O$_3$-环氧树脂 E06 复合粉末的 Drucker-Prager-Cap 模型参数

参数	E/GPa	ν	α	ρ/(g/cm^3)	R	β/(°)	D/MPa	μ
值	375	0.27	0.02	1.6	0.558	16.5	3.0	0.2

2)有包套情况下长方体试样的冷等静压模拟与实验验证

由表 7.20 可知,CIP 后的模拟结果与实验结果更接近,在激光成形平面内,相对误差小于 1.8%。与 7.2 节相似,CIP 后试样沿层厚方向的收缩率明显比 X-Y 平面的收缩率大一些,这还是由 SLS 成形的试样的结构异性造成的。

图 7.165 反映了试样经 CIP 后的变形结果,可以发现在试样棱边上有明显的

凸起。在 CIP 过程中,试样与包套的刚度
之比控制了压制过程中的试样变形。在
CIP 的初始阶段,SLS 试样的强度比其理
论强度小很多,试样形状会随着包套的变
化而变化,尤其是试样棱边和转角处会发
生尖锐变形。图 7.166 所示的是 CIP 后试
样的剪切应变分布云图,由于试样边角上
出现了凸起现象而剪切应力增长较快,反
过来使得边角部分的剪切变形更加严重,
因此这些区域的压缩应变减小。

图 7.167 描述了在不同 CIP 压力下试
样的最终相对密度与实验结果的对比。由
图可知,模拟得到的相对密度随 CIP 压力

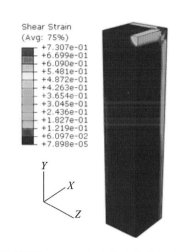

图 7.166　CIP 后长方体试样剪切应变
　　　　　分布云图(包套被隐藏)

的变化趋势与实验结果一致。并且也能从模拟结果中分析 CIP 的致密化过程及
每个阶段致密化的机制,分析结果与实验结果相同。与用 Cam-Clay 模型预测的
密度变化相比较,Drucker-Prager-Cap 模型模拟的试样最终密度偏低,这是因为在
数值模拟过程中考虑了包套对试样致密化的削弱效应。

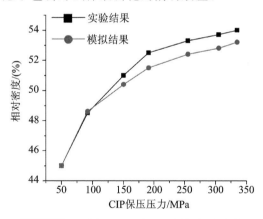

图 7.167　不同 CIP 压力下试样的相对密度

7.3.3　氧化铝陶瓷 SLS/CIP 试样高温烧结致密化数值模拟研究

本小节将修正的 SOVS 烧结本构模型写入 ABAQUS 的用户子程序,对 CIP
试样在 FS 阶段的致密化过程进行模拟。

1. Al₂O₃ 冷等静压试样在热膨胀仪中烧结实验及模拟研究

为了测试 Al₂O₃ 的 CIP 试样在 FS 过程中的收缩和热膨胀性能,利用德国 NETZSCH 公司生产的型号为 DIL402C 的热膨胀仪对 CIP 试样进行热膨胀实验,分辨率 ΔL 为 0.125 nm/1.25 nm,加热速率为 10 ℃/min,加热到 1600 ℃ 并保温 1 h,缓慢冷却到室温,CIP 试样高度为 45 mm,直径为 10 mm。

图 7.168 所示的是通过热膨胀实验测得的试样收缩率随时间和温度的变化结果。图中黑色虚线为试样在烧结过程中实际的轴向收缩率的变化,与烧结模拟出的轴向收缩率变化(黑色实线)趋势基本相同。根据收缩规律可以将曲线分为初始、中间和最终三个阶段。在初始阶段,相互连接的 Al₂O₃ 颗粒间烧结颈逐步形成,然而该阶段温度较低,基本不产生收缩,并且材料随着温度的升高会产生一定的热膨胀,因此试样的收缩率在该阶段为负值。在中间阶段,温度升高到 1600 ℃,高温下晶界扩散机制成为主要的物质扩散机制,烧结颈迅速长大,颗粒间距变小,因此该阶段收缩速率较大。在最终阶段,孔隙之间基本上相互隔离,随着温度的降低,由于残留的孔隙内气压较大,抑制了孔隙的减小或消除。从图中还可以发现烧结的中间阶段即主要烧结阶段发生在 1200～1600 ℃,从而可以认为晶界扩散机制被激活的临界温度在 1200 ℃ 左右。

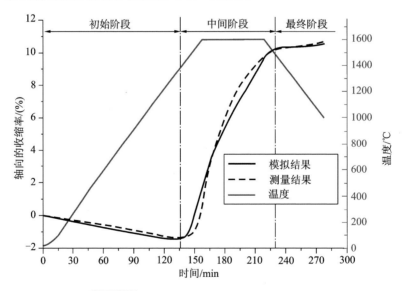

图 7.168 轴向收缩率与时间和温度的关系

2. Al₂O₃ 冷等静压试样的固相烧结数值模拟

这里利用数值模拟方法研究 SLS/CIP 成形的 Al₂O₃ 长方体试样的 FS 过程,长方体 CIP 试样的关键几何尺寸如表 7.22 所示。取试样的 1/8 进行有限元模拟,采用六面体单元 C3D8R 对试样模型进行网格划分。获取并修正了烧结模型的相关参数,列于表 7.23 中。

表 7.22　CIP 试样在 FS 前后的关键几何尺寸

长方体 CIP 试样	初始尺寸 /mm	实验结果 /mm	模拟结果 /mm	实验收缩率 /(%)	模拟收缩率 /(%)	相对误差 /(%)
长	41.4	35.77	36.07	13.61	12.87	0.84
宽	24.92	21.26	21.53	14.69	13.60	1.27
高	24.36	20.51	20.86	15.80	14.37	1.71

由表 7.22 可知,模拟结果在三个方向的收缩率和实验结果都较接近,相对误差不超过 1.8%。FS 后试样在高度方向的收缩率稍大于宽度方向和长度方向的收缩率,在烧结过程中促进试样高度方向的收缩的原因主要是试样自身重力,阻碍水平方向收缩的原因主要是承烧板对试样的摩擦力。从表 7.22 还可以看出,实验得到的三个方向的收缩率均比模拟结果大,这是由于在模拟过程中温度边界曲线是理想状态下的,而实际过程中会产生温度过冲的现象,即烧结过程的温度会略高于理想温度。

表 7.23　FS 本构模型关键参数

参数	符号	值
初始相对密度	ρ_0	读取 CIP 模拟后的结果
初始平均晶粒尺寸	G_0	0.5 μm
外界气压	p_{ex}	0.1 MPa
表面活化能	γ_s	1.1 J·m^{-2}
晶粒长大激活能	Q_G	476 kJ
黏性流动激活能	Q_V	418 kJ
可调节参数	η_0	3.5×10^{-9} Pa·s
可调节参数	A	6.75×10^{-13} mol^{-1}·s^{-1}
表面发射率	ε_{sur}	0.8
传热系数	h	8 W·m^{-2}·K^{-1}
史蒂芬-玻尔兹曼常数	σ_b	5.67×10^{-8} W·m^{-2}·K^{-4}

图 7.169 所示为烧结变形图,可以看出在烧结过程中试样形状并未发生改变,只是在三个方向上发生了尺寸收缩,从而更方便地预测试样烧结后的形状尺寸,控制精度。图 7.170 所示的是烧结过程中的最大烧结应力云图,从图中可以看出,在烧结过程中最大烧结应力达到 35.8 MPa,最小烧结应力出现在试样顶角处,为 26.59 MPa。烧结应力在烧结结束时均变为 0。烧结应力即烧结驱动力,烧结应力越大,试样相对密度越大。CIP 试样在 FS 烧结后的相对密度云图如图

7.171所示。由图可知,经过烧结后,试样的平均相对密度达到 94%,最大相对密度为 94.65%,最小相对密度为 93.3%,两者相差仅有 1.35%。因此,烧结过程使得试样整体相对密度分布更加均匀,能有效缩小试样内部整体的相对密度差异。

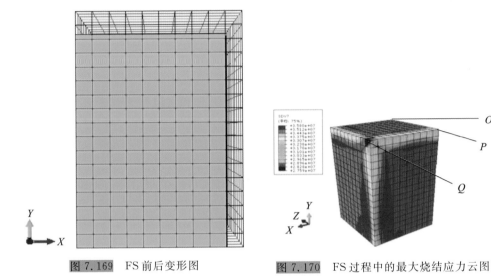

图 7.169　FS 前后变形图　　　　图 7.170　FS 过程中的最大烧结应力云图

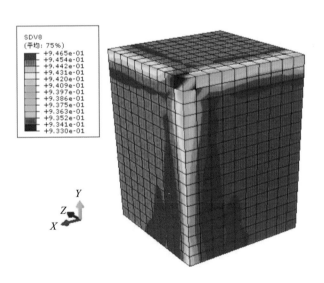

图 7.171　FS 后零件的相对密度云图

图 7.172 所示的是试样宽度(W)和高度(H)方向在 CIP 过程以及 FS 过程中的模拟收缩率的变化过程。在 CIP 过程中,因为模拟过程中没有考虑实际 SLS 的扫描方式造成的试样结构异性,模拟结果显示高度方向和宽度方向基本一致。另外,由于重力促进高度方向烧结,而承烧板摩擦力阻碍水平方向烧结,因此,可以看到在烧结结束时,高度方向的收缩率要大于宽度方向的收缩率。

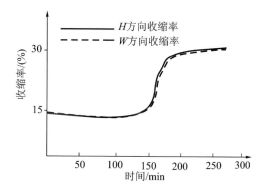

图 7.172　在 FS 过程中宽度方向和高度方向的模拟收缩率

图 7.173 所示的是试样顶面顶角处、面中心处、边中心处三点的相对密度变化曲线。可以看出,三点在 CIP 后、FS 前(横坐标起始点)的相对密度有较大差异,在经过 FS 后,其相对密度差异减小。在升温阶段,试样的相对密度几乎没什么变化;在温度达到 1200 ℃后,相对密度迅速增大;随后在降温过程中相对密度变化较小。

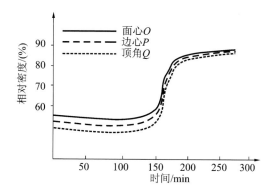

图 7.173　FS 过程中不同三点处相对密度变化曲线

7.3.4　小结

本节通过 CIP 实验测得了 Al_2O_3 的 SLS 试样的塑性体积硬化特性,为 Al_2O_3 的 CIP 数值模拟提供了材料参数,也进一步证明了试样具有低压区迅速收缩、高压区逐渐硬化的特征。

在 ABAQUS 有限元分析平台上,建立了 Al_2O_3 的 SLS 试样 CIP 和 FS 复合工艺的数值模拟技术路线:SLS 试样的几何数据和初始密度作为 CIP 模拟的初始条件,CIP 的模拟结果作为 FS 模拟的初始条件。这为 SLS/CIP/FS 复合工艺成形复杂陶瓷制件奠定了基础,提高了零件的成形精度。

利用修正的 Cam-Clay 模型对 SLS 成形的 Al_2O_3 长方体试样的 CIP 过程进

行了模拟。模拟结果表明:在不考虑包套的情况下,CIP 过程中试样各部位都发生均匀的塑性变形,基本无变形,各方向收缩率基本相同,试样密度均匀分布;在激光扫描成形面内,模拟结果与实验结果相当吻合,相对误差小于 1.5%,证明用 Cam-Clay 模型模拟 Al_2O_3 试样的 CIP 过程是合理的。在垂直扫描面的方向上,由于 SLS 激光扫描策略的影响,试样较疏松,实验收缩率较模拟值偏大,模拟结果与实验结果相对误差在 8% 以内。

利用修正的 Drucker-Prager-Cap 模型模拟了 SLS 成形的 Al_2O_3 长方体试样在 CIP 过程中的变形、尺寸收缩以及致密化行为,探讨了包套对 CIP 致密化过程的影响。模拟结果表明在考虑包套的情况下,长方体棱边有较明显的凸起,得到了实验的证实,包套在一定程度上削弱了 CIP 致密化过程。另外,在激光扫描成形面内,模拟结果与实验结果相当吻合,模拟与实验相对误差小于 2%;同样由于 SLS 试样结构异性的问题,在垂直于扫描面方向上,相对误差达到 5.6%。模拟结果和实验结果表明在 CIP 过程中包套对试样的形状精度有负面影响,并且证明用修正的 Drucker-Prager-Cap 模型能准确预测 SLS 试样在 CIP 过程的致密化行为,并指导实际的制件制造。

建立修正的 SOVS 烧结模型,并将其嵌入 ABAQUS 的用户子程序中,利用该本构模型模拟 CIP 试样在固相烧结 FS 中的致密化过程、变形、尺寸收缩等现象。模拟结果与实验结果在各方向上都比较准确,相对误差在 2% 以内,说明该模型能较准确地预测试样在高温烧结过程中的收缩。

本章参考文献

[1] 郭开波.快速成形软件与工艺关键技术研究[D].武汉:华中科技大学,2006.

[2] 杜艳迎.粉末激光快速成形与等静压复合过程工艺与数值模拟研究[D].武汉:华中科技大学,2011.

[3] CERVERA G B M , LOMBERA G. Numerical prediction of temperature and density distributions in selective laser sintering processes[J]. Rapid Prototyping Journal,1999,5(1):21-26.

[4] GRECO A, MAFFEZZOLI A. Polymer melting and polymer powder sintering by thermal analysis [J]. Journal of Thermal Analysis and Calorimetry, 2003, 72(3):1167-1174.

[5] FISCHER P, LOCHER M, ROMANO V, et al. Temperature measurements during selective laser sintering of titanium powder[J]. International Journal of Machine Tools & Manufacture, 2004, 44(12):1293-1296.

[6] JOHNSON J D, HELTON J C. Probability of loss of assured safety in temperature dependent systems with multiple weak and strong links[J].

Reliability Engineering & System Safety,2006，92(10):1374-1387.

[7] 王润富，陈国荣. 温度场与温度应力[M].北京:科学出版社，2005:97-103.

[8] 赵镇南. 传热学[M].北京:高等教育出版社,2002:381-389.

[9] 陆煜，程林. 传热原理与分析[M].北京:科学出版社,1997:46-50.

[10] 卞伯绘. 辐射换热的分析与计算[M]. 北京:清华大学出版社,1988:30-38.

[11] 韩凤麟. 热等静压(HIP)工艺模型化发展[J]. 粉末冶金工业,2005,15(1):12-25.

[12] 刘锦辉. 选择性激光烧结间接制造金属制件研究[D]. 武汉:华中科技大学,2006.

[13] LIU J H, SHI Y S, LU Z L, et al. Manufacturing near dense metal parts via indirect selective laser sintering combined with isostatic pressing[J]. Applied Physics A，2007,89：743-748.

[14] 孙雪坤,苗雨阳,王国栋. 金属粉末的模压致密化特性[J]. 中国有色金属学报,1999(a01):239-241.

[15] 孙雪坤,沈以赴,金琪泰. 金属粉末冷等静压下致密化过程的分析[J]. 中国有色金属学报,1998(a01)：132-135.

[16] 任学平,王尔德,霍文灿. 粉末体的屈服准则[J].粉末冶金技术,1992,10(1)：8-12.

[17] REITERER M，KRAFT T，JANOSOVITS U，et al. Finite element simulation of cold isostatic pressing and sintering of SiC components[J]. Ceramics International，2004,30(2)：177-183.

[18] 李瑞迪. 金属粉末选择性激光熔化关键基础问题的研究[D]. 武汉:华中科技大学,2010.

[19] SANCHEZ L，OUEDRAOGO E，DELLIS C，et al. Influence of container on numerical simulation of hot isostatic pressing：final shape profile comparison[J]. Powder Metallurgy，2004,47(3)：253-260.

[20] 孙雪坤,杨红,苗雨阳,等. Cam-Clay 模型在 Si3N4 陶瓷粉末冷压分析中的应用[J]. 东北大学学报(自然科学版),1998，19(4)：395-397.

[21] ROSCOE K H，BURLAND J B. On the generalized stress-strain behavior of "wet" clay [C]// Engineering Plasticity. HEYMAN J，LECKIE F A. Cambridge，England：Cambridge University Press，1968：535-609.

[22] 马福康. 热等静压技术[M]. 北京:冶金工业出版社,1992.

[23] 陈普庆. 金属粉末压制过程的力学建模的数值模拟[D]. 广州:华南理工大学,2004.

[24] 汪俊,李从心,阮雪榆. 粉末金属压制过程数值模拟建模方法[J]. 机械科学与技术,2000,19(3)：436.

［25］HIBBITT B. ABAQUS theory manual［M］. Netherland：Elsevier Science Ltd. ,1996.

［26］GREEN R J. A plasticity theory for porous solids［J］. International Journal of Mechanical Sciences，1972,14(4):215-224.

［27］TUNER M R，CLOUGH R，MARTIN H，et al. Stiffness and deflection analysis of complex structures［J］. J. Aero. SCI. , 1956,23(9)：805-823.

［28］ARGYRIS J H. Elasto-plastic matrix displacement analysis of two-dimensional stress systems by the finite element method［J］. International Journal of Mechanical Sciences，1967,9：143-155.

［29］MARCAL P V，KING I P. Elasto-plastic analysis of three-dimensional continua［J］. Royal Aeronautical Society，1965,69：633-635.

［30］BELYTSCHKO T，LIU W K，MORAN B,et al. 连续体和结构的非线性有限元［M］.2 版. 庄苗,柳占立,成健,译. 北京:清华大学出版社，2008.

［31］GOVINDARAJAN R M，ARAVAS N. Deformation processing of metal powders. Part I：cold isostatic pressing ［J］. International Journal of Mechanical Sciences，1994, 36(4):343-357.

［32］WOHLERT M S. Hot isostatic pressing of direct selective laser sintered metal components［D］. Texas：University of Texas at Austin，2000.

［33］KRUTH J P，LEVY G，KLOCKE F，et al. Consolidation phenomena in laser and powder-bed based layered manufacturing［J］. CIRP Annals-Manufacturing Technology，2007, 56(2)：730-759.

［34］LIU J H，SHI Y S，CHEN K H，et al. Research on manufacturing Cu matrix Fe-Cu-Ni-C alloy composite parts by indirect selective laster sintering ［J］. International Journal of Advanced Manufacturing Technology，2007,33(7-8)：693-697.

［35］陈英. 铁基合金粉末激光烧结与等静压复合成形技术研究［D］. 武汉：华中科技大学,2008.

［36］石亦平,周玉蓉. ABAQUS 有限元分析实例详解［M］. 北京:机械工业出版社,2006.

［37］SHACKELFORD J F，ALEXANDER W. Materials science and engineering handbook［M］. 3rd edition. Boca Raton：CRC Press LLC. , 2001.

［38］任露泉. 试验优化技术［M］. 北京:机械工业出版社,1987.

［39］CHTOUROU H，GUILLOT M，GAKWAYA A. Modeling of the metal powder compaction process using the cap model. Part I：experimental material characterization and validation［J］. International Journal of Solids and Structure，2002,39(4)：1059-1075.

[40] 曽田范宗. 摩擦[M]. 丁一,译. 北京:科学出版社,1978.

[41] LIU J H,SHI Y S,LU Z L,et al. Manufacturing near dense metal parts via indirect selective laser sintering combined with isostatic pressing[J]. Applied Physics A ,2007,89:743-748.

[42] ARLT E. The influence of an increasing particle coordination on the densification of spherical polders[J]. Acta Metallurgica,1982,30(10):1883-1890.

[43] ARZT E,ASHBY M F,EASTERLING K E. Practical applications of hot-isostatic pressing diagrams:four case studies [J]. Metallurgical Transactions A,1983,14(1):211-221.

[44] JEON Y C,KIM K T. Near-net-shape forming of 316L stainless steel powder under hot isostatic pressing[J]. International Journal of Mechanical Sciences,1999,41(7):815-830.

第 8 章 激光选区烧结技术的典型应用

8.1 激光选区烧结在砂型铸造中的应用

8.1.1 复杂液压阀的制造

1. 液压阀的形体结构分析

图 8.1 所示为国外客户订制的材质为 HT200 的液压阀铸件,该件外形上的凸凹形面较多,并有许多与内流道相通的小圆孔及异形孔。该件的内腔流道形状更为复杂(其形状可见图 8.2 中形成流道的型芯),共有四条流道:①$\phi 8 \sim \phi 9$ mm 的中心水平流道的一端与前端面相通,另一端与零件顶端的 $\phi 50$ mm 垂直大孔相连,其中间还分别与 $\phi 19.7$ mm、$\phi 4$ mm 及 $\phi 6.5$ mm 的垂直圆孔连通;②位于中心流道上方的长角弯形流道(236.3 mm×$\phi 9$ mm),与中心流道成空间立体交叉,不仅形状左右上下弯曲,且流线非常复杂,流道两端面分别与图 8.2 所示右侧面及前端面相通,中间与宽度为 3.6 mm 的左月牙形垂直窄孔相连;③位于图 8.2 中左边两角弯形流道之间截面最小的圆形流道,截面直径$\phi 5$ mm×流道长 64 mm(长径比约为 13),且也成弯扭状,其两端分别与右侧面及底平面相通;④位于图 8.2 中最左边的角弯形、$\phi 9$ mm 圆形截面的流道两端亦与左侧面及前端面相通,中间与宽度为 3.6 mm 的右月牙形垂直窄孔相连。

上述分析表明:该阀体的内腔流道形状弯扭变化很大,不仅沿水平方向弯扭,而且还沿空间任意方向弯扭;同一流道出现多个不等直径或不等截面形状的结构,且有的流道过分细而长;各流道出口中心线不在外部形状的同一平面上。这些问题均会给该阀体的铸造工艺带来很大的困难,传统的砂型铸造和消失模铸造均难以胜任。SLS 成形不仅制模周期短、费用低,而且特别适合于制作复杂零件的原型或型芯,现已在铸造的生产实践中得到了广泛应用。为此,本节着重考虑了基于 SLS 快速成形的几种铸造方法。

2. 液压阀的铸造方法选择

1)传统的砂型铸造方法

首先选择将阀体铸件的三维图形转化成二维工程平面图,并用来制造其木质

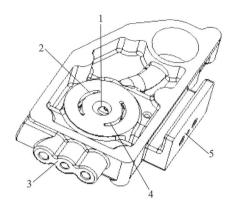

图 8.1 液压阀铸件的三维图形

1—ϕ19.7 mm 垂直孔及型芯；2—宽 3.6 mm 左月牙形垂直窄孔；

3—前端面；4—宽 3.6 mm 右月牙形垂直窄孔；5—右侧面

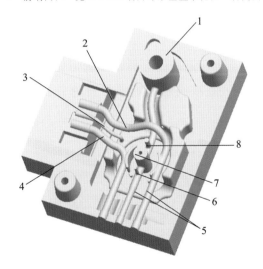

图 8.2 阀体下的砂型及型芯的三维图形

1—ϕ50 mm 垂直大孔及型芯；2—ϕ9 mm 长角弯形流道型芯；3—ϕ5 mm 最小圆形截面流道型芯；

4—ϕ9 mm 角弯形流道型芯；5—ϕ8～9 mm 中心流道型芯；6—ϕ4 mm 垂直小孔型芯；

7—ϕ19.7 mm 垂直孔及型芯；8—ϕ6.5 mm 垂直小孔型芯

模型及芯盒，外形采用湿砂型造型，内腔用木质芯盒制造树脂砂芯(利用树脂砂良好的溃散性，使铸件在浇注后易于清理)，然后将型芯与砂型进行装配。由于阀体内腔流道太复杂，其木模及所有芯盒的分型、分盒面全部为空间曲面，为了能充分反映阀体铸件的形状和尺寸，由阀体三维图形转换来的二维工程图的视图与剖分面繁多，因此只有技艺高超的铸造模型操作人员才能完成此方案。又因供货期很紧，最终未能找到合适的模型操作人员而被迫放弃此方案。

2）消失模铸造方法

选择消失模铸造方法的依据是：可以直接利用客户提供的三维铸件图形，添加收缩余量并反型后，直接得出消失模型腔的形状，便可进行模具的分型及分块处理，编制加工路径进行数控加工；消失模铸造时多采用松散的干砂充填于它的流道孔中作为型芯，因此铸件浇注后，很容易清理出砂。然而阀体内腔流道形状在空间方位上扭曲太大，个别砂芯过于细长，给该法带来如下困难：在消失模分块时几乎没有合适的平面进行分块，以致消失模的形块在装配面出现很薄的飞边，使其黏合困难。如果要避免出现薄边，必须将消失模的型腔分块数量增加，这就使模具更复杂，制造周期更长，且模具费用更高。阀体铸件不论取何种浇注位置，均不可避免会出现水平型芯，这种状况的型芯在消失模埋入松散的砂中时不易靠振动紧实，浇注时铸件在该部分容易出现胀型，甚至因金属液流入砂芯中造成铸件报废。故也只能放弃这种铸造方法。

3）石膏型铸造

直接用 SLS 成形方法，不需要模具，直接将客户所给的三维图形输入 SLS 成形设备中，一天内即可制作出与图 8.1 形状完全相同，但尺寸大一些的熔模，然后直接用石膏灌浆，进行石膏型精密铸造获得铸件。但石膏型精密铸造一般只适合制造铝合金铸件，而液压阀所要求的材料为铸铁，因此不适宜用石膏型铸造。

4）熔模精密铸造

与石膏型铸造法相同，熔模精密铸造也是用 SLS 方法直接制造熔模。由于流道直径小、形状扭曲，故内部无法进行挂砂结壳，只能用陶瓷型芯来成形。但该液压阀内腔浇灌陶瓷型芯很困难；另外，因形状所限不能放置芯骨增加强度，且在阀体铸件浇注后陶瓷型芯的溃散性差，不易清理出砂，因此该法也不宜被选用。

5）覆膜砂型（芯）SLS 成形方法

覆膜砂型（芯）SLS 成形方法已在生产中得到了一定的应用，由于覆膜砂的溃散性好，特别适用于制作复杂砂芯，因此最终决定选用 SLS 技术成形覆膜砂，直接制备复杂液压阀的砂型及砂芯，然后浇注铸件。

3. 砂型（芯）的制备

首先将客户提供的阀体三维模型施放收缩率并反型，使之生成砂型的型腔及型芯，并确定浇注系统、冒口、型芯座及合型锥的位置与尺寸大小；然后确定覆膜砂型的尺寸大小及壳型的厚度（吃砂量）；最后根据模型的外形及型芯座的轮廓形状，绘出模型的分型面，将整体砂型剖分成上、下两部分。

在未进行充分的研究之前，SLS 成形悬臂结构时制件总是被推动或无法清理，导致悬臂的内腔流道的砂芯难以成形。为此，利用三维绘图软件选取阀体的内腔流道形状,使之变成实体型芯,并在其上添加型芯头(与型腔上的型芯座相吻合),设置型芯的通气道,经多次实验,终于获得了如图 8.3 所示的砂型(芯)。

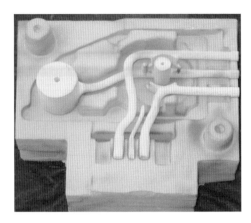

图 8.3　分体成形的阀体 SLS 覆膜砂型(芯)

经过对覆膜砂 SLS 成形工艺的深入研究,优化 SLS 成形工艺,采用整体成形的方法成功地制备了阀体的下砂型,如图 8.4 所示。砂型的轮廓清晰,表面光洁度和精度都有很大提高。

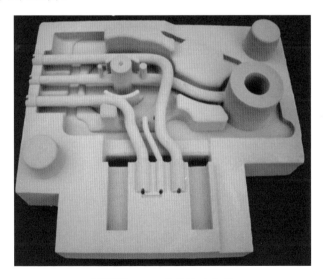

图 8.4　SLS 成形的下砂型

4. 后固化

前面对后固化的温度已做了详细的研究,但就此还不能完全确立后固化的工艺。对于液压阀体的砂型(芯),这里采用的后固化工艺为:先用火焰烧结表面,达到表面固化,提高表面强度,增加表面光洁度;然后在覆膜砂的砂型(芯)中填入玻璃微珠,放入烘箱中升温固化。

砂型(芯)在高于树脂熔点而又未固化前的强度极低,很容易变形,特别是悬臂结构。如图 8.5 所示为填充石英砂后固化的变形。玻璃微珠的密实度好于石英砂,但仍存在局部坍塌,因此应尽量降低此阶段的时间。固化温度也不能太高,实际上应采用较快的升温速度和较高的后固化温度。最终将后固化的方案调整为:先将烘箱的温度升至 200 ℃后再放入砂型(芯),而后停止加热,利用余热使砂型(芯)固化,自然冷却至室温。由于树脂在固化后的强度较高,因此采用此方案后未发生砂型(芯)坍塌现象。

图 8.5　后固化失败的砂型(填充材料为石英砂)

5. 液压阀体的铸造浇注工艺

在对 SLS 技术制备的液压阀体的覆膜砂型(芯)进行铸造浇注过程中,我们遇到了一些新的问题,现将这些问题及其解决措施叙述如下。

(1)难以在 SLS 成形的整体覆膜砂芯中打通通气道。虽然在三维图形设计时可以在砂芯的内部准确地设计其通气道的形状和位置,但经 SLS 成形后的砂芯通气道中仍充填了未被激光烧结的覆膜砂,由于阀体砂芯的形状在空间中的弯扭程度厉害,其截面很细,长度与直径之比又大,实际上很难将砂芯通气道中未烧结的残余砂子清除,以致在后固化时,该部分砂粒最终会被固化,而将通气道堵死,使铸件产生气孔。采取的解决措施是:尽量将通气道中的残砂掏空,对截面过细的型芯,则在芯头部位开设较大的通气道与砂型外部相连。同时在型芯上方的上砂型上,尽可能多地开设出气冒口。砂芯截面尺寸允许时,尽量将砂芯剖分成两半进行 SLS 成形,然后再黏结成一体。特殊情况下,还可考虑设置工艺孔,例如对于阀体中尺寸最长的角弯形砂芯,就可在其中部设计工艺孔,既利于砂芯通气,又增加了砂芯的支撑点,使砂芯在砂型中的稳定性更好。

（2）SLS 成形的覆膜砂芯无法放置芯骨。本实验的研究实践表明，只要恰当控制 SLS 成形工艺参数，则覆膜砂芯的强度是足够的，能承受铁液的浮力，或者采用平做立浇等方式来减少浮力，可不必放置芯骨。

（3）SLS 成形的覆膜砂芯浇注时的发气量大。SLS 成形所用覆膜砂的树脂含量偏高，所以浇注时的发气量大。发气量随着后固化温度的升高而降低，但当温度升到 170 ℃后，发气量的变化已很小，直到后固化温度达到 280 ℃时，树脂才开始大量分解，这也证明取 170 ℃作为后固化温度是合适的。在此条件下制得的砂型（芯）的发气量为 21.1 mL/g，这较普通覆膜砂和树脂砂的发气量大，因此，必须采取一定的措施才能保证铸造浇注的顺利进行，以下为浇注实践。

首先，铸造浇注时需考虑对型芯通气道进行引气，并采取工艺措施，防止铁液将砂芯浮起。本实验先后浇注了三次：①第一次是因为覆膜砂型（芯）的排气不畅，在铸件的上表面局部产生气孔。然而，将铸件切破后，发现未上涂料的覆膜砂芯形成的阀体内腔流道的表面非常光滑。②第二次浇注时，在上砂型左部大圆周的范围内增开了腰圆形冒口排气，并将砂型及砂芯的后固化烘烤温度升高、烘烤时间加长，目的是将覆膜砂型（芯）中的树脂尽可能多地烧失（此时覆膜砂型（芯）的颜色呈深褐色），但过分烘烤的覆膜砂型（芯）在浇注时的强度大大降低，因此在铁液的浮力下，悬空距离最长的角弯型芯被折断而上浮，穿通了铸件的上表面，并且铸件上表面还有少量气孔，再次使铸件报废。③第三次浇注前，在砂型（芯）上方的上砂型部位尽量开设更多的出气冒口，如图 8.6 所示，在型芯端部开通气道，浇注时用人工进行引气，控制合理的后固化温度和时间，并且采用覆膜砂型（芯）SLS 整体成形工艺，以增加砂芯在砂型中的稳定性，终于浇出了合格的阀体铸件。将浇注的铸件沿流道进行剖分，如图 8.7 所示，可见，各部分的表面和流道都很光滑。

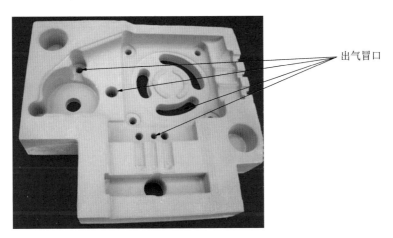

图 8.6　改进后的阀体 SLS 上砂型

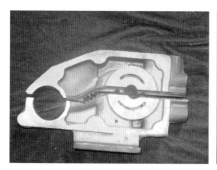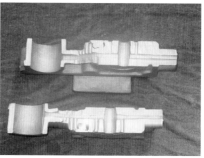

图 8.7　用 SLS 成形的覆膜砂型(芯)浇注的液压阀体铸件及其剖分图

8.1.2　气缸盖的制造

气缸盖的砂型较复杂。华中科技大学铸造研究室曾采用消失模铸造的方法生产气缸盖的铸件,如图 8.8 所示为气缸盖的消失模模型和铸件。

图 8.8　铸造气缸盖的消失模模型和铸件

消失模成形需要做模具,为快速铸造单件砂型,设计了如图 8.9 所示的气缸盖三维图形的上、下砂型。此上、下砂型可采用 SLS 整体成形工艺制造,但考虑到下砂型浮砂的清理,将下砂型又分成如图 8.10 所示的两块,并分别进行 SLS 成形。成形后的砂型如图 8.11 所示,用其浇注的铝合金铸件如图 8.12 所示。

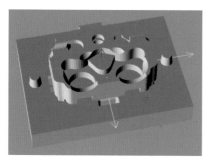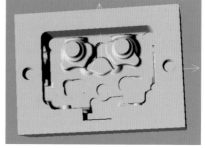

图 8.9　气缸盖上、下砂型示意图

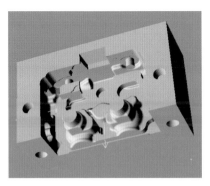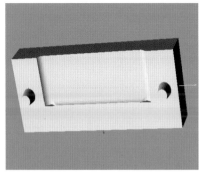

图 8.10　下砂型分块示意图

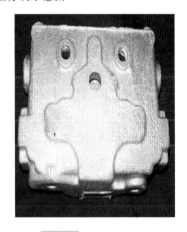

图 8.11　气缸盖 SLS 成形砂型　　　　图 8.12　气缸盖铸件

8.1.3　其他砂型(芯)的 SLS 成形

用 SLS 成形的其他典型零件如增压器、汽车发动机缸体等的覆膜砂型(芯)，都取得了较好的效果。图 8.13 所示的是我们在实验研究中为客户制备的 SLS 成形的覆膜砂型(芯)的典型例子。

图 8.13　SLS 成形的覆膜砂型(芯)的典型例子

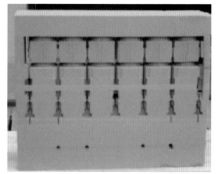

续图 8.13

8.2 激光选区烧结在熔模铸造中的应用

传统的熔模铸造所用蜡模多采用压型制造,而用 SLS 技术可以根据用户提供的二维、三维图形获得熔模,不需要制备压蜡的模具,在几天或几周内迅速、精确地制造出原型件——手板模(或称手板),大大缩短了新产品投入市场的周期,满足快速占领市场的需要。SLS 技术几乎可制造任意复杂零件的熔模,因此,它一出现就受到了高度的关注,已在熔模铸造领域得到了广泛应用。

SLS 制作熔模的工艺过程为:将零件三维图形补偿收缩率后,输入 SLS 快速成形设备中,SLS 设备按照三维图形自动成形,成形完后清除浮粉,再渗入低熔点蜡,并进行表面抛光,就可得到表面光滑、达到尺寸精度要求的熔模。但是 SLS 制作熔模的模料的性质不同于一般熔模精密铸造的蜡料,它具有如下特性:

①SLS 模料属于聚合物,相对分子质量较大,不仅熔化温度高、无固定的熔点,而且熔程长;

②SLS 模料的熔体黏度大,需要在较高的温度下才能达到脱模所需的黏度,一般的水煮或蒸汽等脱蜡方法则不适用;

③SLS 模料整体被包裹在模壳中,在缺氧条件下进行焙烧时,不能完全被烧失,会在模壳内形成残渣,使铸件产生夹渣等铸造缺陷。

8.2.1 SLS 模料的选择

虽然多种聚合物粉末都可用于 SLS 成形,如尼龙(PA)、聚碳酸酯(PC)、聚苯乙烯(PS)、高抗冲聚苯乙烯(HIPS)、ABS 塑料、蜡等,但在选择熔模铸造的 SLS 模料时,不仅要考虑 SLS 模料的成本、原型件的强度和精度,更要考虑结壳或石膏型的脱蜡工艺,因此,所用的 SLS 模料必须能够在脱蜡过程中完全脱除或烧失,留下的残留物较少(满足精密铸造的要求)。蜡是熔模铸造中用得最多的一种优良模料,虽然国内外都对蜡的 SLS 成形过程进行了大量的研究,但 SLS 制作熔模的变形问题一直没有得到很好的解决。PC 材料具有激光烧结性能好、制件的强度较高等多种优良的性能,是最早用于铸造熔模和塑料功能件的聚合物材料。但 PC 的熔点很高,流动性不佳,需要较高的焙烧温度,因而现已被 PS 材料所取代。虽然对于大多数情况而言,PS 是成功的,但 PS 的强度较低,原型件易断,不适合制备具有精细结构的复杂薄壁大型铸件的熔模。HIPS 是改性的 PS,在大幅提高 PS 冲击强度的同时对其他性能的影响较小,因此我们同时选取了 PS 和 HIPS 进行研究。

8.2.2　SLS 原型件的渗蜡后处理

SLS 成形的 PS 或 HIPS 的原型件,其孔隙率均超过 50%,不仅强度较低,而且表面粗糙、容易掉粉,不能满足熔模铸造的需要,因此必须对其进行后处理。与制造塑料功能件不同的是,SLS 熔模所采用的办法是在多孔的 SLS 制件中渗入低温蜡料,以提高其强度并利于后续的打磨抛光。

因为 PS 和 HIPS 的软化点均在 80 ℃左右,为防止渗蜡过程中 SLS 原型件的变形,蜡的熔点必须低于 70 ℃,根据以往的研究,蜡的黏度在 1.5~2.5 Pa·s较为合适。

当把 SLS 原型件浸入蜡液后,蜡在毛细管作用下渗入 SLS 原型件的孔隙,经后处理后,大部分孔隙已被蜡所填充,所得 SLS 熔模的孔隙率降到 10%以下,从 PS 和 HIPS 熔模的冲击断面(见图 8.14 和图 8.15)来看,大部分的粉末颗粒已被蜡所包裹,说明蜡与 PS 或 HIPS 有较好的相容性。表 8.1 所示为渗蜡后熔模的力学性能。

(a)　　　　　　　　　　　　　　　　(b)

图 8.14　PS 的 SLS 原型件和渗蜡后 PS 的 SLS 熔模的断面

(a)PS 的 SLS 原型件;(b)渗蜡后 PS 的 SLS 熔模断面

$$(a) \qquad\qquad\qquad (b)$$

图 8.15　HIPS 的 SLS 原型件和渗蜡后 HIPS 的 SLS 熔模的断面

(a)HIPS 的 SLS 原型件;(b)渗蜡后 HIPS 的 SLS 熔模断面

表 8.1　SLS 原型件和渗蜡后 SLS 熔模的力学性能

力学性能	拉伸强度 /MPa	伸长率 /(%)	杨氏模量 /MPa	弯曲强度 /MPa	冲击强度 /(kJ/m²)
PS	1.57	5.03	9.42	1.87	1.82
PS(渗蜡)	4.34	5.73	23.46	6.89	3.56
HIPS	4.59	5.79	62.25	17.93	3.30
HIPS(渗蜡)	7.54	5.98	65.34	20.48	6.50

由表 8.1 可知,渗蜡后 SLS 熔模的力学性能得以大幅提高,PS 的 SLS 熔模的力学性能提高幅度大于 HIPS 的,可能是由于 PS 的 SLS 原型件强度较低。但 PS 的 SLS 熔模的强度仍远低于 HIPS 的。

8.2.3　SLS 模料的热性能

1. SLS 模料的熔融与熔体的黏流性能

SLS 模料的熔化与黏流性能是确定脱蜡工艺的直接依据,在科学研究和实际生产中有多种测定模料熔化温度和黏流性能的方法,如熔融指数(MI)、熔体黏度等,但这些在压力或剪切力作用下得出的数据不能准确反映脱蜡温度,为此本实验模拟脱蜡工艺条件,采用了以下两种直观的方法来测定模料的熔化温度和黏流性能。

(1)b 形管测定法。b 形管测定法是化学实验中测定熔点的方法之一。其步骤如下:取少量 PS 模料粉末试样,置于 b 形管中,用酒精灯进行均匀加热,观察管中粉末的变化,160 ℃时开始熔融,至 180 ℃时熔物增加,有气泡逸出,到 182 ℃后变化不大。

（2）模料在温箱中加温测定法（见图 8.16）。由于 b 形管测定法受试样数量及加热装置的局限，该法所测得的模料熔化温度尚不能直接用于生产，因此选取 ϕ10 mm×10 mm 的圆柱形 PS 的 SLS 试样，置于玻璃皿中，然后一起送入恒温电热鼓风干燥箱中，从室温开始加热升温，并观察烘箱中试样的变化情况。160 ℃时试样表面开始熔融下滑（见图 8.16(a)）；160～182 ℃(2 h)试样渐渐塌平（见图 8.16(b)）；202～230 ℃(4 h)试样完全坍塌成水平面（见图 8.16(c)），用棒从玻璃皿中挑取熔融的物质，发现其非常黏稠，其中夹杂大量气体，见空气后立即凝固，呈玻璃状易碎物；230～242 ℃(3 h)模料逐渐排出其中的空气，体积逐渐减小；随后断电，试样随炉冷却到室温(10 h)，玻璃皿中剩余物质呈现为薄层棕色透明状。

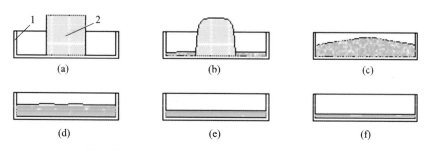

图 8.16　PS 的 SLS 试样在烘箱加热状态下的变化

(a)室温模料试样；(b)160 ℃试样开始熔融流动；(c)160～182 ℃(2 h)试样完全坍塌；(d)202～230 ℃(4 h)试样塌平；(e)230～242 ℃(3 h)试样流平并排出空气；(f)断电随炉冷却，试样凝固呈半透明状

2. SLS 模料的熔体黏度与温度之间的关系

PS 的 SLS 模料熔体黏度与温度的关系曲线如图 8.17 所示，可以看出，随着温度的升高，熔体黏度直线下降，虽然模料在 160 ℃时开始熔化，但是当温度达到 250 ℃时，黏度才接近 100 Pa·s，这说明模料不仅黏度高、流动困难，而且对温度敏感，这是模料脱出工艺中必须考虑的因素。

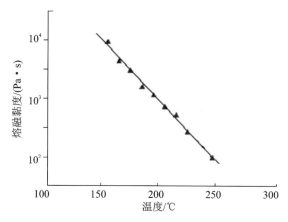

图 8.17　PS 的 SLS 模料熔体黏度与温度的关系

3. SLS 模料的热重(TG)分析

普通的蜡模所使用的模料多为低温或中温蜡,可通过热水或蒸汽脱除。而 PS 或 HIPS 为聚合物,熔点高,熔体黏度大,不能通过热水或蒸汽脱除,所以必须考虑高温焙烧,使其分解或燃烧。因此,测定了 PS 和 HIPS 的 TG 分析曲线,以确定模料的分解与温度之间的关系,如图 8.18 所示。

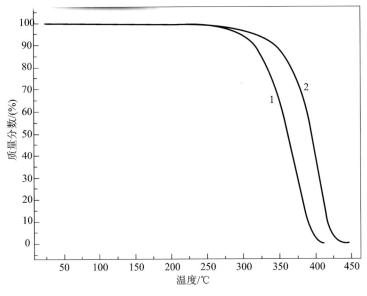

图 8.18　PS 和 HIPS 的 TG 曲线

1—HIPS;2—PS

由图 8.18 可以看到,在氩气气氛下加热升温时,PS 和 HIPS 在 270 ℃以下几乎不烧失和挥发;温度继续升高,模料开始降解,变为小分子气体逸出,因而急剧失重;PS 的完全分解温度为 446 ℃,而 HIPS 的完全分解温度为 412 ℃。HIPS 的分解温度低于 PS 的分解温度,这可能是由于 HIPS 中橡胶成分不稳定,加速了模料的分解。由图计算出 HIPS 和 PS 模料在惰性气氛下的分解残留均为0.5%,说明降解完全。

4. 空气中分解 SLS 模料灰分的测定

实际模料的脱出工艺都是在空气中进行的,因此,在空气中 SLS 模料灰分的测定可确定其对精铸件内在质量的影响,实验采用重量法。将陶瓷坩埚置于烘箱中烘干至恒重,称取模料试样放在坩埚中,置于马弗炉中进行焙烧。当马弗炉内温度升至 400 ℃时,可见模料明显分解(约 1.5 h);500 ℃时有大量浓烟,在此温度下持续约 2 h,待坩埚中的模料基本分解完全;随后断电,炉内自然冷却至室温。然后取出坩埚称重量,计算出空气中 PS 和 HIPS 两种模料的灰分均为 0.3%,较惰性气氛下低。

8.2.4　结壳脱蜡工艺的研究

以上对模料基本性质的实验研究为模料的脱出工艺提供了理论基础,为进一步验证在一定厚度熔模壳中被包裹模料的真实脱出温度,特制了一批 SLS 试样。用硅溶胶熔模精密铸造的生产工艺进行结壳,参照模料熔融与熔体黏度实验数据,设计了以下脱蜡工艺:将模壳置于电炉中升温至 250 ℃并保温 1 h,让模料尽量流出,最后再逐渐升温。直到 700 ℃,最后关闭电炉自然冷却到室温。在升温过程中取样观察模料的流动及分解情况。

当模壳于电炉中升温至 180~200 ℃时,取出模壳进行观察,发现模料表面已开始熔融,但由于黏度大,不能流动;当升温至 250 ℃并保温 1 h 后,断电让模壳随炉冷却至室温,取出模壳进行观察,发现此时模壳内的模料已基本流出,但模壳内壁上还留有深棕色沉积物质;当升温至 520 ℃并保温 1 h 后,取出模壳进行观察,发现模壳内表面已被焙烧成灰白色;当升温至 700 ℃,然后自然冷却至室温后,取出模壳进行观察,发现模壳内表面已被焙烧成白色,即得到了合格的模壳。

本实验说明模料脱出时应进行分段升温,先在模料的分解温度(300 ℃)以下保温一段时间,让大部分模料流出,再升温至模料的完全分解温度(由于热传导等因素,实际温度要高于理论温度)以上,即可实现模料的完全烧失。在 250 ℃保温 1 h 后的模壳内壁有深棕色沉积物质,说明在此温度下模料已开始氧化,氧化将增加聚合物熔体的黏度,特别是在表面形成一层氧化层而极不利于模料的流动。根据模料的黏度-温度曲线可知,如果降低温度,黏度将急剧升高,更不利于模料的流出。所以,实际上 SLS 模料的保温流出温度应控制在 230~250 ℃为宜。

上述实验结果不仅提供了模料的脱出及焙烧温度,而且也证明了焙烧后的 SLS 模料的残余灰分含量很少,不会对精铸件的质量造成影响。在此基础上,就可以进行生产实验。在实际生产中还应考虑以下问题。

(1)浇冒口系统的设计不仅应考虑对铸件的补缩,还必须考虑到不同熔点模料的脱除方法及顺序。SLS 技术虽然适合制造各种形状的熔模,但其费用相对较高,因此,当生产大型精铸熔模时,常用 SLS 技术制造形状复杂的部位,而形状简单的部位及浇冒口则用普通精铸蜡料。例如用低熔点模料(如硬脂酸、低分子聚乙烯)或中温模料压制,然后将性质不同的两种或多种模料的各部位焊成整体蜡模组件。但由于 SLS 模料与普通精铸模料的熔点相差较大(如 SLS 模料的熔化温度范围为 200~250 ℃,而普通模料的熔化温度范围为 60~80 ℃),因此应考虑脱模的顺序。实际的脱模顺序为:先用热水、蒸汽或在电炉较低温度下脱出普通精铸模料,然后在电炉或油炉中 230~250 ℃温度下烘烤脱出大部分 SLS 模料,此时熔模型壳的浇口杯应向下,以利于熔融的 SLS 模料流出。

(2)还应考虑排渣冒口和出气冒口的设置。虽然根据以上的模料特性分析实验和结壳脱模工艺实验得出了 SLS 模料可以完全脱除的结论,但实际上,随着模型复杂程度的增加,模料流出和烧失的难度也增加。所以应在模型上的局部凸台和易积渣的部位设置排渣冒口,在较大的平面上应设置出气冒口。

首先,由于 SLS 模料的黏度很大,模型上的大平面及复杂细小部位的模料流出困难,黏稠的 SLS 模料熔体也特别容易积于模壳的角落及低凹部位,因此,对于这些部位的模料,只能在后面的焙烧过程中脱除。其次,黏稠的模料容易产生夹渣,这些夹渣在模壳的角落及低凹部位沉淀富积,增加了浇注报废的可能性。再次,聚苯乙烯为不饱和结构,分子链中存在着大量的苯环,受热时分解成苯乙烯等化学结构极不饱和的单体,当单体进入气相燃烧时,由于双键、苯环燃烧的需氧量大,所以即便是在敞开的空气中也会因燃烧不完全而冒出大量黑烟。如果在燃烧过程中氧含量不足,模料的表面就会形成一层致密的碳化层,阻碍 SLS 模料的进一步分解和燃烧,使得模料脱除不完全,在其后的浇注工艺中造成铸件夹渣。这正是我们先前浇注的几个汽车排气管精铸件产生大量夹渣而报废的原因。

另外一个更典型的实例是,在一次实验中曾用 SLS 熔模进行水玻璃砂造型,如图 8.19、图 8.20 所示。砂箱尺寸为 300 mm×300 mm×150 mm;涂料涂挂采用浸涂,用 100% 的 70~140 目大林砂直接填砂,用 2.5% 的水玻璃进行水玻璃砂造型;然后将下砂型倒置(浇口杯朝下)于电炉中的铝板上,并对砂型进行升温加热、脱蜡,但发现炉中的温度已使支撑的铝板开始熔化,而水玻璃砂型型腔内的 SLS 熔模还尚未脱净。用此砂型进行浇注,型砂无烧结现象,整体清砂容易;圆盘轮廓清晰,但上表面有大量气孔(焙烧不完全所致)。

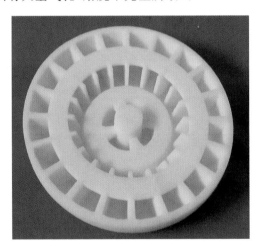

图 8.19　变速圆盘的 SLS 熔模

根据以上实验和分析,可得出以下结论:单纯依靠精铸型壳、砂型及 SLS 熔模自身的传热,不能使热环境中的热量迅速传递到 SLS 熔模内部,使其较快地熔融并从型壳中脱出。特别是在不利于黏稠熔体流动的模型部位(如大平面、盲孔、拐

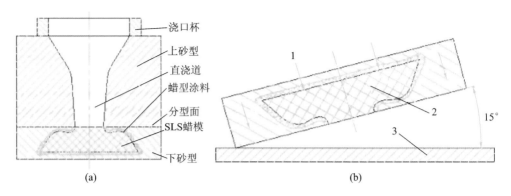

图 8.20　水玻璃砂型铸造工艺

(a)挂涂料的 SLS 熔模及水玻璃砂型;(b)变速圆盘的 SLS 熔模下砂型焙烧脱蜡示意图

1—加热;2—SLS 熔模;3—铝平板

角等处),必须用普通蜡料做成出气冒口、排杂口及辅助浇道,并焊在不易脱蜡的部位。脱蜡时首先用一般的脱蜡方式熔失浇冒口、出气冒口和辅助浇道中的低熔点蜡料,形成许多与大气相通的通道,尽可能使热气流与 SLS 熔模有更多的接触部位,并在 SLS 熔模中形成与热气流接触的通道,产生对流传热,加快外界对型壳熔模的传热,达到使 SLS 模料快速地从型壳中脱出的目的。在随后的焙烧阶段中,炉中的热气流能迅速地从各个通道流入型壳内部,并进一步将剩余尚未熔失的 SLS 模料分解燃烧,从而彻底将 SLS 模料从型壳中脱除,如图 8.21 和图 8.22 所示。

图 8.21　汽车排气管熔模及浇注系统

(白色为排气管的 SLS 熔模,咖啡色为浇冒口系统的低温蜡料)

SLS 模料的分阶段脱出焙烧工艺,虽然可保证铸件质量,但由于耗时长,给生产也带来了一些麻烦,并增加了第一阶段脱模所需的能源。为克服此弊端,将精铸型壳先置于刚停炉的焙烧炉中(此时炉温约 400 ℃),尽量关闭炉门,防止挥发物逸出,利用炉中余热熔出黏流状的 SLS 模料,次日再与其他非 SLS 模料的型壳一起升温进行焙烧和浇注。采取这一模料脱出工艺措施,成功地实现了汽车排气

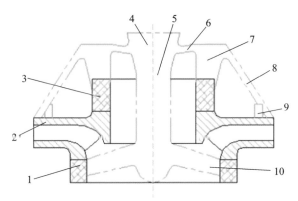

图 8.22　泵轮熔模、浇冒口系统熔模的模料选择及模料组焊工艺设计

1,3—熔模简单形状部位用低温蜡料；2—熔模复杂形状部位用 SLS 蜡料；4—浇口杯；

5—直浇道；6—连接浇口杯与冒口的辅助浇道；7—轮毂上的冒口；

8—连接浇口杯与 SLS 熔模的辅助浇道；9—出气冒口及排蜡料口；10—内浇道

管、大型水泵轮等内腔形状复杂件的 SLS 熔模的完全脱出，并浇注出了合格的精铸件，如图 8.23 至图 8.26 所示。

图 8.23　汽车排气管精铸件

图 8.24　大型不锈钢泵轮精铸件

图 8.25　ϕ460 mm 涡轮 SLS 熔模及铸件

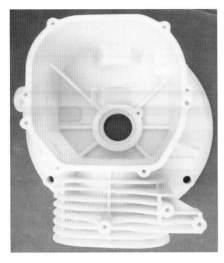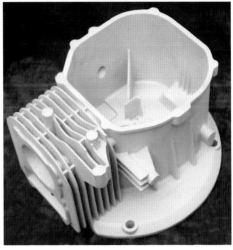

图 8.26 摩托车引擎缸体 SLS 熔模及铸件

8.3 激光选区烧结在制造随形冷却流道注塑模具中的应用

SLS 可制造具有随形冷却流道的注塑模具,该应用是 3D 打印技术的一个典型应用。

8.3.1 随形冷却技术

1. 随形冷却技术的必要性

无论以何种工程塑料为原料注射成形制件,都存在成形适宜的模具温度。在此温度区间内,塑料熔体的流动性好,制件脱模后变形小、形状和尺寸稳定、性能及表面质量高。而适宜温度的获得,必须在温度调节系统的参与下完成,从而保证塑料熔体充模流动顺利进行,并使脱模后的制件具有较好的质量。

通常情况下,模具温度调节往往依靠冷却作用,而冷却作用的好坏直接影响注塑生产率和注塑制件内在性能及表观质量。完善的冷却系统能显著减少冷却时间,缩短注塑循环周期,降低制件残余热应力及翘曲变形,提高制件的力学性能及内部、表面质量等。但囿于常规冷却系统的布局与制件几何形状的相适性较差,塑料熔体在充模流动和充模后固化定形过程中,模腔表面各处的瞬态温度很难达到均一。制件由于温度不均而收缩变形不均,由此产生残余流动应力和残余热应力,从而对制件的形状尺寸、力学性能等产生负面影响,恶化了制件的质量。而实践表明,注塑制件冷却不均匀产生的残余热应力比残余流动应力至少大一个数量级,因此应主要考虑如何减小残余热应力。

当黏弹性高聚物熔体在模具内冷却达到玻璃化温度以下时,不均匀的密度变化(体积变化)和不均匀的温度变化都会形成残余热应力。依据零件的几何结构,现已有许多方法降低残余热应力,如在注塑模内各处采用不同的导热面积或改变控温介质的体积流量,分别设计模腔内凹、凸模冷却流道等来改善模腔表壁温度的均匀程度。要使所得注塑制件性能优良,必须设法消除残余热应力,有效途径之一就是尽可能完善模具冷却系统。

模具冷却系统一般由模具内冷却流道构成,通过流体传热的方法实现冷却。而随形冷却技术的实现明显提高了模具冷却系统的效率和冷却的均匀性,同时简化了冷却流道的设计。为了不影响模具的强度,以往的模具冷却系统的设计使冷却水道壁距离模具型腔表面较远,如此造成塑料熔体传递给模具的热量无法在短时间内直接被冷却系统带走而达到平衡稳态传热状态,因此热量积累造成了温度的提升。而随形冷却流道(conformal cooling channels,CCC)则靠近模具型腔表面,冷却过程中模具中积累的热量大幅度减少,且被限制在冷却流道与模具型腔表面所围成的区域内。最为重要的是 CCC 能够依循零件外轮廓的曲线形状变化(见图 8.27(a)),而以往的冷却流道限于加工方法只能制造成直型冷却流道(direct cooling channels,DCC)(见图 8.27(b))。DCC 流道壁距离模具型腔表面的距离是变化的(见图 8.27(b)中的 d_1 和 d_2),因而冷却温度的不均匀性几乎不可避免,因此 CCC 的冷却效果明显比 DCC 要好,并使模具型腔表面形成较为均匀的温度场,最大限度地避免了温度应力的产生。图 8.28 所示为注塑过程中两套注塑模具的表面温度变化情况,其中一套注塑模具使用 CCC 进行冷却,另一套则使用 DCC 进行冷却。显然,使用 DCC 冷却的模具模芯表面达到稳定生产温度区间 12～60 ℃并维持稳态需 20 多个连续注塑成形周期,而采用 CCC 冷却的模具则经过 1 个注塑成形周期就能达到较 DCC 冷却低得多的稳态温度。美国 MIT 大学的 3DP 实验室研究表明,与传统模具冷却方式相比,随形冷却方式一般能缩短其注塑周期 20% 左右,同时注塑制件的变形可减少 15%。

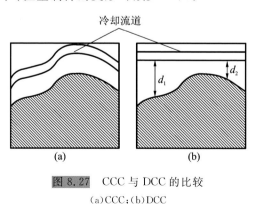

图 8.27 CCC 与 DCC 的比较
(a)CCC；(b)DCC

随形冷却技术在注塑模具的生产当中占有较重要的地位,特别是对于复杂大

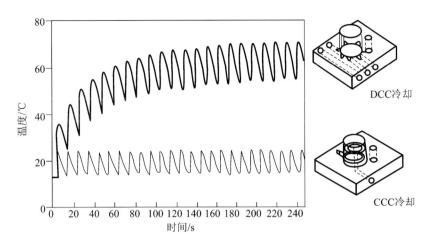

图 8.28 两种冷却方式下注塑模具表面温度变化曲线

体积塑料零件的注射成形，为减小其变形量，CCC 冷却系统是必不可少的。因而具有 CCC 冷却系统的注塑模具在当前制造领域具有较好的应用前景和较大的经济价值。

2. 随形冷却流道的实现方法

快速制造技术产生之前，囿于模具制造手段，冷却流道被加工成相对简单的结构形式。对于注射成形简单形状结构的塑料零件的模具，其内部依据随形冷却原理所布置的流道可以采用常规方法解决，如采用螺旋式、隔板点冷式、螺旋塞式、热流道等不同的流道形式，使动定模得到较为均匀的冷却。在此方面，一些研究部门做了不同程度的工作，如德国的 Innova Zug Engineering GmbH 通过制造随注塑制件外形而变化的冷却水道来提高冷却效率，CITO 公司则提出了脉动式冷却技术减少能量消耗，保证冷却的均匀性。

对于复杂结构的塑料零件，只有结合快速制造技术，才能够实现内置 CCC 注塑模具的制造。目前，国际上应用激光选区烧结技术、3D 打印技术、激光净成形 (laser engineered net shaping，LENS) 技术和直接金属沉积 (direct metal deposition，DMD) 技术等制造出了具有 CCC 的注塑模具。上述技术都采用离散-堆积成形原理使成形进入零件内部，因而可以布置内部 CCC。

此外，对于传统模具，特别是小型精密复杂模具，材料费往往只占总制造成本的 $10\%\sim20\%$，有时甚至低于 10%。而机械加工、热处理、表面处理装配、管理等费用要占总成本的 80% 以上。因而模具材料的工艺性能是影响模具成本的一个重要因素，而快速制造模具，特别是复杂结构模具可以降低模具制造的成本，减少材料的浪费。

目前，采用 SLS 间接快速制造技术成形具有 CCC 的注塑模具镶块需要解决两个问题。

①模具镶块成形后冷却流道中的粉末清除问题。一般说来，冷却流道直径越

小,长度越大,从冷却流道内清除粉末的难度就越大。

②CCC 设计中的几何限制问题。这主要体现在注塑零件的尺寸和几何形状特征上,例如,冷却水道的尺寸必须保证冷却水道不会与模具其他的特征发生干涉。再如,如果选择平行拓扑形式的冷却水道,必须根据模具镶块的尺寸来预估随形冷却流道的总长度。

经相关研究人员设计,我们在这里所要制造的具有 CCC 特征的注塑模具的 CAD 模型如图 8.29 所示,图中的深色部分表示 CCC,其截面圆直径为 12 mm。

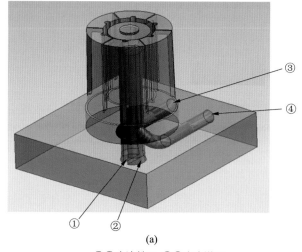

(a)
①②为清粉口,③④为流道口

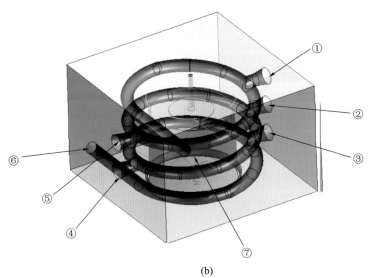

(b)
①②③④⑤为清粉口,⑥⑦为流道口

图 8.29　具有 CCC 的注塑模具镶块三维模型图

(a)制芯;(b)制胶

我们所开发的渗铜合金材料的拉伸强度基本都在 300 MPa 以上,而对于塑料模具,其注射压力在 60～200 MPa,远低于我们所研发的材料的强度,但浸渗树脂的合金材料屈服强度在 90 MPa 左右,高于注射压力的下限,因此,也可以进行大部分塑料零件的注射成形。当然,渗铜合金材料具有优良的导热性能,更适宜制造注塑模具。

8.3.2　SLS 成形

在前述的 SLS 形坯材料最终的性能测试结果的基础上,本研究采用复合粉末 $(Fe_8Cu_4Ni0.5C)$ 作为原料进行模具镶块形坯的 SLS 成形。激光扫描过程中能量积累一段时间后,造成热扩散区黏结剂温度超出其软化点而黏结。特别是对于冷却流道内的粉末,由于流道的横截面较小,加之流道内的粉末被周围辐射状的热流包围(见图 8.30),热量会随时间而越积越多,并使流道内的粉末超温而黏结,此现象对清粉极为不利。如果流道是水平布置的(见图 8.30(a)),由于堆积成形过程中流道轴向截面的散热面积较大,通过与空气的对流换热和自身的热辐射,热量较快散失于环境中,因此较大限度地降低了热量的积累。再者,由于流道的直径较小,堆积层较少就可以完成流道部分的成形,因此也可通过减少积累时间的方法降低热量输入,用以改善流道内粉末区的清粉状况。如果流道所示水流的方向与加工层面相垂直(见图 8.30(c)),就会造成最大程度的清粉困难,显然与上述水平布置的流道加工的两点原因相反,即流道的横截面积小,因而对流换热面积小,而且完成流道成形的堆积高度较大,热量的积累较多,因而流道内的粉末极容易黏结而难以清除。图 8.30(b)所示情况介于图 8.30(a)和图 8.30(c)所示情况之间。

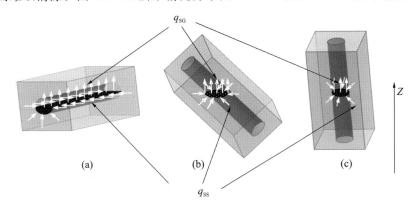

图 8.30　流道与 Z 方向关系示意图

q_{SG}—对流热流密度;q_{SS}—导热热流密度

(a)轴线与 Z 轴垂直;(b)轴线与 Z 轴成一定角度;(c)轴线与 Z 轴平行

另外,如图 8.31 所示,每一层的扫描结束后,虽然其温度(T_2)较起始温度有所下降,但并没有降低并稳定到预热设定温度(T_0)就进行下一层的扫描,本应该

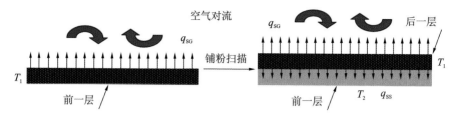

图 8.31　上下连续扫描层的传热情况($T_1 > T_2 > T_0$)

通过对流换热散失的那一部分热量被下一粉末层封闭起来,新扫描层粉末的温度(T_1)较高,迫使热流的方向由以前的向上变为向下,因此,热量被屏蔽起来,进一步提高了松散粉末黏结的可能性。

综上,必须对 SLS 工艺参数和方案做必要的调整,方能解决清粉问题。因此,在 SLS 工艺参数选择上,无法简单地遵从前述的最优工艺参数,而应该根据实体的具体形状和内部结构,对其做以必要的智能化调整。调整的方法基本定为两种:①在某一截面的扫描完成后,适当增加铺粉和扫描延时,使扫描层的温度控制在预热温度左右(回归到原始状态),从而减少热量积累,避免黏粉现象;②进行实时温度监控而智能化实时改变 SLS 工艺参数,使扫描层面的温度保持在一定范围内,该温度范围可认为是黏结效果较好的温度段。虽然第②种方法充分考虑了传热特点,使前次扫描的能量蓄积结果作为后次扫描的初始能量,尽可能地节约能源,并使加工紧凑,从而节约时间,但该方法以能量(主要是热)传输过程为研究对象,影响因素包括 SLS 工艺参数、粉末材料的热物性以及制件的形状结构,多且复杂,目前此项研究处于空白,因而难以短时实现。而第①种方法无须考虑能量的积累与耗散的中间过程,只需判定扫描区回归温度始态的时间,因而容易实现。因此,我们采用第①种方法,适当延长铺粉和扫描准备时间,直到预热装置的灯丝点亮并再次熄灭为止,这时可认为扫描层的温度恢复到了初始环境温度,但该方法的缺陷是严重地耗费加工时间。经过参数调整后制造的模具镶块如图 8.32 所示。

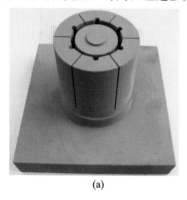

(a)

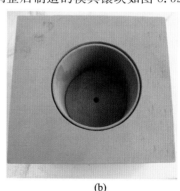

(b)

图 8.32　具有随形冷却流道的模具镶块

(a)型芯镶块;(b)型腔镶块

8.3.3　形坯后处理

1. 清粉

清粉采用真空吸尘的方式,将吸尘器的吸嘴对准流道口,并将流道口的周围封闭,使其不与外界大气环境相通,依靠吸尘器的真空系统在吸嘴乃至流道口内一定深度的地方产生负压,迫使流道内的气体在流动中搅动粉末并将其推送到吸尘器中。

模具镶块的冷却流道由于随零件的外轮廓螺旋布局而较长,如果只按照模具原始模型进行设计,那么流道只有进出口与外界相通,就会给清粉造成困难。如图 8.33 所示,吸嘴到流道口附近的区域能够瞬时产生较大的负压,使空气以湍流的方式进行搅动和流动。随着流道向内部延伸,金属粉末不断清除,单相的空气完全占据了粉末已清除的管道部分。由于吸尘器的功率有限,一定时间内完全由空气占据的那部分区域的真空度比较低,随着空气与粉末界面不断向流道深处推移,界面处的负压也在减小。图 8.33(a)中的灰色渐变部分表示深入流道内部区域界面处的负压逐渐变小,而区域 1、区域 2 表示气体分子与金属颗粒的碰撞频率和碰撞力也在减小;其次由于流道壁并非是完全封闭的,流道腔内达到一定的真空度后,必然会有空气从外界渗透到流道腔内,从而进一步降低了真空度(见图 8.33(b)),因而空气的搅动频率和流动速度都有所降低;再有,研究所用粉末的颗粒形状都为不规则的棱角状,相互之间的摩擦以及其与流道壁的摩擦都较大,给气体碰撞而推动粉末颗粒造成了困难;此外,由于真空造成了管内粉末拥塞区的气体分子较稀薄,气体分子碰撞粉末颗粒的力亦有所降低。上述因素导致的结果就是当一定长度流道内的粉末被清除后,余下的部分很难再被清除,即特定功率的吸尘装置对应一定的吸程(图 8-33(b)中 $L_{\lim}$)。

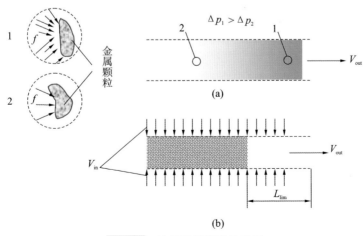

图 8.33　冷却流道清粉示意图

针对上述问题,本研究充分利用了快速制造与粉末冶金结合的特点,采取在流道的不同部位预留清粉口的措施。如图 8.29(a)中的①②与 8.29(b)中的①②③④⑤所示部分,每一个清粉口都对应一定的吸程长度,再加上流道的进出口,基本可以保证清粉顺利进行。然后利用 SLS 制造出与清粉口紧密配合的塞子,将其塞牢即可。

2.致密化

本研究制造了两种尺寸规格的同形状结构的模具镶块形坯,合模后的大小(模具镶块的外轮廓尺寸)分别为 140 mm×140 mm×125 mm 和 80 mm×80 mm×70 mm(见图 8.34)。形坯的致密化包括脱脂、烧结和熔渗(浸渍)三个部分,其中脱脂、烧结和熔渗工艺同第 5 章所述的工艺相同,但由于形坯内部结构不对称,而且熔渗温度较高,比较接近基体材料的熔点,因此模具镶块形坯的熔渗在较为特殊的工艺下进行。

(a)   (b)

图 8.34   模具镶块形坯及其相应的石墨盒

(a)型芯镶块形坯及其石墨盒;(b)型腔镶块形坯及其石墨盒

对于小模具镶块形坯的熔渗主要采用了滴渗的方法。首先,依照小模具镶块型芯(腔)的外轮廓尺寸,对应地加工了一套石墨盒。每个石墨盒都有一个有密排小孔且可以盛放渗料的盖子(见图 8.35),盖子上的小孔上部边界圆直径为 5 mm,

图 8.35   石墨盒盖照片

下部边界圆直径为 3 mm,孔深 10 mm,即孔壁存在一定的锥度。形坯与石墨盒以及盒盖的装配方法如图 8.36 所示。由图 8.36 可知,模具形坯将倒置入石墨盒,其平整的底面作为渗料的渗入面,可以保证渗入速度的均一。图中盒盖内放置的是青铜粉压坯,作为渗料使用,模具镶块形坯放入后,其底座边缘与石墨盒壁的缝隙采用氧化铝粉末进行填充,由于氧化铝与青铜不润湿,因此可以阻止青铜由形坯与石墨盒内壁的缝隙入渗。

缝隙

图 8.36　形坯与石墨盒及盒盖的装配方法与装配后的状态

　　熔渗依然在逆推式粉末冶金保护气氛烧结炉中进行,采用流动氢气保护,保持温度为 1080 ℃,分三段升温,三段温度分别为 400 ℃、750 ℃和 1080 ℃,前两段的稳定时间为 15 min,实验的最高温度保持时间分别为 15 min、25 min 和 35 min,在此温度段镶块形坯的熔渗同时进行。青铜的熔点为 865 ℃左右,前两段的预热减少了第三段保温过程中青铜达到该温度的时间。当石墨盒的温度到达第三段温度区时,首先固态青铜压坯的温度较快地升到其熔点温度,由于青铜合金存在熔化潜热,因此其在熔化过程中,温度升高不多。熔化开始,青铜熔体的黏度较大,由于其液体与石墨不润湿,因此存在如图 8.37 所示的力学平衡关系。在熔体前端没有流出孔隙前端的情况下(见图 8.37(a)),熔体所受的力为表面张力 f、孔壁对熔体的支持力 N、重力 G,还有上部熔体对孔隙中熔体的拉力 T;当熔体前端流出孔隙后(见图 8.37(b)),其受力情况有所改变,表面张力 f' 源于熔体与粉末形坯表面润湿,由原来的阻力变成了动力。液体的黏度随温度的升高而降低(与温度的倒数成指数关系),第三段温度与初始青铜熔体的温度差较大,熔体有一定的过热度。在持续升温的过程中,熔体的黏度逐渐降低。一般情况下,对于单元体系(青铜液体由单相构成),恒压状态下的表面张力随温度的升高而降低,即液体容易铺展,润湿效果增强,其热力学关系式为

$$(\partial \gamma / \partial T)_p = -S \tag{8-1}$$

式中:γ 表示表面张力;T 为热力学温度;S 为系统的熵。式(8-1)表示在恒压状态下,液体的表面张力与温度变化趋势反向,因此温度升高,表面张力降低。

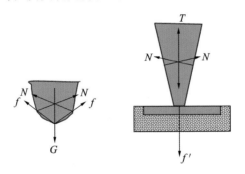

图 8.37 石墨孔隙内青铜熔体受力分析
(a)熔体前端未出孔隙;(b)熔体前端接触粉末形坯

熔体升温初期,图 8.37(a)中的向下的力较小,熔体基本聚集于孔隙内。当熔体温度达到一定值后,其黏度和表面张力进一步降低,表面张力的降低促使熔体流过孔隙并接触形坯表面,从而开始熔渗过程。随着熔体温度的提升和青铜压坯熔化量的增加,熔体的重力作用也进一步增强,熔体的重力相当于熔体入渗的压力,依据 Darcy 定律,入渗压力的增大,加快了入渗速度,而液体入渗深度越大,就越发增大了入渗压力。但熔体温度的升高,会引起合金熔体内低熔点成分(Sn、Zn 等)的挥发,结果造成合金向新的成分线偏移,并且其熔点也会随之提高,而熔体表面张力和黏度也会增加,部分重力被熔体表面张力增加带来的拉力增量抵消,降低了入渗压力,从而降低了入渗速度。当熔体入渗量达到一定值后,余下的熔

体熔点提高,重力作用已无法继续维持熔体与粉末形坯表面的接触,熔体出现了断流,如图 8.38 所示。

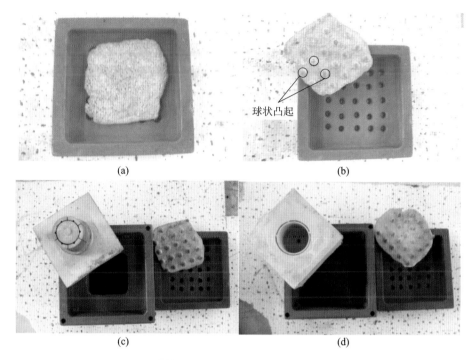

(a)　　　　　　　　　　　　(b)

(c)　　　　　　　　　　　　(d)

图 8.38　熔渗青铜余下熔体及模具镶块

图 8.38(a)所示的是熔渗结束后残余的青铜熔体凝固体,图 8.38(b)所示表明残余熔体凝固体接触石墨盒孔隙一面上依照孔隙的排列有一些球状凸起,即为熔体断流后收缩到孔隙中的部分,由于其与石墨不润湿,故一端由于表面张力和重力作用出现了圆滑的球形表面。实验结果表明,当青铜压坯的量较多的时候,25 min的熔渗时间是足够的,15 min 稍有欠缺,形坯熔渗没有饱满。

图 8.38(c)(d)是熔渗后模具镶块形坯的照片,可以看出,形坯基本上保持了原型。而图 8.39 所示为一副完整镶块及其熔渗前后尺寸对比情况。由图 8.39 可看出,熔渗前后形坯的外形尺寸相差不大。对大模具镶块进行熔渗和固化,然后将其加工后嵌入模架,并进行零件注射成形。

在采用浸渗树脂并固化的方法对大模具镶块进行最终致密化的同时,制备了浸渗树脂的拉伸试样,如图 8.40 所示,测得其拉伸强度为 90.62 MPa。图 8.41 所示的是浸渗树脂后材料的显微组织,由图可看出,固化后的树脂填充了颗粒的孔隙,但有些树脂与金属颗粒壁之间存在较小的间隙($1~\mu m$ 以下),那是树脂在固化时体积收缩而从金属表面剥离造成的,有些区域的树脂依然黏结在金属颗粒的表面。如此,树脂对于金属网状结构的增强作用在于当金属网状结构变形时,质地坚硬的固化产物可以阻挡金属网架的变形。

(a)

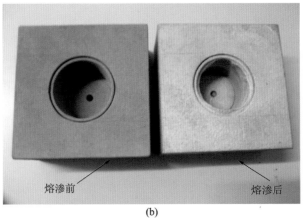

熔渗前　　　　　　　　　　　熔渗后

(b)

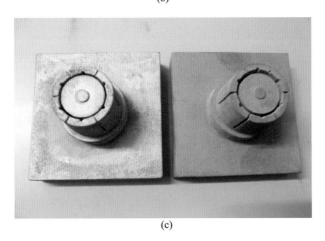

(c)

图 8.39　熔渗后模具镶块形坯及其与熔渗前形坯的比较

（a)熔渗后镶块；(b)型腔镶块熔渗前后比较；(c)型芯镶块熔渗前后比较

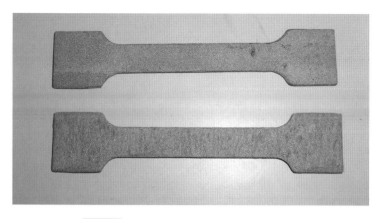

图 8.40　浸渗树脂后的金属拉伸试样照片

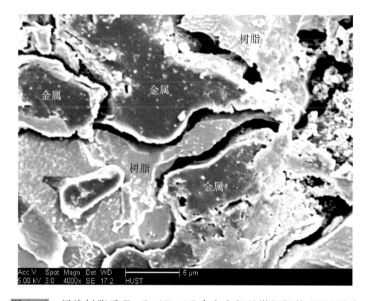

图 8.41　浸渗树脂后 $Fe_8Cu_4Ni0.5C$ 合金金相显微组织的 SEM 照片

8.3.4　零件注射成形

将熔渗青铜后的镶块形坯进行必要的机械加工和打磨、抛光等表面处理后镶入模架，构成完整模具。图 8.42 所示的是镶嵌到模架上的镶块形坯，图 8.43 所示的是合模后的镶盒模具，图 8.44 所示的是注塑过程，图 8.45 所示的是注塑机上的模具及零件，图 8.46 所示的是上述模具注射出的塑料零件。

对浸渗树脂的大模具镶块进行必要的加工后，将其镶嵌入模架，如图 8.47 所示，注射出了塑料零件，如图 8.48 所示，可以看出零件的内部结构较为复杂，且具有薄壁结构。

图 8.42　镶嵌到模架上的镶块形坯

图 8.43　合模后的镶盒模具（内嵌模具镶块）

图 8.44　注塑过程

图 8.45　注塑机上的模具和零件（正在脱模）

图 8.46　注射出的塑料零件（材料为聚乙烯）

(a)

(b)

图 8.47　浸渗树脂的大模具镶块

(a)浸渗树脂的大模具镶块；(b)机加工后镶嵌入模架

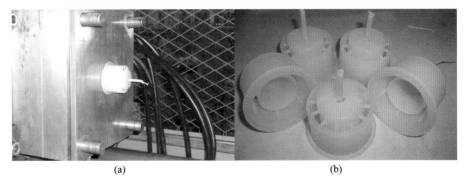

(a)　　　　　　　　　　　　　　　(b)

图 8.48　采用大模具注射的塑料零件

(a)零件脱模；(b)塑料零件

657

8.4　激光选区烧结在制造陶瓷零件中的应用

SLS 技术制造复杂陶瓷零件具有显著的成本低、周期短及节省材料等优点，因而逐渐成为制造复杂形状陶瓷零件的研究热点。通过 SLS 技术制造陶瓷初始形坯存在密度低、力学性能差等劣势，以往是采用熔渗、形成烧结液相等方法来提高其致密度，但是 SLS 陶瓷零件仍存在成分难控制、精度差、性能不高等缺陷。

冷等静压技术可用于 SLS 初始形坯的致密化。CIP 是在常温下对橡胶包套中的坯体施加各向均匀压力的一种成形技术，其利用液体（乳化液、油等）介质均匀传压的特性，促进包套中粉末颗粒的位移、变形和碎裂，减小粉末间距，增加粉末颗粒接触面积，获得特定尺寸、形状以及较高密度的压坯。CIP 成形的压坯组织结构均匀，无成分偏析。因此，为了成形高致密度、高性能复杂结构陶瓷零件，本应用实例利用 CIP 技术直接处理 SLS 初始形坯，然后对 SLS/CIP 形坯进行脱脂及高温烧结处理。SLS/CIP/FS 复合工艺制造陶瓷零件的路线如图 8.49 所示，具体过程是：首先制备 SLS 成形用陶瓷-高分子复合粉末，采用 SLS 技术制造出初始形坯，接着经过 CIP 处理提高 SLS 初始形坯的致密度，以进行脱脂与低温预烧结处理，获得具有一定强度的多孔陶瓷形坯，最后进行高温烧结处理，获得最终的陶瓷零件。

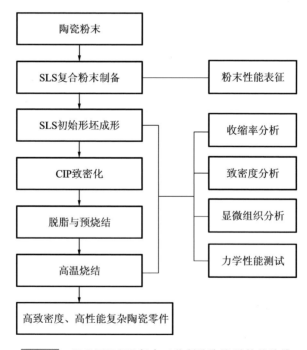

图 8.49　SLS/CIP/FS 复合工艺制造陶瓷零件的路线

SLS/CIP/FS 技术并不是以上几种技术的简单相加,而是很好地利用了各子技术的优点,具有以下特点:①利用 SLS 成形"分层、堆积"的特点,可根据三维模型直接成形任意坯体,不受结构复杂度限制;②利用 CIP 技术均匀促进致密度的特点,SLS 初始形坯经 CIP 处理可以在提高密度的同时,几乎不改变坯体形状;③SLS/CIP 陶瓷形坯所用黏结剂种类、含量、分布方式均与传统陶瓷形坯不同,需根据其特点,制定合理的脱脂及高温烧结工艺路线。

图 8.50(a)和(b)分别是氧化铝齿轮零件和氧化铝带弯曲流道件在 SLS/CIP/FS 前后的零件图。其 SLS 成形预热温度、激光功率、扫描速度、扫描间距与单层厚度分别为 53 ℃、21 W、1600 mm/s、100 μm、150 μm,CIP 保压压力和保压时间分别为 200 MPa 和 5 min,高温烧结保温温度和保温时间分别为 1650 ℃ 和 120 min,最终烧结件相对密度均在 92% 以上。

(a)　　　　　　　　　　　　　　　(b)

图 8.50　氧化铝零件 SLS/CIP/FS 前后对比

(a)齿轮;(b)带弯曲流道件

8.5　激光选区烧结在制造塑料功能件中的应用

目前,用于 SLS 的高分子材料主要是热塑性高分子及其复合材料,热塑性高分子可分为晶态和非晶态两种。非晶态高分子 SLS 成形件的致密度很小,因而其强度较差,不能直接用作功能件,只有通过适当的后处理提高其致密度,才能获得足够的强度;而晶态高分子 SLS 成形件的致密度较大,其强度接近聚合物的本体强度,可直接当作功能件。

8.5.1　间接 SLS 成形塑料功能件

间接 SLS 成形塑料功能件是指用 SLS 成形非晶态高分子材料,先制备塑料原型件,再对多孔的塑料原型件浸渗树脂,从而达到塑料功能件的要求。虽然采用间接法得到的塑料功能件的性能不如直接法的,但其烧结性能好,而经后处理增强后其性能也能满足一般塑料功能件的要求,且工艺简单,成本低,精度高。因此,间接法仍是获得塑料功能件的一种重要方法。

1. 原型件的制备

可用于制备 SLS 原型件的非晶态高分子材料有:聚碳酸酯(PC)、聚苯乙烯(PS)、高抗冲聚苯乙烯(HIPS)、ABS 等。非晶态高分子材料由于成形性能好,成形工艺相对简单,成形精度高,对温度不敏感,因此是间接法制造塑料功能件原型件的理想材料,也是最早得以应用的 SLS 材料,目前在 SLS 材料中仍占据着非常重要的位置。

在进行 SLS 成形前,要对整个粉床进行加热,即预热,以减小烧结部分与环境温度的差异,减少变形。粉床的温度有一个范围,在这个温度范围内,烧结部分周围的粉末既不因熔融而相互黏结,烧结体也不会翘曲变形,这个温度范围称为预热温度窗口。预热温度和预热温度窗口是衡量 SLS 材料成形性能的重要指标。

对于非晶态高分子材料如 PS、PC 和 HIPS,预热温度范围可以描述为 $[T_s, T_g]$,T_s 是指烧结体不翘曲的最低预热温度,T_g 是材料的玻璃化温度,也是预热的最高温度。当温度低于 T_g 时,聚合物处于玻璃态,分子链的运动被冻结;当温度高于 T_g 后,分子链运动加剧,模量降低,为高弹态,聚合物粉末会相互黏结。T_g 可以从 DSC 曲线中获得;而 T_s 不仅与材料特性,如收缩率等有关,还与粉末的粒径大小及分布、几何形貌、表面形貌等相关。

1)PS 和 HIPS 原型件

PS 和 HIPS 的 SLS 原型件的力学性能如表 8.2 所示,可见相对于 PS 而言,HIPS 具有较好的力学性能,特别是冲击性能。这是因为 HIPS 中的橡胶成分提高了冲击强度,同时橡胶的玻璃化温度较低,有利于粉末颗粒间的黏结。

表 8.2　PS 和 HIPS 的 SLS 原型件的力学性能

力学性能	拉伸强度 /MPa	断裂伸长率 /(%)	杨氏模量 /MPa	弯曲强度 /MPa	冲击强度 /(kJ/m²)
PS	1.57	5.03	9.42	1.87	1.82
HIPS	4.59	5.79	62.25	17.93	3.30

虽然在力学性能方面 HIPS 优于 PS,而在成形性能方面二者相似,但 HIPS 中含有的橡胶成分的黏弹性使得其成形后清粉相对困难。成形过程中,橡胶成分易分解,放出难闻的丁二烯。因此 PS 的成形精度更高,而 HIPS 适用于对原型件力学性能有较高要求的情况,如制造大型薄壁零件。

2)PC 原型件

PC 是一种性能优良的工程塑料,具有稳定性好、冲击强度高等特点,也是最早商品化的一种 SLS 材料,在原型件和塑料功能件方面都有应用。目前由于成形性能更好的 PS 的出现和力学性能更好的尼龙的出现,PC 在原型件和塑料功能件方面的应用逐渐被取代,PC 在 SLS 领域中的重要性有所下降,但 PC 仍是一种优良的 SLS 材料,在 SLS 材料家族中占有十分重要的位置。这是因为 PC 原型件的强度远高于 PS 的,并且对原型件熔渗树脂后,其性能十分优异,而成形工艺也不像尼龙那样严格。

2. 后处理增强工艺的研究

PS 是目前主要应用的 SLS 材料,因此,以下后处理增强工艺将针对 PS 的 SLS 原型件进行研究。

将液态的增强树脂渗到 SLS 原型件中,以填充粉末颗粒间的孔隙,从而达到对 SLS 原型件增强的目的。从理论上讲,为使最终的制件有较高的力学性能,希望增强树脂与 SLS 材料能够很好地相容,即二者要有较好的相容性,只有二者互相扩散、互相渗透,才能达到最佳的增强效果。

在化学上,常用溶度参数来判断材料之间相溶性的好坏,溶度参数越接近,二者的相容性越好,增强效果越好。溶度参数原则与极性原则相结合能够比较准确地判断相容性。SLS 所用的 PS 粉末的溶度参数 δ 为 8.7~9.1,与聚酯类材料比较接近,而环氧树脂的溶度参数 δ 为 9.7~10.9,与不同的固化剂和稀释剂配合时溶度参数有所不同。

用溶度参数的原则来衡量,环氧树脂与 PS 和 HIPS 材料的溶度参数相差并不是很大;从极性原则上讲,其极性相差也不太远,适中的相容性和可调性是最终选择环氧树脂的重要原因。

树脂的溶度参数由树脂、稀释剂和固化剂共同决定,而环氧树脂的选择余地不大,因此增强树脂与 PS 的相容性主要由固化剂和稀释剂来决定。

由图 8.51 和图 8.52 所示的断面扫描电镜(SEM)图可以看到:用固化剂 X-89A 固化时,制件的断面较光滑,表面相容性较好;而用端氨基聚醚作固化剂时,制件的表面粗糙,粉末颗粒在切开后暴露出来。这有力地证明了用端氨基聚醚作固化剂时树脂与 PS 材料的相溶性不好。

固化速度的大小对后处理有显著的影响。固化速度太快,反应剧烈,操作时间短,渗透深度不够,甚至发生暴聚使后处理操作完全失败。固化速度太慢,则使后处理的周期延长,原型件因强度低而易变形,未固化的树脂从原型件的孔隙中再渗出而出现缺胶,这不仅会影响最终制件的强度,而且还会在制件中留下大量的气泡,影响美观。

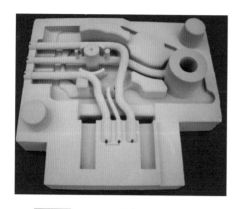

图 8.51　SLS 试样断面的 SEM 图
（固化剂：X-89A）

图 8.52　SLS 试样断面的 SEM 图
（固化剂：端氨基聚醚）

根据以上研究,确立的后处理增强工艺为:①清除原型件表面的浮粉;②使用前将增强树脂配成两组分,使用时按比例混合;③渗入树脂时用毛刷蘸取少量树脂从上表面开始渗透,树脂在重力的作用下逐渐渗入原型件的孔隙中,在整个渗透过程中保证渗透表面有树脂存在,直到渗透结束,为使孔隙中的空气能够排出,渗透时必须保证至少有一个面能够排出空气;④待原型件的孔隙完全渗透后,于室温下固化,当树脂的黏度增加,失去流动性后,立即用纸吸去表面多余的树脂;⑤在室温下继续固化 2～4 h 后于 40 ℃烘箱中固化 2 h,再将烘箱的温度升高至 60 ℃固化 2 h;⑥最后打磨抛光并检查制件尺寸,即得所需要的塑料功能件。

3. 增强后制件的性能

经增强后,SLS 原型件的性能得以大幅提高,如表 8.3 所示分别为经增强后 PS、HIPS、PC 的 SLS 制件的力学性能,可见经增强后,制件的力学性能得以大幅提高,在一定程度上满足了塑料功能件对力学性能的要求。经后处理后,力学性能由高到低依次为:PC 制件、HIPS 制件、PS 制件,而成形性能则相反,因此可根据实际情况选择相应的材料进行成形。

表 8.3　经增强处理后制件的密度和力学性能

制件材料	密度/ (g/cm³)	拉伸强度/ MPa	断裂伸长率 /(%)	拉伸模量 /MPa	冲击强度/ (kJ/m²)
PS	1.03	25.2	4.3	325.7	3.39
HIPS	1.02	30.7	6.8	900.4	4.65
PC	1.12	44.7	15.1	754.6	7.83

经增强后处理的 SLS 制件如图 8.53 所示。

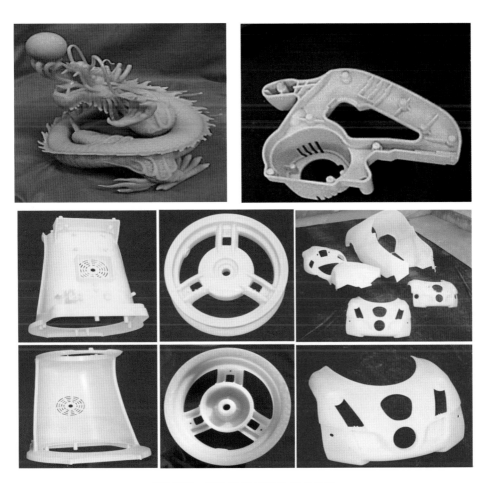

图 8.53　经增强后处理的 SLS 制件

8.5.2　直接 SLS 成形塑料功能件

　　晶态高分子材料的烧结温度在熔融温度（T_m）以上，由于在 T_m 以上晶态聚合物的熔融黏度非常低，因而其烧结速度较大，烧结件的致密度非常高，一般在 95% 以上。因此，当材料的本体强度较高时，晶态高分子材料 SLS 成形件具有较高的强度，可以直接用作功能件。然而，晶态聚合物在熔融、结晶过程中有较大的收缩，同时烧结引起的体积收缩也非常大，这就造成晶态聚合物在烧结过程中容易翘曲变形，烧结件的尺寸精度较差。目前，尼龙是 SLS 最为常用的晶态高分子材料，另外也有其他的晶态高分子材料，如聚丙烯、高密度聚乙烯、聚醚醚酮等。

　　图 8.54 所示为尼龙 SLS 成形件，图 8.55 所示为尼龙复合材料 SLS 成形件，图 8.56 所示为聚丙烯 SLS 成形件。

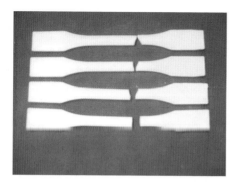

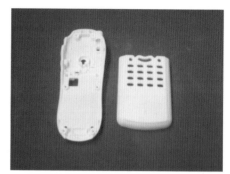

图 8.54　尼龙 SLS 成形件

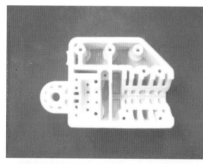

图 8.55　尼龙复合材料 SLS 成形件

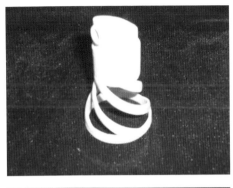
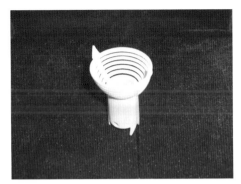

续图 8.55

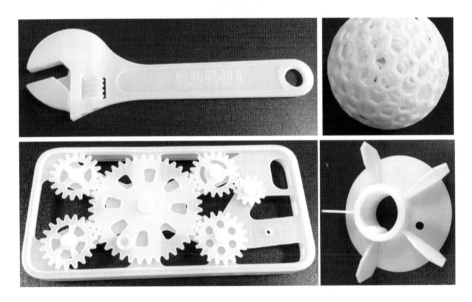

图 8.56　聚丙烯 SLS 成形件

本章参考文献

［1］刘锦辉. 选择性激光烧结间接制造金属零件研究［D］. 武汉：华中科技大学，2006.

［2］汪艳. 选择性激光烧结高分子材料及其制件性能研究［D］. 武汉：华中科技大学，2005.

［3］YAN C，SHI Y，YANG J，et al. Erratum to：investigation into the selective laser sintering of styrene-acrylonitrile copolymer and postprocessing［J］. International Journal Advanced Manufacturing Technology，2010，51(9-12)：1261.

［4］樊自田，黄乃瑜. 选择性激光烧结覆膜砂铸型(芯)的固化机理［J］. 华中科技大学学报(自然科学版)，2001，29(4)：60-62.

［5］杨劲松. 塑料功能件与复杂铸件用选择性激光烧结材料的研究［D］. 武汉：华中科技大学，2008.

［6］刘凯. 陶瓷粉末激光烧结/冷等静压复合成形技术研究［D］. 武汉：华中科技大学，2014.

［7］SHI Y，LI Z，SUN H，et al. Development of a polymer alloy of polystyrene (PS) and polyamide (PA) for building functional part based on selective laser sintering (SLS)［J］. Proceedings of the Institution of Mechanical Engineers Part L：Journal of Materials Design ＆ Applications，2004，218(4)：299-306.

［8］史玉升，闫春泽，魏青松，等. 选择性激光烧结 3D 打印用高分子复合材料［J］. 中国科学：信息科学，2015，45(2)：204-211.

［9］韩召，曹文斌，林志明，等. 陶瓷材料的选区激光烧结快速成型技术研究进展［J］. 无机材料学报，2004，19(4)：705-713.

［10］姚山，陈宝庆，曾锋，等. 覆膜砂选择性激光烧结过程的建模研究［J］. 铸造，2005，54(6)：545-548.